普通高等教育"十一五"国家级规划教材
高等院校园林与风景园林专业规划教材

风景园林工程

孟兆祯　主编

中国林业出版社

内容提要

本教材为园林与风景园林专业规划教材，是研究风景园林工程建设的原理、设计艺术以及设计方法的一门科学。内容包括绪论、场地工程、风景园林给排水工程、水景工程、风景园林道路工程、假山工程、风景园林种植工程、风景园林供电与照明工程、风景园林机械等。本教材在完成基本理论阐述的基础上，力图反映国内外风景园林建设工程的新技术、新工艺、新发展，内容丰富，涉及领域宽广，是集理论、技术与工艺于一身的教科书。

本教材可供作风景园林专业以及相关领域专业选用教材，并可供相关专业从业人员参考。

图书在版编目（CIP）数据

风景园林工程/孟兆祯主编. —北京：中国林业出版社，2012.3（2024.12重印）
普通高等教育"十一五"国家级规划教材. 高等院校园林与风景园林专业规划教材
ISBN 978-7-5038-6519-0

Ⅰ.①风⋯ Ⅱ.①孟⋯ Ⅲ.①园林－工程施工－高等学校－教材 Ⅳ.①TU986.3

中国版本图书馆 CIP 数据核字（2012）第 044944 号

策划编辑：	牛玉莲　康红梅
电　　话：	83143551　83143557
责任编辑：	康红梅
传　　真：	83143516

出版发行	中国林业出版社（100009　北京市西城区德内大街刘海胡同7号） E-mail: jiaocaipublic@163.com　电话：(010)83143500 https://www.cfph.net
经　销	新华书店
印　刷	三河市祥达印刷包装有限公司
版　次	2012年3月第1版
印　次	2024年12月第24次印刷
开　本	889mm×1194mm　1/16
印　张	27.75
字　数	771千字
定　价	68.00元

未经许可，不得以任何方式复制或抄袭本书之部分或全部内容。

版权所有　侵权必究

高等院校园林与风景园林专业规划教材

编写指导委员会

顾　问　陈俊愉　孟兆祯
主　任　张启翔
副主任　王向荣　包满珠
委　员（以姓氏笔画为序）
　　　　　弓　弼　　王　浩　　王莲英　　包志毅
　　　　　成仿云　　刘庆华　　刘青林　　刘　燕
　　　　　朱建宁　　李　雄　　李树华　　张文英
　　　　　张建林　　张彦广　　杨秋生　　芦建国
　　　　　何松林　　沈守云　　卓丽环　　高亦珂
　　　　　高俊平　　高　翅　　唐学山　　程金水
　　　　　蔡　君　　戴思兰

《风景园林工程》编写人员

主　　编　孟兆祯

编写人员　孟兆祯　黄庆喜　毛培琳

　　　　　梁伊任　瞿　志　王沛永

前　言

风景园林随着社会经济和科学技术的发展，在运用科学工程技术和艺术手法为人类营造自然优美和休闲游览境域进程中，不断扩展研究领域，从传统园林空间到城市绿地系统，进而到大地景物。风景园林空间需满足人们对自然和游览境域环境在精神和物质上的要求，风景园林工程将园林艺术与工程技术融汇统一，以艺驭术，以术彰艺，促进风景园林建设的可持续发展。

针对风景园林学科教育的再次确立，风景园林工程教学秉承《园林工程》的源脉，兼顾建筑、城市规划、园林、园艺及林业、环境工程等相关专业人材培养之需，编写了《风景园林工程》教材。

孟兆祯院士承接前辈学者业绩，以开拓创新精神，积极组织本书的编写，确定大纲和各章内容，悉心指导和把握进程。在毛培琳教授、黄庆喜教授宝贵奉献下，由梁伊任负责编写绪论、场地工程、水景工程以及风景园林照明与供电工程的编写，王沛永负责风景园林给排水工程、园路工程、假山工程、风景园林机械章节的编写，瞿志负责种植工程编写。教材的统稿工作由梁伊任教授承担。

北京林业大学园林学院和中国林业出版社对本书的编写给予了大力支持，感谢李雄教授、王向荣教授在繁忙的科研、教学与行政事务中，抽出时间进行审阅并提出意见；感谢出版社的编辑不辞辛劳，多次修改版面。同时，感谢参与本书出版的所有同仁们，尤其是我们的研究生们，由于大家通力合作，尽心尽力，才能完成此作。

教材编写过程中，参考引用了大量文献资料，恕未在书中一一标注，我们统列于书后，以对原作者及出版部门的版权表示尊重，没有你们的耕耘，我们也难成此书，再次深表谢意。

时间仓促，粗糙之作，谬误与不足之处在所难免，尊请赐教，下版改正。

作者
2010.9

目 录

前言

第0章 绪论 ………………………………… 1

第1章 场地工程 …………………………… 4
 1.1 风景园林场地竖向设计 ………… 4
  1.1.1 风景园林场地与场地选择 …… 4
  1.1.2 风景园林场地竖向设计的定义与任务 ……………………………… 4
  1.1.3 风景园林竖向设计的原则 …… 5
  1.1.4 风景园林竖向设计步骤 ……… 5
 1.2 竖向设计的方法 ………………… 7
  1.2.1 等高线法 ……………………… 7
  1.2.2 断面法 ………………………… 14
  1.2.3 模型法 ………………………… 14
  1.2.4 竖向设计和土方工程量 ……… 14
 1.3 土方工程量计算 ………………… 22
  1.3.1 用求体积的公式进行估算 …… 23
  1.3.2 方格网法 ……………………… 23
  1.3.3 断面法 ………………………… 34
 1.4 土方施工 ………………………… 42
  1.4.1 概述 …………………………… 42
  1.4.2 土方施工 ……………………… 45

第2章 风景园林给排水工程 ……………… 51
 2.1 风景园林给水工程 ……………… 51
  2.1.1 概述 …………………………… 51
  2.1.2 风景园林给水的特点和给水方式 ……………………………… 52
  2.1.3 风景园林给水的水源与水质 … 53
  2.1.4 风景园林给水管网的布置与计算 ……………………………… 56
 2.2 风景园林灌溉系统 ……………… 67
  2.2.1 喷灌系统的组成与分类 ……… 67
  2.2.2 喷灌系统的主要技术要素 …… 68
  2.2.3 固定式喷灌系统设计 ………… 71
  2.2.4 微灌系统设计 ………………… 77
 2.3 风景园林排水工程 ……………… 79
  2.3.1 城市排水概述 ………………… 79
  2.3.2 风景园林排水的特点与方式 … 80
  2.3.3 利用地面组织雨水排除 ……… 81
  2.3.4 管渠排水 ……………………… 86
  2.3.5 雨水利用 ……………………… 100
  2.3.6 再生水利用 …………………… 105
  2.3.7 风景园林污水的处理与排放 … 108
  2.3.8 暗沟排水 ……………………… 114
  2.3.9 风景园林管线工程的综合 …… 116

第3章 水景工程 …………………………… 121
 3.1 水景概论 ………………………… 121
  3.1.1 水 ……………………………… 121
  3.1.2 城市水体与风景园林水体的功能 ……………………………… 121
  3.1.3 风景园林水体的景观作用 …… 123

3.1.4 风景园林水系规划的内容 … 123
3.1.5 水系规划常用数据 … 124
3.1.6 风景园林水体分类 … 126
3.2 小型水闸 … 128
3.2.1 水闸的作用及分类 … 128
3.2.2 闸址选定 … 128
3.2.3 水闸结构 … 129
3.2.4 小型水闸结构尺寸选定 … 130
3.3 驳岸与护坡 … 132
3.3.1 驳岸（驳嵌） … 132
3.3.2 护坡 … 145
3.3.3 挡土墙 … 147
3.4 水池工程 … 151
3.4.1 水池概述 … 151
3.4.2 水池的分类 … 151
3.4.3 水池的构造 … 153
3.4.4 水池设计 … 156
3.4.5 水生植物种植池 … 160
3.4.6 池沿的处理 … 161
3.4.7 水池设计实例 … 162
3.5 喷泉工程 … 165
3.5.1 概述 … 165
3.5.2 喷泉的组成与分类 … 167
3.5.3 喷头的类型与选择 … 167
3.5.4 喷水池的供水系统 … 171
3.5.5 喷水池的设计 … 173
3.5.6 喷水池管网设计 … 175
3.5.7 喷泉控制系统 … 179
3.5.8 传统景观水处理方法及存在问题 … 182
3.5.9 景观水体的根本治理方法 … 183

第4章 风景园林道路工程 … 184
4.1 概述 … 184
4.1.1 道路 … 184
4.1.2 园路 … 185
4.2 园路的设计 … 187
4.2.1 园路设计的基本内容和准备工作 … 187
4.2.2 园路的几何线形设计 … 188

4.2.3 园路的结构设计 … 206
4.3 园路路面的铺装设计 … 216
4.3.1 园路铺装设计的内容和要求 … 216
4.3.2 园路铺装设计的要求 … 216
4.3.3 园路铺装的形式 … 216
4.4 园路施工 … 225
4.4.1 施工前的准备 … 225
4.4.2 施工放线与测量 … 225
4.4.3 修筑路槽 … 225
4.4.4 基层施工 … 226
4.4.5 面层施工 … 229
4.4.6 道牙、边条、槽块施工 … 230

第5章 假山工程 … 231
5.1 假山的功能作用 … 231
5.2 假山的材料和采运方法 … 233
5.2.1 假山石的品类 … 233
5.2.2 假山石的开采与运输 … 235
5.3 置石 … 236
5.3.1 独立成景的置石 … 236
5.3.2 与园林建筑结合的山石布置 … 239
5.3.3 与植物相结合的山石布置——山石花台 … 241
5.3.4 置石的结构 … 242
5.4 掇山 … 243
5.4.1 掇山的整体布局 … 243
5.4.2 掇山的局部理法 … 246
5.4.3 掇山的构造 … 247
5.4.4 掇山的施工 … 254
5.5 塑山 … 262
5.5.1 水泥砂浆塑山塑石 … 262
5.5.2 玻璃纤维强化水泥假山 … 263
5.5.3 其他人工材料塑山塑石 … 264

第6章 风景园林种植工程 … 265
6.1 风景园林种植工程概述 … 265
6.1.1 种植工程的概念 … 265
6.1.2 种植工程的特点 … 265

6.1.3　影响移植成活的因素 ……… 265
　　6.1.4　树木质量 ……………………… 267
6.2　种植工程施工步骤 …………………… 268
　　6.2.1　种植前的准备 ………………… 268
　　6.2.2　施工程序 ……………………… 268
　　6.2.3　工程收尾准备 ………………… 269
　　6.2.4　栽后的养护管理 ……………… 269
6.3　乔灌木种植工程 ……………………… 270
　　6.3.1　种植前的准备 ………………… 270
　　6.3.2　施工程序 ……………………… 272
　　6.3.3　栽后的养护管理与工程收尾
　　　　　准备 …………………………… 276
　　6.3.4　大树移植 ……………………… 277
6.4　草坪工程 ……………………………… 288
　　6.4.1　草坪的建植 …………………… 288
　　6.4.2　草坪的养护管理 ……………… 291
6.5　边坡植物绿化防护工程 ……………… 293
　　6.5.1　边坡植物绿化防护措施体系
　　　　　………………………………… 293
　　6.5.2　边坡植物绿化防护施工工艺
　　　　　………………………………… 293
　　6.5.3　藤本植物护坡 ………………… 298
　　6.5.4　边坡灌木化技术 ……………… 299
6.6　屋顶绿化 ……………………………… 299
　　6.6.1　屋顶绿化种植区构造层 ……… 299
　　6.6.2　植物的防风技术 ……………… 301

第7章　风景园林照明与供电工程 ……… 302
7.1　风景园林照明基本概念 ……………… 302
　　7.1.1　照明技术的基本概念 ………… 302
　　7.1.2　照明电光源 …………………… 304
　　7.1.3　风景园林照明灯具 …………… 309
　　7.1.4　风景园林景观装饰照明 ……… 313
7.2　风景园林照明电气设计 ……………… 315
　　7.2.1　供电基本概念 ………………… 315
　　7.2.2　供电方式选择 ………………… 316
　　7.2.3　照明配电系统 ………………… 316
　　7.2.4　风景园林景观用电量的估算
　　　　　………………………………… 317

　　7.2.5　变压器选择 …………………… 318
　　7.2.6　照明线路计算 ………………… 319
　　7.2.7　保护电器的选择 ……………… 319
　　7.2.8　配电导线选择 ………………… 320
7.3　风景园林照明设计步骤与实例 ……… 324
　　7.3.1　风景园林照明设计步骤 ……… 324
　　7.3.2　风景园林照明设计实例 ……… 325

第8章　风景园林机械 ……………………… 329
8.1　风景园林工程机械 …………………… 329
　　8.1.1　土方机械 ……………………… 329
　　8.1.2　压实机械 ……………………… 344
　　8.1.3　混凝土机械 …………………… 351
　　8.1.4　起重机械 ……………………… 354
　　8.1.5　提水机械 ……………………… 362
8.2　种植养护机械 ………………………… 367
　　8.2.1　种植养护机械 ………………… 368
　　8.2.2　乔木灌木养护机械 …………… 372
　　8.2.3　草坪养护管理机械 …………… 377
　　8.2.4　灌溉机械 ……………………… 382

参考文献 ……………………………………… 392
附录　附录Ⅰ　计算机制作地形模型的方法
　　　　　………………………………… 394
　　　附录Ⅱ　计算零点位置表 …………… 399
　　　附录Ⅲ　计算土方体积表 …………… 402
　　　附录Ⅳ　计算机辅助计算土方量的方
　　　　　　　法（方格网法） …………… 403
　　　附录Ⅴ　钢管（水煤气管）的$1000i$和
　　　　　　　v值表 ……………………… 408
　　　附录Ⅵ　铸铁管$DN=50\sim300\text{mm}$的
　　　　　　　$1000i$和v值表 …………… 411
　　　附录Ⅶ　塑料给水管计算表 ………… 416
　　　附录Ⅷ　钢筋混凝土圆管$d=200\sim500$
　　　　　　　（满流，$n=0.013$）水力计算表
　　　　　　　………………………………… 422
　　　附录Ⅸ　IS型单级吸悬臂式离心泵性能
　　　　　　　………………………………… 424
　　　附录Ⅹ　潜水泵的性能 ……………… 432

第0章
绪 论

现代社会，由于人口迅速增长，高度工业化以及城市化进程加速，使得自然生态环境遭受破坏，人们迫切需要保护和修复赖以生存的环境，建设一个美好宜居的生态家园。这些令风景园林事业方兴未艾，也带来了风景园林学科的蓬勃发展。风景园林工程是风景园林学科体系的重要组成部分，和其他工程学一样，同属应用科学，是研究用数学与其他自然科学的原理设计制造有用物体的进程的科学，包括"工""程""技""艺"4个方面。所谓"工"是指运用知识和经验对原材料、半成品进行加工处理，最后使之成为物体（产品）；"程"即法式、办法、规范、标准、方法步骤；"技"在此即"技术"，是物质资料生产所凭借的方法、能力或设备操作等专门的技能；而"艺"意即"工艺"，是指按一定计划进行的工作，依次序、流程而为之艺术。

风景园林工程是研究风景园林建设的工程技术，包括竖向处理，地形塑造、土方填筑的场地工程；掇山、置石工程；风景园林理水工程（含水环境的综合处理、滨水地带生态修复、护岸护坡、水闸、水池及喷泉）；风景园林给水、排水工程（含节水灌溉，雨水收集、处理、回用技术）；园路和广场铺装工程；风景园林种植工程（含大树移植、屋顶种植、坡面种植）；风景园林绿地养护工程；风景园林建筑工程；风景园林景观照明工程及弱电工程（含监控、广播、通信）等。

风景园林工程也是研究造园技艺的一门课程，是探讨如何在最大限度地发挥风景园林综合功能的前提下，解决风景园林设施与景观的矛盾。风景园林是以植物为本底，以规划设计及工程为手段，发挥休憩、文娱、游览等功能，满足环保生态要求，建设美观而可用的场所。风景园林工程就是在一定地域运用具有风景园林特色的工程技术和艺术手段，通过改造地形（或进一步筑山、叠石、理水）、种植树木花草、营造建筑和布置园路等途径创造优美的自然环境，它为人们提供一个良好的休息、文化娱乐、满足人们亲近大自然、回归大自然，造就一种自然与人的和谐环境，进而保护、修复生态环境，使其持续良性发展。作为"风景园林"中的工程，其不仅有传统意义上的"工"，同时有着强烈的生物学、生态学属性。风景园林工程是工学科、生物学科、社会学科等学科的综合，是科学性、技术性和艺术性的完美结合。掌握工程原理，以科学技术为依据进行风景园林规划设计，才能确保规划设计的实现并具有可操作性。风景园林工程也称作造（景）园工程，是具体实施风景园林规划设计意图的措施。风景园林规划设计与风景园林工程是相辅相承、相互影响、互为一体的，是风景园林建设工程中不可或缺的两个方面。

我国数千年的文明史，素有"园林之母"的美誉，造就了风景园林工程的不断发展，前人的实践经验以及保留下来的实物与理论著作都是宝贵财富。早在春秋战国时期已出现人工造山，《尚书》所载"为山九仞，功亏一篑"之喻，说明当时已有篑土为山的做法，但仅限兴修水利等，而不是单纯的造园。秦汉时期的"一池三山"所进行的大规模挖湖堆山土方工程，已开始了水系疏导、引天然水体为池，埋设地下水管道等，而铺地工程和种植工程亦有所发展。唐代王维的"辋川别业"

则是在利用大自然山水的基础上,加以适当的人工改造形成的,既具有大自然的风貌,又蕴涵了如诗如画的意境。宋徽宗命建寿山艮岳,广集江南名石,以"花石纲"为旗号,通过运河运至河南,其中号称"神运昭功敷庆万寿峰"的特置峰石"广百围,高六仞",跋涉数千里*后完整无损傲立于京邑人工造山之顶上,使造园工程达至高峰,其一方面反映出帝王的骄奢淫欲,另一方面更反映出劳动人民的聪明才智。明清时期的造园更加成熟,颐和园的水系是结合城市水系以及蓄水功能,将原有与万寿山不相称的小水面扩展为山水相映的昆明湖。园中条石驳岸选材恰当,施工工艺精湛,至今少有渗漏。水系的开发与完善,使其在景观上实现了"山因水活"的效果。圆明园的大水法,其实就是人工喷泉,时称"水法"。特点是数量多、气势大、构思奇特。主要形成谐奇趣、海晏堂和大水法3处大型喷泉群,颇具殊趣。此外,苏州环秀山庄的湖石假山、无锡寄畅园的八音涧、杭州西泠印社的凿石为山池等都是民族的瑰宝。

我国历代的造园师以及工匠留下了许多传世之作,有的技艺之高超至今仍让人叹为观止。如经历了几百年的颐和园水系仍在新的时代发挥作用;圆明园的大水法、苏州古典园林中的花墙、亭、台、楼、榭、置石、假山等,不仅受到中国人民的喜爱,同时也落户到欧美各国,成为世界人民共同的文化财富。

中国风景园林不仅有着许多历代留下的园苑,同时一些匠人、造园师也给后人留下许多名园的资料、图集。如明代计成所著《园冶》、北宋沈括所著《梦溪笔谈》、宋代李诫编修的《营造法式》、明代文震亨著《长物志》《徐霞客游记》、清代李渔著《闲情偶寄》和沈复著《浮生六记》等都有专门谈及,这些资料不仅反映了当时造园技术之高超,更是后人不断汲取造园技术之源泉。

新中国建立以来,风景园林建设得到党与政府的重视,特别是改革开放以来,风景园林建设达到了一个新的水平,"风景园林"已被赋予崭新的含义,生态、节能、环保已是社会发展的必然与需要。不断涌现的新材料、新工艺使风景园林工程跳出"造园"的单纯概念,而赋予了新内容、新技术,并塑造了风景园林的新面貌。"生态"、"可持续发展"、"自然和谐"的科学发展观的融入,使风景园林工程步入了新的阶段。风景园林工程建设得到长足的进步与发展,成绩斐然。大致经历了以下3个阶段:

1949—1979年是风景园林工程建设起步发展阶段,风景园林工程多为配套附属工程或者以绿化为主的工程。工程技术手段以传统造园技术手段为主。

1980—1990年是风景园林工程建设全面发展阶段,风景园林工程以改善城市环境为目的的综合性工程日益增多,以满足居民各种需求的居住区绿化工程对提升风景园林工程技术水平起到了促进作用。

1991年至今是风景园林工程建设蓬勃发展阶段,随着城市化进程的推进,"园林城市"、"生态园林城市"创建活动的开展,以及奥运会、世博会、亚运会、园博会和花博会等一系列重大事件的带动,城市园林绿化工作受到广泛的关注和重视,为风景园林工程建设创造了广阔的空间,行业的技术水平得以全面提高。在此阶段,风景园林传统的造园技术大有创新和提升。例如,将纳米技术材料、负离子材料、全息摄影测量技术和三维激光扫描技术等应用于对园林古建的保护上,力求将"传统材料"与现代技术有机结合,探索在整体保护、原貌修复等方面广泛应用。

随着大型公园、绿地建设工程的增多,大尺度、大高差的地形塑造日益增多,规模大、视角独特、立足于改善人们生活环境的工程大量涌现。如北京奥林匹克森林公园的主山高达48m,土方量约$500 \times 10^4 m^3$,该工程填补了我国大型土山填筑技术的空白。上海滨江森林公园的土山相对高度差10m以上,土方量$200 \times 10^4 m^3$,结合上海地区土壤含水量高,宜形成滑坡的问题,除根据土基的堆载原理,采用分层碾压,严控堆载速度等方法外,还运用了打排水板和加土工格栅等加固处理措施,保证了工程的顺利实施。

在理水工程技术方面,运用生态河床构建、

---

* 1里=500m。

生态驳岸、自然型护岸等技术，为理水赋予了新的内容，人工湿地的构建技术以及水环境生态修复与维护技术已在实际中应用，并创造出适合各种实地条件的具体应用方法。大型的程控、音控喷泉工程以及人工造雾技术在计算机技术的支持下，已成为风景园林工程中水景技术的突出亮点。而反季节的大树移植技术、大树容器育苗技术等，有效地提高了树木的成活率。主体绿化、屋顶绿化成为消除城市"热岛"、提高绿化覆盖率的重要手段。

方兴未艾的光伏发电技术、LED 照明以及光纤照明已成为当前风景园林景观照明光源的主题。

在新视点下，各地涌现出一批大型工程。如北京奥林匹克公园、上海世博园、各类园博园、科技产业园、高新区建设工程等都已成为我国风景园林工程的典范，传统园林景观通过改造、更新也被赋予新的生命。随着我国经济的飞速发展，相信在风景园林建设中将取得更大的成绩。

"园林工程"课程在我校开设以来已有半个多世纪，期间经历了院系调整，也经历了课程的更名与完善。20 世纪 50 年代初，梁永基、陈兆玲等先生以市政工程为基本教材；50 年代后期，余树勋、孟兆祯等先生仍以市政工程为主加入种植工程作为基本教材；60 年代由孟兆祯、毛培琳、黄庆喜、刘正官、汤影梅等诸位先生以市政工程为基础，加入假山工程、大树移植工程编写了"园林工程"讲义；70 年代后期，孟兆祯、毛培琳、黄庆喜、梁伊任诸位先生分工合作重新编写出新版"园林工程"作为教材，在那个时期，它是国内唯一而又得到业内相关院校广为使用的教材。在此基础上，针对风景园林教学要求，兼顾泛建筑、农林、环境等专业教学之需，由孟兆祯院士主编，毛培琳、黄庆喜、梁伊任诸位教授参编的《园林工程》教材于 1996 年 1 月正式由中国林业出版社出版，许多相关院校、专业以及从事此项工作的工程技术人员都采用了此教材或相关内容，取得了良好的效果。

随着经济与科学技术的发展，风景园林事业受到极大的关注，新技术、新材料、新工艺的不断出现与更新，使课程内容、授课方式发生了极大的改变，特别是计算机技术与互联网的普及已使许多过去需要大量人工计算与绘图及模型制作的工作变得简单与直观，"以人为本"、"可持续发展"、"科学发展观"以及"和谐社会"的思想也给风景园林工程注入了新的内涵。

本教材分为绪论、场地工程、风景园林给排水工程、水景工程、风景园林道路工程、假山工程、风景园林种植工程、风景园林照明与供电工程、风景园林机械共 9 章内容，其章节的划分与国内外同类教材类似，但在内容上，除秉承《园林工程》的基本特色，即突出中华民族特有的风格，以自然山水园讲述风景园林工程的基本理论外，突出反映时代的面貌，风景园林工程中的新技术、新材料、新工艺、新成就。

风景园林学科是一门综合性及交叉性极强的学科，它吸收了多个学科精华，并随着科学技术的发展、时代的变迁而逐步丰富，逐渐形成的；风景园林所涉及的理念也应随之不断变化。在教学中除讲授传统的园林工程的"理法"，更多的要介绍风景园林工程的现状以及发展趋势，体现当今风景园林工程的发展已进入多学科、多技艺的综合发展阶段，这也意味着当今时代对风景园林工程技术人员的要求更高、更严格。

"风景园林工程"是实践性很强的课程，以培养动手操作和解决实际问题的能力为己任。课程采用课堂讲授、实习、实践并重的方法。每章均需有实习、课程设计及模型制作等配合。学生应在教师讲授的基础上，独立思考，总结要点，以吸收、消化课堂及书本知识。"风景园林工程"实践性很强；内容及技术发展变化很快，关注新技术、新工艺的学习，掌握基本理论，举一反三，不拘泥于传统程式，发挥创新精神，是学好风景园林工程的根本。

第1章 场地工程

在风景园林建设的流程中，首先遇到的就是场地工程，场地是各类绿地的载体。筑园必先动土造地、挖湖筑山、平整场地、挖沟埋管、开槽筑路等。本章主要介绍风景园林场地竖向设计、土方计算与土方施工。

1.1 风景园林场地竖向设计

1.1.1 风景园林场地与场地选择

1.1.1.1 风景园林场地

(1) 园林场地的范畴

风景园林场地应包括规划设计范围内如建筑（包括风景园林建筑）、广场、绿地、停车场、公共设施、风景园林小品等所有元素以及它们之间融为一体的关系。

风景园林场地设计应包括场地平面设计、竖向设计、景观设计、工程管线综合等内容。

(2) 地形与地貌

地形与地貌是场地设计中重要的因素，风景园林设计中正是利用场地的起伏蜿蜒，从而创作出令人难以忘怀的各种景观。

在场地设计中，人们利用地形图以图纸的形式并用特定符号将场地的地形地貌形象地表示出来。常用的符号分为地形符号、地物符号以及注记符。

地形符号为等高线；地物符号要尽可能地反映地物的外形和特征，使人容易联想所代表的地物；当需要标注地物的尺寸、数量等时就要用注记符来表示。

1.1.1.2 风景园林场地的选择

在进行园林场地竖向设计前，应对设计场地的概貌有所了解，即应收集所规划设计的场地信息，掌握场地使用的历史、地形，了解场地土壤、地下水、植被等情况，特别是要了解土地是否被污染等，重视场地内各元素之间的内在联系以及构筑物与外环境之间的和谐共存。如果有条件，应对场地进行初步评估。只有在"绿色的场地"上进行规划设计，才能保证风景园林景观的持续发展。

1.1.2 风景园林场地竖向设计的定义与任务

1.1.2.1 风景园林场地竖向设计的定义

竖向设计是场地建设中的一个重要组成部分，它与总平面布置有着密不可分的联系，现状地形往往不能满足风景园林设计的要求，需要进行原地形竖直方向的调整，充分利用，合理改造。即在平整场地时，对土石方、排水系统、构筑物高程等进行垂直于水平方向的布置和处理，以满足场地设计的需要。

风景园林场地竖向设计就是对风景园林中各个景点、设施及地貌在高程上进行统一协调而创造既有变化又统一协调的设计。实际上，竖向设计是一项根据风景园林设计要求，对场地地面、场地内构筑物的高程作出的设计与安排的工程。

1.1.2.2 风景园林场地竖向设计的任务

即从最大限度地发挥风景园林的综合功能出

发，统筹安排园内各景点、设施和地貌景观之间的关系，充分利用地形减少土方量，合理处理地上设施与地下设施之间、山水之间、园内外之间高程上的衔接。其基本任务包括：

(1) 地形设计

这是对场地骨架的"塑造"，合理布局山水，根据功能要求，对峰、峦、坡、谷、河、湖、泉、瀑等地貌小品进行设置，而它们之间的相对位置、高低、大小、比例、尺度、外观形态、坡度的控制和高程关系等都要通过地形设计来解决。

地形除了构成风景园林的骨架外，还具有组织与分隔空间的作用，它可以用来阻挡游人的视线，在有一定体量时，还具有防风、阻噪等作用。因而需要选择场地竖向布置的方式，合理确定景区内各部分的标高，力求减少土方量，使场地内外、场地内的各部分都能满足风景园林设计的要求。

地形设计最重要的是因地制宜，顺应地形，尽量减少对原地形的干扰，充分利用现有排水渠、溢洪道、河汊沟峪等，融合自然风景。

(2) 确定园内建筑与园林小品的高程

建筑和其他风景园林小品（如纪念碑、雕塑等）应标出其地坪标高及其与周围环境的高程关系，大比例图纸建筑应标注各角点标高。例如，在坡地上的建筑，是随形就势还是设台筑屋。在水边上的建筑物或小品，则要标明其与水体的关系。

(3) 园路、广场、桥涵和其他铺装场地的设计

图纸上应以设计等高线表示道路（或广场）的纵横坡和坡向、道桥连接处及桥面标高。在小比例图纸中则用变坡点标高来表示园路的坡度和坡向。

例如，在寒冷地区，冬季冰冻、多积雪，为安全起见，广场的纵坡应小于7%，横坡不大于2%；停车场的最大坡度不大于2.5%；一般园路的坡度不宜超过8%。超过此值应设台阶，台阶应集中设置。为了游人行走安全，应避免设置单级台阶。另外，为方便伤残人员使用轮椅和游人推童车游园，在设置台阶处应附设坡道。具体坡度的计算方法详见1.2节，各种坡度控制值详见图1-5。

(4) 植物种植在高程上的要求

在风景园林建设过程中，场地上常有必须保留的古树名木或大树。其周围的地面依设计如需增高或降低，应在图纸上标注出保护老树的范围、地面标高和适当的工程措施。

植物根系对土壤湿度和地下水很敏感，有的耐水湿，如枫杨、水杉等，有的不耐水湿，如牡丹、雪松等。规划时应为不同树种创造不同的生长环境。

水生植物有湿生、沼生、挺水、浮水、沉水等多种。种植不同的水生植物对水深有不同要求，例如，荷花适宜生长于水深0.6~1m的水中，睡莲只适宜在0.3~0.5m的水中生长，而凤眼莲、荇菜对水深要求不严，属浮水植物。

(5) 拟订场地排水方案

为有效发挥场地功能，不受雨洪侵害，避免场地积水，确保地面降水的顺利排除，需决定场地自身排水方向和排水坡度，以及场地与周边建筑、道路、树木、山水等构筑之间的高程关系。

(6) 安排场地土方工程

拟订场地土方平整方案，计算并确定土方工程量，选取弃土与取土地点。

(7) 管道综合

园内各种管道（如供电、广播通信、供水、排水、供暖及煤气管道等）的布置，难免出现交叉，在规划时须按一定原则，统筹安排各种管道交会时合理的高程关系，以及它们和地面上的构筑物或园内乔灌木的关系。

1.1.3 风景园林竖向设计的原则

①风景园林竖向设计应在总体设计的指导下，充分满足场地内各种场所、构筑物、排水、种植的功能要求。

②充分利用自然地形，就地取材，合理进行场地内土方的测算以及工程量的平衡，以减少土方量。

③合理确定高程，在满足场地内等要求的前提下，以最少的投入达到风景园林整体效果的设计要求。

1.1.4 风景园林竖向设计步骤

风景园林竖向设计是一项细致而烦琐的工作，

设计、调整和修改的工作量都很大。不论是用设计等高线法、纵横断面设计法或是用模型法等进行设计,一般都要经过以下一些设计步骤:

1.1.4.1 资料的搜集

设计进行之前,要详细搜集各种设计技术资料,并且要进行分析、比较和研究,对全园地形现状及环境条件的特点做到心中有数。需要收集的主要资料如下:

①场地现状资料。包括风景园林用地及附近地区的地形图、等比例航测图。这是竖向设计最基本的设计资料,必不可少。一般为标有 0.5 ~ 1.0m 等高距的等高线以及高程点的 1:500 或 1:1000 的现状地形测绘图,图中含有 50 ~ 100m 间距的纵横坐标网。

②当地水文地质、气象、土壤、植物等的现状和历史资料。特别应了解设计场地地区的灾害情况、当地乡土树种以及植被生长情况等。

③城市规划对该风景园林用地及附近地区的规划资料,市政建设及其地下管线资料。

④风景园林总体规划初步方案及规划所依据的基础资料。

⑤所在地区的风景园林施工队伍状况和施工技术水平、劳动力素质与施工机械化程度等方面的参考材料。

资料的收集原则是:关键资料必须齐备,技术支持资料要尽量齐备,相关的参考资料越多越好。

1.1.4.2 现场踏勘与调研

在掌握上述资料的基础上,应亲临风景园林建设现场,进行认真的踏勘、调查,并对地形图等关键资料进行核实。如发现地形、地物现状与地形图上有不吻合处或有变动处,要弄清变动原因,进行补测或现场记录,以修正和补充地形图的不足之处。对保留利用的地形、水体、建筑、文物古迹等要加以特别注意,须进行记载。对现有的大树或古树名木的具体位置,必须重点标明。还要查明地形现状中地面水的汇集规律和集中排放方向及位置,城市给水干管接入园林的接口位置等情况。

1.1.4.3 风景园林竖向规划设计图纸的表达

竖向规划应是总体规划的组成部分,需要与总体规划同时进行。在中小型园林工程中,竖向规划设计一般可以结合在总平面图中表达。如果风景园林地形比较复杂,或者风景园林工程规模比较大,在总平面图上不易清楚地把总体规划内容和竖向规划设计内容同时表达得很清楚,就要单独绘制风景园林竖向设计图。

竖向设计一般也分为初步设计与施工图设计两个阶段,由于设计方法不同,设计表达方法也有不同,但统一采用国家颁布的《总图制图标准》。

现以设计等高线法为例来介绍图纸的表达方法和步骤。

(1) 规划阶段

①要求提供竖向规划的说明 主要是简述场地与竖向设计有关的自然情况以及相关数据、设计依据、土方工程施工要求、土方平衡情况等。

②竖向规划图 图纸比例可采用 1:5000 ~ 1:1000 的比例。等高线高差可采用 5 ~ 2m。其具体内容为:

- 确定风景园林中主要组成部分的合理高程位置 用等高线确定山体、微地形土埠及水体(最高、最低、常水位线等),用相应线段或标志确定主建筑、构筑物、道路广场、场地、道路、台阶、护坡、挡土墙、明沟、雨水井、边坡、山体特殊变化处及山峰、水岸、水体的进出口等的位置。
- 坐标 每幢建筑物至少有两个屋角坐标、道路交叉点、控制点坐标和公共建筑设施及其他需要定边界的用地场地四周角点的坐标。
- 标高 建筑室内外地坪标高、绿地、场地标高,道路交叉点、控制点标高,作出园内在相邻地区的高程变化。
- 确定全园的排水方向
- 确定道路纵坡坡度、坡长
- 进行土方量的估算

图中应表达场地的坐标网及其坐标值、指北针(含风玫瑰)以标示图纸方向。

（2）技术设计阶段

图纸比例采用1∶200～1∶500，等高距一般为0.5～1m。主要内容为：

①修正补充各部分的高程图。

②用设计等高线将主要绿地、广场、堆山、挖湖与微地形表现出来。

③绘制主要园路的纵断面图。水平比例一般为1∶200～1∶500，垂直比例一般为1∶20～1∶50；桩点距为20～100m。

④进行土方量计算，绘制土方量调配图，并作出土方量平衡表。

⑤编制技术设计说明书。

（3）施工图阶段

一般采用1∶20～1∶200的图纸比例；等高距为0.10～0.25m。主要内容为：

①各项施工工程平面位置的详细标高和排水方向。

②土方工程施工图要求注明桩点的桩号、原地形高程、设计高程和施工标高。注明园路的纵坡度、变坡点距离和园路交叉口中心的坐标及标高。注明排水明渠的沟底面起点和转折点的标高、坡度及明渠的高宽比。

③进行土方工程量计算。根据算出的挖方量和填方量进行平衡；如不能平衡，则调整部分场地的标高，使土方总量基本达到平衡。编制土方平衡表，绘制土方调配图，列出土方计算表。

④在有明显特征的地方，如园路、广场、堆山、挖湖等土方施工项目所在地，绘出设计剖面图或施工断面图，直接反映标高变化和设计意图，以方便施工。

⑤编制工程预算表。

⑥编制说明书，以对施工图进行简要说明。

1.2 竖向设计的方法

竖向设计的方法有多种，如等高线法、断面法、模型法等。以下着重介绍等高线法。

1.2.1 等高线法

此法在风景园林设计中使用最多，一般用于地形变化不太复杂的丘陵地区。其优点是能较完整地将设计地形与原自然地形地貌进行比较，方便地看到土方变化情况，以进行土方的调配。同时其整体性很强，可以与场地总体布局同步进行，而不是先完成平面设计，再完成竖向设计。在绘有原地形等高线的底图上用设计等高线进行地形改造或创作，在同一张图纸上便可表达原有地形、设计地形状况及公园的平面布置、各部分的高程关系。方便进行方案比较、修改与进一步的土方计算工作。设计者不但要考虑纵、横轴的平面关系，也要考虑垂直地面轴的竖向功能关系。等高线法是设计者进行三维空间思维及设计的一种科学、有效的设计方法，最适宜于自然山水园的土方计算。如图1-1所示。

1.2.1.1 高程与等高线

风景园林竖向设计的主要目的是将现状地形改造成符合园林景观设计要求的设计地形，而地形图则是用高程和等高线表示地形的起伏变化。

（1）高程

地面上一点到大地水准面的铅垂距离，称为该点的绝对高程，通常简称为高程或标高。每个国家都有一个固定点作为国家地形的零点，这样形成了地形图。一般要求规划部门提供的地形图中的表述均为绝对高程。

在局部地区可以附近任意一个具有一定特征的水平面作为基准面，以此得出所设计场地各点相对于基准面的高差，称为相对高程。这个概念常用于局部地区的场地规划中。

（2）等高线

等高线是一组垂直间距相等、平行于水平面的假想面，与自然地貌相交切所得到的交线在平面上的投影。给这组投影线标注上数值，便可用它在图纸上表示地形的高低陡缓、峰峦位置、坡谷走向及溪池的深度等内容。

1.2.1.2 等高线的性质

①同一条等高线上所有的点，其高程都相等。

②每一条等高线都是闭合的。由于园界或图框的限制，在图纸上不一定每根等高线都能闭合，

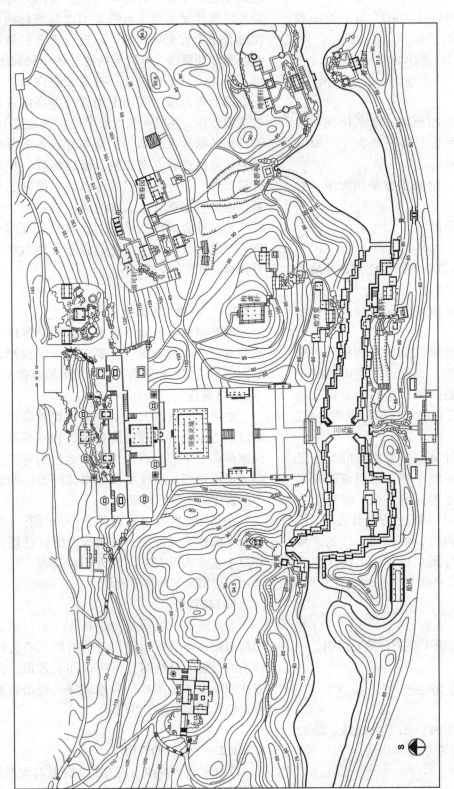

图 1-1 自然山水园（颐和园后湖）

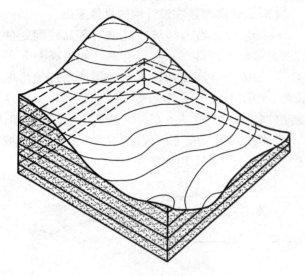

图 1-2 等高线在切割面上闭合的情况

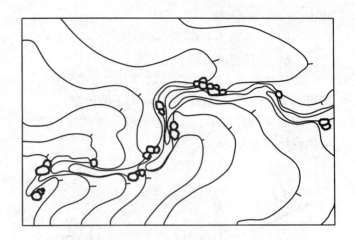

图 1-3 用等高线表现山涧

但实际上它们还是闭合的。为了便于理解,我们假设风景园林基地被沿园界或图框垂直下切,形成一个地块,如图 1-2 所示。由图上可以看到未在图面上闭合的等高线都沿着切割面闭合。理解这一点对以后的土方计算是十分重要的。

③等高线的水平间距的大小,表示地形的缓或陡。如疏则缓,密则陡。等高线的间距相等,表示该坡面的坡度相同;如果该组等高线平直,则表示该地形是一处平整过的同一坡度的斜坡。

④等高线一般不相交或重叠,只有在悬崖处等高线才可能出现相交情况;在某些垂直于地平面的峭壁、地坎或挡土墙、驳岸处等高线才会重合。

⑤等高线在图纸上不能直穿横过河谷、堤岸和道路等;由于以上地形单元或构筑物在高程上高出或低陷于周围地面,所以等高线在接近低于地面的河谷时转向上游延伸,而后穿越河床,再向下游走出河谷;如遇高于地面的堤岸或路堤时等高线则转向下方,横过堤顶再转向上方而后走向另一侧(图 1-3)。

1.2.1.3 用设计等高线进行竖向设计

(1) 设计步骤

①根据场地总体布局,在已确定的道路网中绘出红线或道路控制线以内的各组成部分的平面图。对场地道路作断面设计,确定道路轴线交叉点、变坡点等控制点高程。根据道路横断面可求出道路红线或控制线高程。

②用插入法求出道路转折点及建筑物四角的设计高程。

③场地内的坡度和道路的线型应结合自然地形、地貌,并根据设计总图的要求灵活布置。注意场地内的坡度要求,一般而言,当坡度超过 10% 时,可设置台阶或设置为不连续的坡面。

④根据场地地形、地貌的变化,通过地形分析,划分若干排水区,就近排入排水管网或相应渠道与水体,应尽可能地满足地表排水的要求。

通过以上步骤就可以初步确定场地四周边线高程、构筑物四角设计高程,再连成大片地形的设计等高线。

用设计等高线进行设计时,经常要用到两个公式,一是用插入法求两相邻等高线之间任意点高程。任意点高程的公式:

$$H_x = H_a \pm \frac{x \cdot h}{L} \tag{1-1}$$

式中 H_x——任意点高程,m;
H_a——A 点所在的等高线的高程;
x——任意点至 A 点的等高线的距离;
h——等高距;
L——任意两点间的水平间距,m。

其二是坡度公式:

$$i = h/L \tag{1-2}$$

式中 i——坡度,%；

h——地形图上量得任意两点的高差，m；

L——任意两点的水平间距，m。

如已知高差 h 和坡度 i，就可求得水平间距 L，即可具体点出所求点在地形平面图上的位置。

图1-4为自行车、汽车和行驶坡度的控制值，可供设计时参考。

>8%
8%
6%
4%

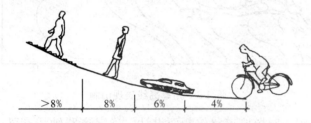

图1-4 自行车、汽车和行驶坡度的控制值

图中给出了自行车、汽车和行驶坡度控制值，人步行坡道基线值和室外台阶的起始坡度值。一般来说，在园林竖向设计中进行道路的纵坡值，广场、游戏场、自然草坪坡度值等的确定可选用图1-5作参考。

(2)设计等高线在设计中的具体应用

①陡坡变缓坡或缓坡改陡坡 等高线间距的疏密表示地形的陡缓。在设计时，如果高差 h 不变，可用改变等高线间距 L 来减缓或增加地形的坡度。如图1-6(a)是缩短等高线间距使地形坡度变陡的例子。图中 $L>L'$，由公式 $i=h/L$ 可知，$i'>i$，所以坡度变陡了。反之，$L<L'$，$i'<i$，坡度减缓了[图1-6(b)]。

32
32
31
31
L'
L
32
31
31
31
L'
L
32
32
31
L
L'
32
31
32
31
31
L
L'
(a)
(b)

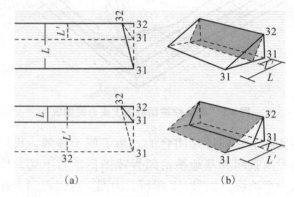

图1-6 调节等高线的水平距离改变地形坡度

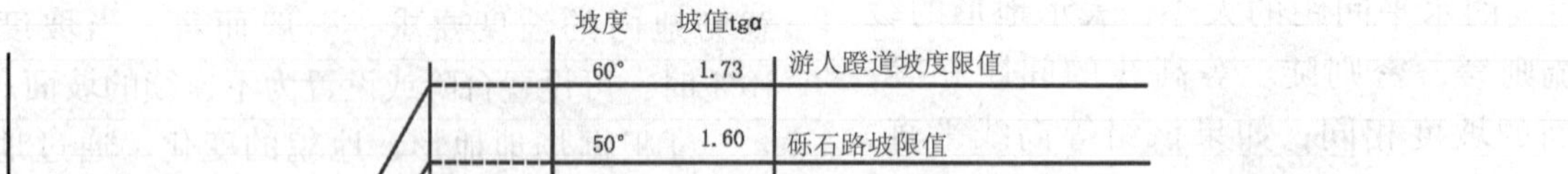

坡度
坡值tgα
60° 1.73 游人蹬道坡度限值
50° 1.60 砾石路坡限值
45° 1.00 假石坡度宜值，干黏土坡角限值
39° 0.80 砖石路坡限值
35° 0.70 水泥路坡极值，梯级坡角终值
31° 0.60 之字形道路，限坡值，沥青路坡极值
30° 0.50 梯级坡角始值，土坡限值，园林地形土壤自然倾角极值
25° 0.47 草坡极值（使用割草机），卵石坡角，中砂、腐殖土坡角
20° 0.36 台阶设置坡度宜值，人感吃力坡度
18° 0.32 需设台阶、踏步
17° 0.30
16° 0.28 礓䃰（锯齿形坡道）终值
15° 0.27 湿黏土坡角
12° 0.21 坡道设置终值，丘陵坡度、台地、街坊小区园路坡度终值，可开始设台阶
10° 0.17 粗糙及有防滑条材料坡道终值
8° 0.14 残疾人轮道限值，丘陵坡度始值
7.5° 0.13 对老幼均宜游览步道限值
7° 0.12 机动车限值，面层光滑的坡道终值（我国某些地区比值控制在0.08）
4° 0.07 自行车骑行极值，舒适坡道值
2° 0.035 手推车、非机动车限值
1° 0.0174 土质明沟限值
0.22° 0.005 草坪适宜坡值，轮椅车宜值
0.172° 0.003 最小地面排水坡值
1:0.58
1:0.63
1:1.0
1:1.25
1:1.4
1:1.67
1:1.72
1:2.10
1:2.75
1:3
1:4
1:6
1:7
1:8
1:12
1:333
α
地形坡度

图1-5 竖向设计(道路、坡道、踏步、土坡、明沟、残疾人手推车、车辆)坡度、斜率、倾角选用

②平填沟谷 在风景园林建设过程中,有些沟谷地段须填平。平填场地这类的设计,可以用平直的设计等高线和拟平垫部分的同值等高线连接。其连接点就是不挖不填的点,也叫"零点";这些相邻点的连线,叫做"零点线",即填土的范围。如果平填工程不需按某一指定坡度进行,则设计时只需将拟平填的范围,在图上大致框出,再以平直的同值等高线连接原地形等高线即可,一如前述做法。如要将沟谷部分依指定的坡度平整成场地,则所设计的设计等高线应互相平行,间距相等(图1-7,图1-8)。

③削平山脊 将山脊铲平的设计方法和平垫沟谷的方法相同,只是设计等高线所切割的原地形等高线方向正好相反(图1-9,图1-10)。

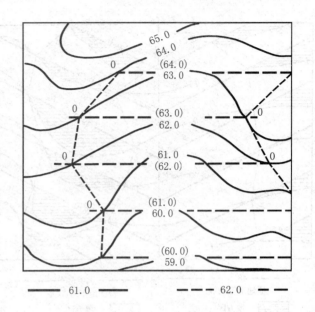

图1-9 削平山脊的等高线设计

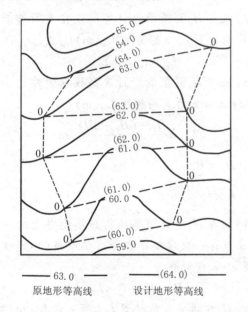

图1-7 平垫沟谷的等高线设计

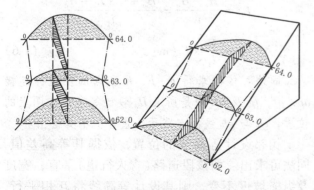

图1-8 平垫沟谷的等高线设计的立体模型

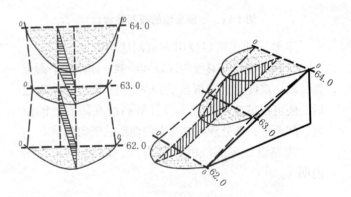

图1-10 削平山脊的等高线设计的立体模型

④平整场地 风景园林中的场地包括铺装的广场、建筑地坪及各种文体活动场地和较平缓的种植地段,如草坪、较宽的种植带等。非铺装场地对坡度要求不很严格,目的是垫洼平凸,将坡度理顺,而地表坡度则任其自然起伏,排水通畅即可。铺装地面的坡度则要求严格,各种场地因其使用功能不同对坡度的要求也各异。通常为了排水,最小坡度要求大于0.5%,一般集散广场坡度在1%~7%,足球场0.3%~0.4%,篮球场2%~5%,排球场2%~5%,这类场地的排水坡度可以是沿长轴的两面坡或沿横轴的两面坡,也可以设计成四面坡,这取决于周围环境条件。一般铺装场地都采取规则的坡面(即同一坡度的坡面),如图1-11所示。

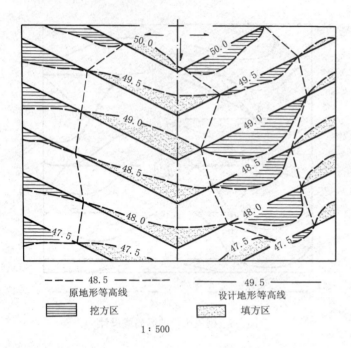

图 1-11 平整场地的等高线设计

平整场地还可以使用方格网法可见图 1-37。

⑤园路设计等高线的计算和绘制 园路的平面位置，纵、横坡度，转折点的位置及标高经设计确定后，便可按坡度公式确定设计等高线在图面上的位置、间距等，并处理好它与周围地形的竖向关系。

道路设计等高线的绘制方法，以图 1-12 为例说明。

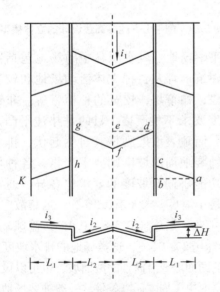

图 1-12 道路等高线设计

图中 ΔH——路牙高度，m；
i_1——道路纵坡，%；
i_2——道路横坡，%；
i_3——人行道横坡，%；
L_1——人行道宽度，m；
L_2——道路中线至路牙的宽度，m。

依据道路所设定的纵、横坡度及坡向，道路宽度，路拱形状及路牙高度，排水要求等，用坡度公式求取设计等高线的位置。

设 a 点地面的标高为 H_a，H_a 也是该点的设计标高，求与 H_a 同值的设计等高线在道路和人行道上的位置。

1）求 b 点设计标高 H_b

$$H_b = H_a - i_3 \times L_1 \text{（m）} \quad (1-3)$$

2）求与 H_a 同值的设计等高线在人行道与路牙接合处的位置 c，c 距 b 为 L_{bc}(m)

$$L_{bc} = i_3/i_1 \times L_1 \text{（m）} \quad (1-4)$$

3）求与 H_a 同值的设计等高线在道路边沟上的位置 d；d 与 c 两点间相距 L_{cd}(m)

$$L_{cd} = \frac{H_a - (H_c - \Delta H)}{i_1} \text{（m）}$$

$\because H_C = H_a$

$\therefore L_{cd} = \frac{\Delta H}{i} \text{（m）}$

4）求与 H_a 设计等高线在路拱拱脊上的位置 f。先过 d 点作一直线使垂直于道路中线（即路拱拱脊线）得 e，e 点标高为

$$H_e = H_a + i_2 \times L_2 \text{（m）} \quad (1-5)$$

则 H_a 在拱脊上的位置 f 为距 e 点 L_{ef}(m)处

$$L_{ef} = \frac{H_e - H_a}{i_1} = \frac{H_a + i_2 \times L_2 - H_a}{i_1}$$

$$= \frac{i_2}{i_1} \times L_2 \text{（m）} \quad (1-6)$$

同法可依次求得 g，h，K 各点的位置；连接 ac，df，fg 及 hK 便是所求 H_a 设计等高线在图上的位置，cd 与 gh 线因与路牙线重合，不必绘出。

相邻设计等高线的位置，依据其等高差值，同法可求出。如该段道路（含人行道）平直，宽度及纵横坡度不变，则其设计等高线将互相平行，间距相等。反之，道路设计等高线也会因道路转

弯、坡度起伏等变化而相应变化。图1-13是用设计等高线绘制的一段山道；图1-14是用设计等高线法绘制的一处街头小游园的竖向设计图；图1-15为广场的竖向设计；图1-16为建筑与广场相衔接时的等高线设计；图1-17，图1-18分别为水池与道路相衔接的等高线设计的不同处理。

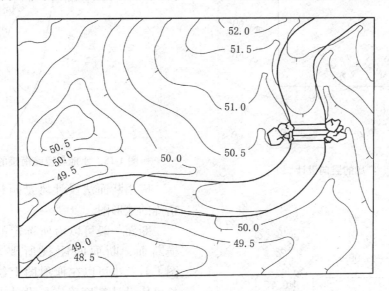

图1-13　山道的等高线设计

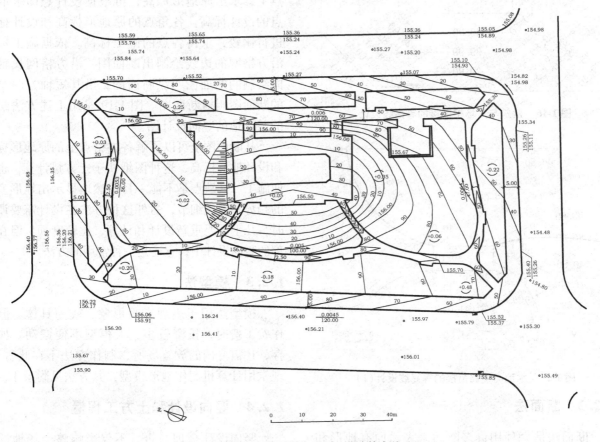

图1-14　街头小游园竖向设计（设计等高线法）

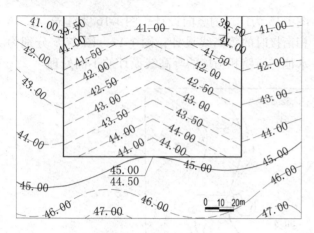

图 1-15　广场的竖向设计

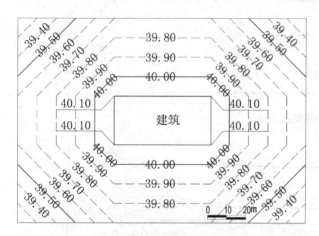

图 1-16　建筑与广场相衔接的等高线设计

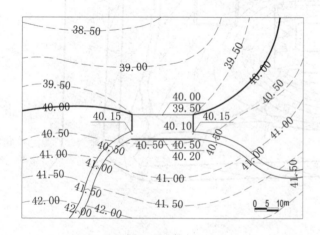

图 1-17　水池与道路衔接的等高线设计(1)

1.2.2　断面法

断面法是一种用许多断面来表示原有地形和设计地形状况的方法。此法便于计算土方量。

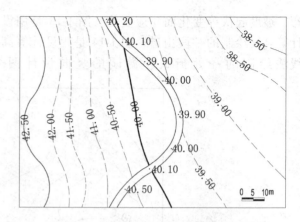

图 1-18　水池与道路衔接的等高线设计(2)

应用断面法设计风景园林用地，首先要有较精确的地形图。

断面一般可以沿所选定的轴线取设计地段的横断面，断面间距视所要求精度而定，可见图 1-47；也可以在地形图上绘制方格网，方格边长可依设计精度确定。设计方法是在每一方格角点上，求出原地形标高，再根据设计意图求取该点的设计标高。各角点的原地形标高和设计标高进行比较，求得各点的施工标高。依据施工标高沿方格网的边线绘制出断面图，沿方格网长轴方向绘制的断面图叫纵断面图；沿其短轴方向绘制的断面图叫横断面图。图 1-19 是用上述方法绘制的某场地的竖向设计图。

从断面图上可以了解各方格点上的原地形标高和设计地形标高，这种图纸便于土方量计算，也方便施工。其缺点是不能一目了然地显示出地形变化的趋势和地貌细节，另外这种方法在设计需要调整时，几乎需要重新设计和计算，比较麻烦。但在局部的竖向设计中，它还是一种常用的方法。

1.2.3　模型法

模型法用于表现直观形象，较为具体。但制作费工费时，投资较多；大模型不便搬动。如保存，还需专门的放置场所，制作方法不在此赘述。现常用计算机制作地形模型，其方法见附录Ⅰ。

1.2.4　竖向设计和土方工程量

竖向设计合理与否，不仅影响整个场地的景观和建成后的使用管理，而且直接影响土方工程

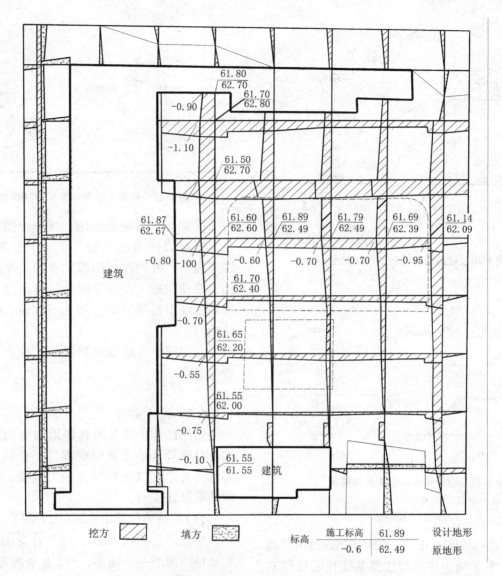

图1-19 在方格网上按纵断面法所作的设计地形图(局部)

量,其和场地的基建费用息息相关。一项好的竖向设计应该是充分体现设计意图,而其土方工程量为最少(或较少)的设计。

1.2.4.1 减少土方工程量的措施

①应遵循"因地制宜"的原则 场地地形设计应顺应自然,充分利用原地形,宜山则山,宜水则水。《园冶》说:"高阜可培,低方宜挖"。其意即要因高堆山,就低凿水,因势利导地安排内容,设置景点。必要时也可进行一些改造,这样做可以减少土方工程量,从而节约工力,降低成本。

②园林建筑应与地形结合 园林建筑、地坪的处理方式,以及建筑和其周围环境之间的联系,将直接影响着土方工程,从图1-20看,(a)的土方工程量最大,(b)其次,而(d)又次,(c)最少。可见园林中的建筑如能紧密结合地形,建筑体型或组合能随形就势,则可少动土方。北海公园的亩鉴室、酣古堂,颐和园的画中游等都是建筑与地形结合的佳例。

③园路选线对土方工程量的影响 园路路基一般有几种类型(图1-21)。在山坡上修筑路基,大致有3种情况:全挖式;半挖半填式;全填式。在沟谷低洼的潮湿地段或桥头引道等处道路的路

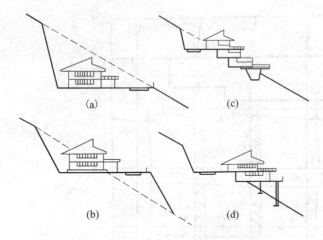

图 1-20　建筑结合地形的几种类型

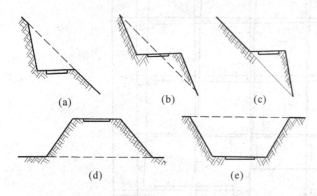

图 1-21　道路结合地形的几种情况
(a) 全挖　(b) 半挖半填　(c) 全填
(d) 路堑　(e) 路堤

基需修成路堤 [图 1-21(d)]；有时道路通过山口或陡峭地形，为了减少道路坡度路基往往做成堑式路基 [图 1-21(d)]。

园路除主路和部分次路，因运输、养护车辆的行车需要，要求较平坦外，其他园路均可任其随地势蜿蜒起伏，有的甚至造奇设险以引人入胜，所以园路设计的余地较大。尤其是山道，应该在结合地形、利用地形地物等方面，多动脑筋，避免大挖大填，避免或减少出现图 1-21 中 (a)、(c)、(d)、(e) 的情况，道路选线除了满足其导游和交通目的外，还要考虑如何减少土方工程量。

④多搞小地形，少搞或不搞大规模的挖湖堆山　杭州植物园分类区小地形处理，就是这方面的佳例（图 1-22）。

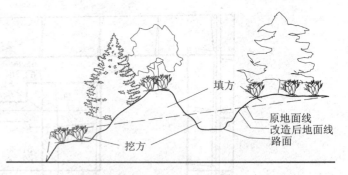

图 1-22　用降低路面标高的方法丰富地形

⑤缩短土方调配运距，减少小搬运　前者是设计时可以解决的问题，即在作土方调配图时，考虑周全，将调配运距缩到最短；而后者则属于施工管理问题，往往是因为运输道路不好或施工现场管理混乱等原因，卸土不到位，或卸错地方造成的。

⑥合理的管道布线和埋深　重力流管要避免逆坡埋管。

1.2.4.2　设计实例

前已提及，风景园林场地的竖向设计是风景园林总体设计的重要组成部分。它包含的内容很多，而其中又以地形设计最为重要。以下介绍几项地形设计佳例。

(1) 杭州植物园山水图（图 1-23）

山水园面积约 4hm²，位于青龙山东北麓，是杭州植物园的一个局部，与"玉泉观鱼"景点浑然一体，地形自然多变，山明水秀。

在建园之前，这里是一处山洼地，洼处是几块不同高程的稻田，两侧为坡地，坡地上有排水谷涧和少量裸岩。玉泉泉水流入洼地，出谷而去。

山水园的地形设计本着因地制宜、顺应自然的原则，将山洼处高低不等的几块稻田整理成两个大小不等的上、下湖。两湖间以半岛分隔。这样处理虽不如拉成一个湖面开阔，却使岸坡贴近水面，同时这样处理也减少了土方工程量，增加水面的层次，且由于两湖间有落差，水声潺潺，水景自然多趣。湖周地形基本上是利用原有坡地，局部略加整理，山间小路适当降低路面，余土培

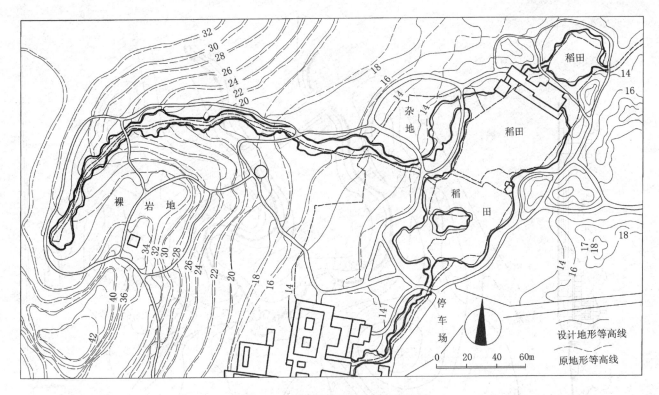

图 1-23　杭州植物园山水园地形设计

于路两侧坡地上以增加局部地形的起伏变化，山水园有二溪涧，一通玉泉，一通山涧，溪涧处理甚好，这两条溪涧把园中湖面和四周坡地、建筑有机地结合起来。

(2) 上海天山公园（图 1-24）

早期的天山公园，南面是个大湖面，后因被体育部门占用，湖面被填平改作操场。湖上大桥大半被埋在土中。20世纪70年代初，公园复归园林部门管理。在公园进行复建设计时，设计者本着既要改变现状，使地形符合造景和游人休息的功能要求，又不大动土方的基本设想，在原大桥南挖出一个作为荷花池的小水面，并使湮没土中的大桥显露出来，与荷花池南面相接的陆地则削成一处由南向北约成5°倾斜的缓地草地。草坡缓缓伸向荷池，地形自然和谐，水体和草坡连接，扩大了空间感。削坡的土方填筑于坡顶及两侧，形成岗阜地形，适当分隔了空间，挖填土方基本上就地平衡。

(3) 杭州太子湾公园（图 1-25）

杭州太子湾公园始建于1988年，总面积76.3hm²。公园南靠九曜、南屏二山，东邻净慈寺、小有天园及张苍水、章太炎墓道，西借南高峰烟霞翠岚入园，北有一长列高大葱郁的水杉密林如翠帷中垂而与车水入流的南屏路相隔。山（九曜、南屏）为屏，水（明渠）为脉，山障水绕，气韵生动。太子湾原是西湖西南隅的一片浅水湾，太子湾公园位于苏堤春晓、花港观鱼南部及雷峰夕照、南屏晚钟西部背山面湖的密林间，有近180亩*低平的空地。据《宋史》记载，宋时曾被择为庄文、景献两太子埋骨之所，湖湾因此得名。古时的太子湾为西湖一角，由于山峦泥沙世代流泄冲刷，逐渐淤塞为沼泽洼地。新中国成立后，曾为两次疏浚西湖的淤泥堆积处，西湖泥覆盖层达2~3m，表面为喷浆泥，经阳光暴晒，满是龟纹和洞坑，踏之如履软絮。土壤色黑、黏性重、物理性质差。山麓山坳岩隙为黄壤，属砂质黏土。1985年，西湖引水工程开挖的引水明渠穿过太子湾中部，钱塘江水自南而北泄入小南湖，明渠两

---

* 1亩 = 666.7m²

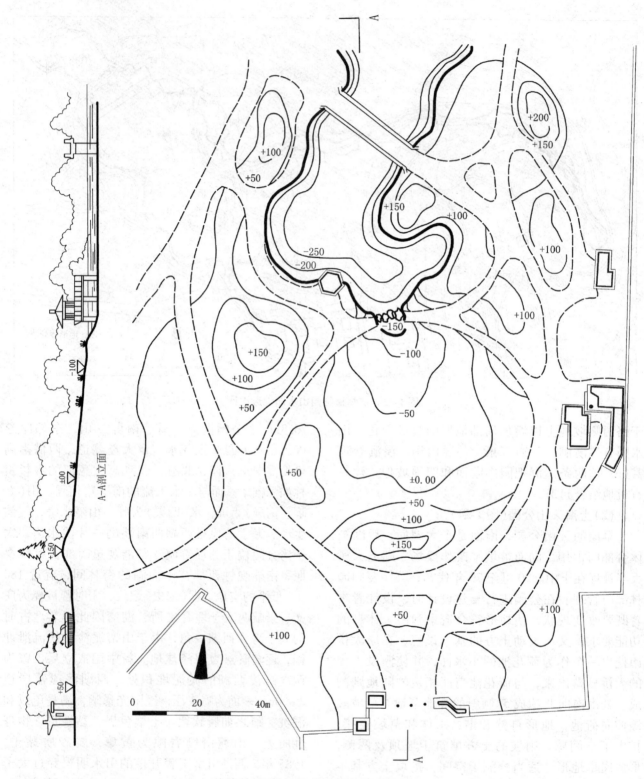

图 1-24 上海天山公园南部地形设计

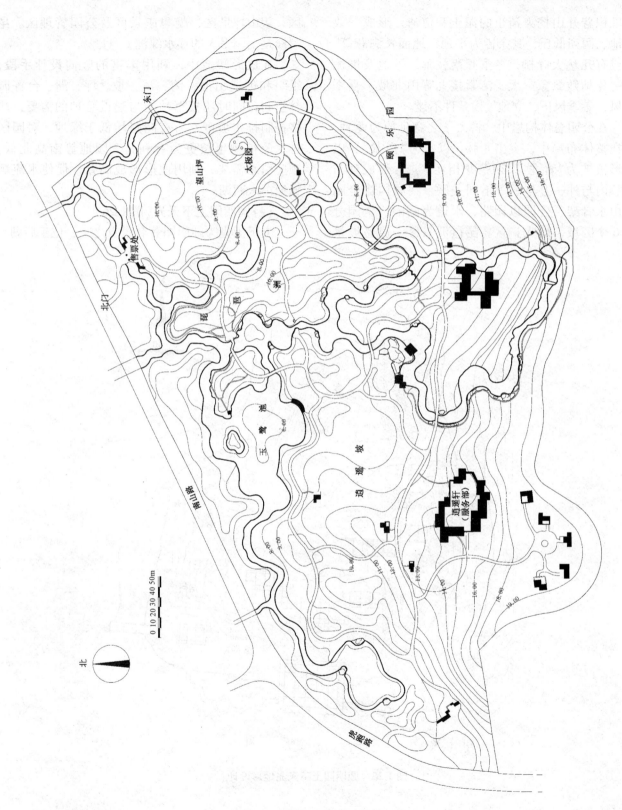

图 1-25　杭州太子湾公园地形设计

旁堆积着开山挖渠清出的泥土和道渣，形成一块台地、两列低丘，其余皆为平地，地面长满藤蔓，间或有几丛大叶柳，冬季叶落枝垂，平地及堆泥区一片枯败景象。太子湾紧接九曜山北坡，夏季无风，冬季风厉，立地气候条件不佳。

在公园总体构思中，将太子之意延伸为龙种，故在整体布局中，突出龙脉，以水为"白龙"，以地形植被为"青龙"，两条龙相互渗透，形成动与静、内与外、上与下等不同关联，共同构建全园的山水骨架。公园以园路、水道为间隔，全园分为6个区域，即入口区、琵琶洲景区、逍遥坡景区、望山坪景区、凝碧庄景区及公园管理区。琵琶洲是全园最大的环水绿洲。

在地形塑造中，利用丰富的竖向设计手段，组织和创造出池、湾、溪、坡、坪、洲、台等园林空间，同时还根据功能与建设管理的需要，严格控制排水坡度，所有园路均低于绿地，对园区排水及植物生长更为有利。全园地势南高北低，顺应引水需要，利用地形形成高差，促使水流顺畅地泻入西湖。

（4）圆明园上下天光（图1-26）

上下天光为圆明园著名景点之一，位于后湖

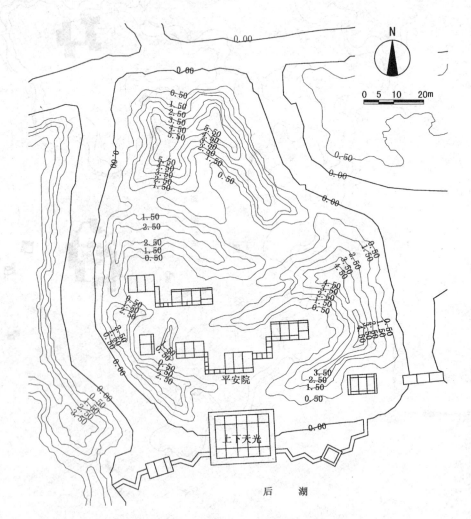

图1-26　圆明园上下天光地形设计

图 1-27　北京奥林匹克森林公园地形设计

西北,始建于雍正年间(公元1726年)。从它的名字可以想象其风景:前面有清澈如镜的水池,天色相映看若天连天、地连地。桥梁极其活泼地通向左右,上面还有六角亭和四角亭,均为结构精巧之作。楼房不高,登上楼房却可一览左右胜景。在乾隆时代,上下楼各3间,同治重修时,计划改为上下5间。该景点是模拟洞庭湖岳阳楼而建,登楼俯瞰,或临桥放眼皆有水天相连之感。亭台楼阁、曲折长廊,掩映在青山绿树之中,再加澄碧流水,宛若人间仙境。居此可览左右美景,也是中秋佳节赏月的好地方,有着"奇赏"与"饮和"之意。

(5) 北京奥林匹克森林公园(图1-27)

奥林匹克森林公园位于北京奥林匹克公园北部,处于北京城市中轴线北端的重要地段,规划范围是:北至清河南侧河上口线和洼里三街,南至辛店村路,东至安立路,西至白庙村路,规划面积约680hm^2。森林公园分为两个区域:五环以北地区,占地约300 hm^2;以南地区,占地约380 hm^2。公园内现状主要有林地(405 hm^2)、湖泊(约12 hm^2)、河道(渠)、农田、村庄、仓库、工厂、碧玉公园别墅区(7.83 hm^2)、历史遗存等。用地内的村庄、仓库和工厂作拆迁处理,碧玉公园别墅区少量保留,历史遗存及已有的林地和水面尽量保留。

奥林匹克森林公园的竖向规划基于以下原则:①根据奥林匹克森林公园及中心区入选方案02("通向自然的轴线")以及市规委和森林公园管委会提出的修改意见进行山形水系的整体塑造;②最大限度地保持和利用现有湖渠、微地形起伏等现状地形条件;③从环保、经济的角度出发,保证土方就地平衡。

根据森林公园具体建设条件,规划将主要的山形水系压缩到北五环路南部,在辛店村路和北五环路之间近1000m的南北距离范围内挖湖堆山,形成主湖在前,主山在后,山水相依的格局。其中,主山恰好位于奥林匹克公园中轴线的尽端,呈"镇山模式",且与城市西北方向的西山遥相呼应。主山独尊,相对高度约48m。为弥补主峰南北进深的不足,同时丰富山体效果,在主峰西南构28m(海拔60.2m)次峰一座,作为主山之余脉。此外,在主峰东南,主湖与原洼里公园湖区及原碧玉公园湖区相连地段的水面规划一系列小岛,岛上堆山,丰富水景层次,同时增强山体的连绵感;安立路西侧亦作微地形处理。最后,以主山为主体的南区山系通过生态廊道跨过北五环路继续向北区延伸,形成一系列萦回曲折的低山丘陵(5~10m),作为主山的余脉,且与蜿蜒曲折的带状溪流相映成趣,营造山林清流的气氛。主山和周边各山体所需土方主要来自于主湖和湿地的挖掘。为了保证土体的稳定,除表层种植土外,土壤密实度应达到92%,坡度过陡处,应采用山石护坡。其中,主湖挖方$333 \times 10^4 m^3$,主山填方$483 \times 10^4 m^3$,主山基底面积42hm^2,山体坡度低于30%,主山相对主湖高度48m(最高点标高86.5m)。主山主水是森林公园设计的精髓所在,受到各方高度重视。总体规则时,联合世界著名的园林设计院,与各方面专家共同研究论证,通过与景山、颐和园、北海山体土方对比分析、推敲,运用中国传统山水形胜的设计理念,对主山水形式进行了多次修改。最后确立了全园山形水系格局,形成"山环水抱,谷脊分明;负阴抱阳,左急右缓;左峰层峦透迤;右翼余脉蜿蜒"的山水形胜。它演绎中国园林传统精髓,气势恢弘,意境深远。

1.3 土方工程量计算

土方量计算一般根据附有原地形等高线的设计地形进行,通过计算,有时反过来又可以修订设计图中不合理之处,使图纸更臻完善。另外,土方量计算所得资料又是基本建设投资预算和施工组织设计等项目的重要依据。所以土方量的计算在园林设计工作中,是必不可少的。

土方量的计算工作,就其要求精确程度,可分为估算和计算。在规划阶段,土方量的计算无须过分精细,只作毛估即可。而在作施工图时,土方工程量则要求比较精确。

计算土方体积的方法很多,常用的大致可归纳为以下3类。①用求体积公式估算;②方格法;

③断面法。

1.3.1 用求体积的公式进行估算

在建园过程中，不管是原地形或设计地形，经常会碰到一些类似锥体、棱台等几何形体的地形单体，如图1-28中所示的山丘、池塘等。这些地形单体的体积可用相近的几何体体积公式来计算，表1-1中所列公式可供选用。此法简便，但精度较差，多用于估算。

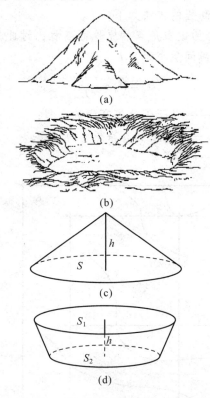

图1-28 套用近似的规则图形估算土方量

表1-1

序号	几何体名称	几何体形状	体 积
1	圆锥		$V = \frac{1}{3}\pi r^2 h$ (1-7)
2	圆台		$V = \frac{1}{3}\pi h(r_1^2 + r_2^2 + r_1 r_2)$ (1-8)
3	棱锥		$V = \frac{1}{3}S \cdot h$ (1-9)
4	棱台		$V = \frac{1}{3}h(S_1 + S_2 + \sqrt{S_1 S_2})$ (1-10)
5	球缺		$V = \frac{\pi h}{6}(h^2 + 3r^2)$ (1-11)

图中，V——体积　r——半径　S——底面积　h——高
r_1, r_2——分别为上下底半径　S_1, S_2——上、下底面积

1.3.2 方格网法

在建园过程中，地形改造除挖湖堆山，还有许多大大小小的各种用途的地坪、缓坡地需要平整。平整场地的工作是将原来高低不平的、比较破碎的地形按设计要求整理成为平坦的具有一定坡度的场地，如停车场、集散广场、体育场、露天演出场等。整理这类地块的土方计算最适宜用方格网法。

1.3.2.1 工作程序

方格网法是把平整场地的设计工作和土方量计算工作结合在一起进行的。其工作程序是：

①将附有等高线的施工现场地形图划分若干方格而成网，其边线尽量与测量的纵横坐标对应，方格边长数值取决于所要求的计算精度和地形变化的复杂程度。在园林中一般用10～50m为边长画格成网，将设计标高和原地形标高分别标在右上角和右下角，将施工标高（原地形标高与设计标高之差，即挖或填的高度）标在方格网的左上角，挖方为"＋"，填方为"－"。如图1-29所示。

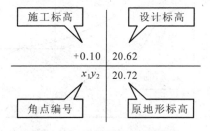

图1-29 方格网标注位置图

②在地形图上用插入法求出各角点的原地形标高(或把方格网各角点测设到地面上,同时测出各角点的标高,并标记在图上)。

③依设计意图(如地面的形状、坡向、坡度值等)确定各角点的设计标高。

④比较原地形标高和设计标高,求得施工标高。

⑤计算零点位置。在一个方格网中同时有挖方或填方时,要先算出方格网边的零点位置,并标注在方格网上,连接零点的零线就是填方区与挖方区的分界线。

⑥土方计算。其具体计算步骤和方法结合实例加以阐明。

1.3.2.2 例题

某公园为了满足游人游园活动的需要,拟将这块地面平整成为三坡向两面坡的近"T"字形广场,要求广场具有1.5%的纵坡和2%的横坡,土方就地平衡,试求其设计标高并计算其土方量(图1-30)。

(1)按正南北方向(或根据场地具体情况决定)作边长为20m的方格控制网

标出各角点及方格网编号(图1-31),将各方格角点测设到地面上,同时测量角点的地面高程并将高程值标记在图纸上,即为该点的原地形高程,标法见图1-29。如果有较精确的地形图,可用插入法由图上直接求得各角点的原地形高程,插入法求高程的方法如下:

设H_x为欲求角点的原地面高程,过此点作相邻两等高线间最小距离L。则

$$H_x = H_a \pm \frac{x \cdot h}{L} \quad (1-12)$$

式中 H_a——位于低边等高线的高程;
x——角点至低边等高线的距离;
h——等高差。

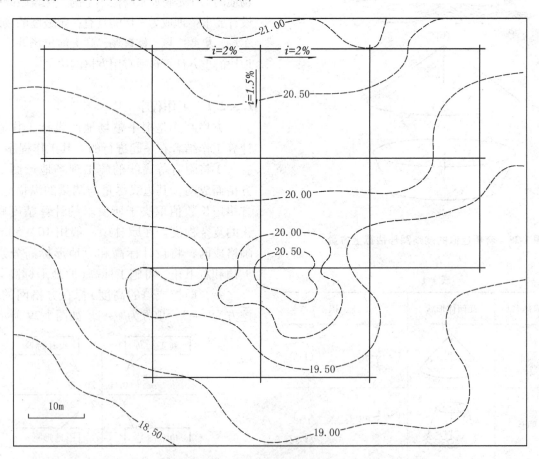

图1-30 某公园广场现状地形图

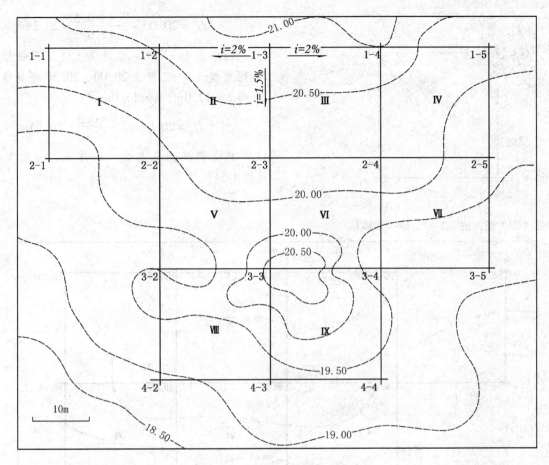

图 1-31 某公园广场方格控制网

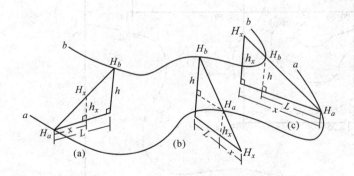

图 1-32 插入法求任意点高程图示

插入法求某地面高程通常会遇到 3 种情况，如图 1-32 所示。

①待求点标高 H_x 在二等高线之间。如图 1-32(a)所示。

$$h_x : h = x : L \qquad h_x = \frac{xh}{L}$$

$$\therefore \qquad H_x = H_a + \frac{xh}{L}$$

②待求点标高 H_x 在低边等高线 H_a 的下方。如图 1-32(b)所示。

$$h_x : h = x : L \qquad h_x = \frac{xh}{L}$$

$$\therefore \qquad H_x = H_a - \frac{xh}{L}$$

③待求点标高 H_x 在等边等高线 H_b 的上方。如图 1-32(c)所示。

$$h_x : h = x : L \qquad h_x = \frac{xh}{L}$$

$$\therefore \qquad H_x = H_a + \frac{xh}{L}$$

实例中角点 1—1 属于上述第一种情况（图 1-33），过 1—1 点作相邻二等高线间的距离最短的线段。用比例尺量得 $L=12.6\text{m}$，$x=7.4\text{m}$，等高线等高差 $h=0.5\text{m}$，代入公式(1-12)。

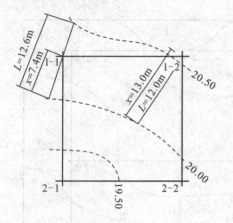

$$H_x = 20.00 + \frac{7.4 \times 0.5}{12.6} = 20.29 \text{m}$$

而求点 1—2 的高程是属上述第三种情况,用最短直线连 1—2 点及 20.00,20.50 等高线。由图上得 $L = 12.0\text{m}$, $x = 13.0\text{m}$。

$$H_x = 20.00 + \frac{13 \times 0.5}{12} = 20.54 \text{m}$$

依此将其余各角点一一求出,并标写在图上(图 1-34)。

图 1-33 插入法求 1-1,1-2 点高程

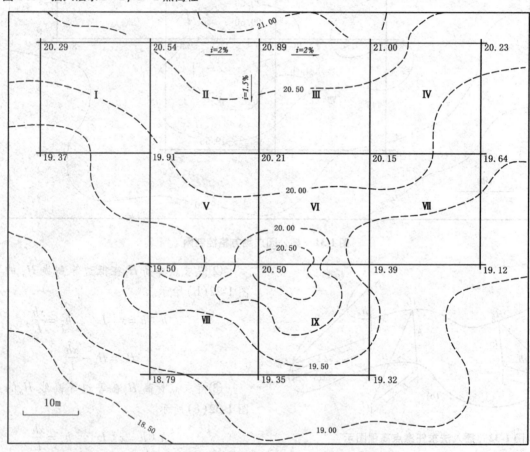

图 1-34 某公园广场方格控制网各角点原地面高程

(2) 求平整标高 H_0(又称计划标高)

平整在土方工程的含意就是把一块高低不平的地面在保证土方平衡的前提下,挖高垫低使地面成为水平面。这个水平地面的高程就是平整标高。设计工作中通常以原地面高程的平均值(算术平均或加权平均)作为平整标高 H_0。可以把这个标高理解为居于某一水准面之上而表面上崎岖不平的土体,经平整后使其表面成为水平面,此时这块土体的标高即为平整标高,如图 1-35 所示。

设平整标高为 H_0,则

$$V = H_0 \times N \times a^2$$

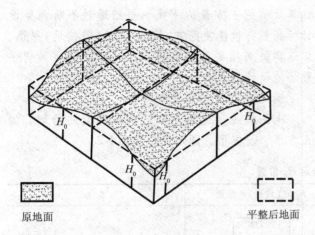

图 1-35 $V = V'$ 的图解

$$\therefore \quad H_0 = \frac{V}{N_a^2}$$

式中 V——该土体自水准面起算经平整后的体积；
  N——方格数；
  H_0——平整标高；
  a——方格边长。

平整前后这块土体的体积是相等的。设 V' 为平整前的土方体积，结合本实例，则

$$V = V'$$
$$V' = V_1' + V_2' + V_3' + \cdots + V_9'$$
$$V_{\rm I}' = \frac{a^2}{4}(h_{1-1} + h_{1-2} + h_{2-1} + h_{2-2})$$
$$V_{\rm II}' = \frac{a^2}{4}(h_{1-2} + h_{1-3} + h_{2-2} + h_{2-3})$$
$$\cdots\cdots$$
$$V_{\rm IX}' = \frac{a^2}{4}(h_{3-3} + h_{3-4} + h_{4-3} + h_{4-4})$$

$\because V = V'$

$$\therefore H_0 N a^2 = \frac{a^2}{4}(h_{1-2} + 2h_{1-2} + 2h_{1-3} + 2h_{1-4} +$$
$$h_{1-5} + h_{2-1} + 3h_{2-2} + 4h_{2-3} + 4h_{2-4}$$
$$+ 2h_{2-5} + 2h_{3-2} + 4h_{3-3} + 3h_{3-4}$$
$$+ h_{3-5} + h_{4-2} + 2h_{4-3} + h_{4-4})$$

$$H_0 = \frac{1}{4N}(h_{1-2} + 2h_{1-2} + 2h_{1-3} + 2h_{1-4} + h_{1-5} +$$
$$h_{2-1} + 3h_{2-2} + 4h_{2-3} + 4h_{2-4} + 2h_{2-5} +$$
$$2h_{3-2} + 4h_{3-3} + 3h_{3-4} + h_{3-5} + h_{4-2} +$$
$$2h_{4-3} + h_{4-4})$$

上式可简化为：

$$H_0 = \frac{1}{4N}(\sum h_1 + 2\sum h_2 + 3\sum h_3 + 4\sum h_4)$$
(1-13)

式中 h_1——计算时使用一次的角点高程；
  h_2——计算时使用二次的角点高程；
  h_3——计算时使用三次的角点高程；
  h_4——计算时使用四次的角点高程。

公式(1-13)求得的 H_0 只是初步的，实际工作中影响平整标高的还有其他因素，如外来土方和弃土的影响，施工场地有时土方有余，而其场地又有需求，设计时便可考虑多挖。有时由于场地标高过低，为使场地标高达到一定高度，而需运进土方以补不足。这些运进或外弃的土方量直接影响场地的设计标高和土方平衡，设这些外弃的（或运进的）土方体积为 Q，则这些土方影响平整标高的修正值 Δh 应是：

$$\Delta h = \frac{Q}{Na^2}$$

$\therefore$ 公式(1-13)可改写成

$$H_0 = \frac{1}{4N}(\sum h_1 + 2\sum h_2 + 3\sum h_3 + 4\sum h_4) \pm \frac{Q}{Na^2}$$
(1-14)

此外土壤可松性等对土方的平衡也有影响。

例题中

$$\sum h_1 = h_{1-1} + h_{1-5} + h_{2-1} + h_{4-2} + h_{4-4} + h_{3-5}$$
$$= 20.29 + 20.23 + 19.37 + 18.79 + 19.32 +$$
$$19.12$$
$$= 117.12 \text{m}$$

$$2\sum h_2 = (h_{1-2} + h_{1-3} + h_{1-4} + h_{2-5} + h_{3-2} + h_{4-3}) \times 2$$
$$= (20.54 + 20.89 + 21.00 + 19.64 +$$
$$19.50 + 19.35) \times 2$$
$$= 241.84 \text{m}$$

$$3\sum h_3 = (h_{2-2} + h_{3-4}) \times 3$$
$$= (19.91 + 19.39) \times 3 = 117.90 \text{m}$$

$$4\sum h_4 = (h_{2-3} + h_{2-4} + h_{3-3}) \times 4$$
$$= (20.21 + 20.15 + 20.50) \times 4$$
$$= 243.44 \text{m}$$

代入公式(1-14) $N=9$

$$H_0 = \frac{1}{4 \times 9}(117.12 + 241.84 + 117.90 + 243.44)$$
$$\approx 20.01\text{m}$$

20.01m 就是例题(图1-30)中的平整标高。

(3) 确定 H_0 的位置

H_0 的位置确定得是否正确，直接影响着土方计算及填挖土方量的平衡。虽然通过不断调整设计标高最终也能使挖方、填方达到(或接近)平衡，但这样做必然要花费许多时间，而且也会影响平整场地设计的准确性。

确定 H_0 位置的方法有两种：

① 图解法　适用于形状简单规则的场地。如正方形、长方形、圆形等。见表1-2。

表1-2　图解法确定 H_0 位置

坡地类型	平面图式	立体图式	H_0 点(或线)的位置	备注
单坡向一面坡	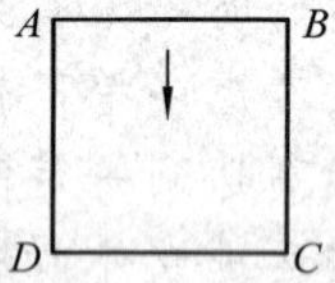	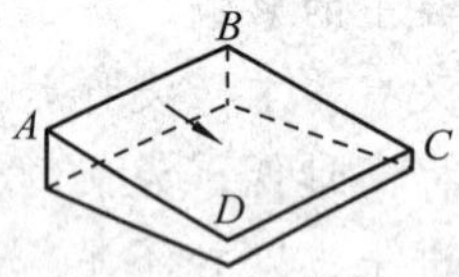	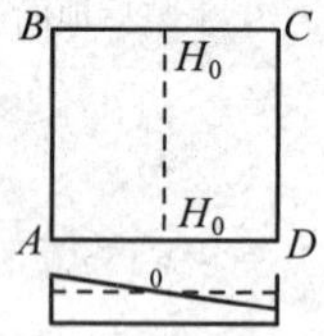	场地形状为正方形或矩形 $H_A = H_B$　$H_C = H_D$　$H_A > H_D$　$H_B > H_C$
双坡向双面坡	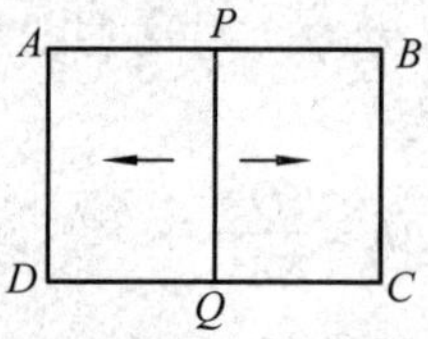	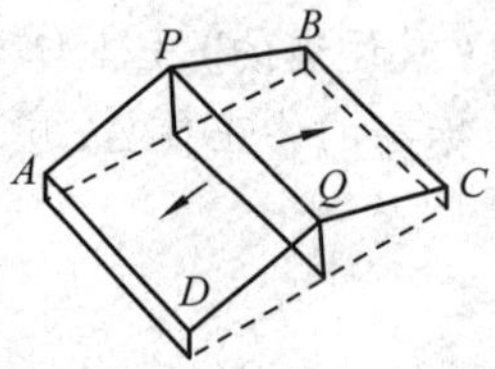	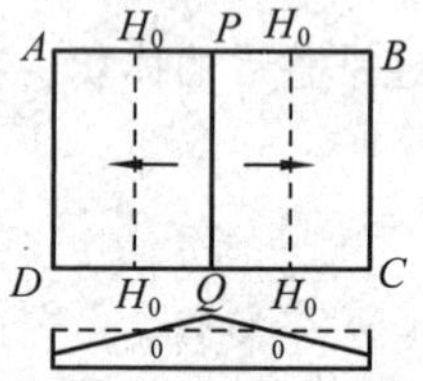	场地形状同上 $H_P = H_Q$　$H_A = H_B = H_C = H_D$　$H_P($或$H_Q) > H_A$ 等
双坡向一面坡	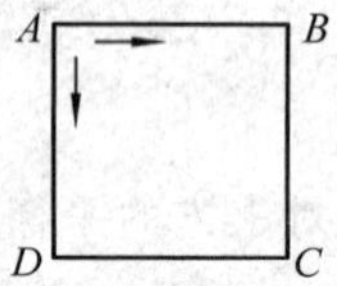	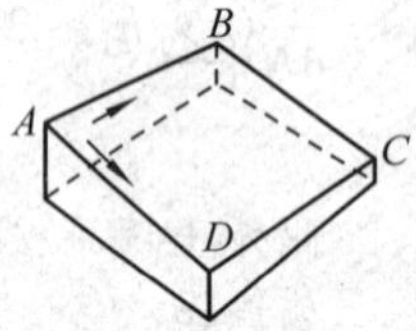	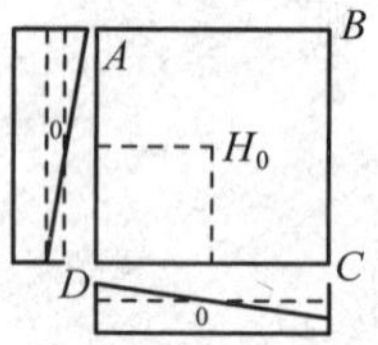	场地形状同上 $H_A > H_B$　$H_A > H_D$　$H_B \lessgtr H_D$　$H_B > H_C$　$H_D > H_C$
三坡向双面坡	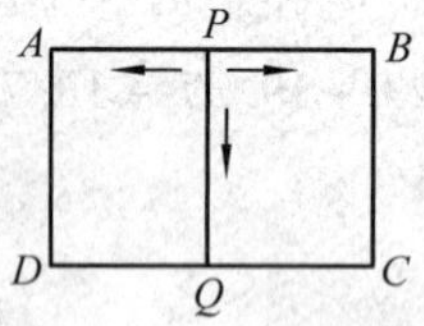	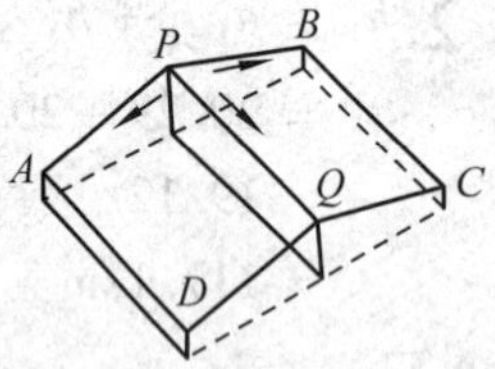	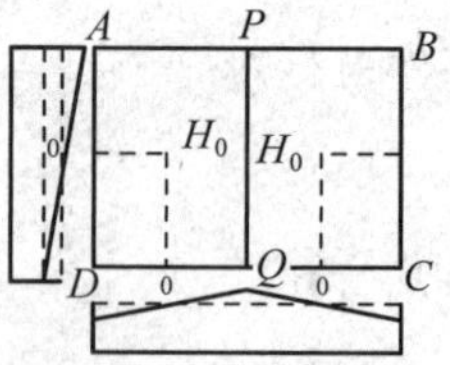	场地形状同上 $H_P > H_Q$　$H_P > H_A$　$H_P > H_B$　$H_A \lessgtr H_Q \lessgtr H_B$　$H_A > H_D$　$H_B > H_C$　$H_Q > H_C (H_Q > H_D)$
四坡向四面坡	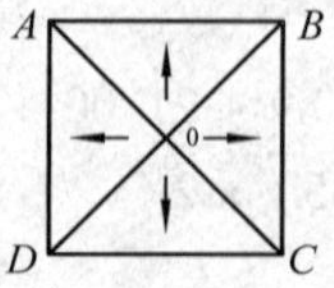	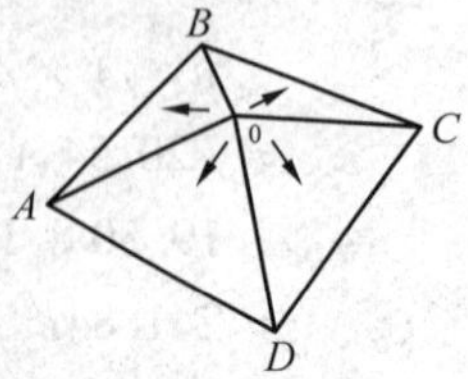	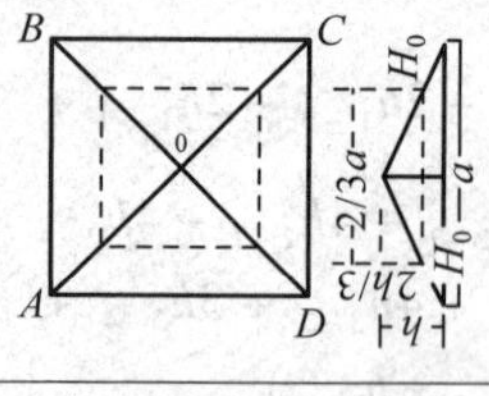	场地形状同上 $H_A = H_B = H_C = H_D$　$H_P > H_A$
圆锥状	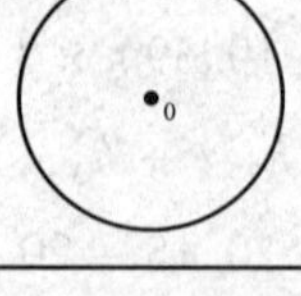	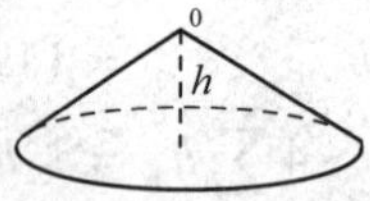	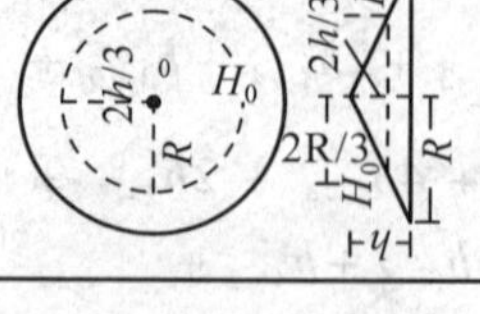	场地形状为圆形，半径为 R 高度为 h 的圆锥体

②数学分析法　此法可适用任何形状场地的H_0定位。数学分析法是假设一个和我们所要求的设计地形完全一样(坡度、坡向、形状、大小完全相同)的土体,再从这块土体的假设标高反求其平整标高的位置。

将图1-30按所给的条件画成立体图,如图1-36所示。

图中1—3点最高,设其设计标高为x,则依给定的坡向、坡度和方格边长,可以立即算出其他各角点的假定设计标高,以点1—2(或1—4)为例,点1—2(或1—4)在1—3点的下坡,距离$L=20$m,设计坡度$i=2\%$,则点1—2和点1—3之间的高差为:

$$h = i \cdot L = 0.02 \times 20 = 0.4(\text{m})$$

所以点1—2的假定设计标高为$(x-0.4)$m。而在纵向方向的点2—3,因其设计纵坡为1.5%,所以该点较1—3点低0.3m,其假定设计标高应为$(x-0.3)$m。依此类推,便可将各角点的假定设计标高求出,如图1-36所示。再将图中各角点假定标高值代入公式(1-14)。则

$$\sum h'_1 = x - 0.8 + x - 0.8 + x - 1.1 + x - 1.3 + x - 1.3 + x - 1.4$$
$$= 6x - 6.7\text{m}$$

$$2\sum h'_2 = (x - 0.4 + x + x - 0.4 + x - 1.1 + x - 1.0 + x - 0.9) \times 2$$
$$= 12x - 7.6\text{m}$$

$$3\sum h'_3 = (x - 0.7 + x - 1.0) \times 3$$
$$= 6x - 5.1\text{m}$$

$$4\sum h'_4 = (h_{2-3} + h_{2-4} + h_{3-3}) \times 4$$
$$= (x - 0.3 + x - 0.7 + x - 0.6) \times 4$$
$$= 12x - 6.4\text{m}$$

$$H'_0 = \frac{1}{4 \times 9}(6x - 6.7 + 12x - 7.6 + 6x - 5.1 + 12x - 6.4)$$
$$= x - 0.717$$

$$\because \quad H_0 = H'_0 \quad H_0 = 20.01\text{m}$$
$$\therefore \quad 20.01 = x - 0.717$$
$$x \approx 20.73\text{m}$$

求点1—4的设计标高,就可依次将其他角点的设计标高求出(图1-37),根据这些设计标高,求得的挖方量和填方量比较接近。

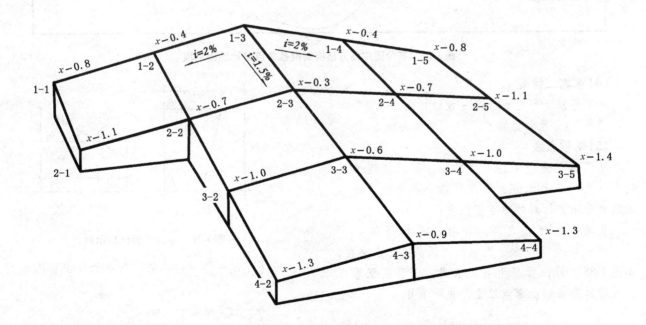

图1-36　代入法求H_0的位置图示

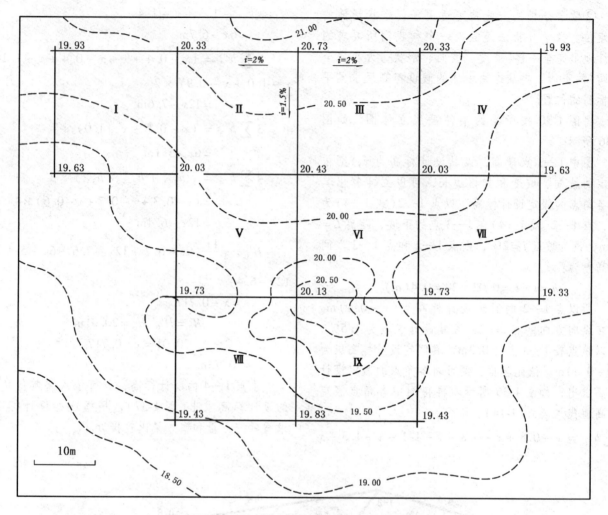

图 1-37 某公园广场方格控制网各角点设计地面高程

(4) 求施工标高

施工标高 = 原地形标高 − 设计标高

得数"+"号者为挖方,"−"号者为填方。

(5) 求零点线

所谓零点是指不挖不填的点，零点的连线就是零点线，它是挖方和填方区的分界线，因而零点线成为土方计算的重要依据之一。

在相邻二角点之间，如若施工标高值一为"+"数，一为"−"数，则它们之间必有零点存在，如图 1-38。其位置可用下法求得，也可依据零点位置计算表查表出零点位置，见附录Ⅱ。

$$x = \frac{h_1}{h_1 + h_2} \times a \quad (1\text{-}15)$$

式中 x——零点距 h_1 一端的水平距离，m；

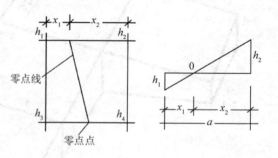

图 1-38 零点位置计算示意

h_1, h_2——方格相邻二角点的施工标高绝对值，m；

a——方格边长，m。

在实际工作中，为省略计算，常采用图解法直接求出零点，如图1-39所示，方法是用尺在各角上标出相应比例，用尺相连，与方格相交点即为零点位

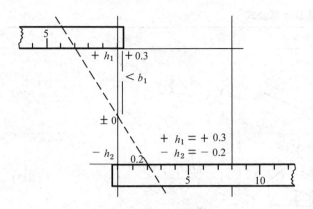

图1-39 零点位置图解法

置,甚为方便,同时可避免计算或查表出错。

例题中,以方格 I 的点 1—1 和点 2—1 为例,求其零点,1—1 点施工标高为 +0.36m,2—1 点的施工标高为 -0.26m,取绝对值代入公式(1-15)。

$$h_1 = 0.36\text{m} \quad h_2 = 0.26\text{m} \quad a = 20\text{m}$$

$$x = \frac{0.36}{0.36 + 0.26} \times 20 = 11.61\text{m}$$

零点位于距点"1—1"11.61m 处(或距点"2—1"8.39m 处)。同法求出其余零点,并依地形特点将各零点连接成零点线,按零点线将挖方区和填方区分开,画出挖填方区划图,如图1-40 所示,以便计算其土方量。

(6)土方计算

零点线为计算提供了填方、挖方的面积,而施工标高又为计算提供了挖方和填方的高度。依据这些条件,便可选择适宜的公式求出各方格的土方量。

由于零点线切割方格的位置不同,形成各种形状的棱柱体,以下将各种常见的棱柱体及其计算公式列表如下(表1-3)。

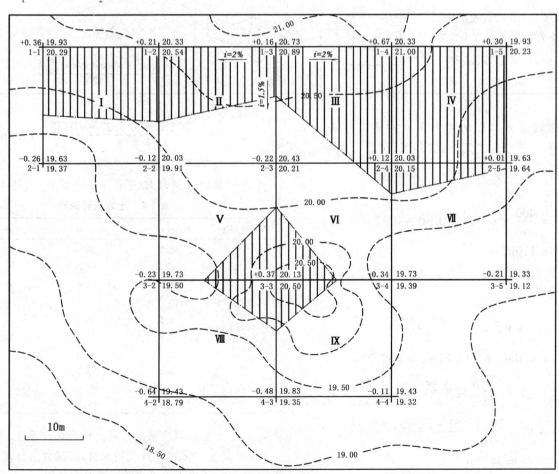

图1-40 某公园广场挖填方区划图

表 1-3 常见棱柱体及计算公式

序号	挖填情况	平面图式	立体图式	计算公式	
1	四点全为填方(或挖方)时			$\pm V = \dfrac{a^2 \times \sum h}{4}$	(1-16)
2	两点填方两点挖方时			$\pm V = \dfrac{a(b+c) \sum h}{8}$	(1-17)
3	三点填方(或挖方)一点挖方(或填方)时			$\mp V = \dfrac{b \times c \times \sum h}{6}$	(1-18)
				$\pm V = \dfrac{(2a^2 - b \times c) \times \sum h}{10}$	(1-19)
4	相对两点为填方(或挖方),其余两点为挖方(或填方)时			$\mp V = \dfrac{b \times c \times \sum h}{6}$	(1-20)
				$\mp V = \dfrac{d \times e \times \sum h}{6}$	(1-21)
				$\pm V = \dfrac{(2a^2 - b \times c - d \times e) \sum h}{12}$	(1-22)

在例题中方格Ⅳ的4个角点的施工标高值全为"+"号,是挖方,用公式(1-16)计算,则

$$V_{\text{Ⅳ}} = \dfrac{a^2 \times \sum h}{4}$$
$$= \dfrac{400}{4} \times (0.67 + 0.30 + 0.12 + 0.01)$$
$$= 110 \text{m}^3$$

方格Ⅰ中两点为挖方,两点为填方,用公式(1-17)计算,则

$$+V_{\text{Ⅰ}} = \dfrac{a(b+c) \times \sum h}{8}$$

$a = 20\text{m}$, $b = 11.61\text{m}$, $c = 12.73\text{m}$

$$\Delta h = \dfrac{\sum h}{4} = \dfrac{0.55}{4} = 0.14\text{m}$$

$$+V_{\text{Ⅰ}} = \dfrac{20(11.61 + 12.73) \times 0.57}{8}$$
$$= 34.7\text{m}^3$$

$$-V_{\text{Ⅰ}} = \dfrac{20(8.39 + 7.27) \times 0.38}{8} = 14.9\text{m}^3$$

依法可将其余各个方格的土方量逐一求出,并将计算结果逐项填入土方量计算表(表1-4)。

表 1-4 土方量计算表

方格编号	挖方(m³)	填方(m³)	备注
$V_{\text{Ⅰ}}$	34.7	14.9	
$V_{\text{Ⅱ}}$	19.6	16.0	
$V_{\text{Ⅲ}}$	61.8	5.5	
$V_{\text{Ⅳ}}$	110		
$V_{\text{Ⅴ}}$	9.5	36.8	
$V_{\text{Ⅵ}}$	8.8	29.5	
$V_{\text{Ⅶ}}$	2.0	46.6	
$V_{\text{Ⅷ}}$	6.6	93.5	
$V_{\text{Ⅸ}}$	5.6	66.0	
	258.6	308.8	缺土50.2m³

土方量计算方法除应用上述公式计算外,还可使用《计算土方体积表》(见附录Ⅲ)。现常用计算机辅助设计软件计算土方工程量,详见附录Ⅳ。

(7) 绘制土方平衡表及土方调配图

土方平衡表和土方调配图是土方施工中必不可少的图纸资料，是施工组织设计的主要依据，从土方平衡表上可以一目了然地了解各个区的出土量和需土量、调拨关系和土方平衡情况。

计算各挖、填方调配区之间的平均运距（即挖方区土方重心至填方区土方重心的距离），取场地或方格网的纵横两边为坐标轴，以一个角作为坐标原点（图1-41），按下式求出各调配区土方重心位置：

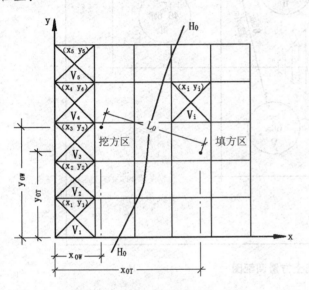

图1-41 土方调配区间的平均运距

$$X_0 = \frac{\sum (x_i V_i)}{\sum V_i} \quad (1-23)$$

$$Y_0 = \frac{\sum (y_i V_i)}{\sum V_i} \quad (1-24)$$

式中　X_0，Y_0——挖方调配区或填方调配区的重心坐标；
　　　x_i，y_i——i 块方格的重心坐标；
　　　V_i——i 块方格的土方量。

填、挖方区之间的平均运距 L_0 为：

$$L_0 = \sqrt{(x_{0T} - x_{0W})^2 + (y_{0T} - y_{0W})^2} \quad (1-25)$$

式中　x_{0T}，y_{0T}——填方区的重心坐标；
　　　x_{0W}，y_{0W}——挖方区的重心坐标。

一般情况下，可用作图法近似地求出调配区的几何中心（即形心位置）以代替重心位置。重心求出后，标于图上，用比例尺量出每对调配区的平均运输距离（L_{11}，L_{12}，L_{13}…）。

当填、挖方调配区之间的距离较远，采用自行式铲运机或其他运土工具沿现场道路或规定路线运土时，其运距应按实际情况进行计算。

所有填挖方调配区之间的平均运距都需一一计算，并将计算后的结果列于土方平衡与运距表内（表1-5）。

表1-5　土方平衡与运距表

填方区＼挖方区	B_1	B_2	B_3	B_j	…	B_n	挖方量（m^3）
A_1	L_{11} / x_{11}	L_{12} / x_{12}	L_{13} / x_{13}	L_{1j} / x_{1j}	…	L_{1n} / x_{1n}	a_1
A_2	L_{21} / x_{21}	L_{22} / x_{22}	L_{23} / x_{23}	L_{2j} / x_{2j}	…	L_{2n} / x_{2n}	a_2
A_3	L_{31} / x_{31}	L_{32} / x_{32}	L_{33} / x_{33}	L_{3j} / x_{3j}	…	L_{3n} / x_{3n}	a_3
A_i	L_{i1} / x_{i1}	L_{i2} / x_{i2}	L_{i3} / x_{i3}	L_{ij} / x_{ij}	…	L_{in} / x_{in}	a_i
⋮	⋮	⋮	⋮	⋮	…	⋮	⋮
A_m	L_{m1} / x_{m1}	L_{m2} / x_{m2}	L_{m3} / x_{m3}	L_{mj} / x_{mj}	…	L_{mn} / x_{mn}	a_m
填方量（m^3）	b_1	b_2	b_3	b_j	…	b_n	$\sum_{i=1}^{m} a_i = \sum_{i=1}^{m} b_j$

注：L_{11}，L_{12}，L_{13} 指挖填方之间的平均运距。
　　x_{11}，x_{12}，x_{13} 指调配土方量。

确定土方最优调配方案　对于线性规划中的运输问题，可以用"表上作业法"来求解，使总土方运输量 $V = \sum_{i=1}^{m}\sum_{j=1}^{n} L_{ij} x_{ij}$ 为最小值，即为最优调配方案。

绘出土方调配图　根据以上计算，标出调配方向、土方数量及运距（平均运距再加施工机械前进、倒退和转弯必需的最短长度）。

根据该公园广场的填挖方区划图、坡度、土方平衡表、运距表等场地相关数据画出土方量调配图（图1-42）。在调配图上可清楚地看到各区的土方盈缺情况，土方的调拨量、调拨方向和距离。如A区为挖方区，其需要向Ⅰ区运送 46.7m^3 的土方量，运送距离为 20.1m。依次类推。同时据此还

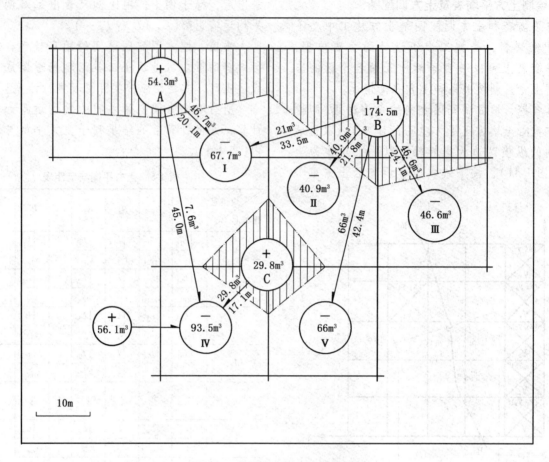

图 1-42 某公园广场土方量调配图

可列出土方量调配表(表 1-6)。

表 1-6 土方量调配表

挖方与进土	体积(m³)	体积(m³)					弃土	总计
		填方Ⅰ	填方Ⅱ	填方Ⅲ	填方Ⅳ	填方Ⅴ		
		67.7	40.9	46.6	93.5	66	—	314.7
A	54.3	46.7			7.6			
B	174.5	21	40.9	46.6		66		
C	29.8				29.8			
进土	56.1				56.1			
总计	314.7							

1.3.3 断面法

断面法根据其取断面的方向不同可分为垂直断面法、水平断面法(或等高面法)及与水平面成一定角度的成角断面法。以下主要介绍前两种方法。

1.3.3.1 垂直断面法

此法适用于带状地形单体或土方工程(如带状山体、水体、沟、堤、路堑、路槽等)的土方量计算。如图 1-43，图 1-44。它是以一组等距(或不等距)的互相平行的截面将拟计算的地块、地形单体(如山、溪涧、池、岛等)和土方工程(如堤、沟渠、路堑、路槽等)分截成"段"，分别计算这些"段"的体积，再将各段体积累加，以求得该计算对象的总土方量。此法适用于地形起伏变化较大或挖填深度较大又不规则的场地，此法的计算精度取决于截取断面的数量，多则精、少则粗。其计算方法如下：

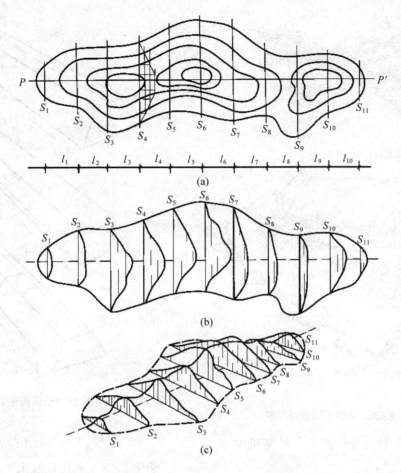

图 1-43 带状土山垂直断面取法
(a)断面平面位置图　(b)断面面积图　(c)断面轴测图

(1) 划分横断面

根据地形图、竖向布置图或现场测绘，在土方计算场地划分出若干个横断面，并应垂直于等高线或主要建筑物边长，各断面间距可以不等，一般为 10m 或 20m，在平坦地区可大些，但最大不超过 100m。

(2) 画横断面图形

按比例绘制每个横断面的原地形和设计地面的轮廓线，此时原地面轮廓线与设计地面轮廓线之间的面积即为挖方或填方的断面面积。

(3) 计算横断面面积

常根据断面形状，选取相应的计算公式以及采用求积仪、计算机等方法计算断面面积。

① 根据场地形状，套用表 1-7 的横断面面积公式，计算每个横断面的挖方或填方断面面积。

表 1-7　常用断面积计算公式

断面形状图示	计算公式
梯形（底 b，高 h，坡度 $1:n$）	$F = h(b + nh)$
梯形（底 b，高 h，两坡 $1:m$、$1:n$）	$F = h\left[b + \dfrac{h(m+n)}{2}\right]$
不等高梯形（h_1, h_2，底 b）	$F = b\dfrac{h_1 + h_2}{2} + \dfrac{(m+n)h_1 h_2}{2}$
多段折线断面（$h_1 \ldots h_5$，$a_1 \ldots a_6$）	$F = h_1\dfrac{a_1+a_2}{2} + h_2\dfrac{a_2+a_3}{2} + \cdots + h_3\dfrac{a_3+a_4}{2} + h_4\dfrac{a_4+a_5}{2}$
等间距折线断面（$h_0 \ldots h_6$，间距 a）	$F = \dfrac{a}{2}(h_0 + 2h + h_n)$ $h = h_1 + h_2 + h_3 + h_4 + h_5$

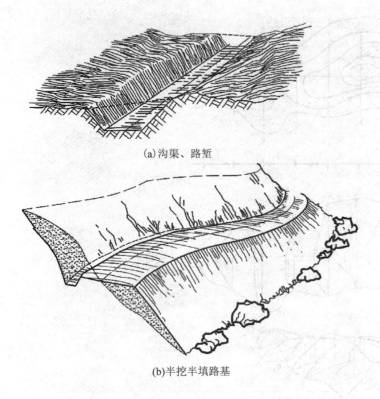

(a)沟渠、路堑

(b)半挖半填路基

图1-44 沟渠、路堑、半挖半填路基示意

②用CAD软件 利用电子图形在计算机中直接读取横断面面积。

(4)计算土方工程量

$$V = \frac{S_1 + S_2}{2} \times L \quad (1-26)$$

当 $S_1 = S_2 = S$ 时 $V = S \times L \quad (1-27)$

式中 V——相邻两横断面间的土方量,m^3;

S_1,S_2——相邻两横断面的挖(或填)方断面面积,m^2;

L——相邻两横断面的间距,m。

公式(1-26)虽然简便,但在 S_1 和 S_2 的面积相差较大或两相邻断面之间的距离大于50m时,计算的结果,误差较大,遇上述情况,可改用以下公式运算:

$$V = \frac{L}{6}(S_1 + S_2 + 4S_0) \quad (1-28)$$

式中 S_0——中间断面面积。

S_0 的面积有两种求法:

①用求棱台中截面面积公式求中截面面积(图1-45)。

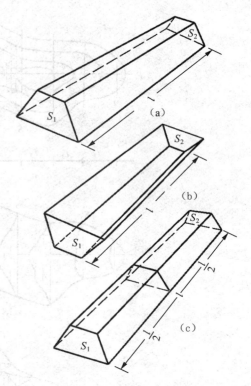

图1-45 用求棱台中截面面积公式求 S_0 面积示意

$$S_0 = \frac{1}{4}(S_1 + S_2 + 2\sqrt{S_1 \times S_2}) \quad (1-29)$$

②用 S_1 及 S_2 各边的算术平均值求 S_0 的面积。

例:设有一土堤,计算段两端断面呈梯形,各边数值如图1-46所示。二断面之间的距离为60m,试比较用算术平均法和拟棱台公式计算所得结果。

先求 S_1,S_2 面积

$$S_1 = \frac{[1.85 \times (3 + 6.7) + (2.5 - 1.85) \times 6.7]}{2}$$
$$= 11.15 m^2$$

$$S_2 = \frac{[2.5 \times (3 + 8) + (3.6 - 2.5) \times 8]}{2} = 18.15 m^2$$

①用算术平均法[即公式(1-26)]求土堤土方量

$$V = \frac{S_1 + S_2}{2} \times L = \left[\frac{11.15 + 18.15}{2}\right] \times 60 = 879 m^3$$

②用拟棱台公式[即公式(1-26)]求土堤土方量

1)用求棱台中截面面积公式求中截面面积。

$$S_0 = \frac{11.15 + 18.15 + 2\sqrt{11.15 \times 18.15}}{4} = 14.14 m^2$$

$$V = \frac{(11.15 + 18.15 + 4 \times 14.44) \times 60}{6} = 870.6 m^3$$

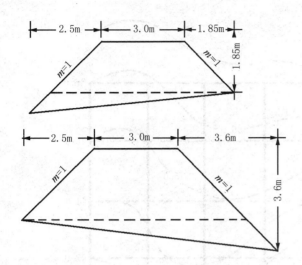

图1-46 用S_1及S_2各对应边算术平均值求S_0面积

2）用S_1及S_2各对应边的算术平均值求S_0的面积。

$$S_0 = \frac{2.175 \times (3 + 7.35) + (3.05 - 2.18) \times 7.35}{2}$$
$$= 14.465 \text{m}^2$$

$$V = \frac{(11.15 + 18.15 + 4 \times 14.465) \times 60}{6} = 871.6 \text{m}^3$$

由上述计算可知，两种计算S_0面积的方法，其所得结果相差无几，而二者与算术平均法所得结果比较，则相差较多。

(5) 计算土方总工程量

$$V_{总} = \sum V_n \quad n = 1, 2, 3, \cdots$$

$$V_{总} = \sum V$$

将挖方区（或填方区）所有相邻两横断面间的计算土方量汇总，即得该场地挖方和填方的总土方工程量。将计算的挖、填方量根据编号依次填入表1-8：

以下是一个垂直断面法用于平整场地的土方量计算的实例。

设：某公园有一地块，地面高低不平，拟整理成一块具有10%坡度的场地，试用垂直断面法求其挖填土方量（图1-47，图1-48）。

表1-8 填挖方土方量表

断面编号	横断面面积(m²)		平均面积(m²)		断面间的距离(m)	土方量(m³)	
	填方(+)	挖方(-)	填方(+)	挖方(-)		填方(+)	挖方(-)
Ⅰ-Ⅰ′							
Ⅱ-Ⅱ′							
Ⅲ-Ⅲ′							
Ⅳ-Ⅳ′							
Ⅴ-Ⅴ′							
总计							

1.3.3.2 水平断面法（等高面法）

水平断面法最适于大面积的自然山水地形的土方计算。我国园林素尚自然，园林中山水布局讲究，地形的设计要求因地制宜，充分利用原地形，以节约工力。同时为了造景又要使地形起伏多变。总之，挖湖堆山的工程是在原有的崎岖不平的地面上进行的。所以计算土方量时必须考虑原有地形的影响，这也是自然山水园土方计算较繁杂的原因。由于园林设计图纸上的原地形和设计地形均用等高线表示，因而采用水平断面法进行计算最为适当。

水平断面法是沿等高线取断面，等高距即为两相邻断面的高，计算方法同断面法（图1-49）。

其计算公式如下：

$$V = \frac{S_1 + S_2}{2} \times h + \frac{S_2 + S_3}{2} \times h + \cdots + \frac{S_{n-1} + S_n}{2} \times h + \frac{S_n \times h}{3}$$

$$= \left(\frac{S_1 + S_n}{2} + S_2 + S_3 + S_4 + \cdots + S_{n-1}\right) \times h + \frac{S_n \times h}{3}$$

(1-30)

式中 V——土方体积，m³；
S——断面面积，m²；
h——等高距，m。

其计算步骤及方法结合以下实例加以说明。

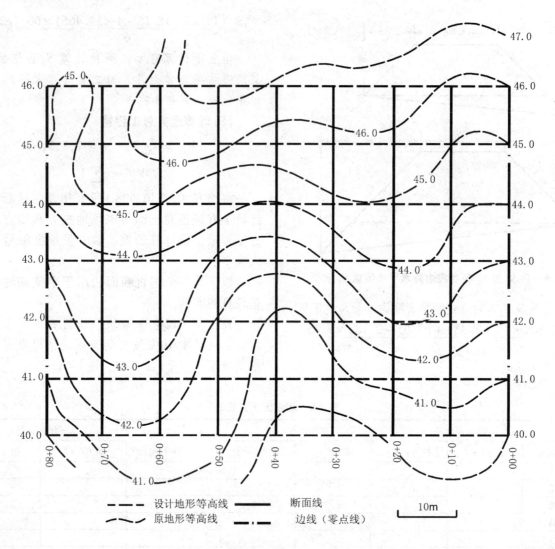

图 1-47　用垂直断面法求场地的土方量

例　某公园局部(为了便于说明，只取局部)地形过于低洼，不适于一般植物的生长和游人活动。现拟按设计水体挖掘线将低洼处挖成水生植物栽植池(常水位为 48.50m)，挖出的土方加上自公园内其他局部调运来的 1000m³ 土方，适当将地面垫高，以适应一般乔灌木的生长要求，并在池边堆一座土丘(图 1-50)，试计算其土方量。

其计算步骤如下：

①先确定一个计算填方和挖方的交界面——基准面　基准面标高取设计水体挖掘线范围内的原地形标高的加权平均值，本例的基准面标高为 48.55m。

②求设计陆地原地形高于基准面的土方量 $V_原$　先逐一求出原地形各等高线所包围的面积，如 $S_{48.55}$ (即 48.55m 等高线所包围的面积)，$S_{49.00}$，$S_{49.50}$……代入公式(1-27)，把(1-27)式中 L 的改为 h，分别算出各层土方量：

$S_{48.55} = 4050 m^2$

$S_{49.00} = 2925 m^2$

$h = 49.00 - 48.55 = 0.45 m$

$V_{48.55 \sim 49.00} = \dfrac{4050 + 2925}{2} \times 0.45 = 1569.4 m^2$

$V_{49.00 \sim 49.50} \cdots$

以此类推，而后累计各层土方量即得。

③求设计陆地土方量 $V_设$　方法同上。

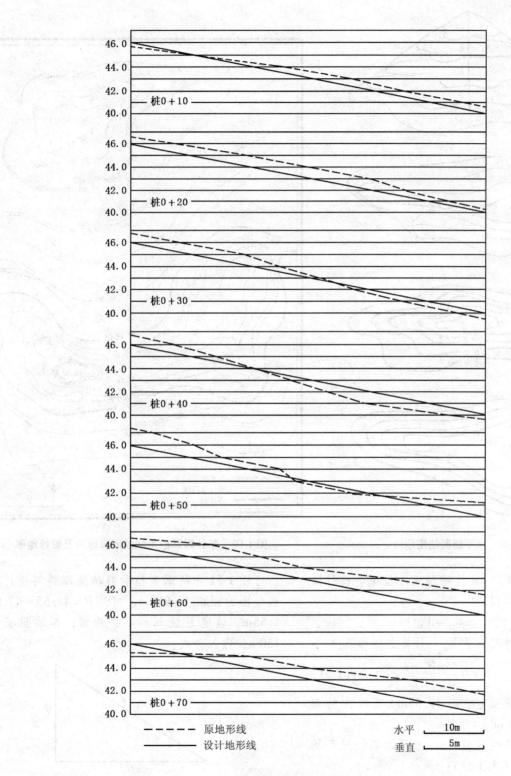

图 1-48　垂直断面法

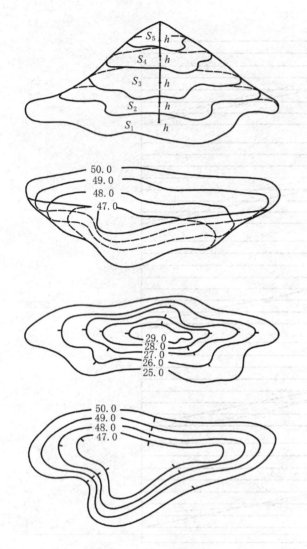

图 1-49 水平断面法图示

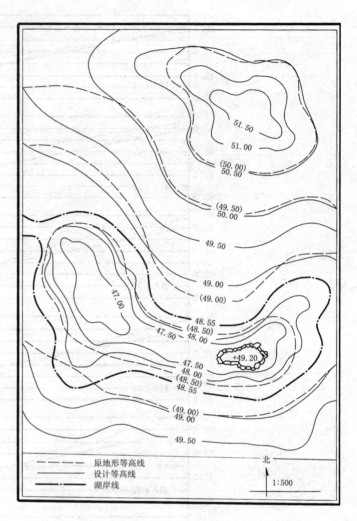

图 1-50 某公园局部用地的原有地形及设计地形

④求填方量 $V_{填}$ 设计陆地土方量减去设计陆地原地形土方量即得。

$$V_{填} = V_{设} - V_{原}$$

⑤求设计水体挖方量 $V_{挖}$ 计算方法如下:

$$V_{挖} = A \times H - \frac{mH^2 \times L}{2} \quad (1\text{-}31)$$

式中 A——基准面(标高 48.55m)范围内的面积,m^2;

H——最大挖深值,m(也可以取挖深平均值)(图 1-51);

m——坡度系数;

L——岸坡的纵向长度,m。

图 1-51 中的水生植物栽植池测得其设计湖岸线包围的面积 $A \approx 950m$,挖深 $H = 48.55 - 47.00 = 1.55m$,坡度系数 $m \approx 4$ 平均值,岸坡纵长 $L \approx 150m$,代入公式:

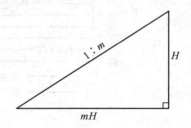

图 1-51 H 与 m 关系示意

$$V_{挖} = 950 \times 1.55 - \frac{4 \times (1.55)^2 \times 150}{2} \approx 751.75 \mathrm{m}^3$$

⑥土方平衡

$$V_{挖} = V_{填}$$

$$V_{挖} - V_{填} = \pm (V_{挖} + V_{填}) \times 5\%$$

如果挖方和填方相差太大,应当调整设计地形,填高些或挖深些,直至达到精度要求为止。但是计算中单纯追求数字的绝对平均是没有必要的。因为作为计算依据的地形图本身就存在一定误差,同时施工中多挖或少挖几吨也是难以觉察出来的。在实际工作中计算土方量时虽要考虑土方就地平衡,但更应重视在保证设计意图的前提下如何尽可能减少动土量和不必要的搬运,这样做对节约投资、缩短工期有很大意义。

水平断面法除了用于自然山水地形的土方量计算,还可以用来作局部平整场地的土方量计算(图1-52)。其计算步骤如下。

首先根据设计图纸上原地形等高线和设计地形等高线相交的情况,找出零点的位置并依据实际情况将各零点连接成零点线,按零点线将挖方区与填方区分开。而后分别求出挖方区(或填方区)各断面的面积,如图1-52中的WSⅠ-1,WSⅠ-2,WSⅠ-3等以及WSⅡ-1,WSⅡ-2,WSⅡ-3等,或填方区中的TS A-1,TS A-2等,有了断面面积和断面之间的间距,各区(挖方区或填方区)的土方量便可用公式(1-26)求得。求得结果逐项填入土方计算表,表的格式如表1-4。

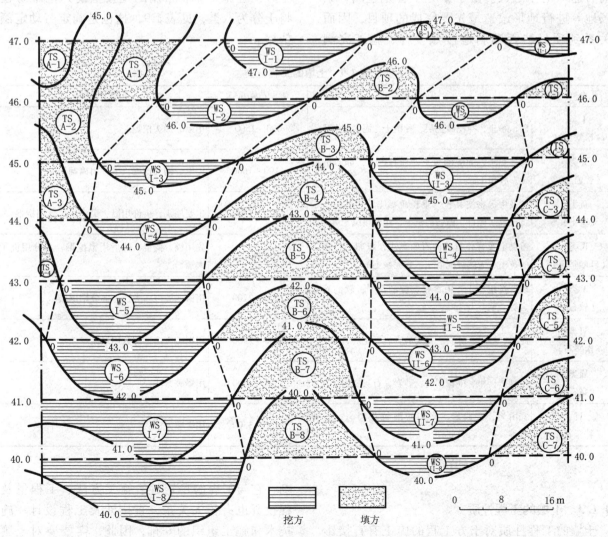

图1-52 水平断面法

断面法计算土方量，其精确度主要取决于截取的断面的数量，多则较精确，少则较粗。

1.4 土方施工

1.4.1 概述

土方施工往往具有工程量大，劳动繁重，受气候、土壤、水文、地质等不确定因素影响以及投资较大等特点，同时一些大的园林工程由于受到上述因素的影响，施工周期加长，如上海植物园，由于地势过低，需要普遍垫高，挖湖堆山，动土量近百万方，施工期从1974—1980年断断续续前后达六七年之久。由于土方工程是建园、景观场地等进行地形改造最先要完成的项目，因而它关系到项目能否顺利地按照设计、施工完满完成。

1.4.1.1 土方工程的种类及其施工要求

土方工程根据其使用期限和施工要求，可分为永久性和临时性两种，但不论是永久性还是临时性的土方工程，都要求具有足够的稳定性和密实度，使工程质量和艺术造型都符合设计的要求。同时在施工中还要遵守有关的技术规范和设计的各项要求，以保证工程的稳定和持久。

1.4.1.2 土壤的工程分类

土壤的种类繁多，分类方法也多，如按土的沉积年代、颗粒配级、密度等进行分类，然而在土方工程施工中，常用的是按土的开挖难易程度将土分为八类，见表1-9，这也是确定劳动定额的依据。

表1-9 土壤的工程分类

类别	土的名称	密度（kg/m³）	开挖方法
Ⅰ类（松软土）	砂，粉土，冲积砂土层，种植土，泥炭（淤泥）	600~1500	用锹、锄头挖掘
Ⅱ类（普通土）	粉质黏土，潮湿的黄土，加有碎石、卵石的砂土，种植土等	1100~1600	用锹、锄头挖掘，少许用镐翻松
Ⅲ类（坚土）	软及中等密实黏土，重粉质黏土，粗砾石，干黄土及含碎石、卵石的黄土，压实填筑土等	1800~1900	主要用镐，少许用锹、锄头，部分用撬棍
Ⅳ类（砾砂坚土）	重黏土及含碎石、卵石的黏土，粗卵石，密实的黄土，天然级配砂土，软泥炭土等	1900	先用镐、撬棍，然后用锹挖掘，部分用楔子和大锤
Ⅴ类（软石）	硬石炭纪黏土，中等密实度的页岩，软的石灰岩等	1200~2700	用镐或撬棍、大锤，部分用爆破
Ⅵ类（次坚石）	泥岩，砂岩，砾岩，坚实的页岩，泥灰岩等	2200~2900	用爆破方法，部分用风镐
Ⅶ类（坚石）	大理岩，粗、中花岗岩，砂岩，石灰岩等	2500~2900	用爆破方法
Ⅷ类（特坚石）	安山岩，玄武岩，坚实的细粒花岗岩，石英岩等	2700~3300	用爆破方法

1.4.1.3 土壤的工程性质

土壤的工程性质对土方工程的施工有直接影响，它与工程的稳定性、施工方法、工程量及工程投资也有很大关系，直接涉及工程设计、施工技术和施工组织的安排，因此，需要要对土壤的这些性质进行研究。以下是土壤的几种主要的工程性质。

(1) 土壤的密度

单位体积内天然状况下的土壤质量，单位为 kg/m³。土壤密度的大小直接影响着施工的难易程度，密度越大挖掘越难。在土方施工中把土壤分为松土、半坚土、坚土等类，所以施工中施工技术和定额应根据具体的土壤类别来制定(表1-9)。

(2) 土壤的自然倾斜角(安息角)

土壤自然堆积，经沉落稳定后的表面与地平面所形成的夹角(图1-53)，即为土壤的自然倾斜角，以 α 表示。在工程设计时，为了使工程稳定，其边坡坡度数值应参考相应土壤的自然倾斜角的数值，土壤自然倾斜角还受到其含水量的影响，见表1-10。

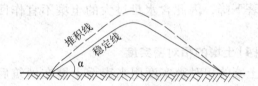

图1-53 土壤自然倾斜角 α 示意

表1-10 土壤的自然倾斜角

土壤名称	土壤含水量			土壤颗粒尺寸(mm)
	干的	潮的	湿的	
砾石	40°	40°	35°	2~20
卵石	35°	45°	25°	20~200
粗砂	30°	32°	27°	1~2
中砂	28°	35°	25°	0.5~1
细砂	25°	30°	20°	0.05~0.5
黏土	45°	35°	15°	<0.001~0.005
壤土	50°	40°	30°	
腐殖土	40°	35°	25°	

不论是挖方或填方，土方工程都要求有稳定的边坡。进行土方工程的设计或施工时，应该结合工程本身的要求(如填方或挖方，永久性或临时性)以及当地的具体条件(如土壤的种类及分层情况、承压力情况等)，使挖方或填方的坡度合乎技术规范的要求，若出现规范之外的情况，则须进行实地测试来决定。

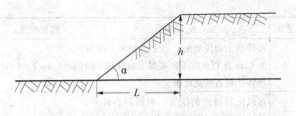

图1-54 边坡坡度示意

土方工程的边坡坡度以其高和水平距之比表示，如图1-54所示。

则： $$边坡坡度 = \frac{h}{L} = tg\alpha \qquad (1-32)$$

工程界习惯以 $1:M$ 表示，M 是坡度系数。

$1:M = 1:(L/h)$，所以，坡度系数是边坡坡度的倒数，举例说，边坡坡度 1:3 的边坡，也可叫做坡度系数 $M=3$ 的边坡。

高填或深挖时，应考虑土壤各层分布的土壤性质以及同一土层中土壤所受压力的变化，根据其压力变化采取相应的边坡坡度。例如，填筑座高12m的山(土壤质地相同)，因考虑到各层土壤所承受的压力不同，可按其高度分层确定边坡坡度，如图1-55所示，由此判定挖方或填方的坡度是否合理。边坡坡度直接影响着土方工程的质量与数量，从而影响到工程投资。关于边坡坡度的规定见表1-11至表1-14。

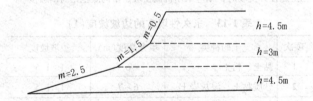

图1-55 分层确定边坡坡度图

表1-11 永久性土工结构物挖方的边坡坡度

项次	挖方性质	边坡坡度
1	在天然湿度、层理均匀、不易膨胀的黏土、砂质黏土、黏质砂土和砂类土内挖方深度≤3m者	1:1.25
2	在天然湿度、层理均匀、不易膨胀的黏土、砂质黏土、黏质砂土和砂类土内挖方深挖3~12m	1:1.5

(续)

项次	挖方性质	边坡坡度
3	在碎石土和泥炭土、岩土内挖方,深度为12m及12m以下,根据土的性质、层理特性和边坡高度确定	1:1.5～1:1.05
4	在风化岩石内的挖方,根据岩石性质、风化程度、层理特征和挖方深度确定	1:1.5～1:1.02
5	在轻微风化岩石内的挖方,岩石无裂缝且无倾向挖方坡脚的岩层	1:0.5
6	在未风化的完整岩石内挖方	直立的

表1-12 深度在5m之内的基坑基槽和管沟边坡的最大坡度(不加支撑)

项次	土类名称	边坡坡度		
		人工挖土并将土抛于坑、槽或沟的上边	机械施工	
			在坑、槽或沟底挖土	在坑、槽及沟的上边挖土
1	砂土	1:0.75	1:0.67	1:1
2	黏质砂土	1:0.67	1:0.5	1:0.75
3	砂质黏土	1:0.5	1:0.33	1:0.75
4	黏土	1:0.33	1:0.25	1:0.67
5	含砾石卵石土	1:0.67	1:0.5	1:0.75
6	泥灰岩白垩土	1:0.33	1:0.25	1:0.67
7	干黄土	1:0.25	1:0.1	1:0.33

注:如人工挖土,不把土抛于坑、槽和沟的上边,而是随时把土运往弃土场时,则应采用机械在坑、槽沟底挖土时的坡度。

表1-13 永久性填方的边坡坡度(1)

项次	土的种类	填方高度(m)	边坡坡度
1	黏土、粉土	6	1:1.5
2	砂质黏土、泥灰岩土	6～7	1:1.5
3	黏质砂土、细砂	6～8	1:1.5
4	中砂和粗砂	10	1:1.5
5	砾石和碎石块	10～12	1:1.5
6	易风化的岩石	12	1:1.5

表1-14 永久性填方的边坡坡度(2)

项次	土的种类	填方高度(m)	边坡坡度
1	砾石土和粗砂土	12	1:1.25
2	天然湿度的黏土、砂质黏土和砂土	8	1:1.25
3	大石块	6	1:0.75

(续)

项次	土的种类	填方高度(m)	边坡坡度
4	大石块(平整的)	5	1:0.5
5	黄土	3	1:1.5

(3) 土壤含水量

土壤孔隙中的水重和土壤颗粒重的比值称为土壤含水量。

土壤含水量在5%内称为干土,在30%以内称为潮土,大于30%称为湿土。土壤含水量的多少,对土方施工的难易也有直接的影响,土壤含水量过小,土质过于坚实,不易挖掘。含水量过大,土壤易泥泞,也不利施工,人力或机械施工,工效均降低。以黏土为例,含水量在30%以内最易挖掘,若含水量过大,其本身性质发生很大变化,并丧失其稳定性,此时无论是填方或挖方其坡度都显著下降,因此含水量过大的土壤不宜作回填之用。

(4) 土壤的相对密实度

土壤的相对密实度用来表示土壤在填筑后的密实程度,可用下列公式表达:

$$D = \frac{\varepsilon_1 - \varepsilon_2}{\varepsilon_1 - \varepsilon_3} \quad (1-33)$$

式中 D——土壤相对密实度;

ε_1——填土在最松散状况下的孔隙比*;

ε_2——经碾压或夯实后的土壤孔隙比;

ε_3——最密实情况下土壤孔隙比。

(5) 土壤的可松性

土壤经过挖掘后,土体的原组织结构被破坏,其体积必然增大,只有经过一段时间后,由于上层土压力的作用以及雨水浸润,或经过夯实后,土壤颗粒再度结合,才能基本密实,但仍不能把挖松的土壤夯实到原土体积。土壤的这种特性称为可松性。而把其体积与原土体积之比称作土壤的疏松系数,又称松土系数(表1-15)。

(6) 土壤的压缩性

移挖作填土或取土回填时,松土经填后会压缩,一般松土的压缩率见表1-16。

---

* 孔隙比是指土壤空隙的体积与固体颗粒体积的比值。

表 1-15　各级土壤的可松性参考数值

土壤的工程类别	体积增加百分比		可松性系数	
	最初	最终	K_P	K'_P
Ⅰ（植物性土壤除外）	8～17	1～2.5	1.08～1.17	1.01～1.025
Ⅰ（植物性土壤、泥炭、黑土）	20～30	3～4	1.20～1.30	1.03～1.04
Ⅱ	14～28	1.5～5	1.14～1.30	1.015～1.05
Ⅲ	24～30	4～7	1.24～1.30	1.04～1.07
Ⅳ（泥炭岩蛋白石除外）	26～32	6～9	1.26～1.32	1.06～1.09
Ⅳ（泥炭岩蛋白石）	33～37	11～15	1.33～1.37	1.11～1.15
Ⅴ～Ⅶ	30～45	10～20	1.30～1.45	1.10～1.20
Ⅷ～Ⅹ、Ⅵ	45～50	20～30	1.45～1.50	1.20～1.30

①最初体积增加百分比 $=\dfrac{V_2-V_1}{V_1}\times100\%$；最后体积增加百分比 $=\dfrac{V_3-V_1}{V_1}\times100\%$，$K_P$ 为最初可松性系数，$K_P=\dfrac{V_2}{V_1}$；K'_P 为最后可松性系数，$K'_P=\dfrac{V_3}{V_1}$；V_1 为开挖前土的自然体积，V_2 为开挖后土的松散体积，V_3 为运至填方处压实后之体积。

②在土方工程中，K_P 是用于计算挖方装运车辆及挖土机械的重要参数；K'_P 是计算填方时所需挖土工程的重要参数。

表 1-16　土壤的压缩率

土壤的工程类别	土壤名称	土壤的压缩率(%)	每立方米松散土压实后的体积(m³)
Ⅰ～Ⅱ类土	种植土	20	0.80
	一般土	10	0.90
	砂土	5	0.95
Ⅲ类土	天然湿度黄土	12～17	0.85
	一般土	5～10	0.95
	干燥坚实黄土	5～7	0.94

在松土回填时应考虑土的压缩率，一般可按填方断面增加 10%～20% 计算松土的土方数量。

(7) 原状土经机械压实后的沉降量

原状土经机械反复压实或采用其他措施后会产生一定的沉陷。土质不同，相对的沉陷量也不同，一般在 3～30cm 之间。也可按经验公式计算：

$$S = P/C \quad (1-34)$$

式中　S——原状土经机械压实后的沉降量，cm；
　　　P——机械压实的有效作用力，MPa；
　　　C——原状土的抗陷系数，MPa/cm；见表 1-17。

表 1-17　不同土壤的 C 值参考表　　MPa/cm

原状土质	C
沼泽土	0.01～0.015
凝滞的土	0.018～0.025
松砂、松湿黏土、耕土	0.025～0.035
大块胶结的砂、潮湿黏土	0.035～0.06
坚实的黏土	0.1～0.125
泥灰石	0.13～0.18

1.4.2　土方施工

在造园施工中，由于土方工程是一项比较艰巨的工作，其准备工作及辅助工作是土方工程能否顺利进行的必要保证。所以准备工作和组织工作不仅应该先行，而且要做得周全仔细，在土方工程前、进行中以及完工后都应按施工设计的要求进行必要的检测。

1.4.2.1　准备工作

(1) 场地清理

场地清理包括清理地面及地下各种障碍。在施工地范围内，凡有碍工程的开展或影响工程稳定的地面物或地下物都应该清理，如不需要保留的树木、废旧建筑物或地下构筑物等。

①伐除树木　凡土方开挖深度不大于 50cm，或填方高度较小的土方施工，现场及排水沟中的树木，必须连根拔除，清理树墩除用人工挖掘外，直径在 50cm 以上的大树墩可用推土机铲除或用爆破法清除。有关树木的伐除，特别是大树的伐除应慎之又慎，凡能保留者尽量设法保留。

②建筑物和地下构筑物的拆除，应根据其结构特点进行。在清理场地时应注意保护文物古迹，并按国家相关的法律法规执行。

③如果施工场地内的地面、地下或水下发现有管线或其他异常物体时，应事先请有关部门协同查清，未查清前，不可动工，以免发生危险或造成其他损失。

(2) 排水

场地积水不仅不便于施工,而且也影响工程质量,在施工之前,应该设法将施工场地范围内的积水或过高的地下水排走。

① 地面积水的排除　场地内低洼地区的积水必须排除,对于地面积水,可按施工区地形特点在场地周围挖好排水沟、截水沟、挡土水坝等(在山地施工为防山洪,在山坡上方应做截洪沟)。同时应注意雨水的排除,使场地保持干燥,以利于土方施工。

如在低洼处或挖湖施工时,除挖好排水沟外,必要时还应加筑围堰或设防水堤。为了排水通畅,排水沟的纵坡不应小于0.2%,沟的边坡值不应小于1:1.5,沟底宽及沟深不小于50cm。

② 地下水的排除　排除地下水方法很多,但一般多采用明沟,引至集水井,并用水泵排出。明沟较简单经济。一般按排水面积和地下水位的高低来安排排水系统,先定出主干渠和集水井的位置,再定支渠的位置和数目,土壤含水量大、要求排水迅速的,支渠分布应密些,其间距约1.5m,反之可疏。

在挖湖施工中应先挖排水沟,排水沟的深度,应深于水体挖深。沟可一次挖掘到底,也可以依施工情况分层下挖,具体采用何种方式根据出土方向决定。图1-56是两面出土,图1-57是单向出土,水体开挖顺序可依图上 A,B,C,D 依次进行。

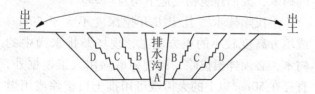

图1-56　排水沟一次挖到底,双向出土挖湖施工示意

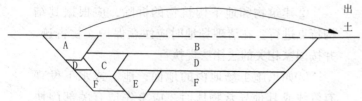

图1-57　排水沟分层挖掘,单向出土挖湖施工示意
(A,C,E 均为排水沟)

(3) 做好土方工程测量,定点放线工作

在清场之后,为了确定施工范围及挖土或填土的标高,应按设计图纸的要求,用测量仪器在施工现场进行定点放线工作,这一步工作很重要,为使施工充分表达设计意图,测设时应尽量精确。

① 平整场地的放线　用经纬仪将图纸上的方格测设到地面,并在每个交点处立桩木,边界上的桩木依图纸要求设置。

桩木的规格及标记方法如图1-58所示。侧面须平滑,下端削尖,以便打入土中,桩上应表示出桩号(施工图上方格网的编号)和施工标高(挖土用"+"号,填土用"-"号)。

图1-58　桩木规格及标记

② 自然地形的放线　挖湖堆山,首先确定堆山或挖湖的边界线,但这样的自然地形较难放到地面上去;特别在缺乏永久性地面物的空旷地上,在这种情况下应先在施工图上打方格网,再把方格网放到地面上,而后把设计地形等高线和方格网的交点,一一标到地面上并立桩(图1-59),桩木上也要标明桩号及施工标高。堆山时由于土层不断升高,桩木可能被土埋没,所以桩的长度应大于每层填土的高度。土山不高于5m的,可用长竹竿作标高桩,在桩上把每层的标高定好[图1-60(a)],不同层可用不同颜色标志,以便识别。另一种方法是分层放线、分层设置标高桩[图1-60

图 1-59 设计某高线和方格网交点打桩示意

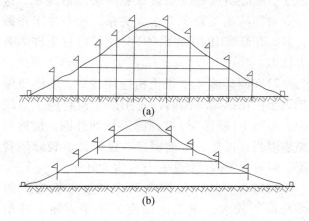

图 1-60 土山标高桩
(a) 长竹竿分层标高桩 (b) 分层放线分层设置标高桩

(b)]。这种方法适用于较高的山体。

挖湖工程的放线工作和山体的放线基本相同，但由于水体挖深一般较一致，而且池底常年隐没在水下，放线可以粗放些。但水体底部应尽可能整平，不留土墩，这对养鱼捕鱼有利。岸线和岸坡的定点放线应该准确，这不仅因为它是水上部分，影响造景，而且和水体岸坡的稳定有很大关系，为了精确施工，可以用边坡样板来控制边坡坡度(图 1-61)。

开挖沟槽时，用立桩放线的方法，在施工中桩木容易移动甚至破坏，影响施工校核工作，应

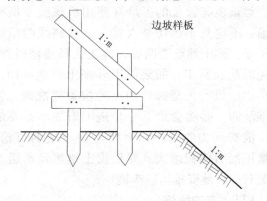

图 1-61 边坡样板

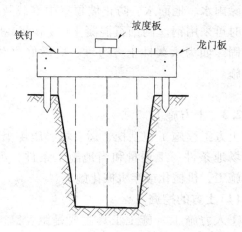

图 1-62 龙门板

使用龙门板(图 1-62)。龙门板构造简单，使用也方便。每隔 30~100m 设龙门板 1 块，其间距视沟渠纵坡的变化情况而定。板上应标明沟渠中心线位置，沟上口、沟底的宽度等。板上还要设坡度板，用坡度板来控制沟渠纵坡。

(4) 根据土方设计做好土方工程的辅助工作

如边坡稳定、基坑(槽)支护、降低地下水位等。

1.4.2.2 土方边坡及其稳定

施工中放坡坡度的留设应考虑土质、开挖深度、地下水位、坡顶荷载、施工工期以及气候条件等因素。施工中除应正确确定边坡，还要进行护坡。土坡的滑动一般是指土方边坡在一定范围内整体沿某一滑动面向下和向外移动而使边坡失去稳定性。这种现象往往是在外界不利影响下发生或加剧的。这些不利因素导致土体下滑力的增加或抗剪强度的下降。

引起下滑力增加的因素很多，主要有坡顶堆物、行车等荷载，雨水或地面水渗入土中使土壤含水率增加而引起土壤自重增加、地下水渗流产生一定的动水压力，土体竖向裂缝中的积水产生侧向静压力等。产生土体抗剪强度降低的因素主要是由于气候影响使土质松软、土体内含水量增加产生润滑作用而引起的。

因此，在土方施工中要预估可能出现的各种情况，并采取相应措施护坡防塌，特别要注意及

时排除雨水、地面水，防止坡顶集中堆载及振动。必要时可采用钢丝网细石混凝土（或砂浆）护坡面层加固。如为永久性土方边坡，应做好永久性加固措施。

1.4.2.3 土方施工

土方工程施工包括挖、运、填、压4个内容。根据场地条件、工程量和当地施工条件，可采用人力施工、机械化或半机械化施工。

(1) 土方的挖掘

①人力施工　施工工具主要是锹、镐、钢钎等。人力施工不但要组织好劳动力，而且要注意安全和保证工程质量。

——施工者要有足够的工作面，一般平均每人应有 $4\sim6m^2$。

——开挖土方附近不得有重物及易坍落物。

——在挖土过程中，随时注意观察土质情况，要有合理的边坡。必须垂直下挖者，松软土不得超过0.7m，中等密度者不超过1.25m，坚硬土不超过2m，超过以上数值的需设支撑板或保留符合规定的边坡（见表1-11）。

——挖方工人不得在土壁下向里挖土，以防坍塌。

——在坡上或坡顶施工者，要注意坡下情况，不得向坡下滚落重物。

——施工过程中注意保护基桩、龙门板或标高桩。

②机械施工　主要施工机械有推土机、挖土机等。在园林施工中推土机应用为较广泛，如在挖掘水体时，以推土机推挖，将土堆至水体四周，再行运走或堆置地形，最后岸坡用人工修整（图1-63）。用推土机挖湖堆山，效率较高，但应注意以下几方面：

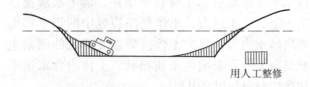

图1-63　机械施工中用人工整修区域地形示意

1) 推土机手应识图或了解施工对象的情况：动手之前推土机手应了解施工地段的地形情况及设计地形的特点，最好结合模型进行理会。另外施工前还要了解实地定点放线情况，如桩位、施工标高等。这样施工起来司机心中有数，能得心应手、随心所欲地按照设计意图去塑造地形。这一点对提高施工效率有很大关系，这一步工作做得好，在修饰山体（或水体）时便可以省去许多劳力物力。

2) 在园林施工中推土机应用较广，要注意保护表土：在挖湖堆山时，先用推土机将施工地段的表层熟土（耕作层）推到施工场地外围，待地形整理停当，再把表土铺回来，这样做虽较麻烦费工，但对公园的植物生长却有很大好处。

3) 桩点和施工放线要明显：推土机施工的活动范围较大，施工地面高低不平，加上进车或退车时司机视线存在某些死角，所以桩木和施工放线很容易受破坏。以下方法可解决这一问题：

——应加高桩木的高度，桩木上可做醒目标志，以引起施工人员的注意。

——施工期间，施工人员应该经常到现场，随时随地用测量仪器检查桩点和放线情况，掌握全局，以免挖错（或堆错）位置。

(2) 土方的运输

一般竖向设计都力求土方就地平衡，以减少土方的搬运量。土方运输是项较艰巨的工作，人工运土一般用于短途的小搬运，车运人挑，在某些局部或小型施工中还经常采用。

运输距离较长的，最好使用机械或半机械化运输。不论是车运还是人挑，运输路线的组织都很重要，卸土地点要明确，施工人员要随时指挥，避免混乱和窝工。如果使用外来土垫地堆山，运土车辆应设专人指挥，卸土的位置要准确，否则乱堆乱卸，必然会给下一步施工增加不必要的工作，浪费人力物力。同时要考虑土壤的可松性，土壤挖掘后体积增大，要根据土壤搬运前后变化情况有计划地安排运输车辆。

(3) 土方的填筑

填土应该满足工程的质量要求，土壤的质量

要根据填方的用途和要求加以选择,在绿化地段土壤应满足种植植物的要求,而作为建筑用地则以要求将来地基的稳定为原则。利用外来土垫地堆山,对土质应该验定放行,劣土及受污染的土壤,不应放入园内以免将来影响植物的生长和妨害游人健康。

①大面积填方应该分层填筑,一般每层20~50cm,有条件的应层层压实。

②在斜坡上填土,为防止新填土方滑落,应先把土坡挖成台阶状,然后再填方(图1-64)。这样可保证新填土方的稳定。

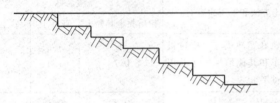

图1-64 斜坡填土做台阶状示意

③辇土或挑山堆土 土方的运输路线和下卸,应以设计的山头为中心结合来土方向进行安排。一般以环形线为宜,车辆或人挑满载上山,土卸在路两侧,空载的车(人)沿路线继续前行下山,车(人)不走回头路,不交叉穿行[图1-65(a)],所以不会顶流拥挤。随着卸土,山势逐渐升高,运土路线也随之升高,这样既组织了人流,又使土山分层上升,部分土方边卸边压实,这不仅有利于山体的稳定,山体表面也较自然。如果土源有几个来向,运土路线可根据设计地形特点安排几个小环路[图1-65(b)],小环路以人流车辆不相干扰为原则。

(4)土方的压实

人力夯压可用夯、硪、碾等工具;机械碾压可用碾压机或用拖拉机带动的铁碾;小型的夯压机械有内燃夯、蛙式夯等。压实的一般要求有:

①密实度要求 填方的密实度要求和质量指标通常以压实系数 d_c 表示。压实系数为土的控制(实际)干土密度 ρ_d 与最大干土密度 ρ_{dmax} 的比值。最大干土密度 ρ_{dmax} 是最优含水量时,通过标准的击实方法确定的。密实度要求一般由设计者根据

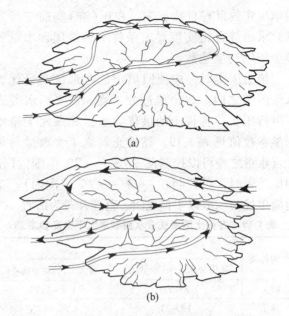

图1-65 土方运输和下卸路线

工程性质、使用要求以及土的性质确定,如未做规定,可参考表1-18数值。

表1-18 填土的压实系数 d_c 要求

结构类型	填土部位	压实系数 λ_c
砌体承重结构和框架结构	在地基主要持力层范围内	>0.96
	在地基主要持力层范围以下	0.93~0.96
简支结构和排架结构	在地基主要持力层范围内	0.94~0.97
	在地基主要持力层范围以下	0.91~0.93
一般工程	基础四周或两侧一般回填土	0.90
	室内地坪、管道地沟回填土	0.90
	一般堆放物件场地回填土	0.85

注:控制含水量为 $\omega_{op} \pm 2$。

压实填土的最大干密度 ρ_{dmax}(g/cm³)宜采用击实试验确定。当无试验资料时,可按下式计算:

$$\rho_{dmax} = \eta \frac{\rho_w d_s}{1+0.01\omega_{op}d_s} \quad (1-35)$$

式中 η——经验系数,黏土取0.95,粉质黏土取0.96,粉土取0.97;

ρ_w——水的密度,g/cm³;

d_s——土粒相对密度,比重;

ω_{op}——最优含水量,%,可按当地经验或取 ω_p+2,粉土取14~18。

②含水量控制 填土含水量的大小,对土的

回填压实效果有直接影响。在压(夯)实前应预先试验求出符合密实度要求条件下的最优含水量和最少压(夯)实遍数。

填土压实时,应使回填土的含水量在最优含水量范围之内。如土壤过分干燥,需先洒水湿润后再行压实。各种土的最优含水量和最大干密度的参考数值见表1-19。黏性土料施工含水量与最优含水量之差可以控制在-4%~+2%范围内(使用振动碾时,可控制在-6%~+2%范围内)。工地简单检验一般以手握成团、落地开花为适宜。

表1-19　各种土壤最优含水量和最大干密度参考表

土的种类	变动范围	
	最优含水量%(重量比)	最大干密度(g/cm³)
砂土	8~12	1.8~1.88
黏土	19~23	1.58~1.70
粉质黏土	12~15	1.85~1.95
粉土	16~22	1.61~1.80

注:①表中土的最大密度应根据现场实际达到的数字为准。
②一般性的回填可不作此项测定。

③铺土厚度和压实遍数　压实工作必须分层进行,并且要注意均匀。填方每层铺土厚度和压实遍数视土的性质、设计要求的压实系数和使用的压(夯)实机具性能而定,一般应进行现场碾(夯)压试验确定。表1-20为压实机械和工具每层铺土厚度和所需的碾压(夯实)遍数的参考数值。利用运土工具的行驶来压实填方时,每层铺土厚度不得超过表1-21规定数值。

表1-20　填方每层的铺土厚度和压实遍数

压实机具	每层铺土厚度(mm)	每层压实遍数(遍)
平碾	200~300	6~8
羊足碾	200~350	8~16
蛙式打夯机	200~250	3~4
推土机	200~300	6~8
拖拉机	200~300	8~16
人工打夯	不大于200	3~4

注:人工打夯时,土块粒径不应大于5cm。

表1-21　利用运土工具压实填方时,每层填土的最大厚度

填土方法和采用的运土工具	土壤名称		
	粉质黏土和黏土	亚砂土	砂土
窄轨和宽轨火车、拖拉机拖车和其他填土方法并用机械平土	0.7	1.0	1.5
汽车和轮式铲运机	0.5	0.8	1.2
人推小车和马车运土	0.3	0.6	1.0

注:表中土的最大密度应根据现场实际达到的数字为准。

另外,在压实松土时夯压工具应先轻后重,压实工作应自边缘开始逐渐向中间收拢,否则边缘土方外挤易引起坍落。

土方工程施工面较宽,工程量大,施工组织工作很重要,大规模的工程应根据施工力量和条件决定,工程可全面铺开也可以分区分期进行。

施工现场要有人指挥调度,各项工作要有专人负责,以确保工程按期按计划高质量地完成。

第2章 风景园林给排水工程

水是地球生物、人类不可缺少的重要资源和要素。在城镇，人们的生活和生产活动中，水必不可缺。为了给各生产部门及居民点提供从水质、水量和水压方面均符合国家规范的用水，需要设置一系列的构筑体系，从水源取水，并按用户对水质的不同要求进行处理，再将水输送至各用水点使用。这一系列的构筑体系称作给水系统。城市给水系统一般由取水、净水和输配水等工程设施构成。

清洁的水经过人们在生活和生产中使用而被"污染"，形成大量成分复杂的污水。这些污水含有各种有害物质，如不加控制任意排放，将破坏自然环境，造成公害，引发环境问题。在污水中又含有一些有用物质，可回收利用。过多的降水也会对城市造成一定的危害。为了使降水、污水无害及变害为利，为收集、输送、处理和处置污水，而建造一系列工程设施系统，称作城市排水系统。

城市污水经适当工艺净化处理后，达到中水的水质标准，就可在一定范围内使用，即城市污水的再生利用。回用的水称为再生水、中水。水的重复使用，既减少水资源的消耗也保护了环境。由再生水原水的收集、储存、处理和供给等工程设施组成的系统就是中水系统。

总之，城市中的水的供、用、排3个环节就是通过给水系统、排水系统和中水系统联系起来的。水在城市和园林中的循环流程如图2-1所示。

风景园林绿地的给水与排水系统是保证风景园林绿地实现其功能和效益的重要基础设施，它为游人和各种动、植物的生活生存提供了基本保证，也确保园林绿地免遭洪涝之灾与环境安全。风景园林给排水工程是城市给排水工程的一个组成部分，二者有共同点，而风景园林绿地又有自身的特点。本章将介绍有关基本常识及一些简单的设计、计算方法。

2.1 风景园林给水工程

2.1.1 概述

公园、其他公用绿地和风景区是市民休息游览的场所，同时又是树木、花草集中的地方。由于游人活动的需要、植物养护管理及水景用水的补充等，公园绿地的用水量是很大的。妥善解决好风景园林的用水问题是一项十分重要的工作。

公园绿地中的用水大致可分为以下几方面：

(1) 生活用水

如餐厅、内部食堂、茶室、小卖部、饮水器等饮用、烹饪、洗涤及卫生设备清洁等的用水。

(2) 养护管理用水

包括植物灌溉、动物笼舍的冲洗、道路广场的清洒、水景的补充用水以及其他园务管理用水等。

(3) 造景用水

流经风景园林内部的河流或蓄存在园内，以各种形式(如溪涧、湖泊、池沼、瀑布、跌水、喷泉等)参与园景塑造及开展水上活动的水体。

(4) 消防用水

在公园中的古建筑或主要建筑周围均应设消防栓，以备发生火灾时取水。在公园绿地及风景

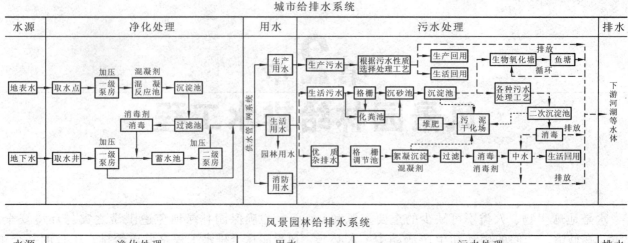

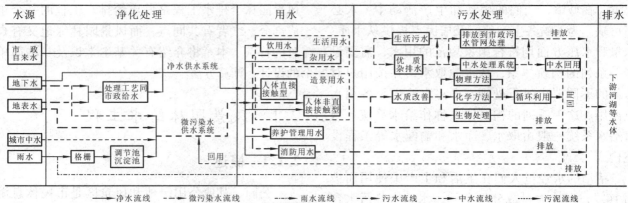

图 2-1 城市和园林用水的循环流程示意

区中林木较为集中易发生山火的地方，应设置消防水池。

在上述 4 类用水类型中，除生活用水外，用水水质可适当降低。养护管理和造景用水的用水量最大，生活用水的需求量相对较小。

风景园林给水工程的任务就是经济、合理、安全可靠地满足以上 4 个方面的用水在水质、水压和水量方面的需求。

2.1.2 风景园林给水的特点和给水方式

2.1.2.1 风景园林用水的特点

① 风景园林中的用水点较分散；
② 各用水点分布于起伏的地形上，高程变化大；
③ 可对不同水质分别利用，如可采用优质的泉水用于沏茶、水质次之可用于戏水，再次之可用于灌溉及造景等；
④ 用水高峰时段可以错开。

2.1.2.2 风景园林给水的方式

根据水源和给水系统的构成，可以将风景园林给水分为 3 种方式。

① 从属式 处于城市给水管网辐射范围内的城市公园或绿地可直接从城市给水管网引水用于各种用水类型，风景园林给水系统是城市给水系统的组成部分，称为从属式的给水方式。

② 独立式 当园林绿地或风景区周围没有城市给水管网，需通过取水、净水和输水等工程措施自行建立完备的供水系统的，则为独立式的给水方式。

③ 复合式 在城市给水管网通过的地区，同时还有地下或地表水资源可以开采，可以引用城市给水用于生活用水，而其他对水质要求较低的用水可自地表、地下取水，用物理和生物等方法净水，从而可以大大节约水务投资和管理费用。

2.1.3 风景园林给水的水源与水质

2.1.3.1 水源

风景园林由于其所在地区的供水情况不同，取水方式也各异。城区的园林，可以从就近的市政给水管网引水，成为从属式的给水系统。郊区的园林绿地，可以采用多样的水源，其中以地表水和地下水两种水源为主。在干旱和用水紧张的地区，除这两种水源外，雨水、再生水等水源可以作为非饮用水的水源；在不影响园林绿地使用功能的前提下，甚至可以使用优质杂排水或污水进行绿地灌溉。不同水源的水质差异较大，需要进行相应的处理以达到卫生标准和使用标准。

(1) 市政给水

市政给水的水质符合饮用水的标准，具有一定的水压，是风景园林用水的重要水源。

(2) 地表水

在风景园林绿地附近，水质较好的地表水可以作为园林给水的水源，包括江、河、湖、库、塘和浅井中的水，这些水具有取水方便、水量充沛的特点，但由于长期暴露于地面，容易受到外界各种人为污染。污染后其色、嗅、味及水中溶解性杂质的种类和数量随污染物的性质而变化，必须经过净化和严格消毒，才可作为生活用水。在缺乏水源条件的山岳、岛屿型的风景区内，可以修建水库或蓄水池收集雨泉水来解决水源问题，但应注意此类给水设施不可对景区的风景资源产生负面的影响。

(3) 地下水

地下水较丰富的地区可自行打井抽水。地下水包括泉水以及从深管井中取用的水。浅层地下水易受地面污染物的影响；深层地下水在地层渗透流动过程中，悬浮物和胶体已经大部分被截留去除，且不易受外界污染，故水质较好且稳定，但硬度较大。深层地下水一般情况下除作必要的消毒外，不必再净化。

(4) 再生水

再生水（reclaimed water）也叫中水、回用水，是指污水经适当再生工艺处理后具有一定使用功能的水。经深度处理的再生水可以代替自来水，用于绿地灌溉、河湖等景观水体，道路冲刷，降尘，洗车，冲厕等非饮用用途。

在进行水源选择前，必须进行水资源的勘察。通过技术经济比较后综合考虑确定。选用的水源应水量充沛可靠，原水水质符合要求，取水、输水、净化设施安全、经济和维护方便等。用地下水作为供水水源时，应有确切的水文地质资料，取水量必须小于允许开采量，严禁盲目开采。在确定水源、取水地点和取水量等条件后应取得有关部门许可方可采用。生活饮用水水源的水质和卫生防护应符合现行的《生活饮用水卫生规范》的要求。

根据《饮用水水源保护区污染防治管理规定》中的要求，应在饮用水水源周围划定一定的区域和陆域作为水源保护区，并按其中有关水源保护区防护规定执行。在风景区内的水源保护区应减少游人的进入，尤其是在核心保护范围内；在允许游人进入的前提下应首先选择不会对环境产生负面影响的活动项目，避免污染环境和水域。

2.1.3.2 水质

(1) 生活用水

生活用水必须经过严格净化消毒，水质应无色、无臭、无味、不混浊、无有害物质，特别是不含传染病菌，须符合国家颁布的《生活饮用水卫生规范（2001）》的规定。生活饮用水水质常规检验项目和限值见表2-1。

表2-1 生活饮用水水质常规检验项目及限值

项 目	限 值
感官性状和一般化学指标	
色	色度不超过15度，并不得呈现其他异色
浑浊度	不超过1度(NTU)[①]，特殊情况下不超过5度(NTU)
嗅和味	不得有异臭、异味
肉眼可见物	不得含有
pH	6.5~8.5
总硬度（以$CaCO_3$计）	450mg/L
铝	0.2mg/L

(续)

项目	限值
铁	0.3mg/L
锰	0.1mg/L
铜	1.0mg/L
锌	1.0mg/L
挥发酚类（以苯酚计）	0.002mg/L
阴离子合成洗涤剂	0.3mg/L
硫酸盐	250mg/L
氯化物	250mg/L
溶解性总固体	1000mg/L
耗氧量（以 O_2 计）	3mg/L，特殊情况下不超过 5mg/L[2]
毒理学指标	
砷	0.05mg/L
镉	0.005mg/L
铬（六价）	0.05mg/L
氰化物	0.05mg/L
氟化物	1.0mg/L
铅	0.01mg/L
汞	0.001mg/L
硝酸盐（以 N 计）	20mg/L
硒	0.01mg/L
四氯化碳	0.002mg/L
氯仿	0.06mg/L
细菌学指标	
细菌总数	100CFU/mL[3]
总大肠菌群	每100mL水样中不得检出
粪大肠菌群	每100mL水样中不得检出
游离余氯	在与水接触30min后应不低于0.3mg/L，管网末梢水不应低于0.05mg/L（适用于加氯消毒）
放射性指标[4]	
总 α 放射性	0.5Bq/L
总 β 放射性	1Bq/L

注：①表中NTU为散射浊度单位。
②特殊情况包括水源限制等情况。
③CFU为菌落形成单位。
④放射性指标规定数值不是限值，而是参考水平。放射性指标超过表中所规定的数值时，必须进行核素分析和评价，以决定能否饮用。

生活用水的常规净化处理工艺一般采用混凝、沉淀、过滤和消毒4个步骤。

凝絮剂种类很多，按化学成分可分为无机和有机两大类，常用的无机凝絮剂有硫酸铝、三氯化铁等。地表水加入硫酸铝等凝絮剂并搅拌后，悬浮物即可凝絮沉淀，色度减低，细菌减少，若杀菌效果仍不理想，还须另行消毒。凝絮沉淀后的水经过滤可以滤去杂质，使水质清洁。一般采用石英砂等粒状滤料截留水中悬浮杂质。滤池有多种形式，基本工作过程相同，过滤与冲洗交错进行。图2-2是普通快滤池的一种，可供参考。

水的消毒方法很多，包括氯和氯化物消毒、臭氧消毒、紫外线消毒及某些重金属离子消毒等。氯消毒经济有效，使用方便，应用历史最久也最广泛。通常以漂白粉放入水中进行消毒，漂白粉与水作用产生氯化钙、氢氧化钙及次氯酸（$HClO$），而次氯酸很容易分解，分解后释放出初生态氧（O）。它是强氧化剂，性质活泼，能将细菌等有机物氧化，从而将其杀灭。

风景园林绿地对饮用水水质的要求并不满足于一般的符合卫生标准，尤其是沏茶用的水对水质还有更高要求，我国历代都有人给宜茶的泉水评级分等。

（2）养护用水

养护用水对水质要求相对较低。灌溉植物、冲洗动物笼舍、清洒道路广场等用水只要无害于动植物，不污染环境且满足设备要求即可，甚至可以使用中水或经过一定处理的生活污水。

（3）造景用水

造景用水对水质的要求因水体的使用功能不同也略有差异。造景水体需符合相应类别的水质标准，依据地表水水域环境功能和保护目标划分为5类：Ⅰ～Ⅲ类水质适用于各种水景要求，如儿童戏水池、游泳区、喷泉等；Ⅳ类水质适用于人体非直接接触的水景用水；Ⅴ类水质较差，主要适用一般景观要求水域。不同类别的地表水环境质量标准见表2-2。

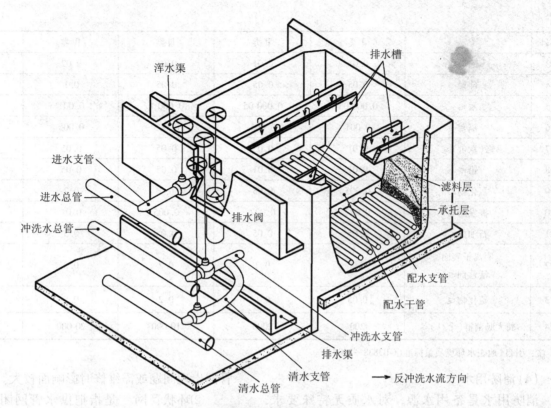

图 2-2　普通快滤池构造剖视

表 2-2　地表水环境质量标准基本项目标准限值　　　　　　　　　　　　　　　　mg/L

序号		I 类	II 类	III 类	IV 类	V 类
1	水温(℃)	人为造成的环境水温变化应限制在：周平均最大温升≤1，周平均最大温降≤2				
2	pH 值(无量纲)	6～9				
3	溶解氧≥	饱和率90%（或7.5）	6	5	3	2
4	高锰酸盐指数≤	2	4	6	10	15
5	化学需氧量（COD）≤	15	15	20	30	40
6	五日生化需氧量（BOD_5）≤	3	3	4	6	10
7	铵氮($NH_4^+ - N$)≤	0.015	0.5	1.0	1.5	2.0
8	总磷(以 P 计)≤	0.02(湖、库0.01)	0.1(湖、库0.025)	0.2(湖、库0.05)	0.3(湖、库0.1)	0.4(湖、库0.2)
9	总氮(湖、库，以 N 计)≤	0.2	0.5	1.0	1.5	2.0
10	铜≤	0.01	1.0	1.0	1.0	1.0
11	锌≤	0.05	1.0	1.0	2.0	2.0
12	氟化物(以 F^- 计)≤	1.0	1.0	1.0	1.5	1.5

(续)

序号		I类	II类	III类	IV类	V类
13	硒≤	0.01	0.01	0.01	0.02	0.02
14	砷≤	0.05	0.05	0.05	0.1	0.1
15	汞≤	0.00005	0.00005	0.0001	0.001	0.001
16	镉≤	0.001	0.005	0.005	0.005	0.01
17	铬(六价)≤	0.01	0.05	0.05	0.05	0.1
18	铅≤	0.01	0.01	0.05	0.05	0.1
19	氰化物≤	0.005	0.05	0.2	0.2	0.2
20	挥发酚≤	0.002	0.002	0.005	0.01	0.1
21	石油类≤	0.05	0.05	0.05	0.5	1.0
22	阴离子表面活性剂≤	0.2	0.2	0.2	0.3	0.3
23	硫化物≤	0.05	0.1	0.2	0.5	1.0
24	粪大肠菌群(个/L)≤	200	2000	10 000	20 000	40 000

注：引自《地表水环境质量标准(GB3838—2002)》。

(4) 消防用水

消防用水是备用水源，对水质无特殊要求，允许使用有一定污染的水。备用的消防水池应定期维护，保持一定的水量和水质，以备不时之需。

2.1.4 风景园林给水管网的布置与计算

风景园林给水管网的布置要了解园内用水点的位置和用水特点，同时需要掌握风景园林用地周边市政供水管网的情况，它往往影响管网的布置方式。一般小公园的给水可由一点引入，不必在园内建立完整的给水管网系统。但对于大型园林，为了节约管材，减少水头损失，有条件的地段最好多点引水，分区供水。当地形较复杂，供水时各用水点所需压力的差异较大，则可以分压供水。如果不同用水点所需要的水质有差异，也可以建立不同的管网分质供水。

2.1.4.1 给水管网的基本布置形式和布置要点

(1) 给水管网基本布置形式

①树枝状管网 如图 2-3(a)，这种布置方式较简单，省管材。管线形式就像树干分杈分枝，它适合于用水点较分散的情况，对分期建设的公园有利。但树枝状管网供水的保证率较差，一旦管网出现问题或需维修时影响面较大。

②环状管网 是指把供水管网闭合成环，使管网供水能互相调剂。当管网中的某一管段出现故障也不致影响其他管段的供水，从而提高可靠性。但这种布置形式使用的管材较多，投资较大[图 2-3(b)]。需要可靠供水的公园绿地以及风景园林中的主供水干管宜布置成环状。

(2) 给水管网的布置要点

①管网布置应力求经济与满足最佳水力条件

——干管应靠近用水量最大处及主要用水点；

——干管应靠近调节设施(如高位水池或水塔)；

——管道应力求短而直。

②管网布置应便于检修维护

——干管应尽量埋设于绿地下，减少对道路、广场和水体的穿越；

——在阀门、仪表、附件等处应留有检查井；

——给水管网应有不小于0.003的坡度坡向泄水阀门井以便于放空检修；

——在保证不受冻的情况下，干管宜随地形起伏敷设，避开复杂地形和难于施工的地段，以减少敷设土石方工程量和便于检修。

③管网布置应保证使用安全，避免损坏和受

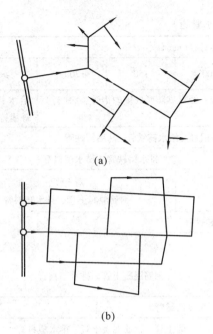

图 2-3 给水管网基本布置形式
(a) 树枝状管网 (b) 环状管网

到污染

——给水管网和其他管道应按规定保持一定的安全距离，避免出现被污染的情况；

——管道埋深及敷设应符合规定，避免受冻、受压和受不均匀沉降的影响；

——穿越道路、广场、河流、水面以及其他构筑物等障碍物时应设置必要的防护措施。

2.1.4.2 管网布置的一般规定

(1) 管道埋深

风景园林给水干管的覆土深度应根据土壤冰冻深度、车辆荷载、管道材质及管道交叉等因素确定。管顶最小覆土深度不得小于土壤冰冻线以下 0.15m，行车道下的管线覆土深度不宜小于 0.70m，埋设在绿地中的给水支管最小埋深不应小于 0.50m。管道不宜埋得过深，埋得过深工程造价高，过浅则管道易遭破坏。

(2) 阀门及消防栓

在给水管道上应设置阀门。阀门的安装位置包括：从给水干管的引入管段上、水表前和立管、环形管网的节点处，配水管起端，接有 3 个及 3 个以上配水点的支管，水池，水箱等处。阀门除安装在支管和干管的连接处外，要求每 500m 直线距离设一个阀门。

为了检修管理方便，室外给水管道上的阀门宜设阀门井或阀门套筒。

给水管道上使用的阀门选择原则是：需要调节流量、水压时，宜采用截止阀；要求水流阻力小的部位宜采用闸板阀；安装空间小的场所宜采用蝶阀、球阀；水流需双向流动的管段上，不得使用截止阀。在引入管上、水泵出水管上以及进出水管合用一条管道的出水管段上应设置止回阀。

在园林建筑设计时应同时设计消防给水系统。设置在给水管网上的消防栓，其间距不应超过 120m，保护半径不应大于 150m；设有消防栓的室外给水管网管径不应小于 100mm。室外消火栓应沿道路设置，为了便于消防车补给水，消火栓距路边不应超过 2m，距房屋外墙不宜小于 5m。

(3) 管道材料的选择

给水管材可分为金属管材和非金属管材两大类，水管材料的选择取决于水管承受的压力、管内水质、敷设场所的条件及敷设方式等。埋地管道的管材应具有耐腐蚀性和承受相应的地面荷载的能力。当 DN≥75mm 时可采用有内衬的给水铸铁管、球墨铸铁管、给水塑料管和复合管。当 DN<75mm 时可采用水煤气钢管、给水塑料管、复合管等。由于钢管耐腐蚀性差，容易污染水质，因此使用钢管时必须做好防腐处理（表 2-3）。

2.1.4.3 给水管网的水力计算

给水管网水力计算的目的在于确定给水管网中水的流量，确定各管段的管径以及管网所需要的工作压力，以便安全可靠地供水。如果是从城市给水管网中引水，需要校核给水干管所能提供的压力和流量与风景园林绿地所需是否相符，必要时需要设置蓄水池和加压设备。如果自设水源供水，则需要根据计算所需的流量和压力确定给水设备的大小。

表 2-3 管道材料的选择（包含排水管道）

流动物质	压力 Pg (kg/cm²) 及水温 t	室内或室外	DN 公称管径(mm)						
			25	50	80	100	150	200	≥250
给水	Pg≤10 T≤50℃	室内	给水塑料管、塑料和金属复合管、铜管、不锈钢管、经可靠防腐处理的钢管、涂(衬)塑钢管						给水铸铁管、球墨铸铁管
		室外	给水塑料管、热镀锌钢管		给水塑料管、热镀锌钢管、给水铸铁管、球墨铸铁管				
雨水	无压	室内				排水铸铁管、排水塑料管			
		室外					陶土管、钢筋混凝土管、排水塑料管		
生产污水		室内			排水铸铁管				
		室外					钢筋混凝土管、排水塑料管		
生活污水		室内		排水铸铁管、陶土管、硬聚氯乙烯管					
		室外				陶土管、钢筋混凝土管、排水塑料管			

注：①公称直径(DN)是指各种管子与管路附件的通用口径，公称直径是标准化的管径通称，目的是为了确定管子、管件、阀门、法兰、垫片等结构尺寸与连接尺寸，同一公称直径的管子和管路附件均能相互连接。公称直径接近于内径，但是又不等于内径，可用公制 mm 表示，也可用英制 in 表示。
②带釉陶瓷管、钢筋混凝土管、陶土管(缸瓦管)等管类的管径以内径 D 表示，塑料管的管径以外径 D_e 表示。
③大型排水渠道有砖砌、石砌及预制混凝土装配式等。
④给水塑料管包括：铝塑复合管(PAP)、聚乙烯管(PE)、交联聚乙烯管(PEX)、聚丙烯管(PP–R、PP–B)、PP–R 稳态管、纤维增强 PP–R 复合管、硬聚氯乙烯管(PVC–U)(非铅盐稳定剂生产)、丙烯酸共聚聚氯乙烯管(AGR)等。
⑤排水塑料管包括：硬聚氯乙烯(PVC–U)建筑排水管(含实壁管、芯层发泡管、双壁波纹管、环形肋管、中空壁管、内螺旋管)、高密度聚乙烯(HDPE)排水管(双壁波纹管、缠绕结构壁管、钢带增强螺旋波纹管等)、玻璃钢夹砂管(GRP)等。

(1) 用水量及用水量标准

城市公园绿地给水管网设计供水量应根据各种用水用途分别计算确定，包括综合生活用水量(包括居民生活用水和公共建筑用水)、消防用水量、水景及娱乐设施用水量、浇洒道路和绿地用水、未预见用水量及管网漏失水量。

进行管网设计时，首先应求出各用水点的用水量，再根据各个用水点的需要量供水，用水量的大小需要根据用水量标准来计算。

用水量标准是国家根据各地区城镇的性质、经济水平、生活水平和习惯、气温气候特征、房屋设备等不同情况而制定的。风景园林中各用水点的用水量就是根据或参照用水量标准计算出来的。我国地域辽阔，各地的用水量标准也不尽相同。城市居民生活用水量标准和城市中以人口为计算依据的人口综合用水指标可采用表 2-4 和表 2-5 的规定。与风景园林有关的用水量标准项目见表 2-6。

表 2-4 城市居民生活用水量标准

地域分区	日用水量[L/(人·d)]	适用范围
一	80~135	黑龙江、吉林、辽宁、内蒙古
二	85~140	北京、天津、河北、山东、河南、山西、陕西、宁夏、甘肃
三	120~180	上海、江苏、浙江、福建、江西、湖北、湖南、安徽

(续)

地域分区	日用水量[L/(人·d)]	适用范围
四	150~220	广西、广东、海南
五	100~140	重庆、四川、贵州、云南
六	75~125	新疆、西藏、青海

注：①表中所列日用水量是满足人们日常生活基本需要的标准值。在核定城市居民用水量时，各地应在标准值区间内直接选定。
②城市居民生活用水考核不应以日作为考核周期，日用水量指标应作为月度考核周期计算水量指标的基础值。
③指标值中的上限值是根据气温变化和用水高峰月变化参数确定的，一个年度当中对居民用水可分段考核，利用区间值进行调整使用。上限值可作为一个年度当中最高月的指标值。
④此表引自《城市居民生活用水量标准 GB/T50331—2002》。

表 2-5 人口综合用水指标　　　　　　　　　　　　　　　　　　　　　　　　　　　　　　　　m³/(人·a)

区域	城市规模			
	特大城市	大城市	中等城市	小城市
Ⅰ区	140~190	105~145	70~105	55~80
Ⅱ区	95~155	100~155	90~140	100~155
Ⅲ区	100~160	100~160	90~130	80~120
Ⅳ区	65~100	70~105	65~95	65~110
Ⅴ区	65~95	80~130	70~120	70~115
Ⅵ区	110~155	110~150	105~145	95~125
Ⅶ区	115~155	180~245	130~175	100~135
Ⅷ区	200~265	240~320	165~220	135~180
Ⅸ区	145~200	130~175	140~190	145~195
Ⅹ区	160~215	145~200	130~175	110~150
Ⅺ区	—	65~85	65~90	70~110
Ⅻ区	120~195	120~180	110~165	130~210

注：①本表用于城市综合用水量的控制管理，但不包括城市河道（湖泊）生态和环境用水。
②城市人口指有常住户口和未落户常住人口。未落户常住人口中包含居住一年以上的流入人口。
③特大城市是指人口规模超过100万的城市，大城市人口介于50万~100万之间，中等城市人口规模在20万~50万之间，人口数量少于20万人的为小城市。
④城市分区以水资源分区为划分依据。Ⅰ区为松花江区、辽河区；Ⅱ区为海河区；Ⅲ区为黄河区龙羊峡以上、龙羊峡至兰州、兰州至河口镇、河口镇至龙门四个二级分区；Ⅳ区为黄河分区龙门至三门峡、三门峡至花园口、花园口以下、内流区四个二级分区；Ⅴ区为淮河区；Ⅵ区为长江区金沙江石鼓以上、金沙江石鼓以下、岷沱江、嘉陵江、乌江、宜宾至宜昌六个二级分区；Ⅶ区为长江区洞庭湖水系、汉江、鄱阳湖水系、宜昌至湖口四个二级分区；Ⅷ区为长江区湖口以下干流、太湖水系两个二级分区；Ⅸ区为东南诸河区；Ⅹ区为珠江区；Ⅺ区为西南诸河区；Ⅻ区为西北诸河区。
⑤香港特别行政区、澳门特别行政区可结合区域特点和城市用水水平在Ⅹ区用水指标基础上合理确定；台湾省可在Ⅳ区用水指标基础上合理确定。
⑥此表引自《城市综合用水量标准 SL367—2006》。
⑦Ⅺ区不存在特大城市，也不具备特大城市发展条件。

表2-6 风景园林绿地用水量标准及小时变化系数

建筑物名称		单位	生活用水量标准最高日(L/cap·d)	小时变化系数	备注
公共食堂	营业食堂	每顾客每次	15~20	2.0~1.5	1. 食堂用水包括主副食加工，餐具洗涤清洁用水和工作人员及顾客的生活用水，但未包括冷冻机冷却用水； 2. 营业食堂用水比内部食堂多、中餐餐厅又多于西餐餐厅； 3. 餐具洗涤方式是影响用水量标准的重要因素，以设有洗碗机的用水量大； 4. 内部食堂设计人数即为实际服务人数；营业食堂按座位数，每位顾客就餐时间及营业时间计算顾客人数
	内部食堂	每人每次	10~15	2.0~1.5	
	茶室*	每顾客每次	5~10	2.0~1.5	
	小卖部*	每顾客每次	3~5	2.0~1.5	
电影院		每观众每场	3~8	2.5~2.0	1. 附设有厕所和饮水设备的露天或室内文娱活动的场所，都可以按电影院或剧场的用水量标准选用； 2. 俱乐部、音乐厅和杂技场可按剧场标准，影剧院用水量标准介于电影院与剧场之间
剧场		每观众每场	10~20	2.5~2.0	
体育场	运动员淋浴	每人每次	50	2.0	1. 体育场的生活用水用于运动员淋浴部分系考虑运动员在运动场进行1次比赛或表演活动后需淋浴1次； 2. 运动员人数应按假日或大规模活动时的运动员人数计
	观众	每人每次	3	2.0	
游泳池	游泳池补充水	每日占水池容积	10%~15%		当游泳池为完全循环处理（过滤消毒）时，补充水量可按每日水池容积5%考虑
	运动员淋浴	每人每场	60	2.0	
	观众	每人每场	3	2.0	
办公楼		每人每班	30~50	2.5~2.0	1. 企业事业、科研单位的办公及行政管理用房均属此项； 2. 用水只包括便溺冲洗、洗手、饮用和清洁用水
公共厕所		每小时每冲洗器	100		
喷泉*	大型	每小时	≥10 000		不考虑水循环使用时的数据
	中型	每小时	2000		
洒水用水量	广场及道路	每天每平方米	2.0~3.0		干旱地区可酌加
	庭园及草地	每天每平方米	1.0~3.0		

注：*为国外资料，茶室、小卖部用水量只是据一些公园的使用情况做的统计，不是国家标准，仅供参考。

(2) 日变化系数和时变化系数

风景园林中的用水量，在任何时间里都不是固定不变的。在一天中游人数量随着公园的开放关闭而变化；在一年中又随季节的冷暖而变化。另外不同的生活方式对用水量也有影响。我们把一年中用水最多的一天的用水量称为最高日用水量。最高日用水量与平均日用水量的比值，叫日变化系数。

日变化系数 K_d = 最高日用水量/平均日用水量

$$(2-1)$$

同样，把最高日那天中用水最多的一小时，叫做最高时用水量。最高时用水量与平均时用水量的比值，称为时变化系数。

时变化系数 K_h = 最高时用水量/平均时用水量

$$(2-2)$$

风景园林中的各种活动、饮食、服务设施及各种养护工作、造景设施的运转基本上都集中在白天进行。以餐厅为例，其服务时间很集中，通常只供应一段时间，如10：00至14：00，而且以假日游人最多。所以用水的日变化系数和时变化系数的数值也应该比城镇 K_d，K_h 值大。在没有统一规定之前，建议 K_d 取 2~3，K_h 取 4~6。当然 K_d，K_h 值的大小和公园的位置、大小、使用性质均有关。

将平均时用水量乘以日变化系数 K_d 和时变化系数 K_h，即可求得最高日最高时用水量。设计管网时必须用这个用水量，这样在用水高峰时，才能保证水的正常供应。

风景园林应对园区内的各项用水进行连续的观察记录，以便找出用水的规律和用水量，为园务管理给水规划设计提供依据。观察记录的结果填入逐时用水量统计表(表2-7)供查。

表2-7 逐时用水量统计表

时间(h)	生活用水					园务用水				消防	逐时用水量	
	食堂	茶室	展览室	阅览室	…	植物养护	水景	清洁卫生	…		水量(m³)	占全天百分比(%)
0~1												
1~2												
2~3												
3~4												
⋮												
23~24												
总计												

(3) 管网设计总用水量

① 给水系统中用水点最高日用水量 Q_d(L/d)

$$Q_{di} = N_i \cdot q_{di} \quad (2-3)$$

式中 N——服务的人数或面积；
i——用水点编号；
q_d——用水量标准，L/(cap·d)。

给水系统最高日用水量 Q_d 为各用水点的 Q_{di} 总和。应根据不同的用水点分别计算，一般可以叠加计算，但应考虑各用水项目的最大用水时段是否一致。

② 用水点最高日最高时用水量 Q_h(L/h)

$$Q_{hi} = K_{hi} \cdot N_i \cdot q_{di}/T_i \quad (2-4)$$

式中 K_h——时变化系数；
N——服务的人数或面积；
i——用水点编号；
q_d——用水量标准，L/(cap·d)；
T——系统每日的使用时间，h。

在计算用水时间时应根据系统的实际使用时间来计算，住宅、绿地一般取24h，而某些建筑如办公室、营业食堂等可取值 8~12h 或根据具体使用时间确定，否则会产生较大的误差。因不同的用水项目其 K_h 值不同，故应按不同项目采用其对应的值来计算。

③ 未预见用水量及管网漏失水量 可按最高日用水量的10%~15%计算。

④ 总用水量计算 管网中的总用水量为 $Q = (1.15~1.25)Q_h$，将此值转换成设计秒流量 q_0(L/s)，以此作为给水管网的设计量值。

(4) 沿线流量、节点流量和管段计算流量

单位时间内水流通过管道的量，称为管道流量。其单位一般用 L/s 或 m³/h 表示。进行给水管网的水力计算，须先求得各管段的沿线流量和节点流量，并以此进一步求得各管段的计算流量，根据计算流量确定相应的管径。

① 沿线流量 在风景园林给水管网中，干管沿线接出支管(配水管)，而支管的沿线又接出许多管道将水送到各用户。由于各接户管之间的间距、用水量都不相同，所以配水的实际情况是很复杂的。沿程可能既有用水量大的用户，也有数量很多、用水量小的零散用水点。对干管来说，大用水户是集中泄流，称之为集中流量 Q_n；而零散用水点的用水则称之为沿程流量 q_n。为了便于计算，假定沿程流量均匀分布在全部干管上，可以将繁杂的沿程流量简化为均匀的途泄流，从而

计算每米长管线长度所承担的配水流量，称之为长度比流量 q_s。

$$q_s = \frac{Q - \sum Q_n}{\sum L} \quad (2\text{-}5)$$

式中 q_s——长度比流量，L/(s·m)；
Q——管网供水总流量，L/s；
$\sum Q_n$——大用水户集中流量总和，L/s；
$\sum L$——配水管网干管的有效长度，m，不包括无用户地区的管线。

根据长度比流量就可以计算该管段的沿线流量 q_L：

$$q_L = q_s \cdot L \ (\text{L/s}) \quad (2\text{-}6)$$

②节点流量和管段计算流量　比流量的计算方法是把不均匀的配水情况简化为便于计算的均匀配水流量。但由于管段流量沿程变化是朝水流方向逐渐减少的，所以不便于确定管段的管径和进行水头损失计算，因此还须进一步简化，即将管段的均匀沿线流量简化成两个相等的集中流量，这种集中流量在计算管段的始、末端输出，称之为节点流量。在计算中将沿线流量折半作为管段两端的节点流量，节点流量 $q_j = \sum q_L/2$，即任一节点的流量等于与该节点相连各管段的沿线流量总和的一半。因此管段总流量包含了两部分：一是经简化的节点流量，二是经该管段转输给下一管段的流量，即转输流量 q_t。管段的计算流量 q 可用下式表达：

$$q = q_t + q_j \quad (2\text{-}7)$$

式中 q——管段计算流量，L/s；
q_t——管段转输流量，L/s；
q_j——管段节点流量，是沿线流量的一半，L/s。

管段的计算流量（设计流量）示意如图 2-4，图 2-5 所示。风景园林的给水管网在采用单水源的树枝状管网系统时，从水源供水到各节点只有一个流向，因此任一管段的流量等于该管段以后所有节点流量的总和，该流量即可作为管段的计算流量，不须计算干管的比流量和流量分配。

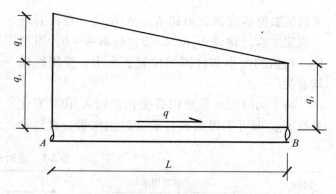

图 2-4　管段均匀配水示意

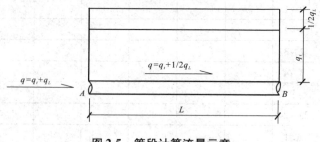

图 2-5　管段计算流量示意

(5) 确定管径

管道流量与管道断面积和水的流速成正比，其计算公式如下：

$$q = \omega \cdot v \quad (2\text{-}8)$$

式中 q——管段计算流量，L/s 或 m³/h；
ω——管道断面积，cm² 或 m²；
v——流速，m/s。

管道的断面积 $\omega = \frac{\pi D^2}{4}$，所以管道的直径 D 的计算公式为：

$$D = \sqrt{\frac{4q}{\pi v}} = 1.13\sqrt{\frac{q}{v}} \quad (2\text{-}9)$$

从公式(2-9)可以看出，管径的大小不仅与流量有关，还与所选择的流速有关，因此必须首先选定流速才能确定管径。公式中当 q 不变，流速小时管径增大，管网的造价就会增加，但是管段中的水头损失减小。流速大时，管径可变小，节省了管材投资，但流速加大，水头损失也随之增加，管网需要提供更大的压力才能正常工作，日常的输水电费以及管网折旧、大修费用增加。所以选择管段管径时，要进行权衡以确定一个较适宜的流速。在一定的年限内管网造价和管理费用之和最低时的流速就称为经济流速。生活给水管道的水流速度不宜大于 2.0m/s，也不宜小于 0.6m/s。生活给水主干管水流速度一般采用 1.2~2.0m/s，支管水流速度一般采用 0.8~1.2m/s。居住区室外管网管道内水流速度一般可为 1~1.5m/s，消防可为 1.5~2.5m/s。而在喷灌、喷泉等管网系统中，由于系统工作的时间较短，存在间歇运行的可能，在保证工作压力的基础上可以选用较大的经济流速以减少管网的投资。

在求得某点计算流量后，便可据此查水力计算表以确定该管道的管径。不同管材的表格不同。同时还可查到与该管径、流量相对应的流速和每 1km 长度的管道阻力值 1000i（附录Ⅴ至附录Ⅶ）。

(6) 水压力和水头损失

在给水管上任意点接上压力表，即可测得一个读数，这数字便是该点的水压力值。管道内的水压力通常以 kg/cm² 表示。有时为便于计算管道阻力，并对压力有一个较形象的概念，又以水柱的高度即"米水柱（mH₂O）"表示，水力学上又将水柱高度称为"水头"。压力的国标单位是帕斯卡（Pa），通常以千帕（kPa）或兆帕（MPa）为计算单位。各压力单位之间的换算关系为：0.1MPa = 100kPa ≈ 1kg/cm² ≈ 10mH₂O。

水在管中流动时和管壁发生摩擦，为了克服这些摩擦力而消耗的势能称为水头损失。水头损失可用水压表测出，假设在给水管的 A 点用水压表测得该点水压力为 5kg/cm²，又在沿水流方向距 A 点 200m 的 B 点测得水压力为 4kg/cm²，可知在管道中水流经过 200m 之后，损失了 1kg/cm²压力，这 1kg/cm²压力是水流为克服管道阻力而消耗掉的，即为水头损失。

水头损失包含沿管段长度逐渐损失的沿程水头损失 h_y 和因局部水流发生剧烈变化而产生的局部水头损失 h_j。

沿程水头损失的计算公式为：

$$h_y = i \times L \quad (2-10)$$

式中 h_y——沿程水头损失，mH₂O；

i——单位长度的水头损失，或称为水力坡度、管道阻力系数，mH₂O/m；

L——管段长度，m。

水力坡度与管道材料、管壁粗糙程度、管径、管内流动物质以及温度等因素有关，在管网水力计算时，每 1 米或每千米管道的阻力，可由水力计算表上查到。

例如，有一长 120m，管径为 50mm 的镀锌钢管，在通过水量为 2.5L/s 时，求其沿程水头损失（h_y）。

由附录Ⅴ查得其流速为 1.18m/s，其管道阻力为 $1000i = 69.6$，$i = 6.96\%$。

$$h_y = 120 \times 6.96\% = 8.352 \text{m H}_2\text{O}$$

即该管的管道沿程水头损失为 8.352m H₂O。

局部水头损失 h_j 是因局部阻力增大而产生的水头损失，如在弯头、三通、四通、接头、变径、阀门、过滤器、计量器等处。为了简化计算，给水管网的局部水头损失一般可按经验采用沿程水头损失的百分数进行估算。生活给水管网为 25%~30%，生产给水管网、生活消防共用给水管网、生活生产消防共用给水管网均为 20%，消防系统给水管网为 10%，生产消防共用给水管网为 15%。

2.1.4.4 树枝状管网的水力计算

管网水力计算的目的是根据最高日最高时需水量作为设计用水量，求出各段管线的直径和水头损失，在起点水压已知的情况下校核是否满足终点用户工作水压，确定是否需要加压；在终点水压已知，可以推求起点水压的大小，确定起点水泵所需扬程及水塔（或高位水池）所需高度，以保证各用水点有足够的水量和水压。管网的设计与计算步骤如下。

(1) 有关图纸、资料的搜集与研讨

首先从风景园林设计图纸、说明书等，了解原有的或拟建的建筑物、设施等的用途及用水要求、各用水点的高程等。

然后根据风景园林所在地附近城市给水管网布置情况，掌握其位置、管径、水压及引用的可能性。如公园（特别是地处郊区的公园）自设设施取水，则须了解水源（如地下水、河流、泉等）常年的流量变化、可供使用的流量、水质优劣等。

(2) 布置管网

在风景园林设计平面图上，定出给水干管的位置、走向，并对节点进行编号，量出节点间的长度。

(3) 求公园中各用水点的用水量及水压要求

① 利用公式(2-3)求某一用水点的最高日用水量 Q_d。

② 利用公式(2-4)求该用水点的最高时用水量 Q_h。

③ 求总用水量 Q 以及各管段的计算流量 q，并换算成设计秒流量 q_0。

(4) 各管段管径的确定

根据各用水点所求得的设计秒流量 q_0 及要求的水压，查表以确定连接园内给水干管和用水点之间各管段的管径。查表时还可查得与该管径相应的流速和单位长度的水头损失值，以此计算各管段的沿程水头损失。

(5) 干管的水力计算

在完成各用水点用水量计算和确定各点引水管的管径之后，应进一步计算干管各节点的总流量，据此确定干管各管段的管径，并对整个管网的总水头要求进行复核。

(6) 水头计算

水头计算的目的有二：一是使管中的水流在经上述消耗后到达用水点仍有足够的自由水头以保证用水点(包括园中林木利用)有足够的水量和水压；二是校核城市自来水配水管的水压(或水泵扬程)是否能满足风景园林内最不利点配水水压要求。风景园林中所设的给水管网无论是采用城市自来水还是自设水泵取水，水头计算都必须考虑以下几个方面：水在管道中流动，克服管道阻力产生的水头损失；用水点和引水点的高程差；用水点建筑的层数(高低)及用水点的水压要求等。

风景园林给水管段所需水压可按下式计算：

$$H = h_1 + h_2 + h_3 + h_4 \quad (2\text{-}11)$$

式中 H——引水管处所需的总压力，mH_2O；

h_1——引水点和用水点之间的地面高程差，m；

h_2——用水点与建筑进水管的高差，m；

h_3——用水点所需的工作水头，mH_2O；

h_4——沿程水头损失和局部水头损失之和，mH_2O。

$h_2 + h_3$ 的值，在估算总水头时，可依建筑层数不同按下列规定采用：

平房　　 $10 mH_2O$；

二层楼房　 $12 mH_2O$；

三层楼房　 $16 mH_2O$；

三层以上楼房　每增一层，增加 $4 mH_2O$。

$$h_4 = h_y + h_j$$

$$h_y = \sum i \cdot L$$

式中 h_y——沿程水头损失，mH_2O；

h_j——局部水头损失，mH_2O。

复核一个给水管网各点所需水压能否得到满足的方法是找出管网中的最不利点。所谓最不利点是指处在地势高、距离引水点远、用水量大或要求工作水头特别高的用水点。如果可以满足最不利点的水压，则同一管网的其他用水点的水压也能满足。

通过上述的水头计算，如果引水点的自由水头高于用水点的总水压要求，说明该管段的设计是合理的。

风景园林中给水系统设计还要注意消防用水。对园中的大型建筑物，如文艺演出场地、展览场所等，特别是有价值的古建筑应有专门的防火设计。一般来说，要消灭二、三层建筑的火灾，消防管网的水压应不少于 $25 mH_2O$。

例：某公园大众餐厅(二层楼房)如图2-6所示，其设计接待能力为1500人·次/d，引水点A处的自由水头为 $37.30 mH_2O$，用水点①位置见图，标高为50.50m，试计算该餐厅①的用水量、引水管管径、水头损失及其水压线标高，并复核A点的自由水头是否能满足餐厅的要求。

解：

(1) 求①点的最高日用水量

$$Q_d = N \cdot q$$

已知 $N = 1500$(人·次)/d，$q = 15 L/$(人·次)，查表2-6

$$Q_d = 1500 \times 15 = 22\,500 L/d$$

(2) 求最高日最高时用水量

$$Q_h = \frac{Q_d}{24} \times K_h \qquad K_h = 6$$

$$Q_h = \frac{22\,500}{24} \times 6 = 5625 L/h$$

已知：A 点地面标高为 45.60m，①点为 50.50m。

则：$h_1 = 50.50 - 45.60 = 4.90$m

$h_2 + h_3$ 按规定二层楼房可取 12m

$h_4 = 7.6$m

所以：$H = 4.9 + 12 + 7.6 = 24.5$m

（7）求该点的水压线标高

①点的水压线标高 h 等于 A 点水压线标高减去引水管 A-1 的水头损失。则：

$$h = 82.90 - 7.60 = 75.30\text{m}$$

配水点①的自由水头等于该点水压线标高与该点地面高程之差。则：

$$75.30 - 50.50 = 24.80\text{m}$$

由于 A 点的自由水头大于用水点 1 所需的压力，可以满足餐厅用水水压要求，故计算合理。

同法可将全园各用水点的用水量、所需水压、各该管段的管径及水头损失一一求出，并将所求得的各项数值填入管线平面图。

（8）求管网各节点流量

管线布置如图 2-7 所示，本例由于沿线没有配水要求，所有配水点都是集中流量，节点的总流量即该节点的集中流量，见表 2-8，由表可看到 A，B，C 三节点只起转输后面水量的作用，本身不输出。

在进行给水干管水力计算时，管段的计算流量应包括节点流量和转输流量，表 2-9 的各项数值便是根据计算流量查表取得的。

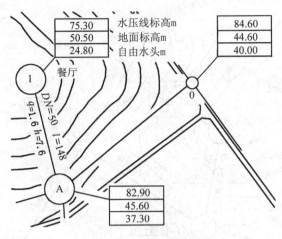

图 2-6　管网平面图

（3）求设计秒流量 q_0

$$q_0 = \frac{Q_h}{3600} = \frac{5625}{3600} = 1.56\text{L/s}$$

（4）求①-A 管段管径

$q_0 = 1.56$L/s，查附录Ⅵ取 1.6L/s 作为设计流量，则 $D_g = 50$mm，$v = 0.85$m/s（在经济流速范围内），阻力 $1000i$（水头损失）$= 40.9\text{mH}_2\text{O}$。

（5）求该管段的水头损失

$$h_4 = h_y + h_j$$

$$h_y = i \cdot L = 40.9\text{mH}_2\text{O}/1000\text{mH}_2\text{O} \times 148\text{mH}_2\text{O}$$
$$= 6.05\text{m}$$

$$h_4 = h_y + h_j = 1.25h_y = 7.6\text{mH}_2\text{O}$$

（6）求该点所需总水头

$$H = h_1 + h_2 + h_3 + h_4$$

表 2-8　节点流量计算　　　　　　　　　　　　　　　　　　　　　　L/s

节点	节点流量	该节点的集中流量	节点总流量	节点	节点流量	该节点的集中流量	节点总流量
O	—	(44.66)	(44.66)	4	—	5.60	5.60
A	—	—	—	5	—	2.40	2.40
B	—	—	—	6	—	4.10	4.10
C	—	—	—	7	—	3.20	3.20
D	—	2.80	2.80	8	—	5.00	5.00
1	—	1.56	1.56	9	—	3.80	3.80
2	—	12.00	12.00	合计		44.66	44.66
3	—	4.20	4.20				

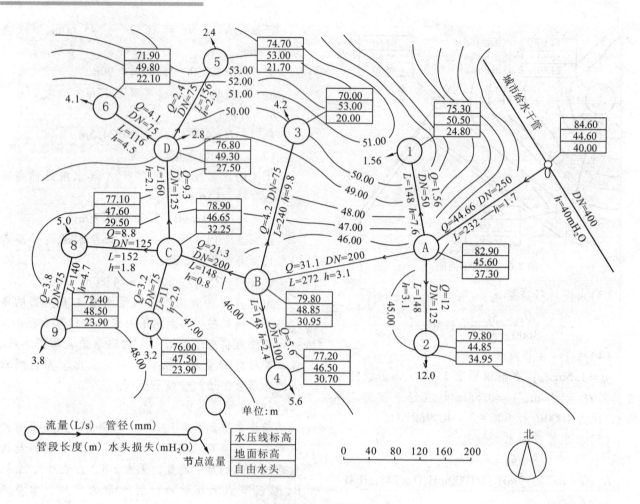

图 2-7 给水管线设计平面图

表 2-9 干管水力计算表

管段编号	长度(m)	流量(L/s)	管径(mm)	流速(m/s)	1000i	水头损失*(mH₂O)
0-A	232	44.66	250	0.92	5.79	1.7
A-B	272	31.10	200	1.01	9.19	3.1
B-C	148	21.30	200	0.69	4.53	0.8
C-D	160	9.30	125	0.79	10.6	2.1
D-5	156	2.40	75	0.58	11.90	2.3

注：*水头损失包含了沿程水头损失和局部水头损失。

在完成上述计算后，还应计算干管上各节点的水压线标高，并对整个管网的水压要求进行复核。首先核算其最不利点（如本例的⑤点），如该点的水压得以满足，则全园各用水点均可满足，故该管网的布置与计算成立。如图 2-7 所示。

风景园林给水管网的布置和水力计算，是以各用水点用水时间相同为前提的。即所设计的供水系统在用水高峰时仍可安全地供水。但实际上各用水点的用水时间并不同步，如餐厅营业时间主要集中在中午前后；植物的浇灌则宜在清晨或傍晚。由于用水时间不尽相同，可以通过合理安排用水时间，即把几项用水量较大项目的用水时间错开。另外像餐厅、花圃等用水量较大的用水点可设水池等容水设备，错过用水高峰时间在平时储水；像喷泉、瀑布之类的水景，其用水可考虑设水泵循环使用，夜间进行补水。这样就可以降低用水高峰时的用水量，对节约管材和投资具有很大意义。

2.2 风景园林灌溉系统

灌溉对于风景园林发挥其最佳使用功能和审美功能是非常重要的。虽然在自然条件下乡土树种都能够靠降水正常生长，但是经常有一些引进的物种或处于非理想生长状态的物种，需要一定的灌溉量来保证生长。灌溉系统是用于向绿地输水的完整的管、阀、喷水装置、控制装置、监测仪表和相关部件的组合。在水资源持续短缺的今天，应大力发展节水灌溉技术以提高水资源的利用效率。节水灌溉技术包括喷灌、微喷灌、滴灌、小管出流、渗灌等技术措施。

喷灌是利用机械加压把水压送到喷头，经喷头作用将水分散成细小水滴后均匀地降落到地面进行灌溉。喷灌近似于天然降水，对植物全株进行灌溉，可以洗去树叶上的尘土，增加空气湿度，而且节约用水，灌水均匀，有利于实现灌溉自动化，对盐碱土的改良也有一定作用，但基本建设投资高、耗能、工作时受风的影响较大，超过3~4级风不宜进行。

滴灌和渗灌属于局部灌溉，通过管道系统和灌水器将水分和养分及其他可溶于水的物质以较小的流量均匀、准确地直接输送到植物根部附件的土壤表面或土层中，具有省水节能、灌水均匀、适应性强、操作方便等优点。

2.2.1 喷灌系统的组成与分类

2.2.1.1 喷灌系统的组成

喷灌系统的组成包括水源、输水管道系统、控制设备、过滤设备、加压设备、喷头等部分（图2-8）。喷灌系统的设计就是要求得一个完善的供水管网，通过这一管网为喷头提供足够的水量和必要工作压力，供所有喷头正常工作。

喷灌系统的水源可以有较多的选择，在可能的情况下应首先选择中水或地表水作为喷灌的水源，尽量减少对地下水和市政自来水等优质水资源的依赖，同时喷灌水源的水质应能满足植物生长的要求，不应改变原有土壤的物理和化学性质。当用中水作为灌溉用水时，应定期检验中水的出水水质。当一个水源不能完全保证喷灌用水的水量要求时，可以考虑使用多个水源同时供水。

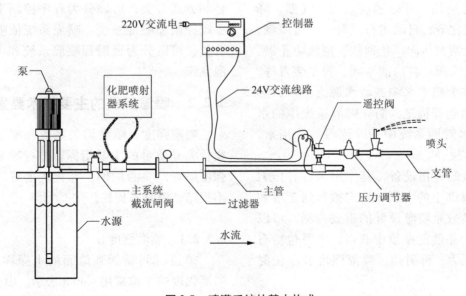

图2-8 喷灌系统的基本构成

当选择压力管网作为喷灌系统的水源时，可以直接利用管网压力为喷头供水，在压力不足或无压力水源时，需要采用水泵及动力设备升压。喷灌系统常用的加压设备有离心泵、潜水泵和深井泵。水泵的设计出水量应满足最大轮灌区的用水量，水泵的扬程应满足最不利点喷头的工作压力。

输水管道系统可以将水配送到各个喷头，通常由主管和支管两级管道组成。主管是全部或大部分时间都有水和压力的管网段，始于水源并延伸到支管的控制阀为止。主管上安装闸阀以便分区管理，也可以安装取水阀，便于临时连接水管取水。支管是工作管道，按一定间距安装有连接喷头的立管，只有喷头工作时支管内才充水。

在管道系统上还接有其他连接和控制的附属配件，如过滤器、化肥及农药添加器、水表，以及各种手控阀门、电磁阀和控制器等。手控阀门包括球阀、闸阀、蝶阀等。喷灌控制器应用于自动控制喷灌系统，可实现园林灌溉无人值守，提高自动化管理水平，其附属设备包括遥控器和传感器等。常用的传感器有降水传感器、土壤湿度传感器和风速传感器等。往往因为水压条件、游人游览需要、再生水灌溉等原因，绿地灌溉的时间段选择在夜间或清晨进行，时间控制器可以控制喷灌开始进行的时间、时长和间隔时间。遥控器和传感器配合使用，可以感应风力、气温、降雨、土壤湿度变化等，自动进行定时、定量灌溉。其他控制设备包括减压阀、止回阀、倒流防止器、排气阀、水锤消除阀、自动泄水阀、排空装置等。在使用饮用水作为喷灌水源或者水源之一时，必须通过安装止回阀等措施，防止喷灌系统中的水倒流进入自来水管网系统中，以免污染饮用水，造成卫生安全事故。

喷头是喷灌的专用设备，其作用是将有压力的集中水分散成细小的水滴，均匀撒布到土壤表面。喷头性能参数是喷灌设计的重要数据，可以从工厂提供的产品性能参数中获得，主要包括有效射程、工作压力、仰射角、喷灌强度和单位时间喷水量等。

2.2.1.2 喷灌系统的分类

依管道敷设方式，喷灌系统可分为移动式、固定式和半固定式3类。3种系统可根据灌溉地的情况酌情采用。

（1）移动式喷灌系统

移动式喷灌系统要求灌溉区有天然水源（池塘、河流等），其动力（电动机或汽油发动机）、水泵、管道和喷头等是可以移动的，由于管道等设备不必埋入地下，所以投资较小，机动性强，但管理劳动强度大。适用于水网地区的园林绿地、苗圃和花圃的灌溉。

（2）固定式喷灌系统

这种系统有固定的泵站，供水的干管、支管均埋于地下，喷头固定于竖管上，也可临时安装。固定式喷灌系统的设备费较高，但操作方便，节约劳力，便于实现自动化和遥控操作。适用于需要经常灌溉和灌溉期较长的草坪、大型花坛、花圃、庭院绿地等。

（3）半固定式喷灌系统

其泵站和干管固定，支管及喷头可移动，优缺点介于上述二者之间。适用于大型花圃或苗圃。

此外，喷灌系统依供水方式分类，可以分为自压型喷灌系统和加压型喷灌系统。喷灌系统依控制方式分类，可以分为程序控制型喷灌系统和手动控制型喷灌系统。喷灌系统依喷头喷射距离分类，可以分为近射程喷灌系统和中、远射程喷灌系统。

2.2.2 喷灌系统的主要技术要素

喷灌强度、喷灌均匀系数和喷灌雾化指标是衡量喷灌质量的主要指标。进行喷灌时要求喷灌强度适宜，喷洒均匀，雾化程度好，以保证土壤不板结，植物不损伤。

2.2.2.1 喷灌强度 ρ

单位时间喷洒到地面的水深称为喷灌强度。喷灌强度的单位常用 mm/h 表示。由于喷洒时水量常常分布不均匀，因此喷灌强度有点喷灌强度、喷头平均喷灌强度和系统的组合喷灌强度之分。

喷灌强度的选择很重要,强度过小,喷灌时间延长,水量蒸发损失大。反之,强度过大,水来不及被土壤吸收便形成径流或积水,容易造成水土流失,破坏土壤结构,而且在同样的喷水量下,强度过大,土壤湿润深度反而减少,灌溉效果不好。

(1)点喷灌强度 ρ_i

点喷灌强度是指在一个时段 Δt 内,喷洒到一块小面积上的水深为 Δh,即:

$$\rho_i = \frac{\Delta h}{\Delta t} \quad (2-12)$$

点喷灌强度是计算均匀度的重要数据,也是衡量地面是否有局部积水的重要指标。因此,在设计喷灌系统或使用喷头时应予以注意。

(2)喷头平均喷灌强度 ρ_s

喷头平均喷灌强度是指控制面积内各点喷灌强度的平均值。喷头平均喷灌强度主要用来计算喷灌均匀度,也用来校核规划设计的喷灌强度是否符合实际。

$$\rho_s = \frac{1000Q_p}{S} \quad (2-13)$$

式中 Q_p——喷头的喷水量,m^3/h;
S——喷洒时控制的面积,m^2。

喷头的喷灌强度通常可由产品技术说明书获得,这一强度是指单喷头作全圆形喷洒时的计算喷灌强度。其控制面积 $S = \pi R^2$(R为喷头射程),以此代入公式(2-13),则 $\rho_s = \frac{1000Q_p}{\pi R^2}$。

(3)组合平均喷灌强度 ρ

在特定的喷灌系统中,由于采用的喷灌方式和喷头组合形式不同,单个喷头实际控制面积并不是以射程为半径的圆面积,所以组合后的平均喷灌强度应另行计算。喷灌系统工作时的组合平均喷灌强度,取决于喷头的水力性能、喷洒方式和布置间距等。因此当喷头型号、布置间距和工作制度确定以后,应检验喷头组合后的平均喷灌强度。

为了简化计算,这里引入一个叫布置系数 C_ρ 的换算系数,即

$$\rho = C_\rho \cdot \rho_s \quad (2-14)$$

式中 ρ——喷灌系统中的组合平均喷灌强度;
ρ_s——喷头的平均喷灌强度;
C_ρ——换算系数。

换算系数 C_ρ 是以射程为半径的全圆面积与实际喷头控制面积的比值。它和喷洒方式、同时工作的喷头的布置形式等因素有关。由公式(2-14)可知,只要知道某种喷洒方式的换算系数及喷头性能表给定的喷灌强度,便可求得以该种喷洒方式运作的喷头的组合平均喷灌强度。喷洒方式和喷头组合形式大致可分为:单喷头喷洒、单行多喷头喷洒和多行多喷头喷洒3种。

① 单喷头喷洒 对全圆运作的喷头来说,其喷灌强度 ρ 即为 ρ_s,而对作扇形喷洒的喷头,其换算系数随扇形中心角 α 的变化而变化(表2-10)。

表2-10 单喷头喷洒时的 C_ρ 值

扇形中心角 α(°)	C_ρ	扇形中心角 α(°)	C_ρ
360	1.0	120	3.00
300	1.2	90	4.00
270	1.34	60	6.00
240	1.50	45	8.00
180	2.00		

② 单行多喷头喷洒 在单支管的移动管道式系统和支管逐条轮灌或间支轮灌的固定式管道中,其组合平均喷灌取决于喷头布置的间距 a。

$$a = K \cdot R \quad (2-15)$$

式中 a——喷头间距,m;
K——喷头间距与喷头射程的比值;
R——喷头射程,m。

这时 C_ρ 是 K 的函数,K 与 C_ρ 的关系如图2-9。

例:设有一支管,采用喷头流量 Q_p 为 $2.5m^3/h$,射程 R 为 $15m$ 的喷头,喷头间距 a 为 $12m$。试求该支管工作时的组合平均喷灌强度。

$\rho_s = 1000Q_p/\pi R^2 = (1000 \times 2.5)/\pi \times 15^2 = 3.54mm/h$

$K = a/R = 12/15 = 0.8$

查 K-C_ρ 关系曲线图,$C_\rho = 2.02$

$\rho = C_\rho \cdot \rho_s = 2.02 \times 3.54 = 7.15mm/h$

据此可知该支管工作时的组合喷灌强度为 $7.15mm/h$。

③ 多行多喷头喷洒 相邻多行支管上的多个

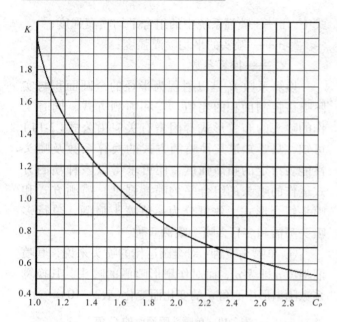

图 2-9 单行多喷头全圆喷洒时的 K-$C_ρ$ 关系曲线

喷头使用时作全圆形喷洒,其单喷头实际控制面积为 $S = a \times b$

式中 a——喷头布置间距(单位为 m);

b——相邻支管的间距。

其组合平均喷灌强度可直接按公式(2-16)计算而不必采用换算系数,即

$$\rho = \frac{1000 Q_p}{ab} \quad (2-16)$$

(4)最大允许喷灌强度

在常规的喷灌系统中,设计的主要目的是供水速度正好等于土壤吸收速度而不至于产生地表径流。最大允许喷灌强度是指在特定土壤质地和地面坡度条件下,喷灌系统组合平均喷灌强度的最大值。表 2-11 给出了不同土壤质地的渗吸速度,是组合平均喷灌强度的最大限值。当地面有良好的植被覆盖时,最大允许喷灌强度可适当提高,但不宜超过 20%。最大允许喷灌强度还与喷灌区域的地面坡度有关,如果存在地面坡度,最大允许喷灌强度应随坡度的增加而减小。表 2-12 给出不同地面坡度最大允许喷灌强度的折减系数。

表 2-11 土壤质地和渗吸速度   mm/h

土壤质地	土壤渗吸速度		土壤质地	土壤渗吸速度	
	表面良好	表面板结		表面良好	表面板结
粗砂土	20~25	12	粉壤土	10	7
细砂土	12~20	10	黏壤土	8	6
细砂壤土	12	8	黏土	5	2

表 2-12 最大允许喷灌强度随地面坡度的折减系数

地面坡度(°)	允许喷灌强度折减系数(%)			地面坡度(°)	允许喷灌强度折减系数(%)		
	砂土	壤土	黏土		砂土	壤土	黏土
<5	100	100	100	13~20	82	80	55
6~8	90	87	77	>20	75	60	39
9~12	86	83	64				

注:有良好覆盖时,表中数据可提高 20%。

2.2.2.2 喷灌均匀度

喷灌均匀度是指在喷灌面积上水量分布的均匀程度。可用喷灌均匀系数表示,它是衡量喷灌质量好坏的主要指标之一。它与单喷头水量分布、工作压力、喷头布置方式、喷头转速的均匀性、竖管安装角度、地面坡度和风速风向等因素有关,一般不应低于 75%。喷灌均匀系数计算公式为:

$$C_u = \left(1.0 - \frac{\sum x}{m \cdot n}\right) \times 100\% \quad (2-17)$$

式中 C_u——喷灌均匀系数,%;

x——每一个观测值与平均值之差;

m——观测值的平均值；

n——观测值的总数。

如果用喷灌强度计算均匀系数，此观测值 m 为喷灌强度。如果用降水水深计算，此观测值 m 为水深值。

喷灌的均匀度也可以用水量分布图表示，即喷洒范围内的等水量线图。用这种图来衡量喷灌均匀度比较准确、直观，它像地形图一样标出喷洒水量在整个喷洒面积内的分布情况，也可以绘制几个喷头组合的水量分布图或喷灌系统的水量分布图。

2.2.2.3 水滴打击强度

水滴打击强度是指单位受水面积内水滴对植物和土壤的打击动能，它与水滴大小、降落速度和密集程度有关。水滴的打击强度一般用水滴直径来表示。水滴直径是指落在地面或植物叶面上水滴的直径，以 mm 为单位，常用水滴平均直径或中数直径来代表。水滴直径大，一般来说水滴打击强度也大。水滴太大容易破坏土壤表层的团粒结构并造成板结，甚至会打伤植物的幼苗，或把土溅到植物叶面上影响其生长；水滴太小在空中的蒸发损失大，受风力影响大。因此要根据灌溉物、土壤性质选择适当的水滴直径，一般情况下，要求最远处的水滴平均直径为 1~3mm。

由于测量水滴打击强度比较复杂，测量水滴直径的大小也较困难，所以在使用或设计喷灌系统时多用雾化指标。雾化指标是指喷头的设计工作压力（mH_2O）和主喷嘴直径（m）之比，它在一定程度上反映了水滴打击强度，便于实际应用。我国实践证明，质量好的喷头雾化指标值在 2500 以上，可适用于一般园林植物的要求。

2.2.3 固定式喷灌系统设计

固定式喷灌系统规划设计的内容一般包括：勘测调查，喷灌系统选型和管网规划，水力计算和结构设计等内容。

2.2.3.1 喷灌地区的勘测调查

要设计一个喷灌系统首先要在灌区范围内进行调查，收集地形、气象、土壤、水文、植被等有关资料，并进行实地踏勘取得第一手材料。如果地形、土壤等资料不足，还需预先进行测量、实地观测等工作。喷灌系统设计必需的基本资料有以下几类：

①地形图 比例尺为 1∶1000~1∶500 的地形图，灌溉区的面积、位置、边界、形状、地形地势以及其他影响喷灌设计的道路、建筑等。

②气象资料 包括气温、降水、蒸发、湿度、风向风速等，其中尤以风对喷灌影响最大、作为确定植物需水量和制订灌溉制度的主要依据，风向风速资料是确定支管布置方向和确定喷灌系统有效工作时间所必需的。

③土壤资料 包括土壤的质地、持水能力、吸水能力和土层厚度等，主要用以确定灌溉制度和最大允许喷灌强度。

④植被情况 植被（或作物）的种类、种植面积、耗水量情况、根系深度等。植物的生长期、生长季节的降水量或降水速度、蒸发速度、土壤类型、植物的蒸腾量、植物的需水量等是喷灌设计的基础资料。喷灌的水量就是在生长期间植物所需的水量与天然降水之间的差值，不同植物种类有差异。

⑤水源条件 灌溉区水源的选择。

⑥动力条件 可选择高位水、内燃机、电机等与水泵组成动力机组等。

2.2.3.2 喷灌系统的设计

(1) 喷头选择

喷灌区域的大小和喷头的安装位置是选择喷头喷洒范围的主要依据。面积狭小区域应采用低射程喷头；面积较大时应使用中、远射程喷头，以降低综合造价。安装在绿地边界的喷头，应选择可调角度或固定角度的喷头，避免漏喷或喷出边界。喷头的水力性能应适合植物和土壤的特点，根据植物种类来选择水滴大小（也即雾化指标），还要根据土壤透水性来选定喷头，使系统的组合喷灌强度小于土壤的渗吸速度。

如果喷灌地区地貌复杂、构筑物多，且不同植物的需水量差异大，采用近射程喷头可以较好地控制喷洒范围,满足不同植物的需水要求;反之采用中、远射程喷头以降低工程总价。喷头喷射角的大小取决于地面坡度、喷头的安装位置和当地喷灌季节的平均风速。如果喷头位于坡地的低处宜采用高射角喷头(30°~40°),位于坡地高处时宜采用低射角喷头(7°~20°)。喷灌季节的平均风速较大宜采用低射角喷头,平均风速较小可采用标准射角(20°~30°)或高射角喷头。

系统可提供的压力也是喷头选择的依据之一。对于自压型喷灌系统,应根据水压力选择喷头,充分利用供水压力,尽量发挥大射程喷头的优势,降低造价。对于加压型喷灌系统,应对不同喷头射程的方案,进行工程造价和运行费用的综合比较,选择合适的喷洒射程。

在同样射程下,应优先选择出水量小的喷头,这样可以降低喷灌系统的投资成本和运行费用。

(2)喷头布置

喷头的布置应等间距、等密度布置,最大限度地满足喷灌均匀度的要求,并充分考虑风对喷灌水量分布的影响,将这种影响的程度降到最低,做到无风或微风情况下不向喷灌区域外大量喷洒。充分考虑植物等对喷洒效果的影响,喷头与树木、草坪灯、音箱、果皮箱等物体的间距应该大于其射程的一半,避免由于遮挡出现漏喷的现象。有封闭边界的喷灌区域应首先在边界的转折点布置喷头,然后在转折点之间的边界上按一定的间距布置,最后在边界之间的区域里布置喷头,要求一个轮灌区里喷头的密度尽量相等。对于无封闭边界的喷灌区域,喷头的布置应首先从喷灌技术要求最高的区域开始布置,然后向外延伸。

喷头的喷洒方式有圆形喷洒和扇形喷洒两种。除了位于地块边缘的喷头作扇形喷洒外,其余均采用圆形喷洒。喷头的组合形式(也叫布置形式)是指各喷头相对位置的安排。喷头的基本布置形式有矩形和三角形两种。在喷头射程相同的情况下,不同的布置形式,其支管和喷头的间距也不同。表2-13是常用的几种喷头布置形式。

风可以改变喷洒水形,改变喷头的覆盖区域,对喷灌有很大影响,不同设计风速条件下喷头组合间距值可以参考表2-14。

表2-13 不同喷头布置形式的喷头间距、支管间距和有效控制面积

序号	喷头组合图形	喷洒方式	喷头间距(L)、支管间距(b)与喷头设计射程($R_{设}$)的关系	有效控制面积(S)	适用条件
1	正方形	全圆	$L = B = 1.42 R_{设}$	$S = 2R^2$	在风向改变频繁的地方效果较好
2	正三角形	全圆	$L = 1.73 R_{设}$ $B = 1.5 R_{设}$	$S = 2.6R^2$	在无风的情况下喷灌的均匀度最好

（续）

序号	喷头组合图形	喷洒方式	喷头间距(L)、支管间距(b)与喷头设计射程($R_设$)的关系	有效控制面积(S)	适用条件
3	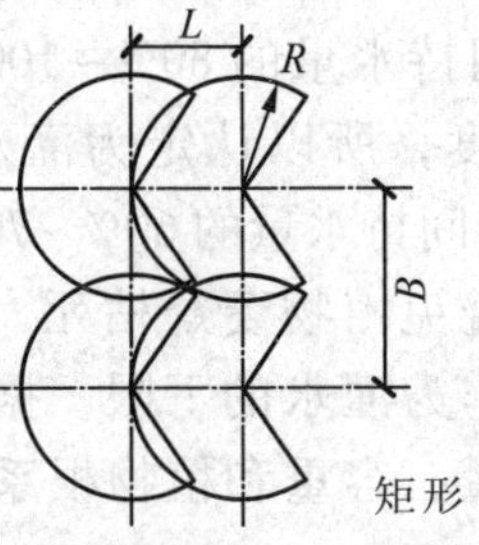 矩形	扇形	$L = R_设$ $B = 1.73R_设$	$S = 1.73R^2$	较1，2节省管道
4	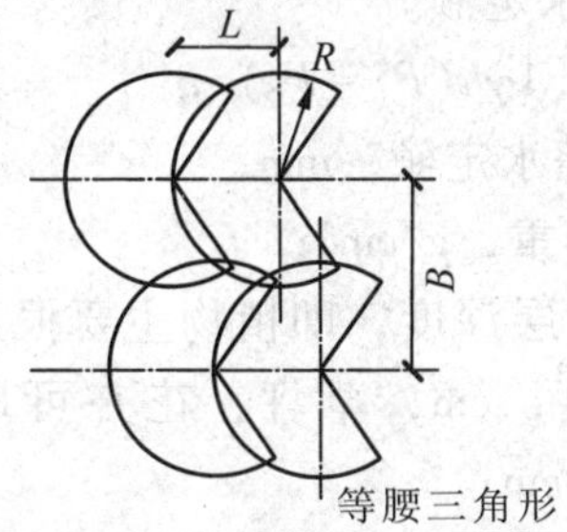 等腰三角形	扇形	$L = R_设$ $B = 1.87R_设$	$S = 1.865R^2$	较1，2节省管道

注：喷头的设计射程 $R_设$ 按喷头射程的 0.7~0.9 倍取值。

表 2-14　不同设计风速喷头的组合间距

设计风速①(m/s)	相当风力	不等间距布置		无主风向②的等间距布置
		垂直风向	平行风向	
0.3~1.5	1级	1.1R	1.3R	1.2R
1.6~3.3	2级	1.0R	1.2R	1.1R
3.4~5.4	3级	0.9R	1.1R	1.0R

注：①"设计风速"表示当地在喷灌季节的平均风速。
②"无主风向"表示当地不存在主风向时，喷头组合间距的参考值。

喷头布置完成以后应该核算喷灌强度和喷灌均匀度，如果不能满足设计要求必须重新进行喷头选型和布置，直到喷灌强度和均匀度均满足设计要求为止。

(3) 管网布置及轮灌区划分

干管用于连接水源接入点和各个支管，一般情况下干管走向应与地块轴线一致，应尽量使干管与支管垂直相交。支管用于连接一组喷头，由阀门控制喷头的启闭。支管连接的喷头数量可以根据管理要求和经济因素等确定。较少的喷头管理灵活，而较多喷头可以减少控制阀门的数量。

喷灌的水源应尽量布置在整个喷灌系统的中心，以减少输水的水头损失。管网布置应力求使管道长度最短，在同一个轮灌区里，任意两个喷头之间的压差应小于喷头工作压力的20%。在坡地上，干管应尽量沿主坡向布置，使支管沿平行于等高线方向伸展，如果干管无法沿坡敷设，则应尽量使其位于坡地的低处，以便冬季泄水。当存在主风向时支管应尽量与主风向垂直。充分考虑地块形状，力争使支管长度一致，规格统一。管线的布置应顺畅，减少转折点，避免锐角相交，避免穿越乔灌木的根区，减少对植物的伤害并方便管线维修。支管应适当向干管倾斜,在干管的低端应设泄水阀,以便于检修或冬季排空管内存水。支管末端埋深应满足喷头安装要求,且不得小于 30cm;干管应满足泄水坡度要求,道路下管道埋深应能承受道路的设计荷载。地面立管上地埋式喷头的安装高度,对于草坪应使其顶部与草坪根部平齐,花卉和灌木中应使其顶部与生长和养护高度平齐。

轮灌区是指喷灌系统中能够同时喷洒的最小单元,往往由一个和几个支管组成,一般情况下应该将喷灌系统分成若干个轮灌区,这样可以有效地解决水源供水能力不足的问题,并满足不同植物的需水要求。喷灌系统应根据轮灌的要求设有适当的控制设备,由阀门控制其启闭。划分轮灌区应使最大轮灌区的需水流量小于或等于水源的设计供水流量,在此条件下轮灌区的数量应适中。应尽量使各轮灌区的需水流量接近,并将需水量相同的植物划分在同一个轮灌区内。

(4)灌溉制度的设计

①设计灌水定额 灌水定额是指一次灌水的水层深度(单位为 mm)或一次灌水单位面积的用水量(单位为 m^3/hm^2)。而设计灌水定额则是指作为设计依据的最大灌水定额。确定这一定额旨在使灌溉区获得合理的灌水量,使被灌溉的植被既能得到足够的水分,又不造成水的浪费。设计灌水定额可用以下两种方法求取:

1)利用土壤田间持水量资料计算:土壤田间持水量是指在排水良好的土壤中,排水后不受重力影响而保持在土壤中的水分含量,通常以占干土重量的百分比表示,植物主要根系活动层土壤的田间持水量,对于确定灌水时间和灌水量是一个重要指标。

由于重力作用,土壤含水量如超过田间持水量,多余的水形成重力水下渗,不能为植物所利用。土壤湿度占田间持水量的 80%~100%,一般认为是最适宜的湿度,所以认定为灌水的上限;若土壤含水量低于田间持水量的 60%~70% 时,植物吸水困难,为了避免植物萎蔫枯死,需要对土壤补充水分,以此作为灌水的下限。据此可以应用土壤的田间持水量、容重和植物根系活动深度等因素确定设计灌水定额。

$$m = 0.1\gamma h(P_1 - P_2)/\eta \quad (2-18)$$

式中 m——设计灌水定额,mm;

γ——土壤容重,g/cm^3;

h——计算土层深度,即植物主要根系活动层深度,cm,草坪、花卉可取 $h = 20 \sim 30cm$;

P_1——适宜的土壤含水率上限,质量%,可取田间持水量的 80%~100%;

P_2——适宜的土壤含水率下限,质量%,可取田间持水量的 60%~70%,见表 2-15。

η——喷灌水的利用系数,一般取 $\eta = 0.7 \sim 0.9$。

公式(2-18)中的 P_1,P_2(重量%),也可改用 P'_1,P'_2(体积%)进行计算:因 $P' = \gamma \cdot P$,上述公式可改为下式:

$$m = 0.1h(P'_1 - P'_2)/\eta \quad (2-19)$$

P_1,P_2,P'_1,P'_2 值和 η 值均可由表 2-15 查得。

表 2-15 几种常见土壤的容重和田间持水量

土壤质地	容重 (g/cm³)	田间持水量		土壤质地	容重 (g/cm³)	田间持水量	
		质量(%)	体积(%)			质量(%)	体积(%)
紧砂土	1.45~1.60	16~22	26~32	重壤土	1.38~1.54	22~28	32~42
砂壤土	1.36~1.54	22~30	32~42	轻黏土	1.35~1.44	28~32	40~45
轻壤土	1.40~1.52	22~28	30~36	中黏土	1.30~1.45	25~35	35~45
中壤土	1.40~1.55	22~28	30~35	重黏土	1.32~1.40	30~35	40~50

2)利用土壤有效持水量资料计算：有效持水量是指可以被植物吸收的土壤水分，考虑到灌溉应当是补充土壤中的有效水分，因此，可根据土壤有效持水量来计算灌水定额。在计算时还要考虑到土壤有效持水量是边被植物消耗边进行补充的。不同的土壤，其水分允许消耗占有效持水量的百分比也不同（表2-16，表2-17）。通常土壤有效持水量耗去 1/3 ~ 2/3，便需灌水补充。灌水定额可用下式计算：

$$m = \alpha h P / 1000 \eta \qquad (2-20)$$

式中 α——允许消耗的水分占土壤有效持水量的百分比；

P——土壤有效持水量，体积%；

h——计算土层深度，cm，同公式（2-18）；

η——喷灌水的利用系数，一般取 $\eta = 0.7 \sim 0.9$。

表 2-16 土壤水分允许消耗值

植物种类	允许土壤水分消耗占有效水量的百分比（%）
对水分敏感的浅根植物	33
根深中等的植物	50
抗旱性强根深植物	67

以上两种计算的结果是作为设计依据的最大灌水定额，实际上植物在不同的生长发育阶段，一年中不同生长季节对水的需求量是不同的，但为了计算方便，均按最大灌水定额计算。

表 2-17 几种常见土壤的有效持水量

土壤类别	有效持水量（体积%）		土壤类别	有效持水量（体积%）	
	范围	平均值		范围	平均值
粗砂土	3.3 ~ 6.2	4.0	中壤土	12.5 ~ 19.0	16.0
细砂土和壤砂	6.0 ~ 8.5	7.0	黏壤土	14.5 ~ 21.0	17.5
砂壤土	8.5 ~ 12.5	10.5	黏 土	13.5 ~ 21.0	17.0

② 设计灌溉周期　灌水周期也叫轮灌期，在喷灌系统设计中，需确定植物耗水最旺时期的允许最大灌水间隔时间，灌水周期可用下式估算：

$$T = (m/W)\eta \qquad (2-21)$$

式中 T——灌水周期，d；

m——设计灌水定额，mm；

W——作物日平均耗水量或土壤水分消耗速率，mm/d；

η——喷灌水利用系数，一般取 $\eta = 0.7 \sim 0.9$。

以上公式计算所得数值，只是为提供设计依据的粗略估算。因为作物耗水量资料本身是很粗略的，并不能完全反映某个具体灌溉地块的情况。所以最好经常性地对土壤水分进行测定，以掌握适宜的灌水时间，或者使用土壤湿度传感器进行自动控制。

③ 设计喷灌时间　喷灌时间是指为了达到既定的灌水定额，喷头在每个位置上所需的喷洒时间，可用下式计算：

$$t = mS/1000Q_p \qquad (2-22)$$

式中 t——喷灌时间，h；

m——设计灌水定额，mm；

S——喷头有效控制面积，m²；

Q_p——喷头喷水量，m³/h。

(5) 喷灌系统管道的水力计算

喷灌系统管道的水力计算和一般的给水管道的水力计算相仿，也是在保证用水量的前提下，通过计算水头损失来正确地选定管径及选配水泵与动力。

喷灌系统管径选择的原则是在满足下一级管道流量和压力的前提下，管道的年费用最小。管道的年费用包括投资成本和运行费用。对于一般规模的绿地喷灌系统，如果采用PVC管材，可以利用下面公式确定管径：

$$D = 22.36\sqrt{\frac{Q}{v}} \qquad (2-23)$$

式中　D——管道的公称外径，mm；
　　　Q——设计流量，m^3/h；
　　　v——设计流速，m/s。

上式的适用条件是，设计流量 $Q = 0.5 \sim 200 m^3/h$，设计流速 $v = 1.0 \sim 2.5 m/s$。当计算的管径介于两种常用规格之间时，取大者。当管径 $D \leqslant 50mm$ 时，设计流速不应超过表2-18规定的数值。从安全运行的角度考虑，所有规格的管道流速不宜超过 2.5m/s。

表2-18　管道的最大设计流速

公称外径(mm)	15	20	25	32	40	50
最大流速(m/s)	0.9	1.0	1.2	1.5	1.8	2.1

水头损失包括沿程水头损失和局部水头损失。沿程水头损失可用公式计算，也可以查管道水力计算表。根据已知的流量和管道品种，查相应管材的水力计算表，便可求得该管段的沿程水头损失值。局部水头损失，可按沿程水头损失值的10%计算。

在喷灌系统的支管上，一般都要安装若干个竖管和喷头，在喷头同时工作时，每隔一定距离（喷头在支管上的间距）都有部分水量流出，所以支管流量是向管末端逐段减少的，在求取这种多孔口管道的水头损失时，为了便于计算，采用一个叫"多口系数"的概念。多口系数是指相同进口流量时，多出口等流量出流时的沿程水头损失与该管道只有末端出流时的沿程水头损失的比值。多口系数 F 值见表2-19。使用该表时，当第一个喷头至支管进口的距离大于或等于喷头间距，则 $X = 1$，如前者为后者之半则 $X = 1/2$，然后按孔口数（即喷头数）查取相应的 F 值。

表2-19　多口系数 F 值

孔口数 N	$m = 1.774$（塑料管）		$m = 1.9$（钢管、铸铁管）		$m = 2.0$（谢才公式）	
	$x = 1$	$x = 0.5$	$x = 1$	$x = 0.5$	$x = 1$	$x = 0.5$
2	0.647	0.530	0.634	0.512	0.625	0.500
3	0.543	0.452	0.529	0.435	0.519	0.422
4	0.495	0.422	0.480	0.405	0.469	0.393
5	0.466	0.407	0.451	0.390	0.440	0.378
6	0.448	0.398	0.433	0.381	0.421	0.369
7	0.435	0.391	0.419	0.375	0.408	0.363
8	0.425	0.387	0.410	0.370	0.398	0.358
9	0.418	0.384	0.402	0.367	0.391	0.355
10	0.412	0.381	0.396	0.365	0.385	0.353
11	0.407	0.379	0.392	0.363	0.380	0.351
12	0.403	0.377	0.388	0.361	0.376	0.349
13	0.400	0.376	0.384	0.360	0.373	0.348
14	0.397	0.375	0.381	0.358	0.370	0.347
15	0.394	0.374	0.379	0.357	0.367	0.346
16	0.392	0.373	0.377	0.357	0.365	0.345
17	0.390	0.372	0.375	0.356	0.363	0.344
18	0.389	0.371	0.373	0.355	0.362	0.343
19	0.387	0.371	0.372	0.355	0.360	0.343
20	0.386	0.370	0.370	0.354	0.359	0.342

在自压型喷灌系统中应验算管网的最不利点所获得的压力是否满足喷头工作压力的需要，必要时进行管网调整甚至重新进行系统设计。在加压型喷灌系统中需要根据计算的流量和系统所需要的压力选择适合的加压设备。加压设备的流量应满足轮灌区所需的最大流量，扬程应大于最不利点工作所需的最小压力。

2.2.4 微灌系统设计

与喷灌系统相反，微灌是直接将水浇到单个植物的灌溉系统，通过灌水器以微小的流量湿润植物根部附近土壤，利用轻度但频繁的灌溉以适应不同植物和土壤气候条件的需要。微灌可以按照植物需水要求适时适量地灌水，显著减少水的损失，省水省工。系统工作所需要的压力较小，减少了能耗。系统灌水均匀，对土壤和地形的适应性强。缺点是投资较大，对水质要求较高。

根据微灌所用的设备（主要是灌水器）及出流形式不同，主要有滴灌、微喷灌、小管出流和渗灌4种。

滴灌 是利用安装在末级管道（称为毛管）上的滴灌器将压力水以水滴状湿润土壤。如将毛管和滴灌器放在地面称为地表滴灌；也可以把它们埋入地下30~40cm，称为地下滴灌。滴灌滴水器的流量通常为2~12L/h。

微喷灌 是利用直接安装在毛管上或与毛管连接的微喷头将压力水以喷洒状湿润土壤，微喷头的流量通常为20~250L/h。

小管出流 是利用小塑料管与毛管连接作为灌水器，以射流形式局部湿润植物附近的土壤，其流量为80~250L/h。

渗灌 是将渗水毛管埋入地下一定深度，压力水通过渗水毛管管壁的毛细孔以渗流形式湿润周围的土壤。其流量一般为2~3L/(h·m)。

在场地的喷灌系统中，往往会因为场地中存在一些不适宜大中型喷头喷洒的区域，会在局部地方结合微灌系统配合使用。一些植物的特殊生长时期或某些特定植物也需要独立的微灌系统进行灌溉。

(1) 滴灌系统

滴灌系统具有极大的灵活性，可以为不同植物选择不同流速的滴灌器或安排滴灌器的不同数量，以适应植物个体的差异，节水的同时，连续地提供水分以接近最佳的土壤湿度，如图2-10所示。滴灌系统常与喷灌系统同时使用，以满足园林种植的复杂多样性。喷灌系统用于灌溉大面积的草坪或密林，而对于灌木、孤植乔木、行道树等，滴灌则具有大量优点。

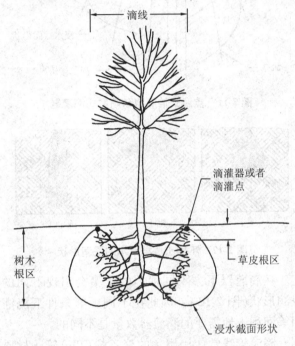

图2-10 园林植物的滴灌

滴灌系统的设计主要是安排滴灌管的线路位置和根据灌溉的乔木或灌木的需水量设置滴灌器的数量和相对植物体的安放位置。

滴灌器是滴灌系统的关键部件，选用的依据是其出流量、过滤条件、成本和当地的适用性。滴灌器有两类，即点源式和喷雾式，在每一类滴灌器中，都有压力补偿和非压力补偿的滴灌器，压力补偿滴灌器可以允许高程上有显著变化，而滴灌器的流量差异不大（图2-11）。

滴灌器的布置应围绕植物的根系尤其是毛细根区对称布置，一般配有偶数个滴灌器，系统的设置应能适应植物的生长而进行微调。滴灌器数量应根据植物的大小、水流速度以及土壤类型确

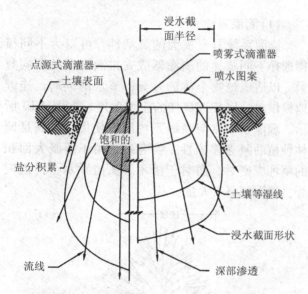

图 2-11 点源式滴灌器和喷雾式滴灌器

图 2-12 不同土壤类型水的浸润形状

定。在滴灌器下方不同种类的土壤会出现不同的浸润形状（图 2-12），因此在不同土壤条件下浇灌同等面积土地需要的滴灌器数量是不同的。

滴灌管线常使用黑色的聚乙烯（PE）管，材质柔软易于弯曲，以适应自然式种植的灌溉植物，且因不透光可以避免管内水体滋生藻类而堵塞滴灌器。PE 管在紫外线的照射下容易老化，在地面敷设的滴灌管需要进行化学处理以防紫外线辐射。在滴灌线路中因滴灌器的出流通道非常狭小，因此堵塞是滴灌系统的主要问题，需要增加过滤器以防止堵塞的发生，而在管道系统的末端也需要设置反冲洗装置。

(2) 微喷灌系统

微喷灌是通过低压管道系统，以小的流量将水喷洒到土壤表面进行局部灌溉。微喷灌时水流以较大的流速由微喷头喷出，在空气阻力的作用下粉碎成细小的水滴降落在地面。微喷灌的特点是灌水流量小，一次灌水延续时间较长，灌溉周期短，需要的工作压力较低，能够较精确地控制灌水量，把水和养分直接输送到植物根部附近的土壤中。微喷灌系统在园林中适用于宽度和面积较小的绿地、花池花坛以及灌丛、树丛等的灌溉。

雾喷灌（又称为弥雾灌溉）是微喷灌系统的另外一种表现形式，它也是用微喷头喷水，只是工作压力较高（可达 200~400kPa）。因此，从微喷头喷出的水滴极细而形成水雾。雾喷灌在给植物降温和增加湿度方面有明显效果。

微喷灌与喷灌系统的设计方法相似，微喷灌系统主要由水源、首部、管网和微喷头 4 部分组成。其设计内容和步骤可参考喷灌系统的设计。需要特别强调的是由于微喷头喷射口较小，喷灌系统易发生堵塞，必须采用过滤才能保证系统正常运行。

(3) 渗灌系统

渗灌是一种地下节水灌溉方法，又称为地下滴灌。灌溉水是通过渗灌管直接供给植物根部，地表及植物叶面均保持干燥。植物蒸发减至最小，计划湿润层土壤含水率均低于饱和含水率，因此，渗灌技术水的利用率是目前所有灌溉技术中最高的。可为植物定量提供水、肥、药、气等生长所必需要素。它有疏松土壤、增强地力、提高肥力、增加地表温度、减少杂草和病虫害的功效。

渗灌系统的设计和安装方法与滴灌系统基本相同，所不同的是尾部地埋。渗灌系统全部采用管道输水，比滴灌系统节水约 20%。渗灌系统的构成包括有压水源、首部控制、输水管网、区域控制装置和渗灌管 5 个部分。

由于各地水源情况不同，必须结合本地区水源情况进行选择，但水源与灌溉面积必须相适应。有条件的地区可安装自控压力罐，以达到有限自动控制供水。渗灌水源应具备一定压力，其压力既可通过水泵加压获得，也可利用水位差获得，其首部压力在 0.3~0.5MPa 即可满足使用。

首部控制包括过滤器、施肥罐和保护设施。渗灌最主要的问题是淤堵，经对淤堵物的分析，渗水孔除了固体微粒堵塞外，主要是生物堵塞。因此首部应采取细致的过滤，使用前后进行高压冲洗。过滤器的最佳组合方式是前级离心式过滤器，后级吸砂石式过滤器，然后再用筛网或叠片式过滤器进行三级过滤。过滤的好坏决定着渗灌的成败。

渗灌系统中输配水管网一般用塑料制品。塑料管管径在63mm以下的一般采用聚乙烯（PE）半软管，管径较大的多采用聚氯乙烯（PVC）或聚丙烯（PP）硬管。输配水管网应埋入地下一定深度，以防冬季冻裂。

区域控制装置的作用是将经过过滤的水或肥按需要流入渗灌管。它主要采用闸阀控制。为防止闸阀本身氧化产生杂质而堵塞渗灌管，一般使用塑料或ABS球阀。为了及时了解局部区域植物的灌溉水量，还需安装相应尺寸的流量计和压力表等。

渗灌管渗水量的主要制约因素是土壤毛细管力和渗灌管的入口压力，所以渗灌系统运行时的主要控制条件是流量，而滴灌系统完全是通过调节压力控制流量。整个灌区的设计选定与最大流量的确认以及水网中的干、支管网的计算，是设计的决定因素。渗灌管一般埋入土深25～30cm为宜，这样可避免人为活动损坏渗灌管并减少渗灌水的蒸发。大型乔木可以埋深至30～50cm。渗灌系统的使用年限一般为10～15年，主要由渗灌管的寿命决定。

渗灌系统投资较大，一般为喷灌的4倍，检查、维修都比较麻烦。因此应用推广的速度较慢。但由于其节水、节能、省工、保持土壤团粒结构、减少病虫害等显著的特点，因而具有广阔的应用前景。

2.3 风景园林排水工程

2.3.1 城市排水概述

城市排水的基本任务是保护环境免受污染，其主要内容包括收集各类污水并及时输送至适当地点，将污水妥善处理后排放或再利用。

(1) 污水及分类

人类的生活和生产活动都需要大量的水。水在使用过程中受到不同程度的污染，改变了原有的化学成分和物理性质，这称为污水或废水。污水也包括雨水和冰雪融化水。

按其来源的不同，污水可以分为生活污水、工业废水和降水3类。

①生活污水　是指人们在日常生活过程中用过的水，包括从厕所、浴室、盥洗室、厨房、食堂、洗衣房等处排放的水，常含有较多的有机物如蛋白质、动植物脂肪、碳水化合物、尿素和氨氮等，还含有肥皂和合成洗涤剂等，以及常在粪便中出现的病原微生物等，这类污水需要经过处理才能排入水体、灌溉农田或再利用。

②工业废水　是指在工业生产中所排放的废水，来自车间或矿场，可分为生产污水和生产废水两类。由于各种工厂的生产类别、工艺过程、使用的原材料以及用水成分的不同，工业废水的水质变化很大。

③降水　即大气降水，包括液态降水（如雨、露）和固态降水（如雪、冰雹、霜等）。前者通常主要指降雨，降落的雨水一般比较清洁，但是其形成的径流大，若不及时排泄，则会积水为害。在降雨初期雨水冲刷了地表的各种污物，污染程度很高，需要进行控制和处理后再排放。

污水经净化处理后，主要的排放途径包括排放水体、灌溉田地和重复使用。排放水体是污水的自然归宿，由于水体具有一定的稀释和净化能力，使污水得到进一步净化，但同时也可能使水体遭受污染。

(2) 城市污水的性质和污染指标

城市污水的性质特征与人们的生活习惯、气候条件、生活污水与生产污水所占的比例以及所采用的排水体制等有关。城市污水的性质包括物理性质、化学性质、生物性质等方面。表示污水物理性质的主要指标是水温、色度、臭味、固体含量及泡沫等。

污水中的污染物质按化学性质可分为无机物和有机物。无机物包括酸碱度、氮、磷、无机盐类及重金属离子等；有机物主要来源于人类排泄物及生活活动产生的废弃物、动植物残片等，主要成分是碳水化合物、蛋白质与尿素及脂肪。有机物按被生物降解的难易程度，可分为两类：可生物降解有机物和难生物降解有机物。有机物的污染指标用氧化过程所消耗的氧来进行定量，主要包括生化需氧量（BOD_5）、化学需氧量（COD_{cr}）、总需氧量（TOD）、总有机碳（TOC）。

污水中的有机物是微生物的食料，污水中的微生物以细菌与病菌为主。污水中的寄生虫卵，80%以上可在沉淀池中沉淀去除。但病原菌、炭疽杆菌与病毒等，不易沉淀，在水中存活的时间很长，具有传染性。污水生物性质的检测指标有大肠菌群数（或称大肠菌群值）、大肠菌群指数、病毒及细菌总数。

（3）城市排水系统的体制及其选择

如前所述，在城市和工业企业中通常有生活污水、工业废水和雨水。这些污水采用一个管渠系统来排除，或是采用两个或两个以上各自独立的管渠系统进行排除。污水的这种不同排除方式所形成的排水系统，称作排水系统的体制（简称排水体制）。排水系统的体制一般分为合流制和分流制两种类型（图2-13，图2-14）。

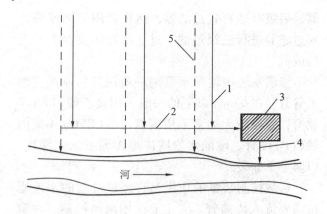

图2-14 分流制排水系统
1. 污水干管　2. 污水主干管　3. 污水处理厂
4. 出水口　5. 雨水干管

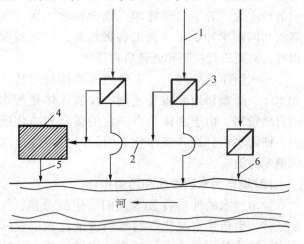

图2-13 截流式合流制排水系统
1. 合流干管　2. 截流主干管　3. 溢流井
4. 污水处理厂　5. 出水口　6. 溢流出水口

合流制排水系统　是将生活污水、工业废水和雨水混合在同一个管渠内排除的系统。常采用的是截流式合流制排水系统。这种系统是在临河岸边建造一条截流干管，在合流干管与截流干管相交前或相交处设置溢流井，并在截留干管下游设置污水处理厂。晴天和初降雨时所有污水都排送至污水处理厂，经处理后排入水体；随着雨水径流的增加，混合污水的流量超过截流干管的输水能力后，就有部分混合污水经溢流井溢出，直接排入水体。采用截流式合流制时，在暴雨径流之初，原沉淀在合流管渠的污泥被大量冲起，经溢流井溢入水体，同时，雨天时有部分混合污水经溢流井溢入水体。实践证明，采用截流式合流制的城市，水体仍然遭受污染，甚至达到不能容忍的程度。

分流制排水系统　是将生活污水、工业废水和雨水分别在两个或两个以上各自独立的管渠内排除的系统。排除生活污水、城市污水或工业废水的系统称污水排水系统；排除雨水的系统称雨水排水系统。根据排除雨水方式的不同，分流制排水系统又分为完全分流制和不完全分流制两种排水系统。

分流制是将城市污水全部送至污水处理厂进行处理。但初雨径流未加处理直接排入水体，对城市水体也会造成污染，有时还很严重。近年来，国外对雨水径流的水质调查发现，雨水径流特别是初降雨水径流对水体的污染相当严重，因此，提出对雨水径流也要严格控制。

2.3.2　风景园林排水的特点与方式

风景园林的排水是城市排水系统的一个组成部分，但园林环境中的地形条件、建筑设施布局等与城市环境有很大的差异，在排水类型、排水方式、排水量构成、排水工程构筑物以及废水重复利用等方面应充分考虑园林自身的特点。

相对于城市排水系统，风景园林绿地排水具有以下特点：

①排水类型以降水为主，仅包含少量生活污水；

②风景园林中地形起伏多变，可以通过地面组织排水，减少管网的敷设；

③风景园林中大多有水体，雨水可就近排入水体；

④风景园林可采用多种方式排水，不同地段可根据其具体情况采用适当的排水方式；

⑤排水设施应尽量结合造景；

⑥排水的同时还要考虑雨水的利用，并通过土壤的渗透吸收以利植物生长，干旱地区尤应注意保水。

结合以上特点，在风景园林绿地中雨水的排放采取地面排水为主，沟渠排水和管道排水为辅，并且应采用分散式、分流制的排水方式；而污水排放以管道排放为主。3 种排放方式之间以地面排水最为经济。现以几种常见排水量相近的排水设施的造价作一比较。设管道（混凝土管或钢筋混凝土管）的造价为 100%，则石砌明沟约为 58%，砖砌明沟约为 68%，砖砌加盖明沟约为 279%，而利用地面组织排水的土明沟只有 2%，由此可见利用地面排水的经济性。

2.3.3 利用地面组织雨水排除

在我国，大部分公园绿地都采用地面排水为主，沟渠和管道排水为辅的综合排水方式。如北京的颐和园（图 2-15）、北海公园，广州动物园（图 2-16）、杭州动物园、上海复兴岛公园等。复兴岛公园完全采用地面和浅明沟排水，不仅经济实用，便于维修，而且景观自然。

在利用地面排除雨水时，一方面要排除过多的地表径流，同时需要消除降雨带来的水土流失。地面排水的方式可以归结为 5 个字，即拦、阻、蓄、分、导。

拦　把地表水拦截于园地或某局部之外。

阻　在径流流经的路线上设置障碍物挡水，达到消力降速以减少冲刷的作用。

蓄　蓄包含两方面意义，一是采取措施使土壤多蓄水；一是利用地表洼处或池塘蓄水。这对

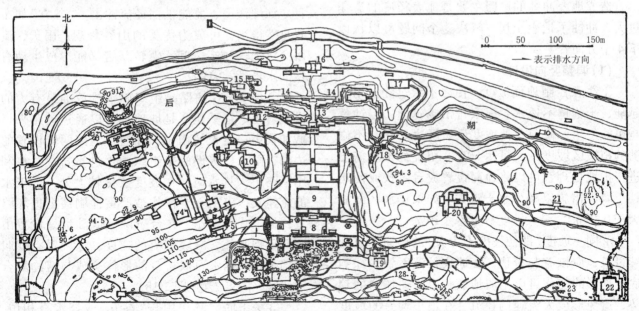

图 2-15　颐和园万寿山后山排水示意

1. 湖山真意　2. 半壁桥　3. 绮望轩址　4. 赅春园址　5. 清可轩址　6. 会云寺　7. 智慧海　8. 香岩宗印之阁　9. 须弥灵境址　10. 构虚轩址　11. 味闲斋址　12. 会芳堂址　13. 长桥　14. 苏州街　15. 嘉荫轩　16. 北宫门　17. 船坞　18. 寅辉　19. 善现寺　20. 花承阁址（多宝塔）　21. 长生院　22. 景福阁　23. 荟亭

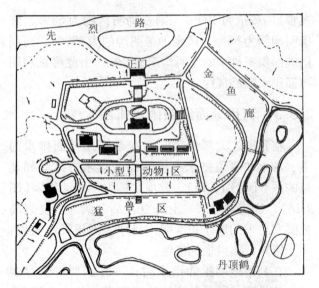

图 2-16 广州动物园（局部）利用地形排水示意

干旱地区的园林绿地尤其重要。

分 用地形及山石、建筑、墙体等将大股的地表径流分成多股细流，以减少为害。

导 把多余的地表水或造成危害的地表径流利用地面、明沟、道路边沟或地下管及时排放到园内（或园外）的水体或雨水管渠中。

造成地表冲蚀的原因主要是地表径流的流速过大，冲蚀了地表土层。解决这个问题可以从以下4个方面着手：

（1）调整竖向设计

①注意控制地面坡度，使之不致过陡。用地越陡，土壤越不透水，雨水排出越迅速，侵蚀就越可能发生。修剪草地坡度最大可达25%；不修剪的植被区坡度最大可达50%，更陡的土坡需要进行护坡处理，可以将地面设置成台阶状或使用挡土墙等措施以减少水土流失。如果排水区面积大于 $0.2hm^2$，最大坡度不能超过10%。

②同一坡度（即使坡度不太大）的坡面不宜延续过长，应该有起有伏，使地表径流不致一冲到底。地形的变化可以削弱地表径流流速加快的趋势，避免形成大流速的径流。在很小均一的坡度下，地面水在150m之内即会冲刷出小河沟，坡度增大产生冲刷的距离会变短。

③在地面水汇流线上，应利用道路、山谷线等拦截和组织排水，通过不断变化的沟、谷、涧、山路等对雨水径流加以组织，减缓径流速度，使其汇集或分散开来，并就近排放到地面的排水明渠或雨水管网中。

（2）利用地被植物

利用植被护坡，可以减少或防止对表土的冲蚀。这是因为：一方面植物根系深入地表将表层土壤颗粒稳固住，使之不易被地表径流带走。另一方面，植被本身阻挡了雨水对地表的直接冲击，吸收部分雨水并减缓径流的流速。所以加强绿化，是防止地表水土流失的重要手段之一。乔、灌、草结合的植物种植方式更有利于保护地表土壤。

（3）采取工程措施

在地表径流的流量和流速较大时，需要采取一定的工程措施来防止雨水冲刷造成危害。在我国园林中有关防止冲刷、固坡及护岸等措施很多，现将常见的几种介绍如下。

①"谷方" 地表径流在谷线或山洼处汇集，形成大流速径流，为了防止其对地表的冲刷，在汇水线上布置一些山石，借以减缓水流的冲力，达到降低其流速，保护地表的作用。这些山石就叫"谷方"。作为"谷方"的山石须具有一定体量，且应深埋浅露，才能抵挡径流冲击。"谷方"如布置自然得当，可成为优美的山谷景观；雨天，流水穿行于"谷方"之间，辗转跌宕又能形成生动有趣的水景（图2-17）。

②挡水石 道路是组织雨水排放的最有力的设施。无论是平地还是坡地都可以通过道路来拦截和聚集一定量的雨水，并通过道路两侧设置的边沟、雨水口等设施来组织雨水进行排放。在利用道路边沟排水时，在坡度变化较大处，由于水的流速大，表土土层往往被严重冲刷甚至损坏路基，为了减少冲刷，在台阶两侧或陡坡处设置山石等阻挡水流，减缓水流的速度，这种置石就叫做挡水石。挡水石以自身的形体美或与植物配合形成很好的点景物（图2-18）。

③护土筋 其作用与"谷方"或挡水石相仿，一般沿道路两侧坡度较大或边沟沟底纵坡较陡的地段敷设，用砖或其他块材成行排列埋置土中，使之露出地面3~5cm，每隔一定距离（10~20m）设置3~4道，与道路中线成一定角度，如鱼骨状

草皮衬砌的方式。当明沟坡度较大，汇流水量大时，为防止径流冲刷，可在排水沟沟底使用较粗糙的材料（如卵石、砾石等）衬砌。常用的明沟断面形式如图2-20所示。

⑤出水口　利用地面或明渠排水，在排入水体时，为了保护岸坡结合造景，出水口应做适当处理，常见的如"水簸箕"。"水簸箕"是一种敞口排水槽，槽身的加固可采用三合土、浆砌块石（或砖）或混凝土。排水槽上下口高差大的，可在下口前端设栅栏起消力和拦污作用，或在槽底设置"消力阶"，或将槽底做成礓磋状，或在槽底砌消力块等。有时水簸箕可以和道路结合，作为爬山的一条蹬道，做法上更追求自然的形式（图2-21）。

在风景园林中，雨水排水口应结合造景，用山石布置成峡谷、溪涧，落差大的地段还可以处理成跌水或小瀑布。这不仅解决排水问题，而且丰富园林地貌景观（图2-22，图2-23）。

(4) 埋管排水

在绿地中汇流的雨水逐渐增加时，应及时引导雨水至路面或路两侧明沟内流动，在适当的位置通过雨水口将雨水引至管网中，通过管网将雨水输送至滨水地段或排放点排出（图2-24，图2-25）。

图2-17　"谷方"

排列于道路两侧。护土筋设置的疏密主要取决于坡度的陡缓，坡陡多设，反之则少设（图2-19）。

④排水明沟　在道路两侧或一侧设置的各种明沟和浅边沟，可以汇集道路和绿地中的雨水。在汇集的水量较少或坡度小时，可以采用土明沟和

图2-18　挡水石

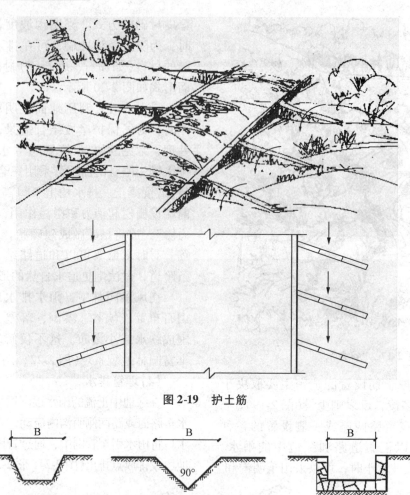

图 2-19 护土筋

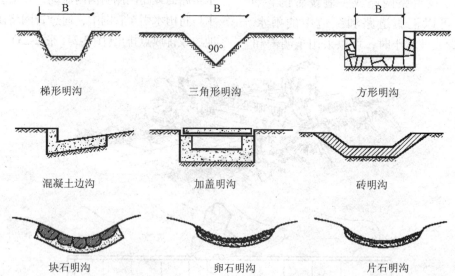

图 2-20 各种形式的排水明沟

2.3 风景园林排水工程

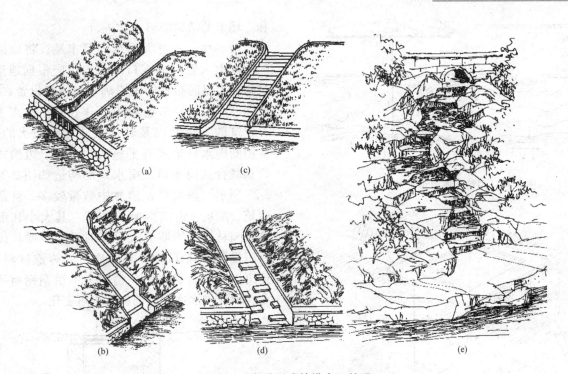

图 2-21 各种形式的排水口处理
(a)栅栏式 (b)消力阶 (c)礓磜式 (d)消力块 (e)自然式

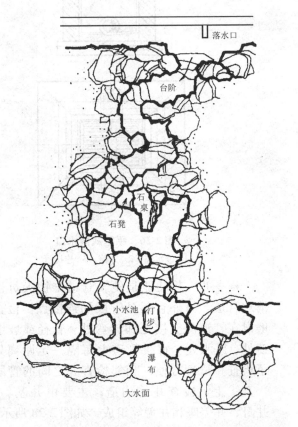

图 2-22 北海公园琼华岛西坡某排水口平面图

图 2-23 北海公园琼华岛北坡排水结合造景

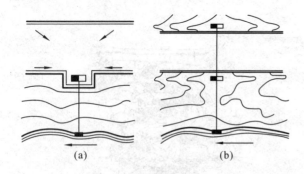

图 2-24 用管道将雨水排入水体

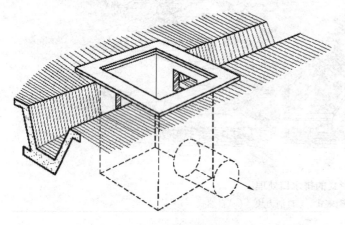

图 2-25 边沟与排水管的连接

2.3.4 管渠排水

我国地域辽阔，气候差异大，年降雨量分布很不均匀。同时降雨多集中在夏季，常为大雨或暴雨，从而在极短时间内形成大量的地面径流，若不能及时排除便会造成危害。公园绿地应尽可能利用地形排除雨水，但在某些局部如广场、主要建筑周围或难于利用地面排水的局部，可以设置雨水管，或设置明渠排水。因风景园林绿地中多有大量水体，可根据分散和直接的原则，将这些管渠分别排入附近水体或城市雨水管，不必做成完整的雨水管网系统。

2.3.4.1 雨水管渠系统的布置

（1）雨水管渠系统的组成

雨水管渠系统是由雨水口、雨水管渠、检查井、出水口等构筑物所组成的一整套工程设施。雨水管渠的主要任务为及时地汇集并排除暴雨形成的地面径流，防止公园绿地等受淹，保证绿地和广场上的活动能够正常进行。

雨水口 是管渠系统的最末端，将地面流动的雨水引入管网的入口。雨水口应根据地形、建筑物和道路的布置等因素确定，一般设置在绿地、道路、广场、停车场等的低洼处和汇水点上，地下建筑的入口处以及其他低洼和易积水的地段。常用的雨水口形式有平篦式雨水口、边沟式雨水口和联合式雨水口。雨水口的构造如图2-26，图2-27 所示。雨水口在园林中数量较多，且常位于建筑、广场、道路两侧等位置，其大小和形式往往对园林景观影响较大，有时需要根据具体情况专门设计。除了市政工程常用的铸铁材料以外，还可以考虑石材、PVC 塑料、不锈钢钢材等，形状在保证排水速度的前提下也可变化。

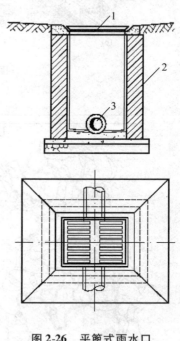

图 2-26 平篦式雨水口
1. 进水篦 2. 井筒 3. 连接管

检查井 其功能是便于管道维护人员检查和清理管道。另外它还是管段的连接点。检查井一般设在管道的交接处和转弯处、管径或坡度的改变处、跌水处、直线管道上每隔一定距离处。为了检查和清理方便，相邻检查井之间的管段应在一直线上。检查井的构造，主要由井基、井底、井身、井盖座和井盖等组成，如图 2-28 所示。

跌水井 是设有消能设施的检查井。在地形

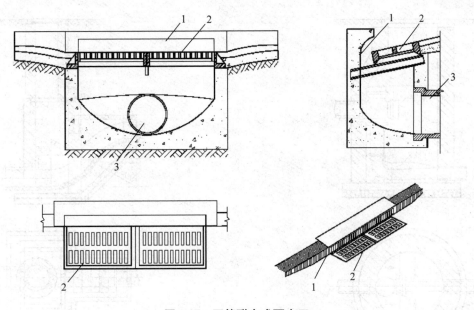

图 2-27 双箅联合式雨水口
1. 边石进水箅 2. 边沟进水箅 3. 连接管

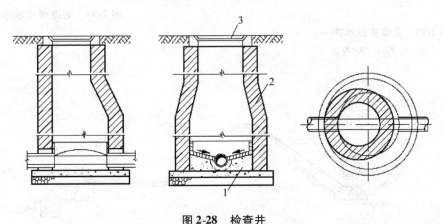

图 2-28 检查井
1. 井底 2. 井身 3. 井盖

较陡处，为了保证管道有足够覆土深度，管道有时需跌落若干高度。在这种跌落处设置的检查井便是跌水井。常用的跌水井有竖管式和溢流堰式两种类型（图 2-29，图 2-30）。竖管式适用于直径等于或小于 400mm 的管道；大于 400mm 的管道应采用溢流堰式跌水井。但在实际工作中如上、下游管底标高落差≤1m，只需将检查井底部做成斜坡水道衔接两端排水管，不必采用专门的跌水措施。

出水口 是排水管渠排入水体的构筑物，其形式和位置视水位、水流方向而定，管渠出水口不要淹没于水中。最好令其露于水面。为了保护河岸或池壁及固定出水口的位置，通常在出水口和河道连接部分做护坡或挡土墙。常用的出水口形式有一字式、八字式、门字式等（图 2-31）。

风景园林中的雨水口、检查井和出水口，其外观应该作为园景的一部分来考虑。有的在雨水井的箅子或检查井盖上铸（塑）出各种美丽的图案花纹；有的则采用园林艺术手法，以山石、植物等材料加以点缀。这些做法在风景园林中已很普遍，效果很好，但是不管采用什么方法进行点缀或伪装，都应以不妨碍这些排水构筑物的功能为前提。图 2-32 是雨水口、检查井盖的处理手法，可供参考。

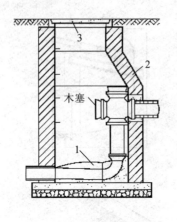
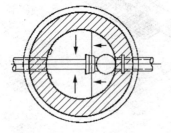

图 2-29 竖管式跌水井
1. 井底 2. 井身 3. 井盖

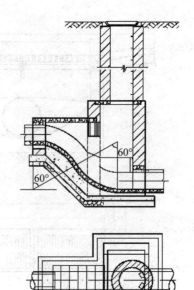

图 2-30 溢流堰式跌水井

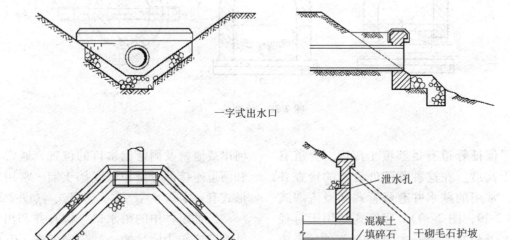

图 2-31 出水口的构造

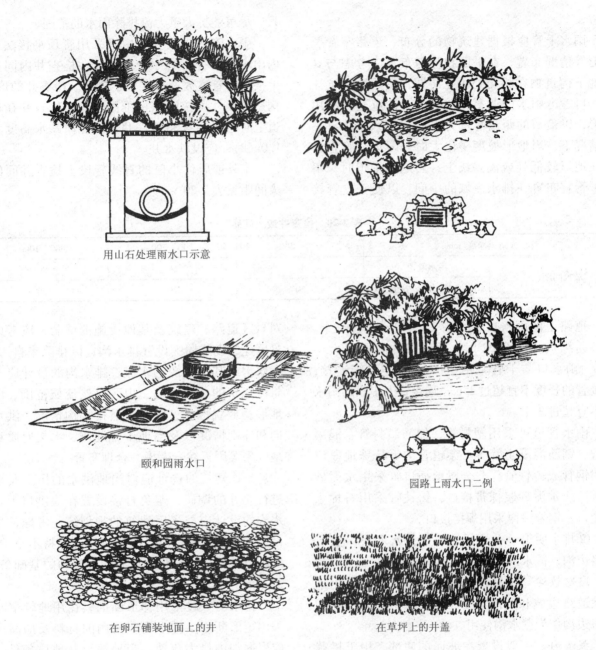

用山石处理雨水口示意

颐和园雨水口

园路上雨水口二例

在卵石铺装地面上的井

在草坪上的井盖

图 2-32 排水构筑物的艺术处理

(2) 雨水管渠系统的设计布置

雨水管道采用明渠或暗管应结合具体条件确定,在建筑密度较高的地段一般应采用暗管,而在建筑密度低、游人量较少的大面积林地草坪地段可考虑采用明渠以降低造价。在地形平坦地区,埋设深度或出水口深度受限制地区,也可采用明渠或加盖明渠。在雨水干管的起端,应尽可能采用道路边沟排除路面雨水,通常可以减少干管的长度。雨水暗管与明渠的衔接处应采取一定的工程措施,以保证连接处有良好的水力条件。

①雨水管网布置　应按管线短、埋深小、自流排出的原则确定。雨水管网宜沿道路和建筑物的周边平行布置。宜路线短、转弯少,并尽量减少管线交叉。雨水管道在与道路交叉时,应尽量垂直于路的中心线设置。管道尽量布置在道路外侧的人行道或草地的下面,不允许布置在乔木的

下方。

雨水干管应根据建筑物的分布、道路布置及地形等情况布置，在平面和竖向布置应考虑与其他地下构筑物在相交处相互协调，在池塘和坑洼处，可考虑雨水的调蓄。系统的设计应充分利用地形，以最短的距离靠重力流就近排入水体。一般情况下，当地形坡度变化大时，雨水干管宜布置在地形较低处或溪谷线上；当地形平坦时，雨水干管宜布置在排水流域的中间，以便于支管接入，尽可能扩大重力流排除雨水的范围。

雨水管道在检查井内宜采用管顶平接法，井内出水管管径不宜小于进水管。检查井内同高度上接入的管道数量不宜多于3条。检查井的形状、构造和尺寸可按国家标准图选用。检查井在车行道上时应采用重型铸铁井盖。井内跌水高度大于1.0m时，应设跌水井。

室外或居住小区的直线管段上检查井间的最大间距见表2-20。

表2-20 检查井最大间距

管径或暗渠净高(mm)		200～400	500～700	800～1000
最大间距(m)	污水管道	40	60	80
	雨水(合流)管道	50	70	90

道路上的雨水口宜每隔25～40m设置一个。当道路纵坡大于0.02时，雨水口的间距可大于50m。雨水口与干管常用200mm的连接管连接，连接管的长度不宜超过25m，连接管上串联的雨水口不宜超过3个。

雨水管道可采用塑料管、加筋塑料管、混凝土管、钢筋混凝土管等。穿越管沟等特殊地段应采用钢管或铸铁管。非金属承插口管采用水泥砂浆接口或水泥砂浆抹带接口，铸铁管采用石棉水泥接口，钢管一律采用焊接接口。

②排水明渠 公园绿地中的排水明渠一般有道路边沟、截水沟和排水沟几种形式。

道路边沟 主要设置在道路路基两侧，用来排除道路边坡和路面汇集的地面水，有时也利用道路边沟作为截水沟使用。

截水沟 一般设置在坡面的底部，用于拦截上方的地表径流并有组织地排放。截水沟一般平行等高线设置，其长短宽窄和深浅根据雨水量的大小确定，沟底应有不小于0.5%的纵坡。园林中的截水沟还需要根据所处的环境要求来设置其具体的形式。大的截水沟其截面尺寸可达1m×0.7m，小可到5cm以内。可以用混凝土、块石、片石等衬砌，也可以用夯实的土沟。小截水沟甚至可以在岩石上开凿，或用条石凿出浅沟。

排水沟 在山地，为了保证安全，减轻洪水对景区道路、建筑及其他设施的威胁，应考虑在景区建筑设施周围设置排水沟，以排除来自边沟、截水沟或其他水源的水流。排水沟的设计应根据景区建筑的总体规划、山区自然流域范围、山坡地形及地貌特点、原有天然排洪沟情况、洪水流向和冲刷情况以及当地工程地质、水文地质和当地气象等因素综合考虑，合理布置。

景区建筑的选址应对当地洪水的历史及现状进行充分的调研，避免直接设置在泄洪口上。排水沟的设计应与景区建筑的规划统一考虑，尽量设置在建筑区的一侧，与建筑基础保持不小于3m的距离，并尽可能利用原有的天然沟的基础条件，避免大的水力条件的改变。

排水沟一般采用梯形断面，在用地较窄时可采用矩形断面。排水沟所使用的材料及加固形式应根据沟内最大流速、当地地形及地质条件、当地材料供应等情况而定。一般常采用片石、块石铺砌。常用排水沟断面及加固形式如图所示。排水沟的超高一般采用0.3～0.5m，截水沟的超高为0.2m。

排水沟转弯时，其半径一般不小于沟内水面宽度的5～10倍。排水沟的纵坡不应太大，一般以1%～3%为宜。当纵坡大于3%时需要加固，大于7%时则应改为跌水或急流槽。跌水或急流槽不应设置在排水沟弯道处。对于浆砌片石的排水沟，最大允许纵坡为30%；混凝土排水沟最大允许纵坡为25%。

(3) 雨水管渠系统设计的一般规定

①管道的最小覆土深度 根据雨水井连接管的坡度、冰冻深度和外部荷载情况决定，雨水管的最小覆土深度不小于0.6m。

②最小坡度

——雨水干管的最小坡度规定如表2-21。管道敷设坡度应大于最小坡度，并不小于0.0015。雨水口连接管最小坡度不小于0.01。

——道路边沟的最小坡度不小于0.002。

——梯形明渠的最小坡度不小于0.0002。

表2-21 雨水管道各种管径最小坡度

管径(mm)	200	250	300	350	400	450	500	600	≥700
最小坡度	0.005	0.004	0.003（塑料管0.002）	0.0025	0.002	0.0018	0.0015	0.0012	0.001

③最小容许流速

——各种管道在自流条件下的最小容许流速不得小于0.75m/s。

——各种明渠不得小于0.4m/s（个别地方可酌减）。

④最小管径及沟槽尺寸

——雨水干管最小管径不小于300mm，一般雨水口连接管最小管径为200mm。公园绿地的径流中挟带泥沙及枯枝落叶较多，容易堵塞管道，故最小管径限值可适当放大。

——梯形明渠为了便于维修和排水通畅，渠底宽度不得小于30cm。

——梯形明渠的边坡，用砖石或混凝土块铺砌的一般采用1:0.75~1:1的边坡。边坡在无铺装情况下，根据其土壤性质可采用表2-22的数值。

表2-22 梯形明渠的边坡

明渠土质	边坡	明渠土质	边坡
粉砂	1:3~1:3.5	半岩性土	1:0.5~1:1
松散的细砂、中砂、粗砂	1:2~1:2.5	风化岩石	1:0.25~1:0.5
密实的细砂、中砂、粗砂或黏质粉土	1:1.5~1:2.0	岩石	1:0.1~1:0.25
粉质黏土或黏土砾石或卵石	1:1.25~1:1.5		

⑤排水管渠的最大设计流速

1) 管道：金属管为10m/s；非金属管为5m/s。

2) 明渠：水流深度 h 为 0.4~1.0m 时，宜按表2-23采用。明渠的超高不小于0.2m。

⑥设计充满度 在设计流量下，雨水或污水在管道中的水深 h 和管道直径 D 的比值称为设计充满度。当 $h/D=1$ 时称为满流；$h/D<1$ 时称为不满流。

表2-23 明渠最大设计流速 m/s

明渠类别	最大设计流速	明渠类别	最大设计流速
粗砂及低塑性粉质黏土	0.8	干砌块石	2.0
粉质黏土	1.0	浆砌块石及浆砌砖	3.0
黏土	1.2	石灰岩及中砂岩	4.0
草皮护面	1.6	混凝土	4.0

表 2-24　污水管的最大设计充满度

管径或暗渠高（mm）	最大设计充满度	管径或暗渠高（mm）	最大设计充满度
200~300	0.55	500~900	0.70
350~450	0.65	≥1000	0.75

雨水管道设计一般按满流计算，而污水管网按不满流设计，其最大设计充满度的规定如表 2-24 所示。

2.3.4.2 雨水管渠的水力计算

管渠水力计算的目的在于合理、经济地选择管道或沟渠断面尺寸、坡度和埋深，由于这种计算的依据水力学规律，所以称作管渠的水力计算。

(1) 与计算有关的几个因子

在排水管网中，雨水（或污水）是在重力作用下通过管渠自行流走的，所以称为重力流。排水系统的布置和计算不仅要保证排水管渠有足够的过水断面，而且要有合理的水力坡降，使雨水（或污水）能顺利排除。

设计流量 Q 是排水管网计算中最重要的依据之一。其计算公式如下：

$$Q = \psi \cdot q \cdot F \quad (2\text{-}24)$$

式中　Q——管段雨水设计流量，L/s；
　　　ψ——径流系数；
　　　q——管段设计降雨强度，L/(s·hm²)；
　　　F——管段设计汇水面积，hm²。

①径流系数 ψ　是指流入管渠中的雨水量和落到地面上的雨水量的比值，即：

$$\psi = \frac{\text{径流量}}{\text{降雨量}} \quad (2\text{-}25)$$

由于雨水降落到地面后，部分被土壤或其他地面物吸收，不可能全部流入管渠中，所以这一比值的大小取决于地表或地面物的透水性，此外还与降雨历时、暴雨强度及暴雨雨型有关。由于影响 ψ 的因素较多，目前在雨水管渠设计中，径流系数通常采用按地面覆盖种类确定的经验数值，见表 2-25。覆盖类型较多的汇水区，其平均径流系数应采用加权平均法求取。即：

$$\psi_{\text{平均}} = \frac{\psi_1 F_1 + \psi_2 F_2 + \psi_3 F_3 + \cdots + \psi_n F_n}{\sum F} \quad (2\text{-}26)$$

式中　$F_1, F_2, F_3, \cdots F_n$——汇水区内各类地面所占面积，hm²；
　　　$\psi_1, \psi_2, \psi_3, \psi_n$——对应的各类地面的径流系数；
　　　$\sum F$——汇水区总面积，hm²。

②设计降雨强度 q　对某场降雨而言，用于描述降雨特征的指标主要包括降雨量、降雨历时、暴雨强度、重现期等。降雨强度是指单位时间内的降雨量，进行雨水管渠设计时，需要根据单位时间流入设计管段的雨水量作为设计流量，而不是某一场雨的总降雨量。

$$\text{降雨强度 } i = \frac{h \text{ 降雨量}}{t \text{ 降雨历时}} \text{(mm/min)} \quad (2\text{-}27)$$

为了计算方便，通常把 i(mm/min) 换算成 q[L/(s·hm²)] 表示，则

$$q = 167i \quad (2\text{-}28)$$

式中　q——技术强度，L/(s·hm²)；
　　　i——物理强度，mm/min。

表 2-25　径流系数 ψ 值

地面种类	ψ 值	地面种类	ψ 值
硬屋面、未铺石子的平屋面、沥青屋面	0.9	非铺砌的土地面	0.4
铺石子的平屋面	0.8	公园绿地	0.25
绿化屋面	0.4	水面	1
混凝土和沥青路面	0.9	地下建筑覆土绿地（覆土厚度≥500mm）	0.25
块石等铺砌路面	0.7	地下建筑覆土绿地（覆土厚度<500mm）	0.4
干砌砖、石和碎石路面	0.5		

我国常用的降雨强度公式如下：

$$q = \frac{167 A_i (1 + c \lg P)}{(t+b)^n} \quad (2\text{-}29)$$

式中 q——降雨强度，$L/(s \cdot hm^2)$；
P——重现期，a；
t——集水时间，min；
A_i, c, b, n——地方参数，根据统计的方法进行计算。

我国幅员辽阔，各地情况差别很大，根据各地区的自动雨量记录，推求出适合于本地区的降雨强度公式。该公式是根据多年降雨观测资料用统计方法归纳出来的，为设计工作提供了必要的数据。表 2-26 是我国一些主要城市的降雨强度公式。

表 2-26 我国部分城市降雨强度公式

城市名称	降雨强度公式	城市名称	降雨强度公式
北 京	$q = \dfrac{2001(1 + 0.811\lg P)}{(t+8)^{0.711}}$	上 海	$q = \dfrac{5544(P^{0.3} - 0.42)}{(t+10+7\lg P)^{0.82+0.071\lg P}}$
天 津	$q = \dfrac{3833.34(1 + 0.85\lg P)}{(t+17)^{0.85}}$	石家庄	$q = \dfrac{1689(1 + 0.898\lg P)}{(t+7)^{0.729}}$
保 定	$i = \dfrac{14.973 + 10.266\lg TE}{(t+13.877)^{0.776}}$	太 原	$q = \dfrac{880(1 + 0.86\lg T)}{(t+4.6)^{0.62}}$
大 同	$q = \dfrac{1523.7(1 + 1.08\lg T)}{(t+6.9)^{0.87}}$	长 治	$q = \dfrac{3340(1 + 1.43\lg T)}{(t+15.8)^{0.93}}$
包 头	$q = \dfrac{1663(1 + 0.9985\lg P)}{(t+5.40)^{0.85}}$	海拉尔	$q = \dfrac{2630(1 + 1.05\lg P)}{(t+10)^{0.99}}$
哈尔滨	$q = \dfrac{2889(1 + 0.91\lg P)}{(t+10)^{0.88}}$	齐齐哈尔	$q = \dfrac{1920(1 + 0.891\lg P)}{(t+6.4)^{0.86}}$
大 庆	$q = \dfrac{1820(1 + 0.911\lg P)}{(t+8.3)^{0.77}}$	黑 河	$q = \dfrac{1611.6(1 + 0.91\lg P)}{(t+5.65)^{0.824}}$
长 春	$q = \dfrac{1600(1 + 0.81\lg P)}{(t+5)^{0.76}}$	吉 林	$q = \dfrac{2166(1 + 0.681\lg P)}{(t+7)^{0.831}}$
海 龙	$i = \dfrac{16.4(1 + 0.8991\lg P)}{(t+10)^{0.867}}$	沈 阳	$q = \dfrac{1984(1 + 0.77\lg P)}{(t+9)^{0.77}}$
丹 东	$q = \dfrac{1211(1 + 0.6681\lg P)}{(t+7)^{0.605}}$	大 连	$q = \dfrac{1900(1 + 0.66\lg P)}{(t+8)^{0.8}}$
锦 州	$q = \dfrac{2322(1 + 0.875\lg P)}{(t+10)^{0.79}}$	潍 坊	$q = \dfrac{4091.17(1 + 0.824\lg P)}{(t+16.7)^{0.87}}$
枣 庄	$i = \dfrac{65.512 + 52.4551\lg TE}{(t+22.378)^{1.069}}$	南 京	$q = \dfrac{2989.3(1 + 0.671\lg P)}{(t+13.3)^{0.8}}$
徐 州	$q = \dfrac{1510.7(1 + 0.514\lg P)}{(t+9)^{0.64}}$	扬 州	$q = \dfrac{8248.13(1 + 0.641\lg P)}{(t+40.3)^{0.95}}$

(续)

城市名称	降雨强度公式	城市名称	降雨强度公式
南 通	$q=\dfrac{2007.34(1+0.752\lg P)}{(t+17.9)^{0.71}}$	合 肥	$q=\dfrac{3600(1+0.76\lg P)}{(t+14)^{0.84}}$
蚌 埠	$q=\dfrac{2550(1+0.77\lg P)}{(t+12)^{0.774}}$	安 庆	$q=\dfrac{1986.8(1+0.777\lg P)}{(t+8.404)^{0.689}}$
淮 南	$q=\dfrac{2034(1+0.71\lg P)}{(t+6.29)^{0.71}}$	杭 州	$q=\dfrac{10174(1+0.844\lg P)}{(t+25)^{1.038}}$
宁 波	$i=\dfrac{18.105+13.90\lg TE}{(t+13.265)^{0.778}}$	南 昌	$q=\dfrac{1386(1+0.69\lg P)}{(t+1.4)^{0.64}}$
赣 州	$q=\dfrac{3173(1+0.56\lg P)}{(t+10)^{0.79}}$	福 州	$i=\dfrac{6.162+3.881\lg TE}{(t+1.774)^{0.567}}$
厦 门	$q=\dfrac{850(1+0.7451\lg P)}{t^{0.514}}$	安 阳	$q=\dfrac{3680P^{0.4}}{(t+16.7)^{0.858}}$
开 封	$q=\dfrac{5075(1+0.611\lg P)}{(t+19)^{0.92}}$	新 乡	$q=\dfrac{1102(1+0.623\lg P)}{(t+3.60)^{0.60}}$
南 阳	$i=\dfrac{3.591+3.970\lg TM}{(t+3.434)^{0.416}}$	汉 口	$q=\dfrac{983(1+0.65\lg P)}{(t+4)^{0.56}}$
老河口	$q=\dfrac{6400(1+1.059\lg P)}{t+23.36}$	黄 石	$q=\dfrac{2417(1+0.79\lg P)}{(t+7)^{0.7655}}$
沙 市	$q=\dfrac{684.7(1+0.854\lg P)}{t^{0.526}}$	长 沙	$q=\dfrac{3920(1+0.68\lg P)}{(t+17)^{0.86}}$
常 德	$i=\dfrac{6.890+6.251\lg T_E}{(t+4.367)^{0.602}}$	益 阳	$q=\dfrac{914(1+0.882\lg P)}{t^{0.584}}$
广 州	$q=\dfrac{2424.17(1+0.7775331\lg T)}{(t+11)^{0.668}}$	佛 山	$q=\dfrac{1930(1+0.58\lg P)}{(t+9)^{0.66}}$
海 口	$q=\dfrac{2338(1+0.4\lg P)}{(t+9)^{0.65}}$	南 宁	$q=\dfrac{10050(1+0.707\lg P)}{(t+21.1P)^{0.119}}$
桂 林	$q=\dfrac{4230(1+0.4402\lg P)}{(t+13.5)^{0.841}}$	北 海	$q=\dfrac{1625(1+0.4371\lg P)}{(t+4)^{0.57}}$
梧 州	$q=\dfrac{2670(1+0.4466\lg P)}{(t+7)^{0.72}}$	西 安	$q=\dfrac{1008.8(1+1.4751\lg P)}{(t+14.72)^{0.704}}$
延 安	$q=\dfrac{932(1+1.2921\lg P)}{(t+8.22)^{0.7}}$	宝 鸡	$q=\dfrac{1838.6(1+0.94\lg P)}{(t+12)^{0.932}}$
汉 中	$q=\dfrac{434(1+1.041\lg P)}{(t+4)^{0.518}}$	银 川	$q=\dfrac{242(1+0.83\lg P)}{t^{0.477}}$
兰 州	$q=\dfrac{1140(1+0.961\lg P)}{(t+8)^{0.8}}$	平 凉	$i=\dfrac{4.452+4.8841\lg T_E}{(t+2.570)^{0.668}}$

（续）

城市名称	降雨强度公式	城市名称	降雨强度公式
西 宁	$q = \dfrac{308(1 + 1.39\lg P)}{t^{0.58}}$	乌鲁木齐	$q = \dfrac{195(1 + 0.82\lg P)}{(t + 7.8)^{0.63}}$
重 庆	$q = \dfrac{2822(1 + 0.775\lg P)}{(t + 12.8 P^{0.076})^{0.77}}$	成 都	$q = \dfrac{2806(1 + 0.803\lg P)}{(t + 12.8 P^{0.231})^{0.768}}$
渡 口	$q = \dfrac{2495(1 + 0.491\lg P)}{(t + 10)^{0.84}}$	雅 安	$q = \dfrac{1272.8(1 + 0.63\lg P)}{(t + 6.64)^{0.56}}$
贵 阳	$i = \dfrac{6.853 + 4.195\lg TE}{(t + 5.168)^{0.601}}$	水 城	$i = \dfrac{42.25 + 62.60\lg P}{t + 35}$
昆 明	$i = \dfrac{8.918(1 + 6.183\lg TE)}{(t + 10.247)^{0.649}}$	下 关	$q = \dfrac{1534(1 + 1.035\lg P)}{(t + 9.86)^{0.762}}$

注：① 表中 P、T 代表设计降雨的重现期；TE 代表非年最大值选样的重现期；TM 代表年最大值选样的重现期。
② i 的单位是 mm/min，q 的单位是 L/(s·hm²)。
③ 本表摘自《给水排水设计手册》第五册表 1-73。

降雨强度公式中都含有两个计算因子，即设计重现期 P（有的公式用 T），其单位为年(a)，以及集水时间 t，单位为分钟(min)。

设计重现期 P 是指某一强度的降雨重复出现一次的平均间隔时间，强度越大的降雨出现的频率越小。园林绿地的设计重现期应根据汇水区的建设性质、地形特点、汇水面积和气象特点等因素确定，一般可在 0.5~3 年之间选择。对于重要的活动区域地区或短期积水会造成损失之处，P 值可选得大些，在同一排水系统中也可采用同一设计重现期或不同的设计重现期。排洪沟的设计采用的标准应根据景区建筑的性质、规模大小、受淹后损失的大小等因素确定，一般采用的设计重现期为 10~20 年。

集水时间 t 是指汇水区内最远点的雨水流到设计断面的时间，通常由地面集水时间 t_1 和雨水在计算管段中流行的时间 t_2 两部分组成。

$$t = t_1 + mt_2 \qquad (2\text{-}30)$$

式中　t——集水时间，min；
　　　t_1——地面集水时间，min；
　　　t_2——雨水在管渠内流行的时间，min；
　　　m——延迟系数，暗管 $m = 2$，明渠 $m = 1.2$，陡坡地区管道采用 1.2~2。

地面集水时间 t_1 是指雨水从汇水区上最远点流到第一个雨水口的时间，受汇水区面积大小、地形陡缓、屋顶及地面的排水方式、土壤的干湿程度及地表覆盖情况等因素的影响，在实际应用中，要准确地计算 t_1 值是比较困难的，所以通常取经验数值，$t_1 = 5 \sim 15$ min。在设计工作中，按经验在地形较陡、建筑密度较大或铺装场地较多及雨水口分布较密的地区，t_1 取 5~8 min。而在地势较平坦、建筑稀疏、汇水区面积较大，雨水口少的地区 t_1 值可取 10~15 min。起点井上游地面流行距离以不超过 120~150 m 为宜。

雨水在管渠内流行时间 t_2 可依以下公式计算：

$$t_2 = \sum \dfrac{L}{60v} \qquad (2\text{-}31)$$

式中　L——各管段的长度，m；
　　　v——各管段满流时的水流速度，m/s。

集水时间 t 直接影响着降雨强度 q，t 越大则与它相应的 q 越小（表 2-27）。

表2-27 我国各城市采用的重现期 P 和 t_1 值

城市	重现期(a)	t_1（min）	城市	重现期(a)	t_1（min）
北京	一般地形的居住区或城市区间道路0.33~0.5 不利地形的居住区或一般城市道路0.5~1 城市干道、中心区1~2 特殊重要地区或盆地3~10 立交路口1~3	5~15	上海	市区0.5~1 某工业区的生活区1，厂区一般车间2，大型、重要车间5	5~15，某工业区25
			无锡	小巷0.33，一般0.5，新建区1	23
			南京	0.5~1	10~15
常州	1	10~15	宁波	0.5~1	5~15
杭州	0.33~1	5~10	广州	1~2，主要地区2~20	15~20
长沙	0.5~1	10	成都	1	10
重庆	小面积小区1~2 地面30~50hm²小区5 大面积或重要地区5~10	5	武汉	1	10
			济南	1	5~15
			天津	1	10~15
吉林市	1	10	长春	0.5~2	5~15
营口	郊区0.5，市区1	10~30	白城	郊区0.5，市区1	20~40
贵阳	3	12	兰州	0.5~1	10
西宁	0.33~0.5	15	西安	1~3	<100m，5；<200m，8；<300m，10；<400m，13
唐山	1	15			
昆明	0.5	12			
保定	1~2	10			

③汇水区面积 F　汇水区是根据地形和地物划分的，通常沿山脊线（分水岭）、沟谷（汇水线）或道路等进行划分，汇水区面积以公顷为单位。

(2) 雨水管网的水力计算

雨水管网设计的主要内容和步骤包括：划分排水区域；进行雨水管线的定线；根据当地气象和地理条件、工程要求等确定设计参数；计算设计流量和进行水力计算，确定每一设计管段的断面尺寸、坡度、管底标高及埋深；绘制管网平面图及纵剖面图。

排水管道的水力计算采用均匀流公式。

流量公式为：

$$Q = \omega \cdot v \qquad (2-32)$$

流速公式为：

$$v = C\sqrt{RI} \qquad (2-33)$$

$$C = \frac{1}{n} R^{\frac{1}{6}} \qquad (2-34)$$

式中　Q——洪水流量，m^3/s，可根据前述地表径流量的确定方法计算；

ω——过水断面面积，m^2；

v——流速，m/s；

R——水力半径（过水断面面积与湿周的比值），m；

I——水力坡度（等于水面坡度，也等于管底坡度）；

C——流速系数或称谢才系数，一般按曼宁公式计算；

n——管渠材料的粗糙系数，按表2-28选用。

据此公式可以确定管渠计算中 Q，v，i，ω 之间的相互关系。

表 2-28　各种排水管渠粗糙系数 n 值表

管渠种类	n 值	管渠种类	n 值
光滑的塑料管	0.009~0.010	浆砌砖渠道	0.015
陶土管	0.013	浆砌块石渠道	0.017
混凝土管、钢筋混凝土管	0.013~0.014	干砌块石渠道	0.020~0.025
铸铁管	0.013	土明渠(带或不带草皮)	0.025~0.030
钢管	0.012	木槽	0.012~0.014
水泥砂浆抹面渠道	0.013~0.014		

以下结合设计实例阐明。

例：设某市有一公园,该园有一局部(图 2-33)需设管排除雨水,雨水可直接排入附近水体。管道材料采用钢筋混凝土圆管。已知：该市的降雨强度公式为：$q = \dfrac{2001(1 + 0.811\lg P)}{(t + 8)^{0.711}}$,设计重现期 $P = 1a$；地面集水时间 $t_1 = 10\min$；$\psi_{平均} = 0.22$。

解：

① 划分汇水区

根据图 2-33 地形及地物情况划分汇水区,而后给各汇水区编号并求其面积,面积见表 2-29。

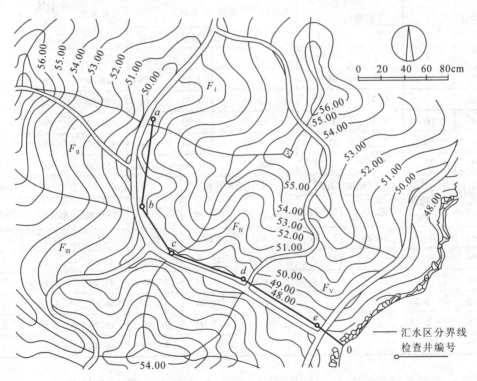

图 2-33　某公园排水区现状图

表 2-29　汇水区及面积

设计管段编号	汇水区编号	本段汇水面积(hm^2)	转输汇水面积(hm^2)	总汇水区面积(hm^2)
a~b	F_I	2.28	0	2.28
b~c	F_{II}	1.33	2.28	3.61
c~d	F_{III}	1.59	3.61	5.20
d~e	F_{IV}	1.44	5.20	6.64
e~0	F_V	1.06	6.64	7.70

② 作雨水管道布置草图

草图应标出检查井位置，各管段长度，管道走向及雨水排放口等。并对检查井进行编号，求出检查井所在位置的地面标高。如图2-33所示。

③ 求单位面积径流量 q_0

依例题给定的条件：$P=1$，$t_1=10\min$ 及该市的降雨强度公式，可知：

$$q = \frac{2001}{(18+2\sum t_2)^{0.711}}$$，设 q_0 是降雨强度 q 与径流系数 Ψ 的乘积，由例题已知 $\psi_{平均}=0.22$，故

$$q_0 = \frac{440.22}{(18+2\sum t_2)^{0.711}} \text{ (L/s·hm}^2\text{)}。$$

在上述各种数值已给定的情况下，显然上式中的 q_0 是 $\sum t_2$ 的函数。所以在设计中可以根据这一关系式编制出单位面积径流量曲线图（$q_0 - \sum t_2$ 曲线图）以备设计时使用。

④ 雨水管道的水力计算

求各管段的设计流量，以便确定出各管段所需的管径、坡度、流速、管底标高及管道埋深等数值，并将这些数值逐项填入管道水力计算表。见表2-30。

表2-30 雨水干管水力计算表

检查井编号	管段编号	管长 L(m)	管内雨水流行时间(min)		单位面积径流量 q_0[L/(s·hm²)]	汇水面积 F(hm²)		计算流量 Q(L/s)	管径 d (mm)	坡度 i (%)	流速 v (m/s)
			$\sum t_2$	$t_2=L/v$		增量	总量				
1	2	3	4	5	6	7	8	9	10	11	12
a	a~b	74	0	0.91	56.39	2.28	2.28	128.56	350	0.8	1.356
b	b~c	46	0.91	0.49	52.65	1.33	3.61	190.08	400	0.9	1.572
c	c~d	66	1.40	0.65	50.88	1.59	5.20	264.56	450	0.9	1.700
d	d~e	76	2.05	0.74	48.73	1.44	6.64	323.57	500	1.0	1.72
e	e~0	25	2.79	0.22	46.54	1.06	7.70	358.33	500	1.0	1.923

设计流量 (L/s)	管底坡降 $i \times L$(m)	管底降落 (m)	原地面标高		设计地面标高		管底标高		管道埋深		
			起点(m)	终点(m)	起点(m)	终点(m)	起点(m)	终点(m)	起点(m)	终点(m)	平均(m)
13	14	15	16	17	18	19	20	21	22	23	24
130.46	0.59	/	/	/	49.50	48.70	48.24	47.65	1.26	1.05	1.16
197.54	0.41	0.05	/	/	48.70	48.30	47.60	47.19	1.10	1.11	1.11
270.37	0.59	0.05	/	/	48.30	48.00	47.14	46.60	1.16	1.40	1.28
377.58	0.76	0.05	/	/	48.00	47.00	46.55	45.79	1.45	1.21	1.33
377.58	0.25	0.09	/	/	47.00	46.65	45.70	45.45	1.30	1.20	1.25

例题中，a~b段管道承担了 F_1 汇水区的径流量，由于a~b段是起始段，故 $t_2=0$，列入表中第4项，所以 $q_{0(a-b)}=56.39\text{L}/(\text{s}\cdot\text{hm}^2)$，列入表中第6项。$Q_1 = q_{0(a-b)} \times F_1 = 56.39 \times 2.28 = 128.56\text{L/s}$，$Q_1$ 是汇水区 F_1 的计算流量，查表2-31求得适合的设计流量。通常设计流量应稍大于计算流量。本段设计流量为130.46L/s，管径 d 为350mm，坡度 i 为0.8%，流速 v 为1.356m/s。据此再求出管内雨水流行时间 $t_{2(a-b)} = 74 \div (60 \times 1.356) = 0.91\min$ 及管底坡降 $h_{a-b} = i \times L_{a-b} = 0.008 \times 74 = 0.59\text{m}$。分别填入表格的相应位置。在查水力计算图或表时，$Q$、$v$、$i$、$d$ 4个水力因素可以互相适当调整，使计算结果既要符合水力计算设计数据的规定，又应经济合理。本例地面坡度较小，为不使管道埋深增加过多，坡度宜取小值，但所取的坡度应能使管内水流速度不小于最

小设计流速。

根据冰冻情况、雨水管道衔接要求及承受荷载的要求，确定管道起点的埋深或管底标高。在确定检查井井口标高及合理的管底标高后，便可根据 $\sum t_2$ 值求下一管段的 q_0 及检查井的管底标高、埋深等。

在 b~c 段中，其单位面积径流量为：$q_{0(b-c)} = 52.65 \text{L}/(\text{s} \cdot \text{hm}^2)$，$Q_2 = q_{0(b-c)}(F_I + F_{II}) = 52.65 \times 3.61 = 190.08 \text{L/s}$。查附录XIII钢筋混凝土圆管水力计算表求得该段管道的设计流量为 161.35L/s，管径 $d = 400\text{mm}$，坡度 $i = 0.9\%$，流速 $v = 1.572 \text{m/s}$，$t_2 = 0.49\text{min}$，管底坡降 $h_{b-c} = 0.41\text{m}$。在 b 检查井内因上、下游管道管径发生变化，在管顶平接时管底降落了 0.05m。

同法可求得 c~d，d~e 及 e~0 段的数据，将这些数据逐项填入雨水干管水力计算表中。

在划分各设计管段的汇水面积时，应尽可能均匀增加各设计管段的汇水面积，否则会出现下游管段设计流量小于上一段设计流量的情况。若出现这种情况，应取上一管段的设计流量作为下一管段的设计流量。

本例只进行了干管的水流计算，在实际中如果有支管流入干管，在某检查井就会出现两个 $\sum t_2$ 和管底标高，下游管段计算应采用大的 $\sum t_2$ 值和小的管底标高值作为计算依据。

⑤绘制雨水干管平面图和纵剖面图

图上应标出各检查井的井口标高，各管段的管底标高，管段的长度、管径、水力坡降及流速等，如图 2-34 所示。绘制雨水干管纵剖面图，如图 2-35 所示。

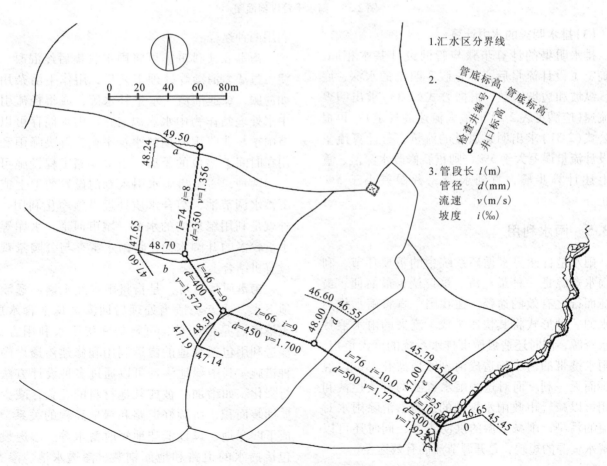

图 2-34 雨水干管平面图

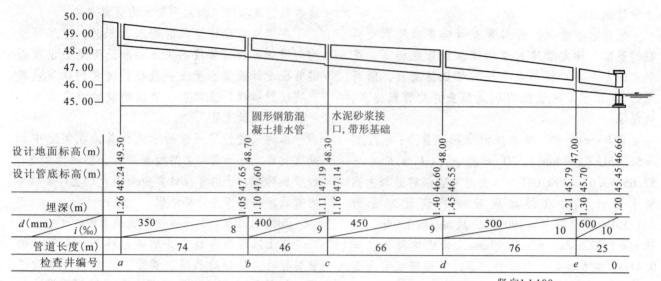

图 2-35 雨水干管纵剖面图

(3) 排水明渠的水力计算

排水明渠的计算步骤与管网设计基本相同。在确定了设计流量后，首先假定明渠的水深、底宽、纵坡和边坡系数，根据公式(2-33)求出明渠的流速(应满足表 2-23 的最大流速的规定)，再根据公式(2-31)求出明渠通过的流量，若计算流量与设计流量误差大于 5%，则重新修改水深值，重复上述计算步骤，直到求得二者误差小于 5% 为止。

2.3.5 雨水利用

雨水是自然界水循环系统中的重要环节，利用雨水资源是一种最经济、最广泛、最简便、最快捷而行之有效的途径。在我国一直将雨水作为污水的一种形式将其快速排放。流失的雨水浪费了水资源，同时还造成城市排水系统的巨大负担，且雨水携带的污染物造成河湖水质恶化，可以说百害而无一利。而对这些雨水资源的有效拦截和利用可以减轻市政雨水管网的压力、消除雨水对河流的污染，削减下游的洪涝灾害，同时还可以缓解水资源的短缺，是开源节流的有效途径。

2.3.5.1 风景园林雨水利用的途径与方法

风景园林雨水利用可以分为直接利用和间接利用两种途径。

雨水直接利用 可将雨水收集后经混凝、沉淀、过滤、消毒等处理工艺后，用作生活杂用水如冲厕、绿地灌溉、水景补水等，或将径流引入中水处理站作为中水水源之一。雨水储存可以调节雨季与非降雨时期的水量平衡，解决降雨和利用在时间上错位的矛盾。雨水存储工程设施可以分为两种，一是将雨水引入专门设置的地上或地下蓄水调节池，结合水质处理设施净化利用。另外就是利用绿地内的水面、城市河道、水库等蓄水量较多的开阔水面，将雨水蓄存与公园景观建设有机结合。

雨水间接利用 是指将雨水经土壤渗透涵养地下水，或者经适当处理后回灌至地下含水层。土壤渗透是最简单、可行的间接雨水利用方式。渗透利用包括绿地的渗透利用和修建渗透设施两种措施。其中绿地渗透可以通过多种设计方法进行强化。如增加植被或其他材料的覆盖，减少硬质铺装面积；协调好道路和绿地高程的关系，形成下凹绿地；设计低洼地短时蓄水等。渗透设施包括透水的道路和地面铺装、渗透水池、渗井、渗管、渗透沟槽等。

2.3.5.2 雨水利用设计

(1) 雨水的水质

雨水水质取决于各城市的发展状况、工业构成情况、卫生状况等。根据对北京地区的屋面及道路雨水水质的分析表明：

①屋面径流水质的变化比较复杂，受气温、屋面材料、降雨时间间隔和降雨强度等多种因素影响。其中初期雨水径流污染最为严重，水质浑浊，色度大，COD 为 300～3000mg/L，SS 为 100～2000mg/L。随降雨过程的进行，COD 逐渐稳定在 100～200mg/L，SS 稳定在 20～100mg/L。屋面雨水可生化性不高，BOD_5/COD 为 0.1～0.15。

②道路径流水质特别是城市道路水质较差，初期雨水径流中的许多成分如石油类、总氰、部分重金属都是超标的。初期降雨 COD 为 100～2000mg/L，SS 为 300～2000mg/L。随着降雨过程的进行，COD 逐渐稳定在 100～200mg/L，SS 稳定在 50～100mg/L。与屋面雨水相比，最为突出的是 SS 含量较高，这是由于道路来往车辆和行人较多、受人为影响因素较大及路面较脏等原因造成的。

由于初期雨水水质较差，可以将初期降雨收集后排入污水管道。初期弃流量应根据当地情况确定，北京地区屋面雨水建议采用 2mm。雨水初期弃流装置有很多种形式，在实施时要考虑其可操作性，便于运行管理（图 2-36）。

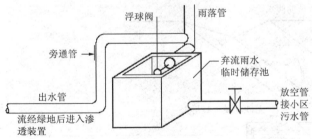

图 2-36 雨水初期弃流装置示意

雨水通过土壤渗透时对水质有一定的净化作用。当渗透深度达 1m 时，砂性黏土的 COD 去除率为 45%～65%，人工土（50% 炉渣，50% 砂性黏土）的 COD 去除率为 65% 以上。人工土比天然土有更大的含水容量和更好的净化效果。渗透深度影响净化效果，但表层 1～2m 土壤对雨水径流起主要净化作用。为防止污染地下水，渗透前径流的 COD 应控制在 100～200mg/L 范围内。为充分利用土壤净化能力，在雨水直接利用时也宜将径流收集后先经天然或人工土壤（花坛、绿地等）渗透净化后再进入处理系统。

(2) 常用的渗透设施

①绿地土壤 植被具有净化径流和水土保护作用，应充分利用城市中的绿地，尽量将径流引入绿地土壤中。作为组织雨水的道路设施可以在局部地段将立道牙改为平道牙，使雨水能够顺利进入绿地之中。为增加渗透量，在绿地中可作浅沟以在降雨时临时贮水。沟内仍种植植物，平时沟内无水。若有条件可适当置换土壤，用人工土壤（如 50% 炉渣加 50% 天然土）代替天然土壤以增加渗透量。

②渗透地面

多孔沥青地面 在厚 6～7cm 的表面沥青层中不使用细小骨料，孔隙率 12%～16%。蓄水层由两层碎石组成，上层粒径 1～3cm，厚 10cm，下层粒径 2.5～5cm，厚度视蓄水要求定。蓄水层孔隙率为 38%～40%。多孔沥青路面有堵塞问题，堵塞后需用吸尘机或高压水冲洗以恢复其孔隙率。

多孔混凝土地面 其构造类同于多孔沥青地面，但表层为厚度 12～13cm，孔隙率 15%～25% 的无砂混凝土。这种地面的抗堵塞性能远远高于多孔沥青地面。

嵌草砖 嵌草砖是带有各种形状空隙的混凝土块，开孔率可达 20%～30%。孔中植草，因而能有效地净化径流和美化环境。

③渗透管、沟、渠 渗透管、沟等由无砂混凝土或穿孔管等透水材料制成，多设于地下，四周填有粒径 10～20mm 砾石以贮水。无砂混凝土、穿孔管、土工布等的渗透性能强，因此渗透管、沟、渠等设施的渗透能力取决于其周围土壤的渗透系数。

渗透管、沟、渠等的渗透表面应高于地下水最高水位或地下不透水岩层 1.2m 以上，并应距房屋基础 3m 以上。在地面坡度大于 15% 或土壤渗透系数小于 2×10^{-5} cm/s 的地区不适于使用雨水渗透设施。

雨水渗透利用实际上是用经过计算的渗透管、沟、渠等替代部分雨水管道，使径流进入管系后能渗透也能流动。对于小于或等于设计重现期的降雨，全部径流均能通过渗透设施渗入地下。对于大于设计重现期的降雨，渗透设施仅能渗下一部分径流，多余部分径流需排入市政雨水管网或水体（图2-37）。

（3）可利用雨量的确定

雨水的收集利用要受到许多因素的制约，如气候条件、降雨季节分配、雨水水质情况、地质条件、建筑的布局和结构等。雨水利用主要是根据利用的目的，通过合理的规划，在技术合理和经济可行的条件下对可利用雨量加以收集利用。由于降雨相对集中的特点，应以汛期雨量收集为主，考虑气候、季节等因素引入季节折减系数 α。同时根据雨水水质分析可知，初期降雨雨水水质较差，污染严重，应考虑弃流与污水合并收集处理，因此需引入初期弃流折减系数 β。考虑以上雨量和水质的影响因素后，可利用雨量计算公式如下：

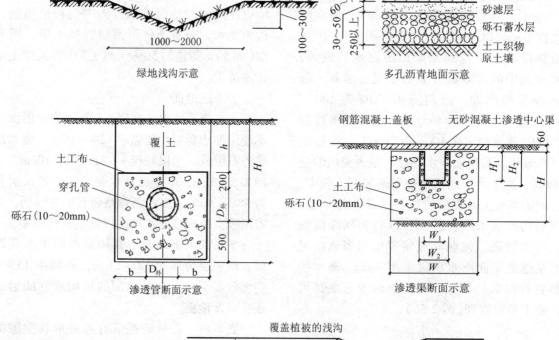

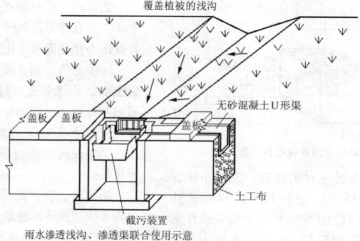

图2-37　各种雨水渗透设施

$$Q = HS\Psi\alpha\beta \quad (2\text{-}35)$$

式中 Q——年平均可利用雨量，m^3；
H——年平均降雨量，m；
S——汇水面积，m^2；
Ψ——平均径流系数；
α——季节折减系数，北京地区建议取 0.85；
β——初期弃流系数，北京地区对屋面雨水建议取 0.87。

（4）渗透设施的计算方法

雨水渗透设施有多种计算方法。目前美洲多用瑞典 Sjoberg 和 Martensson 提出的图解计算法，欧洲多用德国 Geiger 提出的计算法。上述两种计算方法的出发点是一致的，均基于渗透设施的进、出水量的平衡，即进入设施的径流量等于其渗透量及储存量之和。但在一些参数的处理上有所不同，Sjoberg – Martensson 法更保守些。我国雨水渗透利用尚在研究阶段，由于我国雨水径流中带有较多悬浮颗粒，易于造成渗透装置的堵塞，故推荐选用计算偏于安全的 Sjoberg-Martensson 法，并在应用时视具体情况作适当修正，如在渗透设施进水量计算时扣除初期弃流量及其上游渗透设施的渗透量。

①设计径流量计算 即在设计重现期条件下进入渗透设施的径流量，亦即渗透设施的设计进水量。对某一渗透设施，首先要确定其服务面积的大小和组成，再根据各组成面积的径流系数计算出服务面积的平均径流系数。此外还应确定设计重现期，对大于此重现期的降雨，渗透设施会发生溢流。

对某一设计重现期 P，结合所在地区的暴雨强度公式，根据公式（2-36）可以求出与不同降雨历时相应的设计径流量，例如 t 取值 5，10，15，……可得到径流量—降雨历时曲线，如图 2-38 所示。此曲线与坐标轴所围成的面积即为降雨总径流量 V_T。

$$V_T = \int_0^T 3600 \frac{q_p}{1000}(\bar{\psi}A + A_0)dt \quad (2\text{-}36)$$

式中 V_T——重现期为 P，降雨总历时为 T 的全部降雨径流量，亦即设计进水量（m^3）；
T——整个降雨过程的历时，h；
t——某一降雨历时，h；
q_p——重现期为 P、降雨历时为 t 时的暴雨强度，$L/(s \cdot hm^2)$；
A——服务面积，hm^2；
A_0——渗透设施直接承受降雨的面积，hm^2（若此值较小可忽略不计）；
$\bar{\psi}$——平均径流系数。为了简化计算，在大量统计资料的校核后，可以用下式进行计算：

$$V_T = 1.25\left[3600\frac{q_p}{1000}(\bar{\psi}A + A_0)t\right] \quad (2\text{-}37)$$

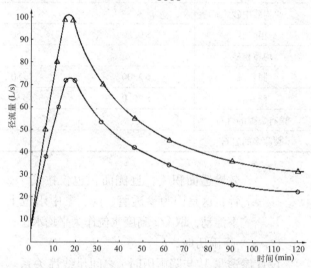

图 2-38 不同重现期的径流量—降雨历时曲线

②设计渗透量 在计算设计渗透量时，应首先拟定渗透设施的大小和断面形式，以便确定渗透设施的渗透面积。渗透设施在降雨历时 t 时段内的设计渗透量 V_p 可按式（2-38）计算：

$$V_p = \alpha KJA_s 3600t \quad (2\text{-}38)$$

式中 V_p——降雨历时 t 时段内的设计渗透量，m^3；
α——综合安全系数，一般可取 0.5~0.8；
K——土壤渗透系数，m/s，应以实测资料为准，在无实测资料时可参考经验数据确定，见表 2-31；
J——水力坡度（在地下水水位较深，远低于渗透装置底面的情况下 $J = 1$）；
A_s——有效渗透面积，m^2，因渗透沟、管、渠的底面积易堵塞，底面积不计入有

表 2-31 土壤渗透系数经验值

土壤种类	地层粒径		K值	
	粒径(mm)	所占质量比(%)	m/d	m/s
黏 土			<0.005	$<5.7\times10^{-8}$
亚黏土			0.005~0.1	$5.7\times10^{-8}\sim1.16\times10^{-6}$
轻亚黏土			0.1~0.5	$1.16\times10^{-6}\sim5.79\times10^{-6}$
黄 土			0.25~0.5	$3\times10^{-6}\sim6\times10^{-6}$
粉 砂	>0.075	>50	0.5~1.0	$5.79\times10^{-6}\sim1.16\times10^{-5}$
细 砂	>0.075	>85	1.0~5.0	$1.16\times10^{-5}\sim5.79\times10^{-5}$
中 砂	>0.25	>50	5.0~20.0	$5.79\times10^{-5}\sim2.31\times10^{-4}$
均质中砂			35~50	$4.05\times10^{-4}\sim5.79\times10^{-4}$
粗 砂	>0.50	>50	20~50	$2.31\times10^{-4}\sim5.79\times10^{-4}$
均质粗砂			60~75	$7\times10^{-4}\sim8\times10^{-4}$
圆 砾	>2.00	>50		$5.79\times10^{-4}\sim1.16\times10^{-3}$
卵 石	>20.0	>50		$1.16\times10^{-3}\sim5.79\times10^{-3}$
稍有裂隙的岩石				$2.31\times10^{-4}\sim6.94\times10^{-4}$
裂隙多的岩石				$>6.94\times10^{-4}$

效渗透面积 A_s，且侧面积也仅按其 1/2 计，这是因为渗透管、沟、渠中水位上下浮动，取 1/2 高度水位作为平均水位；

t——降雨历时，h。

设计渗透量 V_p 与降雨历时 t 之间呈线性关系。

③设计存储空间 渗透设施的存储空间为其设计径流量与设计渗透量之差。即对于某一重现期，要提供一定量的空间以将未及时渗透的进水量暂时存储。所需存储空间 V，即 V_T 和 V_p 之差的最大值(图 2-39)：

为简化计算，设 $B = \bar{\psi}A + A_0$，

$$D = \frac{V}{B} \quad (2-39)$$

$$E = \frac{1000KJA_s}{B} \quad (2-40)$$

将公式(2-39)整理后得：

$$D = \max[4.5q_p t - 3.6Et] \quad (2-41)$$

式中 D——单位有效径流面积所需的存储空间，m^3/hm^2；

E——单位有效径流面积的渗透流量，$L/(s\cdot hm^2)$。

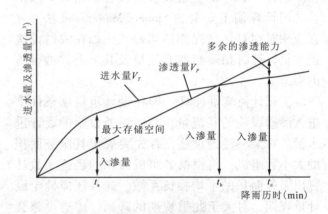

图 2-39 渗透设施与存储空间变化曲线

④利用图解法确定渗透设施尺寸 工程上多使用简单方便的图解法，步骤如下。

1)确定设计重现期 P 后，据暴雨强度公式绘制 $4.5q_p$-t 曲线(图 2-40)，此曲线表现的是径流量随降雨历时变化的规律。

2)画出不同斜率(即不同 E 值)的 $3.6E$-t 直线若干条(图 2-40)，直线的斜率反映渗透量的大小。

3)$4.5q_p$-t 曲线与每一条 $3.6E$-t 直线间有一最大的差值 D，作 E-D 曲线如图 2-41 所示。

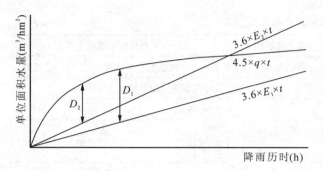

图 2-40 t，q_p，E，D 关系图

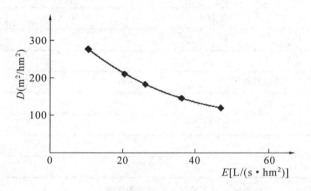

图 2-41 重现期为 P 时的 E-D 关系图

4）拟定渗透设施的尺寸，据公式（2-40）计算得 E 值。从图 2-41 查得相应 D 值，再据公式（2-39）计得 V 值（单位径流面积所需最大存储空间）。

5）据拟定渗透设施的尺寸，计算其实际存储空间 V'，并与上一步骤中计得的 V 值比较，若相差较大，则需调整拟定尺寸重新试算，直至 V' 与 V 值相等或略大。

2.3.6 再生水利用

2.3.6.1 再生水的特点

（1）再生水具有相对安全的水质

现代污水处理技术把污水处理成为再生水是可靠和有效的。从公众健康和环境安全来说，回用水的使用是安全的。根据《城市污水再生利用—城市杂用水水质》（GB/T18920—2002）以及《城市污水再生利用—景观环境用水水质》（GB/T18921—2002），污水再生回用于风景园林的水质应符合表 2-32，表 2-33 的条件。

表 2-32 城市杂用水水质标准

序号	项目	冲厕	道路清扫、消防	城市绿化	车辆冲洗	建筑施工
1	pH	6.0~9.0				
2	色/度≤	30				
3	嗅	无不快感				
4	浊度/NTU≤	5	10	10	5	20
5	溶解性总固体（mg/L）≤	1500	1500	1000	1000	—
6	五日生化需氧量（BOD_5）（mg/L）≤	10	15	20	10	15
7	氨氮（mg/L）≤	10	10	20	10	20
8	阴离子表面活性剂（mg/L）≤	1.0	1.0	1.0	0.5	1.0
9	铁（mg/L）≤	0.3	—	—	0.3	—
10	锰（mg/L）≤	0.1	—	—	0.1	—
11	溶解氧（mg/L）≥	1.0				
12	总余氯（mg/L）	接触30min 后≥1.0，管网末端≥0.2				
13	总大肠菌群（个/L）≤	3				

注：表中"城市绿化杂用水"指除特种树木及特种花卉以外的公园、道边树及道路隔离绿化带、运动场、草坪，以及相似地区的用水。

表 2-33 景观环境用水的再生水水质指标　　mg/L

序号	项目	观赏性景观环境用水			娱乐性景观环境用水		
		河道类	湖泊类	水景类	河道类	湖泊类	水景类
1	基本要求	无漂浮物，无令人不愉快的嗅和味					
2	pH 值(无量纲)	6~9					
3	五日生化需氧量(BOD_5)≤	10	6		6		
4	悬浮物(SS)≤	20	10		—a		
5	浊度/NTU≤	—a			5.0		
6	溶解氧≥	1.5			2.0		
7	总磷(以 P 计)≤	1.0	0.5		1.0	0.5	
8	总氮≤	15					
9	氨氮≤	5					
10	粪大肠菌群(个/L)≤	10 000	2000		500		不得检出
11	余氯b≤	0.05					
12	色/度≤	30					
13	石油类≤	1.0					
14	阴离子表面活性剂≤	0.5					

注：①对于需要通过管道输送再生水的非现场回用情况采用加氯消毒方式，而对于现场回用情况不限制消毒方式。
②若使用未经除磷脱氮的再生水作为景观环境用水，鼓励使用本标准的各方在回用时积极探索通过人工培养具有观赏价值的水生植物的方法，使景观水体的氮磷满足表中的要求，使再生水中的水生植物有经济合理的出路。
a．"－"表示无此项要求。
b．氯接触时间不应低于30min。对于非加氯消毒方式无此项要求。

(2) 再生水一般具有可靠的水量保障

城市污水处理厂的出水水源和水质均较稳定，不受用水峰期影响，具有量大、集中、水质水量稳定等特点。再生水还可以获得其他如雨水、微污染地表水等水源的支持，具有可靠的水量保证。

(3) 利用再生水具有较高的经济性

利用再生水可以节约清洁水资源，减少园林绿地养护管理的费用。

(4) 再生水具有多种回用的方式

再生水回用的方式主要有：独立的中水系统，从区域范围内接受污水并处理回用，在城市的局部循环，供应公园绿地使用以及从城市范围综合协调再生水的应用等。一般而言，公园绿地内部单独设立循环方式虽然较易普及，但造价很高；从水资源的利用和经济角度出发，区域循环方式和全城循环方式较为有利。

2.3.6.2 再生水原水收集与处理

再生水系统由原水系统、处理系统和中水供水系统3部分组成。

在风景园林中可以再生的水资源包括绿地内的建筑或居住小区居民楼中产生的生活污水、雨水资源、用来造景的地表水。中水处理设施在进行再生利用时应根据污染程度的高低选择原水的来源。选择再生水原水，应首先选用优质杂排水，一般可按下列顺序取舍：①冷却水，②淋浴排水，③盥洗排水，④洗衣排水，⑤厨房排水，⑥厕所排水。再生水水源还可以采用城市污水处理厂二沉池出水、相对洁净的工业排水、雨水、景观水体等。

风景园林绿地本身的类型、面积和功能差异很大，其再生水的应用范围也很广泛，对不同使用要求的再生水，需要有不同的处理程度、出水指标和用水水质标准。再生水系统采用的处理流程分别以生化、物化两种方法为主，其中又以生化处理工艺居多。为了将污水处理成符合再生水水质标准的水，一般要进行3个阶段的处理：①预处理：主要有格栅和调节池两个处理单元，主要作用是去除污水中的固体杂质和均匀水质。②主处理：是再生水回用处理的关键，主要作用是去除污水的溶解性有机物。③后处理：主要以消毒处理为主，对出水进行深度处理，保证出水达到再生水水质标准(表2-34)。

表2-34 污水处理技术与回用方式简表

项目	二级处理		高级处理		
	常规生化	兼除N,P	（一）	（二）	（三）
处理工艺	一沉池出水（或预处理）→好氧活性污泥→二沉池→出水（消毒）	一沉池出水（或预处理）→厌氧→好氧（除磷脱氮生化工艺）→二沉池→出水（消毒）	①二级出水→砂滤→消毒→出水 ②二级出水→混凝→沉淀→砂滤→消毒→出水	①二级出水→微滤→活性炭吸附→臭氧消毒→出水 ②二级出水→混凝→沉淀→微滤→活性炭吸附→臭氧消毒→出水	①二级出水→微滤→臭氧消毒→活性炭吸附→膜分离（纳滤）→出水 ②二级出水→混凝→沉淀→微滤→臭氧消毒→活性炭吸附→膜分离（反渗透）回用水
水质	mg/L $SS<20$ $BOD_5<20$ $N: 20\sim 30$ $P: 2\sim 3$	mg/L $S<20$ $BOD_5<20$ $N<10$ $P<1$	mg/L ①$SS<10$ $BOD_5<10$ ②$SS<5$ $BOD_5<5$	浊度<0.5NTU，去除微量重金属、病原菌、病毒	浊度<0.1NTU，水质达到城市自来水水质标准，去除重金属、部分低分子有机污染物
回用部门	浇洒、绿化	浇洒、绿化、景观、补充河湖等市政用水	浇洒、绿化、消防、景观、补充河湖等市政用水、洗车、建筑施工、居民冲洗厕所等生活杂用水	除饮用水外的直接接触用水	缺水城市作居民饮用水、与自来水并网供作饮用水

2.3.6.3 再生水在公园绿地中的回用

再生水应用于风景园林的方法和用途是多样的，主要包括绿地灌溉、作为生活杂用水以及作为景观环境水体的水源和补充水水源。

建议采用如下的优先顺序：①绿地灌溉，②道路广场喷洒，③消防储水，④景观用水，⑤冲厕，⑥杂用。绿地灌溉是再生水利用最主要的方式，其用水量也比较高，是再生水消耗的主要途径。

灌溉绿地是再生水利用的重要方面。城市污水和工业废水的很大一部分通过简单的一级或二级处理后，即可达到再利用的要求。利用再生水进行灌溉，不仅可使植物既吸收水分，又吸收养分，增加土壤肥力。再生水灌溉过程中可能产生的主要问题有：植物的伤害、人类健康损害和土壤条件的破坏。这些潜在风险的危害程度因再生水的水质而定，一般经二级处理及消毒处理的再生水完全能够满足城市绿地灌溉应用。再生水灌溉时要合理安排管网系统以及灌溉方式，避免对公众产生健康风险。灌溉系统的设计应尽可能采用低射程的喷头或者采用滴灌、渗灌等方式；系统运行管理时应对再生水水质进行监测，确保水质达标；当危害发生时应首先停止再生水的继续使用，同时采取必要的消毒措施。

再生水作为杂用水使用包括道路清洒、消防、洗车、冲厕、空调冷却水的补充水等用途，对于再生水的水质要求各不相同，一般关注的指标主要是避免因为再生水中含有导致生锈、腐蚀、微生物生长和结垢的成分而产生的对管网及设备的危害。

作为景观环境水体的水源及补充水源使用时

要严格控制再生水的氮、磷含量,避免水体富营养化的发生。对再生水一般至少要求传统的二级(生物)处理和一定程度的消毒。如果二级处理(传统二级处理或生物塘二级处理)后加氧化塘或湿地处理,氮、磷等指标可以适度放宽。

2.3.7 风景园林污水的处理与排放

风景园林中的污水是城市污水的一部分,但和一般城市污水比较,它所产生的污水的性质较简单,污水量也较少。这些污水基本上由两部分组成:一是餐厅、茶室、小卖等饮食部门的污水;二是由厕所等卫生设备产生的污水,在动物园或带有动物展览区的公园里还有部分动物粪便及清扫禽兽笼舍的脏水。

由于园林环境的特殊性,在有条件的城市公园中污水可以经一级或二级处理后引入城市污水管网中;而在偏远的城郊或山岳型风景区、滨海游览区以及其他对环境污染特别敏感的地区,污水需要进行有效处理并达到无害化后方可排入园内或其他水体中,不能因排放造成环境污染和其他不利影响。

2.3.7.1 污水处理技术

污水处理技术就是采用各种方法将污水中含有的污染物分离出来,或将其转化为无害和稳定的物质,从而使污水得到净化。

污水处理技术按其作用原理,可分为物理法、化学法和生物法3类。

物理处理法 就是利用物理作用分离污水中主要呈悬浮状态的污染物质,在处理过程中不改变其化学性质。如沉淀、筛滤、气浮、离心分离等技术。

化学处理法 就是通过投加化学物质,利用化学反应来分离、回收污水中的污染物,或使其转化为无害的物质。如混凝、中和、化学沉淀、氧化还原、电解、吸附、离子交换、电渗析等,这些方法用于工业废水的处理和污水的深度处理中。

生物处理法 就是利用微生物的新陈代谢作用,使污水中呈溶解和胶体状态的有机污染物被降解并转化为无害的物质,使污水得以净化。生物处理法的工艺主要有活性污泥法、生物膜法、自然生物处理法和厌氧生物处理法等。

2.3.7.2 污水处理程度

污水处理技术按处理程度划分,可分为一级、二级、三级处理和深度处理。

一级处理 采用物理处理方法,主要去除污水中的固体污染物质,BOD去除率只有30%左右,通常用于污水的预处理,不能直接排放。在某些风景区如果水体环境容量大,有足够的自净能力来消纳这些污水,且对游人和景区的环境质量不产生有害影响,可以选择远离游览区域的地段直接排放水体或用来浇灌农田等。

二级处理 采用生物处理方法,可去除有机污染物质,BOD去除率达90%以上,从有机物的角度来说可以达到排放标准的要求,对氮、磷的去除尚不能满足相应的要求。二级处理后的水体中含有大量无机物和营养物质,如果排放到水体中会造成水体的营养物质增加,如营养物质积累到一定程度后会导致水体的富营养化,水体变黑发臭,对环境产生危害。

三级处理 在一、二级处理的基础上,进一步处理难降解的有机物、氮和磷等无机营养物等,主要方法有生物脱氮除磷法、混凝沉淀、活性炭吸附、离子交换、电渗析等。三级处理用于对排放标准要求非常高的水体或污水水量不大时。

深度处理 是指以污水回用为目的,在一级或二级处理的基础上增加的处理工艺。

2.3.7.3 风景园林中常用的污水处理方法

在城市园林绿地中,污水可经化粪池处理后排入城市污水管;在没有城市污水管的郊区公园或风景区,如污水量不大,可设小型污水处理器或稳定塘对污水进一步处理,达到国家规定的排放标准后再排入水体。污水量大时应设置专门的污水处理厂进行无害化处理。

园林绿地净化这些污水应根据其不同性质,分别处理。如果排出的生活污、废水中含有较多的泥沙,应设沉沙池进行适当处理。

园林绿地中餐饮饮食部门的污水中含有较多的油脂,应首先进行除油处理。通过设置带有沉淀室的隔油池进行,生活污水及其他排水不能排入隔油池。废水在池内的流速不大于 5mm/s,停留时间为 2~10min。隔油池内存油部分的容积,应根据顾客数量和清掏周期确定,不得小于该池有效容积的 25%。

如果有温泉或其他使用温水的设施,排出的污、废水温度高于 40℃,应设降温池进行降温处理。降温池一般应设在室外。对于温度较高的废水,可考虑将其所含热量回收利用。降温可以利用喷泉、跌水等形式,也可利用低温水进行冷却。

(1) 化粪池

化粪池就是流经池子的污水与沉淀污泥直接接触,有机固体藉厌氧细菌作用分解的一种沉淀池。风景园林绿地中常使用化粪池进行粪便污水的处理。污水在化粪池中经沉淀、发酵、沉渣,液体再发酵澄清后,可以去除大部分的有机废物。含有油脂的废水(包括经过隔油池的废水)不得流

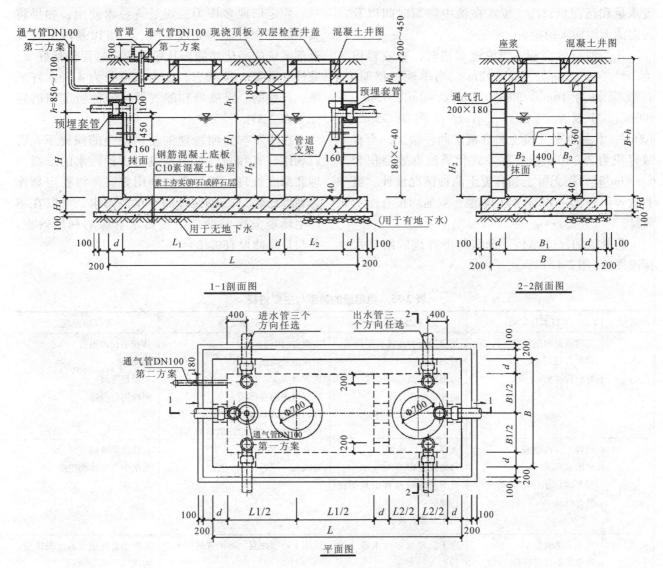

图 2-42　1—5#化粪池平、剖面图示意

入化粪池，以防影响化粪池的腐化效果。化粪池一般采用埋地砖砌或钢筋混凝土水池，外形多为矩形，内部分格，进出水口各有3个方向可选，按容积由小到大分多种规格，化粪池应设在室外，不得设在室内。化粪池外壁距建筑物外墙不宜小于5m，并不得影响建筑物基础。池外壁距室外给水构筑物外壁不小于30m。

化粪池应根据每日排水量、地形、交通、污泥清掏和排水排放条件等因素综合考虑分散或集中设置。化粪池的有效容积应根据每人每日污、废水量和污泥量，污、废水在池中停留时间以及污泥清淘周期来确定。

化粪池有效容积，当单池双格时，有效容积为 $2m^3$、$4m^3$、$6m^3$、$9m^3$、$12m^3$。当单池三格时，有效容积为 $16m^3$、$20m^3$、$30m^3$、$40m^3$、$75m^3$、$100m^3$。当双池三格时，有效容积为 $75m^3$、$100m^3$。化粪池分无覆土和有覆土两种情况，当有效容积为 $2\sim50m^3$ 以及沉井式化粪池有效容积为 $6\sim30m^3$ 时，按无覆土和有覆土两种情况设计。当有效容积为 $75\sim100m^3$ 时，单池、双池均按有覆土设计。

化粪池的尺寸结构及选型参考各地的给排水标准图集(图2-42)。

(2) 稳定塘

稳定塘也叫生物塘、氧化塘，是利用经过人工适当修整的土地，设围堤和防渗层的污水池塘，是主要依靠自然生物净化功能对污水进行处理的设施，属于自然生物处理法。污水在塘内缓慢流动、较长时间停留，通过污水中微生物的代谢作用和包括水生植物在内的多种生物的综合作用使有机物降解。塘内的溶解氧由塘内生长的以藻类为主的水生浮游植物光合作用及塘面的复氧作用提供。

稳定塘现多作为二级处理技术使用，如果将其串联起来，能够完成一级、二级以及深度处理全部系统的净化功能。其净化的全过程包括好氧、兼性和厌氧3种状态。稳定塘可分为4种：好氧塘、兼性塘、厌氧塘和曝气塘。各种稳定塘的特征见表2-35。

在不影响公园绿地的使用安全的前提下，可以利用好氧和兼性稳定塘进行少量污水的二级处理和深度处理。更可靠的利用方式是将稳定塘作为处理已经过二级处理的中水或雨水，可以在不产生环境危害的前提下提高水资源的利用效率，并与景观建设有机结合。

表2-35 稳定塘的类型与主要特征

指标	好氧稳定塘	兼性稳定塘	厌氧稳定塘	曝气稳定塘
优点	基建投资和运转费用低 管理方便 处理程度高	基建投资和运转费用最低 管理方便 处理程度高 耐冲击负荷较强	占地省(因池深大) 耐冲击负荷强 所需动力少 贮存污泥的容积较大 作为预处理设施时，可大大减少后续兼性稳定塘和好氧塘的容积	体积小，占地省 无臭味 处理程度高 耐冲击负荷强
缺点	池容大，占地多 可能有臭味 需要对出水中的藻类进行补充处理	池容大，占地多 可能有臭味 夏季运转时经常出现漂浮污泥层 出水水质有波动	对温度要求高 臭味大	运转维护费高 出水中含固体物质高 起泡沫
适用条件	适于去除营养物 处理溶解性有机物 处理二级处理后的出水	适于处理城市污水与工业污水 为处理小城镇污水最常用的处理系统	适用于处理高温、高浓度的污水	适用于处理城市污水与工业污水

①好氧稳定塘的设计　好氧稳定塘较浅（一般在 0.5m 左右）；阳光能透入到池底，由藻类供氧，使整个塘水都处于好氧状态。BOD_5 的去除率甚至可达 80% 以上。好氧塘可作为独立的污水处理技术，也可以作为深度处理技术，设置在人工生物处理系统或其他类型稳定塘（兼性塘或厌氧塘）之后。污水在进塘之前必须进行旨在去除可沉悬浮物的预处理。

好氧塘应进行分格，不宜少于两格，可串联或并联运行。水深应保证阳光透射到塘底，使整个塘容都处于好氧状态。但不宜过浅，过浅会在运行上产生问题，如水温不易控制，变动频繁，对藻类生长不利；光合作用产生的氧不易保持；冲击负荷造成的影响较大等。

塘内污水应进行良好的混合，混合不好将产生热分层现象，该现象出现后，塘水上层温度高，水的密度降低，一些不能自由浮动的藻类在深度的某个部位形成密集层，阻碍阳光透入，不利于藻类的光合产氧。风是稳定塘塘水混合的主要动力，为此，好氧塘应建于高处通风良好的地域；每座塘的面积以不超过 $4hm^2$ 为宜。塘表面积以矩形为宜，长宽比取值 2∶1~3∶1，塘堤外坡 4∶1~5∶1，内坡 3∶1~2∶1，堤顶宽度取 1.8~2.4m。可以考虑处理水回流措施，这样可以在原污水中接种藻类，增高溶解氧浓度，有利于稳定塘净化功能的提高。塘底有污泥沉积，是不可避免的，为了避免底泥发生厌氧发酵，影响好氧塘的净化功能，塘底泥应定期清除。好氧塘处理水含有藻类，必要时应进行除藻处理。

好氧塘的计算，主要内容是确定塘的表面面积。以塘深 1/2 处的面积作为设计计算平面。计算以经验数据按表面有机负荷率进行。计算公式为：

$$A = \frac{QS_0}{N_A} \quad (2-42)$$

式中　A——好氧塘的有效面积，m^2；
　　　Q——污水设计流量，m^3/d；
　　　S_0——原污水 BOD_5 浓度，kg/m^3；
　　　N_A——BOD 面积负荷率，$kg/(m^2·d)$。

BOD 面积负荷率应根据试验或相近地区污水性质相近的好氧塘的运行数据确定。表 2-36 所列数据可供参考选用。

表 2-36　好氧塘典型设计参数

参数	类型		
	高负荷好氧塘	普通好氧塘	深度处理好氧塘
BOD_5 表面负荷率[$kg/(m^2·d)$]	0.004~0.016	0.002~0.004	0.0005
水力停留时间(d)	4~6	2~6	5~20
水深(m)	0.3~0.45	<0.5	0.5~1.0
BOD_5 去除率(%)	80~90	80~95	60~80
藻类浓度(mg/L)	100~260	100~200	5~10
回流比(%)		0.2~2.0	

②兼性稳定塘的设计　兼性（好氧与厌氧分解状态兼有之）稳定塘塘深多采用 1.0~2.0m，BOD 去除率一般可达 70%~90%。由于塘较深，阳光不能透到池底，此塘的上层成为好氧层；在塘的底部，由沉淀的污泥和衰死的藻类和菌类形成了污泥层，厌氧微生物起主导作用，称为厌氧层。好氧层与厌氧层之间，存在着一个兼性层，存活的是兼性微生物。在各种类型的氧化塘中，兼性塘是应用最为广泛的一种。

兼性塘可以作为独立处理技术考虑，也可以作为生物处理系统中的一个处理单元，或者作为深度处理塘的预处理工艺。污泥层厚度取值 0.3m，在有完善的预处理工艺的条件下，这个厚度可容纳 10 年左右的积泥。保护高度按 0.5~1.0m 考虑。根据地区的气象条件，水质、对处理水的水质要求，地区的具体条件，停留时间一般规定为7~180d，幅度很大。高值用于北方，即使冰封期高达半年以上的高寒地区也可以采用；低值用于南方，也能够保持处理水水质达到规定的要求。

兼性塘计算的主要内容也是求塘的有效面积。对兼性塘现仍多采用经验数据进行计算。设计参数的参考值 BOD_5 表面负荷率按 0.0002~0.010kg/($m^2 \cdot d$) 考虑（表2-37）。低值用于北方寒冷地区，高值用于南方炎热地区。

表2-37　处理城市污水兼性塘BOD面积负荷与水力停留时间

冬季月平均气温(℃)	BOD负荷率[kg/($hm^2 \cdot d$)]	停留时间(d)
15以上	70~100	>7
10~15	50~70	20~7
0~10	30~50	40~20
-10~0	20~30	120~40
-20~-10	10~20	150~120
-20以下	<10	180~150

在塘的构造方面，塘形以矩形为宜。矩形塘易于施工和串联组合，有助于风对塘水的混合，而且死区少。如四角做成圆形，死区更少，长宽比以2:1或3:1为宜。不宜采用不规则的塘形。除小规模的兼性塘可以考虑采用单一的塘进行处理外，一般不宜少于2座。宜采用多级串联，串联可得优质处理水。也可以考虑并联，并联式流程可使污水中的有机污染物得到均匀分配。第一塘面积大，占总面积的30%~60%，采用较高的负荷率，以不使全塘都处于厌氧状态为限。

矩形塘进水口应尽量使塘的横断面上配水均匀，宜采用扩散管或多点进水，出水口与进水口之间的直线距离应尽可能地大，一般在矩形塘按对角线排列设置，以减少短路。

（3）湿地处理系统

湿地处理系统是将污水投放到土壤经常处于水饱和状态而且生长有芦苇、香蒲等耐水植物的沼泽地上，污水沿一定方向流动，流动的过程中，在耐水植物和土壤联合作用下，污水得到净化的一种土地处理工艺。

湿地处理系统对污水净化的作用机理是多方面的，有物理的沉降作用，植物根系内阻截作用，某些物质的化学沉淀作用，土壤及植物表面的吸附与吸收作用，微生物的代谢作用等。在湿地处理系统中以生长的维管束植物为主要特征，繁茂的水生植物为微生物提供了良好的栖息场所。维管束植物向其根部输送光合作用产生的氧，每一株维管束植物都是一部"制氧机"，使其根部周围及水中保持一定浓度的溶解氧，使根区附近的微生物能够维持正常的生理活动。其次，植物也能够直接吸收和分解有机污染物。繁茂的水生植物还具有均匀水流、衰减风速、避免光照、防止藻类过度生长等多种作用。

湿地处理系统可分为天然湿地系统、自由水面人工湿地和人工潜流湿地处理系统几种类型。

天然湿地系统　是利用天然洼淀、苇塘，并加以人工修整而成。其中设导流土堤，使污水沿一定方向流动，水深一般在30~80cm之间，不超过1.0m，净化作用与好氧塘相似，适宜作污水的深度处理。

自由水面人工湿地　是用人工筑成水池或沟槽状，池底铺设隔水层以防渗漏，再充填一定深度的土壤层，种植芦苇一类的维管束植物。污水由湿地的一端通过布水装置进入，并以较浅的水层以推流方式向前流动，从另一端溢入集水沟，在流动的过程中保持着自由水面（图2-43）。该工艺的有机负荷率及水力负荷率较低。在确定负荷率时，应考虑气候、土壤状况、植物类型以及接纳水体对水质要求等因素，特别是应使水层保持好氧状态作为首要条件。根据实际运行数据，有机负荷率介于18~110kg BOD_5/($hm^2 \cdot d$) 这样较大的幅度范围。

人工潜流湿地处理系统　是人工筑成的床槽，床内充填介质支持芦苇类的挺水植物生长（图2-44）。床底设黏土或防水层，并具有一定的坡度。污水从沿床宽度设置的布水装置进入，在介质内流动，与布满生物膜的介质表面和溶解氧充分的植物根区接触，在这一过程中得到净化。根据水流在床内的流动方向不同，人工潜流湿地处理系统又可分为水平潜流和垂直潜流湿地系统两种类型。床内介质可以为土壤和粒径较大的碎

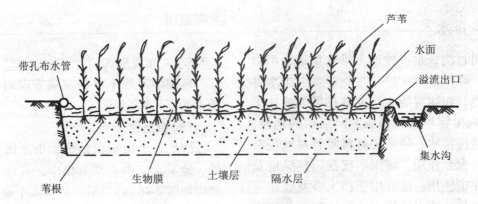

图 2-43 自由水面人工湿地处理系统

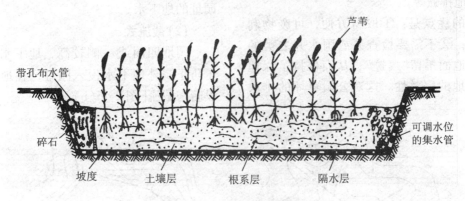

图 2-44 人工潜流湿地处理系统

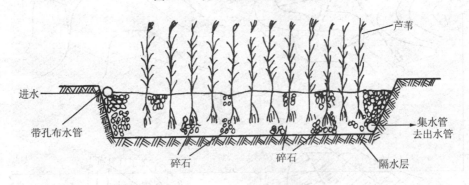

图 2-45 人工潜流湿地(碎石床)

石或单一的碎石砾石介质等,上层种植芦苇等耐水植物,下层则为植物根系深入的根系层(图2-45)。碎石充填深度应根据种植的植物根系能够达到的深度而定。一般芦苇为60~70cm。介质粒径可介于10~30mm之间。

人工湿地系统初步设计可考虑采用参考性参数:水力停留时间7~10d;投配负荷率2~20cm/d;布水深度为夏季<10cm,冬季>30cm;有机负荷 15~20kgBOD$_5$/(hm²·d);长宽比 L:B>10:1;植物可选用芦苇、香蒲,水葱、灯芯草、薰衣草等;湿地坡度一般为0%~3%;对土壤的要求为黏土至壤土;渗透性为慢至中等;渗透率为0.025~0.35m/h。人工湿地占用土地面积(hm²)可用下式估算:

$$F = 6.57 \times 10^{-3} Q \tag{2-43}$$

式中 Q——污水设计流量,m³/d。

2.3.8 暗沟排水

暗沟又叫盲沟，是一种地下排水渠道，用以排除地下水，降低地下水位。在一些要求排水良好的活动场地，如体育场、儿童游戏场等或地下水位过高影响植物种植和开展游园活动的地段，都可以采用暗沟排水。暗沟的材料除管材外还有多孔块状材料配合使用。暗沟不仅在园林绿地及各种运动草坪中使用，还可用于挡土墙及驳岸背面排水、软地基处理水平排水、屋顶花园及地下室排水、盐碱地排碱等。

暗沟排水的优点是：①取材方便，可废物利用，造价低廉；②不需要检查井或雨水井之类的排水构筑物，地面不留"痕迹"，从而保持了绿地或其他活动场地的完整性。这对公园草坪的排水尤其适用。

2.3.8.1 布置形式

依地形及地下水的流动方向而定，大致可归纳为如下几种。

(1) 自然式

园址处于山坞状地形，由于地势周边高中间低，地下水向中心部分集中，其地下暗渠系统布置应如图2-46(a)所示，将排水干渠设于谷底，其支管自由伸向周围的每个山洼以拦截由周围侵入园址的地下水。

(2) 截流式

园址四周或一侧较高，地下水来自高地，为了防止园外地下水侵入园址，在地下水来向一侧设暗沟截流[图2-46(b)]。

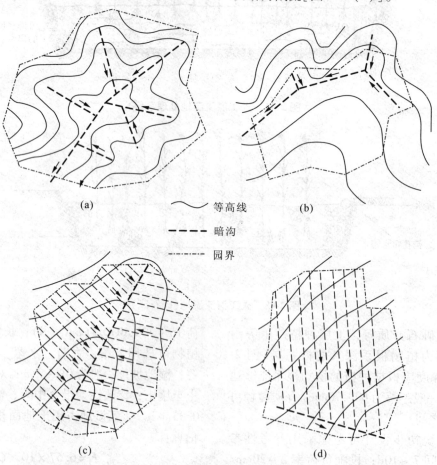

图2-46 暗沟布置的几种形式
(a)自然式 (b)截流式 (c)篦式 (d)耙式

(3) 篦式

地处豁谷的园址，可在谷底设干管，支管成鱼骨状向两侧坡地伸展。如图2-46(c)所示，此法排水迅速，适用于低洼地积水较多处。

(4) 耙式

此法适合于一面坡的情况，将干管埋设于坡下，支管由一侧接入，形如铁耙[图2-46(d)]。

以上几种形式可视当地情况灵活采用，单独用某种形式布置或据情况用两种以上形式混合布置均可。

2.3.8.2 暗沟的埋深和间距

暗沟的排水量与其埋置深度和间距有关。而暗沟的埋深和间距又取决于土壤的质地。

(1) 暗沟的埋置深度

影响埋深的因素有如下几方面：①植物对水位的要求，如草坪区的暗沟深度不小于1m，不耐水的松柏类乔木，要求地下水距地面不小于1.5m；②受根系破坏的影响，不同的植物其根系的大小深浅各异；③土壤质地的影响，土质疏松可浅，黏重土应该深些，见表2-38；④地面上有无荷载；⑤在北方冬季严寒地区，还有冰冻破坏的影响。

暗沟埋置的深度不宜过浅，否则表土中的养分易流走。

表2-38　暗沟排水管的埋深　　m

土壤类别	埋深
砂质土	1.2
壤土	1.4 ~ 1.6
黏土	1.4 ~ 1.6
泥炭土	1.7

(2) 支管的设置间距

暗沟支管的数量与排水量及地下水的排除速度有直接的关系。在公园或绿地中如需设暗沟排地下水以降低地下水位，暗沟的密度可根据表2-38和表2-39选择。

暗沟沟底纵坡不少于0.5%，只要地形等条件许可，纵坡坡度应尽可能取大些，以利地下水的排出。

表2-39　柯派克氏支管间距与管道埋深的参考值　m

土壤种类	支管间距	管道埋深
重黏土	8 ~ 9	1.15 ~ 1.30
致密黏土和泥炭岩黏土	9 ~ 10	1.20 ~ 1.35
砂质或黏壤土	10 ~ 12	1.1 ~ 1.6
致密壤土	12 ~ 14	1.15 ~ 1.55
砂质壤土	1.4 ~ 1.6	1.15 ~ 1.55
多砂壤土或砂中含腐殖质	16 ~ 18	1.15 ~ 1.50
砂	20 ~ 24	

暗沟的构造，因采用透水材料多种多样，所以类型也多。可采用卵石、砂、碎砖及砖砌结构等廉价材料，也可采用陶管、多孔管、双壁波纹管、钢塑软式透水管、塑料盲沟管等。塑料盲沟管是将热塑性合成树脂加热熔化后形成的三维立体多孔材料，外面包裹土工布作为过滤层，具有抗压强度高、表面开孔率高、使用寿命长、柔软、便于施工等优点。

钢塑软式透水管是以防锈弹簧螺旋钢圈为内衬骨架支撑管体，形成高抗压软式结构，裹覆丝网状 PEX 塑料层外包无纺布的一种管状体结构，表面开孔率可达90%以上，同时抗高压、不易变形。能最有效地收集土壤中的渗水，并及时汇集排除，如图2-47所示。其规格见表2-40。

表2-40　钢塑软式透水管的规格

型号	壁厚(mm)	丝状密度(%)	钢丝密度(圈)	长度/根(m)
PXF – 50	12	70	35	6
PXF – 80	15	70	30	6
PXF – 100	18	60	25	6
PXF – 150	20	60	20	6

塑料盲沟材料还有以热熔性聚烯类材料制成的连续长纤维状多孔材料，它是在塑料芯体外包裹无纺布组成，塑料芯体是以热可塑性合成树脂为主要原料，经过改性，在热熔状态下，通过喷嘴挤压出现的塑料丝条，在通过成型装置将挤出的塑料丝在结点上熔接，形成三维立体网状结构。这种材料有管材和片材两种，管材又分圆形和矩

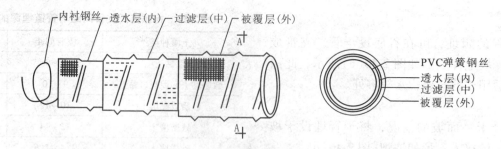

图 2-47　钢塑软式透水管

普通型管材　　三柱支撑型管材　　六柱支撑型管材　　实心型管材

图 2-48　塑料渗排水材料

形断面。圆形管材根据抗压要求可分为普通型、内支撑型和实心型。它可迅速有效排放暴雨所带来的强降水量，且不会造成水土流失。在施工方面具有轻便、有挠曲性、便于搬运、接头少并可降低材料损耗、缩短工期等特点（图 2-48）。长方形塑料盲沟的规格有 MF7030，MF7035，MF1435，MF1550，MF2015 等，圆形塑料盲沟的规格有 MY60，MY80，MY100，MY120，MY150，MY200等。

图 2-49 是排水暗沟的几种构造，可供参考。图 2-50 是我国南方一城市为降低地下水位而设置的一段排水暗沟，这种以透水材料和管道相结合的排水暗沟，能较快地将地下水排出。

2.3.9　风景园林管线工程的综合

管线综合的目的是为了合理安排各种管线，综合解决各种管线在平面和竖向上的排列和相互关系。如果这方面缺乏考虑或考虑欠周，则各种管线在埋设时将会发生矛盾，从而造成人力物力及时间上的浪费，所以这项工作是很必要的。

管线综合表现方法很多，风景园林中由于管线较城区少，所以一般采用综合平面图来表示，如图 2-51 所示。

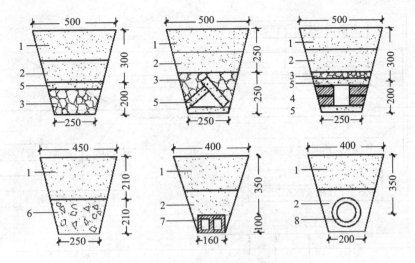

图 2-49 排水暗沟的几种构造
1. 土 2. 砂 3. 石块 4. 砖块 5. 预制混凝土盖板 6. 碎石及碎砖块
7. 砖块干叠排水管 8. 各种盲沟排水管

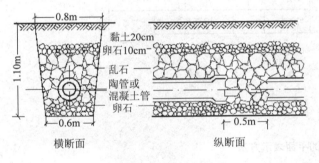

图 2-50 透水暗沟实例

2.3.9.1 一般原则

①工程管线在道路下面的规划位置宜相对固定。从道路红线向道路中心线方向平行布置的次序，应根据工程管线的性质、埋设深度等确定。分支线少、埋设深、检修周期短和可燃、易燃以及损坏时对建筑物基础安全有影响的工程管线应远离建筑物。布置次序宜为：电力电缆、电信电缆、燃气配气、给水配水、热力干线、燃气输气、给水输水、雨水排水、污水排水。工程管线在庭院内建筑线向外方向平行布置的次序，应根据工程管线的性质和埋设深度确定，其布置次序宜为：电力、电信、污水排水、燃气、给水、热力。

②管线的竖向综合应根据小管径管线让大管径管线；压力管线让重力自流管线；可弯曲管线让不易弯曲管线；分支管线让主干管线；临时管线让永久管；新建管让已建管。

③管线平面应做到管线短，转弯小，减少与道路及其他管线的交叉，并同主要建筑物和道路的中心线平行或垂直敷设。

④干管应靠近主要使用单位和连接支管较多的一侧敷设。

⑤地下管线一般布置在道路以外，但检修较少的管线（如污水管、雨水管、给水管）也可布置在道路下面。

⑥雨水管应尽量布置在路边；带消防栓的给水管也应沿路敷设。

2.3.9.2 管线综合平面图的表示方法

风景园林中管线种类较少，密度也小，因此其交叉的概率也较少。一般可在1:1000或1:2000的规划图纸上确定其平面位置，遇到管线交叉处可用垂距简表表示，如图2-51所示。

管线标高及水平净距等的确定，可参考表2-41至表2-43。

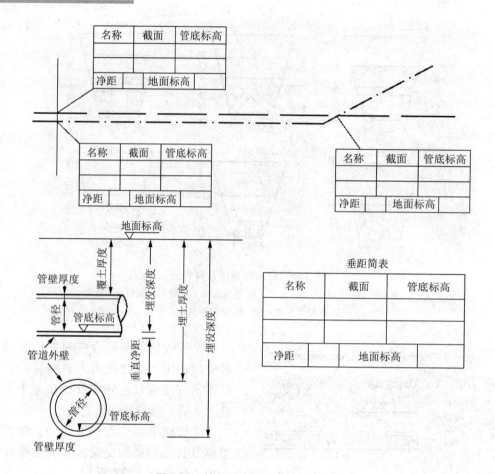

图 2-51 管线综合的平面表示方法

表 2-41 地下管线的最小覆土深度
m

序号		1		2		3		4	5	6	7
管线名称		电力管线		电信管线		热力管线		燃气管线	给水管线	雨水排水管线	污水排水管线
		直埋	管沟	直埋	管沟	直埋	管沟				
最小覆土深度	人行道下	0.50	0.40	0.70	0.40	0.50	0.20	0.60	0.60	0.60	0.60
	车行道下	0.70	0.50	0.80	0.70	0.70	0.20	0.80	0.70	0.70	0.70

注：10kV 以上直埋电力电缆管线的覆土深度不应小于 1.0m。

表 2-42 地下管线交叉时最小垂直净距表
m

序号	净距 下面的管线名称 上面的管线名称	1	2	3	4	5		6	
		给水管线	污雨水排水管	热力管线	燃气管线	电信管线		电力管线	
						直埋	管块	直埋	管沟
1	给水管线	0.15							
2	污、雨水排水管	0.40	0.15						
3	热力管线	0.15	0.15	0.15					
4	燃气管线	0.15	0.15	0.15	0.15				

(续)

序号	净距 上面的管线名称	下面的管线名称	1 给水管线	2 污雨水排水管	3 热力管线	4 燃气管线	5 电信管线 直埋	5 电信管线 管块	6 电力管线 直埋	6 电力管线 管沟
5	电信管线	直埋	0.50	0.50	0.15	0.50	0.25	0.25		
		管块	0.15	0.15	0.15	0.15	0.25	0.25		
6	电力管线	直埋	0.15	0.50	0.50	0.50	0.50	0.50	0.50	0.50
		管沟	0.15	0.50	0.50	0.15	0.50	0.50	0.50	0.50
7	沟渠(基础底)		0.50	0.50	0.50	0.50	0.50	0.50	0.50	0.50
8	涵洞(基础底)		0.15	0.15	0.15	0.15	0.20	0.20	0.50	0.50
9	电车(轨底)		1.00	1.00	1.00	1.00	1.00	1.00	1.00	1.00
10	铁路(轨底)		1.00	1.20	1.20	1.20	1.00	1.00	1.00	1.00

注：大于35kV直埋电力电缆与热力管线最小垂直净距应为1.0m。

表 2-43 地下管线的水平净距表

单位：m

序号	管线名称		1 建筑物	2 给水管 d≤200mm	2 给水管 d>200mm	3 污水雨水排水管	4 燃气管 低压 P≤0.05MPa	4 燃气管 中压 B 0.05<P≤0.2MPa	4 燃气管 中压 A 0.2<P≤0.4MPa	4 燃气管 高压 B 0.4<P≤0.8MPa	4 燃气管 高压 A 0.8<P≤1.6MPa	5 热力管 直埋	5 热力管 地沟	6 电力电缆 直埋	6 电力电缆 袋沟	7 电信电缆 直埋	7 电信电缆 管道	8 乔木	9 灌木	10 地上杆柱 通信照明及<10kV	10 地上杆柱 高压铁塔基础边 ≤35kV	10 地上杆柱 高压铁塔基础边 >35kV	11 道路侧石边缘	12 铁路钢轨（或坡脚）
1	建筑物			1.0	3.0	2.5	0.7	1.5	2.0	4.0	6.0	2.5	0.5	0.5	1.0	1.0	1.5	3.0	1.5	*	*	*		0.6
2	给水管	d≤200mm	1.0			1.0		0.5				1.5	1.5	0.5	0.5	1.0	1.0	1.5	1.5	0.5	3.0		1.5	5.0
		d>200mm	3.0			1.5	1.0																	
3	污水雨水排水管		2.5	1.0	1.5		1.0	1.2	1.2	1.5	2.0	1.5	1.5	0.5	1.0	1.0	1.5	1.5	1.5	0.5	1.5	1.5	1.5	
4	燃气管	低压 P≤0.05MPa	0.7	0.5								1.0	1.0	0.5	0.5	0.5	1.0	1.2	1.0	1.0	1.0	1.5	1.5	1.5
		中压 0.05<P≤0.2MPa	1.5																					
		中压 0.2<P≤0.4MPa	2.0				DN≤300mm:0.4; DN>300mm:0.5																	
		高压 0.4<P≤0.8MPa	4.0									1.5	2.0	1.0	1.0	1.0	1.5							
		高压 0.8<P≤1.6MPa	6.0									2.0	4.0	1.5	1.5	1.5	2.0							
5	热力管	直埋	2.5	1.5		1.5	1.0			1.5	2.0			2.0	2.0	1.0	1.5	1.5	1.5	1.0	2.0	3.0	1.5	
		地沟	0.5													1.0	1.0							
6	电力电缆	直埋	0.5	0.5		0.5	0.5			1.0	1.5	2.0				0.5	1.0	1.0	1.0	0.5	0.6	0.6	1.5	
		袋沟	1.0																1.5					
7	电信电缆	直埋	1.0	1.0		1.0	0.5			1.0	1.5	1.0		0.5				1.0 1.5	1.0	0.5	0.6	0.6	1.5	
		管道	1.5				1.0					1.5												
8	乔木（中心）		3.0	1.5		1.5	1.2					1.5		1.0		1.0	1.5			1.5			1.5	
9	灌木		1.5	0.5		0.5	1.0					1.0		0.5									0.5	
10	地上杆柱	通信照明及<10kV	*	0.5		0.5						1.0		0.5		0.5							0.5	
		高压铁塔基础边 ≤35kV	*	3.0		1.5	1.0					2.0		0.6		0.6		1.5						
		>35kV	*									3.0												
11	道路侧石边缘		1.5	1.5		1.5	1.5					1.5		1.5		1.5		0.5	0.5	0.5				
12	铁路钢轨（或坡脚）		6.0	5.0		2.0	5.0					3.0		3.0		2.0				0.5				

第3章 水景工程

3.1 水景概论

3.1.1 水

水是生命之源,没有水,便没有人类的生命活动。水,开朗豁达、温存亲切、清爽凉快、生动活泼、愉快轻松。

中国古代思想家们,很早就对水量的多寡形成了辩证认识的思想,《庄子·大宗师》中的"泉涸,鱼相与处于陆,相响以湿,相濡以沫,不如相忘于江湖";《庄子·逍遥游》载帝尧欲让位于贤人许由时说的"时雨降矣,而犹浸灌,其于泽也,不亦劳乎"等,都是来自于水的大智慧。

早在两千多年以前,孔子就有"仁者乐山,智者乐水"之说。在历史长河中,人类充分地感受到大自然的"水"所给予人类不仅仅是生存条件,还给人以"美"的享受,给人以"美"的启迪。

理水原指中国传统园林的水景处理,现泛指各类园林中水景处理。造山、理水是中国自然山水园的主要手法,园林中将"因水成景、由水得景"称为水景。自然风景中的江湖、溪涧、瀑布等具有不同的形式和特点,为中国传统园林理水艺术提供了创作源泉。传统园林的理水,是对自然山水特征的概括、提炼与再现。周文王的"灵沼"开创了人工观赏水景的先河,秦始皇统一中国后又引渭水为池,建造了大型水景园——兰池宫,并在池中人工堆置土山石,以象征海外仙境,从而对水景赋予了文化内涵。风景园林中的水景源自自然,高于自然,是人类的艺术创造。中国园林理水艺术的萌芽如果说是从秦汉时期的一池三山、铜龙吐水开始的话,至少已有近3000年的历史,中国传统园林理水对西欧乃至世界园林都产生影响,如濠濮间想、曲水流觞等。近年来,随着经济的发展、人民生活水平的提高,以及科技水平的提高等,人们对水景工程无论是在数量、形式还是质量上都提出更高的要求。同时水景已成为广大人民生活的需要,现代的水景更注意了人的参与性与互动性,水景的形式也因高新技术的运用而有了新的内涵。人给予水以生气,水给人们带来了欢乐与宁静。

水景工程是风景园林与水景相关的工程总称。水与其他造园要素配合,才能建造出符合现代人们需要的水景。

3.1.2 城市水体与风景园林水体的功能

城市用地的水系是难得的自然风景资源,也是城市生态环境质量的要素,不仅为城市提供生活用水以及工农业生产用水,提供人们休闲娱乐的场所,为一些水生动植物提供良好的生活环境与栖息地,为城市提供排水蓄水以及抗洪防涝的减灾、避灾功能,有的水体还能提供水上交通与运输,因而应大力保护天然水体,在保护的前提下加以开发利用。城市规划部门有河湖组或类似的专项规划部门专门负责城市水体的宏观规划,其主要任务为保护、开发、利用城市水系,调节和治理洪水与淤积泥沙,开辟人工河湖,振兴城市水利,防治和减少城市水患,把城市水体组成完整的水系。进行城市绿地规划和有水体的绿地设计时都要收集、了解和踏查城市水系现状与水系规划。

风景园林水体的功能与城市水体有其相同之处，主要有：

(1) 排洪蓄水

城市水体是城市地面的排放水体，特别是暴雨来临、山洪暴发时，要求及时排除和蓄积洪水，防止洪水泛滥成灾；到了缺水的季节再将所蓄之水有计划地分配使用。风景园林水体是城市水体的组成与补充，在考虑风景园林水体时应注意城市的排水功能与风景园林水体之间的协调关系，不要过分强调由于城市的排洪蓄水功能而影响风景园林水体的景观及功能，更不能仅强调风景园林水体的景观作用而忽视水体排洪蓄水的基本功能。

(2) 造景

风景园林中的自然水土，如自然界的湖泊、池塘、溪流等，其边坡、底面均是天然形成。而人工状态下的水体，如喷水池、游泳池等，其侧面、底面均是人工构筑物。自然水体在城市景观中多作为基底或对其他景观起着衬托作用；人工水体的作用多体现在对水岸的改造，若能发挥出这类水体的景观作用，将会有自然水体无可替代的作用。园林水体充分利用水的各种表现形式如静水、流水、落水等，从而创造出各种不同的水景，表达设计师所创造的各种意境。如在月光或阳光下，风吹拂静，水面出现的波光粼粼，令人陶醉。利用压力水能创造出喷泉、涌泉、间歇泉等不同形式的水景，使风景园林焕发活力。

水的造景主要是对水的各类形态特征的刻画。如水的渊源、水的动与静、水面的聚和分等应符合自然规律，做到"小中见大"、"以少胜多"，这也是理水的根本原则所在。

(3) 改善城市的生态环境、调节城市的小气候条件

水体在增加空气的湿度和降温方面有显著的作用，水体面积大则这种作用更为明显，这不仅可以改善风景园林内部的小气候条件，而且对周围生态环境、水体本身也有所改善。

(4) 开展水上各类活动与游览

水体因水而活，水带给人们无穷的乐趣。水有特殊的魅力、动人的质感以及不同的音响效果，很多世界名城利用天然河流和其他水域开展水上游览，如巴黎的塞纳河、北京的京密运河，这些不仅给城市带来活力，更改善了城市风光，同时也可提供一些水上活动场所，线形的水体还能起到组织空间的作用。

布置水景的要领首先是"疏源之去由，察水之来历"，水有源、流、派和归宿。风景园林中的水景既然是城市水体的一部分，则要着眼于局部与整体的关系。城市水系在不同的历史时期是有所变迁的，我们研究园林史时要研究古代水系。水系规划是一个综合规划，治水向来是国家大事。以北京为例，北京的绿是由水而起的，是水利结合开发园林的结果。元代基本奠定了北京城水系的基础，明代建都后形成目前北京水系的基本骨架，它巧妙地将发源于昌平县的白沙泉北引至西山，再沿西山东麓导引使之与玉泉山下的水源汇合，由西北而东南形成长河水系(图 3-1, 图 3-2)。这条水系加上原发源于万泉庄的万泉河，与北京西北郊的园林关系最为密切。玉泉山泉流涌出后又分为三派，一派北去，与市区联系较少。一派向南流名为南旱河，它在玉泉山南侧又分出一支派，由颐和园西堤的玉带桥进入昆明湖，成为调节北京城用水和灌溉农田的城市蓄水库。《万寿山昆明湖记》记载了扩展昆明湖的目的和经过。昆明湖水南出绣漪桥向东南流下，至紫竹院又与旧时的高粱河源汇合向东流而形成高粱河，至北京城墙西北角又分三支。其中两支各向东、南流去形成北护城河与西护城河。另一支由豁口以东入城，流经积水潭、后海、北海、中海、南海、中山公园、天安门前金水河，然后成为地下流，从南河沿南转再向东注入通惠河。这支水流又从北海以东向南导入紫禁城护城河，又从紫禁城西北角汲入成为贯通故宫的水系，在城市规划方面称为"引水贯都"。古时水运、消防和城市水景都依托于城市水系。南旱河另一派水系向东经玉渊潭至西便门流入西护城河，又接通陶然亭公园、龙潭公园向东流去，后来由于水源不足，又在南长河与南旱河间和京密引水渠相衔，紫竹院东之水又西折与京密引水渠贯通，永定河水通过引水渠注入玉渊潭，其另一支流——莲花河贯通莲花池公园(参

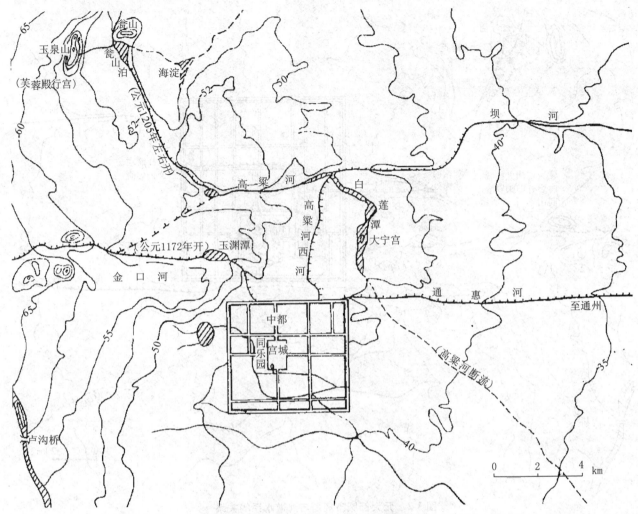

图 3-1 金中都宫苑水系与主要灌溉渠道

见北京市地图)(图 3-3)。新中国成立以来,北京的古运河经过疏浚,已可通航,成为北京著名的游览项目(图 3-4)。

城市水系规划为各段水体确定了一些水工控制数据:如最高水位、最低水位、常水位、水容量、桥涵过水量、流速及各种水工设施,同时也规定了各段水体的主要功能,依据这些数据来进一步确定园林进水、出水口的设施和水位,使风景园林内水体务必完成城市水系规划所赋予的功能。

3.1.3 风景园林水体的景观作用

① 大的水面能将不同的风景园林空间及景点联系起来,从而形成整体效果,避免结构松散。无论是动态的水还是静态的水,当其经过不同形状、不同大小、位置错落的容器时,由于都含有水这一共同而又唯一的因素,便产生了整体统一感。

② 水面具有包容景观、映衬岸畔或水中景观的基底作用。水面产生倒影,丰富景观空间,将景观包围其中,产生构筑物漂浮于镜面之上的效果。

③ 喷泉、瀑布等水景具有视觉上和听觉上的可赏性,能吸引人们的注意,形成景观的焦点和中心,并可形成一种其所在空间、位置上的尺度感。

3.1.4 风景园林水系规划的内容

进行风景园林水景工程建设必须了解:

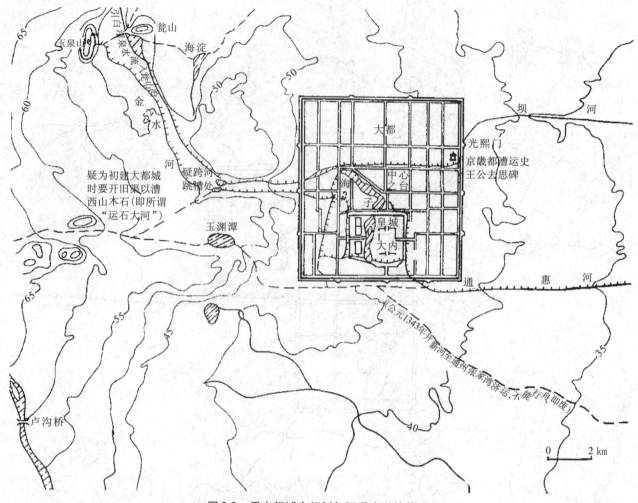

图 3-2　元大都城市规划与河道水系的关系

①河湖的主要功能和等级划分，并由此确定一系列水工设施的要求和等级标准。

②河湖近期和远期规划水位；包括最高水位、常水位和最低水位，这也是确定园林水体驳岸类型、岸顶高程和湖底高程的依据，近海受潮汐影响的水体水位变化更复杂。

③河湖在城市水系中的任务；这种任务的制订是比较概括的，如排洪蓄水等。我们要力求在完成既定任务的前提下保护自然水体的景观，处理水工任务与市容环境的关系。对于得天独厚的城市天然河、湖、溪流，既要保证水工功能又要重视在市容环境景观方面的作用。有些本来具有自然景观的溪流，因为进行整治而被改为钢筋混凝土的排水沟槽。尽管在水工整治方面完成了任务，但固有的自然景观却遭到建设性的破坏，在这种情况下应会同城市规划、水工和园林等有关部门从综合的角度出发进行整治。保证水工任务并不注定要破坏城市水体的自然景观，如何做到两全其美，这是应该很好研究的。

④城市水系的平面位置、代表性断面和高程。

⑤水工构筑物的位置、规格和要求。园林水景工程除了满足这些水工要求以外，还要尽可能做到水工的园林化，使水工构筑物与园景相协调，统一水工与水景的矛盾。

3.1.5　水系规划常用数据

城市水系规划与风景园林水景相关的常用数据如下。

(1) 水位

水体上表面的高程称为水位。将水位标尺设

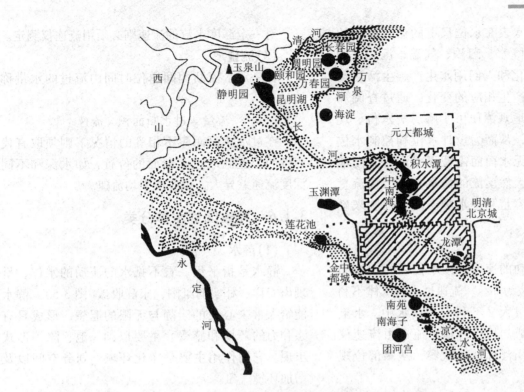

图 3-3　清古河道与北京园林的关系示意

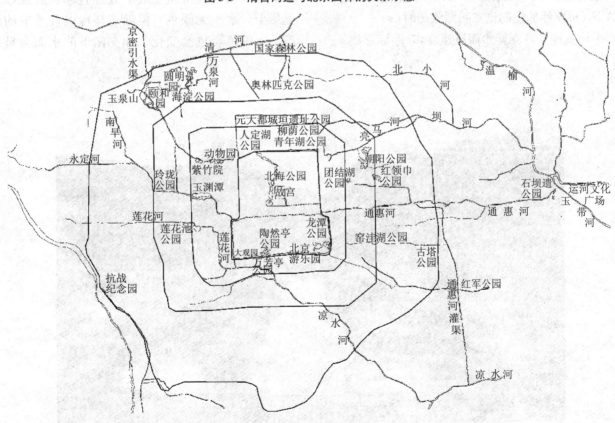

图 3-4　现阶段水系与北京园林的关系示意

置在稳定的位置，水表在水位尺上的位置所示的读数即水位。由于降水、潮汐、气温、沉积、冲刷等自然因素的变化和人们用水生产、生活活动的影响，水位便会产生相应的变化，通过查阅和了解水文记载和实地观测便可了解历史水位、现在水位的变化规律，从而为设计水位和控制水位提供依据。对于本无水面而需截天然溪流为湖池的地方，则要了解天然溪流的流量和季节性流量变化，并计算湖体容量和拦水坝溢流量控制来确定合宜的设计水位。

（2）流速

流速即水体流动的速度。按单位时间内流动的距离来表示，单位为 m/s。流速过小的水体不利于水源净化，流速过大又不利于人在水中、水上的活动，同时也造成岸边受冲刷。流速由流速仪测定。临时草测可用浮标计时观察，从多部位观察取平均值。

各浮标所测水面流速 = 浮标在起讫点间运行的距离(m)/浮标在起讫点间漂流历时(s)

平均流速 = 各浮标水面流速总和/浮标总数

对一定深度水流的流速则必须用流速仪测定。

（3）流量

在一定水流断面间单位时间内流过的水量称流量。

$$流量 = 过水断面积 \times 流速$$

在过水断面面积不相等的情况下则须取有代表性的位置测取过水断面的位置，如水深和不同深度流速差异大，也应取平均流速。

3.1.6 风景园林水体分类

(1) 静水

静水是指平坦、看不见水的流动的水体，呈现出安详、朴实的氛围，宁静收敛(图3-5)。静水能给人带来心灵的宁静与无限的遐想，形成具有亲和力的环境和感受。主要以湖、池、潭等形式出现。它的作用主要是净化环境、划分空间以及增加环境气氛。

静水的景观特质主要表现在色彩、波纹以及光影上。水本无颜色，但随着环境以及季节的改变，水的色彩也会变化，如夕阳下的水面会呈现

图3-5 法国古典园林水景以静水池形成构图的焦点，表现平静纯洁

一片金黄色；而在阴天水则会呈现灰白色等。在光线的作用下，物体在水面上会形成倒影；在有风的时候，波光粼粼，更为静谧的水面增添了情趣。了解静水的特质，是为了更好地表现水景。

（2）动水

动水具有生动、活跃、富有生命力的特征。

①位能动水　是利用水位的落差而形成的。如流水、落水、跌水、瀑布等。在城市景观中，

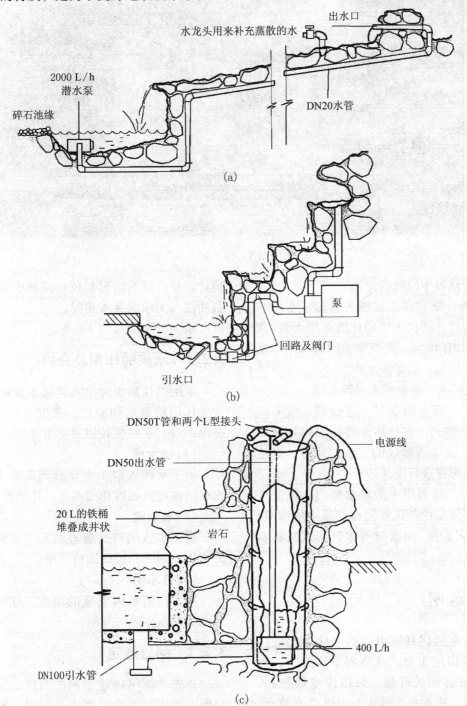

图 3-6　人工瀑布的水循环系统
(a) 瀑布——沉水泵　(b) 瀑布——水平式泵　(c) 瀑布——大型沉水泵

图 3-7 喷 泉

常以人工模仿自然界中的景色。

以瀑布为例，瀑布需要足够的水量，水量越大，越接近大自然。现代水景的建造多用水泵（离心泵及潜水泵）加压供水，或直接采用自来水作水源，并加以滤水设施，以保证水质。

图 3-6 示出了人工瀑布的水循环系统。

跌水实际上是瀑布的变异，它强调非常有规律的阶梯式落水形式，它是落水遇到阻碍物或平面使水暂时水平流动所形成的，水的流量、高度及承水面的大小都需进行设计计算。

②动能动水 是利用压力将水喷出，以改变水的流动形式。常见的是风景园林造景中的喷泉，有喷泉、涌泉、溢泉、间歇泉等多种形式，具有强烈的情感特征（图 3-7）。

3.2 小型水闸

水闸在风景名胜区和城市园林中应用比较广泛，如承德避暑山庄东面的武烈河旱涝无常，为了保证游览季节有河景可观，采用橡皮坝控制，共设橡皮坝两处。橡皮坝在洪水时期可溢流放水，枯水季节可蓄水，使用效果尚好。在大水体中往往使用机械启动的大型水闸，应与水工专家协作设计。更广泛的情况是风景园林中常用的小水闸，其功能与大水闸基本相同。

水闸的组成如图 3-8 所示。

3.2.1 水闸的作用及分类

水闸是控制水流出入某段水体的水工构筑物，主要作用是蓄水和泄水，常设于风景园林水体的进出水口。水闸按其使用功能可分为以下几种：

(1) 进水闸

设于水体入口，主要起到联系上游和控制进水量的作用。如颐和园西北门外的青龙桥水闸。

(2) 节制闸

设于水体出口，起着联系下游和控制出水量的作用。如颐和园绣漪桥水闸。

(3) 分水闸

用于控制水体支流的出水。如颐和园后溪河与昆明湖东岸的二龙闸。

3.2.2 闸址选定

首先必须明确建水闸的目的，了解设闸部位地形、地质、水文、施工、管理、投资等方面的基本情况，特别是原始的和设计的各种水位与流速、流量等，因地制宜地考虑如何最有效地控制

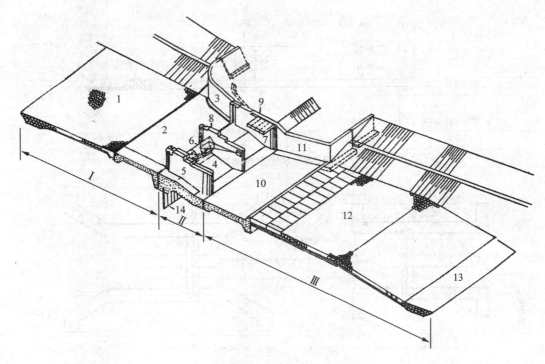

图 3-8 水闸的组成
Ⅰ.上游连接段 Ⅱ.闸体段 Ⅲ.下游连接段
1.上游护砌 2.铺盖 3.上游翼墙 4.闸底板 5.闸墩 6.弧形闸门 7.交通桥 8.工作桥位置
9.边墩 10.消力池 11.下游翼墙 12.海漫 13.下游防冲槽 14.防渗板桩

整个受益地域。可先粗略地提出闸址的大概位置，然后考虑以下因素，最终确定具体位置。

①闸孔轴心线与水流方向相顺应，使水流需通过时畅通无阻，避免造成因水流改变原有流向而产生淤积现象或水岸一侧被冲刷、另一侧淤积的现象。

②避免在水流急弯处建闸，以免因剧烈的冲刷破坏闸墙与闸底。如由于其他因素限制定要在急弯处设闸时，则要改变局部水道，使其呈平直或缓曲状。

③选择地质条件均匀、承载力大致相同的地段，避免发生不均匀沉陷。如能利用天然坚实岩层则为上乘。在同样土质条件下选择高地或旧土堤下作闸址比利用河底或洼地为佳。

3.2.3 水闸结构

水闸结构由下至上可分为以下3个部分：

(1) 地基

地基为天然土层经加固处理而成。水闸基础必须保证当承受上部压力后不发生超限度和不均匀的沉陷。

(2) 水闸底层结构（图3-9）

底层结构系指地基之上、水闸上层建筑之下的结构体。它主要由闸底板、铺盖、护坦、海漫等部分组成。

①闸底 其为闸身与地基相联系部分。闸底必须承受由于上下游水位差造成跌水急流的冲力，减免由于上下游水位差造成的地基土壤管涌和经受渗流的浮托力，因此水闸底层结构要具有一定厚度和长度的闸底。

②铺盖 是位于上游和闸底相衔接的不透水层，其作用是防止水流由闸底渗透，放水后使闸底上游部分减少水流冲刷，减少渗透流量和消耗部分渗透水流的水头。铺盖常布置在闸室的前面，用浆砌块石、灰土或混凝土浇灌。铺盖长度约为上游水深数倍，厚度因材料而异，一般为30cm，如黏土夯实则60~75cm。

③护坦 是下游与闸底相连接的不透水层，作

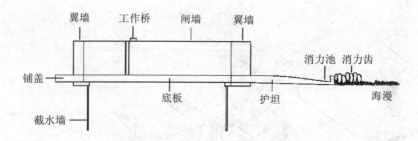

图 3-9　水闸底层结构

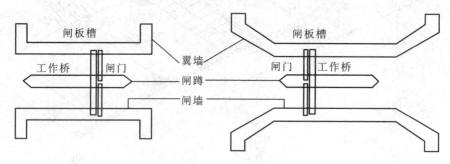

图 3-10　水闸上层构筑

用是减少闸后河床的冲刷和渗透。其厚度与跌水之闸底相同，视上下游水位差、水闸规模和材料而定，一般可采用 30～40cm。护坦长度如地基为壤土，为上下游水位差的 3～4 倍，或查计算表。

④海漫　为向下游与护坦相连接的透水层，水流在护坦上仅消耗 70% 的动能，剩余水流动能所造成的对河底的破坏作用则靠海漫承担。海漫末端宜加宽、加深使水流动能分散。海漫一般用浆砌石、干砌块石做成，表面糙率较大，用于继续消除水流能量，下游再抛石。海漫长度约为闸下游水深的 3～4 倍。

(3) 水闸上层构筑（图 3-10）

①闸墙　亦称边墙，位于闸门之两侧，构成水流范围，形成水槽并支撑岸土使之不坍。

②翼墙　与闸墙相接，转折如翼的部分，以便与上下游河道边坡平顺衔接，引导水流平顺地流出闸室，并均匀地扩散，保护两岸免受冲刷。

③闸墩　分隔闸孔和安装闸门的支墩，亦可支架工作桥及交通桥，多用坚固的石材制造，也可用钢筋混凝土制成。闸墩的外形影响水流的通畅程度，闸墩高度同边墙。一般闸孔宽 2～3m。如启闸上下水位差在 1m 以下则闸孔宽度可小于 2m；叠梁式闸板水位差在 1m 以上者，闸孔宽可大于 1m。

3.2.4　小型水闸结构尺寸选定

3.2.4.1　须知数据

须知数据有外水位、内湖水位、湖底高程、安全超高、闸门前最远岸直线距离、土壤种类和工程性质、水闸附近地面高程及流量要求等。

3.2.4.2　须求数据

(1) 闸孔宽度

按上下游水位差及下游水深查 $1m^3/s$ 流量所需闸孔宽度表，上下游水位差为外水位与内湖低水位之差。如流量大于 $1m^3/s$，可将从表 3-1 中查得闸孔宽度乘以系数，此系数即流量大于 $1m^3/s$ 之倍数。

表 3-1　1m³/s 流量所需闸孔宽度　　　　　m

上下游水位差 \ 下游水深 \ 闸孔宽度	0.4	0.6	0.8	1.0	1.2	1.4	1.6	1.8	2.0	2.2
0.1	2.08	1.39	1.04	0.83	0.70	0.60	0.52	0.46	0.42	0.38
0.2	1.48	0.98	0.74	0.59	0.49	0.42	0.37	0.33	0.29	0.27
0.3	1.17	0.80	0.60	0.48	0.40	0.34	0.30	0.27	0.24	0.22
0.4	0.96	0.68	0.52	0.42	0.35	0.30	0.26	0.23	0.21	0.19
0.6	0.68	0.52	0.41	0.34	0.28	0.24	0.21	0.19	0.17	0.15
0.8	0.52	0.41	0.34	0.28	0.24	0.21	0.18	0.16	0.15	0.13
1.0	0.41	0.34	0.28	0.24	0.21	0.18	0.16	0.15	0.13	0.12

(2) 闸顶高程

闸顶高程为内湖高水位 + 风浪高 + 安全超高。按风级和闸门前最远岸直线距离查表可得风浪高度(表 3-2),所求得之闸顶高程又可与水闸附近地面高程取得合宜的关系。

表 3-2　风浪高度表　　　　　m

浪高 长度 \ 风级	4 级	5 级	6 级	7 级	8 级	9 级
200	0.20	0.30	0.40	0.50	0.60	0.70
400	0.20	0.30	0.40	0.50	0.70	0.80
600	0.25	0.30	0.45	0.60	0.75	0.90
800	0.30	0.40	0.50	0.60	0.80	1.00
1000	0.30	0.40	0.55	0.70	0.90	1.10

(3) 闸墙高度

闸墙高度为闸顶高程减湖底高程,闸墙长度按闸墙高度查边墙长度表(表 3-3,表 3-4),闸墙长度自闸门中心起,至闸墙与翼墙连接处止。

表 3-3　闸墙长度参考表　　　　　m

闸墙高度	2.0	2.5	3.0	3.5	4.0	5.0
闸墙长度	4.4	4.5	4.6	4.8	4.9	5.7

注:闸墙顶与堤顶同高;翼墙顶同河岸平。

表 3-4　闸墙尺寸表　　　　　m

闸墙高	1	1.5	2	2.5	3	4~4.5
顶宽	0.4	0.5	0.4~0.5	0.6	0.5~0.6	0.8
底宽	0.6	1.2	1.2~1.8	1.5	1.5~2.0	1.6

(4) 闸底板长度及厚度

按上下游最大水位差及地基土壤种类查表可得闸底板长度,闸底板长度自闸门中心至翼墙下游端止。闸底板厚度根据闸上下游最大水位差查表 3-5,表 3-6。

表 3-5　各种土壤底板长度为水位差的倍数

序号	土壤种类	底板长度等于水位差的倍数
1	细砂土和泥土	9.0
2	中砂和粗砂	7.6
3	细砾和中砾	6.0
4	顽固砾和石砂的混合体	6.0
5	重壤土(重砂质黏土)	8.0
6	轻壤土(砂质黏土)	7.0
7	黏　土	6.0
8	黏性砾石土	6.0

表 3-6　底板厚度表　　　　　m

闸上下游水位差	底板厚度	闸上下游水位差	底板厚度
1.0	0.3	2.5	0.5
1.5	0.4	3.0	0.5
2.0	0.5	4.0	0.6

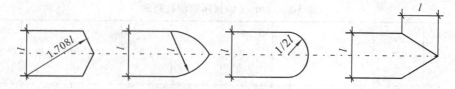

图 3-11　闸墩的外形与尺寸

(5) 闸墩的外形与尺寸

闸墩一般用混凝土或少筋混凝土建造，小型水闸也可用浆砌块石建造。

闸墩的外形应使水流平顺，减少侧向收缩，增大闸孔的过水能力。闸墩的尾部形状有三角形、半圆形（图3-11）。三角形由于构造简单、施工方便，多用于小型工程，缺点是水流条件较差。

(6) 闸门

木闸门是园林小型水闸常用的一种闸门，整体木闸门的构造如图3-12。

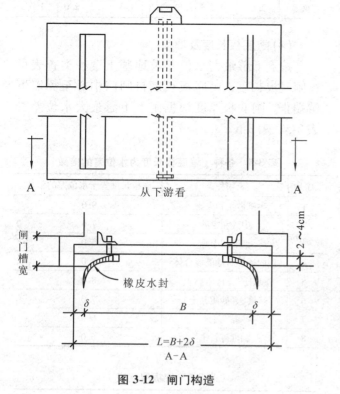

图 3-12　闸门构造

图中，B——闸孔宽，根据上下游最大水位差及下游水深可查得闸孔宽度；

δ——闸门板厚度；

L——闸门宽。

闸槽宽度 $= \delta + 2 \times 3 \mathrm{cm}$（2～4cm 中值）

闸槽深度 $= \delta + 4 \mathrm{cm}$（3～5cm 中值）

叠梁闸是较简便的闸门，使用时根据水位要求将闸板逐一放置在闸槽中，如图3-13所示，较长的叠梁闸板设有吊环，环的高度为 4～6cm，以不小于吊钩直径的 3 倍为宜；环宽为 8～12cm。每块闸板下面设凹槽以扣藏下面闸板的吊环，闸板高度一般为 10～30cm。

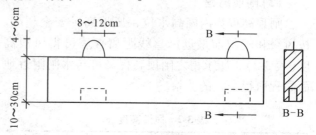

图 3-13　叠梁闸板

3.3　驳岸与护坡

3.3.1　驳岸（驳嵌）

3.3.1.1　驳岸的定义和作用

驳岸是用工程措施加工岸而使其稳固，以免遭受各种自然因素（风浪、降水、冻胀等）及人为因素的破坏，保护风景园林中水体的设施，它建在水体边缘与陆地交界处。稳定、美观的水岸可以维持陆地和水面一定的面积比例，防止陆地被淹或由于冻胀、浮托、风浪淘刷或超重荷载造成水岸倒塌，岸壁崩塌而淤积水中，湖岸线变位、变形，水的深度减小，最后在水体周围形成浅水或干涸的缓坡淤泥带把水面围在中间，破坏原有设计意图，甚至造成事故。

园林驳岸是风景的组成部分，必须在满足技术功能要求的前提下注意造型美，使驳岸与周围景色相协调。在设计时应注意在不同的位置上眺望河流以及周边景观，它们的效果是不同的。例如，当人们在对岸看景物时，全部景物会显得平板，而驳岸却容易突显出来；但当人们乘船观赏沿岸观景时，由于靠近驳岸，因而容易看清驳岸的细部。由于视点不同，驳岸的处理也会不同。

驳岸除具有护堤、防洪的基本功能外，对于改善滨水区景观、恢复生态平衡也有重要作用：

①促进河岸生态系统恢复，形成美丽自然的景观。

②调节水源。生态驳岸采用自然材料，形成一种可渗透性的界面。在丰水期，河水向堤岸外的地下水层渗透储存；在枯水期，地下水通过堤岸反渗入河，起着滞洪补枯、调节水位的作用。

③增强水体自净作用。建立生态驳岸后水流速度减慢，有利于泥沙沉积，净化河水。河岸上繁茂的植被和其他生物也可吸收、分解河水中大量的污染物。

3.3.1.2 驳岸结构

常见的驳岸结构如图 3-14 所示。

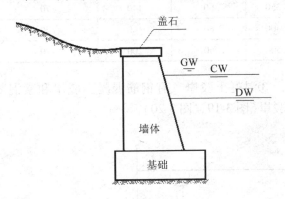

图 3-14 常见驳岸结构

基础 是驳岸的底层结构，为承重部分，上部重量经基础传给地基，因此要求基础坚固，埋入水底深度不小于 500mm，厚度常用 400mm，宽度为其高度的 0.6~0.8 倍，如果土质疏松，则应对基础进行处理。

墙体 是驳岸主体结构，常用混凝土、毛石、砖等砌筑而成，也有用木板、毛板等材料作为临时性驳岸的材料。墙体所承受的压力主要来自墙体自身的垂直压力、水的水平压力以及墙后的侧压力，所以墙体一定要确保一定的厚度。墙体高度则根据最高水位和水面波浪来确定。

盖石 又称压顶，为驳岸之顶端结构，其主要是增强驳岸的稳定性，阻止墙后的土壤流失，美化水岸线。压顶常用大块石、混凝土砌筑而成，宽度为 30~50cm，一般向水面有所悬挑。

垫层 为基础的下层，常用矿渣、碎石、碎砖等材料整平地坪，保证基础与土基均匀接触作用。

基础桩 是为了增加驳岸的稳定性，防止驳岸的滑移或倒塌的有效措施，同时也兼起加强土基的承载能力作用。材料可以用木桩、灰土桩等。

沉降缝 是由于墙高不等，墙后土压力、地基沉降不均匀变化所必须考虑设置的断裂缝。

伸缩缝 是避免因温度等变化引起破裂而设置的缝。一般 10~25m 设置一道，宽度一般采用 10~20m，有时也兼作沉降缝用。寒冷地区驳岸的背水面要做防冻胀处理。具体方法有：填充级配砂石、焦渣等多孔隙、易滤水的材料；砌筑较大尺寸的砌体，夯填灰土等坚实、耐压、不透水的材料。

3.3.1.3 驳岸形式

(1) 硬驳岸

硬驳岸为风景园林水景中使用最多的驳岸形式，它主要依靠墙自身的质量来保证岸壁稳定，抵抗墙后土壤的压力。

①条石驳岸 此种驳岸采用条石作基础，如图 3-15 所示，用水泥砂浆砌大于 400 厚毛石，并用花岗岩条石作盖顶。施工时，条石的 4 或 5 个面

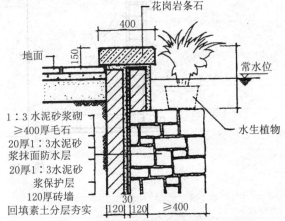

图 3-15 整形条石驳岸结构

图 3-16 银锭扣

需錾平，以银锭扣连接加固，使之结合紧密（图 3-16）。

②块石驳岸　为园林水景中广泛使用的驳岸形式。图 3-17，图 3-18 分别为浆砌块石及半干砌块石驳岸。石缝有凸缝、凹缝和平缝等不同做法。

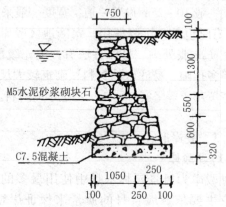

图 3-17　浆砌块石驳岸

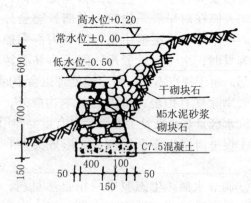

图 3-18　半干砌块石驳岸

常见块石驳岸的经验参数选用可见表 3-7。

表 3-7　常见块石驳岸参数选用　　cm

驳岸高度(H)	驳岸压顶宽(a)	驳岸基础宽（长）(B)	驳岸基础厚度(b)
100	30	40	30
200	50	80	30
250	60	100	50
300	60	120	50
350	60	140	70
400	60	160	70
500	60	200	70

③混凝土驳岸　有钢筋混凝土驳岸和素混凝土驳岸（图 3-19，图 3-20）。

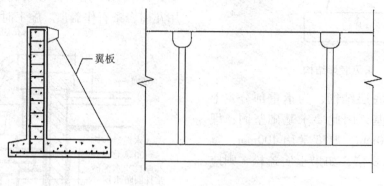

图 3-19　钢筋混凝土驳岸

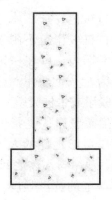 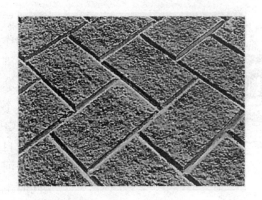

图 3-20　素混凝土驳岸

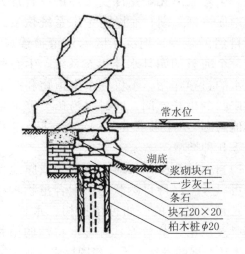 

图 3-21　山石驳岸

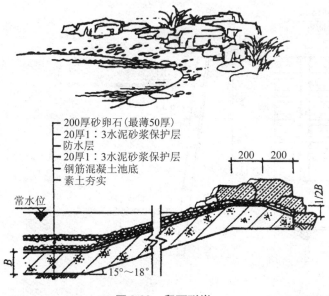

图 3-22　卵石驳岸

④山石驳岸（图 3-21）

⑤卵石驳岸（图 3-22）

⑥塑木驳岸　在钢筋混凝土驳岸的原坯上进行塑木加工而成（图 3-23）。

（2）软驳岸

软驳岸是指非硬性材料砌筑的驳岸，如桩基驳岸或自然形成的生态驳岸等。

①竹木驳岸　江南一带盛产毛竹，竹秆平直、坚实且有韧性。如图 3-24 所示，以毛竹竿为桩，毛竹板材为板墙，构成竹篱挡墙，因地选材，造价较低，经济且具有一定使用年限。上海地区冬季土地不冻，水不结坚冰，没有冻胀破坏，土质偏黏，为了防腐竹竿可涂一层沥青，竹桩顶齐，竹节截断，以防止雨水存积。但这种驳岸只能作为临时驳岸，因其不耐风浪冲击和淘刷，竹篱缝不密实，风浪可将岸土淘刷出来，日久则岸篱分开，

岸线后退而竹桩离岸居于水中，这样难以起到驳岸的作用。竹桩驳岸也不耐游船撞击。但由于造价经济、施工期短，可在一定年限内使用，然后再逐渐更换为永久性驳岸。盛产木材的地方亦可做成木板桩驳岸或木桩驳岸。

② 自然生态驳岸　是指恢复后的自然河岸或具有自然河岸可渗透性的人工驳岸，它可以充分保证河、湖、池岸与水体之间的水分交换和调节，同时也具有一定的抗洪强度。作为园林中的驳岸形式，人们更希望能欣赏到自然的、亲水的人工驳岸。生态驳岸无疑是深受关注的一种形式。生态驳岸促进河、湖、池岸的生态系统恢复，形成美丽自然的景观，把滨水区内外植被连成一体，构成一个完整的园林水体生态系统。生态驳岸能增强水的自净作用，不仅为水生植物和湿生植物提供广阔的生长空间，同时也为鱼类等水生动物和其他两栖类动物提供良好的生存空间。它可以分为以下几种类型：

1）自然原型护岸：对于坡度缓或腹地大的河段，可以考虑保持自然状态，配合植物种植，达到稳定河岸的目的。如种植柳树、水杉、白杨、枫杨以及芦苇、菖蒲等具有喜水特性的植物，由它们生长舒展的发达根系来稳固堤岸，加之其枝叶

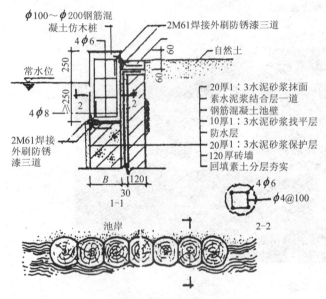

图 3-23　塑木驳岸

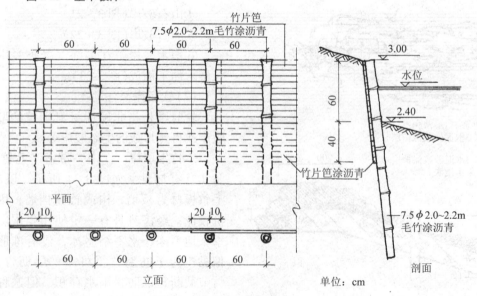

图 3-24　竹桩驳岸

柔韧，顺应水流，可增加抗洪、护堤的能力（图3-25，图3-26）。

2）自然型护岸：对于较陡的坡岸或冲蚀较严重的地段，不仅种植植被，还采用天然石材、木材护岸，以增强堤岸抗洪能力。如在坡脚采用石笼、木桩或浆砌石块（设有鱼巢）等护岸，其上筑有一定坡度的土堤，斜坡种植植被。实行乔灌草相结合，固堤护岸。如图3-27至图3-30所示。

图3-25 植被缓坡护岸

图3-27 自然型护岸

图3-26 板根作护岸

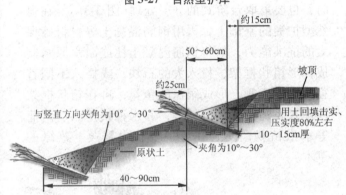

图3-28 梢料层护岸

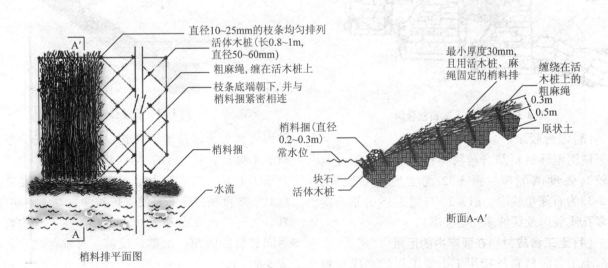

图3-29 梢料排护岸

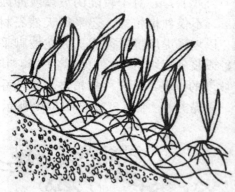

图 3-30　三维网垫植草护岸

3）台阶式人工自然驳岸：对于防洪要求较高，而且腹地较小的河段，在必须建造重力式挡土墙时，也要采取台阶式的分层处理（图3-31）。在自然型护堤的基础上，再用钢筋混凝土等材料确保大的抗洪能力，如将钢筋混凝土柱或耐水原木制成梯形箱状框架，投入大的石块，或插入不同直径的混凝土管，形成很深的鱼巢，再在箱状框架内埋入大柳枝、水杨枝等，邻水种植芦苇、菖蒲等水生植物，使其在缝中生长出繁茂、葱绿的草木。

图 3-32　土坡嵌石护岸

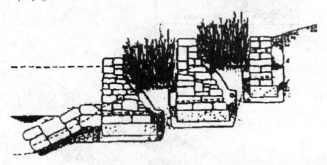

图 3-31　台阶式人工自然驳岸

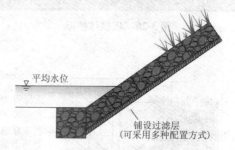

图 3-33　石笼垫驳岸

（3）混合驳岸

使用钢性材料结合植物种植形成既生态又具有较高强度的驳岸。图 3-32 为土坡嵌石驳岸，图 3-33 为石笼垫驳岸，图 3-34 与图 3-35 分别为陡坡多孔质驳岸及缓坡多孔质驳岸。

（4）土工合成材料在驳岸中的运用

土工合成材料泛指用于土木工程的合成材料产品。作为工程新材料，国内外已广泛应用在水利，交通，电力，江、湖、河、海岸堤坝，防止沙漠化和水土保持等工程建设中，已被誉为继钢材、木材、水泥之后的"第四建材"。

①土工织物　即为土工布，主要特点是连续性好、重量轻、施工简便、抗拉强度高、耐腐蚀。常分为有纺土工布和无纺土工布。在工程中可作不同材料的隔离、加筋、反滤、排水等之用，见表3-8。

②土工膜　具有极低渗透性的膜状材料，几乎不透水，是理想的防渗材料。

表 3-8　土工布的规格性能参数

产品	规格	特点
土工布	宽 2~6m 长 50~100m	柔韧性好,具有良好的透水、过滤、隔离性能,施工方便
短纤针刺土工布	宽 1.0~6.0m 长 50~100m	具有优异的隔离、反滤、排水、加固、防护综合性能和工程适应能力。克重范围为 100~600g/m²

图 3-34　陡坡多孔质驳岸

③土工格栅　是土工合成材料中发展很快的一个种类,它是一种以高密度聚乙烯或聚丙烯包括玻璃纤维为材料加工形成的开口的、类似格栅状的产品,其主要功能是加筋。它的网孔从 10~100mm 不等。在某种情况下,也具有隔离的功能,但仅对粗粒径和大粒径材料而言。土工格栅可制造石笼,也可用于挡土墙施工等(图 3-36)。表 3-9 为土工格栅规格性能参数。

图 3-36　土工格栅

④土工网　几乎均由聚乙烯制造而成。它常与土工织物、土工膜或其他材料一起使用,用在这些材料的上面或下面以防止土颗粒进入网孔。主要用于各种排水工程,如可用作挡土墙墙背和原边坡地地下水溢出处的排水,运动场和广场盖板下的排水,预压堤下的水平排水层等场合(图 3-37)。

⑤土工复合材料　是将不同材料的最好特性组合起来,以适应不同的特定要求。土工合成材料种类繁多,如土工网垫(图 3-38)、土工管等。表 3-10 示出了土工网规格性能参数。

图 3-35　缓坡多孔质驳岸

表 3-9 土工格栅规格性能参数

土工格栅种类	幅宽(m)	拉力
玻纤格栅	1~6	20×20kN、30×30kN、40×40kN、50×50kN、60×60kN、80×80kN、100×100kN、120×120kN、150×150kN
涤纶土工格栅	1~6	20×20kN、25×25kN、30×30kN、35×35kN、40×40kN、50×50kN、60×60kN、70×70kN、80×80kN、90×90kN、100×100kN、120×120kN
双向塑料格栅	1~5	15×15kN、20×20kN、25×25kN、30×30kN、40×40kN
单向塑料格栅	1.1~2.5	35kN、50kN、80kN、90kN、100kN、110kN
钢塑格栅	4~6	30×30kN、40×40kN、50×50kN、80×80kN、150~150kN

表 3-10 土工网规格性能参数

规格 项目	CSTF/CE 121	CSTF/CE 131	CSTF/CE 131A	CSTF/CE 151
网幅宽(m)	2.5	2.5	3.0	3.0
网孔尺寸(mm)	(8×6)±1	(27×27)±2	(27×27)±2	(74×74)±5
单位面积质量(g/m²)	730±30	630±30	630±30	550±25
拉伸屈服力(kN/m)	6.20	5.80	5.80	5

图 3-37 三维土工网驳岸

图 3-38 土工网垫

(5) 编织袋、编织布(图 3-39,图 3-40)

编织袋(布)是采用 PE(聚乙烯)、PP(聚丙烯)为原料,经挤出、拉伸成扁丝,再经编织成布为基材,可直接制袋成编织袋。它的抗氧化能力及抗腐蚀能力强,可长期处于高温环境下而不会腐蚀老化。图 3-39 为编织袋驳岸,袋内装土等。图 3-40 为三维网与编织袋的结合应用。

图 3-39 编织袋驳岸

3.3.1.4 驳岸设计与工程技术要求

(1) 破坏驳岸的主要因素

驳岸可分为湖底以下地基部分、常水位以下

图 3-40 三维网与编织袋的结合应用

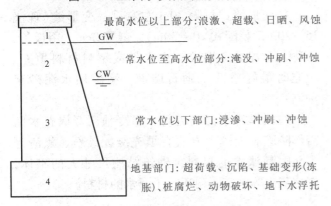

图 3-41 破坏驳岸的主要因素

部分、常水位至高水位之间的部分和最高水位以上部分(即不受淹没的部分)(图 3-41)。

最理想的情况是水底地基直接坐落在不透水的坚实地基上，否则由于湖水地基荷载强度与岸顶荷载不相适应而造成均匀或不均匀沉陷，使驳岸出现纵向裂缝甚至局部塌陷。在冰冻地带水不深的情况下，由于冻胀引起地基变形，如以木桩作桩基则因腐烂，包括动物的破坏而造成朽烂；在地下水位高的地带则因地下水的浮托力影响基础的稳定。

常水位以下部分由于常年处于淹没状态，其主要破坏因素是湖水浸渗。在我国北方寒冷地区则因水渗入驳岸内，冻胀后使驳岸断裂。湖面冰冻，冻胀力作用于常水位以下驳岸，使常水位以上的驳岸向水面方向位移。而岸边地面冰冻产生的冻胀力也使常水位以上驳岸向水面方向移动，岸的下部则向陆面位移，这样便造成驳岸位移。

常水位以下时，驳岸又是园内雨水管的出水口，如安排不当，也会影响驳岸。

常水位至高水位这部分驳岸则经受周期性淹没，随水位上下的变化也会形成冲刷，如果不设驳岸，岸土便被冲落，如水位变化频繁则也使驳岸受冲蚀破坏。

最高水位以上不被淹没的部分，主要受浪击、日晒和风化剥蚀，驳岸顶部则可能因超重荷载和地面水的冲刷遭到破坏。另外，驳岸下部破坏也会引起上部受到破坏(表 3-11)。

表 3-11 驳岸各部位受破坏的因素

部位	破坏的主要因素
地基部分	超荷载、沉陷、基础变形(冻胀)、桩腐烂、动物破坏、地下水浮托
常水位以下部分	浸渗、冲刷、冲蚀
常水位至高水位部分	淹没、冲刷、冲蚀
最高水位以上部分	浪激、超载、日晒、风蚀

对破坏驳岸的主要因素有所了解以后，再结合具体情况便可以制订防止和减少破坏的措施。

(2) 驳岸平面位置与岸顶高程的确定

① 驳岸平面位置的确定　水位高、水面大、岸边地形平坦的情况下，对于游人量少的次要地带可以考虑短时间被最高水位侵蚀，与城市河流接壤的驳岸按照城市河道系统规定平面位置建造。园林内部驳岸则根据湖体施工设计来确定驳岸位置；在平面图上以常水位线显示水面位置，如为岸壁直墙则常水位线即为驳岸向水面的平面位置；整形式驳岸岸顶宽度一般为 30~50cm；如为倾斜的坡岸，则根据坡度和岸顶高程推求。

② 岸顶高程的确定　岸顶高程应比最高水位高出一段以保证湖水不致因风浪拍岸而涌入岸边陆地地面，因此，具体高程应根据当地风浪拍击驳岸的实际情况而定。湖面广大、风大、空间开旷的地方应高出多一些；而湖面分散、空间内具有挡风的地形则高出少一些。一般高出 25~100cm。从造景角度看，深潭和浅水面的要求也不一样。一般湖面驳岸贴近水面为好，游人可亲近水面，并显得水面丰盈、饱满。如被地下水位淹没，则将由于大面积垫土增驳岸的造价。

(3) 驳岸设计

① 风景园林驳岸设计要求 驳岸的最基本目的是防洪蓄水，在这个前提下，作为风景园林驳岸设计还应考虑：

——从景观视觉的角度出发，驳岸不是景观主体，应从水体整体景观效果考虑。

——驳岸的形态和规模主要取决于防洪功能，应从常水位考虑。

——驳岸的形态以平缓蛇行的曲线为基调，尽量不要用直线，以免单调、生硬。

——驳岸的处理应注重自然形态与亲水性，以平缓斜坡为佳，一般而言，将驳岸的纵向坡度确定为 1:2.5 为宜，当驳岸垂直高度超过 2m 或坡面长度超过 6m 时，应注意驳岸坡度的变化不能过小，否则就会出现视觉上的单调感，甚至使人产生压抑感。

——应大力推广生态驳岸的应用。生态驳岸是指恢复后的自然河岸"可渗透性"的人工驳岸，它可以充分保证河岸与河流水体之间的水分交换和调节功能，同时具有一定的抗洪强度。

② 驳岸工程技术要求 驳岸结构由桩基、碎填料、盖桩石、混凝土基础、墙身和压顶构成（图 3-42）。

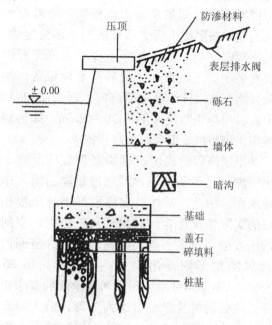

图 3-42 驳岸结构示意

1) 基础

桩基 是一种水工地基处理方法，桩基主要是增强驳岸稳定，防止驳岸滑移或倒塌，同时也增强土基的承载力。常用的桩基材料有木桩、石桩、灰土桩、混凝土桩、竹桩等。

灰土基础 素土夯实，铺一层 14~15cm 灰土（石灰与中性土比例为 3:7）加固。

2) 墙体：M15 水泥砂浆（1:10），砌缝宽 1~2cm，"灌足浆，勾严缝"。

3) 盖石：宽 30~50cm，向水面挑出 5~10cm，顶面一般高出最高水位 50cm，必要时亦可贴近水面。

4) 变形缝：每隔 30m 左右设一变形缝（现浇 15~20m，装配式 20~30m），缝宽 2cm，用板条、沥青、石棉绳、橡胶、止水带或塑料材料填充。填充时最好略低于砌石墙面，缝隙用水泥砂浆沟满。

5) 驳岸背水面的处理：寒冷地区驳岸背水面需作防冻胀处理。方法有填充级配砂石、焦渣等多孔隙易滤水的材料；砌筑结构尺寸大的砌体，夯填灰土等坚实、耐压、不透水的材料。

3.3.1.5 驳岸设计实例

(1) 北京颐和园东堤与后溪河的驳岸

颐和园驳岸基本有两种，即昆明湖东堤的条石驳岸和后溪河的山石驳岸。昆明湖面积辽阔，风浪较大，东堤相当于截水坝。因东堤外地面高程低于昆明湖常水位高程，鉴于这一带建筑布局都是整形式，采用花岗石做条石驳岸，外观整洁，坚固耐用，但造价昂贵。

如图 3-43(a) 所示为颐和园条石驳岸断面结构图。由于湖面大、风浪高，因此驳岸顶比最高水位高逾 1m。一般情况下水不上岸，但风浪特别大时，在东堤铜牛附近会有风浪拍到岸顶以上。条石驳岸自湖底至岸顶 1.7~2.0m。驳岸自重很大而湖底又有淤泥层或流沙层，因此湖底以下采取柏木桩基。桩呈梅花形排列，又称梅花桩，采用直径在 10cm 以上的圆柏木，长 1.6~1.7m，以打至坚实层为度，桩距约 20cm。桩间填以石块以稳定木桩，桩顶浆砌条石。桩基为我国古老的水工基础做法,直到现代它还是应用广泛的一种水工地基处理方法。通过桩尖把上面的荷载传至湖底下面的坚实土层,或者是借木桩侧表面与泥土间的摩擦力将荷载传送到桩周围的土层中,以达到控制沉陷和防止不均匀沉陷的目的。在地基表面为不太厚的软土层,其下层为坚实土层的情况下最宜桩基。桩木应选择坚固、耐湿、无虫蛀、未腐朽的木材,如柏木、杉木等。桩距为桩径的2~3倍,必要时桩的排数还可酌增。此驳岸的向陆面为北京的大城砖,主要防止水上层冰冻后向岸壁推压,同时也减少沿岸地面下积水,有积水即会产生冻胀。该驳岸从使用的实际情况看是很好的,只是局部有所损坏。龙王庙北岸因冻胀而变形,这是因为北京冬季主要吹西北风,北岸首当其冲,有水渗入条石内。昆明湖冬季冰冻层约50cm,因此造成的冻胀破坏,经过翻修后现基本恢复原状。

又如图3-43(b)所示,是颐和园后溪河山石驳岸的横断面结构图。这种山石驳岸也在知春亭、谐趣园等处使用。其柏木桩基同条石驳岸,只是后面城砖宽度为50cm左右。桩基顶面用条石压顶,条石上面浆砌块石,在常水位以下一点开始接以自然山石,常水位以上所见便都是山石外观。后溪河幽曲自然,配以山石驳岸与山景相称,与山脚衔接自然。山石驳岸还可滞留地面径流中的泥沙,又可与岸边置石、假山融为一体,时而扩展为泄山洪的喇叭口,时而成峡、成洞、出矶,增加自然山水景观的变化。

(2)北京动物园的驳岸

北京动物园驳岸如图3-44(a)所示,为虎皮石驳岸。这也是在现代北京园林中运用较广泛的驳岸类型。北京的紫竹院公园、陶然亭公园多采用这种驳岸类型,其特点是在驳岸的背水面铺了宽约50cm的级配砂石带。由于级配砂石间多空隙,排水良好,即使有积水,冰冻后有空隙容纳冻后膨胀力,便可减少冻土对驳岸的破坏。湖底以下的基础用块石浇灌混凝土,使驳岸地基的整体性加强而不易产生不均匀沉陷。这种块石近郊可采。基础以上浆砌块石勾缝,水面以上形成虎皮石,外观也很朴素大方。岸顶用预制混凝土块压顶,向水面挑出5cm,较为美观。预制混凝土方砖顶面高出高水位30~40cm,这也适合动物园水面窄、挡风的土山多、风浪不大的实际情况。驳岸并不是绝对与水平面垂直,可有1:10的倾斜。每间隔15cm设伸缩缝以适应因气温变化造成的热胀冷缩,伸缩缝用涂有防腐剂的木板条嵌入而上表略低于虎皮石墙面,缝上以水泥砂浆勾缝即不显。虎皮石缝宽度以2~3cm为宜,石缝有凹缝、平缝和凸缝等不同做法。

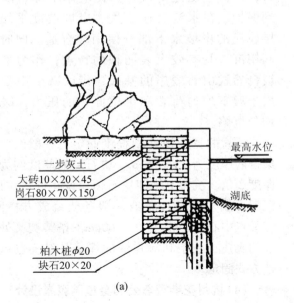
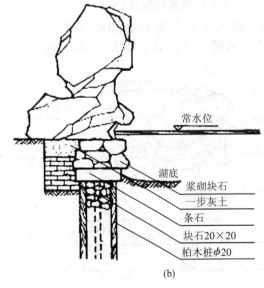

图3-43 颐和园驳岸横断面图

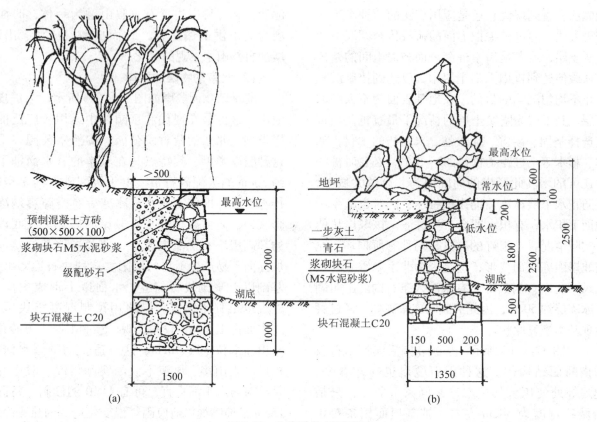

图 3-44 北京动物园驳岸园

北京动物园驳岸图 3-44（b）所示，为山石驳岸，采用北京近郊产的青石。低水位以下用浆砌块石，造价较低而也实用。

(3) 杭州西湖苏堤部分驳岸设计

如图 3-45 所示，苏堤部分山石驳岸采用沉褥作基层。沉褥或称沉排，即用树木干枝编成的柴排，在柴排上加载块石使其下沉到坡岸水下的地表。其特点是当底下的土被冲走而下沉时，沉褥也随之下沉，因此坡岸下部可随时得到保护。在水流流速不大、岸坡坡度平缓、硬层较浅的岸坡水下部分使用较合适。同时，可利用沉褥具有较大表面积的特点，作为平缓岸坡自然式山石驳岸的基底，借以减少山石对基层土壤不均匀荷载和单位面积的压力，减少不均匀沉陷。

沉褥的宽度视冲刷程度而定，一般约为 2m。柴排的厚度为 30～75cm。块石层的厚度约为柴排厚度 2 倍。沉褥上缘即块石顶应设在低水位以下，沉褥可用柳树类枝条或一般条柴编成方格网状。交叉点中心间距采用 30～60cm。条柴交叉处用细柔的藤皮、枝条和涂焦油的绳子扎结，也可用其他方式固定。

(4) 杭州花港观鱼公园金鱼园驳岸设计

如图 3-46 所示，原地形是一条水塘中间的土

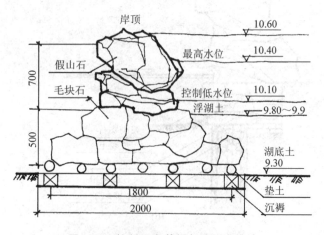

图 3-45 杭州西湖苏堤部分驳岸设计

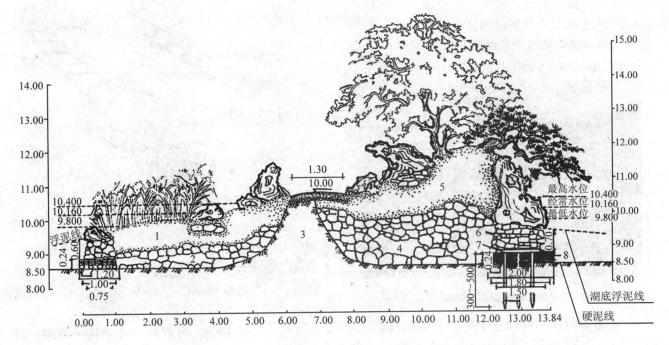

图 3-46 杭州花港观鱼公园金鱼池驳岸设计
1. 园土及西湖淤泥 2. 灰梆碎块填底 3. 原有土埂 4. 利用坟地灰棉废物填底 5. 灰梆上方加埂土每 30cm 夯实
6. 干砌块石 7. 桩头加盖石板 8. 木柴沉褥,每束木柴直径 10~12cm,距 30cm

埂,利用当地块料填筑扩大后两面都临水。左面水浅而湖底坡缓,用作水生鸢尾种植带,根部在低水位以下,利用木材沉褥护低岸;右面岸墙陡直,宜作山石驳岸,桩间除以碎石填充外还用木材沉褥,岸上散植鸡爪槭和五针松,驳岸的山石与岸边种植、路边散点山石结为一体,是很具有园林特色的驳岸。

3.3.2 护坡

3.3.2.1 护坡的定义和作用

护坡是保护坡面,防止雨水径流冲刷及风浪拍击的一种水工措施。一般可用于湖体的防护及溪流的边坡构筑。当河湖坡岸并非陡直而不采用岸壁直墙时,可在土壤斜坡上铺各种材料护坡,以保证岸坡稳定。

当坡度 $i = H/L = 1:1 \sim 1:2$ 或坡角为 45°以下,则要用各种材料和方式护坡,防止滑坡。

式中 i——坡度;
H——护坡高度;
L——护坡水平投影长度(图 3-47)。

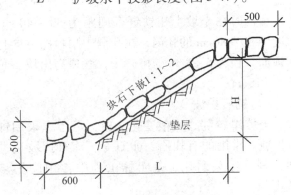

图 3-47 护 坡

不同材料的护坡,其坡度要求也有所不同。如土坡,一般坡度采用 1:2~1:3;临时性土坡,常用草包叠成,采用 1:1.5~1:2;草皮护坡,视土质而定,一般坡角控制在 30°左右。

护坡工程在园林中得到广泛的应用,特别是水体的自然缓坡形式,增强了其亲水性。

3.3.2.2 护坡形式

护坡的形式较多,在园林中使用时主要应考

虑护坡的用途、周围景观设计的要求、护坡周围的地质情况和水流冲刷的情况等。常用的有编柳抛石护坡、铺石护坡与草皮护坡。

(1) 编柳抛石护坡(图3-48)

图3-48 编柳抛石护坡

采用新截取的柳条呈十字交叉编织成格筐，编柳空格内抛填20～40cm厚的块石，块石下设10～20cm厚的砾石层以利于排水，减少土壤流失。柳格平面尺寸为0.3m×0.3m或1m×1m，厚度为30～50cm，柳条发芽便成为保护性能较强的护坡设施。

编柳时在岸坡上用铁钎开间距为30～40cm，深度为50～80cm的孔洞，在孔洞中顺根的方向打入顶面直径为5～8cm的柳橛子，橛顶高出块石顶面5～15cm。

(2) 铺石护坡

当坡岸较陡、风浪变化大时，可考虑采用铺石护坡。常用的有块石、卵石等。铺石护坡抗冲刷力强，经久耐用，是园林工程中常用的护坡形式。

铺石护坡由图3-49所示，先整理岸坡，选用18～25cm直径的块石，最好是长宽边比为1:2的长方形石料，要求石料比重大，吸水率小，一般不超过1%，且具有较强的抗冻性，如花岗岩、砂岩、砾岩、板岩等石料。

铺石护坡还应有足够的透水性以减少土壤从护坡上面流失，需要在块石下面设倒滤层垫底，并在护坡坡脚设挡板。

在水流流速不大的情况下，块石可设在砂层或砾石层上，否则应以碎石层作倒滤的垫层，如

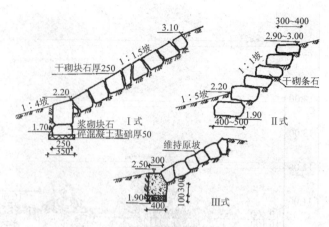

图3-49 铺石护坡

单层石铺石厚度为20～30cm时，垫层可采用15～25cm。如水深在2m以上则可考虑下部护坡用双层铺石，如上层厚30cm，下层厚20～25cm，砾石或碎石层厚10～20cm。

如图3-50所示，为斜坡护坡结构示意图。斜坡坡度为1:1.5，坡高为6m，河水常水位高于斜坡底4m。由于岸坡大部分处于水中，故采取比较可靠的护坡面层结构，即在碎石或砾石层的透水层上用块石砌面层，块石在坡底部砌双层，总厚度约为70cm，而在水位以上逐渐转为32cm，面层沿不同厚度的碎石层向上铺砌。在坡底，石层厚20cm，在常水位及高于常水位50cm处其厚度为10cm，从斜坡水位线以上逐渐转变到单层块石铺面，坡肩处块石厚14～16cm，斜坡底部建造上宽1.5m，底宽0.5m，厚为1.35m的护脚棱体以防止砌体下滑。

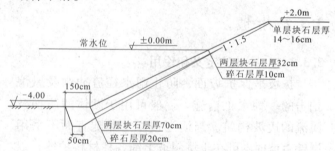

图3-50 斜坡护坡结构示意

在不冻土地区的园林浅水缓坡岸，如风浪不大，则只需作单层块石护坡。有时还可用条石或块石干砌。坡脚支撑亦可相对简化，如图3-49中Ⅲ式所示。

(3) 草皮护坡

当岸壁坡度在自然安息角之内，地形变化在 1:20 ~ 1:5 之间时，可以考虑用草皮护坡（图3-51）。

图3-51 圣保罗公园的草皮护坡

护坡用的草种要求耐湿、根系发达、生长快、生存能力强。如假俭草、狗牙根等。也可用菖蒲等，更显原生态景象。

草皮护坡可以直接在坡面上播种，并加盖塑料薄膜；或在预制混凝土植草砖内种草，然后用竹钉固定（图3-52）。还可直接在坡面上种植块状或带状草皮，施工时自下而上成网状铺草，并可用木条或预制混凝土条分隔固定。此外灌木护坡也不失为一种好的护坡形式（图3-53），可以加强护坡效果。

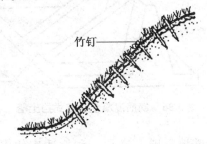

图3-52 草皮护坡

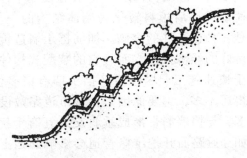

图3-53 灌木护坡

3.3.2.3 驳岸、护坡的施工要点

驳岸、护坡施工前必须放干湖水，或采取分段围堰，逐一排空水。现以条块石驳岸为例，说明其施工流程。

① 放线 根据施工图上的常水位线确定驳岸的平面位置，并在基础两侧加宽20cm放线。

② 挖槽 可用人工或机械挖槽，当用机械挖槽时，应留有足够的机械工作面。应按设计要求进行。

③ 夯实地基 当槽开挖完成后，将基槽夯实。如遇较软的土质，必须铺14~15cm的灰土层以加固。灰土基础宜在旱季做。灰土中石灰与中性土比例为3:7。

④ 浇灌基础 砌石驳岸一般采用块石混凝土基础，浇筑时要将块石垒紧，以保证砌筑密实。然后浇灌M15或M20水泥砂浆，基础厚度为40~50cm，高度常为驳岸高度的0.6~0.8倍。灌浆务必饱满，要渗满块石间的缝隙。冬季施工时要在砂浆中加3%~5%的$CaCl_2$或$NaCl$以防冻。

⑤ 砌筑墙体 用M5水泥砂浆砌块石，砌缝宽1~2cm，要求岸墙墙面平整、美观，砂浆饱满，勾缝严密。每隔10~25cm设置伸缩缝，缝宽3cm，用板条、沥青、石棉绳、橡胶、塑料、止水带等材料填充，填充时最好略低于砌石墙面。缝隙用水泥砂浆勾满。如果驳岸高差变化较大，应做沉降缝，宽20mm。此外，还可在岸墙后设置暗沟，填置砂石，排除积水，保护墙体。

⑥ 砌筑压顶 压顶宜采用大块石，具体大小应视岸顶的设计宽度来选择，也可采用预制混凝土板。砌时顶石要向水中挑出5~6cm，顶面一般要高出最高水位50cm，必要时也可贴近水面。

3.3.3 挡土墙

3.3.3.1 挡土墙的作用和分类

(1) 挡土墙

挡土墙是防止土体坍塌的构筑物。当由自然土体形成的陡坡超过所容许的极限坡度时，土体的稳定性遭到破坏而产生滑坡和塌方，天然山体甚至会产生泥石流。如果在土坡外侧修建人工的墙体便可维持稳定。这种用以支持并防止土坡坍塌的工程结构体称为挡土墙，在园林工程中常用于堤岸、驳岸、假山、水榭等处，其常用材料有块石、砖石、混凝土以及钢筋混凝土等。

(2) 挡土墙分类

①重力式挡土墙　对于挡土高度不超过5m的挡土墙，常选用重力式挡土墙。其结构简洁，便于施工。缺点是基底应力不平衡，靠前趾部位的基底应力远大于靠后踵的基底应力。园林中通常采用重力式挡土墙，即借助于墙体的自重来维持土坡的稳定。常见的形式有以下3种，如图3-54。

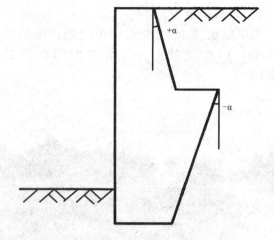

图3-55　衡重式挡土墙

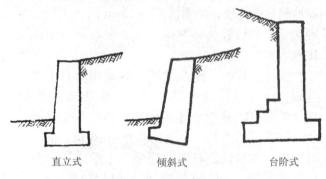

图3-54　重力式挡土墙形式

直立式挡土墙指墙面基本与水平面垂直，但也允许有10:0.2~10:1的倾斜度的挡土墙，直立式挡土墙由于墙背所承受的水平压力大，只宜用于几十厘米到2m高度的挡土墙。倾斜式挡土墙常指墙背向土体倾斜，倾斜坡度在20°左右的挡土墙，这样使水平压力相对减少，同时墙背坡度与天然土层比较密贴，可以减少挖方数量和墙背回填土的数量，适用于中等高度的挡土墙。

对于更高的挡土墙，为了适应不同土层深度土压力和利用土的垂直压力增加稳定性，可将墙背做成台阶形。

②衡重式挡土墙　当挡土高度超过5m时，则采用衡重式挡土墙为宜，其最大优点是可利用下墙的衡重平台迫使墙身整体重心后移，使得基底应力趋于平衡，这样可适当提高挡土高度（图3-55）。但从另一方面来看：衡重式挡墙的构造形式又限制了挡墙基底宽度不可以做得很大（与重力式挡土墙相比），因此就扩散挡土墙基底应力而言，衡重式挡土墙反不如重力式挡土墙。所以采用衡重式挡土墙能够提高的挡土高度也是有限的。

③钢筋混凝土扶壁式挡土墙　这种形式的挡土墙可进一步提高挡墙砌筑高度，但挡土墙底板必须有足够的宽度，特别在前齿部位，否则基底应力仍很大。同时挡土墙耗钢材量大，造价颇高，而且墙体均为立模现浇，施工不易（图3-56）。

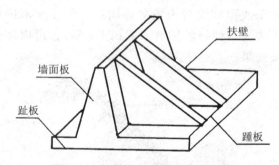

图3-56　钢筋混凝土扶壁式挡土墙

④加筋挡土墙　这是一种能适应软土地基砌筑高挡墙的理想结构（图3-57）。它使原本作为挡墙外荷载的墙后填料转化为墙体结构的一部分，无疑是一种创造性的突破。加筋挡土墙造价低廉具有良好的经济效益，而且它的装配式构件十分有利于快速施工。尽管加筋挡土墙有诸多优点，但用得还不多，主要原因是：城市道路敷设地下管线多，与挡墙筋带形成垂直交叉互有干扰。此外，如今后路面开挖维修管道会影响到挡土墙的安全。

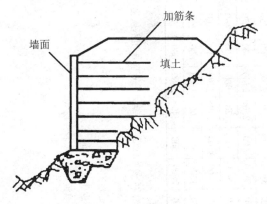

图 3-57 加筋挡土墙

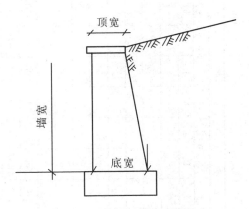

图 3-58 浆砌块石挡土墙尺寸图

表 3-12 浆砌块石挡土墙尺寸表　cm

类别	墙高			顶宽	底宽		
1:3白灰浆砌	100	35	40	1:3水泥浆砌	100	30	40
	150	45	70		150	40	50
	200	55	90		200	50	80
	250	60	115		250	60	100
	300	60	135		300	60	120
	350	60	160		350	60	140
	400	60	180		400	60	160
	450	60	205		450	60	180
	500	60	225		500	60	200
	550	60	250		550	60	230
	600	60	300		600	60	270

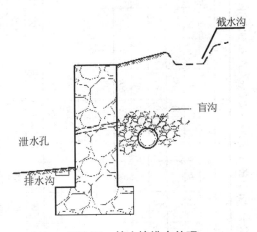

图 3-59 挡土墙排水处理

3.3.3.2 挡土墙横断面尺寸的确定

挡土墙横断面的结构尺寸根据墙高来确定，如图 3-58 所示，表 3-12，表 3-13 可作为参考，压顶石和趾墙还需另行酌定。挡土墙力学计算是十分复杂的工作，在此仅作一般介绍。实际工作中较高的挡土墙必须经过结构工程师专门计算，保证稳定，方可施工。

3.3.3.3 挡土墙排水处理（图 3-59）

挡土墙后土坡的排水处理对于维持挡土墙的正常使用有重大影响，特别是雨量充沛和冻土地区。据某山城统计，未作排水处理或排水不良者占发生墙身推移或坍倒事故的 70%~80%。

（1）墙后土坡排水、截水明沟、地下排水网

在大片山林、游人比较稀少的地带，根据不同地形和汇水量，设置一道或数道平行于挡土墙的明沟，利用明沟纵坡将降水和上坡地面径流排除，减少墙后地面渗水。必要时还需设纵、横向盲沟，力求尽快排除地面水和地下水。

（2）地面封闭处理

在墙后地面上，根据各种填土及使用情况采用不同地面封闭处理，以减少地面渗水。在土壤渗透性较大而又无特殊使用要求时，可作 20~30cm 厚夯实黏土层或种植草皮封闭。还可采用胶泥、混凝土或浆砌毛石封闭。

（3）泄水孔

墙身水平方向每隔 2~4m 设一孔，竖向每隔 1~2m 设一行，每层泄水孔交错设置。泄水孔尺寸在石砌墙中宽度为 2~4cm，高度为 10~20cm，混凝土墙可留直径为 5~10cm 的圆孔或用毛竹筒排水，干砌石墙可不专设墙身泄水孔。

表 3-13 毛石挡土墙护坎选用表

(假定条件：土壤内摩擦角 $\phi=35°$；凝聚力 $C=0$；外荷载 A 型 $200\sim400\text{kg/m}^2$，B 型 400kg/m^2，C 型 0kg/m^2)

类型	代号	高度(H)	$a=10°$ $n=0$ B	$a=10°$ $n=0$ b	$a=10°$ $n=1:3$ B	$a=10°$ $n=1:3$ h_0	$a=10°$ $n=1:4$ B	$a=10°$ $n=1:4$ h_0	$a=10°$ $n=1:5$ B	$a=10°$ $n=1:5$ h_0	$a=25°$ $n=0$ B	$a=25°$ $n=0$ h_0	$a=25°$ $n=1:3$ B	$a=25°$ $n=1:3$ h_0	$a=25°$ $n=1:4$ B	$a=25°$ $n=1:4$ h_0	$a=25°$ $n=1:5$ B	$a=25°$ $n=1:5$ h_0 mm
A型挡土墙	A-1500	1500	700	500							1000	500						
	A-2000	2000	900	500							1200	500						
	A-2500	2500	1100	500							1450	500						
	A-3000	3000	1350	500							1700	600						
	A-3500	3500	1600	600							1950	600						
	A-4000	4000	1850	600					500	110	2200	600					1200	
	A-4500	4500	2100	600					500	130	2500	700						
	A-5000	5000	2550	600					500	150	2900	700						170
B型挡土墙	B-1500	1500			500	90	600	100	700	110			700	110	820	130	900	130
	B-2000	2000			600	100	700	110	800	500			800	120	1000	140	1100	150
	B-2500	2500			700	110	800	120	900	500			900	130	1150	160	1300	170
	B-3000	3000			300	120	1000	140	1100	500			1100	150	1350	180	1500	190
	B-3500	3500			1000	140	1200	160	1500	600			1300	170	1550	200	1700	230
	B-4000	4000			1200	160	1400	180	1500	600			1500	190	1750	220	1900	230
	B-4500	4500			1400	180	1600	200	1700	600			1700	210	1950	240	2100	250
	B-5000	5000			1500	200	1800	220	1900	600			1900	250	2150	250	2300	270
C型护坎	C-2000	2000			500	90	600	100	700	110			700	110	800	120	900	130
	C-3000	3000			700	110	800	120	900	500			900	130	1000	140	1200	160
	C-4000	4000			1000	140	1200	160	1300	500			1300	170	1500	190	1800	220
	C-5000	5000			1350	180	1600	200	1700	500			1700	210	2000	240	2300	270

说明：①选用时注明型号 (a,n)，如 A-3000($a=25°$，$n=1:3$)。
②挡土墙及护坎用 200 号毛石，25 号混合砂浆砌筑，并用 25 号水泥砂浆勾缝。毛石应选用不风化的，用于墙外表面的面要较平整。
③挡土墙的地基耐压强度应不小于 $12t/\text{m}^2$，否则应将基底土夯实。
④墙背若作填土，应自下而上随砌随夯实，干容重要求不少于 155g/cm^3。
⑤挡土墙及护坎每 20m 留一道变形缝，缝宽 20mm，缝内填黄泥麦草或胶泥稻草。
⑥$n=x:y$。

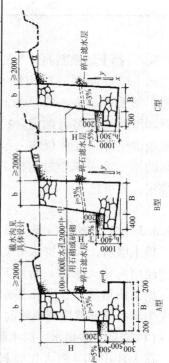

(4) 暗沟

有的挡土墙基于美观要求不允许设墙面排水时,除在墙背面刷防水砂浆或填一层不小于50cm厚黏土隔水层外,还需设毛石盲沟,并设置平行于挡土墙的暗沟,引导墙后积水,包括成股的地下水及盲沟集中之水与暗管相接。园林中室内挡土墙亦可这样处理,或者破壁组成叠泉水景。

在土壤或已风化的岩层侧面的室外作挡土墙时,地面应作散水和明、暗沟管排水,必要时作灰土或混凝土隔水层,以免地面水浸入地基而影响稳定。明沟距墙底水平距离不小于1m。

利用稳定岩层作护壁处理时,根据岩石情况,应用水泥砂浆或混凝土进行防水处理和保持相互间有较好的衔接。如岩层有裂缝则用水泥砂浆嵌缝封闭;当岩层有较大渗水外流时应特别注意引流而不宜作封闭处理,这正是作天然壁泉的好条件;在地下水多、地基软弱的情况下,可用毛石或碎石作过水层地基以加强地基排除积水。

3.3.3.4 挡土墙设计

挡土墙的设计步骤如下:
①估算用来抵抗墙体面材料所需要的力;
②确定挡土墙和基础的剖面形式(图3-60);
③根据结构的稳定性分析墙体自身的稳定性;
④检测基础以下所能承受的最大压力;
⑤设计结构构件;
⑥确定回填处的排水方式;
⑦考虑可能发生的移动与沉降;
⑧确定墙体的饰面形式(当墙体高于1m时,应由结构专家处理)。

3.4 水池工程

3.4.1 水池概述

水池,是指成片汇聚的水面,这里所指水池有别于前文所讲的河流、湖和池塘。河湖、池塘多取天然水源,面积大而只作四周驳岸处理,湖底一般不加以处理或简单处理,不设上下水管道;水池多取人工水源面积相对小些,设置进水、溢水、泄水的管线和循环水设施,池壁和池底须人工铺砌壁底一体的盛水构筑物。水池的水面有聚有分,聚分得体。聚者水面辽阔,大气,令人心旷神怡;分者,可分隔景区,增加景观层次。如苏州网师园内池水集中,池岸廊榭都较低矮,园中水面给人以开朗的感觉。而北京的北海与琼岛白塔以及颐和园的昆明湖与万寿山佛香阁,由于两者的水面巨大、开阔,主要建筑物成为主景,配以周围的湖面,成为传世佳作。

3.4.2 水池的分类

水景中的水池形态种类很多,水池的深浅不一,所用的材料不同,结构也有所不同,常见分类如下:

3.4.2.1 按布局分类

(1) 独立型

水池独立成景,往往成为视线或轴线的焦点或端点、空间的中心。如瀑布、喷泉等动态水景,容易吸引人们的视线,因而常常将其安排在视觉中心。瀑布、喷泉、水帘、水墙、壁泉等常作如此处理。

①整形式 一般而言,整形式水池构图简单,气氛较庄重(图3-61)。

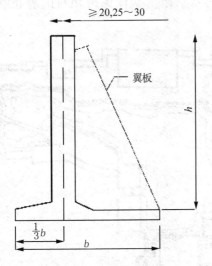

图3-60 挡土墙的设计

注:对于混凝土挡土墙,水平荷载时,$b=0.45h$;超重荷载时,$b=0.6h$或$1/2h$;水平而有道路荷载时,$b=0.65h$;墙体位置为$1/3b$;墙厚30cm,最小20cm,加钢筋12~25cm。

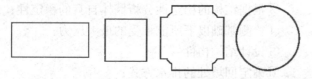

图 3-61　整形式水池造型

② 自然式　这种水池水空间活泼,构图自由流畅,亲和力强,使人们更能领略水的魅力(图 3-62)。

③ 混合式　将整形式与自然式水池的优点相结合,庄重中又有活泼(图 3-63)。

图 3-62　自然式水池造型

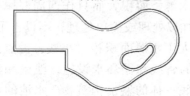

图 3-63　混合式水池造型

(2) 与建筑组合

这种水池在中国传统园林中常见。水池旁或筑亭、台、楼、阁、水榭,或置假山等,现代的泳池即运用这种组合(图 3-64)。

3.4.2.2　按功能分类

① 喷水池　以喷水为主要景观,水池主要起到承接流动水容器的作用。

② 观鱼池　在园林中养鱼池主要是用作饲养各式观赏鱼类、水生动物等,根据水生动物的种类不同,对水池的水、池壁结构、水的种类等要求都不同。

③ 海兽池　主要对象是养育海兽,如海豚、海豹、海狮等,在设计前应充分了解所养育动物的生物特性。

④ 水生植物池　规则式或自然式水景池都可以搭配适用的水生植物,增加观赏的情趣。

⑤ 假山水池　将假山置入水池,山水的结合相得益彰,是我国传统园林中常见的手法。

⑥ 海浪池　利用高科技手段,模拟自然界中海洋的各种形态,使人们在其中享受海的惊险与刺激。

⑦ 涉水池　为人们特别是儿童嬉水之用,一般水深为 30cm 以下,池底应作防滑处理,并尽量设置过滤和消毒装置,以防儿童误饮。

3.4.2.3　按水的形态分类

① 静水水池　水体保持相对的静止状态,常

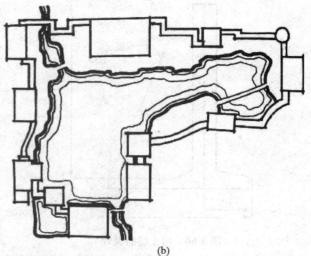

图 3-64　水池与建筑组合
(a)水池与建筑组合的水池实景　(b)水池与建筑组合的水池平面图

以成片状汇集的水体如湖、塘、池等形式出现。给人以宁静、安谧、祥和的感受。而其平静如镜的水面有着周围景色的倒影，增加了空间层次感。

②动水水池 以水的动态特征作为观赏与利用的形式，有自然的，也有人工的。如瀑布、跌水、涌流、喷泉等。

3.4.3 水池的构造

以人工水池为例，从结构上可分为刚性结构水池和柔性结构水池。刚性结构水池也称钢筋混凝土水池，特点是池底、池壁均可配钢筋，因此水池的寿命长、防漏性好，适用于大部分水池，也是城市水景中应用得最广的一种形式。柔性水池是近几年随着各种新型建筑材料的出现，特别是各种柔性衬垫薄膜材料的应用，使柔性水池在中小型水池的建造中得以应用。

现仅以钢筋混凝土水池为例，说明水池的构造。

3.4.3.1 池壁

(1) 池壁做法

①砖砌池壁 厚度有240，300，370等（图3-65）。

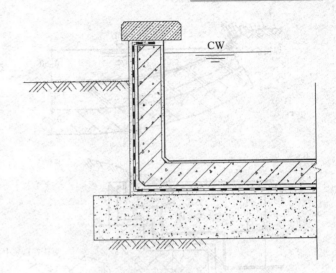

图3-66 钢筋混凝土池壁做法

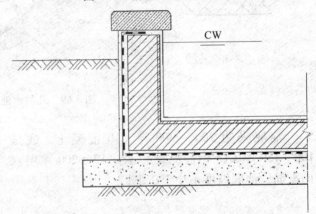

图3-67 砖砌加铅丝网池壁做法

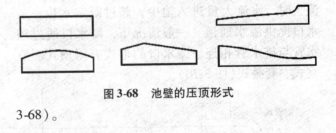

图3-68 池壁的压顶形式

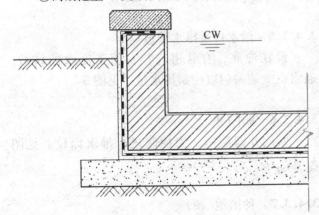

图3-65 砖砌池壁做法

②钢筋混凝土池壁 使用 $\phi 8 \sim 12$，@ $120 \sim 200$ 的钢筋（图3-66）。

③砖砌加铅丝网池壁 使用 $\phi 4$，$\delta 15 \times 40$ 的钢丝网（图3-67）。

(2) 池壁顶

有平顶、中折拱、曲拱、倾斜式等形式（图3-68）。

3.4.3.2 池底

水深小于30cm的水池，池底清晰可见，可根据水池的用途，装饰性地处理池底。但在钢筋混凝土水池，在池底应配钢筋，并注意混凝土的适当比例。混凝土池底施工时，先在地基上浇铺一层5～15cm厚的混凝土浆作为垫层，然后夯实，经保养后，根据设计要求，绑扎钢筋以及相应地施工。图3-69示出了几种水池池底及池壁的做法。

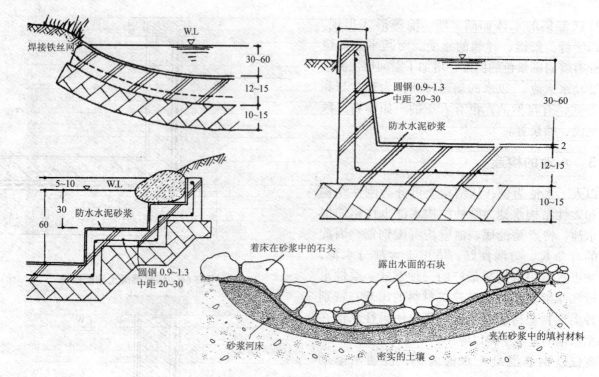

图 3-69　几种水池池底及池壁做法示意

池底采用 200～300 厚 C10 混凝土，或是 100～150 厚 C15 钢筋混凝土 φ8～12@200 单层双向配筋，池底坡度不小于 0.5%。

3.4.3.3　溢水口、溢水管

溢水口常设在理想水位处，当雨季或地面径流大时，水流大量进入池中，超过既定水位，溢水口提供溢水通道。一般情况下，溢水口通过溢水管与排水管相连。溢水口的形式有附壁式、直立式、套叠式（图 3-70）。

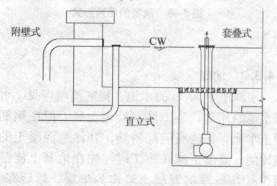

图 3-70　溢水口、溢水管的形式

3.4.3.4　进水口及给水管道

一般设有截门井，以控制水量（图 3-71）。

3.4.3.5　泄水口及排水管道

设在池底，有管道连接，用于池水的排放。通常也安装截门以控制排水量。见图 3-72。

3.4.3.6　阀门井

阀门井即截门，为控制进、排水而设。见图 3-73。

3.4.3.7　种植池（槽）

种植池不同于一般水池，其构筑要求要保证水质的控制与调节。应有进水口及进水管道、溢水口、泄水口等。不同种类的植物，应有不同的池深。植物可直接在池底土壤上栽种或采用种植容器（图 3-74）。要经常注意水质状况。

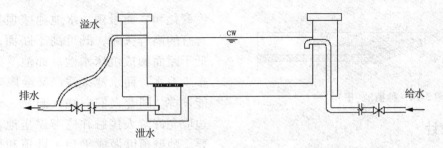

图 3-71 水池的进水、排水管道、泄水口示意

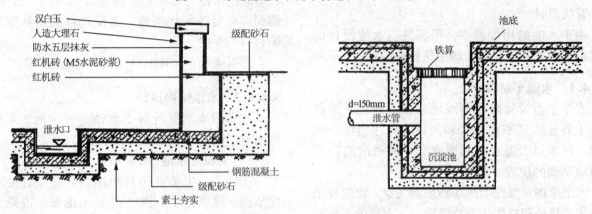

图 3-72 普通水池泄水系统设置示意

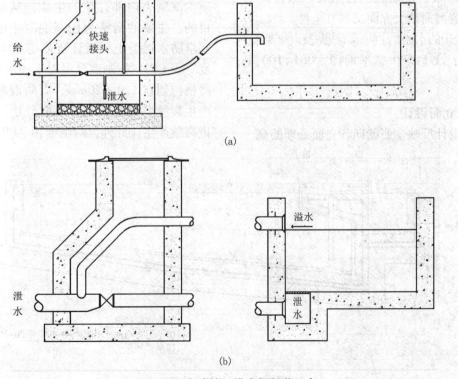

图 3-73 水池给、排水阀门井示意
(a) 水池给水阀门井 (b) 水池排水阀门井

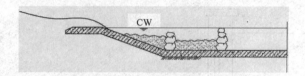

图 3-74　种植池（槽）

3.4.4　水池设计

水池设计包括平面设计、立面设计、剖面设计和管线设计。

由于水池的功能繁多，因而进行水池设计的时候应针对其功能出发，确定位置和形状。

3.4.4.1　水池平面设计

水池平面设计除了要因地制宜地确定其形状外，主要显示其平面位置和尺度，标注池底、池壁顶、进水口、溢水口和泄水口、种植池的高程和所取剖面的位置。

水池平面主要是与所在环境的气氛、建筑和道路的线型特征和视线关系协调统一。水池的平面轮廓要"随曲合方"，即体量与环境相称，轮廓与广场走向、建筑外轮廓取得呼应与联系，要考虑前景、框景和背景的因素。规划式、自然式、综合式的水池都要力求造型简洁大方而又具有个性。

设循环水处理的水池要注明循环线路及设施要求。

图纸要求：①1∶500 总平面图；②1∶100 平面图。

3.4.4.2　水池立面设计

水池立面设计反映主要朝向各立面处理的高度变化和立面景观，水池池壁顶与周围地面要有合宜的高程关系，既可高于路面，也可以持平或低于路面做成沉床水池。如池壁太高则会看不到多少池水，而水池太浅，又会影响一些水池的功能发挥。随着人们向往大自然、亲水的需要，池边应允许游人接触并应考虑坐池边观赏水池的需要。池壁顶可做成平顶、拱顶和挑伸、倾斜等多种形式。水池与地面相接部分可做成凹入的变化，剖面应有足够的代表性，要反映从地基到壁顶各层材料的厚度。

图纸要求：1∶100，1∶50，1∶20，1∶10。

3.4.4.3　水池结构设计

常见的水池有混凝土水池、砖水池、柔性结构水池。图 3-75 为水池基本构造。

（1）混凝土水池（图 3-76）

①施工　主要经历材料准备、按设计要求开挖池面、池底施工、浇注混凝土池壁、混凝土抹灰以及试水等工序。

②水池防渗漏　水池防水混凝土是人为地从材料和施工两方面采取措施提高混凝土的密实性，减少混凝土内部孔隙的生成，从而达到防渗漏的目的。主要的措施为控制混凝土的水灰比，一般要求防水混凝土的设计抗渗等级为 S6，混凝土强度等级 C35；控制商品混凝土的水灰比，坍落度应严格控制在 120±20mm，以防混凝土由于干缩而产生裂缝。同时施工时采取分层浇注混凝土以防止裂缝产生。此外，对池壁用 APP 防水涂料分别

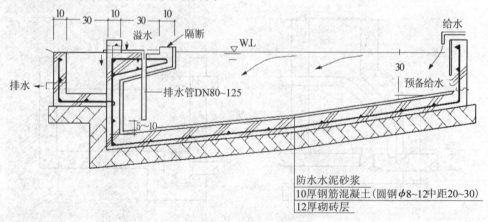

图 3-75　水池基本构造

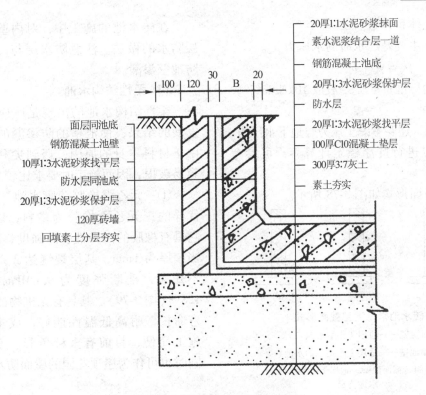

图 3-76 刚性结构水池常用做法

在底板上以及外壁上作防水处理。为加强混凝土的抗渗能力,可加铺 20mm 厚聚合物胶乳防水砂浆。

③混凝土水池的施工中,会加有一定的石灰、防水涂料等,应保持适当的比例。由于石灰成分会影响水生动植物的生长,应在水池使用过程中特别是水池开始使用时,用石灰中和剂、稀释醋酸溶液等进行处理,以使水中的动植物有良好的生态环境。

④由于混凝土水池的施工处理特别是防渗处理会加大施工的难度,目前常用的是在水池的混凝土池壁上使用防水衬垫。此时的防水衬垫为水池提供了防水保护膜,可使水池免受冻害,而混凝土的结构又为水池提供强有力的支撑。水池与衬垫相结合将大大减少混凝土的使用量,因水池将不再作防渗漏处理,大大简化了施工程序。如水池建在衬垫特别容易受损的地方,应在衬垫下铺上厚厚的混凝土或砖块,此时还应做中和混凝土中石灰影响的程序,消除石灰成分对生物的不良影响。

⑤对水池外壁采用结构防水加防水层,用 APP 防水涂料作二度防水处理,并砌筑砖墙对整个水池的防水层进行保护,以防止基坑回填土时所起的破坏作用。

⑥水池的衬垫材料常用的有聚乙烯、PVC 材料等。

(2) 砖水池

砖水池为风景园林中小型水池中常见形式,其具有结构简单、节省材料、施工简便、投资少的优点。其外形有圆形及矩形,水池底板一般可做成整块平板,放置辐射环筋,也可做成类薄壳微弯底板。

以小型圆形砖水池计算为例:

①壁高 H(图 3-77)

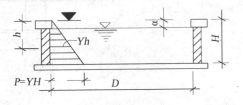

图 3-77 圆形砖水池

$$H = (4V/\pi D^2) + a$$

式中 a——水面至池壁顶的超高安全距,取 100~150mm;

D——池壁内直径;

V——水池体积容量。

②池壁荷载　主要是贮水时的水压力 p_w。

$$p_w = \gamma_w \cdot h$$

式中　γ_w——水的标准重度，一般取 $10kN/m^2$；

　　　h——水深。

如为半地下池，还要考虑土压力与地下水压力。

有的水池还应进行抗浮稳定计算等，可参考相关专业资料。

常见的池壁截面形式如图 3-78 所示。

在砖水池的施工中，对内壁的施工应采取多层防水的做法。注意防水层与砖墙面的结合，以防池壁渗漏。

(3) 柔性结构水池

柔性结构水池的出现是顺应建筑材料新技术发展的结果，使池壁的防渗漏的性能更完善。但由于材料本身的原因，遇到尖利的石块、草根等容易破损，因而施工时要求比较高。

①三元乙丙橡胶薄膜水池　是以耐老化性能优异的三元乙丙橡胶为基料，以水为橡胶溶剂。它具有橡胶的高弹性、高强度、高延伸率等特性，当膜厚为 1mm，基层裂缝达 2.2~2.5mm 时，膜不开裂，扯断强度为 9.8MPa，扯断伸长率为 428%（图 3-79）。其具有无机物的耐老化性，使用寿命长，耐高低温性能好，成本较低，冷施工，施工简便，目前有多种色彩。不仅可作为水池，同时也可作为屋顶花园的屋面防水材料。

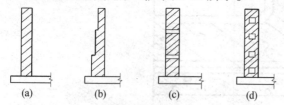

图 3-78　砖水池常见池壁截面形式
(a) 等截面池壁——适用于小型水池
(b) 变截面池壁——适用于小型地面水池
(c)、(d) 组合截面池壁，适用于中型水池

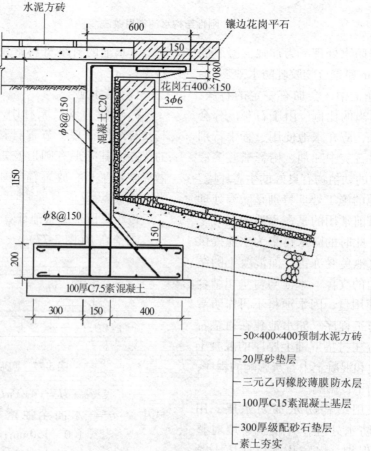

图 3-79　三元乙丙橡胶薄膜水池的结构

②软底式水池

1）概述：目前，一种新型材料——膨润土防水毯（BENTOMAT）已广泛地用于园林中小型水池的建造中。从其结构而言，它是将天然钠基膨润土颗粒填充在织布和非织布之间，采用针刺工艺使膨润土颗粒不能聚集和移动，形成均匀的防水层，具有优秀的膨胀能力。天然钠基膨润土含量在 4.5kg/m² 以上（ASTMD5261）。吸收水能膨胀到自身体积的 15 倍，在水化状态和足够的静水压力下，膨润土变成阻碍流水的胶凝体，黏结于混凝土、石材、木材等很多材料上，从而达到防水的目的。这种胶凝体具有密实性和排斥水的作用，其透水系数为 $K = \alpha \times 10^{-9} cm/sec (\alpha = 1 \sim 9)$，从而防止水的流动。由于用天然无机材料做的防水剂，没有性质的变化和老化，因此具有永久性。因为用针冲压产生的纤维面上突出的纤维，在浇筑混凝土时被插入，使防水材料与防水对象成为一体，结构物的震动或者沉降都不会引起防水材料和结构物的分离，能够继续维持防水性能。当在膨润土防水毯上产生损伤（孔）的时候，随着时间的推进膨润土发生水化作用，四周发生同样的膨胀，膨胀后能填补结构体 2mm 以内的裂纹，随时填补损伤部位，具有自我补修、自我治愈能力。由于膨润土具有因膨胀而自动接合的能力，故施工时只需简单的搭接（搭接长度 15～20cm）即可。立面或斜面施工时，只用钉子和垫圈将防水材料固定在结构物外壁上并按要求搭接即可，施工简单，在防水材料施工中工期最短。抗腐蚀，具有永久的防水性能和环保性能，不受环境温度的限制，0℃ 以下也可施工，特别适用于外防内贴防水，已经成为主要的迎水面防水材料。表 3-14 为几种防水材料的规格性能参数。

表 3-14 几种防水材料的规格性能参数

产品	规格	特点
膨润土防水毯	幅宽 4～6m	单位面积质量 ≥4000g/m²，与压实黏土衬垫相比，具有体积小，质量轻，柔性好，密封性良好，抗剪强度高，施工简便，适应不均匀沉降等优点
三元乙丙橡胶防水卷材（简称 EPDM 卷材）	长 20mm 宽 1.2m 厚 1.2mm 或 1.5mm	有优异的耐气候性、耐老化性，而且抗拉强度高、延伸率大，对基层伸缩或开裂的适应性强，重量轻，使用温度范围广（在 -40～+80℃ 范围内可以长期使用）。可冷施工，操作简便

2）物理性质：天然钠基膨润土含量在 4.5kg/m² 以上（ASTMD5261）；厚度 ≥5mm；透水系数 $K = \alpha \times 10^{-9} cm/sec$ 以下（$\alpha = 1 \sim 9$）；膨胀系数 ≥22mL/2g；不透水性，静水压 0.2MPa，不透水。

3）施工方法 图 3-80 示出了柔性防水结构。具体施工方法如下：

——基层（支持层、垫层）的处理：应清除一些石块，特别是有尖利外形的石块、树根以及其他杂物，以使基层表面平整坚固。同时应清除积水，保持基本干燥。基底层阴、阳角应做成圆弧形钝角。

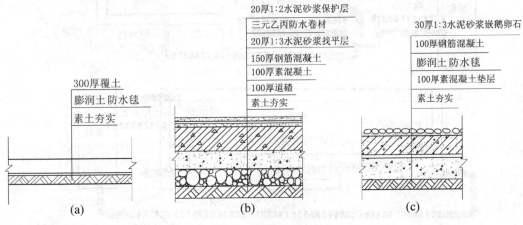

图 3-80 柔性防水结构
(a) 膨润土防水结构 (b) 柔性防水结构 (c) 膨润土水池防水结构

——分层夯实基层表面。

——铺设防水毯：在铺设膨润土防水毯时，毯与毯之间的接缝应错开，不宜形成贯通的接缝。施工时要让织布面和被防水对象表面紧密接触。必须保证10cm以上的搭接宽度，并用钉子以20～40cm间隔固定。防水毯的收尾部位要挖一定宽度和深度的锚固沟进行固定。搭接部位和结构物贯通部位要用膨润土颗粒和密封剂进行补强。

——保护层施工：防水毯铺设完后必须在保证不被水淋湿的前提下，当日完成保护层的施工，如以混凝土为保护层，则其厚度应在3～5cm及以上，同时亦要确保防水毯有连续的1436Pa以上的静水压力。回填土时，要用优质的砂土，厚度要大于300mm，保持85%以上的密实度，进行分层夯实。

3.4.4.4 水池管线设计

设循环水处理的水池要注明循环线路及设施要求。图3-81为模式管线布置图。

3.4.5 水生植物种植池

3.4.5.1 概述

一般将水生植物分为4种：

①挺水植物 植物的根茎生长于水的底泥之中，茎、叶挺出水面，常分布于0～1.5m的浅水处，其中有的生长于潮湿的岸边。如荷花、水生美人蕉等。

②浮叶植物 生于浅水中，叶浮于水面，根长在水底土中的植物，其中有一些水中叶和浮叶具有显著不同形态。如睡莲、王莲等。

③漂浮植物 茎叶或叶状体漂浮于水面，根系垂悬于水中漂浮不定的植物。如凤眼莲、大藻等。

④沉水植物 根扎于水下泥土之中，全株沉没于水面之下的水生植物。如金鱼藻、水盾藻等。

在风景园林施工时，栽植水生植物有两种不同的技术途径：一是在池底砌筑栽植槽，铺上至少15cm厚的培养土，将水生植物植入土中；二是将水生植物种在容器中，再将容器沉入水中。

室外水生植物造景，以有自然水体或与附近的自然水体(湖、河)相通为好。流动的水体能更新水质、减少藻类繁衍。按植物的生态习性设置深水、中水及浅水栽植区。通常深水区在中央，渐至岸边分别做中水、浅水和沼生、湿生植物区。无自然水体沟通的情况，可挖湖或造池，还可结合叠水、小溪、步石等丰富景观效果。考虑到一些水生植物不能露地越冬，多做盆栽处理。这种方便的栽植方法不但可保持水质的干净，有利于

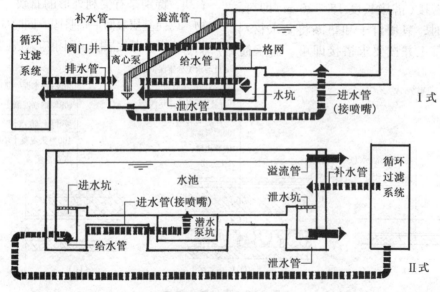

图3-81 水池管线布置示意

表 3-15　主要水生植物群落要求的水深范围

群落类型 特征	水深(m)	群落形态	主要植物种类
浅水沼泽挺水禾草、莎草、高草群落	0.3以下	密集的高1.5m以上的以线形叶为主的禾本科、莎草科湿生高草丛	芦苇、芦竹、香蒲、菖蒲、水葱、水稻、水竹、苔草、水生美人蕉、萍蓬草、杏菜、水生鸢尾类、千屈菜、红蓼、水蓼、两栖蓼、野慈姑、中华水韭、宽叶香蒲、箭叶雨久花、水蜡烛、薄荷、泽泻、菱角、金银莲花、荇菜等
浅水区挺水及浮叶和沉水植物群落	0.3~0.9	以叶形宽大高出水面1m以下的睡莲科、天南星科的挺水、浮叶植物为主	荷花、芡、白睡莲、柔毛齿叶睡莲、萍蓬草、杏菜、黑藻、苦草、眼子菜等
深水区沉水植物及漂浮植物群落	0.9~2.5	水面不稳定的群落分布和水下不显形的沉水植物	黑藻、苦草、眼子菜、篦萍、槐叶萍、雨久花、凤眼莲、竹叶眼子菜、微齿眼子菜、篦齿眼子菜、苦菜、密齿苦菜、穗花狐尾藻、大茨藻等

对植物的控制，还便于替换植株，更新设计。各种水生植物原产地的生态环境不同，对水位要求也有很大差异，多数水生高等植物分布在100~150cm的水中，挺水及浮叶植物常以30~100cm为适，沼生、湿生植物种类只需20~30cm的浅水即可。所以可按水生植物对水深的不同要求，在水中安置高度不等的水泥墩，再将栽植盆放在墩上表3-15。

在种植设计上，除按水生植物的生态习性选择适宜的深度栽植外，专类园的竖向设计也可有一定起伏，在配置上应高低错落、疏密有致。从平面上看，应留出1/2~1/3水面，水生植物不宜过密，否则会影响水中倒影及景观透视线。为此，山下、桥下、临水亭榭附近，一般均不宜种植水生植物，即使种植，也常在水体中设池或设置金属网，以控制水生植物的生长范围。对一些受到严重污染和富营养化的水体，宜配置石菖蒲、水葱、凤眼莲等可以吸污净化水质的植物。

3.4.5.2 水生植物种植池的构造

(1) 概述

自然式或者规则式水景池搭配适用的植物，可以增加观赏的情趣。为了利于水生植物的生长，应设水中的种植池。

图3-82为水生植物种植池的构造。其中(a)为阶梯式种植池，池底覆盖种植土，上面再覆有石子以作盖面。注意不同的水生植物，水的深度是不同的，水深应符合所种植的水生植物的生物特性。(b)为溢流式种植池，池底面用素土夯实，上覆

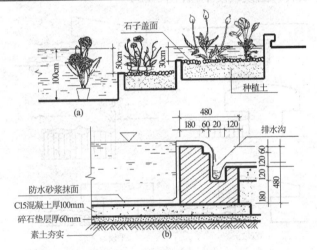

图 3-82　水生植物种植池的构造
(a)阶梯式种植池　(b)溢流式种植池

60mm厚的碎石垫层，再覆100mm厚的C15混凝土层，最后用防水砂浆抹面。

(2) 构筑要求

风景园林中大都采用优质杂用水作水源，也可以从其他的水体中引用流动水。水生植物水池在构筑时应设有进水口、排水口、溢水口等设施。水深一般控制在1.5m以内。

(3) 注意水生植物种植池的水体清洁

新池建好后，不仅要进行水池的养护管理，同时要对注入的池水进行处理，特别是城市用自来水中有消毒剂，对水中植物生长不利，应将池水放置一段时间再进行水生植物的种植。

3.4.6 池沿的处理

水池是风景园林景观中十分重要的景观元素，

因而其池沿的处理应服从整体景观设计，与周围的景观协调一致。

水池的形式可分为规则式及自然式两种。所谓规则式大都指形状呈几何形，而自然式则是模仿自然的湖池。

(1) 规则式池沿

规则式水池突出的是它的稳定以及形状与周边的和谐，水池形状线条清晰，池中水位最好与池边相平或略低于池边。作为水池的压顶，常见的池沿有6种形式，即有沿口、无沿口、单坡、双坡、圆顶以及平顶(图3-83)。

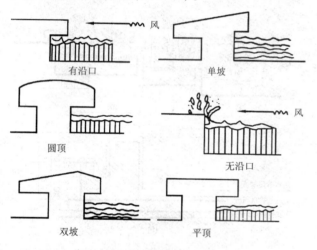

图 3-83 池沿的 6 种形式

池沿的建造常用材料有石材、砖、木材等。其中石材有花岗岩、砂岩等，而如水池有弧度，则可选用砖石的池沿。木材由于材质、纹理等很容易与周围环境融合，故是规则式池沿理想的材料。但由于木材容易腐烂，使用前应进行木材的防腐处理，以延长使用寿命。

(2) 自然式池沿

自然式池沿应突出与周围自然景观的联系，形式不拘泥规则形状，因地制宜，自由度较大。常采用草皮、散石、砖块、卵石，甚至植物等在池边容易得到的天然材料。根据需要，水池池沿应有较明显的边际，以示安全。

3.4.7 水池设计实例

(1) 北京某经济植物园水池设计

如图 3-84 至图 3-86 所示，分别为北京某经济植物园水池设计图。

这是该园东部轴线尽端的一个水池，园之东部地形居高，建筑有轴线处理，对称排列。由于地势高，很难潴留天然水，因而作人工水池种植一些水生植物作为尽端造景处理。水池由东面接上水管，通过3个喷泉落入池中，鉴于所栽培的水生植物所要求水深不同，而且入冬后要移入温室，所以采用不同高度的防锈铁盆架放置种植盆以适应不同水深的要求，这样即简化不同高程种植池的结构，只要池底保持泄水坡度即可，池水通过溢水或与泄水合流后引入园西面作为人工跌水水源之一，两者作循环水处理。

(2) 上海天山公园盆景式水池(图3-87，图3-88)

水池处在公园主要入口作对景处理，并引申两侧入园的园路。水池置于虎皮石砌的种植台上，由于台高仅60cm，近观时便可见水面的效果。水池小而浅，与台上微地形起伏相结合，有小跌水挂落，水量可控制调节。水池虽小但活跃了空间气氛。

(3) 广州流花湖公园水池

图 3-89，图 3-90 示出了该水池的平面图。水池位于该园青年活动区流花冰室附近，这个空间以水池为中心，外围布置花架走道和休息亭，用钢筋混凝土做成薄板仿石桥，板桥将水池分隔为大小两个水面，水池轮廓线比较自然流畅，池边和池中散点着具有广东园林特色的黄蜡石。池中有单射流喷水自石隙喷出，从剖面上可以看出池底有深浅、缓陡的坡度变化，水较深处置睡莲两盆，池周园路以喷泉为中心作放射线分割，园路宽度亦随池边有收有放地变化，草地上点缀预制钢筋混凝土仿木纹步石，加以各种植物种植，形成多种造园因素所构成的浑然一体的独立景区。

(4) 水生植物种植池

图 3-91 所示为某水生植物种植池池壁剖面。Ⅰ式为长方形水池的剖面，两边的水生植物种植槽用以种植浅水水生植物如慈姑、水葱等；Ⅱ式为创造深水种植池的做法；Ⅲ式为池中间和池边种植浅水水生植物，余下部分种植深水水生植物。

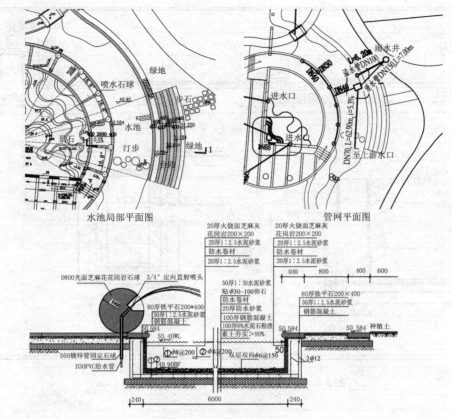

图 3-84 某广场水池设计图(1)

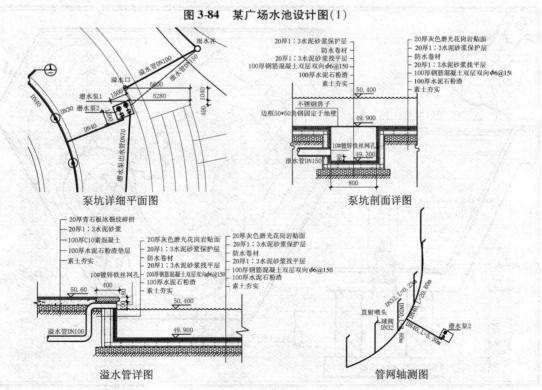

图 3-85 某广场水池设计图(2)

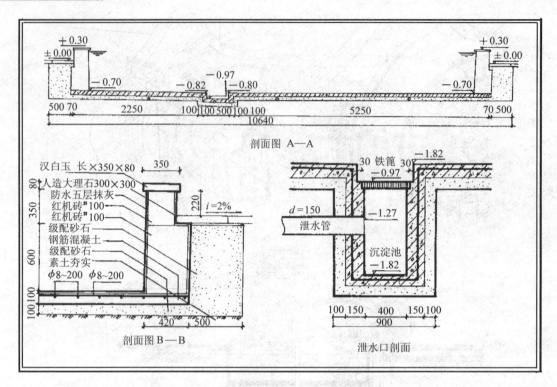

图 3-86　北京某经济植物园水池设计图(3)

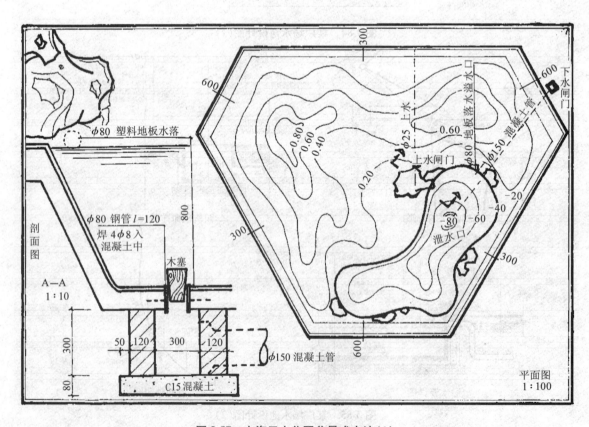

图 3-87　上海天山公园盆景式水池(1)

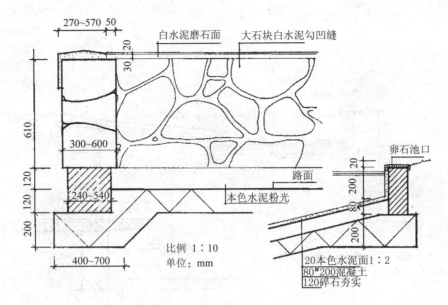

图 3-88　上海天山公园盆景式水池(2)

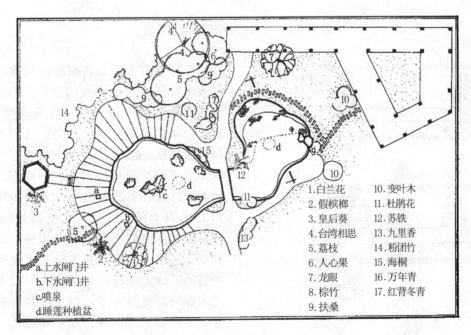

图 3-89　广州流花湖公园水池平面图

3.5 喷泉工程

3.5.1 概述

喷泉原是一种自然景观，是承压水的地面露头。但人工喷泉却是将压力水喷出后所形成的各种姿态作为一种动态水景供人们欣赏。目前在城市、风景园林以及住宅小区中大量运用人工喷泉这种水景形式，出现各种各样的喷泉如音乐喷泉、程序控制喷泉、旱地喷泉、雾化喷泉等。这主要是为了造景的需要，同时喷泉可以湿润周围空气、减少尘埃、降低气温。喷泉的细小水珠同空气分子撞击，能产生大量的负氧离子。因此，喷泉有

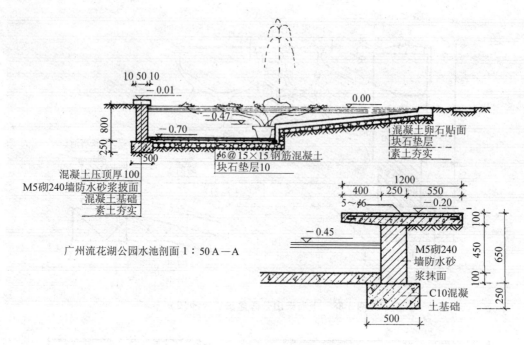

图 3-90　广州流花湖公园水池剖面图

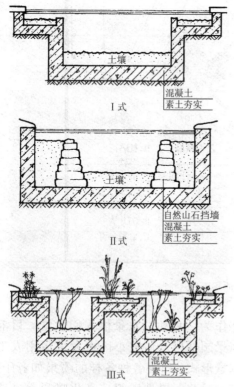

图 3-91　某水生植物种植池池壁剖面

益于改善城市面貌和增进居民身心健康。

喷泉起源很早，公元前6世纪在巴比伦空中花园中已建有喷泉。古希腊时代就已由饮用水的泉逐渐发展成为装饰性的泉。文艺复兴时期喷泉技术有很大的发展，这一时期的喷泉多与雕像、柱饰、水池等结合造景。17～18世纪，喷泉在欧洲城市盛极一时。到20世纪，喷泉发展成为一种大型水雕塑，用水柱构成各种形态。如日内瓦莱蒙湖上耸入云天的大喷泉，建于1958年，它用两台1360马力的水泵，将水喷到145m的高空。夜晚，巨型探照灯照射着银色水柱直划夜空，景色壮观。法国凡尔赛宫是人类艺术宝库中一颗绚丽夺目的明珠。这座庞大的宫殿，以东西为轴，南北对称。宫顶摒弃了法国传统的尖顶建筑风格而采用了平顶形式，显得端庄而雄浑。中轴线上建有雕像、喷泉、草坪、花坛、柱廊等。宫前广场有两个巨型喷水池，沿池伫立着100尊女神铜像，一条长1650m的运河引来塞纳河水，600多个喷头同时喷水，形成遮天盖地的水雾，在阳光下展现的七色彩虹颇为壮观。法国巴黎的德方斯广场上，有著名的"阿加姆"音乐喷泉，建于1980年，66个喷头呈"S"形布置，喷出1～15m高的水柱，随着音乐的变化，水柱有时轻歌曼舞，有时又挺拔高耸，这些喷泉多是利用电脑控制水、光、音、色，使喷泉艺术进入崭新的时代。

中国古典园林崇尚自然，力求清雅素净、富于野趣。在园林理水方面重视对天然水态的艺术再现，对于人工动态水的喷泉应用较少。18世纪，西方式的喷泉传入中国。1747年清乾隆皇帝在圆明园西洋楼建"谐奇趣"、"海晏堂"、"大水法"三大喷泉。这是由人工操纵的提水机械——龙尾车扭水旋转上升，形成高位水，由机械控制。近年来，随着城市现代化的发展，中国先后在北京的双秀公园、天坛公园、北京植物园等和相当多的城市广场中建造了各式雕像喷泉、时控喷泉、灯光音乐喷泉、可移动式喷泉和计算机控制的音乐喷泉等，种类繁多、形式多样，喷头射程加大，喷水形式亦多变，从水珠到雾状，设置地点不仅是原来的园林、广场，还包括街头小游园、小区，使喷泉融进与丰富了人们的生活，改善生活环境。

3.5.2 喷泉的组成与分类

(1) 喷泉的组成

喷泉的基本组成为土建池体、管道阀门系统、动力水泵系统、灯光照明系统等。

(2) 基本类型

①普通装饰性喷泉　常由各种喷头组成图案，以喷水展示图形，此为较常见的类型。

②人工水能造景型喷泉　利用瀑布、水帘、水幕等形式造景。它是将喷头置于高处，向下喷射；或与玻璃墙面相结合，使水顺流而下，形成水帘等。

③雕塑造型喷泉　喷泉的水形与雕塑或小品等相组合。

④自控喷泉　随着高科技的发展，现将喷泉技术与声、光、电等相结合，在计算机技术的支持下，造成各式多姿多彩、变幻旖旎的幻景。

(3) 按喷头安装方式分类

①固定喷泉　此类喷泉的特点是将喷头的底部安装在管道上，不能随意移动，这是常见的一种方式。

②浮动喷泉　此类喷泉的喷头与浮水物、水泵相结合，浮动于水面上，一般适用于水过深或底部泥泞而不适于安装固定喷头的场合。但其浮动的范围受动力线长度的限制。

(4) 按喷水池的构筑形式分类

喷水池种类很多，现将在园林景观中常见的形式介绍如下：

①水池喷泉　这是园林中最常见的一种形式，需要设计与构筑喷水池，并根据设计选择喷头的形式与数量。为了增加景观效果，特别是夜间的效果，在喷水池安装水下灯，使动感的喷泉更富有生气。

②旱地喷泉　将蓄水池、喷泉管道和喷头下沉到地面以下，喷水时水流回落到广场硬质铺装上，沿地面坡度排出。平常可作为休闲广场。如北京植物园、天津水晶城的旱地喷泉都受到广大游客的喜爱。

③涌泉　水由下向上涌出，呈水柱状，高度0.6~0.8m，可独立设置，也可以组成图案。常可用于广场、居住区、庭院、假山、水池。

④雾化喷泉　由多组微孔喷泉组成，水流通过微孔喷出，看似雾状，多呈柱形和球形。

3.5.3 喷头的类型与选择

3.5.3.1 概述

喷头是喷泉的一个主要组成部分，它的作用是把具有一定压力的水，经过喷嘴的造型，形成各种预想的、不同造型的水花，喷射在水面的上空，从而形成缤纷多彩的景象。因此，喷头的形式、结构、制造的质量和外观等，都对整个喷泉的艺术效果产生重要的影响。

喷头因受水流(有时甚至是高速水流)的摩擦，一般多用耐磨性好、不易锈蚀，又具有一定强度的黄铜或青铜制成。为了节约铜材料，亦使用铸造尼龙(几内铣氨)制造喷头，这种喷头具有耐磨、自润滑性好、加工容易、轻便(它的质量只有铜的1/7)、成本低等优点，但目前尚存在着易老化、使用寿命短、零件尺寸不易严格控制等问题，因此主要用低压喷头。

喷头出水口的内壁及其边缘的光洁度，对喷头的射程及喷水形有较大的影响，因此，设计时应根据各种喷嘴的不同要求或同一喷头的不同部位，选择不同的光洁度。

3.5.3.2 喷头的主要类型

喷头类型的选择要考虑喷泉的造型、组合形式、控制方式、周围环境条件、供水的水质情况、供水的流量以及投资等因素。喷泉喷头一般有3种基本类型：直流式、水膜式和雾化式。不同类型喷头的排列与组合，可以构造出千姿百态的喷泉形式(图3-92，表3-16)。

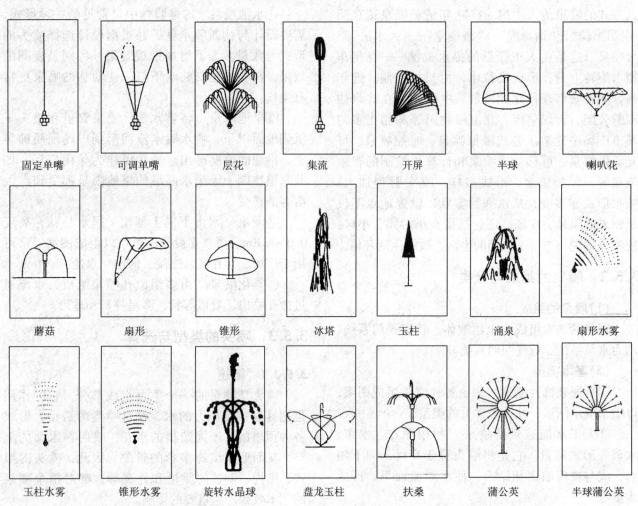

图 3-92 喷头水形示意

表 3-16 喷头型号

序号	组		型		序号	组		型	
	名称	代号	名称	代号		名称	代号	名称	代号
1	纯射流	C	固定单嘴	D	6	水膜射流	M	半球	H
2			可调单嘴	W	7			喇叭花	L
3			层花	C	8			蘑菇	M
4			集流	J	9			扇形	S
5			开屏	K	10			锥形	Z

(续)

序号	组 名称	组 代号	型 名称	型 代号	序号	组 名称	组 代号	型 名称	型 代号
11	泡沫射流	P	冰塔	T	17	旋转	X	旋转水晶球	Q
12			玉柱	U				盘龙玉柱	X
13			涌泉	Y	18	复合	F	扶桑	F
14	雾状射流	W	扇形水雾	S	19			半球蒲公英	H
15			玉柱水雾	U	20			蒲公英	P
16			锥形水雾	Z					

(1) 直流喷头

如图 3-93 所示，这是一种单喷嘴、直射流的喷头。水柱晶莹透明，线条明快流畅。射流轴线可以为 ±10° 的调节，安装调试灵活方便，组成图案的能力强，为最常用的喷头之一。

图 3-93　直流喷头

(2) 水膜式喷头

这类喷头品种很多（图 3-94 至图 3-97），但有一个共同的特点是在出水口的前面有一个形状各异、可以调节的反射器，当水流通过不同的反射器时，就可以强迫水流按预定角度喷出，呈现出不同的造型。一般水膜喷头的抗风性较差，不宜在室外有风的场合使用。常见的水膜式喷头有喇叭花、半球形喷头等。它是利用折射原理，喷水时形成均匀的薄膜，其形状在无风和一定的水压下可形成完整的喇叭花型，这种喷头适用于室内或庭院的喷水池。

扇形喷头喷水时水流自扁平的喷嘴喷洒，形成扇形的水膜。夜晚在水下灯的照射下，尤似五彩缤纷的孔雀开屏，绚丽多彩。可单独使用，也可多个组合造型。

图 3-94　喇叭花喷头

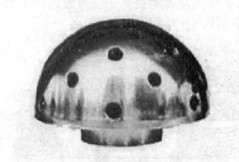

图 3-95　半球形喷头

图 3-96　扇形喷头

蘑菇喷头用水量少，喷水时水声较小，水膜均匀，形似蘑菇，在无风的条件下效果极佳，这种喷头应安装阀门调节水量，同时调节顶部盖帽，使喷水花型达到最佳效果。这种喷头适用于各种

图 3-97 蘑菇喷头

图 3-99 吸气喷头

场合的喷水池中。

（3）雾化式喷头（图 3-98）

工作原理：将水以微米或 10μm 级的雾状颗粒的形式喷出，这种喷头的内部有一个螺旋形的导水板，能使水进行圆周运动。因此当旋转的水流由顶部小孔喷出时迅速散开，弥漫成雾状的水滴。喷雾增加空气湿度和负离子，可吸附微小烟尘乃至有害气体，会大大提高除尘效率。

3.5.3.3 喷水形式

常见的有直射流、斜射流。在不同的水景实践中，它们或单独使用，或以不同的组合方式，结合不同的喷头，从而形成变化多端、美不胜收的水景。表 3-17 列出了常见的喷水形式、特点以及适用场所。

表 3-17 常见喷水形式

形态	特点	适用场所
水幕	水帘悬吊，飘飘下垂。若使水流平稳、边界平滑，则可使水幕晶莹透明，视若玻璃。若将边界加糙，使水流掺气，则可使雪花闪耀，增强观赏效果。边界加糙后，照明效果较好，有一定充氧、加湿效果，但水声较大	公园、庭院、大厅、儿童戏水池等
喷泉	垂直射流则如剑似锋，倾斜射流则柔媚舒展。既可单独成景，也可组成千姿百态的形式。冷却、充氧、加湿效果较好，但因射流水柱细而透明，照明效果较差，水量损失较大，要求水头较高，所以耗水、耗能较多	适应性强，分布广泛。广场、公园、庭院、餐厅、门厅、大厅、屋顶花园等均可布置
冰塔	在垂直射流的水柱中掺入空气（有时吸入池水），使水柱失去透明感，降低水柱高度，增加水柱直径，即可形成强烈反光水柱，形似冰塔。照明、冷却、充氧、加湿、除尘效果较好，耗能、耗水较多，水柱较低	适应性强，分布广泛。广场、公园、庭院、屋顶花园等均可布置

图 3-98 雾化式喷头

（4）吸气喷头

利用压力水在喷出时，在喷嘴的出水口附近形成负压区，由于压差的作用，将周围的水与空气吸入喷嘴外的套筒中，与喷嘴内喷出的水混合后一起喷出，水的体积因此膨大，同时形成大量细小的空气泡，使水体呈现出乳白色（图 3-99）。

(续)

形态	特点	适用场所
涌泉	清澈泉水自池底涌上，高低错落漫流横溢，可造成浓郁的野趣和寂静幽深的意境。要求水头不大，声音小，有一定的冷却、充氧作用，设备简单，耗能、耗水不大，但照明效果差	公园、庭院、屋顶花园、大厅等
水膜	利用各种缝隙式喷头将水喷成水膜；可组成各种新颖多姿的几何造型。冷却、充氧、加湿、除尘作用较好，声音较小，但照明效果较差，要求水头较大，耗水、耗能较多，水膜易受风的影响	广场、公园、庭院、门厅
水雾	利用撞击式、旋流式、缝隙式等喷头，将水喷成细碎的水滴或水雾，可造成水汽腾跃，云雾朦胧的景象，在阳光或灯光照射下，可使长虹映空，别具情趣。可用较少的水扩散到较大的范围内，照明、冷却、充氧效果好，但喷嘴易堵塞，易受风影响，要求水头较高，耗水、耗能较大	常与喷泉、瀑布、水幕等配合应用
孔流	水自水盘或水池中经孔口、管嘴等水平或倾斜流出，可组成各种活泼、玲珑的造型。要求水头不大，声音较小，设备简单	应用广泛，公园、广场、庭院、大厅、屋顶花园、儿童戏水池等均可布置
珠泉	将少量压缩空气鼓入清澈透明的池底，使池内珍珠进涌，水面鳞纹细碎，可使环境更加清新幽雅，富于变化。有一定的充氧作用，可防止池水腐化变质，不用水，能耗小，声音小，设备简单	常与镜池配合应用

3.5.4 喷水池的供水系统

3.5.4.1 喷泉供水系统

喷泉供水系统示意图如图 3-100 所示。

一般而言，目前城市喷泉的水源大多来自城市供水系统，一些天然水源较丰富的地区则应充分利用自然条件。从图 3-100 可以看到，作为喷泉的用水，应该是清洁的、无腐蚀性的，以及无气味的、符合卫生要求的水质，因而天然水源应经过处理后才能通过水泵而进入蓄水设备，以供作喷泉水源。

水泵是一种通用机械，其工作原理是电动机通过泵轴带动叶轮高速旋转，对液体做功，把机械能转换成液体能量，从而把液体输送到目的地。

由于喷嘴的形状等不同，一般的城市供水的自来水水压不稳，从而不能保证喷射的水形稳定，因而需要进行加压以及循环使用喷射的水源。常采用离心泵以及潜水泵的供水方式。

(1) 水泵的主要参数

①流量 Q　单位时间内排出液体的体积叫流量，用 Q 表示，单位为立方米/小时(m^3/h)、升/分钟(L/min)、升/秒(L/s)。

②扬程 $H(m)$　单位重量液体通过泵后所获得的能量叫扬程。泵的扬程包括吸程在内，近似为泵出口和入口压力差。扬程用 H 表示，单位为米(m)。泵的压力用 P 表示，单位为 MPa(兆帕)、千克(kg)/cm，$H = P/r$。

③效率 $h(\%)$　指泵的有效功率和轴功率之比。有效功率指泵的扬程×流量×比重(重量流量)

$Ne = rQH$　单位为千瓦(kW)

1 千瓦 = 102 公斤米/秒 = 75/102 马力

(2) 泵的型号意义

以 ISG50 – 160IA(B)为例说明：I 为采用 ISO2858 国际标准和 IS 型单级单吸离心泵性能参数的单级单吸离心泵；S 为清水型；G 为管道式；50 为进出口公称直径(口径)mm(50mm)；160 为泵叶轮名义尺寸单位为 mm(指叶轮直径近似 160mm)；I 为流量分类(不带 I 流量 12.5m^3/h，带 I 流量 25m^3/h)；A(B)为达到泵效率不大时，同时降低流量扬程轴功率的工况；A 为叶轮第一次切割；B 为叶轮第二次切割。

转速 n(r/min)，功率(功率和配用功率)Pa (kW)，气蚀余量(NPSH)r(m)，进出口径 φ (mm)，叶轮直径 D(mm)，泵重量 W(kg)。

3.5.4.2 离心泵循环供水系统

离心泵是利用离心力原理进行工作的，即在启动前把泵和进水管灌满水，或利用真空泵抽气再进行启动。它是利用叶轮高速旋转时所产生的离心力，将叶轮中心的水甩出形成真空，使水在

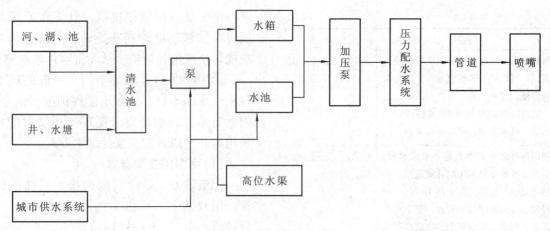

图 3-100 喷泉供水示意

大气作用下自动进入水泵,并将水压向出水管有单级与多级离心泵之分。普通离心泵自动供水装置工作时需将水泵和水泵吸水管内的空气一次性排净,通过逆止阀和闸阀等设施始终保持水泵和泵吸水管内处于充满水状态,随时都可启动。在风景园林喷泉中常用的离心泵见附录Ⅸ。

这种供水方式需另设计泵房和循环管道。水泵将给水经泵加压,通过水管送入喷头以喷水。同时水落入水池中又作为水泵的供水水源,水由此而循环使用(图 3-101)。此种方式,耗水量小,运行费用低,在泵房内可调控水形变化,操作方便,水压稳定。但由于须建泵房,要占用一定面积的场地,投资也会相应加大。一般在较大水景的场合使用。

3.5.4.3 潜水泵循环供水系统

该供水系统的主体为潜水泵,如图 3-102 所示。

潜水泵是机电一体化设备,结构紧凑,由水泵、密封体、电机等组成,分为立式与卧式两种。工作时只需将潜水泵放入水中即可启动工作,安装简单,移动方便。由于它结构简单、体积小、使用方便,因此得到了迅速发展。喷水池所用潜水泵是以水为介质而设计的,是建立在传统的流体力学模型基础上的,即将流体设想为理想状态的纯水。这种潜水泵适合抽清水,如遇含沙水,电机极易烧毁,因此,一般称之为清水潜水泵。它目前仍占据着绝大部分潜水泵市场。功率最大可达 1000~3500kW。扬程最大可达数十米至百米。小型潜水泵(单级泵)由于安装容易、使用方便,在小型喷水池中大量采用。潜水泵性能见附录Ⅹ。

该系统的特点是将潜水泵安装在水池内与管道相接,水经喷头喷射后落入池内,直接吸入泵内循环使用。其优点是布置灵活,系统简单,安装容易,无须再建造泵房,节约投资,易于管理。但不足之处是其对水质要求高,单级潜水泵潜入水下深度不能超过 5m,水温不能超过 40℃。

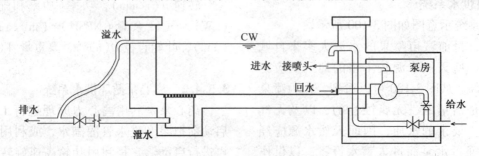

图 3-101 离心泵循环供水示意

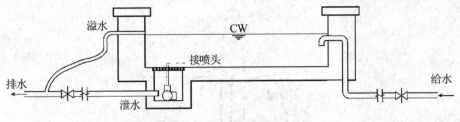

图 3-102 潜水泵循环供水示意

3.5.5 喷水池的设计

喷泉一般都采用自循环方式。进水管的设计要求在较短时间内能充满水池。管路与水泵应遵循结构紧凑、独立供水的原则，以便控制设备布局和方便进行系统的调试。

3.5.5.1 喷水池的设计

①喷水池的尺寸与规模，主要服从景观设计要求、功能以及投资状况。

②喷水池的设计又与喷水池所处的地理位置以及风向等关系极大，风力的大小将影响水池的喷水高度(图 3-103)。

图 3-103 中 h 为喷泉水柱高。喷水的水量应能回收，因而水柱高度应以与水柱离池边的距离相等为宜，即图中 $\theta = 45°$。随着风力的加大，θ 减小，即水柱高度降低，影响到水景的景观效果。

③水池应有一定的裕量，因当水泵停止工作时，水柱落下会使水池的池面升高，如未考虑裕量，水则会溢出。一般而言，池深以 500~1000mm 为宜。

图 3-104 为考虑水池外溢的容积设计示意图。

3.5.5.2 喷水池平面尺寸

喷水池的平面尺寸除满足喷泉的全套设施，即喷头、管道、水泵、进水口、泄水口、溢水口、吸水坑等外，还应考虑到当风速超过设计风速时水的飞溅等，因而在确定水池平面尺寸时，可将计算尺寸每边加大 500~1000mm。

3.5.5.3 喷水池深度

应按管道、设备等的实际布置为依据。如采用潜水泵供水系统时，应保证其吸水口的淹没深度不小于 500mm。有时为降低池深，可以采取一些措施：如将潜水泵安装在集水坑内；采用卧式潜水泵；在吸水口上方安装挡板，以降低挡水板边沿的流速，防止产生旋涡等。潜水泵坑或水泵吸水口则只需局部加深以满足吸水条件。泵坑表面可设置篦子，既可遮蔽设备又可作为格栅以阻止大颗粒杂质吸入。

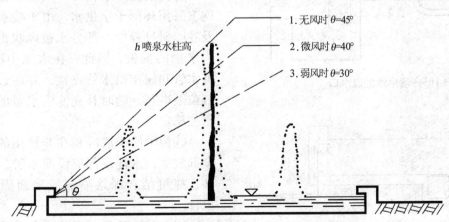

图 3-103 水池喷水高度与风力的关系

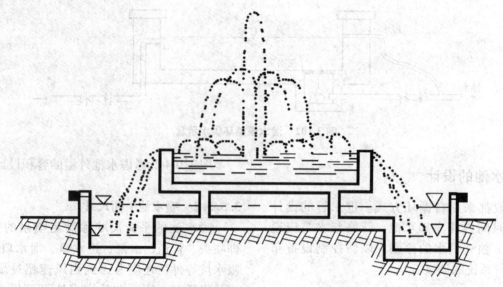

图 3-104　考虑水池外溢的容积设计示意

3.5.5.4　喷水池的溢水口、泄水口

溢水口与泄水口为维持一定水位和进行表面排污、保持水面清洁之用。常见的形式有堰口式、漏斗式、管口式等，可根据具体情况选择（图 3-105，图 3-106）。

如为较大型或大型水池，一个溢水口已不能满足要求，可在水池内较均匀地布置多个溢水口。

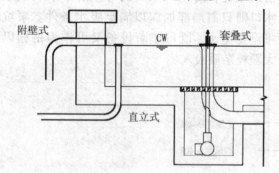

图 3-105　喷水池的溢水口

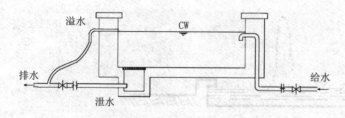

图 3-106　喷水池的泄水口

泄水口是为便于清扫、检修或防止水泵在停止使用时水质变腐、结冰等而设，一般均采用重力泄水。

3.5.5.5　喷水池的管道

喷泉管道网由输水管、配水管、补给水管、溢水管以及泄水管等组成。在进行其管道布置时应注意以下问题：

①在小型喷泉中，管道可直接埋入土中；而在大型且管路复杂的喷泉中，管路的铺设应按规范敷设。在池底铺设的仅是次要管道或直接与喷头相连的管道。

②为了使喷泉获得等高的射流，喷泉配水管网多采用环形十字供水。由于喷水池内水的蒸发及在喷射过程中一部分水被风吹走等造成喷水池内水量的损失，因此，在水池中应设补给水管。补水管和城市给水管连接，并在管上设浮球阀或液位继电器，随时补充池内水量的损失，以保持水位稳定。

③为了便于清洗和在非使用的季节，把池水全部放完，水池底部应设泄水管，直通城市雨水井，亦可结合绿地喷灌或地面洒水，此需另行设计。

④在寒冷地区，为防止冬季冻害，所有管道均应有一定坡度。一般不小于2%，以便冬季将管

内的水全部排出。

⑤连接喷头的水管应避免急剧的变化。如有变化，必须使水管管径逐渐由大变小，并且在喷头前必须有一段适当长度的直管，一般不小于喷头直径的20～50倍，以保持射流的稳定。

⑥对每个或每一组具有相同高度的射流，应有自己的调节设备。通常用阀门或整流圈来调节流量和水头。

3.5.6 喷水池管网设计

3.5.6.1 喷头流量计算

$$q = K\mu\sqrt{H}$$

式中　q——出流量，L/s；
　　　K——与喷嘴直径有关的系数（表3-18）；
　　　H——喷头入口水压，mH_2O；
　　　μ——流量系数。

一般设计计算值，圆锥形喷头 $\mu = 1$，理论值不是1。

表3-18　K值表

d (mm)	K	d (mm)	K	d (mm)	K	d (mm)	K
1	0.003479	21	1.534239	42	6.136956	82	23.392796
2	0.013916	22	1.683836	44	6.735344	84	24.547824
3	0.031311	23	1.840391	46	7.361564	86	25.730684
4	0.055664	24	2.003904	48	8.015616	88	26.941376
5	0.086975	25	2.174375	50	8.697500	90	28.179900
6	0.125244	26	2.351804	52	9.407216	92	29.446256
7	0.170471	27	2.536191	54	10.144764	94	30.740444
8	0.222656	28	2.727536	56	10.910144	96	32.062464
9	0.281799	29	2.925839	58	11.703356	98	33.412316
10	0.347900	30	3.131100	60	12.524400	100	34.79000
11	0.420959	31	3.343319	62	13.373276	110	42.095900
12	0.500976	32	3.562496	64	14.249984	120	50.097600
13	0.587951	33	3.788631	66	15.154524	130	58.795100
14	0.681884	34	4.021724	68	16.086896	140	68.188400
15	0.782775	35	4.261775	70	17.047100	150	78.277500
16	0.890624	36	4.508784	72	18.035136	160	89.062400
17	1.005431	37	4.762751	74	19.051004	170	100.543100
18	1.127196	38	5.023676	76	20.094707	180	112.719600
19	1.255919	39	5.291559	78	21.166236	190	125.591900
20	1.391600	40	5.566400	80	22.265600	200	139.160000

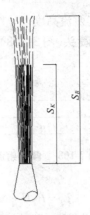

图3-107　射流喷头

（1）射流喷头（图3-107）

$$S_B = H/(1 + \alpha H)$$
$$H = S_B/(1 - \alpha S_B)$$

式中　H——水压，mH_2O；
　　　S_B——垂直射流高度，m；
　　　α——与喷嘴直径有关的系数（表3-19）。

$$\beta = S_B/S_K$$

式中　β——垂直射流高度与密实射流高度比值；

表3-19　α值表

d (mm)	α	d (mm)	α	d (mm)	α	d (mm)	α
1	0.2498	21	0.0083	42	0.0022	82	0.0004
2	0.1245	22	0.0077	44	0.0019	84	0.0004
3	0.0825	23	0.0071	46	0.0017	86	0.0003
4	0.0615	24	0.0066	48	0.0016	88	0.0003
5	0.0487	25	0.0061	50	0.0014	90	0.0003
6	0.0402	26	0.0057	52	0.0013	92	0.0003
7	0.0340	27	0.0053	54	0.0012	94	0.0003
8	0.0294	28	0.0050	56	0.0011	96	0.0003
9	0.0257	29	0.0047	58	0.0010	98	0.0002
10	0.0228	30	0.0044	60	0.0009	100	0.0002
11	0.0203	31	0.0041	62	0.0008	110	0.0002
12	0.0183	32	0.0039	64	0.0008	120	0.00014
13	0.0165	33	0.0036	66	0.0007	130	0.00011
14	0.0149	34	0.0034	68	0.0007	140	0.00009
15	0.0136	35	0.0032	70	0.0006	150	0.00007
16	0.0124	36	0.0030	72	0.0006	160	0.00006
17	0.0114	37	0.0029	74	0.0005	170	0.00005
18	0.0105	38	0.0027	76	0.0005	180	0.00004
19	0.0097	39	0.0025	78	0.0004	190	0.00004
20	0.0090	40	0.0024	80	0.0004	200	0.00003

S_K——密实射流高度。

(2) 倾斜射流喷头(图3-108)

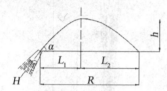

图3-108　倾斜射流

图3-108中：

$L_1 = B_1 H \quad L_2 = B_2 H \quad h = B_3 H$

$R = (B_1 + B_2)H = B_0 H$

$H \leq 20$m，可直接查B值表(表3-20)

表3-20　B值表

α(度)	B_0	B_1	B_2	B_3
10	0.680	0.339	0.341	0.030
15	0.985	0.489	0.496	0.066
20	1.250	0.617	0.633	0.113
25	1.467	0.719	0.748	0.170
30	1.633	0.796	0.837	0.234
35	1.727	0.829	0.898	0.300
40	1.763	0.835	0.928	0.367
45	1.740	0.812	0.928	0.431
50	1.661	0.761	0.900	0.489
55	1.532	0.688	0.844	0.540
60	1.362	0.598	0.764	0.583
65	1.161	0.497	0.664	0.616
70	0.938	0.391	0.547	0.640
75	0.704	0.285	0.419	0.655
80	0.468	0.185	0.283	0.663
85	0.229	0.089	0.142	0.666
90	0.000	0.000	0.000	0.667

若$H > 20$，应乘修正系数(表3-21)。

表3-21　系数表

水压H	喷嘴直径 mm			
	20	30	37	43.7
10	1.00	1.00	1.00	1.00
20	0.94	0.97	0.93	1.00
40	0.63	0.83	0.92	0.99
60	0.56	0.72	0.82	0.91

(3) 环隙式喷头(图3-109)

$q = 0.003479\mu(D^2 - d^2)\sqrt{H}$

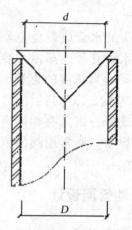

图3-109　环隙式喷头剖示

式中　μ——取1.0(μ值的变化范围在0.45~0.95之间，实际应用时取1)；

D——外圆直径；

d——芯子直径。

(4) 缝隙式喷头(图3-110)

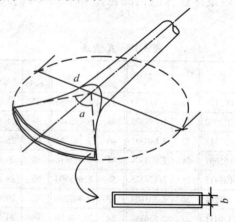

图3-110　缝隙式喷头

$q = 0.000027 d\alpha' b \sqrt{H}$

式中　d——喷管直径，mm 开缝管的曲率半径；

α'——水腔夹角；

b——缝隙的宽度，mm。

一般长度与宽度的比值采用5~10。

3.5.6.2　喷泉总流量计算(Q)

喷泉喷水的总流量，是指在某一时间内，同时工作的各个喷头，喷出的流量之和的最大值。即 $Q = q_1 + q_2 + \cdots + q_n$

3.5.6.3 管径计算

$$D = \sqrt{\frac{4Q}{\pi v}}$$

式中 D——管径；
Q——总流量；
π——圆周率；
v——流速，通常选用 $0.5 \sim 0.6 \text{m/s}$。

3.5.6.4 总扬程 H 的计算

总扬程 = 净扬程 + 损失扬程
净扬程 = 吸水高度 + 压力高度

损失扬程一般喷泉可粗略地取净扬程的 10%~30%。

喷泉设计中影响的因素较多，有些因素不易考虑，因此设计出来的喷泉不可能全部符合预计要求。为此对于复杂结构的喷泉，为了达到预期的艺术效果，应通过试验加以校正。

最后运转时还必须经过一系列的调整，甚至局部修改，以达目的。

3.5.6.5 涌流计算（图 3-111）

在水面上，水柱高度小于 5m

$$Q = 0.00011 d^2 \sqrt{h}$$

式中 d——管口内径，mm；
h——水柱高度，mm。

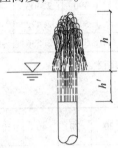

图 3-111 涌流示意

在水下涌流，则

$$Q = 0.00011 \frac{d^2 h}{H} \sqrt{h} \text{（其中 } h/H \text{ 见表 3-22）}$$

式中 h'——淹没深度。

表 3-23 为管口自由涌流表及涌高与水压的比值。

表 3-22 管口自由涌流量 L/s

h (mm) \ d	15.75 1/2″	21.25 3/4″	27.0 1″	35.75 1 1/4″	41.0 1 1/2″	53.0 2″	68.0 2 1/2″	80.5 3″	106.0 4″	139.0 5″	156.0 6″	203 8″
100	0.273	0.497	0.802	1.406	1.849	3.090	5.509	7.128	12.360	21.253	26.770	45.330
150	0.334	0.608	0.982	1.722	2.265	3.784	6.229	8.730	15.137	26.029	32.785	55.516
200	0.386	0.702	1.134	1.988	2.615	4.370	7.193	10.081	17.479	30.056	37.858	64.106
250	0.431	0.785	1.268	2.223	2.924	4.885	8.042	11.271	19.452	33.603	42.325	71.671
300	0.473	0.860	1.389	2.435	3.203	5.352	8.810	12.347	21.408	36.812	46.368	78.516
350	0.510	0.929	1.500	2.630	3.459	5.781	9.516	13.336	23.122	39.760	50.081	84.803
400	0.546	0.992	1.604	2.812	3.698	6.180	10.173	14.257	24.719	42.506	53.539	90.660
450	0.579	1.054	1.701	2.982	3.926	6.555	10.790	15.212	26.218	45.084	56.786	96.158
500	0.610	1.111	1.793	3.144	4.135	6.909	11.374	15.940	27.637	47.524	59.860	101.362
550	0.640	1.165	1.881	3.297	4.337	7.246	11.929	16.717	28.986	49.843	62.780	106.308
600	0.668	1.217	1.964	3.444	4.529	7.569	12.495	17.461	30.275	52.059	65.572	111.036
650	0.696	1.266	2.044	3.534	4.714	7.878	12.968	18.174	31.511	54.185	68.249	115.569
700	0.722	1.314	2.122	3.720	4.892	8.175	13.458	18.860	32.701	56.231	70.827	119.934

（续）

d h(mm)	15.75 1/2″	21.25 3/4″	27.0 1″	35.75 11/4″	41.0 11/2″	53.0 2″	68.0 21/2″	80.5 3″	106.0 4″	139.0 5″	156.0 6″	203 8″
750	0.747	1.360	2.196	3.850	5.064	8.462	13.930	19.521	33.848	58.204	73.311	124.140
800	0.772	1.405	2.268	3.976	5.230	8.739	14.386	20.162	34.958	60.112	75.715	128.211
850	0.796	1.448	2.338	4.099	5.391	9.009	14.828	20.782	36.034	61.963	78.039	132.159
900	0.819	1.490	2.406	4.218	5.547	9.270	15.259	21.385	37.089	63.759	80.309	135.990
950	0.841	1.531	2.472	4.333	5.699	9.524	15.677	21.971	38.095	65.506	82.509	139.716
1000	0.863	1.575	2.536	4.446	5.847	9.771	16.085	22.542	39.085	67.209	84.654	143.347

注：d、h 单位均为毫米。

表 3-23　涌高与水压的比值 h/H

淹没深度 h′(mm)	10	20	30	40	50	60	70	80	90	100	120	140	160	180	200	250	300
h/H	0.64	0.58	0.51	0.48	0.44	0.41	0.38	0.35	0.33	0.31	0.27	0.23	0.20	0.17	0.14	0.10	0.07

3.5.6.6　孔口和管嘴计算（图 3-112）

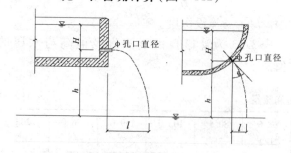

图 3-112　孔口和管嘴计算

水平射流距离：$l = 2\varphi \sqrt{H+h}$

倾斜射流距离：$h = \dfrac{l^2}{4\varphi^2 H\cos\theta} + l\,\mathrm{tg}\theta$

式中　l——孔口出流的水平射距，m；
　　　φ——孔口流速系数，可查相关表格；
　　　H——孔口淹没深度，m；
　　　h——水线跌落高度；
　　　θ——倾斜角。

3.5.6.7　跌水计算（图 3-113）

$$Q = 4.67\,D\,H^{3/2}$$

宽堰顶　$q = mb\sqrt{2g}\,H^{3/2} = MbH^{3/2}$

式中　Q, q——流量；
　　　m, M——流量系数；
　　　b——堰口宽度；

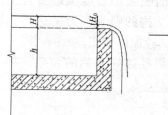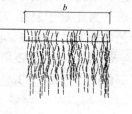

图 3-113　跌水计算

H——堰顶水深，m，$H = H_0 + v_0^2/2g$；
D——水盘直径，m。

表 3-24 为不同堰顶水深 H 时每米长水帘流量 q 值。

表 3-24　不同堰顶水深（H）时每米长水帘流量 q 之值

H(m)	q(L/s)	H(m)	q(L/s)
0.002	0.13	0.011	1.71
0.003	0.24	0.012	1.96
0.004	0.38	0.013	2.20
0.005	0.53	0.014	2.46
0.006	0.69	0.015	2.77
0.007	0.87	0.016	3.00
0.008	1.06	0.017	3.30
0.009	1.27	0.018	3.58
0.010	1.48	0.020	4.20

表 3-25 为管径的公制与英制对照表。

表 3-25　管径的公制(mm)与英制(″)对照表

英制	1/2″	3/4″	1″	$1\frac{1}{2}$″	2″	3″
公制	15	20	25	40	50	80
英制	4″	5″	6″	8″	10″	12″
公制	100	125	150	200	250	300

3.5.7 喷泉控制系统

随着科学技术的发展以及人们对水景欣赏要求的提高，一般小型喷泉采用的以时间继电器为主体的定时控制喷泉已不能满足要求，而是要求声、光、电同时控制，因而计算机控制的音乐喷泉、激光喷泉等受到人们的喜爱。常用的控制方式有程序控制，它是用继电器、接触器等进行控制，现已极少采用。而单片机、可编程控制器(PLC)工控机等已占主要地位。喷泉的形式还有音乐喷泉、多媒体音乐控制喷泉等形式。

喷泉控制系统主要由计算机控制系统、音频控制系统、喷泉系统和灯光控制系统等组成。

3.5.7.1 计算机控制系统

(1) 单片机控制的音乐喷泉

单片机是将 CPU，部分 I/O(输入/输出)接口等集成在一片芯片上，它适用于一般的城市广场、居民住宅小区等场合。由于其价格低廉，投资成本低，因而得到广泛应用。其结构框图如图 3-114 所示。

(2) 可编程控制器(PLC)控制的音乐喷泉

可编程控制器是一种将 CPU，存储器，输入模块，输出模块整体组装在一起的一种小型工控机，它的抗干扰能力强，通过选择不同的输入、输出模块，即可组成不同的控制系统。运用 PLC 可按时间分段，每段时间可以通过程序控制不同的输出，从而启动相应的水泵、喷嘴以形成不同的水形、彩灯、传动机械、音响等，使喷泉循环有序地运行。高级 PLC 还可输出多种模拟信号，通过变频器控制水泵转速等，产生多组花形变化。

(3) 多媒体音乐控制喷泉

随着科学技术的发展，喷泉的发展已将音乐、动画、控制以及管理等系统集成于一体，出现了水幕电影、多媒体演示、仿真、激光表演等人工智能系统，这即为多媒体音乐控制喷泉的新含义。该系统主要由工业 PC，I/O 卡，A/D(模拟量/数字量)转换卡、声音信号处理系统、喷头控制系统等组成。在要求高、系统复杂的多媒体音乐控制喷泉系统中还采用现场网络总线，由多台计算机、多台控制器组成(图 3-115)。

图 3-115 中的上位主控机是一套多媒体工控机，现场控制系统能实现全程实时音控，自行识别乐曲旋律、节奏感，此种系统多用于大型或超大型喷泉系统中。

3.5.7.2 音频控制系统

音频控制系统主要是将音乐信号进行频谱分

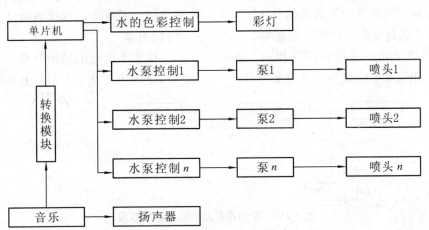

图 3-114　单片机控制音乐喷泉结构框图

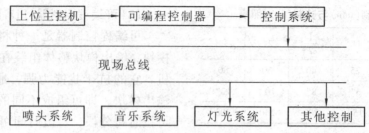

图 3-115　多媒体音乐控制喷泉结构框图

析和延时处理，提取音乐信号中适合喷泉控制的有效成分送给主控机，并能将音乐信号任意延时，使喷泉和音乐同步。音频控制系统主要由音乐播放器、前置放大器、功率放大器、监听音箱及音柱组成。

音乐喷泉顾名思义是喷泉按音乐的节奏而进行动作，随着音乐节拍的改变，喷头的花形、水量的大小等也在改变，富于活力。计算机通过对音频及 MIDI 信号的识别，进行译码和编码，最终将信号输出到控制系统，使喷泉及灯光的变化与音乐保持同步，从而达到喷泉水形、灯光及色彩的变化与音乐情绪的完美结合，使喷泉表演更生动，更加富有内涵。

音乐喷泉的起伏变化主要是由水泵转速变化来控制的，常采用变频器来实现。其基本原理如图 3-116 所示。

喷泉喷水的起伏变化实际上是音乐信号节奏强弱的变化，也是其频率的变化。音乐信号的频率变化通过 F/V（频率/电压）转换电路，变成电压变化，作为变频调速的输入，从而控制了水泵电机的转速，也就控制了喷头花形的水量的变化。

图 3-116 中的变频器是电压型变频调速器，一般由整流器、滤波系统和逆变器 3 部分组成。在其工作时首先将三相交流电经过桥式整流变为直流电，脉动的直流电压经平滑滤波后在微处理器的调控下，用逆变器将直流电再逆变为电压和频率可调的三相交流电源，输出到需要调速的电动机上。电机的转速与电源频率成正比，通过变频器可任意改变电源输出频率，从而任意调节电机转速，实现平滑的无级调速。水泵采用变频调速技术具有一定的节能效果，这也是变频器在音乐喷泉控制系统得推广应用的原因。

3.5.7.3　喷泉系统

喷泉系统主要由喷泉控制器、变频器、水泵、多功能阀、喷头及供水管网组成（图 3-117）。喷泉水泵目前已采用变频调速技术，实现水泵无级调速，能根据音频信号的强弱随时调节水泵速度。多功能阀及喷头则由喷泉专用控制器控制，可根据设定的程序变化水形。

3.5.7.4　灯光控制系统

音乐喷泉是集声、光、电为一体的大型工程，一般而言，灯光的变化与音乐的变化是同步的，在喷泉控制系统中同样受到微计算机的控制。

(1) 分类

①按水下彩灯的结构分类

1) 全封闭式水下彩灯：其光源全部安装在防

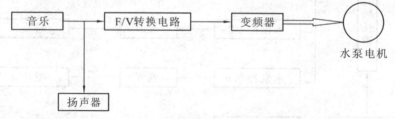

图 3-116　变频控制工作原理结构框图

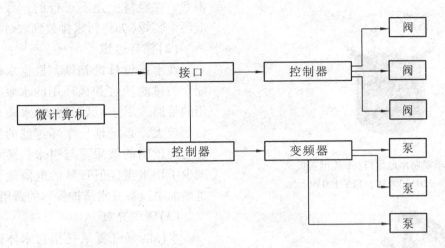

图3-117 喷泉系统构成框图

水的灯壳内，光线通过灯具的保护玻璃射出。用密封圈进行防水，其防水密封程度靠机械压力来保证。

2）半封闭式水下彩灯：其光源的透光部分直接浸在水中，而光源与电源的接线部分在密封的灯壳内。用密封圈进行防水，其防水密封性由机械压力来保证。

3）高密封水下彩灯：是用特殊的环氧树脂，把光源和电源的连接部分全部灌封，使它既无漏水间隙，又无储水空间，杜绝了漏水的可能性，实现光源与灯壳一体化的水下灯具。

② 按灯壳的材料分类　按其灯壳材料可分4类，即塑料、铝合金、黄铜及不锈钢。

③ 按光源的发光原理分类　常用光源有钨丝灯、卤素灯、金卤灯、LED、光纤灯等，均可作水下灯的光源。但随着节能及防止光污染的要求越来越高，绿色光源的水下灯已普遍地运用在音乐喷泉的灯光系统中。

(2) 水下灯的型号（图3-118）

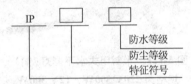

图3-118 水下灯的型号

(3) 水下灯的选择

LED：安全、可靠，平均寿命 $10 \times 10^4 h$，可达5~10年之久。光效 50~200lm/W，光谱窄，无需过滤直接发出有色可见光。耗电量少。单管功率 0.03~0.06W，采用直流驱动。常用直流电压 DC12V，其防护等级为 IP65，功率为 5~12W。图3-119 为大功率超亮度 LED 水下灯，图3-120 为旱喷防水地埋灯。

图3-121 中为半封闭式水下彩灯，其外壳可用压铸黄铜壳或不锈钢，硅胶密封套。当采用12V的水下灯时，由于喷泉水下灯的数量大，因此，可采用直流电或特殊变压器供给所需的电源。

图3-119 大功率超高亮度 LED 水下灯

图 3-120　旱喷防水地埋灯(不锈钢盖板)，规格为 220V 300W，12V 100W

图 3-121　半封闭式水下彩灯(铜)，规格为 220V 300W，12V 300W

表 3-26 示出了 3WLED 水下灯与以卤素灯为光源的水下灯的性能比较，从而可以看到以 LED 为光源的水下灯的优势。

表 3-26　水下灯性能比较

灯具	寿命(h)	发光效率(lm/W)	50 000h 耗电量(度)	50 000h 替换次数
3WLED 水下灯	>50 000	50	180	0
80W 水下灯(卤素灯)	2000	15	4000	25

3.5.8　传统景观水处理方法及存在问题

3.5.8.1　物理方法

景观水体净化的物理方法有机械过滤、疏浚底泥、光调节、水位调节、高压放电、超声波等，这些方法效果明显，但不易普及，难以大规模实施。

(1) 引水换水

由于没从水质变差的成因上考虑，引水换水是不科学的，并且一次性换水会造成水源的大量浪费，在经济上是不可行的。另一个问题是会造成污染转嫁(如将污水排放到农村)，因此不提倡。

(2) 循环过滤

在水景设计的初期，根据水体的大小，设计配套的过滤沙缸和循环用的水泵，并且埋设循环用的管路，用于以后日常的水质保养。如果水体面积较大，必定延长循环过滤的周期，使水质不能达到预期的效果。与引水、换水相比较，虽然减少了用水量，但日常的电能耗费增加了，同时也增加了设备日常维护保养的费用。

(3) 曝气充氧

水体的曝气复氧是指对水体进行搅动，增加空气或氧气与水的接触以提高水中的溶解氧含量，使其保持好氧状态，防止水体黑臭现象的发生。曝气复氧是景观水体常见的水质维护方法，目前曝气的方式主要有自然跌水曝气和机械曝气。自然跌水曝气充氧效率低，但无能耗，维护管理简单，在要求充氧量较大时一般很难满足；机械曝气充氧效率高，选择灵活，广泛应用于湖泊或水塘的充氧。为了保证鱼类的供氧，水体中溶解氧一般应大于 3mg/L(亦即 B 类水质标准值)，充氧机数量一般为 10~15 亩水面设 1 台曝气机。研究表明纯氧曝气能在较短的时间内，降低水体的有机污染，提高水体溶解氧浓度，增加水体自净能力，达到改善环境质量的积极效果。但曝气的方法只能延缓水体富营养化的发生，不能从根本上解决水体富营养化。

3.5.8.2　化学方法

投加化学灭藻剂，能杀死藻类。但久而久之，水中会出现耐药的藻类，灭藻剂的效能会逐渐下降，投药的间隔会越来越短，投加的量会越来越多，灭藻剂的品种也要频繁地更换，对环境的污染也在不断地增加，而这种污染甚至会影响人类的下一代。所以，用化学方法处理水质，虽然立竿见影，但其危害也显而易见。

3.5.8.3　微生物方法

在景观水水质恶化的时候，投加适当、适量的微生物(各类菌种)，可加速水中污染物的分解，起到水质净化的作用。微生物的繁殖速度很快，呈几何级增长，每一次繁殖都会或多或少地产生一些变异品种，导致微生物处理水质能力下降，而且很难控制其数量。此外，微生物的生长又受环境的影响很大，如温度、气压等。同时微生物的分解物会造成藻类的大量繁殖，再次导致水质变坏。

因此用微生物处理水质，必须定期进行微生物的筛选培育、保存、复壮等一系列专业处理过程，同时难以保证水质状况长期处于良好的状态之中。

3.5.8.4　水生动植物系统

水生动植物系统在控制藻类的过度繁殖，对防止水体富营养化的发生起到的作用尚需进一步试验，若处理不当，反而会造成水体的污染和富营养化。许多景观水体养鱼、种植一些水生植物后，鱼类的排泄物和植物的腐殖质落叶等，均造成水体混浊、发臭。

3.5.8.5　投加 PSB

投加 PSB 是一种新颖的处理方法，具有工艺简单，无需单独建处理构筑物，一次性投资省等特点。但投加菌种所需费用较高，处理费用会相应增加。同时由于光合细菌属光能自养菌，不含有硝化及反硝化菌种，因此，光合细菌对微污染水或废水中的有机污染物的去除率较高，但对氮、磷等植物营养物只能以 $COD:N:P = 100:5:1$ 的比例去除，去除率相对较低。导致湖泊、塘水等缓流水体发生富营养化的根本原因是由于氮、磷等植物性营养物的大量流入，由于光合细菌不具有脱氮除磷的特性，因此，对于微污染水采用投加光合细菌的处理方法，从根本上解决不了水体富营养化的问题。

3.5.9　景观水体的根本治理方法

自然界是一个十分复杂的系统，要营造类似于自然水体的景观，较为科学的方法是采用综合治理的办法——即外师造化、师法自然、综合治理。只有这样，方可营造出长期清澈美丽生动的自然水景。

①水清问题　运用适当技术治理底质和水质，使水体清澈自然，是为治本。

②水美问题　为体现观赏性，通过养种水生动植物（如鱼虾、水草等），可营造出生动美丽的水岸、水面、水中、水底景观，是为治标。

③维护问题　这样的水景可以保持长期稳定，清澈美丽，日常维护成本低廉。

第4章 风景园林道路工程

4.1 概述

道路的修建在我国有着悠久的历史。黄帝拓土开疆，统一中华，发明舟车，开始了道路交通的新纪元。道路的名称源于周朝。根据《诗经·小雅篇》记载："国道如砥，其直如矢"，说明古代道路笔直、平整。《周礼·考工记》中又载："匠人营国，方九里，旁三门，国中九经九纬，经涂九轨，环涂七轨，野涂五轨……"。说明当时城市道路网的规划布局，当时还把道路分等，即径（牛马小路）、畛（可走车的路）、涂（一轨）、道（二轨）和路（三轨）。秦朝以后称"驰道"或"驿道"，元朝称"大道"。清朝由京都至各省会的道路为"官路"，各省会间的"道路"为"大路"，市区街道为"马路"。20世纪初，汽车出现后则称为"公路"或"汽车路"。

从考古和出土文物来看，我国道路铺地的结构及图案均十分精美。如战国时代的米字纹、几何纹铺地砖，秦咸阳宫出土的太阳纹铺地砖，西汉遗址中的卵石路面，东汉的席纹铺地砖，唐代以莲纹为主的各种"宝相纹"铺地砖，西夏的火焰宝珠纹铺地砖等。近期在圆明园含经堂发掘出的砖雕莲花铺地纹、圆形毡帐砖雕铺地纹均十分精美。在古代园林中铺地多以砖、瓦、卵石、碎石片等组成各种图案，具有雅致、朴素、多变的风格，为我国园林艺术的成就之一。现存的古典园林中雕砖卵石嵌花路及苏杭私家庭园中的各种花街铺地等是古代园林道路铺装的典范。

近年来，随着园林事业的发展，风景园林道路也在不断延伸发展，它包括风景区中的景区道路以及城市公园中的园林道路、广场铺装等，其中既有高等级的车行公路，也有供游人骑车、慢跑、步行的康体路及健身径，还包括诸如广场、磴道、台阶、汀步、桥涵等道路的变体。风景园林道路不仅具有交通的功能，还是园林景观的重要构成部分，既要满足一定的技术要求，还要美观、整齐，并通过各种新材料、新工艺为园林增添新的光彩。为叙述方便，下文中"风景园林道路"简称为"园路"。

4.1.1 道路

道路是供各种车辆和行人等通行的基础工程设施。道路按照其使用范围分为公路、城市道路、厂矿道路、林区道路及乡村道路等。而风景园林道路则是城市道路和公路在城市公园绿地和风景名胜区中的延伸。

公路根据使用任务、功能和适应的交通量分为高速公路、一级公路、二级公路、三级公路、四级公路5个等级。不同等级的公路的技术标准也不相同。风景名胜区内也有公路交通，多为三、四级公路，其分级及技术标准见表4-1。

城市道路按其在城市道路系统中的地位、交通功能分为4类：快速路、主干路、次干路、支路（表4-2）。城市道路除快速路外，各类道路依城市规模、交通量、地形分为Ⅰ，Ⅱ，Ⅲ级，分别为大、中、小城市采用。

表 4-1 公路的分级与技术标准

公路等级	汽车专用公路								一般公路					
	高速公路				一		二		二		三		四	
地形	平原微丘	重丘	山岭	平原微丘	山岭重丘	平原微丘	山岭重丘	平原微丘	山岭重丘	平原微丘	山岭重丘	平原微丘	山岭重丘	
计算行车速度(km/h)	120	100	80	60	100	60	80	40	80	40	60	30	40	20
行车道宽度(m)	2×7.5	2×7.5	2×7.5	2×7.0	2×7.5	2×7.0	8.0	7.5	9.0	7.0	7.0	6.0	3.5	
路基宽度(m) 一般值	26.0	24.5	23.0	21.5	24.5	21.5	11.0	9.0	12.0	8.5	8.5	7.5	6.5	
路基宽度(m) 变化值		24.5	23.0	21.5	20.0	23.0	20.0	12.0					7.0	4.5
极限最小半径(m)	650	400	250	125	400	125	250	60	250	60	125	30	60	15
停车视距(m)	210	160	110	75	160	75	110	40	110	40	75	30	40	20
最大纵坡(%)	3	4	5	5	4	6	5	7	5	7	6	8	6	9

表 4-2 城市道路的分级与技术标准

项目	级别	设计年限(年)	计算车速(km/h)	双向机动车车道数(条)	机动车车道宽度(m)	分隔带设置	横断面采用形式
快速路		20	80, 60	4, 8	3.75~4	必须设	双、四幅路
主干路	I	20	60, 50	4, 6	3.75	应设	双、三、四
	II		50, 40	≥4	3.75	应设	双、三
	III		40, 30	4	3.5~3.75	宜设	双、三
次干路	I	15	50, 40	4	3.75	应设	双、三
	II		40, 30	4	3.5~3.75	设	单双
	III		30, 20	2~4	3.5		单双
支路	I	10	40, 30	2~4	3.5~3.75	不设	单幅路
	II		30, 20	2	3.5	不设	单幅路
	III		20		3.5	不设	单幅路

道路是一种线形工程结构物,它包括线形组成和结构组成两大部分。道路的线形就是指道路中线在空间的几何形状和尺寸。道路的中线是一条三维空间曲线,称为路线。道路中线在水平面上的投影称为路线平面,反映路线在平面上的形状、位置及尺寸的图形称为路线平面图。用一曲面沿道路中线竖直剖切展成的平面称为路线纵断面,反映道路中线在断面上的形状、位置及尺寸的图形称为路线纵断面图。沿道路中线上任一点所作的法向剖切面叫作横断面,反映道路在横断面上的结构、尺寸形状的图形叫作横断面图。如图 4-1 所示。道路的结构组成主要包括路基、路面,一般用道路的横断面表示。除此以外还有诸如桥涵、排水系统、隧道、防护工程、特殊构造物、沿线的交通安全、管理、服务以及环保设施等组成。

4.1.2 园路

园路特指城市园林绿地和风景名胜区中的各种室外道路和所有硬质铺装场地。其中风景名胜区中既有供车辆行驶的公路和盘山道,也有专为游人步行开辟的磴道和游步道以及专门的自行车道;在各类公园中不仅有供游人使用的道路广场,也有供园务交通的车行道。各种园路是贯穿全园的交通网络,是联系各个景区和景点的纽带和风景线,是组成风景园林的造景要素。无论从实用

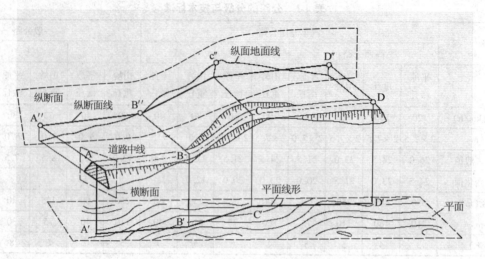

图 4-1　道路的平面、纵断面及横断面

功能上,还是在美观方面,均对园路的设计有一定的要求。

4.1.2.1　园路的功能作用

(1) 组织空间、引导游览

在公园和风景名胜区中常常是利用地形、建筑、植物或道路把全园分隔成各种不同功能的空间,同时又通过道路,把各个空间联系成一个整体。它能将设计者的造景序列通过组织观赏游览程序传达给游客,起到向游客展示园林风景画面的作用;另外,可通过园路的布局和路面铺砌的图案,引导游客按照设计者的意图、路线和角度来游赏景物。

(2) 组织交通

园路不仅对游客的集散、疏导起重要作用,而且也应满足园林绿化、建筑维修、养护、管理、安全、防火、职工生活等园务工作的交通运输需要。对于小公园,园路游览功能和交通运输功能可以结合在一起考虑,以便节省用地。对于大型园林,由于园务工作交通量大,需要分开设置以避免互相干扰,为车辆设置专门的路线和出入口。

(3) 各种活动场地的铺筑

广义的园路不仅包括道路,还包括为游人活动所安排的各种铺装广场和运动场地。这些场地的开辟为游人活动提供了便利条件。

(4) 构成园景

园路优美的曲线创造了园路的形式美,同时丰富多彩的路面铺装也创造了复杂变化的地面景观,并可与周围的山、水、建筑、花草、树木、石景等景物紧密结合,不仅是"因景设路",而且是"因路得景",所以园路可行、可游,行游一体。

(5) 综合功能

可以利用园路组织降水的排放,防治水土流失,利用园路的不同铺装形式进行空间的界定、功能区划分、障碍性铺装等,具有其他综合功能。

4.1.2.2　园路的特点

园路与城市道路和公路相比有以下特点:

① 园路为造景服务,行游合一;

② 园路路面形式变化多样,具有较高的艺术表现力;

③ 园路路面结构薄面强基,可以低材高用,综合造价低;

④ 园路往往与园林排水等设施相结合,兼具多种功能。

4.1.2.3　园路的类型

(1) 园路的基本类型

园路是具有一定宽度的带状构筑物。按照园路横断面的不同一般有3种类型,即路堤型、路堑型和特殊型园路。

路堑型园路　横断面采用立道牙,其构造模式如图4-2所示。城市市政道路大多采用这种结构，路面常需设置雨水口和排水管线等附属设施将雨水组织到地下管线中去，道路断面上还设置绿化带将道路分为多块板的结构以利于保持行车速度和交通组织。

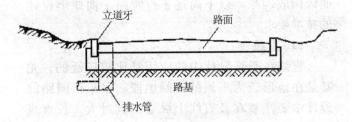

图 4-2　路堑型园路示意

路堤型园路　采用平道牙，路面两侧设置明沟来组织路面雨水的排放。横断面由主路面、路肩、边沟、边坡等组成，其构造模式如图 4-3 所示。路面较宽的路堤型园路也可以设置绿化分隔带。宽度较小的园路常无路肩，边沟也可以是路侧的浅沟。

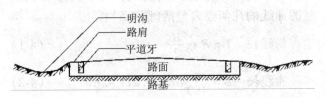

图 4-3　路堤型园路示意

特殊型园路　其路线或为非连续的，或其横断面宽度连续变化，或因坡度陡峭而产生形式上的变化，包括步石、汀步、磴道、攀梯、栈道等（图 4-4）。

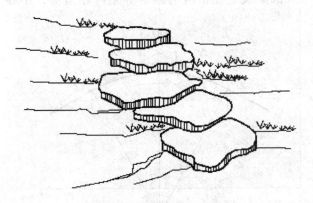

图 4-4　特殊型园路示例

(2) 园路的分类

路面根据划分方法的不同，可以有许多不同的分类。按路面使用材料的不同可分为 3 类。

①整体路面　包括水泥混凝土路面和沥青混凝土路面。

②块料路面　包括各种天然块石或各种预制块料铺装的路面。

③碎料路面　用各种不规则的砾石、碎石、瓦片、卵石、粗砂等组成的路面。路面可以用胶结材料固结，也有不胶结的粒料路面。而由煤屑、三合土等组成的路面，多用于临时性或过渡性园路。

4.2　园路的设计

4.2.1　园路设计的基本内容和准备工作

4.2.1.1　园路设计的基本内容

园路设计的内容主要包括园路的几何线形设计、结构设计和面层装饰设计三大方面。

园路的几何线形设计　需要解决的主要问题包括在运动学及力学方面的安全、舒适；在视觉及运动心理学方面的良好效果；与园林环境的协调关系以及经济性。为了在设计中表达及表述的方便，通常把园路的几何线形设计分解为园路的平面、纵断面和横断面来分别研究处理，然后结合地形及环境条件综合考虑。

园路的结构设计　是根据地形地质、交通量及荷载等条件，确定园路结构中各个组成部分所使用的材料、厚度要求等。园路的结构设计要求用最小的投资、尽可能少的外来材料及养护成本，在自然力、人及车辆荷载的共同作用下，使它们在使用年限内能保持良好状态，满足使用要求。

园路的面层装饰设计　是选用各种面层材料，确定其色彩、纹样和图案、表面处理方式等，以形成各种地面纹理变化，使之成为园景的组成部分。

4.2.1.2 园路设计的准备工作

(1) 实地勘查

熟悉设计场地及周围的情况,对园路的客观环境进行全面的认识。勘查时应注意以下几点:

①了解基地现场的地形地貌情况,并核对图纸;

②了解基地的土壤、地质情况、地下水位、地表积水情况的成因及范围;

③了解基地内原有建筑物、道路、河池及植物种植的情况,要特别注意保护大树和名贵树木;

④了解地下管线(包括煤气、供电、电信、给排水等)的分布情况;

⑤了解园外道路的宽度及公园出入口处园外道路的高程。

(2) 涉及的有关资料

资料应包括以下几项:

①原地形图,比例1∶500或1∶1000。

②风景园林设计图,包括竖向设计、建筑、道路规划、种植设计等图纸和说明书,图纸比例1∶500或1∶1000。要明确各段园路的性质、交通量、荷载要求和园景特色。

③搜集水文地质的勘测资料及现场勘查的补充资料。

4.2.2 园路的几何线形设计

4.2.2.1 园路的平面线形设计

园路中线在水平面上的投影形状称为平面线形。园路的平面线形是由3种线形——直线、圆曲线和缓和曲线所构成的,称之为"平面线形三要素"。通常直线与圆曲线直接衔接(相切);当车速较高、圆曲线半径较小时,直线与圆曲线之间以及圆曲线之间要插设回旋型的缓和曲线。

行车园路平面线形设计一般原则是:

①平面线形连续、顺畅,并与地形、地物相适应,与周围环境相协调;

②满足行驶力学上的基本要求和视觉、心理上的要求;

③保证平面线形的均衡与连贯;

④避免连续急弯的线形;

⑤平曲线应有足够的长度。

园路在不考虑行车要求时,可以降低线形的技术要求,在不影响游人正常游览的前提下常常结合地形设计,采用连续曲线的线形,以优美的曲线构成园景。以下简述车行园路平面线形设计的技术要求。

(1) 直线

直线在园路设计中的应用是比较广泛的,尤其是在地形较为平坦的开阔地段。在车行园路的设计中要注意在长直线上纵坡不宜过大。长直线适于与大半径凹形竖曲线组合。

(2) 圆曲线

在风景区的公路和公园行车道路的设计中,无论转角的大小,都应设置平曲线。为游人设计的步行园路也要考虑游人的赏景心理而设置必要的平曲线。圆曲线是平曲线的主要组成部分,在设计中使用广泛。

对于确定了半径的圆曲线,当不设缓和曲线时圆曲线的几何要素包括(图4-5):

切线长　　$T = R \operatorname{tg} \dfrac{\alpha}{2}$ 　　(4-1)

曲线长　　$L = \dfrac{\pi}{180} \alpha R = 0.01745 \alpha R$ 　　(4-2)

外距　　$E = R\left(\sec \dfrac{\alpha}{2} - 1\right)$ 　　(4-3)

超距　　$D = 2T - L$ 　　(4-4)

式中　α——转角,°;

　　　R——圆曲线半径,m。

圆曲线半径值应与地形等条件相适应,半径

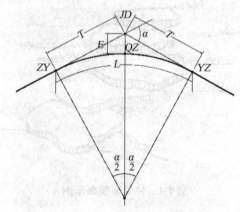

图4-5 圆曲线的几何要素

分极限最小半径、一般最小半径和不设超高的最小半径3种。在风景区的公路和公园行车道路中圆曲线最小半径的规定值见表4-3和表4-4。圆曲线半径的选用应同前后线形要素相协调,使之构成连续、均衡的曲线线形,并注意与纵面线形相配合,必须避免小半径曲线与陡坡相重合。设计时,应尽量采用较大的半径,一般应采用大于或等于表中所列的不设超高的最小半径;当条件不允许时,才采用设超高的一般最小半径或极限最小半径。园路在不考虑行车速度时可以采用汽车的最小转弯半径作为圆曲线的最小半径,一般不小于10m。

(3)道路超高、超高缓和段与曲线加宽、加宽缓和段

在圆曲线上车辆的行驶除受到重力 G 的作用,还受到离心力 C 的作用,两种力的合力作用使得行驶在平曲线上的汽车有两种横向不稳定的危险,即向外滑移和倾覆。汽车转弯时的受力分析如图4-6所示。为了平衡离心力,需要把路面做成外侧

高的单向横坡形式,即道路超高。风景区公路圆曲线部分最大超高值在一般地区为8%,积雪冰冻地区最大值为6%,公园园路在计算行车速度为60~50km/h 时最大为4%,计算行车速度为40~20km/h 时最大为2%。

从直线段的路拱双向坡断面,过渡到小半径曲线上具有超高横坡的单向坡断面,要有一个逐渐变化的区段,称为超高缓和段。超高先将外侧车道绕路中线旋转,当达到与内侧车道同样的单向横坡后,整个断面绕未加宽前的内侧车道边缘旋转,直至超高横坡值。超高的渐变率在计算行车速度为30km/h 时为1:75。

汽车在弯道上行驶,由于前后轮的轮迹不同,前轮的转弯半径大,后轮的转弯半径小。因此,弯道内侧的路面要适当加宽,如图4-7所示。园路曲线加宽的宽度见表4-5。加宽的过渡段称为加宽缓和段。加宽缓和长度采用与缓和曲线或超高缓和段相同的长度。既不设缓和曲线,又不设超高的平曲线,加宽缓和段应按渐变率为1:15且长度

表4-3 风景区公路圆曲线最小半径

公路等级	三		四	
	平原微丘	山岭重丘	平原微丘	山岭重丘
计算行车速度(km/h)	60	30	40	20
极限最小半径(m)	125	30	60	15
一般最小半径(m)	200	65	100	30
不设超高最小半径(m)	1500	350	600	150

表4-4 公园行车道路圆曲线最小半径

设计速度(km/h)	50	40	30	20
不设超高的最小半径(m)	400	300	150	70
设超高的推荐半径(m)	200	150	85	40
设超高的极限最小半径(m)	100	70	40	20

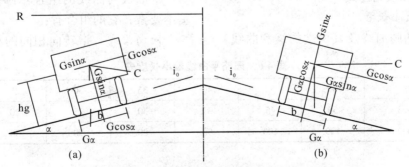

图4-6 圆曲线上汽车的受力分析图
(a)曲线内侧 (b)曲线外侧

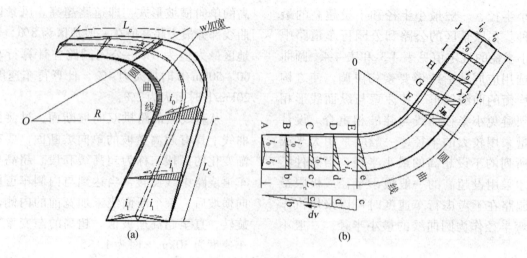

图 4-7 平曲线上路面的超高、加宽示意
(a) 超高加宽示意 (b) 曲线的超高

表 4-5 不同转变半径平曲线加宽值 m

轴距加前悬	平曲线半径								
	250~200	200~150	150~100	100~70	70~50	50~30	30~25	25~20	20~15
5	0.4	0.6	0.8	1.0	1.2	1.4	1.8	2.2	2.5
8	0.6	0.7	0.9	1.2	1.5	2.0			

不小于 10m 的要求设置。

(4) 缓和曲线

缓和曲线是设置在直线和曲线之间的或半径相差较大的两个同向的圆曲线之间的一种曲率逐渐变化的曲线。路线在弯道上要设置超高和加宽，从双面横坡过渡到单面横坡，和由直线上的正常宽度过渡到圆曲线上的加宽宽度，这一过程变化一般是在缓和曲线长度内完成的。一般缓和曲线多采用回旋线，曲线半径 R 与回旋长度 L 成反比。园路的设计等级较低时，可以不设缓和曲线，而是用超高、加宽缓和段相连接。

(5) 平曲线的最小长度

如平曲线（包括圆曲线及其两端的缓和曲线）太短，汽车在曲线上行驶时间过短会使驾驶操纵来不及调整，一般都应控制平曲线的最小长度。园路的平曲线和圆曲线最小长度应符合表 4-6 的规定。

(6) 平面线形的组合与衔接

① 直线与曲线的组合 为保证行车的平顺性，要求直线与曲线彼此协调且有比例地交替。路线直曲的变化应缓和匀顺。平面曲线的半径、长度与相邻的直线长度应相适应。应避免长直线顶端加小半径曲线。

② 曲线与曲线的组合 圆曲线是曲线组成的基本要素，它的组合有：

同向曲线 指转向相同的相邻两曲线 [图 4-8

表 4-6 园路平曲线最小长度表

设计速度 (km/h)	60	50	40	35	30	25	20
圆曲线最小长度 (m)	50	45	35	30	25	20	20
平曲线最小长度 (m)	120	100	90	80	70	50	40

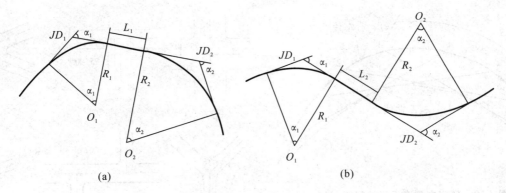

图 4-8　同向曲线与反向曲线
(a) 同向曲线　　(b) 反向曲线

(a)]。同向曲线间的直线 L_1 最小长度(m)宜大于或等于6倍的计算行车速度数值。

反向曲线　是指转向相反的两相邻曲线[图4-8(b)]。两反向曲线间最小直线 L_2 长度(m)宜大于或等于2倍的计算行车速度数值。

复曲线　是指两同向曲线直接相连、组合而成的曲线(图4-9)。

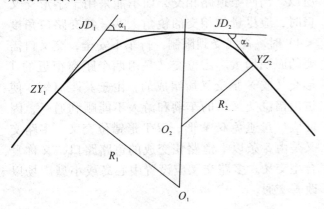

图 4-9　复曲线

(7) 行车视距

为保证行车安全，司机看到一定距离处的障碍物或迎面来车后，刹车所需的最短安全距离，称为行车视距。道路平面、纵断面或交叉口设计中，均应保证必要的行车视距。行车视距分为停车视距、会车视距、错车视距和超车视距等。

①停车视距　是指在汽车行驶时，当视高为1.2m，物高0.1m时，驾驶员发现前方障碍物，经判断决定采取制动措施到汽车在障碍物前安全停住所需的最短距离。

②会车视距　一般来说车行园路应保证会车视距的要求，而会车视距约是停车视距的2倍。园路的停车视距和会车视距见表4-7。

③视距曲线　如图4-10所示，AB 是行车轨迹线，从汽车行驶在轨迹线上的不同位置(图中的1，2，3……)引出一系列弧长等于需要的最短视距 S 的视线(图中的 1—1'，2—2'，3—3'……)，与这些视线相切的曲线(包络线)称为视距曲线。

汽车在弯道上行驶时，必须清除视距区段内侧横净距 Z 内的障碍物，如图 4-11 所示。一般来说，检查弯道内平面视距能否保证的方法是视距曲线法，在视距曲线与轨迹线之间的空间范围，是保证通视的区域，在这个区域内如有障碍物则要予以清除。

(8) 园路交叉节点设计

园路借助交叉口相互连接形成道路系统。交

表 4-7　园路的停车视距和会车视距

设计速度(km/h)	60	50	40	35	30	25	20
停车视距(m)	75	55	40	35	30	25	20
会车视距(m)	150	110	80	70	60	50	40

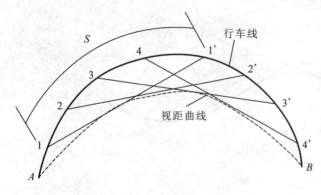

图 4-10　弯道内侧应保证的区域

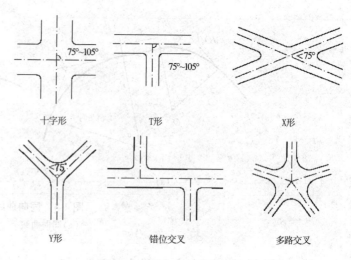

图 4-12　道路交叉节点的形式

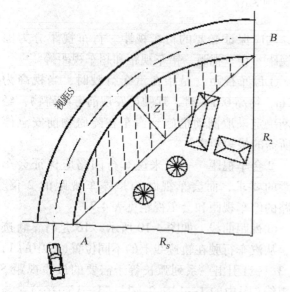

图 4-11　横净距平面图

叉节点应综合考虑其几何形状和交通组织方式，以保证车辆交通安全，游人集散通畅。一般常见的交叉节点按其几何形状划分为十字形、T 形、X 形、Y 形、错位交叉和多路交叉等（图 4-12）。

十字形交叉和 T 形交叉相交道路的夹角在 90°±15°范围内，路口形式简单，交通组织方便，是常见的最基本的交叉口形式。X 形交叉和 Y 形交叉是交角小于 75°或大于 105°的交叉。当相交的锐角较小时，将形成狭长的交叉口，对交通不利。所以，当两条道路相交，如不能采用十字形交叉口时，应尽量使相交的锐角大些。斜交路口角度 <45°时，视线受到限制，行车不安全，交叉口需要的面积增大。错位交叉是由两个距离很近的 T 形交叉或 Y 形交叉所组成的，由于其距离短，使进出错位交叉口的车辆和游人不能顺利通行，因此应尽量避免双 Y 形、双 T 形错位交叉。多路交叉是由 5 条以上道路相交成的道路路口，又称复合型交叉。多路交叉应设置中心岛或小型广场以改善交通。

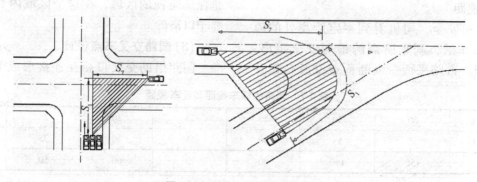

图 4-13　交叉口的视距保证

园路交叉点应保证转角处的行车视距,并清除该范围影响视线的障碍物。如图4-13所示。

交叉节点转弯处缘石半径一般在不考虑行车速度时,应大于行驶车辆的最小转弯半径,多为

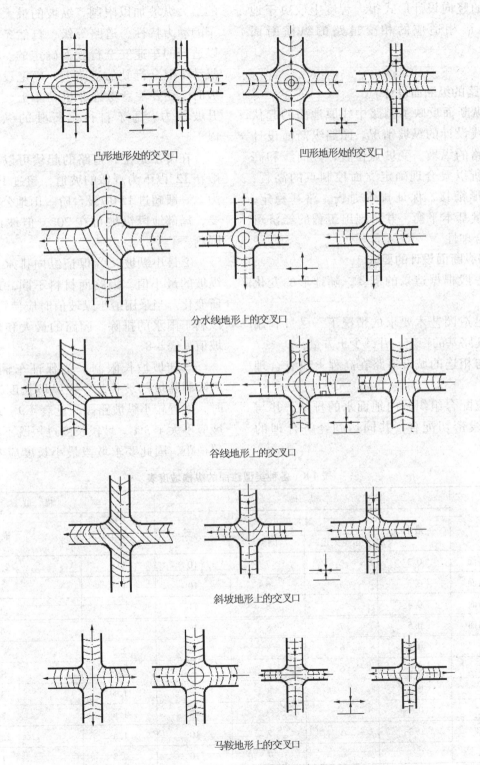

凸形地形处的交叉口　　　　　　凹形地形处的交叉口

分水线地形上的交叉口

谷线地形上的交叉口

斜坡地形上的交叉口

马鞍地形上的交叉口

图4-14　交叉节点的竖向设计

6~9m，个别困难地段可采用5m。游步道的缘石半径最小可采用2m。

交叉口的竖向设计形式很大程度上取决于地形以及与地形相适应的相交道路的纵横断面（图4-14）。

4.2.2.2 园路的纵断面设计

园路的纵断面反映了园路中线原地面的起伏情况以及路线设计的纵坡情况。园路纵断面设计在于确定园路的纵坡、变坡点位置、竖曲线和高程的设计。所以要合理确定立面控制点的高程，并以平顺线形衔接，保证排水通畅、路基稳定、土石方填挖量基本平衡，并体现出工程的经济可行性和技术合理性。

(1) 园路纵断面设计的要求

① 园路一般根据造景的需要，随地形的变化而起伏变化；

② 在满足造园艺术要求的情况下，尽量利用原地形，保证路基的稳定，并减少土方量；

③ 园路与相连的城市道路在高程上应有合理的衔接；

④ 园路应配合组织园内地面水的排除，并与各种地下管线密切配合，共同达到经济合理的要求。

(2) 园路的纵坡

① 最大纵坡 为保证行车安全等，应对园路的最大纵坡加以限制。纵坡的最大限值是根据汽车的动力特性、道路等级、自然条件，保证车辆以适当的车速安全行驶而确定的。在机动车和非机动车混合行驶的道路上，确定设计容许最大纵坡时，还要注意考虑非机动车上、下坡的安全和升坡能力。适于自行车行驶的纵坡宜在2.5%以下。

在游步道上，道路的起伏可以更大一些，一般在12°以下为舒适的坡道，超过12°时行走较费力，一般超过15°应设台阶。山地公园因通汽车需要，局部地段纵坡可在20°，但坡道长度应严格限制。

② 最小纵坡 为保证纵向排水，园路应限制纵坡的最小值。因路面材料不同，最小纵坡也有所变化。当采用最小纵坡值时应使用大的横坡值，以利于雨水的排除。园路的最大和最小纵坡及横坡值见表4-8。

③ 陡坡坡长限制 为保证车辆的行车安全，应限制陡坡的坡长，并在纵坡长度达到限制坡长时，设置较小纵坡路段，见表4-9。缓和坡段的纵坡应不大于3%。坡段长度过短既不利行车、又有碍视距，因此要求坡段最小长度应不小于相邻两

表4-8 各种类型路面的纵横坡度表   %

路面类型	纵坡				横坡	
	最小	最大		特殊	最小	最大
		游览大道	园路			
水泥混凝土路面	0.3	6	7	10	1.5	2.5
沥青混凝土路面	0.3	5	6	10	1.5	2.5
块石、炼砖路面	0.4	6	8	11	2	3
拳石、卵石路面	0.5	7	8	7	3	4
粒料路面	0.5	6	8	8	2.5	3.5
改善土路面	0.5	6	8	8	2.5	4
游步小道	0.3	—	8	—	1.5	3
自行车道	0.3	3	—	—	1.5	2
广场、停车场	0.3	6	7	10	1.5	2.5
特别停车场	0.3	6	7	10	0.5	1

表 4-9　车行园路纵坡限制坡长

计算行车速度(km/h)	80			60			50			40		
纵坡度(%)	5	5.5	6	6	6.5	7	6	6.5	7	6.5	7	8
纵坡限制坡长(m)	600	500	400	400	350	300	350	300	250	300	250	200

竖曲线的切线长度之和。当车速在 20～50km/h 之间时,坡段长度不宜小于 60～140m。

为自行车设计的园路纵坡大于或等于 2.5% 时,应按表 4-10 的规定限制坡长。

表 4-10　自行车道纵坡限制坡长　　　　m

坡度(%)	3.5	3	2.5
自行车道	150	200	300

(3) 竖曲线

相邻两坡度线的交点称变坡点。在纵断面设计线的变坡点处,为保证行车安全、缓和纵坡折线而设的曲线称为竖曲线。变坡点处的转角称为变坡角,以 ω 表示。ω 值近似等于相邻两纵坡度的代数差,即 $i_\omega = i_1 - i_2$。

式中　i_1, i_2——相邻纵坡线的坡度值,上坡为正,下坡为负。

如图 4-15 所示,变坡点在曲线上方,为凸形竖曲线。变坡点在曲线下方,为凹形竖曲线。

园路在纵坡变更处均应设置曲线,竖曲线的最小半径和最小长度规定如表 4-11。通常应采用大于或等于表列一般最小值,当受地形条件及其他特殊情况限制时方可采用表列极限最小值。

表 4-11　竖曲线最小半径和竖曲线最小长度

竖曲线半径(m)		80	70	60	50	40	35	30	25	20	15
凸形	极限最小半径	3000	2000	1200	900	400	300	250	150	100	60
	一般最小半径	4500	3000	1800	1350	600	450	375	250	150	90
凹形	极限最小半径	1800	1350	1000	700	450	350	250	170	110	60
	一般最小半径	2700	2025	1500	1050	675	525	375	255	165	90

注:非机动车道,凸、凹形竖曲线最小半径为 500m。

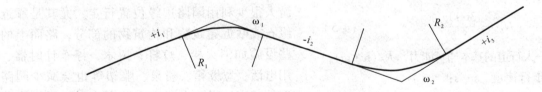

图 4-15　竖曲线与变坡角

凸形竖曲线设置的目的在于缓和纵坡转折线,保证汽车的行车视距。如图 4-16 所示,如变坡角较大时,不设竖曲线就可能影响视距。无论变坡角大小如何,均需设置竖曲线,以保证行车安全与平顺。

汽车沿凹形竖曲线路段行驶时,在重力方向受到离心力作用而发生颠簸和引起弹簧负荷增加。凹形竖曲线主要为缓和行车时汽车的颠簸与震动而设置。凹形竖曲线半径,一般应尽量采用大于

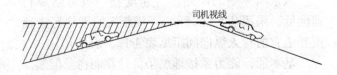

图 4-16　凸曲线设置目的

竖曲线一般最小半径的数值,其值约为极限最小半径的 1.5 倍。竖曲线半径应尽量选用较大值,以利视觉和安全。

4.2.2.3 园路的横断面设计

园路横断面设计的主要任务是在满足交通、环境以及排水要求的前提下,经济合理地确定园路的宽度和横坡度值。

(1) 园路的通行能力

通行能力是指在一定的道路和交通条件下,单位时间通过某一断面的最大车辆数或行人数量。园路的通行能力是园路规划设计的基本依据,其具体数值因具体情况不同而有显著的变化。由于园路上的机动交通量不大,因此园路宽度通常以非机动车和游人的通行能力作为设计依据。

①自行车车道通行能力 根据自行车高峰期间连续车流通过观测断面时实测资料计算,自行车路段可能通行能力推荐值为:有分隔设施时,为 2100veh/(h·m);无分隔设施时,为 1800veh/(h·m)。不受平面交叉口影响的一条自行车车道的路段设计通行能力可以按可能通行能力的 0.9 倍计算,而受交叉口影响的自行车车道的路段设计通行能力有分隔设施时推荐值为 1000~1200veh/(h·m);以路面标线划分机动车道与非机动车道时,推荐值为 800~1000veh/(h·m)。

②人行园路通行能力 人行园路基本通行能力按下式计算:

$$N_{bw} = \frac{3600 v_p}{S_p b_p} \quad (4-5)$$

式中 N_{bw}——人行道的基本通行能力,人/(h·m);
 v_p——步行速度,m/s;
 S_p——行人纵向间距,采用 1m;
 b_p——行人行走时的横向宽度,采用 0.75m。

风景园林中的园路步行速度较一般道路步行速度低,采用 0.5~0.8m/s。成年人的平均行走速度和适宜的行人纵向间距见表 4-12,表 4-13。

基本通行能力系按理想条件计算而得。但实际上,横向干扰、携带重物、地区季节影响、环境景物、标贴橱窗的吸引力等,对步行速度均有影响,因此应对基本通行能力予以折减。

(2) 园路的宽度

园路的宽度应根据游人的交通流量、可接受的游人密度和游人的行走速度等因素来确定。

$$W = \frac{NS}{V} \quad (4-6)$$

式中 W——园路的最小宽度,m;
 N——游人的交通流量,人/min;
 S——人均占用道路面积,m²/人;
 V——游人的行走速度,m/min。

该公式从运动学的角度来校验园路宽度是否能满足设计的交通流量,不考虑美学因素和其他可变因素,园路的宽度还应根据设置的目的和其他因素而定。除非是在游人拥挤的情况下,一般游人很少利用园路边缘位置行走,尤其是靠近路缘石或贴近建筑物和构筑物的部分,路面上的一些设施如消火栓、灯杆、树木、停车计时器、公用电话、垃圾箱、喷泉、雕塑等也会减少园路的有效宽度,因此在确定园路宽度时应予以充分考虑(表 4-14,表 4-15)。

①重点风景区的游览大道及大型园林的主干道的路面宽度,应考虑能通行卡车、大型客车。园路宽度应根据估算的游人量进行核算,一般不小于 5m。

表 4-12 成年人的平均行走速度表

类型	m/min	km/h
普通成年人	78	4.3
老年人(75 岁)	64.5	4.0
成群并行的成年人	60	3.7
爬台阶(向下)	45.6	2.8
爬台阶(向上)	33.9	2.0

表 4-13 适宜的行人纵向间距 m

步行环境描述	鱼贯出入	购物环境	正常步行交通环境	散步休闲
适宜的纵向间距	1.8	2.7~3.6	4.5~5.4	≥10.5

表 4-14　园路游人平均流量、速度和密度

示意图	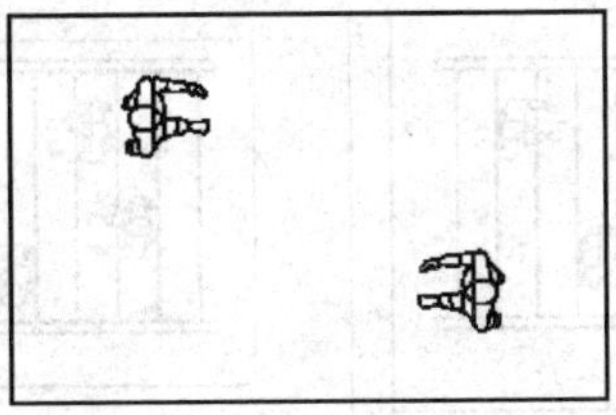 （图示）	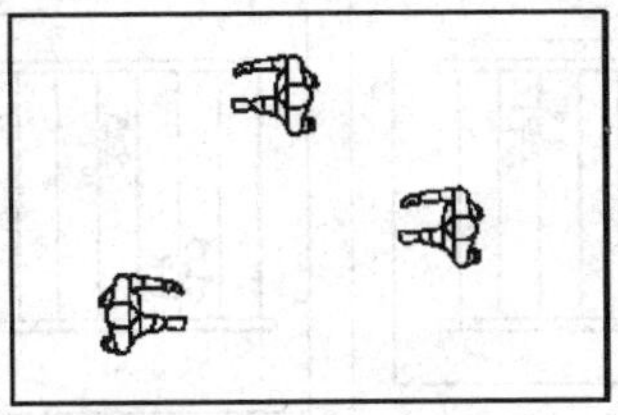 （图示）	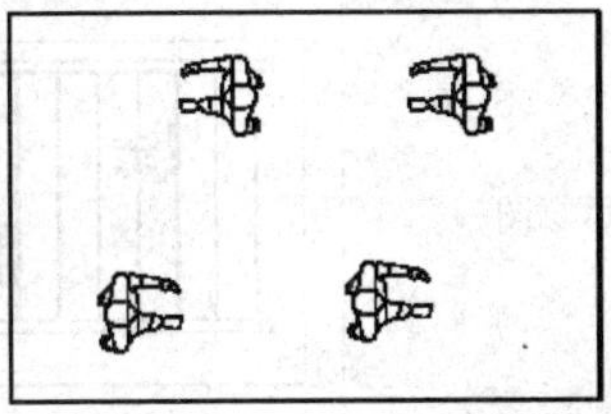 （图示）
每米宽园路平均流量（人/min）	≤23	23~33	33~49
游人平均速度（m/min）	79	76~79	70~76
人均占用道路面积（m²/人）	≥3.3	2.3~3.2	1.4~2.3
说明	几乎可以不受限制地择步行速度；可以自如地穿行无需闪避；横向穿越和逆向行走不受限制；流量约为最大通行能力的25%	正常步行速度时仅偶尔受限；穿行偶尔受干扰；横向穿越和逆向行走可能有冲突；流量约为最大通行能力的35%	步行速度部分受限制；穿行受限但可以闪避；横向穿越和逆向行走受到限制，并需要不停闪避以避免冲突；流量为最大通行能力的40%~65%
示意图	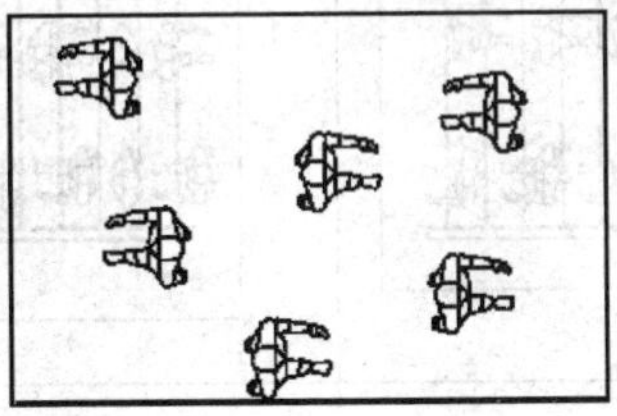 （图示）	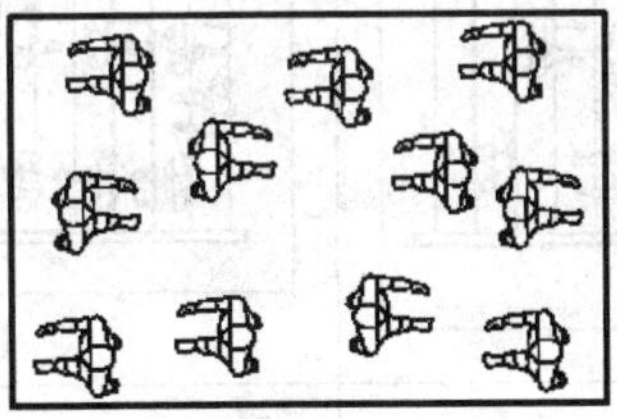 （图示）	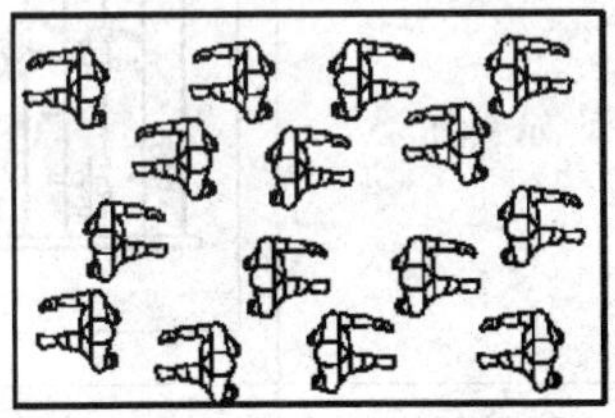 （图示）
每米宽园路平均流量（人/min）	49~66	66~82	≥82
游人平均速度（m/min）	61~70	34~61	0~34
人均占用道路面积（m²/人）	0.9~1.4	0.5~0.9	0.5
说明	步行速度受限制并降低；穿行几乎不可能没有冲突；横向穿越和逆向行走受到严重限制，存在大量冲突；瞬间流量达到临界量时存在停顿的可能；流量为最大通行能力的65%~80%	步行速度受限并需不时放缓，频繁调整步法；穿行不可能没有冲突；横向穿越和逆向行走受到严重限制并有不可避免的冲突；压力之下流量可达到最大通行能力，经常停顿和中断	步行速度减至极慢，不可能穿行、横向穿越和逆向行走；身体接触频繁且不可避免；基本上完全停顿和阻断，仅偶尔流动

表 4-15 台阶游人平均流量、速度和密度

示意图			
每米宽台阶平均流量（人/min）		16～23	23～33
游人平均速度（m/min）	≥38	37～38	35～37
人均占用台阶面积（m²/人）	1.9	1.4～1.9	0.9～1.4
说明	不受限制地选择速度；相对自由地穿行；逆向穿行无任何冲突；流量约为最大通行能力的30%	限制速度的选择；穿行受到干扰；逆向穿行有偶尔冲突；流量约为最大通行能力的34%	行走速度部分受限；穿行和逆向行走受限；流量约为最大通行能力的50%
示意图			
每米宽台阶平均流量（人/min）	33～43	43～56	≥56
游人平均速度（m/min）	32～35	26～32	0～26
人均占用台阶面积（m²/人）	0.7～0.9	0.4～0.7	≤0.4
说明	行走速度受限；穿行几乎不可能；逆向行走严重受限；流量为最大通行能力的50%～65%	行走速度受到严重限制，无法穿行；逆向行走严重受限；间歇性停顿可能发生；流量为最大通行能力的65%～86%	行走速度受到严重限制；人流因不时停顿而完全阻断；完全不可能穿行和逆向行走

②公园主干道，由于园务交通的需要，应能通行汽车。对重点文物保护区的主要建筑物四周的道路，应能通行消防车。干道的路面宽度一般不小于3.5m。如果车辆双向行驶，应在不大于300m的距离内选择有利地点设置错车道，并使驾驶人员能看到相邻两错车道之间的车辆。设置错车道路段的路面宽度应不小于5m，有效长度应不小于20m。

③公园中专为自行车行驶的道路宽度，其单车车道宽度为1.5m。双车道宽度为2.5m；三车道为3.5m，依此类推。游步道一般为1～2.5m，供单人通行时为0.6～0.8m，双人通行最小为1.2m，由于游览的特殊需要，游步道宽度的上下限均允许灵活设计。

④在居住区、学校、医院及其他公共场所，居民出行具有一定的时间特征，路面宽度应以特定时段交通繁忙时的通行安全为主要设计依据。

游人及各种车辆的最小运动宽度表，见表4-16。

表4-16　游人及各种车辆的最小运动宽度表　m

交通种类	最小宽度
单人	≥0.6
自行车	0.6
三轮车	1.24
手扶拖拉机	0.84~1.5
小轿车	2.00
消防车	2.06
卡车	2.50
大轿车	2.66

(3) 园路的横坡

为了利于路面横向排水，通常将路面做成中间高并向两侧倾斜的拱形，称为路拱。由拱顶向两侧倾斜的坡度称为路拱坡度，也称横坡，以百分率表示。园路的横坡也可以采用单面坡向路边的雨水口倾斜，但在积雪冻融地区，应设置双向路拱。不同类型的路面由于表面的平整度和透水性不同，应结合当地的自然条件选用不同的横坡度，见表4-8规定的数值。

路拱的形式一般有直线型、直线接抛物线型、抛物线型、折线型等（图4-17）。简单的直线型路拱由两条倾斜的直线组成，在路拱中部成屋脊形，对行车不便，适用于宽度较小的各类园路和横坡小的双车道路面。直线接抛物线型路拱则用于路面宽度大于20m的沥青混凝土路面。抛物线型路拱对行车和排水均有利，适用于路面宽度小于20m的沥青混凝土路面。折线型路拱适用于水泥混凝土路面。

(4) 道牙与路肩

道牙，也叫路缘石、缘石，是设在路面边缘与横断面其他组成部分分界处的标石。使路面与路肩及其他部分在高程相互衔接，并能保护路面，便于排水。道牙的形式有立式、斜式与平式，其构造如图4-18所示。立道牙又称侧石，用于路堑式园路的边缘，其顶面高出路面10~20cm，通常为15cm。侧石应有一定的埋设深度，可用坚硬的石料或抗压强度不低于30MPa的水泥混凝土材料制作。斜式或平式适用于出入口、人行道两端及人行横道两端，便于推行儿童车、轮椅及残疾人车通行。路堤式园路在路肩与路面边缘采用平式道牙。

在路堤式园路车行道外缘（道牙外侧）至路面边缘，具有一定宽度的带状部分，称为路肩。其作用是保护车行道的功能、供临时停放车辆并作为路面的横向支承，以及供行人通行。土路肩的排水能力远低于路面，其横坡度较路面宜增大1.0%~2.0%，硬路肩视具体情况（材料、宽度）可与路面同一横坡，也可稍大于路面。

(5) 边沟及边坡

边沟的功能是排除路面及边坡处汇集的地表水，一般在路堤式园路等地段设置。边沟形式多

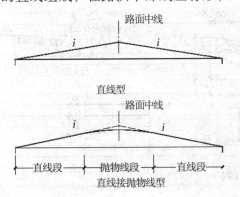

图4-17　路拱示意

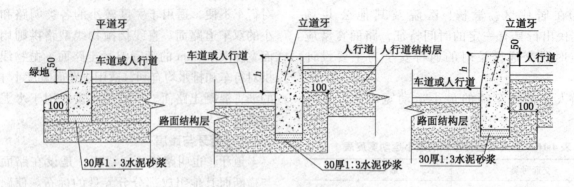

图 4-18 道牙构造

样，如图 4-19 所示。边沟长度，多雨地区以 200～300m 为宜，一般不宜超过 500m 设出口排水。在游步道两侧设置的浅边沟可以作为路面的一部分供游园高峰时游人使用。

边沟的纵坡，除出水口附近外，通常与路线纵坡相一致。但为了使沟渠中的水流不产生淤积的流速，最小纵坡一般不小于 0.5%，在工程困难地段亦不应小于 0.3%。另一方面，若边沟的纵坡过大，致使沟渠中水流速度大于冲刷流速时应对边沟进行加固。

路基边坡是路基的一个重要组成部分，它的陡缓程度，直接影响到路基的稳定和路基土石方的数量，路堤的边坡坡度应根据填料的物理力学性质、气候条件、边坡高度，以及基底的工程地质和水文地质条件进行合理的选定。当填方基底的情况良好时，可参照表 4-17 所列的数值采用。当地质条件良好且土质均匀时，路堑边坡可参照表 4-18 所列数值范围。

4.2.2.4 广场与铺装场地

在城市中往往有各种广场，在各级各类公园中除园路外还有许多供游人集散和活动的铺装场地，这都是园路扩大的部分。

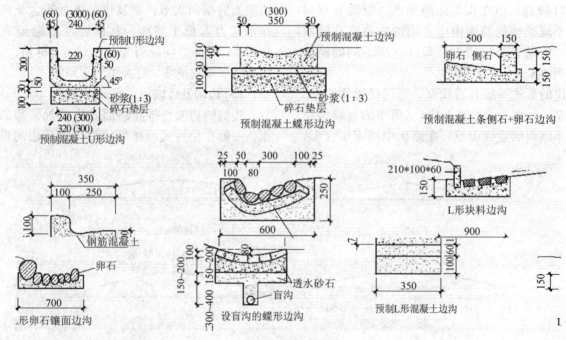

图 4-19 边沟的做法

表 4-17 路堤边坡坡度

填料种类	边坡的最大高度(m)			边坡坡度		
	全部高度	上部高度	下部高度	全部高度	上部高度	下部高度
一般黏性土	20	8	12	—	1:1.5	1:1.75
砾石土、粗砂、中砂	12	—	—	1:1.5		
碎石土、卵石土	20	12	8	—	1:1.5	1:1.75
不易风化的石块	8	—	—	1:1.3		
	20			1:1.5		

表 4-18 路堑边坡坡度

土质种类		边坡最大高度(m)	边坡坡度
一般土		20	1:0.5~1:1.5
黄土及类黄土		20	1:0.1~1:1.25
碎石和卵石（砾石）土	胶结和密实	20	1:0.5~1:1.0
	中密	20	1:1.0~1:1.5
风化岩石		20	1:0.5~1:1.5
一般岩石			1:0.1~1:0.5
坚岩			直立~1:0.1

(1) 广场和场地的功能及设计要求

公共活动广场应根据容纳人数来估算硬质场地的面积，并在适当位置布置绿化及通道用地。为了适应广场多功能的交通要求，组织好广场及其衔接道路的交通，应结合周围道路进出口，实行车辆、人流就近多向分流，以利迅速疏散，在广场四周或边缘地带应结合地物条件，安排足够容纳量的自行车、机动车的停车场。

各类铺装场地应根据场地的功能及景观要求合理设计场地的形状、面积，并与周围的建筑小品相适应。较大的场地应进行适当的空间划分，同时应合理利用出入口位置、建筑小品、花池等解决交通与游人活动的矛盾。

(2) 广场和场地的竖向设计与排水

广场的坡度根据广场面积大小、形状、地形、排水流向等，可采用单坡、双坡、多面坡、不规则斜坡和扭坡等。广场设计坡度应小于或等于1%，最小为0.5%；山地广场应小于或等于3%，如果地形困难，可建成阶梯式广场。与广场相连接道路的纵坡以0.5%~2%为宜，困难时可采用不大于7%的最大纵坡，积雪寒冷地区不大于6%。出入口处应设纵坡度≤2%的缓坡段。当大中型广场单向尺寸≥150m，地面纵坡≥2%或单向尺寸≥100m，面积≥10 000m²时，宜采用划区分散排水措施。

4.2.2.5 停车场设计

停车场地由停放车位、停车出入口、通道、其他附属设施组成，根据停放车辆的性质分为机动车停车场（汽车停车场）和非机动车停车场（主要是自行车停车场）。在公园绿地的出入口应设置适当面积的停车场，包括机动车和自行车的停车场地。摩托车与残疾人车辆可以考虑与自行车停车设施一起布置。停车场按照车辆停放地点分为路边停车场和路外停车场（库）。路边停车场是在道路的路边空地上设置停车设施。路外停车场（库）是在道路以外区域设置的停车设施，包括地面停车场、地下停车库、坡道式汽车库、机械式汽车库。以下内容主要介绍地面停车场的规划。

(1) 车辆分类及尺寸

汽车的外形尺寸多样，停车场设计时将设计车辆划分为 3 种类型：①小型车，包括小轿车、小吉普车、小型客车、2t 以下货车；②大型车，包括普通载重汽车、大客车；③特殊大型车，包括拖挂车、铰接公共汽车、平板车。机动车停车场应以高峰时所占比重大的车型作为设计车辆，不应选用车身过长的车辆作为设计车辆，可不考虑将来车辆尺寸的变化。公园绿地中停靠的车辆主要以小型车为主，仅有少量大客车和铰接公共汽车。各种设计车辆的尺寸见表 4-19。

表 4-19　停车场设计车型的外廓尺寸　　m

车型	外廓尺寸		
	总长	总宽	总高
自行车	1.90	0.5	1.15
微型车	3.50	1.60	1.80
小型车	4.80	1.80	2.00
轻型车	7.00	2.10	2.60
中型车	9.00	2.50	3.20(4.00)
大型客车	12.00	2.50	3.20
铰接客车	18.00	2.50	3.20
大型货车	10.00	2.50	4.00

注：①三轮摩托车可按微型汽车尺寸计算。
　　②二轮摩托车可按自行车尺寸计算。

(2) 停车场的位置与规模

停车场的选址应临近城市道路和公园绿地入口，并注意减少对居住区等功能分区的环境干扰和影响。应尽可能减小停车场与入口的距离，在风景区中因环境保护需要或受用地限制时，距主要入口可达 150~250m，特殊情况下不应超过 500m。可以根据交通条件和入口情况集中或分散设置停车场，保证不同来向的游人均能方便地停车。停车场的车辆出入口应设置在次要干道以下等级的道路上。若设置在主要干道旁时，应尽量远离交叉口，避免造成交叉口处交通组织的混乱。停车场的车辆出入口设在城市道路上时，距离城市道路的规划红线不应小于 7.5m。

确定停车场规模的基本依据是风景园林用地的瞬时环境容量(表 4-20)。按照游人的出行特征，同时综合考虑公园的区位、性质、规模、车辆到达与离去的交通特征、停车场周转率、平均停放时间等确定停车位的数量，还应结合道路交通发展规划等因素综合考虑。针对停车场面积需求特别大的园林，可以考虑使用多层停车建筑或地下停车场以及借用城市其他停车设施，以减少绿地的占用面积。

表 4-20　游览场所停车位指标

类别		停车位指标(车位/100 m² 游览面积)	
		机动车	自行车
古典园林、风景名胜	市区	0.80	0.50
	郊区	0.12	0.20
一般城市公园		0.02	0.20

停车场的面积可按下式计算：

$$F = Q \cdot a \qquad (4-7)$$

式中　F——停车场面积，m^2；

　　　Q——停车场的停车车位数，辆；

　　　a——每一辆汽车停放占用的面积，m^2，随车辆类型和停车方式而不同，见表 4-21。

(3) 停车场的设计

①车辆的布置　应考虑以下几个方面：

——停车场内必须按车种的不同类型分别设置，以利交通安全、保证使用和交通组织上的便利；

——停车场内交通线路必须明确、合理，回车和疏散必须迅速、便利；

——残疾人专用停车位应靠近停车场出入口，并与符合残疾人使用标准的步行系统有便捷的交通联系；

——停车场除主要用于停放车辆外，尚需综合考虑场内的其他附属设施。

②出入口、通道设计　停车场出入口的数量和宽度取决于停车场的停车泊位数量，并应根据场地的具体情况确定出入口的位置。一般而言，机动车停车场的出入口应不少于两个，且出口、入口宜分开设置。条件受到限制或停车位指标少于 50 辆的机动车停车场，可设一个出入口。出入口宽度一般不小于车行道宽度，即不小于 7m；条

表 4-21 机动车停车场设计参数

停车方式		垂直通道方向的停车带宽 (m)					平行通道方向的停车带长 (m)					通道宽 (m)					单位停车面积 (m²)				
		Ⅰ	Ⅱ	Ⅲ	Ⅳ	Ⅴ	Ⅰ	Ⅱ	Ⅲ	Ⅳ	Ⅴ	Ⅰ	Ⅱ	Ⅲ	Ⅳ	Ⅴ	Ⅰ	Ⅱ	Ⅲ	Ⅳ	Ⅴ
平行式	前进停车	2.6	2.8	3.5	3.5	3.5	5.2	7.0	12.7	16.0	22.0	3.0	4.0	4.5	4.5	5.0	21.3	33.6	73.0	92.0	132.0
斜列式 30°	前进停车	3.2	4.2	6.4	8.0	11.0	5.2	5.6	7.0	7.0	7.0	3.0	4.0	5.0	5.8	6.0	24.4	34.7	62.3	76.1	78.0
斜列式 45°	前进停车	3.9	5.2	8.1	10.4	14.7	3.7	4.0	4.9	4.9	4.9	3.0	4.0	6.0	6.8	7.0	20.0	28.8	54.4	67.5	89.2
斜列式 60°	前进停车	4.3	5.9	9.3	12.1	17.3	3.0	3.2	4.0	4.0	4.0	4.0	5.0	8.0	9.5	10.0	18.9	26.9	53.2	67.4	89.2
斜列式 60°	后退停车	4.3	5.9	9.3	12.1	17.3	3.0	3.2	4.0	4.0	4.0	3.5	4.5	6.4	7.3	8.0	18.2	26.1	50.2	62.9	85.2
垂直式	前进停车	4.2	6.0	9.7	13.0	19.0	2.6	2.8	3.5	3.5	3.5	6.0	9.5	10.0	13.0	19.0	18.7	30.1	51.5	68.3	99.8
垂直式	后退停车	4.2	6.0	9.7	13.0	19.0	2.6	2.8	3.5	3.5	3.5	4.2	6.0	9.7	13.0	19.0	16.4	25.2	50.8	68.3	99.8

注：表中Ⅰ类指微型汽车，Ⅱ类指小型汽车，Ⅲ类指中型汽车，Ⅳ类指大型汽车，Ⅴ类指铰接车。

件困难时，单向行驶的出入口宽度不得小于5m。机动车停车场的出入口还应符合行车视距的要求，具有良好的通视条件。其通视距离一般不小于50m，并设置交通标志。

机动车停车场内单向行驶的主要通道，其宽度不得小于6m；进入停车位的通道宽度与停放方式、车辆类型有关，具体应符合表4-21的规定。

③车辆停放的方式　停车方式应排列紧凑、通道短捷、出入迅速、保证安全，并应满足一次进出停车位要求。停车场内停车方式可采用平行式、斜列式和垂直式，或混合采用此3种停车方式，如图4-20所示。

平行式　即平行于通道行车方向的停车排列方式。这种方式的特点是停车带窄，驶入驶出车辆方便、迅速、适宜停放不同类型、不同车身长度的车辆；但其单位停车面积较大。一般常见于狭长场地和路边的停车。

斜列式　即与通道行车方向成一定角度的停车排列方式，又分为30°，45°，60°及倾斜交叉式等4种方式。其特点是停车带的宽度因车身长度与停放角度而异，对场地的形状适应性强，车辆停放灵活，车辆驶入驶出较方便，有利于迅速停放与疏散。因形成大量利用率不高的三角地块，其单位停车面积较垂直停车方式大。适宜于场地的宽度、形状等受到限制的情况。

垂直式　即垂直于通道行车方向的停车排列方式。这种方式的特点是停车带较宽（需要按最大车身长度予以考虑，行车通道较宽；但停车紧凑，车辆驶入驶出不便利，单位停车面积较小，用地节省。这是一般停车场最常用的停车方式。

④车辆停驶方式　车辆在停车场内的停驶方式有3种：前进停车、后退发车；后退停车、前进发车；前进停车、前进发车。

前进停车　是车辆直接驶入停车位，入位迅速，大量车辆同时入场停车时不易造成混乱和通道堵塞，车辆也容易排列整齐。与前进停车相配合，可采用后退发车、前进发车两种方式。后退发车较为不便，出车较费时间，出车时的视线也

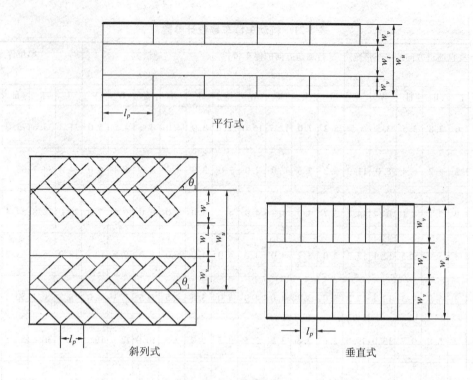

图 4-20 车辆停放方式

w_v 为垂直通道的车位尺寸(m);l_p 为平行通道的车位尺寸(m);w_t 为通道宽度(m);
w_u 为单位停车宽度(m);θ_1 为汽车纵轴与通道夹角(°)

受到两侧停放车辆的限制,在要求迅速驶出或出车高峰时很不利。前进发车虽方便,但所需占地面积较大,一般无特殊要求不宜采用。

后退停车 是车辆驶入停车场内后首先停止于停车位前的通道上,再后退进入车位,车头正对通道。该方式的缺点是停车较费时间,不利于短时间内迅速停放较多车辆,易造成通道的堵塞与混乱。但由于发车迅速、便利,特别适用于车辆集中驶出的停车场。同时该方式所需通道最节省,平均单位停车场面积最小,为停车场布置中最常见的车辆停驶方式。

⑤停车带宽度和通道宽度 各车型的最小停车带、停车位、通道宽度宜按表 4-21 采用。

⑥停车场的竖向设计 应根据其平面布置、地形、土方工程、地下管线、临近重要建筑物标高、周围道路标高与排水要求等,与排水设计相结合进行,并根据需要适当考虑整体布置的美观。其坡度限值参考广场的竖向设计。

(4) 自行车停车场(棚)设计

自行车停车场应就近布置,以便于停放。停车场距目的地以 100m 左右为宜,即步行 2min 左右。自行车停车场出入口不应少于两个,宽度一般至少为 2.5~3.5m,以保证每个出入口能满足一对双向车辆进出时的需要。固定停车场应设置车棚(防雨和防晒),车棚内设车架,便于存车和管理。

自行车体积小,使用灵活,对停车场地的形状和大小要求比较自由,布置设计也较简单。规划时可按每辆占地(包括通道)1.4~1.8m² 计算。自行车的停放以出入方便为原则,停放方式多为垂直停放和成角度斜放,按场地条件可单排和双排两种排列。其中垂直设支架固定的形式为常见的停放方式。停车位具体参数详见表 4-22。

(5) 安全措施与公用设施

①照明 照明设施以满足行车安全需要考虑为主。按标准各国相差不大,一般车道路面照度

表 4-22　自行车停车场主要设计指标

停车方式		停车带宽(m)			过道宽度(m)		单位停车面积(m²)			
		单排	双排	车辆横向间距	单排	双排	单排一侧停车	单排两侧停车	双排一侧停车	双排两侧停车
斜列式	30°	1.00	1.60	0.50	1.20	2.0	2.20	2.00	2.00	1.80
	45°	1.40	2.26	0.50	1.20	2.0	1.84	1.70	1.65	1.51
	60°	1.70	2.77	0.50	1.50	2.6	1.85	1.73	1.67	1.55
垂直式		2.00	3.20	0.60	1.50	2.6	2.10	1.98	1.86	1.74

应达 10lx，停车空间地面照度大于 2lx。

②交通标志标线与管制设备　停车场应设标明出入口、通道、路线走向、停车车位等交通标志、标线和安全设施。特别是进入停车场的高度限制、速度限制标志和有关停车费、车种限制、出口禁止车辆驶入、出口处通行指示灯、出口停车计费、收费等标志。停车收费管制设备，包括全自动收费系统、半自动收费系统、人工收费系统。

③附属公用设施　停车场因其性质与功能的差别，需要设置不同的附属设施，在设计过程中应统一考虑。某些大型公共建筑物及游览胜地的停车场，均应考虑设置如司机休息室、厕所及小卖部、饮水处等附属设施。

4.2.2.6　园路的无障碍设计

园路的设计应能方便地供所有人使用，因此无障碍环境要确保行动不便者、乘轮椅者、挂盲杖者以及使用助行器者能够安全方便地使用园路。公园的出入口不应妨碍轮椅或婴儿车的进出，所有道路中至少应有一条路满足以下条件：无高差，宽度在 1.2m 以上，纵坡控制在 4% 以下，当 4% 的坡持续 50m 以上时应设置 1.5m 以上的水平部分以便休息，铺地应使用防滑材料，平坦且没有凹凸的地坪，不宜设置石子路。排水沟箅子应与路面在同一水平高度，排水孔不得大于 2.5cm，2cm 以下最佳，以免卡住轮椅的车轮和盲人的拐杖。尽可能在公园及建筑物的主要出入口附近设置残疾人可使用的上下车位置和停车位，停车场应设置残疾人专用的车位，车位附近的地面坡度应控制在 2% 以下。

(1) 缘石坡道

缘石坡道是为乘轮椅者避免人行道路缘石带来的通行障碍而设置的一种坡道。缘石坡道通常设在人行道的交叉路口、街坊路口、单位出入口、广场入口、人行横道及桥梁、隧道、地铁站的入口。缘石坡道的高差不大于 2cm，有效宽度不小于 1.2m，坡度应不大于 1:12，坡道部分采用防滑材质的材料。

(2) 坡道

在有高差变化的地方应设置坡道来连接。坡道的坡度越小越有利于无障碍通行。一般应将坡道的坡度控制在 1:20~1:15 之间，纵坡度应不大于 1:12，当坡道实施有困难时也应不大于 1:8（需要协助推动轮椅前进）。每段坡道的坡度、允许最大高度和水平长度可按表 4-23 选用。当坡道的高度和水平长度超过规定时，应在坡道中间设置深度不小于 1.80m 的休息平台。在坡道的起点、终点及转弯时应设休息平台，休息平台的深度不应小于 1.50m。坡道至少一侧应在 0.90m 高度处设扶手，两段坡道之间的扶手应保持连贯。起点及终点处的扶手，应水平延伸 0.30m 以上。为防止轮椅从边侧滑落，应设高 5cm 以上的挡石。

(3) 盲道

盲道是在人行道上铺设一种固定形态的地面砖，使视残者产生不同的脚感，借助盲杖触及，诱导他们向前行走和辨别方向以及到达目的地的通道。盲道表面触感部分以下的标高应与地面标高一致，盲道应连续，中途不可有电线杆、拉线、树木等障碍物。盲道分行进盲道和提示盲道两种

表 4-23　每段坡道坡度、最大高度和水平长度

坡道坡度(高:长)	1:20	1:16	1:12	1:10	1:8
每段坡道最大允许高度(m)	1.50	1.00	0.75	0.60	0.35
每段坡道允许水平长度(m)	30.0	16.0	9.0	6.0	2.8

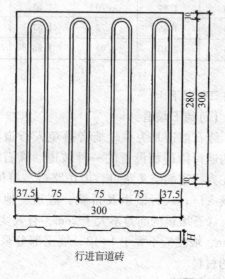 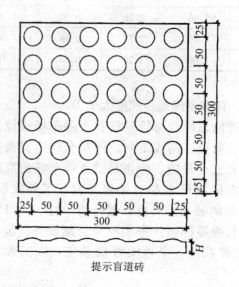

图 4-21　盲道砖的类型和形式

(图 4-21)。行进盲道的宽度一般为 0.3~0.6m，视道路宽度选低限或高限。行进盲道距树池、围墙、花台或绿地的距离为 0.25~0.5m。在行进盲道的起点、终点、交叉、拐弯处以及有台阶、坡道和障碍物等时应设圆点形的提示盲道。提示盲道的长度应大于行进盲道的宽度，提示盲道的宽度为 0.3~0.6m。

4.2.3　园路的结构设计

4.2.3.1　园路的病害与结构设计原则

(1) 园路路面的病害

园路的"病害"是指园路破坏的现象。一般常见的病害有裂缝、凹陷、啃边、翻浆等。路面的这些常见的病害，在进行路面结构设计时，必须给予充分的重视。

① 裂缝与凹陷　造成这种破坏的主要原因是基土过于湿软或基层厚度不够、强度不足，在路面荷载超过土基的承载力时造成的。土基的不均匀沉陷也是原因之一。

② 啃边　路肩和道牙直接支撑路面，使之横向保持稳定。因此路肩与其基土必须紧密结实，并有一定的坡度。否则由于雨水的侵蚀和车辆行驶时对路面边缘的啃食作用，使之损坏，并从边缘起向中心发展，这种破坏现象叫啃边(图 4-22)。

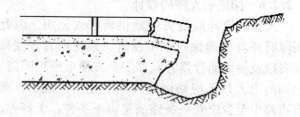

图 4-22　园路的啃边破坏

③ 翻浆　在季节性冰冻地区，地下水位高，特别是对于粉砂性土基，由于毛细管的作用，水分上升到路面下，冬季气温下降，水分在路面下形成冰粒，体积增大，路面就会出现隆起现象，到春季上层冻土融化，而下层尚未融化，这样使土基变成湿软的橡皮状，路面承载力下降，这时如果车辆通过，路面下陷，邻近部分隆起，并将泥土从裂缝中挤出来，使路面破坏，这种现象叫

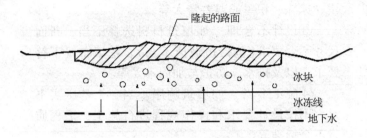

图 4-23 园路的翻浆破坏

翻浆(图 4-23)。

(2) 园路结构设计的原则

①就地取材 园路修建的经费在整个公园建设投资中占有很大的比例。为了节省资金,在园路修建设计时应尽量使用当地材料、建筑废料、工业废渣以及再生环保材料等。

②薄面、强基、稳基土 为了节省材料,降低造价,在保证路面质量的前提下,尽量减薄路面、加强路基层的强度、稳固基土。

4.2.3.2 园路的结构构成

园路的结构一般由路基、路面两部分组成。路基和路面共同承受着车辆、游人和自然的作用,它们的质量好坏,直接影响到道路的使用品质。

(1) 路基和路面的作用

路基是在地面上按路线的平面位置和纵坡要求开挖或填筑成一定断面形状的土质或石质结构体。在各种自然因素(地质、水文、气候等)和荷载(自重及行车荷载)的作用下,路基结构物的整体必须具有足够的稳定性。直接位于路面下的那部分路基必须具有足够的强度、抗变形能力(刚度)和水温稳定性,减轻路面的负担,从而减薄路面的厚度,改善路面使用状况。

路面是由各种不同的材料,按一定厚度与宽度分层铺筑在路基顶面上的结构物,以供汽车和游人直接在其表面上行驶通行。路面应具有足够的强度、刚度和稳定性,并应具有一定的平整度、抗滑性、少尘和耐久性,对于水稳性差的基层和土壤,要求路面具有足够的不透水性。

(2) 路基路面的结构分层

路面结构铺筑于路基顶面的路槽之中。路面常常是分层修筑的多层结构,按所处层位和作用的不同,路面结构层主要由面层、基层、垫层等结构物组成。在采用块料或粒料作为面层时,常需要在基层上设置一个结合层来找平或黏结,以使面层和基层紧密结合。图 4-24 所示是典型的路面结构示意。实际上路面不一定具有很多层次,有时一个层次起着两个或 3 个层次的作用,层次的划分也并非一成不变。尤其对于仅通行行人的园路来说,可以通过减少层次和厚度来降低造价。结构层材料的强度一般由上而下递减,而厚度一般应逐层加厚。

面层 是直接同车辆行人以及大气相接触的表面层次,应具有足够的抵抗行车垂直力、水平力及冲击力作用的能力和良好的水、温稳定性,应具有耐磨、良好的抗滑性和平整度、少尘、不反光、易清扫等特点。面层有时由 2 层或 3 层组成,修筑面层用的材料主要有:水泥混凝土,沥青与矿料组成的混合料,沙砾或碎石掺土(或不掺土)的混合料、块石及混凝土预制块以及陶瓷、片石等其他饰面材料等。

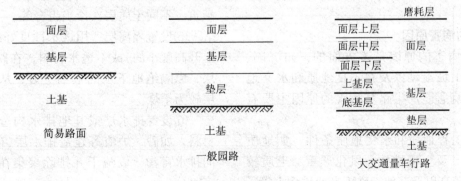

图 4-24 路面结构层划分示意

结合层　其材料一般选用30~50厚的粗砂、1:3的石灰砂浆、水泥砂浆或混合砂浆。

基层　位于面层之下，是路面结构中的主要承重层。设置基层可减小面层的厚度，所以基层应具有足够的抗压强度和扩散应力的能力。基层应有平整的表面和足够的水稳性。修筑基层用的材料主要有：碎(砾)石，天然沙砾，用石灰、水泥或沥青处治的土或碎(砾)石，各种工业废渣(煤渣、矿渣、石灰渣等)和它们与土、砂、石所组成的混合料，以及水泥混凝土等。

垫层　设置在基层与土基之间，主要用来调节和改善水与温度的状况，以保证路面结构的稳定性。修筑垫层常用材料有两种类型：一种是由松散颗粒材料组成，如用砂、砾石、炉渣、片石、锥形块石等修成的透水性垫层；另一种是由整体性材料组成，如用石灰土、炉渣石灰土类修筑的稳定性垫层。

土基　是路基顶部的土层，一般是将自然土夯实，当土质不好时需要进行一定的处理。当土基为填筑而成时，所用的填料应为水稳性好、压缩性小、便于施工压实，且运距较短的土、石材料。如碎(砾)石质土、低液限黏土(砂性土)、砾石或不易风化的石块等。

4.2.3.3　园路路基设计

路基在自然因素及行车荷载作用下，会产生各种变形和破坏。为了采取有效的防治措施，防止或减缓路基的破坏，必须了解路基有哪些破坏现象及其肇因。路基的破坏形式是多种多样的，原因也错综复杂，常见的破坏现象可扼要归纳如下：

(1)路基的病害原因

路基产生病害的原因是多方面的，如沉陷、边坡坍方、沿山坡滑动以及在不良地质和水文地带产生的各种病害。产生路基病害的原因主要有以下几个方面：

①不良的工程地质和水文地质条件　如地质构造复杂、岩层及土壤松软、风化严重、土质较差、地下水位较高以及其他特殊不良地质病害等。

②不利的水文与气候因素　如降雨量大、干旱、冰冻、积雪或温差特大等。

③设计不合理　如填筑材料选择不当、断面尺寸不合要求(包括边坡值不当)、挖填布置不符要求，以及排水、防护与加固不妥等。

④施工不当　如填筑顺序不当、土基压实不足、不按设计要求和操作规程进行施工、工程质量不合标准等。

上述原因中，地质条件是影响路基工程质量和产生病害的内部原因和基本因素，水则往往是造成路基病害的直接肇因。

(2)保证路基强度的工程措施

当土基的水温状况不佳时，在季节性冰冻地区会造成冻胀和翻浆的现象，在南方非冰冻地区则会造成土基过分湿软，从而使路基土的刚度在某个时期过分降低，导致路面迅速发生破坏。必须采取一些适当的工程措施，以调节土基的不利水温状况，保证其刚度在一年内变化得较少。常用的措施有：

①加强路基和路面排水　正确布设路基和路面排水系统，并经常疏浚以保持通畅，使地面水、地下水得以迅速排除。

②压实土基　对路基土充分压实，使之具有一定的抵抗水分浸湿的能力，即保证它具有足够的刚度和水稳性。

③保证填土高度　在填土地段，保证路堤具有一定的高度，借以保证路面排水，使路基上部不受地面滞水和地下水的浸湿作用。

④换土　用强度高、水稳性好、压缩性小的填筑材料替换路基上层水稳性差、强度较低的土(如粉性土等)，并采取正确的填筑方法，如分层填筑、不同土质层次恰当组合等。

⑤设置隔离层　用透水性良好的材料(毛细水上升高度小的)或不透水材料，在路基内修筑隔离层，以隔绝地下水的毛细上升，从而保证土基上层较为干燥。

⑥设置排水层或其他排水构造物　用大孔隙材料，如砂、炉渣等建造排水层(砂垫层)或纵横向排水盲沟，以疏干并排除聚集在路基上层的过多水分。

⑦石灰稳定土基　对过湿的土基，可掺拌少

量石灰或打石灰桩,借石灰的吸湿作用疏干土基,并提高水稳性;在土基顶面可铺设石灰土或石灰炉渣土等垫层,减少湿软土基对路面的不利影响。

⑧设置隔温层 用导热性较低的材料(如炉渣等)建造隔温层,可减小冰冻作用的深度,从而减轻负温差作用下的湿度积聚。

上述各项措施各有不同效果。第①至③项是解决一般水温状况问题的措施,宜普遍采用。对于过湿地段或翻浆地段,还须分别采用第④至⑧项措施才能解决问题。

(3) 土基的压实度

土基经充分压实后,具有一定的密实度,提高了土的承载能力,降低了渗水性,因而也提高了水稳性。土基的最大干密度表征土基的强度和稳定性,它是衡量压实质量的一项重要指标。我国目前以压实度作为控制土基压实的标准。所谓压实度(K)就是工地上实际达到的干密度 δ 与最大干密度 δ_0 之比,即:

$$K = \frac{\delta}{\delta_0} \times 100\% \quad (4-8)$$

最大干密度 δ_0 系在室内用标准击实仪进行击实试验所得的,其相应的含水量即为最佳含水量(ω_0)。

压实度 K 值的确定,需根据道路所在地区的气候条件、土基的水温状况、道路等级和路面类型等因素进行综合考虑。对冰冻潮湿地区和受水影响大的路基,其压实度要求应高些;对于干旱地区及水文情况良好地段,其压实度要求低些;路面等级高,压实要求高些,路面等级低,压实要求低些。园路中的行车道和大面积的铺装场地土基采用重型压实标准的压实度为93%~95%,其他园路的土基压实度不小于90%。特殊干旱或特殊潮湿地区,压实度标准可根据试验资料确定或比标准的数值降低2%~3%。园路路基范围内往往有许多地下管线,基于管道胸腔部位回填土的实际困难及为保护管道结构本身,沟槽回填土压实度达不到规定,而在近期内需铺筑路面时,必须采取防止沉陷的措施,见表4-24。

4.2.3.4 园路路面设计

园路的路面设计是指根据园路的级别、通行车辆及交通量等因素,并根据路基的状况所进行的结构设计,使园路在车辆和行人的交通以及各种自然因素的作用下能够保持足够的强度、刚度、

表4-24 沟槽、检查井、雨水口路槽底填料和压实度要求

部位			填料	压实度(%)
胸腔	距路槽底面≤80cm		石灰土	93/95
			砂、沙砾	95/98
	距路槽底面>80cm		素土	93/95
管顶以上至路槽底面	管顶距路槽底面≥80cm	管顶以上30cm范围内	石灰土	85/88
			砂、沙砾	88/90
		管顶30cm以上	石灰土	93/95
			砂、沙砾	95/98
	管顶距路槽底面>80cm	路槽底面以下0~80cm	素土	95/98
		路槽底面80cm以下	素土	93/98
检查井和雨水口周围	路槽底面0~80cm		石灰土	93/95
			砂、沙砾	95/98
	路槽底面80cm以下		石灰土	90/92
			砂、沙砾	93/95

注:①表中压实度值,分子为重型标准,分母为轻型标准。
②管顶距路槽底面<30cm 的雨水支管,可采用抗压强度10MPa 的水泥混凝土包封。

稳定性、平整度和粗糙度。

(1) 路面结构分类

路面是用各种材料按不同材料配制方法和施工方法修筑而成，在力学性质上也互有异同。根据不同的实用目的，可将路面作不同的分类。

①按材料和施工方法分类　可分为五大类：碎（砾）石类、结合料稳定类、沥青类、水泥混凝土类、块料类。

碎（砾）石类一般用作面层、基层。结合料稳定类是掺加各种结合料，使各种土、碎（砾）石混合料或工业废渣的工程性质改善，成为具有较高强度和稳定性的材料，可用作基层、垫层。在矿质材料中，以各种方式掺入沥青材料修筑而成的沥青类路面，可作面层或基层。以水泥与水合成水泥浆为结合料，碎（砾）石为骨料，砂为填充料，经拌和、摊铺、振捣和养护而成的水泥混凝土类路面，通常用作面层，也可作基层，园路中常在水泥混凝土上用各种材料作饰面，形成路面的丰富变化。块料类路面是用整齐、半整齐块石或预制水泥混凝土块铺砌，并用砂或水泥砂浆嵌缝而成的路面，用作面层。

②按力学特性分类　通常分为柔性路面、半刚性路面和刚性路面3种类型。

1) 柔性路面：主要包括用各种粒料基层和各类沥青面层、碎（砾）石面层、块料面层所组成的路面结构（图4-25）。柔性路面以层状结构支撑在路基上的多层体系上，具有弹性、黏性、塑性和各向异性，刚度小，在荷载作用下所产生的弯沉

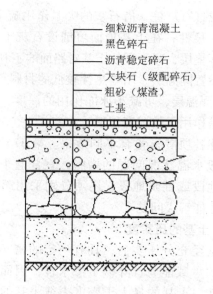

图 4-26　半刚性路面结构示意

变形较大，抗拉强度低，荷载通过各结构层向下传递到土基，使土基受到较大的单位压力，因而土基的强度、刚度和稳定性对路面结构整体强度和刚度有较大影响。这种路面的铺路材料种类较多，适应性较大，易于就地取材，造价相对较低。其中沥青类路面作为高级路面适用于园路及风景区主干道，其他类别的柔性路面可用于风景园林中人流量不大的游览道、散步小路、草坪路等。

2) 半刚性路面：用石灰或水泥稳定土、用石灰或水泥处治碎（砾）石，以及用各种含有水硬性结合料的工业废渣做成的基层结构（图4-26）。在前期具有柔性结构层的力学特性，当环境适宜时，其强度与刚度会随着时间的推延而不断增大，到

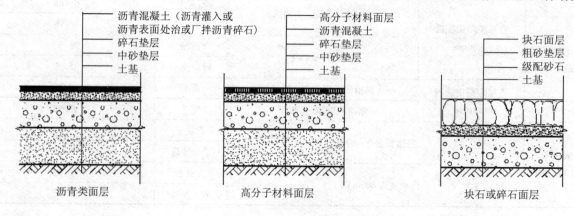

图 4-25　常用柔性路面结构示意

表 4-25　常用半刚性路面基层做法

半刚性基层名称		厚度(mm)	建议体积比	备　注
基层	二灰稳定粒料（石灰、粉煤灰、碎石）	200~400——北方各地一般取 200~300，南方各地一般取 300~400	（石灰+粉煤灰）：碎石=1:4~1:1	
	水泥稳定粒料（水泥、碎石）			石灰土稳定粒料只宜在北方、干燥地区、排水良好路段使用
	石灰土稳定粒料（石灰、土、碎石）		石灰：土：碎石=1:2:5	
	沥青稳定粒料（沥青、碎石）	150		
	二渣（石灰渣、煤渣）	150~200	石灰渣：煤渣=1:2.5~1:4	道渣也可用碎石、碎砖代替，粒径 30~50
	三渣（石灰渣、煤渣、道渣）	150~250	石灰渣：煤渣：道渣=1:2:3	
底基层	二灰（石灰、粉煤灰）	底基层的厚度可按照底面弯拉应力控制设计，一般不宜小于基层厚度，或与基层等厚。通常取 200~400 为宜	石灰：粉煤灰=1:3	
	二灰土（石灰、粉煤灰、土）		（石灰+粉煤灰）：土=3:7~2:3	
	石灰土（石灰、土）		石灰粉：土=1:3，普通石灰：土=1:4，石灰工业废料：土=1:2~1:4	只宜在北方、干燥地区、排水良好路段使用，具体掺灰量视现场石灰质量试验确定，拌和时控制含水量为 20%~25%
	水泥稳定土			
	沥青稳定土			

后期逐渐向刚性结构层转化，板体性增强，但它的最终抗弯拉强度和弹性模量还是远较刚性结构层低。把含这类基层的路面称为半刚性路面。其常用基层做法见表 4-25。

3）刚性路面：主要指用水泥混凝土作面层或基层的路面结构（图 4-27）。水泥混凝土的强度，特别是抗弯拉（抗折）强度，比基层等路面材料要高得多，呈现较大的刚性，在车轮荷载作用下的垂直变形极小，传递到地基上的单位压力要较柔性路面小得多。刚性路面坚固耐久，稳定性好，保养翻修少，但初期投资较大，有接缝，修复困难，施工时有较长的养护期，噪声也比柔性路面大。刚性路面一般在公园、风景区的主园路和较大面积的铺装广场上使用。

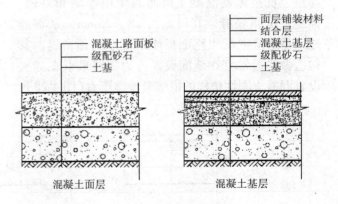

图 4-27　刚性路面结构示意

刚性路面需要设置许多纵、横缝，而接缝是水泥混凝土路面结构的薄弱部位，易产生挤碎、拱起、错台、唧泥等结构性破坏，接缝设置得好

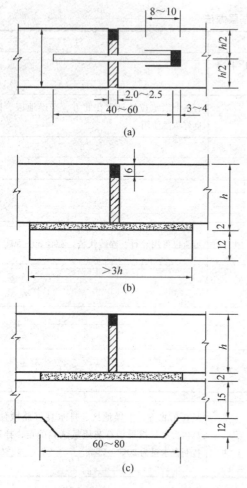

(a) 套筒式传力杆　(b)、(c) 垫枕传力

图 4-28　伸缩的构造

与差，直接影响混凝土路面的使用性能和寿命。伸缩，也叫胀缝，其缝宽为 18~25mm，系贯通缝，是适应混凝土路面板伸胀变形的预留缝。其构造做法通常宜在缝间设置传力杆或采取在缝底设置混凝土刚性垫枕的措施来传递压力（图 4-28）。

缩缝或称假缝，其缝宽为 6~10mm，深度仅切割 40~60mm 或约板厚的 1/3，是不贯通到底的假缝（图 4-29）。主要系起收缩作用，一般可不设传力杆，缝宽宜窄，可采用 6mm 的低值。纵缝是多条车道之间的纵向接缝（图 4-30）。一般多采用企口式，亦称为企口缝，也有用平头拉杆式或企口缝加拉杆式。纵缝其他构造要求与伸缝相同。

刚性路面的纵横缝需要进行平面划分（图 4-31）。横向缩缝（假缝）间距常取 4~6m；横向伸缝（胀缝）多取 30~36m；路面的纵缝设置，多取用一条车道宽度，即 3~4m。混凝土路面在平面交

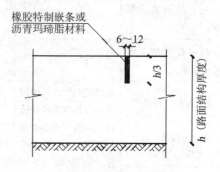

图 4-29　缩缝的构造

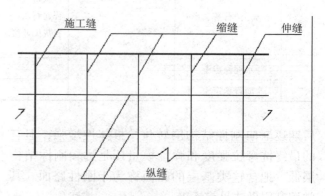

图 4-31　刚性路面接缝划分示意

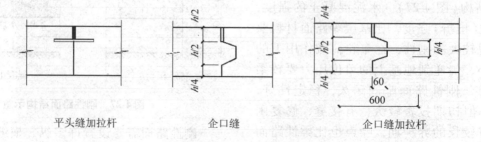

图 4-30　纵缝的构造

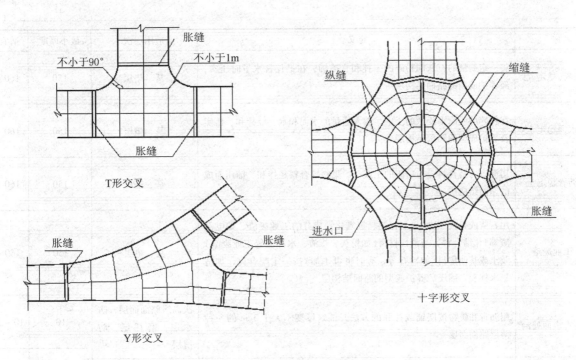

图 4-32 平面交叉口接缝布置

叉口处的各种接缝布置有一定的要求,可参见图4-32。考虑因缩缝间距一律,易产生振动,使行车发生单调的有节奏颠簸,从而造成驾驶员因精神困倦而导致交通事故,故将缩缝间距改为不等尺寸交错布置,如(4~5)~6m,(5~4)~5m以及(6~5)~4m等。

各种结构的路面结构层材料、使用范围、厚度等详见表4-26。

(2)常用园路结构组合

风景园林中的道路可以根据荷载大小以及路面面积大小对其结构进行分类。一般有承重要求的车行路面和铺装面积较大的广场对路基和面层的耐压性、耐久性、平整度都要求较高,结构较复杂。而以游人交通为主的次干道和游步道以及小面积的广场、庭院铺装结构可以相对简单些,更强调园路铺装的装饰作用。表4-27,表4-28介绍了一些常见园路路面结构的基本做法,在实际工程中还可以根据现场的情况而加以调整。另外园路的结构材料应能做到就地取材,根据地方特色来选择合适的材料,以有效降低园路的造价。

表4-26 路面结构层常见类型   mm

名称		定义	适用层次	最小厚度	适宜厚度
碎砾石类	泥结碎石	以碎石作骨料,黏土作填充料和黏结料,经压实而成的路面结构层	基层、中级路面面层	80	100~150
	泥灰结碎石	以碎石为骨料,用一定数量的石灰和土作黏结填缝料,经压实而成的路面结构层	基层	80	100~150
	级配碎石	由各种集料(碎石、砾石)和土,按最佳级配原理配制并铺压而成的路面结构层	基层、中级路面面层	80	100~150
	水结碎石	用大小不同的轧制碎石从大到小分层铺筑、洒水碾压,依靠碎石嵌锁和石粉胶结作用形成的路面结构层	基层	80	100~150

（续）

名称		定义	适用层次	最小厚度	适宜厚度
结合料稳定类	石灰(稳定)土	将一定剂量的石灰同粉碎的土拌和、摊铺，在最佳含水量时压实，经养护成型的路面结构层	基、垫层	150	160~200
	水泥稳定土	在粉碎的或原来松散的土中，掺入适量的水泥和水、经拌和、压实及养护成型的路既结构层	基、垫层	150	160~200
	沥青稳定土	用沥青为结合料，与粉碎的土或石、集料混合料经拌和、铺压而成的路面结构层	基、垫层	150	160~200
	工业废渣	用石灰或石灰下脚(含氧化钙、氢氧化钙成分的工业废渣、如电石渣等)作结合料，与活性材料(如粉灰、煤渣、水淬渣等工业废渣)及土或其他集料(如碎石等，有时也可不加)按一定配合比，加适量水拌和、铺压、养护成型的路面结构层	基、垫层	150	160~200
沥青类	沥青表面处治	用沥青和矿料按层铺或拌和的方法，铺筑厚度不大于3cm的一种薄层路面面层	次高级路面面层；防水层、磨耗层、防滑层	10	10~25
	沥青贯入碎石	用大小不同的碎石或砾石分层铺筑，颗粒尺寸自下而上逐层减小，同时分层贯入沥青，经过分层压实而成的路面结构层	次高级路面面层；高级路面基层、联结层	40	40~80
	沥青碎石	由一定级配的矿料(有少量矿粉或不加矿粉)用沥青作结合料，按一定比例配合，拌匀、铺压而成的路面结构层	高级、次高级路面面层(下层或上层)；高级路面基层、联结层	粗粒式：50 中粒式：40 细粒式：25	粗粒式：50~80 中粒式：40~60 细粒式：25~40
	沥青混凝土	由适当比例的各种不同大小颗粒的矿料(如碎石、轧制砾石、筛选砾石、石屑、砂和矿粉等)和沥青在一定温度下拌和成混合料，经铺压而成的路面面层	高级路面面层(下层或上层)		
水泥混凝土类		以水泥与水合成水泥浆为结合料，碎(砾)石为骨料，砂为填充料，按适当的配合比例，经加水拌和、摊铺振捣、整平和养护所筑成的路面结构层	高级路面面层、基层	60	
		石片、釉面砖等表面铺贴	路面面层	15	20~30
块料类	整齐块石	分别以经加工的整齐块石、半整齐块石或预制的水泥混凝土联锁块、水泥砖、烧结砖、蒸压砖、胶结砖等铺砌而成的路面面层	高级路面面层	100~120	
	半整齐块石		次高级路面面层	100~120	
	水泥混凝土联锁块		高级路面面层	60	
	砖铺地		面层	60	

表 4-27 常用车行园路路面结构组合形式

路面等级	常用路面类型及结构层次			
	沥青砂	预制混凝土块	沥青混凝土	现浇混凝土
高级路面	1.15~20 厚细粒混凝土 2.50 厚黑色碎石 3.150 厚沥青稳定碎石 4.150 厚二灰土垫层	1.40~120 厚预制 C25 混凝土块 2.30 厚 1:4 干硬性水泥砂浆，面上撒素水泥 3.100~200 厚二灰碎石 4.100~400 厚灰土或级配碎砾石或天然沙砾	1.30~60 厚中(细)粒式沥青混凝土 2.40~60 厚粗粒式沥青混凝土 3.100~300 厚二灰碎石 4.150~400 厚灰土或级配碎砾石或天然沙砾	1.100~250 厚 C20~C30 混凝土 2.100~250 厚级配砂石或粗砂垫层、灰土、二灰碎石
次高级路面	沥青贯入式 1.40~60 厚沥青贯入式面层 2.160~200 厚碎石 3.150 厚中砂垫层	沥青表面处治 1.15~25 厚沥青表面处治 2.160~200 厚碎石 3.150 厚中砂垫层	料石 1.60~120 厚料石 2.30 厚 1:3 水泥砂浆 3.150~300 厚二灰碎石 4.250~400 厚灰土或级配砾石	块石 1.150~300 厚块石或条石 2.30 厚粗砂垫层 3.150~250 厚级配砂石或灰土
中级路面	级配碎石 1.80 厚级配碎石(粒径≥40mm) 2.150~250 厚级配砂石或二灰土	泥结碎石 1.80 厚泥结碎石(粒径≥40mm) 2.100 厚碎石垫层 150 厚中砂垫层		
低级路面	三合土 1.100~120 厚石灰水泥焦渣 2.100~150 厚块石	改良土 150 厚水泥黏土或石灰黏土(水泥含量10%，石灰含量12%)		

表 4-28 常用人行园路路面结构组合形式

路面类型	结构层次	路面类型	结构层次
现浇混凝土	1.70~100 厚 C20 混凝土 2.100 厚级配砂石或粗砂垫层或 150 厚 3:7 灰土	料石	1.60 厚料石 2.30 厚 1:3 水泥砂浆 3.150~300 厚灰土或级配砾石
预制混凝土块	1.50~60 厚预制 C25 混凝土块 2.30 厚 1:3 水泥砂浆或粗砂 3.100 厚级配砂石或 150 厚 3:7 灰土	砖砌路面	1.砖平铺或侧铺 2.30 厚 1:3 水泥砂浆或粗砂 3.150 厚级配砂石或灰土
沥青混凝土	1.40 厚沥青混凝土 2.100~150 厚级配砂石或 150 厚 3:7 灰土 3.50 厚中砂或灰土	花砖路面	1.各种花砖面层 2.30 厚 1:3 水泥砂浆 3.60~100 厚 C20 素混凝土 4.150 厚级配砂石或灰土
卵石(瓦片)拼花	1.1:3 水泥砂浆嵌卵石或瓦片拼花(撒干水泥填缝拍平，冲水露石)。当卵石粒径 20~30 时，砂浆厚 60；粒径大于 30 时，砂浆厚 90 2.25 厚 1:3 白灰砂浆 3.150 厚 3:7 灰土或级配砂石	石砌路面	1.20~30 厚石板 2.30 厚 1:3 水泥砂浆 3.100 厚 C15 素混凝土 4.150 厚级配砂石或灰土

(续)

路面类型	结构层次	路面类型	结构层次
石砌路面	1. 60~120 厚块石或条石 2. 30 厚粗砂 3. 150~250 厚级配砂石或 200 厚 3:7 灰土	嵌草砖	1. 50~100 厚嵌草砖 2. 30 厚沙垫层 3. 100~200 级配砂石或天然沙砾
水洗豆石	1. 30~40 厚 1:2:4 细石、混凝土、水洗豆石 2. 100~150 厚 C20 混凝土 3. 100~150 厚灰土或二灰碎石或天然沙砾或级配砂石	木板	1. 15~60 厚木板 2. 角钢龙骨（或木龙骨） 3. 100~150 厚 C20 混凝土 4. 100~300 厚灰土或二灰碎石或天然沙砾或级配砂石
高分子材料路面	1. 2~10 厚聚氨酯树脂等高分子材料面层 2. 40 厚密级配沥青混凝土 3. 40 厚粗级配沥青混凝土 4. 100~150 厚级配砂石或 150 厚 3:7 灰土	砂土路面	1. 120 厚石灰黏土焦渣或水泥黏土 2. 石灰：黏土：焦渣为 7:40:53（质量比）

4.3 园路路面的铺装设计

4.3.1 园路铺装设计的内容和要求

园路是游览者可以直接感受的重要界面，因此应对园路路面进行装饰和美化，以创造更优美的游览环境。

园路路面常用各种抹面、贴面、镶嵌及砌块铺装方法进行装饰美化。园路的铺装设计的内容主要包括园路的纹样和图案设计以及对创造该纹样和图案所使用的材料和结构进行设计。包括色彩搭配、尺度划分、组合变化等，以及材料的强度、形式、耐久性、质感、环保性等。

常用的地面装饰手法包括：①图案装饰：用不同颜色、不同质感的材料和铺装方式，在地面做出简洁的图案和纹样；②色块装饰：选用 3~5 种颜色和表面质感，铺装成大小不等的方、圆、三角形及其他形状的颜色块面；③线条装饰：在浅色调、细质感的大面积底色基面上，以一些主导性的、特征性的线条造型为主进行装饰。

4.3.2 园路铺装设计的要求

园路铺装设计应与周围环境相协调。要根据园路所在的环境，选择路面的材料、质感、形式、尺度，研究路面图案的寓意、趣味，使路面不仅配合周围环境，而且应强化和突出整体空间的立意和构思，使之成为园景的组成部分。

园路的铺装设计应符合道路的功能特点，不能弱化或妨害道路的使用功能。因此，园路路面应有柔和的光线和色彩，减少反光、刺眼感觉；要有一定的粗糙度，避免游人滑跌；要便于清洁管理，要有足够的强度和耐久性。

路面的铺装设计应符合生态环保的要求，包括所使用的材料本身是否有害、施工工艺的环保、采用的结构形式对周围自然环境的影响等。

4.3.3 园路铺装的形式

根据路面铺装材料、结构特点，可以把园路的路面铺装形式分为整体路面铺装、块料铺装、粒料和碎料铺装三大类。园路铺装常用的面层材料见表 4-29。

4.3.3.1 整体路面铺装

(1) 沥青混凝土路面

用沥青混凝土作为面层使用的整体路面根据骨料粒径大小，有细粒式、中粒式和粗粒式沥青混凝土之分，有传统的黑色和彩色（包括脱色）、透水和不透水的类别。黑色沥青路面一般不用其他方法对路面进行装饰处理。而彩色沥青是在改性沥青的基础上，用特殊工艺将沥青固有的黑褐色脱色，然后与石料、颜料及添加剂等混合搅拌

表 4-29　园路广场常用铺装面材规格特性

材料名称		一般规格(mm)		适用范围	面层处理	颜色
天然材料	石板	可加工为各种几何形状；厚 20~30(人行)，40~60(车行)		道路、广场	机刨、剁斧、凿面、拉道、喷灯	本色
	料石(条石、毛石)	可加工为各种几何形状；长宽>200；厚>60		台阶、路缘石	机刨、剁斧、凿面、拉道、喷灯	本色
	小料石	长宽 90；厚 25~60		道路、广场	拉道、喷灯、凿面	本色
	页岩	大小不一		道路、小广场	—	本色
	卵石(碎石)	鹅卵石 ϕ60~150，卵石 ϕ15~60，豆石 ϕ3~15		自然水体底部、道路(镶嵌、浮铺、水洗)	—	本色
	木材	可加工为各种几何形状；木板材厚 20~60，木料(砖)厚>60		步道、小休息观景平台	防腐、防潮、防虫	本色、彩色
沥青混凝土		—		道路	—	灰黑色或彩色
水泥混凝土		现浇，设伸缩缝，整体路面。厚 80~140(人行)，160~220(车行)		道路	抹平、拉毛、水洗石、斩假石、水磨石、模具压印	本色或彩色
水泥砖	水泥方砖	方形、矩形、联锁形、异形；长宽 250~500；厚 50~100		道路、广场	拉道、水磨、嵌卵石、嵌石板碎片	本色、多色
	水泥花砖					
砌块砖		方形、矩形、嵌锁形、异形；长宽 60~500；厚 45~80		道路、广场	平整、劈裂、凿毛、水洗	多色(涂色或通体色)
花砖(广场砖、仿石砖)		方形、矩形、嵌锁形、异形；长宽 100~300；厚 12~20		道路、广场	劈裂、平整	多色
黏土烧结砖		235×115×53(不含灰缝)		步道、小广场	平整	红、青
非黏土烧结砖		235×115×53(不含灰缝)		步道、广场	平整	红、粉红、棕、象牙黄、橘黄、灰色、青黑色
合成材料		现浇合成树脂	厚 10	广场、道路、人行过街桥	平整	多色
		弹性橡胶	厚 15~25	健身游戏场地		

生成，或者在黑色沥青混凝土中加入彩色骨料而成(图 4-33)。通过脱色工艺的彩色沥青表面的耐久性相对稍差，其颜色可根据需要调配，而且色彩鲜艳、持久、弹性好，具有很好的透水性。彩色沥青路面一般用于公园绿地和风景区的行车主路上。由于彩色沥青具有一定的弹性，也适用于运动场所及一些儿童和老人活动的地方。

(2) 水泥混凝土路面

水泥混凝土路面属于刚性路面，对路面的装饰，①在混凝土表面直接处理形成各种变化；②在混凝土表面增加抹灰处理；③用各种贴面材料进行装饰。

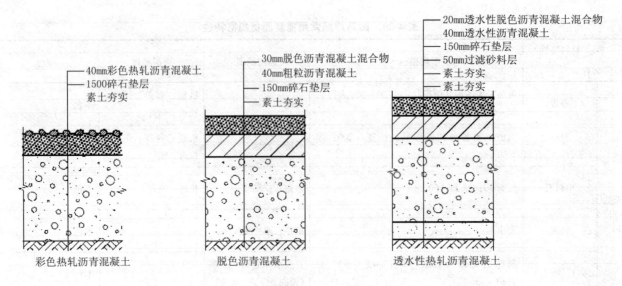

图 4-33 彩色沥青混凝土铺装做法示例

① 表面处理(图 4-34)

抹平 在混凝土初凝前用木墁刀手工整平,可以获得美观有纹理的表面,适用于小面积的混凝土地面。用钢抹刀手工浮掠混凝土表面可以获得光滑坚硬表面。

硬毛刷或耙齿表面处理 在混凝土尚处于塑性状态但初始的光泽已失去时,用硬毛刷在表面拉过能形成纹理,纹理的形状由毛刷的软硬类型和划入的深度而定。步行和车流量小的地面可以用较软的毛刷,而行车路面需要用木扫帚或钢丝扫帚。纹理的方向需要考虑对抗车辆打滑的效果。为获得较毛刷产生的表面处理更深的平行凹槽,可以使用有齿的耙子,耙齿的间距以 12~18mm 为宜。

滚轴压纹 用安装在滚筒上的橡胶片或金属网滚压可在塑性状态的混凝土表面做出纹样。

机刨纹理 在凝固后的混凝土面板上用机械起槽形成纹理。

压模装饰 当混凝土面层处于初凝期时,在其面上涂刷强化料、脱模料,然后用特制的成型模具或纸模压印混凝土表面以形成各种图案。混凝土终凝后再进行表面的上色、上光泽、材质处理以及喷涂保护剂。经过这样的处理,可以将混凝土面层处理成各种逼真的彩色大理石、花岗石、石子、砖、瓦地面。

露骨料饰面 在混凝土浇筑、振捣压实和表面抹平后,用刷子刷或水喷的方法使集料从表面暴露出来,通过对集料的色彩、大小和形状的选择,可获得美观的纹理和色彩。集料周围的材料去除深度应达到足以显露石料的色彩和质感为度,但不得超过集料深度的一半,并应保持均匀一致的暴露程度。也可以在混凝土初凝前在表面撒布石子或手栽卵石,然后进行碾压或拍平,也可以形成类似的效果。

② 抹灰装饰

普通抹灰 是用普通水泥砂浆在路面表层做保护装饰层或磨耗层。水泥砂浆可采用 1:2 或 1:2.5 比例,常以粗砂配制。抹灰表面需要压实赶光,并进行恰当的防滑处理。

彩色水泥抹灰 用普通灰色、白色或彩色水泥以及白色水泥掺入彩色颜料,加上普通砂、骨料或其他彩色骨料配制成彩色水泥混凝土,对路面进行抹灰,可做出彩色水泥路面。

水磨石饰面 是一种比较高级的装饰型路面,有普通水磨石和彩色水磨石两种做法。水磨石面层的厚度一般为 10~20mm,是用水泥和彩色细石子调制成水泥石子浆,铺好面层后打磨光滑。

③ 贴面 使用水泥混凝土作为基层时,可以利用胶结材料将各种片材和块料黏结在其上作面层,称"贴面"。片材是指厚度在 5~30mm 之间的

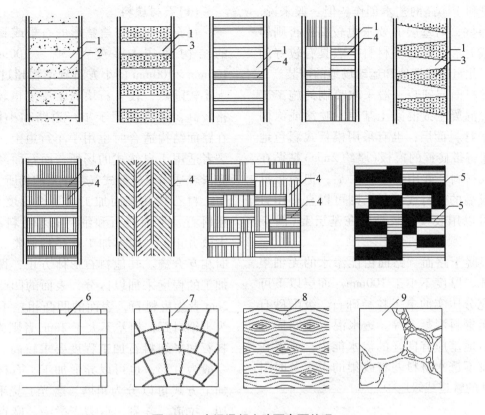

图 4-34 水泥混凝土路面表面处理
1. 抹光 2. 拉毛 3. 水刷 4. 拉道 5. 拉道的光影效果 6. 压纹：仿砖
7. 压纹：仿瓷砖 8. 压纹：仿木 9. 压纹：仿石

装饰性铺地材料，常用的片材主要是花岗岩、片石、大理石、釉面墙地砖、陶瓷广场砖和马赛克、木材等。块料的厚度较片材要厚一些，材质包括石材、混凝土材料、黏土砖、非烧结砖、陶瓷材料以及工程塑料、高分子聚合材料等。这些块料具有较大的强度，常用于车行道、停车场和较大面积的铺装。贴面材料和混凝土基层之间常使用水泥砂浆作为找平和结合层，也可以使用其他胶结材料。

整齐花岗岩、大理石　这是一种高级的装饰性地面铺装。花岗石可采用红色、青色、灰色等多种，要先加工成正方形、长方形的薄片状用来铺贴地面。加工的规格大小可根据设计而定，常规块料规格大小为 600mm × 600mm。大理石的质地较软，在室外使用易风化，一般用于室内地面和建筑外墙装饰。

碎拼石片　利用页岩、大理石、花岗石的碎片拼贴在混凝土基层上，可以形成冰裂纹。碎拼石料的边缘可以进行适当切割以形成均匀的拼缝。

块料贴面　在混凝土基层上粘贴块料可以创造出不同于混凝土面层的装饰效果，并可以改变其透水能力、弹性、色彩、图案等，取得丰富的装饰效果。

陶瓷类地面砖　颜色和表面图案丰富，尺寸规格也很多，在铺地设计中选择余地很大。常用的有釉面地砖、陶瓷广场砖、马赛克等。

木地板　作为高级地面铺装形式应用于室外时，需要有可靠的防腐处理。木板可以直接用胶黏结在混凝土基层上，也可用铁钉钉在龙骨上。

④高分子材料喷涂和贴面　目前在风景园林道路面层铺装中实际应用的高分子材料主要有以下几类：聚氨酯类、氯乙烯类、聚酯类、环氧树脂类、丙烯酸类树脂等（包括现浇和砌块）。与沥青类材料相比，高分子材料的着色更加自由，且

色彩鲜明,更利于园路的艺术创作。但一般来说,其耐磨性稍差些,对基层的要求也较高,否则容易表面凸起或开裂。高分子材料一般具有较好的弹性,常用于儿童游戏场地和运动场地的铺装。

高分子材料面层铺装一般采取喷刷的施工工艺,即在沥青混凝土或混凝土基层上喷涂或涂刷上一层高分子材料面层;也有采用模板式彩色地砖铺装的,即将带砖缝的模板(厚约2mm)粘贴在基层上,放入材料,并用抹子抹平后,把模板拆掉;如果是成品的卷材或板材,则可以直接用钉子固定,也可以用胶或砂浆粘贴在基层上(图4-35)。

⑤透水混凝土路面　路面由能渗水的无细集料混凝土筑成,厚度不小于100mm。面层以下可以使用经过充分压实的单一粒径砾石、级配砂石等干材料、无集料混凝土等。透水混凝土路面可以无坡度,但地基应有良好的渗水能力;或者在地基之上铺设不透水材料并将收集的雨水及时引导至路面以外的管道或绿地中。

4.3.3.2 块料铺装

块料铺装是用石材、混凝土预制块、烧结砖、工程塑料以及其他方法预制的整形板材、块料铺砌在路面,而基层常使用灰土、天然砾石、级配砂石等(图4-36)。这类铺地一般适用于宽度和荷载较小的一般游览步道,而用于车行道、停车场和较大面积铺装时需要采用较厚的块料,并加大基层的厚度。

(1)石材块料

料石是利用打凿整形的石板或石块用作路面的结构面层。厚度为50～100mm,规格从100mm×100mm的小方石到面积超过1m²的条石,大小较随意,较大石块通常厚度也较大。石块价格较高,通常仅用于步行道路和小面积铺装上,在路面结构适合时也用于车行道上。石面自然劈裂者适用于自然式的场所,而石面经加工成平整光滑者适用于整形式气氛庄重的场所。

料石按其表面加工的平整程度分为毛料石、粗料石、半细料石和细料石。毛料石形状规则,大致方正,一般不加工或稍加修整,以便在铺砌时相互合缝。其他料石形体方正,视其正面锤凿加工的程度来加以区分,表面的凹凸深度不大于2cm者为粗料石,表面的凹凸相差不大于1cm者为半细料石,相差不大于2mm者则为细料石。细料石和半细料石加工程度要求较高。料石的形状一般为方形,也可以异形加工。石材块料的表面加工方式可以分为粗磨、磨光、烧毛、机刨、机切、拉道、斧剁、劈裂、凿毛、麻点等,可以产生不同的色泽、光泽和粗糙度,丰富地面铺装效果。

(2)预制混凝土砖

预制混凝土砖可设计为各种形状、各种颜色和各种规格尺寸,还可以相互组合成不同图纹和不同装饰色块,是目前公园绿地游览步道及广场铺地最常见的材料之一。混凝土块料可加工成方形、长方形、六角形、楔形、异形联锁、圆形等,厚度50～100不等。预制混凝土块料也可以用于车

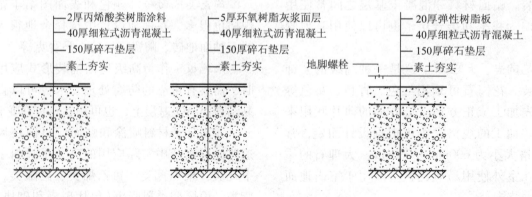

图4-35　高分子材料铺装做法示例

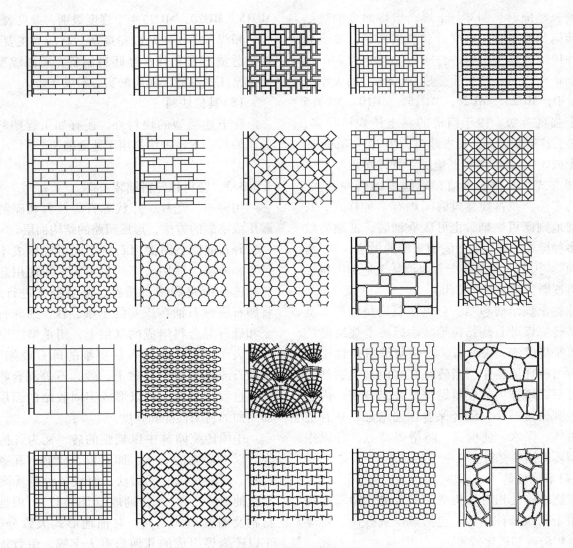

图4-36 各种块料铺装形式

行道,承受荷载的能力主要由基层的质量和路面构筑的质量而定。混凝土块料的表面可以加工成光面、彩色水磨石面或露骨料面,可以翻模、印制加工成不同形式的花纹和图案,做成空心形式可以用于嵌草铺装,也可以栽卵石、瓦片等构成丰富的图案。混凝土块料可以使用单一规格铺设,也可以使用多种大小不同规格进行铺设,并可以与砖、花岗岩、卵石等材料一起使用构成多样的图案和效果。

混凝土砖在制作过程中可以使用无砂混凝土,用其他材料如钢渣、陶瓷颗粒、木屑等替代砂子、石子,也可以在预制的模具上安装倒置的多角形或圆形锥体,在成型时形成倒锥形孔洞,形成透水透气的铺装材料。

空心混凝土块料可以将草坪与铺装结合在一起,适用于停车场和大面积铺装的软化处理。铺装面层由混凝土网格组成,空心部分由土壤填充,草即在其中生长。每块预制单元块由一个空格或多个空格组成,单元块可以承载车辆或行人的荷载,不会对草造成损害。通常的做法是在混凝土块下设置一层多棱角砂垫层,垫层之下为压实的级配砂石基层。基层下的土壤要有一定的渗水能力。

(3) 烧结砖

烧结砖是以黏土或页岩、煤矸石、粉煤灰为主要原料,经过焙烧而成的普通砖。以黏土为主要原料，经配料、制坯、干燥、焙烧而成的烧结普通砖简称黏土砖。有红砖和青砖两种。黏土砖是一种传统的建筑材料，普通砖的尺寸为240mm×115mm×53mm，按抗压强度（N/mm^2）的大小分为 MU30，MU25，MU20，MU15，MU10，MU7.5 这6个强度等级。用于铺地的黏土砖规格很多，有方砖，亦有长方砖。砖墁地时，用30～50mm厚细砂土或3:7灰土作找平垫层。方砖墁地一般采取平铺方式，有错缝平铺和顺缝平铺两种做法。铺地的砖纹，在古代建筑庭园中有多种样式。长方砖铺地则既可平铺，也可仄立铺装，铺地砖纹亦有多种样式。庭院地面满铺青砖的做法，叫"海墁地面"。因黏土砖的生产需要消耗土地和大量燃料，将逐渐被其他材料替代。

非黏土烧结砖包括：粉煤灰页岩烧结砖、页岩烧结砖、煤矸石烧结砖等。内燃砖是烧结砖的一种，是将煤渣、煤矸石、粉煤灰等可燃性工业废料掺入砖坯原料中，当砖坯在窑内被烧制到一定温度后，坯体内的燃料燃烧而瓷结成砖。内燃砖的表观密度减小，隔音保温性能增强，具有透水、透气、保水、强度高、防滑等特点，可以作为新型环保铺装材料。

（4）非烧结砖

非烧结砖是相对于烧结砖而言的，即不经烧结而用于砌筑墙体的砖。包括蒸压灰砂砖、粉煤灰砖、炉渣砖和碳化砖等。

蒸压灰砂砖是以砂和石灰为主要原料，允许掺入颜料和外加剂，经坯料制备、压制成型、经高压蒸汽养护而成的普通灰砂砖。国标中规定砖的外形为直角六面体，砖的尺寸为长240mm，宽115mm，高53mm，其力学性能规定为MU10，MU15，MU20，MU25 4个强度级别，参见表4-30。

粉煤灰蒸压砖是以粉煤灰、石灰为主要原料，掺加适量石膏和骨料经胚料制备、压制成型，高压或常压蒸汽养护而成的实心粉煤灰砖。

（5）其他块料

除上述类型的块料外，还有如工程塑料、高分子块料、木材等块料用于地面铺装。

4.3.3.3 粒料和碎料铺装

用卵石、瓦片、片状砾石等粒料和碎料通过碾压或镶嵌的方法，形成园路的结构面层。

砾石或卵石路面因石材不同可以形成不同的色彩和质感，适用于车流量不大、不使用急刹车急加速的园路和步行道路，需要经常进行维护。将卵石或砾石铺在压实的土壤、砂、细砾石或黏土和砾石混合料组成的基层上，用重型压路机碾压，表面也可以加铺一层更细的砾石或细石屑。当卵石或砾石中含有黏土、砂和石等混合物，在铺设过程中加水，可以形成牢固胶结的面层，增加路面的封闭性能和强度。

中国传统园林中以规整的砖、瓦为骨构成图案，以不规则的石板、卵石以及碎砖、瓦条、碎瓷片、碎缸片填心的做法，组成各种精美图案的彩色铺地称之为"花街铺地"（图4-37）。根据使用材料及图案形式不同，对铺地形式大致分类为：①以砖为界组成的几何形有人字锦、龟背锦、套六方、四方间十字、长八方、六角冰裂纹、破六方、攒六方、八角橄榄景、八角式、八角灯景式等；②以瓦为界组成的纹样有鱼鳞式、万字海棠式、软脚万字式、门式、海棠芝花式、金钱海棠式等；③以砖瓦为界组成的混合纹样有万字芝

表4-30 蒸压灰砂砖力学性能　　　　　　　　　　　　　　　　　　　　　　　　　MPa

强度级别	抗压强度		抗折强度	
	平均值≥	单块值≥	平均值≥	单块值≥
MU25	25.0	20.0	5.0	4.0
MU20	20.0	16.0	4.0	3.2
MU15	15.0	12.0	3.3	2.6
MU10	10.0	8.0	2.5	2.0

图 4-37　各种花街铺地形式

花、十字海棠、冰穿梅花、套方金钱、四方灯锦、八方灯锦、葵花式等；④用砖瓦、碎石、卵石、碎瓷片、碎缸片组成的自然纹样如金鱼、盘长、扇子、荷花、蝙蝠、蝴蝶、鹤、山羊、鹿、石榴、蜻蜓、套钱、梅花、葫芦等吉祥图案；⑤充分利用卵石的质感和色泽特征，精心配置，并利用各种对比，组成变化多端的地纹，如用黑色与灰、黄卵石组成图案，有蝙蝠、鹿、鹤等几何纹样等。

在花街铺地中，大部分图案花纹如锦，多姿多彩，以简单重复的韵律，获得美感。花街铺地作为地面空间的界面之一，具有很好的装饰作用，同时利用铺地纹样来强化意境是中国园林造园艺术的手法之一。花街铺地由于是以卵石、碎石等组成，它们不仅排水性能好，又能防滑，光线也柔和，并且随意性很强，不仅适用于庭院，亦可用于浅池滩地、水边小路等。现代园林中也经常使用粒料和碎料进行各种园路铺装，由彩色卵石、砾石、片石等铺砌出各种图案，以契合景区景点的意境。这种铺装方法能够承受的地面荷载小，适于设置在人流不多的庭院和步行游览道上。

4.3.3.4 其他园路铺装形式

(1) 台阶、礓礤、磴道

①台阶 当路面坡度超过8%时，为了便于行走，在不通行车辆的路段上，可以设置台阶。台阶的宽度与路面相同，每级台阶的高度为10~17cm，宽度为30~38cm。一般台阶不宜连续使用，如地形许可，每10~18级后应设一段平坦的地段，使游人恢复体力。为了防止台阶积水、结冰，每级台阶应有1%~2%向下的坡度，以利排水。在园林中根据造景的需要，台阶可以用天然山石、预制混凝土作成木纹板、树桩等各种形式，装饰园景。上山的台阶为了夸张山势，造成高耸的感觉，台阶的高度也可增至15cm以上，以增加趣味。

②礓礤 在坡度较大的地段上，一般纵坡超过15%时，本应设台阶，但为了能通行车辆，将斜面做成锯齿形坡道，称为礓礤。其形式和尺寸如图4-38所示。

③磴道 在地形陡峭的地段，可结合地形或利用露岩设置磴道。当其纵坡大于31°(60%)时，应做防滑处理，并设扶手栏杆等。

(2) 种植池

在路边或广场上栽种植物，一般应留种植池。种植池的大小应由所栽植物的要求而定，在栽种高大乔木的种植池上应设保护栅。种植池格栅是保护种植池内土壤、扩大铺装活动面积的一种带孔洞的材料，常用混凝土、铸铁、工程塑料或其他透水铺装材料等，外形根据种植池的形状而变化，图案则多种多样。

(3) 步石、汀石

①步石 在自然式草地或建筑附近的小块绿地上，可以用一至数块天然石块或预制圆形、树桩形、木纹板形等铺块，自由组合于草地之中。一般步石的数量不宜过多，块体不宜太小，两块相邻块体的中心距离应考虑人的跨越能力和不等距变化。这种步石易与自然环境协调，能取得轻松活泼的效果。

②汀石 是在水中设置的步石，使游人可以平水而过。汀石适用于窄而浅的水面，如在小溪、

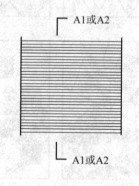
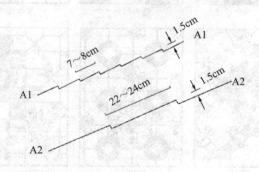

图4-38 礓礤做法

涧、滩等地。为了游人的安全，石墩不宜过小，距离不宜过大，一般数量也不宜过多。

4.4 园路施工

园路施工除了在基本工序和基本方法上与一般城市道路相同之外，还有一些特殊的技术要求和具体方法。园路工程的重点在于控制好施工面的高程，并注意与风景园林其他设施的有关高程相协调。施工中，园路路基和路面基层的处理只要达到设计要求的牢固和稳定性即可，而路面面层的铺地，则要更加精细，强调施工质量。

4.4.1 施工前的准备

施工前，负责施工的单位，应组织有关在人员熟悉设计文件，以便编制施工方案，为施工创造条件。应注意路面结构组合设计的形式和特点，同时如发现疑问、有误和不妥之处，要及时与设计单位和有关单位联系，共同研究解决。

施工方案是指导施工和控制预算的文件，应根据工程的特点，结合具体施工条件，编制深入而具体的施工方案。

开工前施工现场准备工作要迅速做好，以利工程有秩序地按计划进行。现场准备工作进行的快慢，会直接影响工程质量和施工进展。现场开工前的主要工作包括修建房屋（临时工棚）、便道便桥、场地清理以及现场备料等。

4.4.2 施工放线与测量

道路工程在施工前、施工中都需要进行测量工作，包括道路中线的测设与恢复、道路纵、横断面的测定和测设、道路施工测量等内容。

道路工程测量所得到的各种成果和标志（平面标志、高程标志）是工程设计和施工的重要依据，测量工作的精度和速度将直接影响设计和施工的质量和工期。因此，为了保证施工精度、预防出错，道路工程测量也必须采取"先整体后局部，先控制后碎部"的工作程序和步步有校核的工作方法。

中线测量的任务是根据道路选线中确定的定线条件，将线路中心线位置（包括直线和曲线）测设到实地上并做好相应标志，便于指导道路施工。其主要内容有：测设中线上的交点和转点、测定线路转折角、钉里程桩和加桩、测设曲线主点和曲线里程桩等。

线路中线的起点、转折点（即交点）、终点是控制线路的3个主要点，称为线路3主点。在线路定线时有的主点位直接在地面桩钉位置，但有的主点点位只给出定位条件而未桩钉其位置，需在中线测量时完成。由于定位条件和现场情况的不同，测设方法也灵活多样，施工时应合理选用。

园路施工过程中需要根据工程进度的要求，及时测设或恢复中线及路基边坡线并测设高程标志，指导施工并保证按图施工。施工测量的精度一般取决于道路的等级和性质，以满足设计要求为准。路面施工时，应根据面层设计高程及每个结构层的设计厚度，把每个结构层的设计高程先求出并列表。由于垫层、基层的摊铺厚度必须由压实系数与设计厚度计算出，这将会导致各结构层施工高程与设计高程不一致，因此，在设计高程求出后，应把各结构层的施工高程一并算出并列入设计高程表中，供施工放样时参考使用。

4.4.3 修筑路槽

在修建各种路面之前，应在要修建的路面下先修筑铺路面用的浅槽，经碾压后使路面更加稳定坚实。一般路槽有挖槽式、培槽式和半挖半培式3种，修筑时可机械或人工进行。

挖槽式路槽 当采用机械施工时，应在路槽开挖前，沿道路中心线测定路线边缘位置和开挖深度，按间距20~50m钉入小木桩，用麻绳挂线撒石灰放出纵向边线，再将小木桩移到路槽两侧一定距离处，以利机械操作。沿边线每隔5~10m（变坡点和超高部分应加桩）在路肩部位挖一个50~100cm宽的横槽（人工施工间距），槽底深度即为路槽槽底标高。考虑到路槽土开挖后压实可能下沉，故开挖深度应较设计规定深度有所减少。路槽挖出后，用路拱板进行检查，然后经人工整修，适当铲平和培填至符合要求为止。对于路槽范围内的新建桥涵、各类管沟和挖出的树坑等，都应分层填土夯实。路槽经整修后，用夯实机械进行夯实，直线路段由路边逐渐移向中心；曲线路段由弯道内侧向外侧进行，以便随时掌握质量。人工开挖时小木桩可不必移到路槽以外。横槽的间距以3~5m为宜，同时在路槽中心和两侧沿线路纵向开挖样槽，使纵横向连通以构成整个路槽纵横断面的形状。样槽的宽度为30cm，然后再在样槽间进行全面开挖或培填。

培槽式路槽 施工时，应沿道路中心线测定路槽边缘位置和培垫高度，按间距20~25m钉入小木桩，用麻绳挂线撒石灰放出纵向边线。桩上应按虚铺度作出明显标记，虚铺系数根据所用材料通过试验确定。根据所放的边线用机械或人工进行培肩。培肩宽度应伸入路槽内15~30cm，每层虚厚以不大于30cm为宜。路肩培好后，应往返压实。根据恢复的边线，将培肩时多余部分的土清除，经整修后用夯实机械进行夯实，直至达到设计的密实度要求。

半挖半培式路槽 施工可参照上述方法进行。

4.4.4 基层施工

园路基层结构种类很多，施工方法也不同。园路常用基层材料为碎（砾）石、级配砂石和灰土基层。

4.4.4.1 碎（砾）石基层

碎（砾）石基层是用尺寸均匀的碎（砾）石作为基本材料，以石屑、黏土或石灰土作为填充结合料，经压实而成的结构层。碎石层的结构强度，主要靠碎石颗粒间的嵌挤作用以及填充结合料的黏结作用。碎石颗粒尺寸为0~75mm，通常以25mm以上的碎石为骨料，5~25mm的石屑或石渣为嵌缝料，0~5mm的米石为封面料。

填隙碎石基层施工一般按下列工序进行：摊铺粗骨料→稳压→撒填充料→压实→铺撒嵌缝料→碾压。

碎石的摊铺虚厚为压实厚度的1.1倍左右。使用平地机摊铺，需要根据虚厚度每30~50m做成一个宽1~2m标准断面。若为人工摊铺，可用几块与虚厚度相等的方木或砖块放在路槽内，木块或砖块随铺随挪动，以标定摊铺厚度。摊铺碎石要求大小颗均匀分布，纵横断面符合要求，厚度一致。

稳压是先用10~12t压路碾压，碾压一遍后检验路拱及平整度。局部不平处，要去高垫低。再继续碾压，至碎石初步稳定无明显位移为止。这个阶段一般需压3~4遍。

将粗砂或灰土（石灰剂量8%~12%）均匀撒在碎石层上，用竹扫帚扫入碎石缝内，然后用洒水车或喷壶均匀洒一次水。水流冲出的空隙再以砂或灰土补充，至不再有空隙并露出碎石尖为止。然后再用10~12t压路机继续碾压，一般碾4~6遍（视碎石软硬而定）。

铺撒嵌缝料，嵌缝料扫匀后，立即用10~12t压路机进行碾压，一般碾压2~3遍，碾压至表面平整稳定无明显轮迹为止。

4.4.4.2 级配砂石基层

级配砂石是用粗、细碎石和石屑各占一定比例的混合料，其颗粒组成符合密实级配要求。级配砂石基层是经摊铺整型并适当洒水碾压后所形成的具有一定密实度和强度的基层，它的一般厚度为10~20cm，若厚度超过20cm应分层铺筑。

级配砂石基层的施工程序是：摊铺砂石→洒水→碾压→养护。

砂石材料铺前，最好根据材料的干湿情况，在料堆上适当洒水，以减少摊铺粗细料分离的现象。虚铺厚度随颗粒级配、干湿不同情况而定，一般为压实厚度的1.2~1.4倍。以平地机摊铺时每30~50m做一标准断面，宽1~2m，洒上石灰粉，以便平地机司机准确下铲。人工摊铺每15~30m做一标准断面或用几块与虚铺厚度相等的木块、砖块控制厚度，随铺随挪动。砂砾摊铺要求均匀，如发现粗细颗料分别集中，应掺入适当的砂或砾石处理。

摊铺完一段后用洒水车洒水（无洒水车用喷壶代替），用水量应使砂石料全部湿润又不致造成路槽发软为度。洒水后待表面稍干时，即可用10~12t压路机进行碾压。碾压1~3遍初步稳定后检验路拱及平整度，及时去高垫低。碾压过程中应注意随时洒水，保持砂石经常湿润，以防松散推移。碾压遍数一般为 8~10 遍，压至密实稳定，无明显轮迹为止。

碾压完后洒水养护，使基层表面经常处于湿润状态，以免松散。

4.4.4.3 石灰土基层

在粉碎的土中，掺入适量的石灰，按一定的技术要求，把土、灰、水三者拌和均匀，在最佳含水量的条件下压实成型的结构称为石灰土基层。

石灰土力学强度高，有较好的整体性、水稳性和抗冻性。它的后期强度也高，适用于各种路面的基层、底基层和垫层。为达到所要求的压实度，石灰土基一般应用不小于 12t 的压路机或等效压实工具进行碾压，宽度较小的园林道路和小面积广场常使用蛙式打夯机。每层石灰土的压实厚度最小不应小于 8cm，最大也不应超过 20cm，如超过 20cm，应分层铺筑。

(1) 材料

各种成因的塑性指数在 4 以上的砂性土、粉性土、黏性土均可用于修筑石灰土。塑性指数 7~17 的黏性土类，易于粉碎均匀，便于碾压成型，铺筑效果较好。人工拌和，应筛除 1.5cm 的土颗粒。土中的盐分及腐殖质对石灰有不良影响，对于硫酸含量超过 0.8%，或腐殖质含量超过 10% 的土类，均应事先通过试验，参考已有经验予以处理。土中不得含有树根杂草等物。

石灰质量应符合标准。应尽量缩短石灰存放时间，最好在出厂后 3 个月内使用，否则应采取封土等有效措施。石灰土的石灰剂量按熟石灰占混合料总干重的百分率计算。石灰剂量的大小应根据结构层所在位置要求的强度、水稳性、冰冻稳定和土质、石灰质量、气候及水文条件等因素，参照已有经验来确定。

一般露天水源及地下水源均可用于石灰土施工。如水质可疑，应事先进行试验，经鉴定后方可使用。

石灰土混合料的最佳含水量及最大密实度（即最大干容重），随土质及石灰的剂量不同而异。最大干容重随着石灰剂量的增加而减少，而最佳含水量随着石灰剂量增加而增加。

(2) 准备工作

备土应按要求的质量和数量，整齐堆放在路肩或辅道上（如由于路肩不能堆放时，也可在场外适当地点集中堆放），以不影响施工为原则。采用人工拌和时，备土应筛除 1.5cm 的土块。堆放时按适当长度堆成方堆，以利拌和。

石灰应在施工前备齐。备灰一般采用在路外选临近水源、地势较高的宽敞场地堆放，每堆间距以 500m 左右为宜。石灰进场如需较长时间才用时，应将石灰用土覆盖或其他方法封闭，以免降低活性氧化物的有效成分。采用人工拌和时，石灰除大堆堆放外，有条件的也可小堆堆放在路肩或辅道上，每堆间距以 50~100m 为宜。

用生石灰施工时，必须经过一定的方法粉碎后才能使用。磨细的生石灰可直接使用。块状的生石灰一般多采用水解，加水方法要根据水源情况、设备条件和施工方法确定。要在保证安全的前提下，于开工前 5~7d 消解完毕。

消解石灰应严格控制用水量。经消解的石灰应为粉状，含水量均匀一致，不应有残留的生石灰块。若水分偏大则成灰膏；水分过小，则生石灰既不能充分消解，还会飞扬，影响操作人员的身体健康。

根据施工方案确定的施工方法，在开工前，按施工顺序组织劳动力进场，并根据施工计划核查机具是否齐备，如有残缺，应及时补足和进行修理，以免影响工程进展。

(3) 施工

石灰土基层的施工程序是：铺土→铺灰→拌和与洒水→碾压→初期养护。

石灰土基层施工方法，可分机械拌和法和人工拌和法两种。机械拌和法又分拌和机法（石灰土拌和机）和铧犁拌和法。机械拌和法效率高、质量好、节省人力，适合大规模工程施工。人工拌和法又分人工筛拌法和人工翻拌法两种方法。人工拌和方法简单，适用机械缺乏或狭小地段施工，雨季施工中的小段突出，以及局部翻修工程。但这种施工方法劳动强度高，占用劳动力较多。

机械铺土一般多用平地机或推土机进行摊铺。

摊铺时将已备或现运至工地的土，按要求厚度均摊铺在路槽内，并利用摊铺机的轮胎将铺匀的土排压一遍，以达到密实度大体一致（经排压后的摊铺厚度应通过试验确定）。一般用平地机或摊土机排压一遍后，土的虚铺厚度为压实厚度的1.1~1.2倍。

人工铺土操作时将已备好的土，按要求厚度均匀铺在路槽内（半幅施工时，铺土宽度要大于半幅宽的30~50cm）。将已经消解好的石灰按计算量在已铺好的土层中的中心位置，码成梯形断面的长条，再用与断面积相同卡尺检验，无误后才能进行摊铺。石灰土的土与灰的配比，在现场多用体积比。一般经验配比为：石灰剂量10%时，石灰：土=1:5；石灰剂量12%时，石灰：土=1:4。在铺灰时，试验人员应经常检查石灰的含水量，及时调整体积用量。

铺灰时应事先打出路面施工边缘位置，用灰粉撒出铺灰的外侧边线，铺撒时要做到厚度均匀一致。如用机动车运灰时，可边运边铺。运灰车辆应固定装车体积，做到定点定料，便于控制摊铺面积。

用拌和机拌和石灰土，施工简便，效率高，质量好，是一种理想的拌和机械，其施工操作按以下程序进行：

①拌和机从铺好的灰、土层的一侧边缘，沿边缘线准确行驶拌和至作业段的终点。按螺旋形的路线，依次行驶拌至中心，每次拌和的纵向接茬应重叠不小于20cm，要随时检查边部及拌和深度是否达到要求。

②干拌一遍后，用洒水车或其他洒水工具进行洒水。洒水量应根据土的天然含水量大小而定。洒水时要做到均匀，水量一致，洒水后渗透2~3h再进行湿拌。

③湿拌时的操作与干拌相同。一般湿拌2~3遍，但必须达到拌和均匀，色泽一致，土团大于1.5cm的含量以上不超过10%为度。拌和完毕后的混合料含水量，一般掌握在略大于18~22。经验认为混合料以握成团，从1m高处自然落地即散最为适宜。如在高温季节，应考虑在操作过程中的水分蒸发量，故一般拌和好的混合料含水量要比最佳含水量大1%~3%（夏季可选用高限）。

④拌和时应注意检查每拌一遍与前一遍的纵向衔接处和靠路肩的边缘是否有漏拌空白处，如发现应进行补拌或以人工处治。

⑤每一作业段的接头处应重叠拌和5~10m。在桥涵构造物的两端及雨水井、检查井周围，机械不易拌到的地方，要用人工拌和加以细致处理。

将拌和好的混合料，以人工用木平耙或其他工具，起高垫低进行粗略平整，横向符合路拱要求，纵向无起伏波浪，然后用平地机等机械从一侧边缘逐次排压至另一侧边缘，排压1~2遍，即可达到初步稳定。找平前应将已排压好的作业段进行全面检查，如边线、中线的位置和标高、摊铺宽度和厚度，以及拌和质量等。经检查符合要求后再开始找平。找平分两次进行。第一次为粗平，第二次为细平。根据事先标好的标志进行粗平，然后将全段普遍排压一遍。经再次核对标高无误后方可进行细平，应铲高垫低至符合要求为止。经过机械排压3~4遍，石灰土即达到一致的密实度。细平后的预留高度，一般如压实后的厚度为10~12cm，预留高度1~3cm即可。

石灰土的压实度是影响强度的重要因素之一。一般规律为压实度每增减1%，强度增减5%~8%，而密实度越高则强度增长越显著，同时抗冰冻性与水稳性也越好，因此，对石灰土必须加强压实。石灰土整形后应及时碾压，最好当天碾压成活。在碾压前检查含水量是否合适，必须在最佳含水量下碾压到要求的压实度。

通过平地机或拖拉机的排压，即可用12t以上压路机进行碾压。若未经排压的灰土，则应先用6~8t压路机碾压2~3遍，再用12t以上压路机碾压3~4遍，压实度即可达到98%左右。道路的雨水井、检查井周围等碾压不到的地方，应用内燃夯或其他夯实工具夯实。园路与铺装广场的压实多用蛙式打夯机或内燃夯。

石灰土在碾压完毕后的5~7d内，必须保持一定的温度，以利于强度的形成，避免发生缩裂和松散现象。如石灰土基层分层铺筑时，应于2d内将上层用的土摊铺完毕，以便利用作下层的覆盖养护土。常温季节施工的上层石灰土，应有不少于 5～7d 的养护期，并适当洒水保持石灰土湿，有一定的开裂后即可铺筑表面外层。

4.4.5 面层施工

在完成的路面基层上，重新定点、放线，每 10m 为一施工段落，根据设计标高、路面宽度定放边桩、中桩，打好边线、中线。设置整体现浇路面边线处的施工挡板，确定砌块路面的砌块列数及拼装方式，并将面层材料运入现场。

4.4.5.1 水泥混凝土面层施工

水泥混凝土面层的施工应首先核实、检验和确认路面中心线、边线及各设计标高点的正确无误。若是钢筋混凝土面层，则按设计选定钢筋并编扎成网。钢筋网应在基层表面以上架离，架离高度应距混凝土面层顶面 5cm。钢筋网接近顶面设置要比在底部加筋更能保证防止表面开裂，也更便于充分捣实混凝土。按设计的材料比例，配制、浇注、捣实混凝土，并用长 1m 以上的直尺将顶面刮平。顶面稍干一点，再用抹灰砂板抹平至设计标高。施工中要注意做出路面的横坡和纵坡。混凝土面层施工完成后，应即时开始养护。养护期应为 7d 以上，冬季施工后的养护期还应更长些。可用湿的稻草、锯木粉、湿砂及塑料薄膜等覆盖在路面上进行养护。

水泥路面装饰方法有很多种，要按照设计的路面铺装方式来选用合适的施工方法。

4.4.5.2 片块状材料的地面铺筑

片块状材料作路面面层，在面层与道路基层之间所用的结合层做法有两种：一种是用湿性的水泥砂浆、石灰砂浆或混合砂浆作为材料，另一种是用干性的细砂、石灰粉、灰土（石灰和细土）、水泥粉砂等作为结合材料或垫层材料。

(1) 湿法铺筑

用厚度为 1.5～2.5cm 的湿性结合材料，如用 1:2.5 或 1:3 水泥砂浆、1:3 石灰砂浆、M2.5 混合砂浆或 1:2 灰泥浆等，铺设在路面面层混凝土板上面或路面基层上作为结合层，然后在其上砌筑片状或块状贴面层。砌块之间的结合以及表面抹缝，亦用这些结合材料，以花岗石、釉面砖、陶瓷广场砖、碎拼石片、马赛克等片状材料贴面铺地，都可以要采用湿法铺砌，预制混凝土方砖、砌块或黏土砖铺地等块料也可以用这种铺筑方法。铺筑时应将砌块轻轻放平，用橡胶锤敲打稳定，不得损伤砖的边角；如发现结合层不平时应拿起铺砖重新用砂浆找平，严禁向砖底填塞砂浆或支垫碎砖块等。铺好后应沿线检查平整度，发现有移动现象时，应立即修整。

(2) 干法铺筑

以干性粉沙状材料，作路面面层砌块的垫层和结合层。这类材料常见的有：干砂、细砂土、1:3 水泥干砂、1:3 石灰干砂、3:7 细灰土等。铺砌时，先将粉沙材料在路面基层上平铺一层，厚度是：用干砂、细土作垫层厚 3～5cm，用水泥砂、石灰砂、灰土作结合层厚 2.5～3.5cm，铺好后抹平。然后按照设计的砌块、砖块拼装图案，在垫层上拼砌成路面面层。路面每拼装好一小段，就用平直的木板垫在顶面，以铁锤在多处振击，使所有砌块的顶面都保持在一个平面上，这样可使路面铺装平整。路面铺好后，再用干燥的细砂、水泥粉、细石灰粉等撒在路面上并扫入砌块缝隙中，使缝隙填满，最后将多余的灰砂清扫干净。以后，砌块下面的垫层材料慢慢硬化，使面层砌块和下面的基层紧密地结合。适宜采用这种干法铺砌的路面材料主要有石板、整形石块、预制混凝土方砖和砌块等。传统古建筑庭院中的青砖铺地、金砖墁地等地面工程，也常采用干法铺筑。

4.4.5.3 地面镶嵌与拼花

施工前，要根据设计的图样准备镶嵌地面用的砖石材料，设计有精细图形的，先要在细密质地青砖上放好大样，再精心雕刻，做好雕刻花砖，施工中可嵌入铺地图案中。要精心挑选铺地用石子，挑选出的石子应按照不同颜色、不同大小、不同长扁形状分类堆放，铺地拼花时才能方便使用。

施工时，先要在已做好的道路基层上，铺垫一层结合材料，厚度一般为 4～7cm。垫层结合材料主要用 1:3 石灰砂、3:7 细灰土、1:3 水泥砂浆等,用干法铺筑或湿法铺筑皆可,但干法施工更为方便一些。在铺平的松软垫层上,按照预定的图样开始镶嵌拼花。一般用立砖、小青瓦瓦片拉出线条、纹样和图形图案,再用各色卵石、砾石镶嵌作花,或者拼成不同颜色的色块,以填充图形大面。然后经过进一步修饰完善图案纹样,尽量整平铺地后,即可定形。定形后的铺地地面,仍要用水泥干砂、石灰干砂撒布其上,并扫入砖石缝隙中填实。最后,用水冲刷或使路面有水流淌使砂灰混合料下沉填实。完成后,养护 7~10d。

4.4.5.4 嵌草路面的铺筑

嵌草路面有两种类型,一种为在块料铺装时,在块料之间留出空隙,其间种草,如冰裂纹嵌草路面、空心砖纹嵌草路面、人字纹嵌草路面等。另一种是制作成可以嵌草的各种纹样的混凝土铺地砖。

施工时,先在整平压实的路基上铺垫一层栽培壤土作垫层。壤土要求比较肥沃,不含粗颗粒物,铺垫厚度为 10~15cm。然后在垫层上铺砌混凝土空心砌块或实心砌块,砌块缝中半填壤土,并播种草籽或贴上草块踩实。

实心砌块的尺寸较大,草皮嵌种在砌块之间预留缝中。草缝设计宽度可在 2~5cm 之间,缝中填土达砌块的 2/3 高。砌块下面如上所述用壤土作垫层并起找平作用,砌块要铺得尽量平整。

空心砌块的尺寸较小,草皮嵌种在砌块中心预留的孔中。砌块与砌块之间不留草缝,常用水泥砂浆黏接。砌块中心孔填土宜为砌块的 2/3 高;砌块下面仍用壤土作垫层找平。嵌草路面应保持平整。

4.4.6 道牙、边条、槽块施工

道牙基础宜与路床同时填挖碾压,以保证有整体的均匀密实度。结合层用 1:3 的白灰砂浆或水泥砂浆。安道牙要平稳牢固,后用 M10 水泥砂浆勾缝,道牙背后要应用灰土夯实,其宽度为 50cm,厚度为 15cm,密实度为 90% 以上。边条用于较轻的荷载处,且尺寸较小,一般 5cm 宽,15~20cm 高,特别适用于步行道、草地或铺砌场地的边界。施工时应减轻它作为垂直阻拦物的效果,增加它对地基的密封深度。边条铺砌的深度相对于地面应尽可能低些,如广场铺地,边条铺砌可与铺地地面相平。槽块分凹面槽和空心槽块,一般紧靠道牙设置,以利于地面排水,路面应稍高于槽块。

第5章 假山工程

中国山水园林置石掇山之法，西汉初期已有史籍记载。经东汉到三国，造山技术继续发展。直到唐、宋两朝，由于古代文人和匠师的共同努力，从理论到实践都积累了丰富的经验，对山崖、洞谷、山脚、山顶等的形象和各种岩石组合，以及土石结合的特征融会贯通，创造出雄奇、峭拔、幽深、平远的意境。我国园林中的假山，是一种具有高度艺术性的建筑科目之一，是中国古代园林中的重要组成部分，在现代园林中也得到广泛应用，对于中国园林民族特色的形成起着重要的作用。

假山是以造景游览为主要目的，充分地结合其他多方面的功能作用，以土、石等为材料，以自然山水为蓝本并加以艺术的提炼和夸张，用人工再造的山水景物的通称。人们通常称呼的假山实际上包括掇山和置石两个部分，掇山的体量大而集中，可观可游，使人有置身于自然山林之感。置石则是以山石为材料作独立性或附属性的造景布置，主要表现山石的个体美或局部的组合而不具备完整的山形。一般地说，置石主要以观赏为主，结合一些功能方面的作用，体量较小而分散。假山因材料不同可分为土山、石山和土石相间的山。置石则可分为特置、散置和群置。我国岭南的园林中早有灰塑假山的工艺，后来又逐渐发展成为用水泥塑的置石和假山，成为假山工程的一种专门工艺。

在我国悠久的历史中，历代假山匠师们吸取了土作、石作、泥瓦作等方面的工程技术和中国山水画的传统理论和技法，通过实践创造了我国独特、优秀的假山工艺，值得我们当代风景园林工作者发掘、整理、借鉴，在继承的基础上把这一民族文化传统发扬光大。

5.1 假山的功能作用

假山在中国园林中运用如此广泛并不是偶然的。人工造山都是有目的的。中国园林要求达到"虽由人作，宛自天开"的高超的艺术境界，园主为了满足游览活动的需要，必然要建造一些体现人工美的园林建筑。但就园林的总体要求而言，在景物外貌的处理上要求人工美从属于自然美，并把人工美融合到体现自然美的园林环境中去。假山之所以得到广泛的应用，主要在于假山可以满足这种要求和愿望。具体而言，假山和置石有以下几方面的功能作用。

（1）作为自然山水园的主景和地形骨架

一些采用主景突出的布局方式的园林或局部空间或以假山为主景，或以假山作为地形骨架，道路、建筑等的起伏、曲折皆以此为基础来变化。如金代在太液池中用土石相间的手法堆叠的琼华岛（今北京北海之白塔山）、明代南京徐达王府之西园（今南京之瞻园）、明代所建今上海之豫园、清代扬州之个园和苏州的环秀山庄等都以假山作为主要的观赏对象，总体布局都是以山为主、以水为辅，其中建筑并不一定占主要的地位。这类园林实际上是假山园。

（2）作为园林划分空间和组织空间的手段

中国园林善于运用"各景"的手法，根据用地功能和造景特色将园子化整为零，形成丰富多彩的景区，这就需要划分和组织空间。划分空间的手段很多，但利用假山划分空间是从地形骨架的角度来划分，具有自然和灵活的特点。特别是用山水结合相映成趣地来组织空间，使空间更富于性格的变化。利用假山高大的体量和在空间中的曲折延展，并结合其他构景要素，灵活运用障景、对景、背景、框景、夹景等手法，可以有效地划分和组织空间。如颐和园仁寿殿和昆明湖之间的地带，是宫殿区和居住、游览区的交界。这里用土山带石的做法堆了一座假山，这座假山在分隔空间的同时结合了障景处理。在宏伟的仁寿殿后面，把园路收缩得很窄，并采用"之"字线形穿山而形成谷道。一出谷口则辽阔、疏朗、明亮的昆明湖突然展开在面前。这种"欲放先收"的造景手法取得了很好的实际效果。北京恭王府花园入口一带的假山创造了浓郁的山林气氛，也起到障景的作用，将园内主要景观藏于假山之后。沿主路经一个门形山口进入园内，此山口对园内主建筑来说也形成了一个很好的框景。

(3) 运用山石小品作为点缀园林空间和陪衬建筑、植物的手段

在我国南、北方各地园林中均有所见山石的这种作用，尤以江南私家园林运用广泛。如苏州留园东部庭院的空间基本上是用山石和植物装点的，有的以山石作花台，或以石峰凌空，或藕粉墙前散置，或以竹、石结合作为廊间转折的小空间和窗外的对景。例如"揖峰轩"庭院，在大天井中部立石峰，天井周围的角落里布置自然多变的山石花台，即为小天井或一线夹巷，也布置以合宜体量的特置石峰。游人环游其中，一个石景往往可以兼作几条视线的对景。石景又以漏窗为框景，增添了画面层次和明暗的变化。仅仅四五处山石小品布置，却由于游览视线的变化而得到几十幅不同的画面效果。这种"步移景异"、"小中见大"的手法主要是运用山石小品来完成的。足见利用山石小品点缀园景具有"因简易从，尤特致意"的特点。

(4) 用山石作驳岸、挡土墙、护坡和花台等

除了用作造景以外，山石还有一些实用方面的功能作用。在坡度较陡的土山坡地常散置山石以护坡。这些山石可以阻挡和分散地面径流，降低地面径流的流速从而减少水土流失。例如，北海琼华岛南山部分的群置山石、颐和园龙王庙土山上的散点山石等都有减少冲刷的效用。在坡度更陡的山上往往开辟成自然式的台地，在山的内侧所形成的垂直土面多采用山石作挡土墙。自然山石挡土墙的功能和整形式挡土墙的基本功能相同，而在外观上曲折、起伏、凸凹多致。如颐和园"圆朗斋"、"写秋轩"，北海的"酣古堂"、"亩鉴室"周围都是自然山石挡土墙的佳品。

在用地面积有限的情况下要堆较高的土山，常利用山石作山脚。这样可以缩小土山所占的底盘面积而又具有相当的高度和体量。如颐和园仁寿殿西面的土山、无锡寄畅园西岸的土山、苏州沧浪亭的假山都是采用这种做法。江南私家园林中还广泛地利用山石作花台栽植牡丹、芍药和其他观赏植物，并用花台来组织庭院中的游览路线，或与壁山、驳岸结合，在规整的建筑范围中创造自然、疏密的变化。

(5) 作为室内外自然式的家具或器设

石屏风、石榻、石桌、石几、石凳、石栏等，既不怕日晒夜露，又可结合造景。例如，现置无锡惠山山麓唐代之"听松石床"（又称"偃人石"），床、枕兼得于一石，石床另端又镌有李阳冰所题的篆字"听松"，是实用结合造景的好例子。此外，山石还用作室内外楼梯（称为云梯）、园桥、汀石和镶嵌门、窗、墙等。

这里要着重指出的是，假山和置石的这些功能都是和造景密切结合的。它们可以因高就低，随势赋形。山石与园林中其他组成因素诸如建筑、园路、广场、植物等组成各式各样的园景，使人工建筑物和构筑物自然化，减少建筑物某些平板、生硬的线条缺陷，增加自然、生动的气氛，使人工美通过假山或山石的过渡和自然山水园的环境取得协调的关系。因此，假山成为表现中国自然山水园最普遍、最灵活和最具体的一种造景手段。

5.2 假山的材料和采运方法

5.2.1 假山石的品类

我国幅员广大，地质变化多端，这为掇山提供了优越的物质条件。园林中用于堆山、置石的山石品类极其繁多，而且产石之所也分布极广。古代有关文献及许多"石谱"著作对山石的产地、形态、色泽、质地作了比较详尽的记载。如宋代杜绾撰《云林石谱》收录的石种有116种，明代林有麟著《素园石谱》也有百余种，但其中大多数属于盆玩石，不一定都适用于掇山。明代计成著的《园冶》中收录了15种山石，大多数可以用于堆山。在这些文献中对山石多以产地（如太湖石）、色彩（如青石、黄石）或形象（如象皮石）等来命名（图5-1）。

我国山石的资源是极其丰富的，掇假山要因地制宜，不要沽名钓誉地去追求名石。计成在《园冶》中对选石原则是"是石堪堆，便山可采"。采用

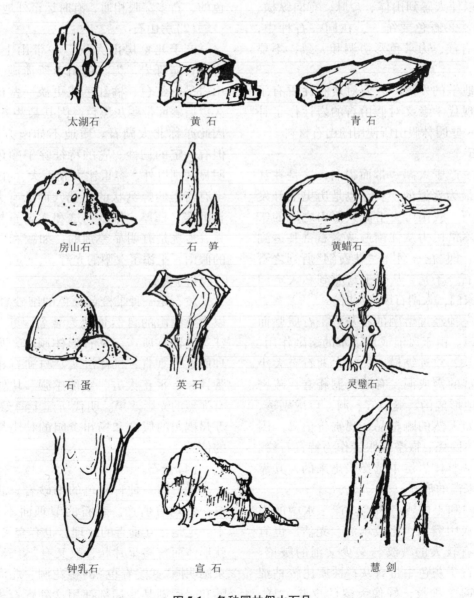

图5-1　各种园林假山石品

工程当地的石料，这不仅是为了节省人力、物力，减少假山堆叠的费用，同时也有助于发挥不同的地方特色。承德避暑山庄选用塞外山石为山，别具一格。堆置假山欲达较高的艺术境界，选石必须掌握3个统一的规律：①石种要统一，切忌用不同种类的山石混堆。②石料纹理要统一。假山选石要按石料纹理，即竖纹、横纹、斜纹、粗纹和细纹等。堆叠时，要纹理向同一方向，这样按纹理叠成的假山，既可以使人感到整座假山浑然一体、统一协调，不会产生杂乱无章和支离破碎的感觉，又可以使人感到山体、余脉，有向纵横、上下的延伸感。③石色要统一，在同一石种中，颜色往往有深有浅，力求色彩协调和一致，不要差别太大。

随着现代地学的发展，人们对岩石性质有了更多的认识，现代学者又对假山石的岩性作了补充。以下例举一些园林假山所使用的山石材料。

(1) 太湖石

太湖石因主产于太湖一带而得名，这是在江南园林中运用最为普遍的一种，也是历史上开发较早的一类山石。我国历史上大兴掇山之风的宋代寿山艮岳也不惜民力从江南遍搜名石奇卉运到汴京（今开封），即"花石纲"。"花石纲"所列之石也大多是太湖石。于是，从帝王宫苑到私人宅园竞以湖石炫耀家门，太湖石风靡一时。

太湖石是一种经过熔融的石灰岩，石质坚而脆，扣之有微声。由于风浪或地下水的熔融作用，石面上沟缝坳坎，纹理纵横。好的太湖石有大小不同、变化丰富的窝或洞，有时窝洞相套，疏密相通，很自然地形成沟、缝、穴、洞，玲珑剔透，蔚为奇观，有如天然的雕塑品，观赏价值高。因此常选其中形体险怪、嵌空穿眼者作为特置石峰。太湖石大多是从整体岩层中选择采出来的，其靠山面必有人工采凿的痕迹。

太湖石水中和土中皆有所产。产于水中的太湖石色泽于浅灰中露白，比较丰润、光洁，也有青灰色的；具有较大的皱纹与又少又细的皱摺。产于土中的湖石于灰色中带青灰；性质比较枯涩而少有光泽；遍多细纹，好像大象的皮肤一样。其实这类湖石分布很广，如北京、济南、桂林一带都有所产。也有称为"象皮青"的。北海琼华岛之南山和东山北部可以见到这种石头，外形富于变化，青灰中有时还夹有细的白纹。据说是金人从艮岳转运来的。和太湖石相近的，还有宜兴石（即宜兴张公洞、善卷洞一带山中）、南京附近的龙潭石和青龙山石。济南一带则有一种少洞穴、多竖纹、形体顽劣的湖石称为"仲宫石"，如趵突泉、黑虎泉都用这种山岩掇山。色似象皮青而细纹不多，形象雄浑。镇江所产的岘山石，形态颇多变化而色泽淡黄清润，扣之微有声。也有灰褐色的，石多穿眼相通，有时运至外地掇山。

(2) 房山石

产于北京房山大灰厂一带山上，因之为名。房山石属砾岩，为红色山土所渍满。新开采的房山岩呈土红色、橘红色或更淡一些的土黄色，日久以后表面带些灰黑色。因其某些方面像太湖石，因此亦称北太湖石。质地不如南方的太湖石脆，但有一定的韧性。它的特征除了颜色和太湖石有明显区别以外，容重比太湖石大，扣之无共鸣声，多有密集的蜂窝状的小孔穴而少有大洞，外观比较沉实、浑厚、雄壮，这和太湖石外观轻巧、清秀、玲珑是有明显差别的。如颐和园夕佳楼东侧的假山，平添了夕阳的光辉。

(3) 黄石

黄石是一种带橙黄颜色的细砂岩，产地很多，以常熟虞山的自然景观为著名。苏州、常州、镇江等地皆有所产。其石形体顽劣，见棱见角，节理面近乎垂直，雄浑沉实。与湖石相比又别是一番景象，平正大方、立体感强、块钝而棱锐、具有强烈的光影效果。明代所建上海豫园的大假山、苏州耦园的假山和扬州个园的秋山均为黄石掇成的佳品。

(4) 青石

青石即一种青灰色的细砂岩。北京西郊洪山口一带均有所产。青石的节理面不如黄石规整，不一定是相互垂直的纹理，也有交叉互织的斜纹。就形体而言多呈片状，故又有"青云片"之称。北京圆明园"武陵春色"的桃花洞、北海的濠濮涧和颐和园后湖某些局部都用这种青石为山。这种山石在北京运用较多。

(5) 英石

传统的粤中庭园掇山置石,特有的岭南园林中有用这种山石掇山,也常见于几案石品。英石属石灰岩,产于广东英德县含光、真阳两地,因此得名。粤北、桂西南亦有之。英石质坚而特别脆,用手指弹扣有较响的共鸣声。这种山石多为中、小形体,很少见有大块的。英德石一般为淡青灰色,称灰英,有的间有白脉笼络。亦有白英、黑英、浅绿英等数种,但均罕见。英德石形状瘦骨铮铮,嶙峋剔透,多皱折的棱角,清奇俏丽。在园林中多用作山石小景,如广东的"迎宾石"、"侍人石"等。广州西关逢源某宅的"风云际会"假山,完全用英德石掇成,别有一种风味。

(6) 灵璧石

原产安徽省灵璧县。石产土中,被赤泥渍满,须刮洗方显本色。其石中灰色清润,质地亦脆,用手弹有共鸣声。石面有坳坎的变化,石形亦千变万化,但其眼少有宛转回折之势,须借人工以全其美。这种山石可掇山石小品,更多的情况下作为盆景石玩。灵璧石掇成的山石小品,巉岩透空,多有婉转之势。

(7) 宣石

产于宁国县。其色有如积雪覆于灰色石上,也由于为赤土积渍,因此又带些赤黄色,非刷净不见其质,所以愈旧愈白。由于它有积雪一般的外貌,扬州个园用它作为冬山的材料,效果显著。

(8) 石笋

石笋即外形修长如竹笋的一类山石的总称。这类山石产地颇广。石皆卧于山土中,采出后直立地上。园林中常作独立小景布置,如个园的春山等。常见石笋又可分为以下4种。

①白果笋 是在青灰色的细砂岩中沉积了一些卵石,犹如银杏所产的白果嵌在石中,因此为名。北方则称白果笋为"子母石"或"子母剑"。"剑"喻其形,"子"即卵石,"母"是砂细母岩。这种山石在我国各园林中均有所见。有些假山师傅把大而圆且头朝上的称为"虎头笋",而上面尖且小的称"凤头笋"。

②乌炭笋 顾名思义,这是一种乌黑色的石笋,比煤炭的颜色稍浅而无甚光泽。如用浅色景物作背景,这种石笋的轮廓则更清新。

③慧剑 这是北京假山师傅的沿称,所指是一种净面青灰色或灰青色的石笋。色黑如炭或青灰色、片状形似宝剑,北京颐和园前山东腰有高可数米的"慧剑"大石笋。

④钟乳石笋 即将石灰岩经熔融形成的钟乳石倒置,或用石笋正放用以点缀景色。北京故宫御花园中有用这种石笋作特置小品。

(9) 其他石品

诸如木化石、松皮石、石珊瑚、黄蜡石和石蛋等。木化石古老朴质,常作特置或对置。松皮石是一种暗土红的石质中杂有石灰岩的交织细片,石灰石部分经长期熔融或人工处理以后脱落成空块洞,外观像松树皮突出斑驳一般。石蛋即产于海边、江边或旧河床的大卵石,有砂岩及各种质地的。岭南园林中运用比较广泛。如广州市动物园的猴山、广州烈士陵园等均大量采用。黄蜡石色黄,表面若有蜡质感。质地如卵石,多块料而少有长条形。广西南宁市盆景园即以黄蜡石造。

5.2.2 假山石的开采与运输

用于堆叠假山的石料有新、旧和半新半旧之分,有普通料石和造型石之别。采自山坡的石料,由于暴露于地面,经常风吹雨打,天然风化明显,此石掇山易得古朴美的效果。而从土中扒上来的石料,表面有一层土锈,用其堆山需经长期风化剥蚀后,才能达到旧石的效果。有的石头一半露出地面,一半埋于地下,则为半新半旧之石。造型石则是在形体、大小、色彩、纹理等方面较佳的石块,普通料石则不具备良好的观赏价值。在置石掇山时,大多情况下山石只有一个面朝外供游人欣赏,其他的面在山体之内看不到,因此各类石料都可以在假山中得以安排利用。

山石的开采和运输因山石种类和施工条件而异。对于成块半埋在山土中的山石采用掘取的方法,这样既可以保持山石的完整性又不致太费工力。而对于整体的造型石,特别是形态奇特的山石,最好用凿取的方法把它从岩石母体上分离出来。开凿时力求缩小分离的剖面以减少人工凿的痕迹。湖石质地清脆，开凿时要避免因过大的振动而损伤非开凿部分的石体。湖石开采以后，对其中玲珑嵌空易于损坏的好材料应用木板或其他材料包装保护，以保证在运途中不被损坏。我国古代劳动人民也创造了不少保护湖石运输的办法。《癸辛杂识》载："艮岳之取石也，其大而穿透者致运必有损折之虑。近闻汴京父老云，其法乃先以胶泥实填众窍，其外复以麻筋杂泥固济之，令圆混，日晒极坚实。始用大木为车至于舟中。直俟抵京然后浸之水中，旋去泥土，则省人力而无他虑。此法奇甚，前所未闻也。"

对于黄石、青石一类带棱角的山石材料，采用爆破的方法不仅可以提高工效，同时还可以得到合乎理想的石形。根据假山师傅介绍，一般凿眼，上孔直径为5cm，孔深25cm。如果下孔直径放大一些使爆孔呈瓶形则爆破效力要增大0.5~1倍。一般炸成0.5~1t一块，少量可更大一些。炸得太碎则破坏了山石的观赏价值，也给施工带来很多困难。苏州市某地爆破取出黄石后所形成的石坑和未爆破部分，恰成一个很完整的自然山形，稍加整理即可开放，而且整体性很强，可谓一举两得。

石料最易被损坏的运输环节是装货时的吊装过程和运输车到达目的地的卸货过程。石料的运输，特别是湖石的运输，最重要的是防止石料被损坏。石料装车一般都由小型起吊机械操作，工人通常将石料置于钢丝网中起吊至车中，松开两角，吊起另两角将石料倒下，此法极损石料。用汽车运输至施工现场时常常由于吊装机械尚未安装，这时下料，多是从车上向下翻，石料常常被砸坏。所以，应特别注意石料运输的各个环节，宁可慢一些，多费一些人力、物力，也要尽力保护好石料。峰石的运输更要求不受损。一般在运输车中放置黄沙被虚土，高约20cm，而后将峰石仰卧于沙土之上，且互相不叠压，这样可以保证峰石的安全。黄石和青石等体块玩劣的石料则不怕损坏，在装车和运输中无特别的要求。

5.3 置石

5.3.1 独立成景的置石

置石用的山石材料较少，结构比较简单，可以说置石的特点是以少胜多、以简胜繁，量虽少而对质的要求更高。一般置石的篇幅不大，这就要求造景的目的性更加明确，格局严谨，手法洗练，"寓浓于淡"，使之有感人的效果，有独到之处。

(1) 特置

特置山石又称孤置山石、孤赏山石，也有称作峰石的。但特置的山石不一定都呈立峰的形式。特置山石大多由单块山石布置成为独立性的石景，常在园林中用作入门的障景和对景，或置视线集中的廊间、天井中间、漏窗后面、水边、路口或园路转折的地方。特置山石也可以和壁山、花台、岛屿、驳岸等结合使用。现代园林多结合花台、水池或草坪、花架来布置。特置好比单字书法或特写镜头，本身应具有比较完整的构图关系。古典园林中的特置山石常镌刻题咏和命名。特置山石还可以结合台景布置，后者也是一种传统的布置手法，用石头或其他建筑材料做成整形的台，内盛土壤，台下有一定的排水设施，然后在台上布置山石和植物；或仿作大盆景布置，让人欣赏这种有组合的整体美。北京故宫御花园绛雪轩前面有用琉璃贴面为基座，以植物和山石组合成台景。

特置在历史上也是运用得比较早的一种形式。园主们竞相以奇石夸富豪。正是由于这种风尚的发展，在我国园林中出现了一些名石。例如，现存杭州的"绉云峰"，上海豫园的"玉玲珑"，苏州的"瑞云峰"、"冠云峰"，北京颐和园的"青芝岫"，广州海珠花园的"大鹏展翅"，海幢花园的"猛虎回头"等都是特置山石中的名品，这些特置山石都有各自的观赏特征。绉云峰因有深的皱纹而得名；玉玲珑以千穴百孔，玲珑剔透而出众；瑞云峰以体量特大姿态不凡且遍布涡、洞而著称；冠云峰兼备透、漏、瘦于一石，亭亭玉立，高矗入云而名噪江南；北京的青芝岫以雄浑的质感、横卧的体态和遍布青色小孔洞而被纳入皇宫内院。

特置山石必须具备独特的观赏价值，应选体量大、轮廓线突出、姿态多变、色彩突出的山石。特置山石可采用整形的基座，也可以坐落在自然的山石上面，这种自然的基座称为"磐"（图5-2，图5-3）。在材料困难的地方亦可用小石拼成特置峰石。

特置山石布置的要点在于相石立意，山石体量与环境相协调，有前置框景和背景的衬托和利用植物或其他办法弥补山石的缺陷等。苏州网师园北门小院在正对着出园通道转折处，利用粉墙作背景安置了一块体量合宜的湖石，并陪衬以植物。由于利用了建筑的倒挂楣子作框景，从暗透明，犹如一幅生动的画面。

(2) 对置

对置即沿建筑中轴线两侧作对称位置的山石布置。这在北京古典园林中运用较多。例如，锣鼓巷可园主体建筑前面对称安置的房山石，颐和园仁寿殿前的山石布置等（图5-4）。

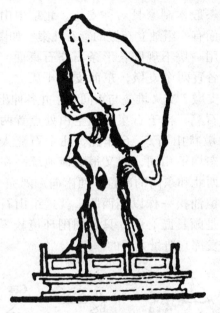

图5-2 有基座的特置

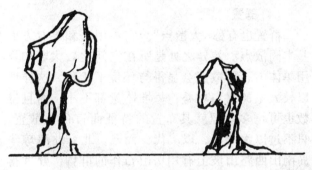

图5-4 对置

(3) 散置

散置即所谓"攒三聚五"、"散漫理之"的做法。这类置石对石材的要求相对地比特置要低一些，但要组合得好。常用于园门两侧、廊间、粉墙前、山坡上、小岛上、水池中或与其他景物结合造景。它的布置要点在于有聚有散、有断有续、主次分明、高低曲折、顾盼呼应、疏密有致、层次丰富。明代画家龚贤所著《画决》说："石必一丛数块，大石间小石，然后联络。面宜一向，即不一向亦宜大小顾盼。石小宜平，或在水中，或从土出，要有着落"（图5-5）；又说："石有面、有足、有腹。亦如人之俯、仰、坐、卧，岂独树则然乎。"这是可以用以评价和指导实践的。苏州耦园二门两侧，几块山石和松树从两侧护卫园门，共同组成诱人入游的门景。避暑山庄"卷阿胜境"遗址东北角尚存山石一组，寥寥数块却层次多变，主次分明，高低错落，具有"寸石生情"的效果。北京中山公园"松柏交翠"所在的土丘，用房山石作散点布置，

图5-3 坐落在自然山石上的特置

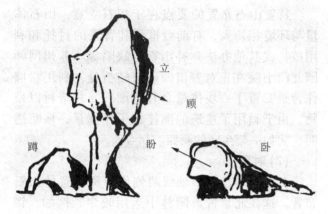

图 5-5 散 置

颇具自然的变化。

（4）群置

群置也有称"大散点"。它在用法和要点方面基本同散点。差异之处是所在空间比较大。如果用单体山石作散点会显得与环境不相称。这样便以较大量的材料堆叠，每堆体量都不小，而且堆数也可增多。但就其布置的特征而言仍为散置，只不过以大代小，以多代少而已。北京北海琼华岛南山西路山坡上有用房山石作的群置，处理得比较成功，不仅起到护坡的作用，同时也增添了山势。山水画中把土山上露出的山石称为"矶头"，用以体现山体之嶙峋。

（5）山石器设

用山石作室内外的家具或器设也是我国园林中的传统作法。山石几案不仅有实用价值，而且又可与造景密切结合。特别是用于有起伏地形的自然式布置地段，很容易与周围的环境取得协调，既节省木材又能耐久，无须搬出搬进，也不怕日晒雨淋。清代杂家李渔在《闲情偶寄》"零星小石"一节中提到这种用法说："若谓如拳之石，亦需钱买，则此物亦能效用于人。使其斜而可倚，则与栏杆并力。使其肩背稍平，可置香炉茗具，则又可代几案。花前月下有此待人，又不妨于露处，则省他物运动之劳，使得久而不坏。名虽石也，而实则器也。"

山石几案宜布置在林间空地或有树庇荫的地方，以免游人过于露晒。它在选材方面与一般假山用材并不相争。一般接近平板或方墩状的石材可能在掇山石不算良材，但作为山石几案却格外合适。即使用作几案也不必求其过于方整，否则失其特色。要有自然的外形，只要有一面稍平即可，而且在基本平的面上也可以有自然起层的变化。选用的材料应比一般家具的尺寸大一些，使之与室外空间相称。作为室内的山石器设则可适当小一些。山石器设可以独立布置，更可以随宜设置，结合挡土墙、花台、驳岸等统一安排。

山石几案虽有桌、几、凳之分，但在布置上不可按一般木制家具对称安排。北京中山公园水榭东南面有一组独立布置的青石几案。如图5-6所示，它用一块不规则长形条石作石桌面，桌面下东、西各置两个支墩，东面支墩4仄立，西边支墩2与支墩3交叉堆叠与4同高，并各伸出桌面以外兼作石凳，再于石桌东面空白处点置两块不同外形的墩状山石5，6作凳。几个石凳大小、高低、体态均不相同，却又很均衡地统一在石桌的东北、西北和东南的部位。西南向一隅完全留空。在空处植油松一株以挡西晒。就这组山石几案本身而言是颇具匠心的。只是周围环境较零散，未能充分发挥它造景方面的作用。

图 5-6 石桌凳组合

北京北海琼华岛西山腰上于磴道休息处结合树池作了一组山石几案，一几二凳。另一处坡地上结合护坡也作了一几二凳，由于位于坡地上，两个石凳上面与上坡方向地面取平。下部顺坡向低下去，使坐者适得容膝之所，石几底部在下坡，几面却高出上坡地面。江南园林也常结合花台作几案处理。这类可以说是一种无形的、附属于其他景物的山石器设。从以上坡地几案来说，乍一看是山坡上用作护坡的散点山石。但需要休息的游人到此很自然地就坐下休息，这才意识到它的用处。琼华岛北山"延南薰"在室内以湖石点置山石几案两处，尺度合宜，石形古拙多变，更渲染了仙人洞府的气氛。

5.3.2 与园林建筑结合的山石布置

用少量的山石在合宜的部位装点建筑有如把建筑建在自然的山岩上,即用山石来陪衬建筑的做法。所置山石模拟自然裸露的山岩,建筑则依岩而建。因此山石在这里所表现的实际是大山之一隅,可以适当运用局部夸张的手法。其目的仍然是减少人工的气氛,增添自然的气氛。常见的结合形式有以下几种。

(1) 山石踏跺和蹲配

明代文震亨著《长物志》中"映阶旁砌以太湖石垒成者曰涩浪"所指山石布置就是这一种。这是用于丰富建筑立面、强调建筑出入口的手段。中国传统的建筑多建于台基之上,出入口的部位即需台阶作为室内外上下的衔接部分。这种台阶可以做成整形的石级,而园林建筑常用自然山石作成踏跺。北京的假山师傅称为"如意踏跺",它不仅有台阶的功能,而且有助于处理从人工建筑到自然环境之间的过渡。石材选择扁平状者,不一定都要求是长方形。间以各种角度的梯形甚至是不等边的三角形则更富于自然的外观。每级 10~30cm,有的还可以更高一些,每级的高度也不一定完全一样,台明出来头一级可与台基地面同高,使人在下台阶前有个准备。所谓"如意踏跺"有令人称心如意的含义,同时两旁没有垂带。山石每一级都向下坡方向有2%的倾斜坡度以便排水。石级断面要上挑下收,以免人们上台阶时脚尖碰到石级上沿,称为不能有"兜脚"。用小块山石拼合的石级,拼缝要上下交错,以上石压下缝。

蹲配是常和如意踏跺配合使用的一种置石方式。从实用功能上来分析,它可兼备垂带和门口对置的石狮、石鼓之类装饰品的作用;从外形上又不至像垂带和石鼓般呆板。它可作为石级两端支撑的梯形基座,也可以由踏跺本身层层迭上而用蹲配遮挡两端不易处理的侧面。在保证这些实用功能的前提下,蹲配在空间造型上则可利用山石的形态极尽自然变化。所谓"蹲配"以体量大而高者为"蹲",体量小而低者为"配"。实际上除了"蹲"以外,也可"立"、可"卧",以求组合上的变化。但务必使蹲配在建筑轴线两旁有均衡的构图关系(图5-7)。

山石踏跺有石级平列的,也有互相错列的;有径直而入的,也有偏径斜上的。当台基不高时,可以采用像苏州狮子林"燕誉堂"前坡式踏跺。当游人出入量较大时可采用苏州留园"五峰仙馆"那种分道而上的办法。总之,踏跺虽小,但可以发挥匠心的处理却不少。一些现代园林布置常在台阶两旁设花池,而把山石和植物结合在一起用以装饰建筑出入口。

(2) 抱角和镶隅(图5-7)

建筑的墙面多成直角转折,这些拐角的外角和内角的线条都比较单调、平滞,常以山石来美化这些墙角。对于外墙角,山石成环抱之势紧包基角墙面,称为抱角;对于墙内角则以山石填镶其中,称为镶隅。经过处理,本来是在建筑外面包了一些山石,却又似建筑坐落在自然的山岩上。山石抱角和镶隅的体量均须与墙体所在的空间相协调。例如,一般园林建筑体量不大,所以无须做过于臃肿的抱角。而承德避暑山庄外围的外八庙,其中有些体现西藏宗教性的红墙的山石抱角却有必要做得像小石山一样才相称。当然,也可以用以小衬大的手法用小巧的山石衬托宏伟、精致的园林建筑。例如,颐和园万寿山上的"园朗斋"等建筑都采用此法而且效果较好。山石抱角的选材应考虑如何使石与墙接触的部位,特别是可见的部位能吻合起来。

图5-7 如意踏跺和蹲配、抱角、镶隅

江南私家园林多用山石作小花台来镶填墙隅。花台内点植体量不大却又潇洒、轻盈的观赏植物。由于花台两面靠墙,植物的枝叶必然向外斜伸,从而使本来是比较呆板、平直的墙隅变得生动活泼而富于光影、风动的变化。这种山石小花台一般都很小，但就院落造景而言它却起了很大的作用。苏州拙政园腰门外以西的门侧，利用两边的墙隅均衡地布置了两个小山石花台，一大一小，一高一低。山石和地面衔接的基部种植书带草，北隅小花台内种紫竹数竿。青门粉墙，在山石的衬托下，构图非常完整。这里用石量很少，但造景效果很突出。苏州留园"古木交柯"与"绿荫"之间小洞门的墙隅用矮小的山石和竹子组成小品来陪衬洞门。由于比例合适，景物的主次分明。以上二例均可说明山石小品"以少胜多，以简胜繁"的造景特点。

(3) 粉壁理石

粉壁理石即以墙作为背景，在面对建筑的墙面、建筑山墙或相当于建筑墙面前基础种植的部位作石景或山景布置，因此也称"壁山"。这也是传统的园林手法。《园冶》有谓："峭壁山者，靠壁理也。藉以粉壁为纸，以石为绘也。理者相石皴纹，仿古人笔意，植黄山松柏古梅美竹。收之园窗，宛然镜游也。"在江南园林的庭院中，这种布置随处可见。有的结合花台、特置和各种植物布置，式样多变。苏州网师园南端"琴室"所在的院落中，于粉壁前置石，石的姿态有立、蹲、卧的变化。加以植物和院中台景的层次变化，使整个墙面变成一个丰富多彩的风景画面。苏州留园"鹤所"墙前以山石作基础布置，高低错落，疏密相间，并用小石峰点缀建筑立面。这样一来，白粉墙和暗色的漏窗、门洞的空处都形成衬托山石的背景，竹、石的轮廓非常清晰(图5-8)。

(4) 回廊转折处的廊间山石小品

园林中的廊为了争取空间的变化或使游人从不同角度去观赏景物，在平面上往往做成曲折回环的半壁廊。这样便会在廊与墙之间形成一些大小不一、形体各异的小天井空隙地。这是可以发挥用山石小品"补白"的地方，使之在很小的空间里也有层次和深度的变化。同时可以诱导游人按设计的游览序列入游，丰富沿途的景色，使建筑空间小中见大，活泼无拘。上海豫园东园"万花楼"东南角有一处回廊小天井处理得当。自两宜轩东行，有园洞门作为框景猎取此景。自廊中往返路线的视线焦点也集中于此。因此位置和朝向处理得法。石景本身处理亦精炼，一块湖石立峰，两丛南天竹作陪衬。秋日红叶层染，冬天珠果累累。

(5) "尺幅窗"和"无心画"

园林景色为了使室内外互相渗透常用漏窗透石景。这种手法是清代李渔首创的。他把内墙上原来挂山水画的位置开成漏窗，然后在窗外布置竹石小品之类，使景入画。这样便以真景入画，较之画幅生动百倍，他称为"无心画"。以"尺幅窗"透取"无心画"是从暗处看明处，窗花有剪影的效果，加以石景以粉墙为背景，从早到晚，窗景因时而变。苏州留园东部"揖峰轩"北窗三叶均以竹石为画。微风拂来，竹叶翩洒。阳光投入，修篁弄影。些许小空间却十分精美、深厚，居室内而得室外风景之美。

(6) 云梯

云梯即以山石掇成的室外楼梯。既可节约使

图5-8 粉壁理石

用室内建筑面积，又可成自然山石景。如果只能在功能上作为楼梯而不能成景则不是上品。最容易犯的毛病是山石楼梯暴露无遗，与周围的景物缺乏联系和呼应。而做得好的云梯往往是组合丰富，变化自如。扬州寄啸山庄东院将壁山和山石楼梯结合一体，由庭上山，由山上楼，比较自然。其西南小院之山石楼梯一面贴墙，楼梯下面结合山石花台与地面相衔接。自楼下穿道南行，云梯一部分又成为穿道的对景。山石楼梯转折处置立石，古老的紫藤绕石登墙，颇具变化。留园明瑟楼更以假山楼梯成景曰："一梯云"。云梯设于楼之背水面。南有高墙作空间隔离，一门径通。云梯坐落的地盘仅二十多平方公尺。梯呈曲尺形，南、西两面贴墙。上楼入口处隐用条石搭接，从而减少了云梯基部的体量，使之免于急促。梯之中段下收上悬，把楼梯间的部位做成自然的山岬，这样便有了强烈的虚实变化。云梯下面的入口则结合花台和特置峰石，峰石上镌刻"一梯云"三字。峰石仅高2m多，但因视距很小，峰石有直蓦入云的意向。若自明瑟楼楼下或楼北的园路南望，在由柱子、倒挂楣子和鹅颈靠组成的逆光框景中，整个山石楼梯和植物点缀的轮廓在粉墙前恰如横幅山水呈现出来。不失为使用功能和造景相结合的佳例。

除此以外，山石还可作为园林建筑的台基、支墩和镶嵌门窗。变化之多，不胜枚举。

5.3.3 与植物相结合的山石布置——山石花台

山石花台在江南园林中运用极为普遍。究其原因有三：①这一带地下水位较高，土壤排水不良。而中国民族传统的一些名花如牡丹、芍药之类却要求排水良好。为此用花台提高种植地面的高程，相对地降低了地下水位，为这些观赏植物的生长创造合适的生态条件。②可以将花卉提高到合适的高度，以免躬身观赏。③花台之间的铺装地面即是自然形式的路面。这样，庭院中的游览路线就可以运用山石花台来组合。山石花台的形体可随机应变，小可占角，大可成山，特别适合与壁山结合随心变化。

山石花台布置的要领和山石驳岸有共通的道理，所差只是花台是从外向内包，驳岸则多是从内向外包。如为水中岛屿的石驳岸则更接近花台的做法。

(1) 花台的平面轮廓和组合

就花台的个体轮廓而言，应有曲折、进出的变化。更要注意使之兼有大弯和小弯的凹凸面，而且弯的深浅和间距都要自然多变。有小弯无大弯、有大弯无小弯或变化的节奏单调都是要力求避免的（图5-9）。

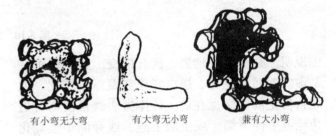

图5-9 花台平面布置

如果同一空间内不止一个花台，就有花台的组合问题。花台的组合要求大小相间、主次分明、疏密多致、若断若续、层次深厚。在外围轮廓整齐的庭院中布置山石花台，就其布局的结构而言，与我国传统的书法、篆刻的手法如"知白守黑"、"宽可走马，密不容针"等都有可以相互借鉴之处。庭院的范围如同纸幅或印章的边缘，其中的山石花台如同篆刻的字体。花台有大小，组合起来园路即有收放；花台有疏密，空间也就有相应的变化。

(2) 花台的立面轮廓要有起伏变化

花台上的山石与平面变化相结合还应有高低的变化。切忌把花台做成"一码平"。这种高低变化要有比较强烈的对比才有显著的效果。一般是结合立峰来处理，但又要避免用体量过大的立峰堵塞院内的中心位置。花台除了边缘以外，花台中也可少量点缀一些山石；花台边缘外面亦可埋置一些山石，使之有更自然的变化。

(3) 花台的断面和细部要有伸缩、虚实和藏露的变化

花台的断面轮廓既有直立，又有坡降和上伸下收等变化。这些细部技法很难用平面图或立面

图 5-10 花台立面

图说明。必须因势延展,就石应变,其中很重要是虚实明暗的变化、层次变化和藏露的变化。做花台易犯的通病也在此。具体做法就是使花台的边缘或上伸下缩、或下断上连、或旁断中连。化单面体为多面体,模拟自然界由于地层下陷、崩落山石沿坡滚下成围、落石浅露等形成的自然种植池的景观(图 5-10)。

苏州怡园的牡丹花台位于锄月轩南,台依南园墙而建,自然地跌落成 3 层,互不相遮挡。两旁有山石踏跺抄手引上,因此可观可游。花台的平面布置曲折委婉,道口上石峰散立,高低观之多致,正对建筑的墙面上循壁山做法立起作主景的峰石。

上海嘉定县秋霞圃内"丛桂轩"前的小院落,面积约 60m²,却利用花台分隔院落。花台的体量合适,组合得体。从布局上看,大部分花台占据了院之东北部,西南部很舒朗地空出来作为建筑前回旋的余地,于空朗中又疏点了一个腰形瘦小的花台和一块仄立的山石,显得特别匀称。花台自然组成了曲折和收放自如的路面。由于在布局上采用"占边角"的手法,空白的地面还是很大。花台上错落地安置了 3 块峰石,一主、一次、一配;而且形态各异,一瘦、一透、一浑,互相衬托。院落中对植桂花两株。墙角种有朴树、蜡梅和白玉兰。咫尺院落却运用花台作出了这些变化,既不臃肿,又不失空旷,实为难得。可惜经破坏,原景现已荡然无存(图 5-11)。

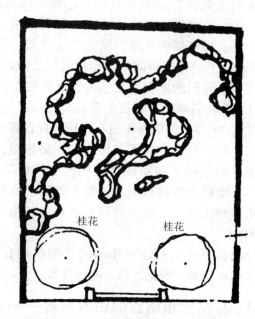

图 5-11 上海秋霞圃"丛桂轩"院落

5.3.4 置石的结构

置石用的山石材料较少,结构比较简单,对施工技术也没有很专门的要求,因此容易实现。特置的山石需要掌握山石的重心线,使山石本身保持重心的平衡。

置石的石材如果是敦实的块体,只需着重处理基础的大小和强度,使得石块安置以后能够平衡稳定和耐久。置石的基础应比地面低约 0.2m,以便回填土壤进行绿化装饰。置石的基础应宽出石块 0.3~0.5m,以保证石块安置在坚实的基础

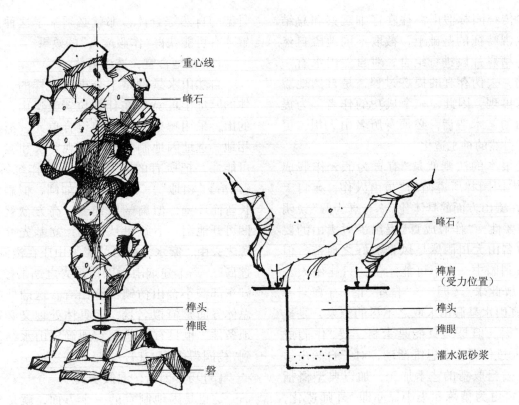

图 5-12　磐石与立峰

上。当石块高度在 2.0m 以下时，可以采用 150 厚 3∶7 灰土或 100 厚 C10 素混凝土基础，石块高度在 2.0~4.0m 时，采用 300 厚 3∶7 灰土或 200 厚 C15 素混凝土基础。基础完成以后将石块吊装安置在基础上，垫平安稳即可。

有的置石设置在砖、石砌筑的或石雕基座上，基座和石块相互配合成景。基座可预留凹槽以安置山石，也可通过石榫连接在一起。无论何种方法均应使置石稳定平衡。

如果置石采用自然磐石作为基座，我国传统的做法是用石榫头稳定。如图 5-12 所示，榫头一般不用很长，大致十几厘米到二十几厘米，根据石之体量而定。但榫头要求比较大的直径，周围榫肩留有 3cm 左右即可。石榫头必须正好在峰石重心线上。基磐上的榫眼比石榫的直径略大一点，但应该比石榫头的长度要深点。这样可以避免因石榫头顶住榫眼底部而石榫头周边不能和基磐接触。吊装山石以前，只需在石榫眼中浇灌少量黏合材料，待石榫头插入时，黏合材料便自然地充满空隙地。《园冶》所谓"峰石一块者，相形何状，选合峰纹石，令匠凿眼为座。理应上大下小，立之可观"，即指这种做法。

5.4　掇山

5.4.1　掇山的整体布局

掇山较之置石复杂得多，需要考虑的因素也更多一些，要求把科学性、技术性和艺术性统筹考虑。掇山之理虽历代都有一些记载，但却分散于不同时代的多种书籍中。除了《园冶》比较集中地论述了掇山以外，尚有明代文震亨著《长物志》、清代李渔著《闲情偶寄》等书可考。历代的假山匠师多由绘师而来，因此我国传统的山水画论也就成为指导掇山实践的艺术理论基础。因此有"画家以笔墨为丘壑，掇山以土石为皴擦。虚实虽殊，理致则一"之说。

传统园林假山是自然美和艺术美的结合，它们的堆筑与诗画、雕刻艺术一样，源于自然，而又高于自然，体现了堆筑者对自然山水的认识和鉴赏。我国传统园林假山往往在仔细观察和总结自然山水景观特征的基础上，截取不同地段自然山水景观的精彩片段进行组合，对自然山水有一个去粗取精，去伪存真的提炼过程，是自然地貌景观的艺术再现。因此，一个成功的作者，为提高园林掇山的艺术造诣，必须身历名山大川，更多地领悟大自然的神工造化。

掇山最根本的法则就是"有真为假，作假成真"。这是中国园林所遵循的"虽由人作，宛自天开"的总则在掇山方面的具体化。"有真为假"说明了掇山的必要性，"作假成真"提出了对掇山的要求。天然的名山大川固然是风景美好之典范，但一不可能搬到园中，二不可能悉仿，只能用人工造山理水以解此求。《园冶》"自序"谓"有真斯有假"，说明真山水是假山水取之不尽的源泉，是造山的客观依据。但是又只能是素材，要"作假成真"就必须通过作者主观思维活动，对于自然山水的素材进行去粗取精的艺术加工，加以典型概括和夸张，使之更为精炼和集中，亦即"外师造化，内法心源"。因此，掇山必须合乎自然山水地貌景观形成和演变的科学规律。"真"和"假"的区别在于真山既经成岩石以后，便是"化整为零"的风化过程或熔融过程。本身具有整体感和一定的稳定性。掇山正好相反，是由单体山石掇成的，就其施工而言，是"集零为整"的工艺过程，必须在外观上注重整体感，在结构方面注意稳定性。因此才说掇山工艺是科学性、技术性和艺术性的综合体。

"掇山莫知山假"、"作假成真"的手法可归纳为以下几点。

(1) 山水结合，相映成趣

中国园林把自然风景看成是一个综合的生态环境景观，山水是自然景观的主要组成。所以清代画家石涛在《石涛画语录》中强调："得乾坤之理者，山川之质也。"山水之间又是相互依存和相得益彰的。诸如"水得地而流，地得水而柔"、"山无水泉则不活"、"有水则灵"都是强调山水结合的观点。自然山水的轮廓和外貌也是相互联系和影响的。假山在古代称为"山子"，足见"有真为假"，指明真山是造山之"母"。真山既是以自然山水为骨架的自然综合体，那就必须基于这种认识来布置才有可能获得"作假成真"的效果。

(2) 相地合宜，造山得体

自然山水景物是十分丰富多样的，在一个具体的园址上究竟要在什么位置上造山，造什么样的山，采用哪些山水地貌组合单元，都必须结合相地、选址因地制宜地把主观要求和客观条件的可能性，把所有的园林组成因素作统筹的安排。《园冶》"相地"一节谓"如方如圆，似扁似曲。如长弯而环璧，似扁阔以铺云。高方欲就亭台，低凹可开池沼。卜筑贵从水面，立基先究源头。疏源之去由，察水之来历。"避暑山庄在澄湖中设"青莲岛"，岛上建烟雨楼以仿嘉兴之烟雨楼，而在澄湖东部辟小金山仿镇江金山寺。这两处的假山在总体方面是模拟名景，但具体处理又必须根据立地条件。也只有因地制宜地确定山水结体才能达到"构园得体"和有若自然。

(3) 巧于因借，混假于真

这也是因地制宜的一个方面，就是充分利用环境条件造山。如果园之远近有自然山水相因，则要灵活地加以利用。在"真山"附近造假山是用"混假于真"的手段取得"真假难辨"的造景效果。位于无锡惠山东麓的寄畅园借九龙山、惠山于园内作为远景，在真山前面造假山，如同一脉相贯。颐和园后湖则在万寿山之北隔长湖造假山。真山假山夹水对峙，取假山与真山山麓相对应，极尽曲折收放之变化，令人不知真假。

"混假于真"的手法不仅用于布局取势，也用于细部处理。避暑山庄外八庙有些假山、山庄内部山区的某些假山、颐和园的桃花沟和画中游等都是用本山裸露的岩石为材料，把人工堆的山石和自然露岩相混布置，也都收到了"作假成真"的成效。

(4) 独立端严，次相辅弼

意即要主景突出，先立主体，再考虑如何搭配以次要景物突出主体景物。宋代李成《山水诀》谓："先立宾主之位，次定远近之形，然后穿凿景物，摆布高低。"这段画理阐述了山水布局的思维逻辑。布局时应先从园之功能和意境出发并结合用地特征来确定宾主之位。掇山必须根据其在总体布局中之地位和作用来安排。最忌不顾大局和喧宾夺主。

确定假山的布局地位以后，掇山本身还有主从关系的处理问题。《园冶》提出："独立端严，次相辅弼"就是强调先定主峰的位置和体量，然后再辅以次峰和配峰。苏州有的假山师傅以"三安"来概括主、次、配的构图关系。这种构图关系可以分割到每块山石为止。不仅在某一个视线方向如此，而且要求在可见的不同景面中都保持这种规律性。

(5) 三远变化，移步换景

掇山在处理主次关系的同时还必须结合"三远"的理论来安排。宋代郭熙《林泉高致》说："山有三远。自山下而仰山巅谓之高远；自山前而窥山后谓之深远；自近山而望远山谓之平远。"掇山在处理三远变化时，高远、平远比较易工，而深远做起来却不很容易。它要求在游览路线上能给人山体层层深厚的观感。这就需要统一考虑山体的组合和游览路线开辟两个方面。掇山不同于真山，多为中、近距离观赏，因此主要靠控制视距奏效。此园"以近求高"，把主要视距控制在1:3以内，实际尺度并不很大，而身临其境却有如置身深山幽谷之中，达到了"岩峦洞穴之莫穷，涧壑坡矶之俨是"的艺术境界，堪称湖石假山之极品。

(6) 远观山势，近看石质

"远观势，近观质"也是山水画理，这里既强调了布局和结构的合理性，又重视细部处理。"势"指山水的形势，亦即山水的轮廓、组合与所体现的动势和性格特征。置石掇山如作文，一石即一字，数石组合即用字组词，由石组成峰、峦、洞、壑、岫、坡、矶等；组合单元又有如造句，由句成段落即类似一部分山水景色；然后由各部山水景组成一整篇文章，这就像造整个园子。园之功能和造景的意境结合便是文章的命题，这就是"胸有成山"的内容。

就一座山而言，其山体可分为山麓、山腰和山头3部分。《园冶》说："未山先麓，自然地势之嶙嶒。"这是山势的一般规律。石可壁立，当然也可以从山麓就立峭壁。笪重光《画筌》说："山巅脚远"、"土石交覆以增其高，支拢勾连以成其阔"都是山势延伸的道理。山的组合包括"一收复一放，山势渐开而势转。一起又一伏，山欲动而势长"、"山之陡面斜，莫为两翼"、"山外有山，虽断而不断"、"半山交夹，石为齿牙；平皇遥远，石为膝趾"、"作山先求入路，出水预定来源。择水通桥，取境设路"等多方面的理论，这在假山实例中均可得到印证。

合理的布局和结构还必须落实到掇山的细部处理上。这就是"近看质"的内容，与石质和石性有关。例如，湖石类属石灰岩，因降水中有碳酸的成分，对湖石可溶于酸的石质产生溶蚀作用使石面产生凹面。由凹成"涡"，"涡"向纵长发展成为"纹"，"纹"深成"隙"，"隙"冲宽了成"沟"，"涡"向深度溶蚀成"环"，"环"被溶透而成"洞"，"洞"与"环"的断裂面便形成锐利的曲形锋面。于是，大小沟纹交织，层层环洞相套。这就形成湖石外观圆润柔曲、玲珑剔透、涡洞相套、皱纹疏密的特点，亦即山水画中荷叶皴、披麻皴、解索皴所宗之本。而黄石作为一种细砂岩，是方解型节理，由于对成岩过程的影响和风化的破坏，它的崩落是沿节理面而分解，形成大小不等、凸凹成层和不规则的多面体，石之各方向的石面平如仪削斧劈，面和面的交线又形成锋芒毕露的棱角线（或称锋面）。于是外观方正刚直、浑厚沉实、层次丰富、轮廓分明，亦即山水画皴法中大斧劈、小斧劈、折带皴等所宗。但是，石质和皴纹的关系是很复杂的，也有花岗岩的大山具有荷叶皴（如黄山某些山峰），砂岩也有极少数具有湖石的外观（如苏州天平山某些山石），只能说一般的规律是这样。如果说得更简单一些，至少要分出竖纹、横纹和斜纹几种变化。掇山置石必须讲究皴法才能做到"掇山莫知山假"。

(7) 寓情于石，情景交融

掇山很重视内涵与外表的统一，常运用象形、比拟和激发联想的手法造景。所谓"片山有致，寸石生情"也是要求无论置石或掇山都讲究"弦外之音"。中国自然山水园的外观是力求自然，但就其内在的意境而言又完全受人的意识支配。这包括长期相为因循的"一池三山"、"仙山琼阁"等寓为神仙境界的意境；"峰虚五老"、"狮子上楼台"、

"金鸡叫天门"等地方性传统程式；"十二生肖"及其他各种象形手法；"武陵春色"、"濠濮间想"等寓意隐逸或典故性的追索；寓名山大川和名园的手法，如艮岳仿杭州凤凰山、苏州洽隐园水洞仿小林屋洞等；寓自然山水性情的手法和寓四时景色的手法等。这些寓意又可结合石刻题咏，使之具有综合性的艺术价值。

扬州个园之四季假山是寓四时景色方面别出心裁的佳作。其春山是序幕，于花台的挺竹中置石笋以象征"雨后春笋"；夏山选用灰白色太湖石作积云式掇山，并结合荷池、夏荫来体现夏景；秋山是高潮，选用富于秋色的黄石叠高垒胜以象征"重九登高"的俗情；冬山是尾声，选用宣石为山，山后种植台中植蜡梅，宣石有如白雪覆石面，皑皑耀目，加以墙面上风洞的呼啸效果冬意更浓。冬山和春山仅一墙之隔，却又开透窗，自冬山可窥春山，有"冬去春来"之意。像这样既有内在含义，又有自然外观的时景假山园在众多的园林中是很富有特色的，也是罕有的实例。

5.4.2 掇山的局部理法

传统园林假山的形象构思取材于大自然中真山的峰、峦、崖、壑、坡、阜、洞、穴、涧等，掇山一般根据创作意图，配合环境，决定山的位置、形状与大小高低及土石比例。虽然掇山有定法而无定式，然而在局部山景的创造上逐步形成了一些优秀的程式。

(1) 峰

掇山为取得远观的山势以及加强山顶环境的山林气氛，而有峰峦的创作。人工堆叠的山除大山以建筑来突出加强高峻之势（如北海白塔、颐和园佛香阁）外，一般多以掇山来表现山峰的挺拔险峻之势。山峰有主次之分，主峰居于显著的位置，次峰无论在高度、体积或姿态等方面均次于主峰。峰石可由单块石块形成，也可多块叠掇而成。"峰石一块者，……理宜上大下小，立之可观。或峰石两块三块拼缀，亦宜上大下小，似有飞舞势。或数块掇成，亦如前式；须得两三大石封顶"（《园冶·掇山》）。峰石的选用和堆叠必须和整个山形相协调，大小比例恰当。巍峨而陡峭的山形，峰态应尖削，具峻拔之势。以石横纹参差层叠而成的假山，石峰均横向堆叠，有如山水画的卷云皴，这样，立峰有如祥云冉冉升起，能取得较好的审美效果。

峰顶峦岭岫的区分是相对而言的，相互之间的界阈不是很分明。但峰峦连延，"不可齐，亦不可笔架式，或高或低，随致乱掇，不排比为妙"（《园冶·掇山》）。

(2) 崖、岩

掇山而理岩崖，为的是体现陡险峭拔之美，而且石壁的立面上是题诗刻字的最佳处所。诗词石刻为绝壁增添了锦绣，为环境增添了诗情。如崖壁上再有枯松倒挂，更给人以奇情险趣的美感。

关于岩崖的理法，计成在《园冶·掇山》中有："如理悬岩，起脚宜小，渐理渐大，及高，使其后坚能悬。斯理法自古罕有，如悬一石，又悬一石，再之不能也。予以平衡法，将前悬分散后坚，仍以长条堑里石压之，能悬数尺，其状可骇，万无一失。"

(3) 洞府

洞，深邃幽暗，具有神秘感或奇异感。岩洞在园林中不仅可以吸引游人探奇、寻幽，还可以打破空间的闭锁，产生虚实变化，丰富园林景色，联系景点，延长游览路线，改变游览情趣，扩大游览空间等。山洞的构筑最能体现传统掇山合理的山体结构与高超的施工技术。李渔在《闲情偶寄》中写道："作洞，亦不必求宽，宽则藉以坐人；如其太小，不能容膝，则以他屋连之，屋中亦置小石数块，与此洞若断若连，是使屋与洞混而为一，虽居室中，与坐洞中无异矣。"

(4) 谷

理山谷是掇山中创作深幽意境的重要手法之一。山谷的创作，使山势宛转曲折，峰回路转，更加引人入胜。大多数的谷，两崖夹峙，中间是山道或流水，平面呈曲折的窄长形。个园的秋山，在主山中部创造围谷景观的确别具特色。人在围谷中，四面山景各不相同，而且此处是观赏主峰的极佳场所，空间的围合限定，使得视距缩短，仰望主峰，雄奇挺拔，突兀惊人。凡规模较大的叠石掇山，不仅从外部看具有咫尺山林的野趣，而且内部也是谷洞相连，不仅平面上看极尽迂回曲折，而且高程上力求回环错落，从而造成迂回不尽和扑朔迷离的幻觉。

（5）山坡、石矶

山坡是指假山与陆地或水体相接壤的地带，具平坦旷远之美。掇山山坡一般山石与芳草嘉树相组合，山石大小错落，呈出入起伏的形状，并适当间以泥土，种植花木藤萝，看似随意的淡、野之美，实则颇具匠心。

石矶一般指水边突出的平缓的岩石。多数与水池相结合的掇山都有石矶，使崖壁自然过渡到水面，给人以亲和感。小型的仅以水平石块挑于水面上，如苏州残粒园、网师园水池北岸，以及拙政园荷风四面亭一侧；大型的以岸壁与磴道等作背景，掇山如临水平台，与崖壁形成横与竖的对比，并使崖壁自然地过渡到池面，如苏州拙政园雪香云蔚亭南侧石矶。

（6）磴道

登山之路称磴道。磴道是山体的一部分，随谷而曲折，随崖而高下，虽刻意而为，却与崖壁、山谷融为一体，创造假山可游、可居之意境。

（7）山石驳岸

沿池布石，是为防止池岸崩塌和便于人们临池游赏。池岸掇山，不宜僵直，尤不能太高，否则岸高水低，如凭栏观井，和凿池原意背道而驰。掇山池岸常有自然式踏跺，下达水面。这种踏跺，也有利于池岸形象的变化。根据石材纹理和形状的特点，使之大小错落，纹理一致，凸凹相间，呈出入起伏的形状，并适当间以泥土，便于种植花木藤萝。苏州网师园池南及池西北石岸，在临水处架石为若干凹穴，使水面延伸于穴内，形成水口，望之幽邃深黝，有水源不尽之意；而整个石岸高低起伏，有的低于路面，挑出水面之上，有的高突而起，可供坐息，是黄石池岸中处理较好的实例。

5.4.3 掇山的构造

5.4.3.1 掇山的分层

掇山的外形虽然千变万化，但就其基本结构而言与房屋建筑有共通之处，即分基础、拉底、中层和收顶4部分。

（1）基础

《园冶》论假山基谓："假山之基，约大半在水中立起。先量顶之高大，才定基之浅深。掇石须知占天，围土必然占地，最忌居中，更宜散漫。"这说明掇山必先有成局在胸，才能确定掇山基础的位置、外形和深浅。否则假山基础既起出地面之上，再想改变假山的总体轮廓，再想要增加很多高度或挑出很远就困难了。因为掇山的重心不可能超出基础之外，重心不正即"稍有欹侧，久则逾欹，其峰必颓"，因此，理当慎之。

掇山如以石山为主，而山上又要配植较大的树木，仅靠山石中的回填土常常是无法保证足够的土壤供树木生长需要的。如果满铺基础，就形成了土层的人为隔断，水也不易排出，这样使得较大树种不易成活和生长。所以，在准备栽植树木的地方就需要留出空白处与下层土壤相接，即是留白。

如果掇山是从水中堆叠出来的，则主山体的基础就应与水池的池底结构同时施工形成整体。否则池底与主体山基础之间的接头处极易漏水且极难善后处理。

如果山体是在平地上堆叠，则基础一定要做得低于地平面向至少20cm。山体堆叠成形后再回填土，这样看不见基础，同时沿山体边缘还可以栽种花草，使山体与地面的过渡更加自然生动。

在假山工程中，根据地基土质的性质、山体的结构、荷载大小等不同分别选用独立基础、条形基础、整体基础等不同形式的基础。基础不好，不仅会引起山体开裂破坏、倒塌，还会危及游客的生命安全，因此必须安全可靠。

（2）拉底

在基础上铺置最底层的自然山石，称为"拉底"，亦即《园冶》所谓"立根铺以麓石"的做法。因为这层山石大部分在地面以下，只有小部分露出地面以上，并不需要形态特别好的山石。但它是受压最大的自然山石层，要求有足够的强度，因此宜选用顽劣的大石拉底。古代匠师把"拉底"看作掇山之本，因为假山空间的变化都立足于这一层。如果底层未打破整形的格局，则中层掇山亦难于变化。底石的材料要求大块、坚实、耐压，不允许用风化过度的山石拉底。

（3）中层

中层即底石以上，顶层以下的部分。这是占体量最大、触目最多的部分，用材广泛，单元组合和结构变化多端，可以说是掇山造型的主要部分。中层是假山游览的主要结构部分，山洞、蹬道、峭壁、溪洞、窝岫、种植穴，甚至园林建筑或建筑的基础等都在这里展开，中层的结构也因此变得复杂，需要匠心独运才能游刃有余。

（4）收顶

收顶即处理掇山最顶层的山石。从结构上讲，收顶的山石要求体量大的，以便合凑收顶。掇山收顶山石对山体的立面轮廓、山体的形状动势等都至关重要，虽用石量不大但影响深远。

5.4.3.2 假山洞的结构

《园冶》谓："理洞法，起脚如造屋，立几柱著实，掇玲珑如窗门透亮。及理上见前理岩法，合凑收顶，加条石替之，斯千古不朽也。"说明了洞的一般结构即梁柱式结构（图5-13）。整个假山洞壁实际上由柱和墙两部分组成。柱受力而墙承受的荷载不大。因此洞墙部分用作开辟采光和通风的自然窗门。从平面上看，柱是点，同侧柱点的自然连线即洞壁，壁线之间的通道即是洞。

在一般地基上做假山洞，大多筑两步灰土，而且是"满打"。基础两边比柱和壁的外缘略宽出不到1m。承重量特大的石柱还可以在灰土下面加桩基。这种整体性很强的灰土基础，可以防止因不均匀沉陷造成局部坍倒，甚至牵扯全局的危险。有不少梁柱式假山洞都采用花岗石岩条石为梁，或间有"铁扁担"加固。这样虽然满足了结构上的要求，但洞顶外观极不自然，洞顶和洞壁不能融为一体。即便加以装饰，也难求全。圆明园和乾隆花园中有不少假山洞都以自然山石为梁，外观稍好。

假山洞的另一结构形式为"挑梁式"或称"叠涩式"。即石柱渐起渐向山洞侧挑伸。至洞顶用巨石压合。如苏州明代之洽隐园水洞，圆明园武陵春色之桃花洞都属于这一类结构。这是吸取桥梁中之"叠涩"或称"悬臂桥"的做法。圆明园武陵春色之桃花洞，巧妙地于假山洞上结土为山，既保证了结构上"镇压"挑梁的需要，又形成假山跨溪、溪穿石洞的奇观。挑梁式山洞结构参见图5-14。

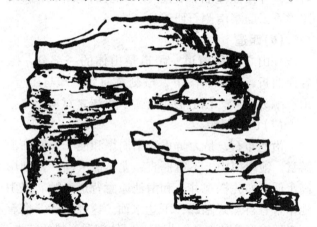

图5-14 挑梁式山洞结构

发展到清代，出现了戈裕良创造的券拱式的假山洞结构。根据《履园丛话》记载，戈裕良为常州人，"尝论狮子林石洞，皆界以条石，不算名手。余诘之曰：不用条石易于倾颓，奈何？戈曰，只将大小石钩带联络，如造环桥法，可以千年不坏。要如真山洞壑一般，然后方称能事。余始服其言。"现存苏州环秀山庄之太湖石假山出自戈氏之手。其中山洞无论大小均采用券拱式结构。由于其承重是逐渐沿券成环拱挤压传递，因此不会出现梁柱式石梁压裂、压断的危险，而且顶、壁一气，整体感强。戈氏此举实为假山洞结构之革新（图5-15）。

假山洞的结构也有互通之处。北京乾隆花园

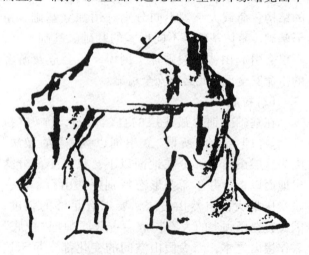

图5-13 梁柱式山洞结构

的假山洞在梁柱式的基础上，选拱形山石为梁。另外有些假山洞局部采用挑梁式等。一般而言，黄石、青石等成墩状的山石宜采用梁柱式结构。天然的黄石山洞也是沿其相互垂直的节理面崩落、坍陷而成。湖石类的山石宜采用券拱式结构。具有长条而成薄片状的山石当以挑梁式结构为宜。

假山洞结构还有单洞和复洞之分、水平洞和爬山洞之分、单层洞和多层洞之分、旱洞和水洞之分。复洞是单洞的分枝延伸，爬山洞具有上下坡的变化。圆明园紫碧山房尚可见坍塌的爬山洞，即洞柱、洞顶、洞底均随坡势升降。北海琼华岛北面之假山洞兼有复洞、单洞、爬山洞的变化，地既广而景犹深。尤其和园林建筑巧妙地组合成一个富于变化的风景序列，洞口掩映于亭、屋中，沿山形而曲折蜿蜒，顺山势而起伏，时出时没，变化多端。正是李渔《闲情偶寄》中所谓："以他屋联之，屋中亦置小石数块，与此洞若断若连，是使屋与洞混而为一。"多层洞可见于扬州个园秋山之黄石山洞，洞分上、中、下3层，中层最大，结构上采用螺旋上升的办法。苏州治隐园仿洞庭西山之林屋洞建"小林屋洞"，水洞和旱洞结为一体，水源成伏流自洞壁流出，在洞中积水为潭，并有排水沟道从地下排出，以保持水的流动和卫生，洞分东西两部分，洞口北向，自东洞口水池跨入，环池石板折桥紧贴水面，洞顶有钟乳下垂；

图 5-15 拱券式山洞结构

桥尽，折西南石级转入西边的旱洞而出。此作为明末画家周秉忠（字丹泉）设计，立意新颖、结构精巧，是为国内水洞之佳例。

假山洞利用洞口、洞间天井和洞壁采光洞采光。采光洞兼作通风。采光洞口皆坡向洞外，使之进光不进水。洞口和采光孔都是控制明暗变化的主要手段。环秀山庄利用湖石自然透洞安置在比较低的洞壁位置上，使洞内地下稍透光，有现代"地灯"的类似效果，其洞府地面之西南角又有小洞可通水池。这一方面可作采水面反光之用，同时也可排除洞内积水。承德避暑山庄"文津阁"之假山洞坐落池边，洞壁之弯月形采光洞正好倒映池中，洞暗而"月"明，俨如水中映月而白昼不去，可谓匠心独运。

至于下洞上亭之结构，所见两种。一为洞和亭之柱重合，重力沿亭柱至洞柱再传到基础上去。由于洞柱混于洞壁中而不甚显。如避暑山庄"烟雨楼"假山洞和翼亭的结构。另一种是洞与亭貌似上下重合而实际上并不重合。如静心斋之"枕峦亭"。亭坐落于砖垛之上，洞绕砖垛边侧。由于砖垛以山石包镶，犹如洞在亭下一般。下洞上亭之法，亭因居洞上而增山势，洞因亭覆而防止雨水渗透。

5.4.3.3 山石结体的基本形式

掇山虽有峰、峦、洞、壑等各种组合单元的变化，但就山石相互之间的结合而言却可以概括为十多种基本的形式。这就是在假山师傅中有所流传的"字诀"。如北京的"山子张"张蔚庭老先生曾经总结过"十字诀"，即安、连、接、斗、挎、拼、悬、剑、卡、垂。此外，还有挑、飘、戗等常用手法。江南一带则流传9个字，即叠、竖、垫、拼、挑、压、钩、挂、撑。两者比较，有些是共有的字，有些称呼不一样但实际上是一个内容。由此可见我国南北的匠师同出一源，一脉相承，大致是从江南流传到北方，并且互有交流。

（1）北方掇山"十字诀"

①安　是安置山石的总称。放置一块山石叫做"安"一块山石。特别强调这块山石放下去要安稳。其中又分单安、双安和三安。双安指在两块不相连的山石上面安一块山石，下断上连，构成

洞、岫等变化。三安则是于三石上安一石，使之形成一体。安石又强调要"巧安"，即本来这些山石并不具备特殊的形体变化，而经过安石以后可以巧妙地组成富于石形变化的组合体，亦即《园冶》所谓的"玲珑安巧"。苏州某些假山师傅对"三安"有另一种解释，把三安当做布局、取势和构图的要领。说三安是把山的组合划分为主、次、配3个部分，每座山及其局部亦可依次三分，一直可以分割到单块的石头。认为这样既可着眼于远观的总体效果，又注意到每个局部的近观效果，使之具有典型的自然变化（图5-16）。

图5-16 安

② 连　山石之间水平向衔接称为"连"。"连"要求从掇山的空间形象和组合单元来安排，使山形在局部块体和空间上的方位进行转折变化，要"知上连下"，从而产生前后左右参差错落的变化，有的连缝紧密，有的是疏连，也有的是续连。同时又要符合皴纹分布的规律（图5-17）。

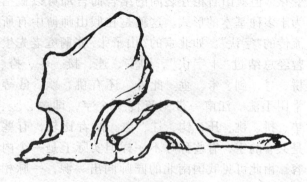

图5-17 连

③ 接　山石之间竖向衔接称为"接"。"接"既要善于利用天然山石的茬口，又要善于补救茬口不够吻合之处。最好是上下茬口互咬，同时不因相接而破坏石的美感。接石要根据山体部位的主

图5-18 接

次依皴结合，形成山体水平层状或竖向层状结构。一般情况下是竖纹和竖纹相接，横纹和横纹相接。但有时也可以竖纹接横纹，形成相互间既统一又对比衬托的效果（图5-18）。

④ 斗　置石成向上拱状，两端架于二石之间，腾空而起，构成如两羊角斗，对顶相斗的形象。如同自然岩石之环洞或下层崩落形成的孔洞。北京故宫乾隆花园第一进庭院东部偏北的石山上，可以明显地看到这种模拟自然的结体关系。一条山石蹬道从架空的谷间穿过，为游览增添了不少险峻的气氛（图5-19）。

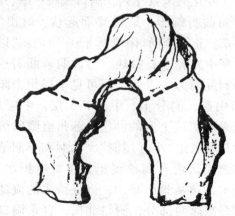

图5-19 斗

⑤挎　如山石某一侧面过于平滞，可以旁挎一石以全其美，称为"挎"。挎石可利用茬口咬压或上层镇压来稳定，必要时加钢丝绕定。钢丝要藏在石的凹纹中或用其他方法加以掩饰（图5-20）。

图5-20　挎

⑥拼　在比较大的空间里，因石材太小，单独安置会感到零碎时，可以将数块以至数十块山石拼成一整块山石的形象，这种做法称为"拼"。例如，在缺少完整石材的地方需要特置峰石，也可以采用拼峰的办法。如南京莫愁湖庭院中有两处拼峰特置，上大下小，有飞舞势，俨然一块完整的峰石，但实际上是数十块零碎的山石拼掇成的。另外，这个"拼"字也包括了其他类型的结体，但可以总称为"拼"（图5-21）。

图5-21　拼

⑦悬　在仿溶洞假山洞的结顶中，往往用圈拱夹入几块下悬如钟乳的倒立石，拱石夹持形成倒悬之势。在下层山石内倾环拱环成的竖向洞口下，插进一块上大下小、长条形的山石。由于上端被洞口扣住，下端便可倒悬当空。多用于湖石类的山石模仿自然钟乳石的景观。如苏州环秀山庄洞内的悬石构造。其做法是：用枇杷撑做好发圈模（或个别支撑柱），按顺序由两侧放造型结顶的发圈石，其中夹入悬石，以形成钟乳下悬的意趣。黄石和青石也有"悬"的做法，但在选材和做法上区别于湖石，它们所模拟的对象是竖纹分布的岩层，经风化后部分沿节理面脱落所剩下的倒悬石体（图5-22）。

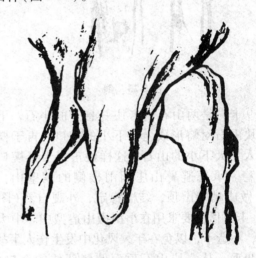

图5-22　悬

⑧剑　以竖长形象取胜的山石直立如剑的做法。峭拔挺立，有刺破青天之势。多用于各种石笋或其他竖长的山石。北京西郊所产的青云片亦可剑立。现存海淀礼王府中之庭园以青石为剑，很富有独特的性格。立"剑"可以造成雄伟昂然的景象，也可以做成小巧秀丽的景象。因境出景，因石制宜。作为特置的剑石，其地下部分必须有足够的长度以保证稳定。一般石笋或立剑都宜自成独立的画面，不宜混杂于他种山石之中，否则很不自然。就造型而言，立剑要避免"排如炉烛花瓶，列似仪山剑树"，假山师傅立剑最忌"山、川、小"，即石形像这几个字般对称排列效果不好（图5-23）。

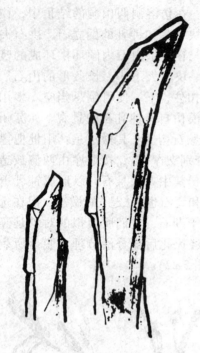

图 5-23 剑

⑨卡 是两山石间卡住一悬空的小石，下层由两块山石对峙形成上大下小的楔口，再于楔口中插入上大下小的山石，这样便正好卡于楔口中而自稳。承德避暑山庄烟雨楼侧的峭壁山，以"卡"做成峭壁山顶，结构稳定，外观自然（图5-24）。卡石做法要求用在小型掇山造型中。中大型掇山，不造卡，以免在年久风化中发生伤人事故。

⑩垂 从一块山石顶面偏侧部位的企口处，用另一山石倒垂下来的做法称"垂"。用它造成构图上不平衡中的均衡感，给人以险奇的观赏心理效果。"悬"和"垂"很容易混淆，但它们在结构上受力的关系是不同的（图5-25）。对垂石的设计与施工，特别要注意结构上的安全，要有一定的安全措施。

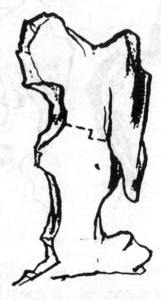

图 5-25 垂

⑪挑 又称"出挑"。即上石借下石支承而挑伸于下石之外侧，并用数倍重力镇压于石山内侧的做法。掇山中之环、岫、洞、飞梁，特别是悬崖都基于这种结体的形式。《园冶》所谓："如理悬岩，起脚宜小。渐理渐大。及高，使其后坚能悬。斯理法古来罕者。如悬一石，亦悬一石。再之不能也。予以平衡法将前悬分散后坚，仍以长条堑里石压之，能悬数尺。"叙述了"挑"的要领。挑有单挑、担挑和重挑之分。如果挑头轮廓线太单调，可以在上面接一块石头来弥补，这块石头称为"飘"（图5-26）。挑石每层约出挑相当于山石本身质量1/3的部分。从现存园林作品中来看，出挑最多的有2m多。"挑"的要点是求浑厚而忌单薄，要挑出一个面来才显得自然。因此要避免成直线地向一个方向挑。再就是巧安后坚的山石，使观者但见"前悬"而不一定观察到后坚用石。在平衡重量时应把前悬山石上面站人的荷重也估计进去，使之"其状可骇"而又"万无一失"。

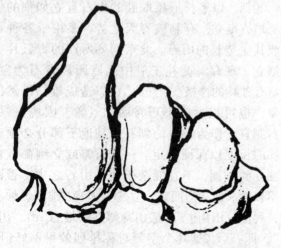

图 5-24 卡

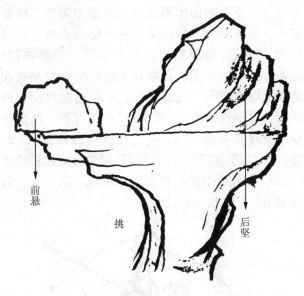

图 5-26 挑

⑫戗　或称"撑"。即用斜撑的力量来稳固山石的做法。要选取合适的支撑点，使加撑后在外观上形成脉络相连的整体。扬州个园的夏山洞中，作"撑"以加固洞柱并有余脉之势，不但统一地解决了结构和景观的问题，而且利用支撑山石组成的透洞采光，很合乎自然之理（图5-27）。

图 5-27　戗

（2）江南叠石"九字诀"

①叠　"岩横为叠"，是说掇山造成较大的岩状山体，就得横着叠石，构成这种岩体横阔竖直的气派，这属设计中的横向岩层结构的施工造型。如苏州网师园的云岗造型，即运用"岩横为叠"，以"叠"为主的手法而构成。在叠的手法施工中，注意水平的层状要明显，运用"偏侧错安"的手法，逐层掇山。

②竖　"峰立为竖"，是说掇山造成一座矗立状的峰体，应取竖向岩层结构。如苏州耦园掇山的悬崖与矗峰，都是峰立为竖，用竖向岩层结构的施工造型。在"竖"的施工造型中，应注意拼、接，要咬紧无隙，或有意偏侧错安，造成参差错落的竖向峰石意趣。

③垫　卧石出头要垫。处理横向层状结构的山石，如卧状，要形成实中带虚的意趣，特垫以石块构成出头之状，也即垫的施工造型含义之一。另外，对任何山石在施工层次中，都要注意刹片填实之法。这是要求掇山结构牢固所必需的施工手法。

④拼　"配凑则拼"，选一定搭配的山石，凑在一起组石成型，组型成景（山景）。拼中分主、次的配合关系，如竖向立大型山石为峰的主体，旁配以次要的竖向石，不仅色泽，而且节理、纹路也很相衬，这就可以拼凑为组合峰石山体的一个部分。以此类推。

⑤挑　"石横担伸出为挑"，是说在掇山施工造型中，往往竖向之峰的收顶石，用横向压顶山石作艺术造型的挑出，这就是挑的含义。石横担伸出，是说压顶石像横着的扁担一样，向两面伸挑出来，形成如横担状，可使一头的造型重些，但要靠近竖向山石的支点重心线，另一头可使造型轻些，但伸出长些，以造成均衡下的不平衡感，有奇险的韵味。挑，也可能是在掇山中，个别山腰造型的过渡，用稍高挑出作横向层状结构，打破纯属竖向的呆滞。而在挑石上，特别是挑石处，于横向石的地位处，再压以竖向山石，这是下挑上压的施工造型；挑出山石顶上压以山石，就构成了挑出的悬崖景观，这又是对"挑"在施工造型中，经常运用等分平衡法对叠置向上山体的处理手法。

⑥压　"偏重则压"，即当横挑出来的造型山石，已造成重心偏向一侧的感觉，这时要考虑在上配压以竖向或横向的造型石。"压"与"挑"是相辅相成的施工造型关系。

⑦钩　"平出多时应变为钩"，即山石按横向平伸出得过多时，就应变化方向，形成"钩"。钩

实际上是横挑出的造型山石端部，加一块向上或向下的小石块，以形成向上或向下的钩状造型，改变竖向与横向山石造型的呆滞，混假为真，得天功巧成自然怪石奇峰的意趣。

⑧挂 "石倒悬侧为挂"，与北派"十字诀"的"垂"相同。

⑨撑 "石偏斜要撑"，"石悬顶要撑"，与北派掇山中的"戗"一致。

归纳南北两派的字诀，都是针对掇山的横向与竖向的岩层结构，获得施工中创造性意趣的典型手法。应当着重指出，以上这些结体的方式都是从自然山石景观中归纳出来的。例如，苏州天平山"万笏朝天"的景观就是"剑"所宗之本，云南石林之"千钧一发"就是"卡"的自然景观，苏州大石山的"仙桥"就是"撑"的自然风貌等。但必须认识到，字诀的提出，是掇山造型中的典型手法，决不能为造成这些手法的造型，而去追求造型手法。在山体诗情画意的意趣中，去考虑如何运用这些字诀的手法，才是字诀与掇山施工造型手法的本意。因此，不应把这些字诀当做僵死的教条或公式，否则会给人矫揉造作的印象。

5.4.4 掇山的施工

5.4.4.1 施工前的准备工作

(1) 制订施工计划

施工计划是保证工程质量的前提，它主要包括以下内容：

①读图 熟读图纸是完成施工必需的，但由于假山工程的特殊性，设计图一般只能表现山形的大体轮廓或主要剖面，因此，全面了解设计内容和设计者的意图，精读深悟是十分重要的。

②察地 施工前必须反复详细地勘察现场。其主要内容为：

1) 了解基地土的允许承载力，以保证山体的稳定。

2) 了解场地大小、交通条件、给排水的情况及植被分布等，以决定采用的施工方法，如施工机具的选择、石料堆放及场地安排等。

3) 相石是指对已购来的假山石，用眼睛详细端详，了解它们的种类、形状、色彩、纹理、大小等，以便根据山体不同部位的造型需要，统筹安排，做到心中有数。对于其中形态奇特，石块巨大、挺拔、玲珑等出色的石块，一定要熟记，以备重点部位使用。石料到工地后应分块平放在地面上以供"相石"之需。山石小搬运时可用粗绳结套。如一般常用的"元宝扣"使用方便；结活扣靠山石自重将绳紧压，绳之长度可以调整(图5-28)。山石基本到位后因"找面"而最后定位移动为"走石"。走石用铁橇棍操作，可前、后、左、右转动山石至理想位置(图5-29)。

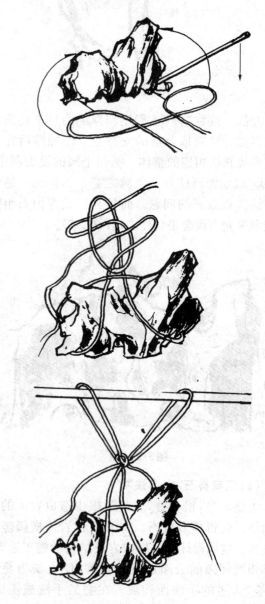

图 5-28 元宝扣

(2) 施工材料与工具准备

置石掇山作为一门传统的技艺，历史上都是以人抬肩扛的手工操作进行施工的。今天，吊装机械设备的使用代替了繁重的体力劳动。但其他的手工操作部分却仍然离不开一些传统的操作方式及有关工具。所以，从事置石掇山不仅要掌握传统手工操作工具的使用方法，同时又要正确熟练地使用机械吊装工具和设备(表5-1，表5-2)。

(3) 场地安排

合理安排施工场地，保证施工机械有足够的作业面。选择石料摆放地，一般在作业面附近，石料依施工用石先后有序地排列放置，并将每块石头最具特色的一面朝上，以便施工时认取。石块间应有必要的通道，以便搬运，尽可能避免小搬运。施工期间，山石搬运频繁，必须组织好最佳的运输路线，并保证路面平整。保证水、电供应。

5.4.4.2 基础施工

掇山常用的基础类型有灰土基础、混凝土基础、浆砌块石基础等。为加固基础，保持基础稳定，还常使用桩基技术。

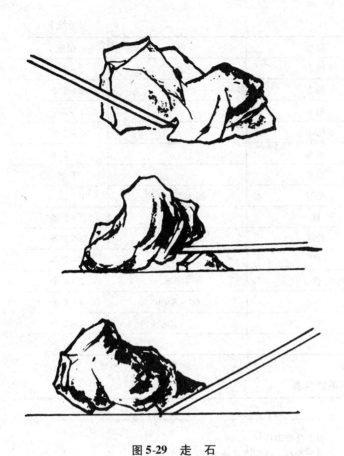

图 5-29 走 石

表 5-1 主要工具表

用途	名称	种类	质地	规格	用量
动土	锹		铁	圆头	5~6个
	镐		铁	双尖	3~4个
	夯	冲击夯、振动夯			3~5个
		木制立夯			1个
	硪	6~8人操作	铁		1~2个
拌灰	筛子			细孔	1~2个
	筐		竹或荆条		1~4个
	手推车				1~2个
	水桶		铁木塑		1~4个
	灰桶	轻便运灰		直径30cm，深25~30cm	2~4个
	拌灰板		铁		1~2个
	灰池		砖砌	2m×1.5m	1~2个

(续)

用途	名称	种类	质地	规格	用量
抬石	扛	直扛(大、中、小)	松木		2~4个
			榆木		2~3个
			柏木		1~2个
		四人扛	松木		1~2个
		八人扛	榆木		1~2个
		十六人扛	柏木		1个
扎系石块	绳	扎把绳	粗麻	粗1.5~2cm	10~20条
		小绳	棕	粗4cm	3~5条
		大绳	黄麻		1~3条
	链		铁		1~2条
挪移石块	撬	长撬	铁	1.6m	2~4个
		手撬(短撬)		60~70cm	4~8个
碎石	锤子	大	铁		1~2个
		小			4~6个

表5-2 主要材料表

名称	规格	用途
假山石	通货石——大小搭配，但石材的质地、颜色应力求统一 峰石——质地、体态、纹样等均力求出类拔萃	用于堆叠山体 用于置石、峰顶或其他重要位置
填充料	砂石 卵石 毛石、块石 碎砖石	配制各种砂浆、混凝土 配制混凝土或其他填充 用于基础或垫衬 填充基础
胶结料	水泥 白灰 建筑工程用的多种树脂胶	300~500#
着色料	青灰 煤黑 各色细石粉	

(1) 灰土基础

北方园林中位于陆地上的掇山多采用灰土基础，灰土一经凝固便不透水，可以减少土壤冻胀的破坏。灰土基础的宽度应比掇山底面积的宽度宽出约0.5m，术语称为"宽打窄用"。保证假山的压力沿压力分布的角度均匀地传递到素土层。灰槽深度一般为50~60cm。2m以下的掇山一般是打一步素土、一步灰土。一步灰土即布灰30cm，踩实到15cm，再夯实到10cm厚度左右。2~4m高的掇山用一步素土、两步灰土。石灰一定要选用新出窑的块灰，在现场泼水化灰。灰土的比例采用3∶7。素土要求是黏性土壤，颗粒细匀，不掺杂质。

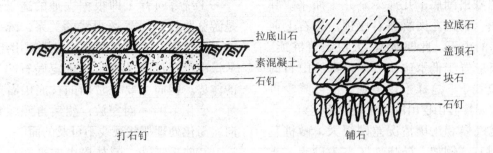

图 5-30　打石钉与砌石墙

(2) 浆砌块石基础

近代的掇山多采用浆砌块石或混凝土基础。这类基础耐压强度大，施工速度较快。在基土坚实的情况下可利用素土槽浇筑。基槽宽度同灰土基础。

块石基础常用的有两种，即打石钉和砌石墙（图5-30）。当土质不好，但堆石不高时使用打石钉，当堆石较高时使用浆砌块石基础。一般山高 2m 可砌毛石基础厚 40cm，宽是掇山底座的 1.5～2 倍，然后收进 40cm 为大放脚，层厚 30～40cm，最后便可安置掇山基石。高 4m 左右的掇山，可砌 50cm 厚的毛石为基础，上层收为大放脚，厚 40cm，再上则是拉底石。砌石宽度根据上部构造而定，每侧需要比上部结构宽 50cm 左右。对毛石的砌筑，用 M15～20 水泥砂浆，要抹满铺平，使石块胶结牢固。

(3) 混凝土基础

混凝土基础在陆地上选用不低于 C15 的混凝土，水中掇山基采用 C20 的混凝土作基础为妥。如果掇山比较高则需考虑使用钢筋混凝土结构。至于混凝土的基础厚度，所用钢筋的直径等，则要根据山体的高度、体积以及质量等情况而定。混凝土基础一般采用 10cm 的 C10 素混凝土垫层，然后再在上面绑扎钢筋，或直接浇注混凝土捣实，养护 1 周即可。

(4) 桩基

桩基是一种古老的基础做法，但至今仍有实用价值，特别是水中的掇山或山石驳岸应用广泛。当上层土壤松软，下层土壤坚实时使用桩基。用加桩法，让桩柱的底面接触到水下或弱土层下的坚硬土层，形成了一个人工加强的支柱层，这种桩叫支撑桩。如果软土层较深，桩柱底面达不到坚硬土层，仍然可以通过桩柱挤实土壤，而桩柱与土壤的摩擦力也可以增加地基的承载力，这种称为"摩擦桩"。选用哪种打桩法，主要根据地基土壤层的具体条件来决定（图5-31）。江南古典园林凡有水体驳岸的掇山基础，大多是用杉木为桩，桩粗 12～14cm，长 1m 或 1.5m 不等。

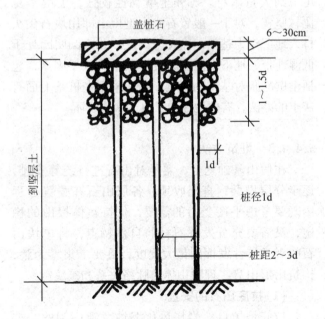

图 5-31　桩　基

传统桩基采用木桩居多，多选用柏木桩或杉木桩，取其较平直而又耐水湿的特性。木桩顶面的直径 10～15cm，平面布置按梅花形排列，故称"梅花桩"。桩边至桩边的距离约为 20cm。其宽度视掇山底脚的宽度而定。大面积的掇山即在基础范围内均匀分布。如做驳岸，少则三排，多则五排。桩木顶端露出湖底十几厘米至几十厘米。其间用块石嵌紧，再用花岗岩条石压顶。条石上面才是自然形态的山石。此即所谓"大块满盖桩顶"的做法。条石应置于低水位线以下，自然山石的下部亦在水位线下。这样不仅美观，也可减少桩木腐烂，颐和园修假山挖出的柏木桩大多完好。

我国各地气候和土壤情况差别很大，做桩基也必须因地制宜。例如，扬州地区多为砂土，土壤不够密实，除了使用木桩以外，还大量地使用灰桩和瓦砾桩等填充桩。其桩直径约20cm，桩长0.6～1m，桩边距0.5～0.7m。施工时在木桩顶横穿一根铁杆，木桩打至一定深度拔出，然后在桩孔中填入生石灰块，加水捣实，凝固后便有足够的承压力，称为灰桩。如用瓦砾作填实桩孔的材料则为瓦砾桩。这种做法是结合扬州特点的，当地土壤空隙较多，通气较多，加以水湿条件，木桩容易腐烂。同时扬州木材也不多，用这种办法可节约大量木材。苏州土壤黏性较强，土壤本身比较坚实，对于一般置石或小型掇山即用块石尖头打入地下作为基础，称为"石钉"。北京圆明园处于低湿地带，地下水便成为破坏基础的重要因素，包括土壤冻胀对基础的影响。因此采用在桩基上面打灰土的办法，有效地减少了地下水的破坏。

5.4.4.3 堆筑方法

在假山基础之上，需要对山石进行统筹安排，逐步分层堆叠，直至收顶。各层山石在叠置过程中既要考虑平衡受力的需要，保持整体掇山的稳定，又需要充分发挥石材的自然特点，将单块山石的观赏特性发挥到最大程度，更要求集零为整，构筑山形山势，理顺山体的脉络关系和皴纹褶皱。

(1) 拉底山石的安置

拉底是仿自然岩层风化溶蚀意趣而为的，古代匠师将此视为掇山的立根。不仅要求造型上符合诗情画意，更是要符合结构力学上强度需要，因此应选用浑厚平大的石块打底。北京假山师傅掇山多采用满拉底石的办法，在掇山的基础上满铺一层。而南方一带没有冻胀的破坏，常采用先拉周边底石再填心的办法。在选石安置时，应参照如下要点：

①统筹向背　即根据立地的造景条件，特别是游览路线和风景透视线的关系，统筹确定掇山的主次关系，根据主次关系安排掇山组合的单元，从掇山组合单元的要求来确定底石的位置和发展的体势。朝向主要观赏面的拉底山石应选择造型好、变化多的一面安放；然后再照顾到次要的朝向，简化处理那些视线不可及的面。

②曲折错落　园林掇山的平面布局与立面观赏应该曲折错落。掇山底脚的轮廓线一定要破平直为曲折，变规则为错落。所以，第一层山石就应力求在平面上形成具有不同间距、不同转折半径、不同宽度、不同角度和不同支脉的变化。或为斜八字形，或为各式曲尺形。为掇山的虚实、明暗的变化创造条件。

③断续相间　这是上一要点的继续，掇山底石所构成的外观不是连绵不断的。在曲折错落中，寻求实与虚的变化关系，要为中层做出"一脉既毕，余脉又起"的自然变化作准备。在拉底之上的山石堆叠后，拉底断处即为虚空处。用石之大小和方向要严格地按照皴纹的延展来决定。大小石材成不规则的相间关系安置。或小头向下渐向外挑，或相邻山石小头向上预留空档以便往上卡接，或从外观上做出"下断上连"、"此断彼连"等各种变化。

④紧连互咬　这又是断续相间的补充。外观上要有断续的变化而结构上却必须一块紧连一块，接口力求紧密，最好能互相咬住，要尽可能做到"严丝合缝"。因为掇山的结构是"集零为整"，结构上的整体性最为重要，它是影响掇山稳定性的又一重要因素。掇山外观所有的变化都必须建立在结构上重心稳定、整体性强的基础上。实际上山石水平向之间是很难完全自然地紧密相连的。这需要借助小块的石头打入石间的空隙部分，使其互相咬住、共同制约，最后连成整体。特别是在碎石掇山中，此方法最为重要。以紧连互咬的石缝为要素，以仿自然节理，所以应任其自然，不能嵌加水泥灰缝。

⑤垫平安稳　基石必须安稳垫平。所谓垫平，是说基座石的风化残缺面要向底放，底部要用刹

石片垫平，以保证重心稳定，同时模仿天然露头岩石底部风化的现象。而平坦的面朝上安放，以便在上面安放上一层掇山石块。

（2）中层叠石

当基础垫平安稳后，顶上一层，就是掇山山脚线以上到顶的造型石，这是占体量较多，而引人观赏的部分。其结构复杂、变化多端，除了底石所要求平稳等方面以外，中层掇山尚须做到：

①接石压茬　山石上下衔接，必须紧密压实。上下石相接时除了有意识地大块面闪进以外，避免在下层石上面闪露一些很破碎的石面，假山师傅称为"避茬"，认为"闪茬露尾"会失去自然气氛而流露人工痕迹。这也是皴纹不顺的一种反映。但这也不是绝对的，有时为了做出某种变化，故意预留石茬，待更上一层时再压茬。

②偏侧错安　即力求破除对称的形体。掇山中避免品字形、四方形、长方形或等边、等角三角形。要偏侧石块、错安石块，造成自然岩层节理的层状结构。要因偏得致，错综成美。要掌握各个方向呈不规则的三角形变化，以便为向各个方向的延展创造基本的形体条件。

③仄立避"闸"　山石可立、可蹲、可卧，但不宜像闸门板一样仄立。仄立的山石很难与一般布置的山石相协调，而且往上接山石时接触面往往不够大，因此也影响稳定。但这也不是绝对的，自然界也有仄立如闸的山石，特别是作为余脉的卧石处理等，但要求用得很巧。有时为了节省石材而又能有一定高度，可以在视线不及处以仄立山石空架上层山石。

④等分平衡　掇山到中层以后，因重心升高，山石之间的平衡很突出。据《园冶·掇山》中"须知平衡法，理之无失。稍有敧侧，久则逾敧"，就是指此而言。所谓"等分平衡法"和"悬崖使其后坚"是此法的要领。如理悬崖必一层层地向外挑出。这样重心即前移。因此，必须用数倍于"前沉"的重力稳压内侧，把前移的重心再拉回到掇山的重心线上。

（3）收顶

处理掇山结顶山石，要考虑所设计假山造型的意趣，或为峰，或为峦，或为岩。峰有尖，峦为圆，岩顶平，这是3种造型。峰又可分剑立式，上小下大，竖直而立，挺拔高矗；又有斧立式，上大下小，形如斧头侧立，稳重而又有险意。以上是用竖向层状结构的山石收顶法。又如有流云式，横向挑伸，形如奇云横穿，参差高低；剑劈式，势如倾斜山岩，斜插如削，有明显的动势，也叫斜立式。这是水平或稍倾斜的水平层状结构的收顶法。另又有如悬垂式，用于某些洞顶，如钟乳倒悬状，是以奇制胜，这是竖向层状结构反方向的造型。此外，还有莲花式、笔架式、剪刀式等，不胜枚举。

收顶往往是在逐渐合凑的中层山石顶面加以重力的镇压，使重力均匀地分层传递下去。往往用一块收顶的山石同时镇压下面几块山石。如果收顶面积大而石材不够整时，就要采取"拼凑"的手法，并用小石镶缝使成一体。

（4）掇山的艺术处理

石料通过拼掇组合，或使小石变成大石，或使石形组成山形，这就需要进行一定的技术处理使石块之间浑然一体，作假成真。在掇山过程中要注意以下方面：

①同质　指山石拼掇组合时，其品种、质地要一致。如果石料的质地不同，品种不一样，这就违反了自然山川岩石构成的规律，并且不同石料的石性特征不同，强行将两种石混在一起堆叠组合，必然是假气十足，无论怎样也不会成为整体。

②同色　即使是同一种石质，其色泽相差也很大，如湖石种类中，就有发黑的、泛灰白色的、呈褐黄色的和发青色的等。黄石也是如此，有淡黄、暗红、灰白等的变化。所以，同样品种质地的石料的堆叠在色泽上也应力求一致才好。

③接形　将各种形状的山石外形互相组合堆叠起来，既有变化而又浑然一体，这就叫做"接形"。在掇山这门技艺中，造型的艺术性是第一位的，因此，用石决不能一味地求得石块形的大。但如果石料的块形太小了也不好，块形小，人工拼量的石缝就多，接缝一多，山石堆叠不仅费时费力，而且在观赏时易显得琐碎，也同样不可取。

正确的接形除了石料的选择要有大有小、有长有短等变化外，石与石的堆叠面应变化一致。堆叠面如有凸凹不平处，应以垫刹石为主，万不得已才用铁锤击打进行堆叠。石形互接，如需变化，还是以石形进行自然变化，特别讲究顺势相接而变。如向左，则先用石造出左势；如向右，则用石造成右势；欲向高处先出高势；欲向低处先出低势。

④合纹　形是山石的外轮廓，纹是指山石表面的内在纹理脉络。当山石相互组合掇山时，合纹不仅是指山石原有的内在纹理脉络的沟通衔接，它实际上还应包括山石堆叠时的外轮廓的接缝处理。也就是说，当石料处于单独状态时，外形的变化是外轮廓；当石与石相互组合堆叠时，山石外轮廓的堆叠接形吻合面的石缝就变成了山石的内在纹理脉络。所以，在山石堆叠技法中，以石形代石纹的手法又叫做"缝纹"。

⑤过渡　山石的"拼整"操作，常常是在千百块石料的拼整组合过程中进行的，因此，即使是同一品质的石料也无法保证其色泽、纹理和形状上的统一。因此在色彩、外形、纹理等方面有所过渡，才能使山体具有整体性。

5.4.4.4　补强设施

(1) 打刹与镶石

为了安置底面不平的山石，在找平石之上面以后，于底下不平处垫以一至数块控制平稳和传递重力的垫片，北方假山师傅称为"刹"（音sa），江南假山师傅称为垫片或重力石。山石施工术语有"见缝打刹"之说。在掇山施工中，最重要的是要求一块块山石之间叠置平稳牢固，通过积聚到掇山体形结构力的中轴线，传递到基础上去，而且要求山体的重心位于山体的下部。这是掇山造型中，对山石集合为一整体之下的静力结构要求。所以在掇山中，要石石相靠，靠于内要重（要求山芯石重），挑于外要轻（要求山表石轻），要达到山石块体成为一个多样变化的整体，即靠石与石接触面的紧密。古法掇山是干砌法，就是靠刹片法将山石安稳，靠一块块压下来的山石重量增加，而达到牢固的目的。刹石要密实而不外露石茬。刹石要成楔形，尖削片要击入刹缝的里面；而楔背，在刹缝外与上下接合的石块缝基本平齐，或稍深在内就更好，刹缝要密实而不疏忽遗漏。"刹"要选用坚实的山石，在施工前就打成不同大小的斧头形刹片以备随时选用。这块石头虽小，却承担了平衡和传递重力的要任，在结构上很重要。打"刹"也是衡量技艺水平的标志之一。打刹一定要找准位置，尽可能用数量最少的刹石而求得稳定。打刹后用手推拭一下是否稳定。如不妥，即使存在甚小微动，都需设法固刹，直至纹丝不动，然后再叠上层石块。

两石之间不着力的空隙也要适当地用块石填充镶嵌。镶石是掇山中修饰表层的重要工作，因造型不同，可分为3种：①阳角镶石；②阴角镶石；③补镶。阳角镶石，是指两山石面在接合缝处，需要一个转角的补角石，这一补角石就属凸出的阳角镶石。阴角镶石，是指二山石面在接合缝处，由水平层状转为竖向层状，这是一个直角的转折缝，所以需阴角镶石补上，以形成两山石被风化后的修饰古朴之貌。补镶，是针对补上较大的缺陷部分，有时有意突出风化节理或损伤的凹洼，选用突陷石块镶补在上面或旁侧，有混假成真的意趣。

掇山外围每做好一层，最好即用块石和灰浆填充其中，称为"填肚"，凝固后便形成一个整体。

(2) 铁活加固设施

必须在山石本身重心稳定的前提下用以加固。常用熟铁或钢筋制成。铁活要求用而不露，因此不易发现。古典园林中常用的有以下几种：

①银锭扣　为生铁铸成，有大、中、小3种规格。主要用以加固山石间的水平联系。先将石头水平向接缝作为中心线，再扣银锭扣大小画线凿槽打下去。古典石作中有"见缝打卡"的说法。其上再接山石即不外露。北海静心斋翻修山石驳岸时曾见有这种做法（图5-32）。

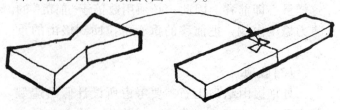

图5-32　银锭扣

②铁爬钉 或称"铁锔子"。用熟铁制成，用以加固山石水平向及竖向的衔接。南京明代瞻园北山之山洞中尚可发现用小型铁爬钉作水平向加固的结构；北京圆明园西北角之"紫碧山房"掇山坍倒后，山石上可见约10cm长、6cm宽、5cm厚的石槽，槽中都有铁锈痕迹，也似同一类做法；北京乾隆花园内所见铁爬钉尺寸较大，长约80cm，宽10cm，厚7cm，两端各打入石内9cm。也有向假山外侧下弯头而铁爬钉内侧平压于石下的做法。避暑山庄则在烟雨楼峭壁上用竖向联系(图5-33)。

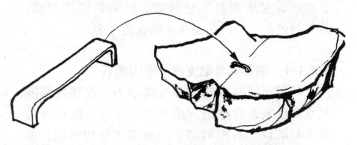

图5-33 铁爬钉

③铁扁担 多用于加固山洞，作为石梁下面的垫梁。铁扁担之两端成直角上翘，翘头略高于所支承石梁两端。北海静心斋沁泉廊东北，有巨石象征"蛇"出挑悬岩，选用了长约2m，宽16cm，厚6cm的铁扁担镶嵌于山石底部。如果不是下到池底仰望，则难以发现(图5-34)。

图5-34 铁扁担

④马蹄形吊架和叉形吊架 见于江南一带。扬州清代宅园"寄啸山庄"的假山洞底，由于用花岗石做石梁只能解图决结构问题，外观极不自然。用这种吊架从条石上挂下来，架上再安放山石便可裹在条石外面，更接近自然山石的外貌(图5-35)。

⑤铁条或钢筋骨架 岭南园林多以英石为山，

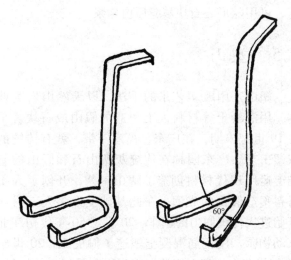

图5-35 马蹄形吊架和叉形吊架

因为英石很少有大块料，所以掇山常以铁条或钢筋为骨架，称为模胚骨架，然后再用英石之石皮贴面，贴石皮时依皱纹、色泽而逐一拼接，石块贴上，待胶结料凝固后才能继续掇合。

(3) 勾缝和胶结

掇山之事虽在汉代已有明文记载，但宋代以前掇山的胶结材料已难于考证。不过，在没有发明石灰以前，只可能是干砌或用素泥浆砌。从宋代李诚撰《营造法式》中可以看到用灰浆泥掇山，并用粗墨调色勾缝的记载。因为当时风行太湖石，宜用色泽相近的灰白色灰浆勾缝。从一些假山师傅拆迁明、清的假山来看，勾缝的做法尚有桐油石灰(或加纸筋)、石灰纸筋、明矾石灰、糯米浆拌石灰等多种，湖石勾缝再加青煤，黄石勾缝后刷铁屑盐卤等，使之与石色相协调。

油灰勾缝与水灰浆勾缝相比较，前者造价高、凝固慢，但黏结性特强，凝固后很结实；后者则造价低、凝固比油灰快，但不及油灰延年。糯米浆或明矾汁拌石灰的硬度都很大。拆石头时只能用钢凿一块块地凿下来。一锤打下，只打出一个小坑而并不大块破碎，但它们的造价都太高。

现代掇山，广泛使用1:1水泥砂浆。勾缝用"柳叶抹"。有勾明缝和暗缝两种做法。一般是水平向缝都勾明缝，在需要时将竖缝勾成暗缝。即在结构上结成一体，而外观上若有自然山石缝隙。勾明缝务必不要过宽，最好不要超过2cm。如缝过宽，可用随形之石块填缝后再勾浆。

5.5 塑山

塑山是用雕塑艺术的手法，以天然山岩为蓝本，用混凝土等材料人工塑造的假山或石块。早在19世纪末期，在广东、福建一带，就有传统的灰塑工艺。广东园林在传统灰塑山石和假山的基础上运用现代材料创造了塑山工艺，开创了人工材料塑造假山的先河。在此基础上许多人工材料开始进入传统假山的创作。20世纪50年代初在北京动物园，用钢筋混凝土塑造了狮虎山，20世纪60年代塑山、塑石工艺在广州得到了很大的发展，标志着我国假山艺术发展到一个新阶段，创造了很多具有时代感的优秀作品。人工材料塑山可省采石、运石之工，造型不受石材限制且具有施工期短和见效快的优点，还可按需要预留种植穴。因此，它为设计创造了广阔的空间。其唯一缺陷是不如石材延年，使用期有限。

5.5.1 水泥砂浆塑山塑石

水泥砂浆塑山塑石通常有两种做法，一为利用钢筋网作骨架支撑的水泥砂浆塑山塑石，二为利用砖、石、泥土或其他已有构筑物为支架，直接在其上面喷塑水泥砂浆塑山塑石。两者有时可以混合使用。

水泥砂浆塑山工艺中存在的主要问题有：①由于山的造型、皴纹等的表现要靠施工者手上功夫，因此对施工者个人修养和技术的要求高；②水泥砂浆表面易发生龟裂，影响强度和观瞻；③易褪色。以上问题也在不断改进之中。

5.5.1.1 钢筋网骨架支撑的塑山塑石

利用钢筋的可塑性和支撑能力，在其外部披挂水泥砂浆，构建出一座外形、皴纹、色彩等与真山局部或巨石相似的中空或实体的构筑物，形成一个山石的外壳以供观游。中空的结构内部可以根据空间的大小安排其他用途。其基本构造是在稳定的基础之上，利用钢筋网作为骨架，在其外面用水泥砂浆塑造山石的外形。钢筋网的基本

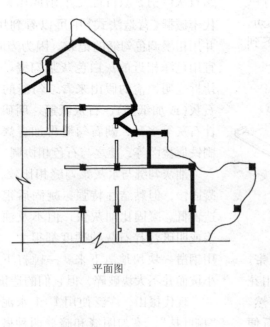
平面图

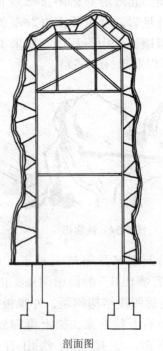
剖面图

图5-36 钢骨架示意

形状与所塑造的山石形状、凹凸关系等大致相同，依靠水泥砂浆来塑造山石的色彩、皱纹和细部纹理。钢筋网可以设置在独立的支架上，也可以依附于已有的房屋建筑或墙垣之上。

基础和支架 根据基地土壤的承载能力和山体的质量，经过计算确定基础尺寸大小和埋设深度。支架通常的做法是根据山体底面的轮廓线，每隔4m做一根钢筋混凝土或钢结构支架，支撑整个塑山的质量。如山体形状变化大，必要时可以局部柱子加密，也可以通过在柱间设置构造墙。

立钢骨架 在支架的基础上加密钢骨架，使之间距为0.8～1.2m，同时构成山石的大致外形形状。然后在钢骨架上面捆扎造型钢筋网，盖钢丝网等。其做法如图5-36所示。造型钢筋架和钢板网是塑山效果的关键之一，目的是为造型和挂水泥之用。钢筋要根据山形做出自然凹凸的变化。盖钢板网时一定要与造型钢筋贴紧扎牢，不能有浮动现象。

面层批塑 先打底，即在钢筋网上抹水泥砂浆两遍，材料配比为水泥砂浆+黄泥+麻刀，其中水泥:沙为1:2，黄泥为总质量的10%，麻刀适量。以后各层不加黄泥和麻刀。砂浆拌和必须均匀，随用随拌，存放时间不宜超过1h，初凝后的砂浆不能继续使用，构造如图5-37所示。

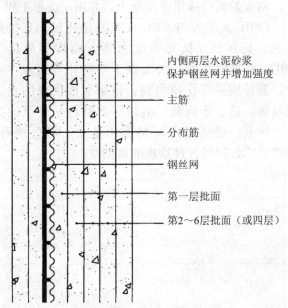

图5-37　面层批塑

表面修饰 主要有两方面的工作：①皱纹和质感：修饰重点在山脚和山体中部。山脚应表现粗犷，有人为破坏、风化的痕迹，并多有植物生长。山腰部分，一般在1.8～2.5m处，是修饰的重点，追求皱纹的真实，应做出不同的面，强化力感和棱角，以丰富造型。注意层次，色彩逼真。主要手法有印、拉、勒等。山顶，一般在2.5m以上，施工时不必做得太细致，可将山顶轮廓线渐收起，同时色彩变浅，以增加山体的高大和真实感。②着色：可直接用彩色配制，此法简单易行，但色彩呆板。另一种方法是选用不同颜色的矿物颜料加白水泥再加适量的107胶配制而成，颜色要仿真，可以有适当的艺术夸张，色彩要明快，着色要有空气感，如上部着色略浅，纹理凹陷部色彩要深，常用手法有洒、弹、倒、甩，刷的效果一般不好。

光泽处理 可在塑石的表面涂过氧树脂或有机硅，重点部位还可打蜡。还应注意青苔和滴水痕的表现，时间久了，还会自然地长出青苔。

在假山上可以适当留出种植池的位置来。应根据植物（含土球）总质量决定池的大小和配筋，并注意留排水孔。给排水管道最好塑山时预埋在混凝土中，制做时一定要做防腐处理。

假山内部钢骨架及一切外露的金属均应涂防锈漆，并以后每年涂1次。

5.5.1.2 砖石支撑的塑山塑石

在某些建筑废墟或建筑垃圾上，或是自然的土体、破碎的岩面和陡坡上，可以利用水泥砂浆覆盖以后形成一定的山形。这种工艺可以通过遮丑的方式把废弃地变为可观可游之物。其做法与钢筋网骨架的塑山塑石相似，首先在拟塑山石土体外缘清除杂草和松散的土体，按要求设计一定的造型修饰，再在表面通过喷射、涂抹等方法覆盖水泥砂浆，进行面层修饰，最后着色。

5.5.2 玻璃纤维强化水泥假山

玻璃纤维强化水泥（Glass-Fiber Reinforced Cement, GRC）是以低碱度水泥、耐碱玻璃纤维、水、砂为主要原材料组成的一种具有优良物理力学性能的新型复合材料,其主要特点是高强、抗裂、耐火、韧性好、不怕冻、易成形,可制作成薄壁、高强、形状复杂的各种建筑构件和制品。另外由于玻璃纤维的柔韧性和多种使用方法,赋予了玻璃纤维增强水泥复合材料良好的工艺性能,使得其更加适宜制作各种形状复杂的薄壁制品。GRC 材料具有较为理想的物理力学性能,产品易于成型与制造,20 世纪 80 年代首次用 GRC 造假山。常用的 GRC 复合材料的制作方法有喷射法、预混法和铺网法。

GRC 假山使用机械化生产制造假山石元件,使其具有质量轻,强度高,抗老化,耐水湿,易于工厂化生产,施工方法简便、快捷,成本低等特点,是目前理想的人造山石材料;用新工艺制造的山石质感和皱纹都很逼真,为假山艺术创作提供了更广阔的空间和可靠的物质保证,为假山技艺开创了一条新路,使其达到"虽为人作,宛自天开"的艺术境界。GRC 假山石块的制作需要经过模具制作、GRC 水泥砂浆喷射、滚压、养护、脱模、表面处理作色、养生等工艺流程。

GRC 假山石块的制作 将低碱水泥与一定规格的抗碱玻璃纤维以二维乱向的方式同时均匀分散地喷射于模具中,凝固成型。玻璃纤维含量为 5% 左右,1∶1 水泥砂浆,水灰比为 0.3~0.35。利用空气压缩机(维持压力 $5 \sim 7 \text{kg/cm}^2$)将玻璃纤维从喷枪喷出,并与喷出的水泥砂浆均匀混合,每层喷布厚度为 4~5mm,每层均要用滚筒加以滚压,以将气泡去除,并压实增加密度。喷布方式为横向、纵向交互喷布操作。在适当的位置预埋铁件以备后期组合之用。表面处理主要是使"石块"表面具憎水性,产生防水效果,并具有真石的润泽感。

GRC 的组装 将 GRC"石块"元件按设计图进行假山的组装。焊接牢固,修饰、做缝,使其浑然一体。

5.5.3 其他人工材料塑山塑石

(1) FRP 塑山、塑石

玻璃纤维强化塑胶(Fiber-Glass Reinforced Plastics,FRP)是由不饱和聚酯树脂与玻璃纤维结合而成的一种质量轻、质地韧的复合材料。不饱和聚酯树脂由不饱和二元羧酸与一定量的饱和二元羧酸、多元醇缩聚而成。在缩聚反应结束后,趁热加入一定量的乙烯基单体配成黏稠的液体树脂,俗称玻璃钢。

这种工艺的优点在于成型速度快,薄、质轻,便于长途运输,可直接在工地施工,拼装速度快,制品具有良好的整体性。存在的主要问题是树脂液与玻纤的配比不易控制,对操作者的要求高,劳动条件差,树脂溶剂为易燃品,工厂制作过程中有毒和气味,玻璃钢在室外强日照下,受紫外线的影响,易导致表面脆化皲裂,故此其寿命为 20~30 年。

(2) CFRC 塑石

碳纤维增强混凝土(Carbon-Fiber Reinforced Cement or Concrete,CFRC)是把碳纤维搅拌在水泥中,制成的碳纤维增强混凝土,并用于造景工程。

CFRC 人工岩与 GRC 人工岩相比较,其抗盐侵蚀、抗水性、抗光照能力等方面均明显优于 GRC,并具抗高温、抗冻融干湿变化等优点。因此,其长期强度保持力高,是耐久性优异的水泥基材料。适合于河流、港湾等各种自然环境的护岸、护坡。更适用于园林假山造景、彩色路石、浮雕、广告牌等各种景观的再创造。

第6章
风景园林种植工程

6.1 风景园林种植工程概述

6.1.1 种植工程的概念

种植,就是人为地栽种植物。风景园林种植工程即园林树木、花卉、草坪、地被植物等的植物种植(本教材简称"种植工程")。

生物是自然界能量转化和物质循环的必要环节。植物的活动及其产物,同人类经济文化生活关系极其密切,衣、食、住、行、医药和工业原料以及改造自然如防沙造林、水土保持、城镇绿化、环境保护等,都离不开植物。

人类种植植物的目的,除了依靠植物的栽培成长,取得收获物以外,另一个目的就是植物的存在对于人类的影响。前者为农业、林业的目的,后者为风景园林、环境保护的目的。

风景园林种植是利用植物形成环境和保护环境,构成人类的生活空间。这个空间,小则从日常居住场所开始;大则风景区、自然人文遗产保护区乃至全部国土范围。

6.1.2 种植工程的特点

风景园林种植是利用有生命的植物材料来构成空间,这些材料本身就具有"生物的生命现象"的特点,包括生长及其他功能。目前,生命现象还没有充分研究解释清楚,还不能充分地进行人工控制,因此,风景园林种植有其困难的一面。

植物材料在均一性、不变性、加工性等方面不如人工材料。相反地,由于它有萌芽、开花、结果、叶色变化、落叶等季相变化,生长引起的年复一年的变化以及形态、色彩、种类的多样性等特征,又是人工材料所不及的。充分了解植物材料生长发育的变化规律,以达到人为控制是可能的。例如,树木的生长度(生长的程度),依树种不同而异,即使是同一树种,也要看树龄、当地条件、人为的情况如何,不能一概而论。但是,了解树木固有的生长度在栽植时是十分必要的。树木全年的生长度如图6-1所示,春芽的生长在5~6月结束,某些树木(如橡树类),夏芽在5~6月以后才生长。树木的地上部分和地下部分(根部)的生长期,多少有些不同。以上规律为种植期的确定以及在种植中应采取的技术措施提供了理论依据。

6.1.3 影响移植成活的因素

(1)移植期

移植期是指栽植树木的时间,可以说,终年均可进行移植,特别是在科技发达的今天,更能充分做到这点。树木是有生命的机体,在一般情况下,夏季树木生命活动最旺盛,冬天其生命活动最微弱或近乎休眠状态,因此树木的种植是有很明显的季节性的,选择树木生命活动最微弱的时候进行移植,更能保证树木的成活。

华北地区大部分落叶树和常绿树在3月上中旬至4月中下旬种植。常绿树、竹类和草皮等,在7月中旬左右进行雨季栽植。秋季落叶后可选择耐寒、耐旱的树种,用大规格苗木进行栽植,这样可以减轻春季植树的工作量。一般常绿树、果树不宜秋天栽植。

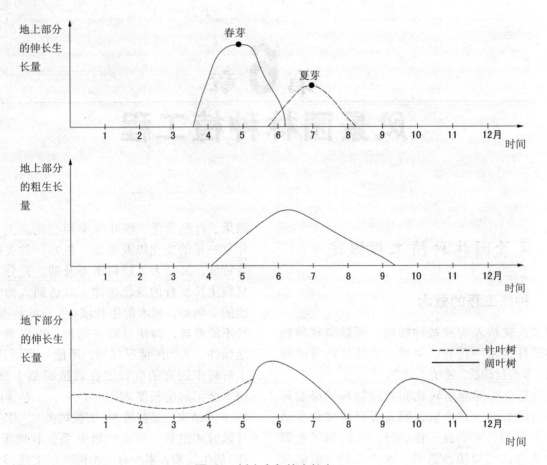

图 6-1　树木全年的生长度

华东地区落叶树的移植，一般在 2 月中旬至 3 月下旬，在 11 月上旬至 12 月中下旬也可。早春开花的树木，应在 11 月至 12 月种植，常绿阔叶树以 3 月下旬最宜。梅雨季（6~7 月）、秋冬季（9~10 月）进行种植也可以。樟树、柑橘等以春季种植为好。针叶树春、秋都可以栽种，但以秋季为好。竹子一般在 9~10 月移植为好。

东北和西北北部严寒地区，在秋季树木落叶后，土地封冻前移植，成活率更高。冬季采用带冻土移植大树，其成活率也很高。

由于某些工程的特殊需要，也常常在非植树季节栽植树木，这就需要采取特殊处理措施。随着科学技术的发展，大容器育苗和移植机械的推出，终年栽植已成事实。

(2) 水

移植的时候，总会使植物根部受到不同程度的损伤，其结果造成植株地上部分和地下部分失去生理平衡，往往导致移植失败。

移植时植物枯死的最大原因，是由于根部不能充分吸收水分，而茎、叶蒸腾量甚大，水的收支失去平衡所致。植物体蒸腾的部位是叶的气孔、叶的表皮和枝干的皮孔。其中，叶的气孔的蒸腾量占 80%~90%，叶表皮的蒸腾量 10% 以下，枝茎皮孔的蒸腾量不过数十分之一。但是，当植物体处于缺水状态时，气孔封闭，叶的表皮和枝茎皮孔的蒸腾即成问题的焦点。

根部吸收水分主要靠须根顶端的根毛。须根发达，根毛多，吸收能力强。移植前如能经过多次断根处理，促使其原土内的须根发达，移植时由于带有充足的根土，就能保证成活。此外，当根部处于容易干燥的状态时，植物体内的水分由茎叶移向根部，若不能改变根部干燥的状态，便使茎叶日趋干燥，当茎叶水分损失超越水分生理补偿点后，枝茎干枯，树叶脱落，芽亦干缩。至此,植株死亡,植株成活的可能性极小。再者,在移植的时候根被切断,根毛受损伤,树整体的吸收能力下降,这时,老根、粗根均会通过切口吸收水分,有利于水分收支平衡。

根的再生能力是靠消耗树干和树冠下部枝叶中储存物质产生的。所以,最好在储存物质多的时期进行移植。

移植的成活率,依据根部有无再生力、树体内储存物质的多寡、曾断根否、移植时及移植后的技术措施是否适当等而有所不同。

(3) 温度

植物的自然分布和气温有密切的关系,不同的地区应选用能适应该区域条件的树种。实践证明:当日平均温度等于或略低于树木生物学最低温度时,移植成活率高。

(4) 光

植物的同化作用是光反应,所以除二氧化碳和水以外,还需要波长为 490～760nm 的绿色和红色光(表 6-1)。

表 6-1　光的波长对植物的影响

光线	波长(nm)	对植物的作用
紫外线	400 以下	对许多合成过程有重要作用,过度则有害
紫—蓝色光	400～490	有折光性,光在形态形成上起作用
绿—红色光	490～760	光合作用
红外线	760 以上	一般起温度的作用

一般光合作用的速度,随着光强增加而加强。弱光状态下,光合作用吸收的二氧化碳和其呼吸作用放出的二氧化碳是同一数值时,此时的光强称作光饱和点。

植物的种类不同,光饱和点也不同。光饱和点低的植物耐阴,在光线较弱的地方也可以生长。光饱和点高的植物喜光,在光线强的情况下,光合作用强;反之,光合作用减弱。由此可知,阴天或遮光的条件,对提高移植成活率有利。

(5) 土壤

土壤是树木生长的基础,它是通过其中水分、肥分、空气、温度等来影响植物生长的。适宜植物生长的最佳土壤是:矿物质 45%,有机质 5%,空气 20%,水 30%(以上为体积比)。矿物质是由大小不同的土壤颗粒组成的。种植树木和草类的土质类型最佳质量百分比(%),如表 6-2 所示。

表 6-2　树木和草的土质类型　　　%

种别	黏土	黏砂土	砂
树木	15	15	70
草类	10	10	80

6.1.4　树木质量

树木由地上部分和地下部分组成,故

树木质量 = 地上部分质量 + 地下部分质量
　　　　＝ 地上部分质量 + 土球质量

地上部分的质量 = 树干质量 + 树叶质量

假定树干的断面为圆形(地上 1.2m 处),不同树干形状用形状系数修正。树叶质量以树干质量乘以增重率来表示:

$$W = K\pi \left(\frac{d}{2}\right)^2 H\omega_1(1+P)$$

式中　W——树木地上部分的质量,kg;

　　　D——树木的胸高直径,m;

　　　H——树木的高度,m;

　　　K——树干形状系数(因树种树龄而不同,估算时约为 0.5);

　　　ω_1——树干单位体积质量,kg/m³(表 6-3);

　　　P——依树叶多少的增重率(林木约为 0.2,孤立木约为 0.1)。

根部每单位面积的质量与地上部树木质量 W 和根部断面积有关。设根部直径为 D,则:

$$f = \frac{4W}{\pi D^2}$$

式中　f——树木根部每单位面积的质量。

根部直径 D 与胸径 d 成正比:

$$d = \alpha \cdot d$$

当 $d > 0.2$m 时,$\alpha = 1.5$;$d \leq 0.2$m 时,$\alpha = 2 \sim 2.5$。

表6-3 树干单位体积质量(ω_1)　　kg/m³

树种	单位体积质量
橡树类、栎、杨梅、厚皮香、构树、黄杨、梅	1340以上
榉、白云木、辛夷、杨桐、野茶、溲疏、榆	1300~1340
槭、山樱、交让木、黑松、银杏、圆柏、道士松	1250~1300
悬铃木、柯、七叶树、梧桐、红松、扁柏	1210~1250
樟树、厚朴、枞、杉、云杉、金松、高叶杉	1170~1210
泽胡桃、花柏	1170以下

此外，因为根的质量比土的质量轻，所以把根的质量全部按土的质量计算比较可靠。

6.2　种植工程施工步骤

6.2.1　种植前的准备

乔灌木种植工程是绿化工程中十分重要的部分，其施工质量的好坏，直接影响到景观及绿化效果，因而在施工前需做以下准备。

(1) 场前准备

①明确设计意图及施工任务量　在接受施工任务后应通过工程主管部门及设计单位明确以下问题：工程范围及任务量、工程的施工期限、工程投资及设计概算、设计意图、施工地段的地上地下情况、定点放线的依据、工程材料来源、运输情况。

②编制施工组织计划　在前项要求明确的基础上，还应对施工现场进行调查，主要项目有：施工现场的土质情况，以确定所需的客土量；施工现场的交通状况，各种施工车辆和吊装机械能否顺利出入；施工现场的供水、供电是否需办理各种拆迁；施工现场附近的生活设施等。

(2) 种植准备

包括掘苗、包装运输、假植和寄植几个步骤。

6.2.2　施工程序(图6-2)

(1) 栽植前整地和土壤处理

园林树木栽植地的土壤条件十分复杂，因此，园林树木栽植前的整地工作既要做到严格细致，又要因地制宜。同时整地应结合地形处理进行，除满足树木生长发育对土壤的要求外，还应注意地形地貌美观。在疏林草地或栽植地被植物的树丛和树林，整地工作应分两次进行，第一次在栽植乔木以前；第二次则在栽植乔灌木之后、栽植地被或铺草坪之前。

(2) 定点放线

定点放线分为自然式配置、整形式、等距弧线等方法。

(3) 挖种植穴(槽)

种植穴(槽)挖掘前应向有关单位了解地下管线和隐蔽物埋设情况。

种植穴(槽)的定点放线应符合下列规定：

①种植穴(槽)定点放线应符合设计图纸要求，位置必须准确，标记明显；

②种植穴定点时应标明中心点位置，种植槽应标明边线；

③定点标志应标明树种名称或代号规格；

④行道树定点遇有障碍物影响株距时，应与设计单位取得联系进行适当调整。

(4) 种植

应根据树木的习性和当地的气候条件选择最适宜的种植时期进行种植。

树木种植应符合下列规定：

①树木置入种植穴前，应先检查种植穴大小及深度，不符合根系要求时，应修整种植穴；

②种植裸根树木时，应在种植穴底填土，呈半圆土堆，置入树木填土至1/3时，应轻提树干使根系舒展，并充分接触土壤，随填土分层踏实；

③带土球树木必须踏实穴底土层，而后置入种植穴，填土踏实；

④绿篱成块种植或群植时，应由中心向外顺序退植，坡式种植时应由上向下种植，大型块植或不同彩色丛植时宜分区分块种植；

⑤假山或岩缝间种植应在种植土中掺入苔藓、泥炭等保湿透气材料。

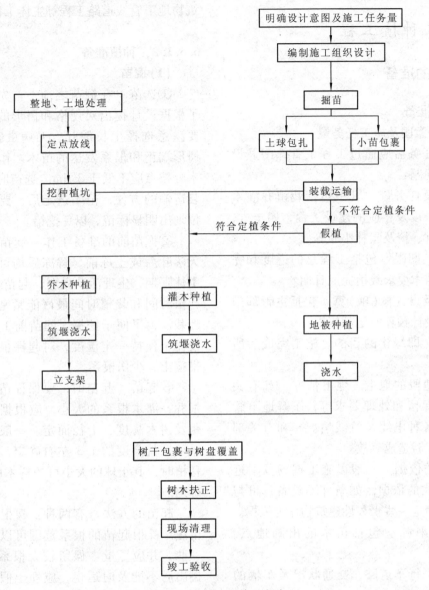

图 6-2 种植工程施工程序

(5) 筑堰浇水

树穴栽植培土后，应在树穴周围用土筑成高 10～15cm 的浇水堰，应筑实、不漏水。

树木栽植后，应及时浇透"定根水"，并注意缓浇慢浇，隔日再复水 1 次。遇到天气干燥，需适时浇水。常绿树还需向树冠喷水，以减少水分蒸发。

浇水过程中如发现土壤下陷或树木倾斜，应及时扶正、培土。浇水后，应及时封堰整平。

(6) 立支架

立支架是为了防止人为的伤害和被风吹倒，同时也有使树干保持直立的作用。

6.2.3 工程收尾准备

工程收尾准备包括树干包裹、树木扶正与树盘覆盖。

6.2.4 栽后的养护管理

按设计完成栽植后，施工方还要进行一系列养护管理工作，以提高苗木成活率，巩固绿化成果。

6.3 乔灌木种植工程

6.3.1 种植前的准备

6.3.1.1 进场前准备

(1) 明确设计意图及施工任务量

在接受施工任务后应通过工程主管部门及设计单位明确以下问题：

①工程范围及任务量 其中包括栽植乔灌木的规格和质量要求以及相应的建设工程，如土方、上下水、园路、灯、椅及园林小品等。

②工程的施工期限 包括工程总的进度和完工日期以及每种苗木要求栽植完成日期。

③工程投资及设计概(项)算 包括主管部门批准的投资数和设计预算的定额依据。

④设计意图 即绿化的目的、施工完成后所要达到的景观效果。

⑤了解施工地段的地上、地下情况 如有关部门对地上物的保留和处理要求等，了解地下管线，特别是地下各种电缆及管线情况，和有关部门配合，以免施工时造成事故。

⑥定点放线的依据 一般以施工现场及附近水准点作定点放线的依据，如条件不具备，可与设计部门协商，确定一些永久性建筑物作为依据。

⑦工程材料来源 包括苗木的出圃地点、时间。

⑧运输情况 行车道路、交通状况及车辆的安排。

(2) 编制施工组织计划

根据所了解的情况和资料编制施工组织计划，其主要内容有：

①施工程序和进度计划；
②各工序的用工数量及总用工日；
③工程所需材料进度表；
④机械与运输车辆和工具的使用计划；
⑤施工技术和安全措施；
⑥施工预算；
⑦大型及重点绿化工程应编制施工组织设计。

城市建设综合工程中的绿化种植应在主要建筑物地下管线道路工程等主体工程完成后进行。

6.3.1.2 种植准备

(1) 掘苗

①选苗 在掘苗之前，首先要进行选苗，除了根据设计提出对规格和树形的特殊要求外，还要注意选择生长健壮、无病虫害、无机械损伤、树形端正和根系发达的苗木。作行道树种植的苗木分枝点应不低于3.5m。选苗时还应考虑起苗包装运输的方便，苗木选定后，要挂牌或在根基部位划出明显标记，以免挖错。

②掘苗前的准备工作 起苗时间最好是在秋天落叶后或土冻前、解冻后均可，因此时正值苗木休眠期，生理活动微弱，起苗对它们影响不大，起苗时间和栽植时间最好能紧密配合，做到随起随栽。为了便于挖掘，起苗前1~3d可适当浇水使泥土保持一定湿度，对起裸根苗来说也便于多带宿土，少伤根系。

③起苗 起苗时，要保证苗木根系完整。裸根乔、灌木根系的大小，应根据掘苗现场的株行距及树木高度、干径而定。一般情况下，灌木根系可按其高度的1/3左右确定，而常绿树带土球移植时，其土球的大小可按树木胸径的10倍左右确定。

起苗的方法常有两种：裸根起苗法及土球起苗法。裸根起苗的根系范围可以比土球起苗稍大一些，并应尽量多保留较大根系，留些宿土。如掘出后不能及时运走，应埋土假植，并要求埋根的土壤湿润。掘土球苗木时，土球规格视各地气候及土壤条件不同而各异。对于特别难成活的树种一定要考虑加大土球。土球的高度一般可比宽度少5~10cm。土球的形状可根据施工方便而挖成方形、圆形、长方的半球形等。但是应注意保证土球完好。土球要削光滑，包装要严，草绳要打紧不能松脱，土球底部要封严不能漏土。

(2) 包装运输和假植

①包扎 一般苗木的包扎应根据起苗的方式、苗木的种类及规格而定。通常裸根苗一般不包扎，带宿土较多的用草绳缠一缠，带土球苗木、常绿树和大的树木通常都需要包扎。

②运输 同时购进大量的苗木时，在装车前，应先核对购买的苗木种类和规格，并根据起苗的质量，淘汰损伤不能用的苗木，并补足苗木数量，车厢上与底部应先垫好草袋或草席，以免车底板或车厢板磨损苗木。乔木苗装车应根系向前，树梢向后，顺序码放，不可压得太紧，也不能超高（从地面车轮到最高处不得超过4m），树梢更不可拖地，根部要用苫布盖严，绳捆牢。

带土球苗装车时，苗高不足2m者可立放；苗木高度在2m以上者装车时应土球在前，树梢向后，斜放或平放，并用木架或垫布将树冠架稳、固牢。土球直径小于20cm，可码放2~3层，并应装紧，防止开车后滚动；土球直径大于20cm者，只可装一层。运苗时土球上不可站人和压放重物。

树苗应有专人跟车押运，随时注意苫布是否被风吹开，短途运苗，中途最好不停留。长途运苗，裸根苗的根系易被吹干，应注意随时洒水，中途休息时应将车停在阴凉处，司机开车要稳，特别要注意路面高低不平的地段，不要开得太快。苗木运到后应及时卸车，对裸根苗不应从中间抽取，更不可整车推下，要求轻拿轻放。经过长途运输的裸根苗木，发现根系较干者，应浸水1~2d。土球小的应抱球轻放，不许提拿树干；较大的土球苗，可用长而厚的木板斜搭于车厢上，将土球移到木板上，顺势慢慢滑下；太大的土球用吊车装卸。

③假植 在苗木未运到栽植地前，应做好各种准备工作，苗木运到后，应该立即栽植。但由于各种原因，如土壤未解冻，不能挖穴；施工地地形没有整好；或是劳力不足，种植穴没有挖等都致使苗木运动后不能立即栽植。在这些情况下，必须将苗木假植，并应视距栽植时间长短分别采取不同的"假植"措施。

裸根苗必须当天种植，裸根苗木自起苗开始暴露时间不宜超过8h。当天不能种植的苗木应进行假植，如不超过1d临时性放置，可先在根部喷水后再用苫布或草席、草袋盖好。干旱多风地区则不适用，应在栽植地附近挖浅沟，将苗斜放沟内，取土将根系埋好，照此做法，依次一排排假植。

如需长时间假植，应选不影响施工的附近背风处，挖宽1.5~2.0m，深30~50cm，长度视苗木数量而定的假植沟。按树种或品种分段集中假植，并做好标记。树梢应顺应当地风向，树梢朝南或朝东，先斜放一排苗木于沟中，然后用细土将根埋好，适当拍实，不使根系悬空，依次将苗木一排排如此假植。在假植期间，需随时检查，如发现土壤过干，应适量洒水，但绝不可大量灌水，使土壤过湿。

带土球苗木运到施工现场后应紧密排码整齐，当天不能栽植时应往土球上喷水或往土球上撒些细土或稻草，盖上草席更好，以保持土球湿润。1~2d内栽不完者，应集中放好，周围培土；如囤放时间较长，土球间隙中也应填加土。常绿树在假植期间应随时注意喷水；珍贵树种和反季节所需苗木，除应选合适的季节起苗外，一旦苗木不能立即栽植，应采用容器假植或寄植。

④寄植 为了提高苗木栽植的成活率和囤苗，有些地方采取寄植的方法。寄植比苗木假植要求高，一般在早春树木发芽之前，按要求挖好土球苗或裸根苗，在施工现场附近进行相对集中的培育。对于裸根苗，应先造土球再行寄植。

造土球的方法：在地上挖一个与根系大小相当的圆形土坑，坑中垫一层草包、蒲包等包装材料，按正常的方法将苗木植于坑中，用湿润的细土填于根部，使根系与土壤密切接触，切忌要留大的孔隙以及损伤根系。然后将包装材料收拢，捆在根颈以上的树干上，抱出假土球，加固包装，即完成了造球的工作。

寄植场应设在交通方便、水源充足而不易积水的地方。寄植土球苗一般可用竹筐、藤筐、柳筐及箱、桶或缸等容器，其直径应略大于土球，并应比土球高20~30cm。先在容器底部放些栽培土，再将土球放在容器正中，周围填土，分层压实，直至离容器上沿10cm时筑堰浇水。容器摆放应便于搬运和集中管理，按树木的种类、容器的规格及一定的株行距在寄植场挖相当于容器高1/3深的寄植穴。将容器放入穴中，周围培土至容器高度的1/2拍实。寄植期间应适当施肥、浇水、修剪和防治病虫害。在水肥管理中应特别注意防止植株徒长,增强抗性。在移植前一段时间,停止浇水,提前将容器外面培的土扒平,待竹木容器稍微风干坚固以后,立即移栽。

6.3.2 施工程序

6.3.2.1 栽植前整地和土壤处理

(1) 整地工作的内容和做法

整地既有土壤改良的内容,又有土壤管理的方法。整地工作包括以下几方面内容:根据设计要求做微地形、翻土、客土、去除杂物、碎土过筛、耙平、镇压土壤等。不同立地条件,其整地的做法不同,下面介绍几种常见的立地条件整地要求。

① 一般平缓地段的整地 对8°以下的平缓耕地或半荒地、荒地,可采取全面整地。通常多应用深翻或深耕,尤其是半荒地和荒地更需要深翻。耕地和半荒地可以耕翻得浅些(30~40cm),荒地应翻得深些(60~80cm)。使土壤尽快熟化,增加孔隙度,以利蓄水、保墒和通气。对重点绿化地区或栽植深根性的大乔木要翻得深一些(有时可达1m左右)。翻耕的同时要捡出大的树根及不利树木生长的废弃物,还应将大的土块打碎,并施以化肥,借以改良土壤,然后按一定的倾斜度将土壤扒平,以利排除过多的雨水。

② 市政工程的场地和建筑周围的整地 在这些地段常留下大量的灰槽、灰渣、砂石、砖头、瓦块、木块及其他建筑垃圾等。在整地之前应将有害的灰槽、灰渣或遗留的水泥和石灰等全部清除,少量的砖头瓦块、木块等可以保留。这些地段施工时,大部分地方用压路机碾压过,土壤非常紧实,孔隙度低,通气不良,加之这里的土壤经过翻动,心土翻到上面(心土没有很好地风化),所以此类地段整地时应进行深耕(80~120cm),将夯实的土壤挖松,以增加孔隙度,并根据设计的要求做好微地形,方可栽树。

③ 低湿地区的整地 低湿地土壤紧实,水分过多,通气不良,土质多带盐碱。解决的方法是挖排水沟,排除多余的积水,并降低地下水位,防止返盐碱。通常在栽树的前一年,每隔20m左右挖一条深1.5~2.0m的排水沟,并将挖出的表土放在一侧培成垄台,经过一个生长季,土壤受雨水的冲洗,盐碱减少,杂草腐烂,土质疏松,湿度适中,经过耙平处理,即可在垄台上种树。

④ 新堆土山的整地 挖湖堆山是园林建设中常遇到的工程。人工新堆的土山,要令其自然沉降,然后才可整地种树,因此,通常土山堆成后,至少要经过一个雨季,施行整地。如工程紧迫不能耽搁时间,也可以在堆土山的同时大量喷洒水,令其尽快沉降。因人工堆的土山多数情况下都不太大,也不太陡,土壤又是翻过的,如果土质好只需要按设计要求局部耙平整理,即可栽树。但有的土山土质不明,在这种情况下,需要先探测一下土山的土质情况,若发现土质过差,如为盐碱土、深层生土(未很好风化的底土)或水湿的淋渍土,必须进行改土或换好客土,不然影响树木的成活和以后的生长发育。

⑤ 荒山耕地 在整地之前,先要清理地面杂物,刨出枯树根,搬除可以移动的障碍物,在坡度较平缓、土层较厚的情况下,可以采用水平带状整地。这种方法是沿低山等高线整成带状的地段,故可称环山水平线整地。

在干旱石质荒山及黄土或红壤荒山植树地段,可采用连续或断续的带状整地,称为水平阶整地。

在水土流失较严重,或急需保持水土,使树木迅速成林的荒山,则采用水平沟整地或鱼鳞坑整地,还可以采用等高撩壕整地。

(2) 整地季节

整地季节的早晚对整地的质量有直接关系。在一般情况下应提早整地,以便发挥蓄水保墒的作用,并可保证植树工作及时进行,这一点在干旱地区,其重要性尤为突出。一般整地应在栽树3个月前(最好经过一个雨季)进行,如果现整地现栽树其效果会受一定影响。

若此地段除种植树木外,还要铺草坪,则翻地、过筛和耙平等程序要反复进行2~3次。施工精细的地段有的还同时进行施肥和土壤消毒等工作。

6.3.2.2 定点放线

(1) 自然配置式

① 坐标定点法 根据植物配置的疏密度先按一定的比例在设计图及现场分别打好方格，表明树木在某方格的纵横坐标尺寸，再按此位置用皮尺量在现场相应的方格内。

② 仪器测放法 用经纬仪或小平板仪依据地上原有基点或建筑物、道路将树群或孤植树依照设计图上的位置依次定出每株的位置。

③ 目测法 对于设计图上无固定点的绿化种植，如灌木丛、树群等可用上述两种方法划出树群树丛的栽植范围，其中每株树木的位置和排列可根据设计要求在所定范围内用目测法进行定点，定点时应注意植株的生态要求并注意自然美观。定好点后，多采用白灰洒点或打桩，标明树种、栽植数量（灌木丛树群）、坑径。

(2) 整形式

对于成片整齐种植行道树，也可用仪器和皮尺定点放线，定点的方法是先确定绿地的边界、园路广场和小建筑物等的平面位置，以此作为依据，量出每株树木的位置，钉上木桩，其上写明树种名称。

一般行道树的定点是以道牙或道路的中心为依据，可用皮尺、测绳等，按设计的株距，每隔10株钉木桩，作为定位和栽植的依据，定点时如遇电杆、管道、涵洞、变压器等障碍物应躲开，不应拘泥于设计的尺寸，而应遵照与障碍物相距的有关规定来定位。

(3) 等距弧线

若树木栽植为一弧线如街道曲线转弯处的行道树，放线时可从弧的开始到末尾以道牙或中心线为准，每隔一定距离分别画出与道牙垂直的直线。在此直线上，按设计要求的树与路牙的距离定点，把这些点连接起来就成为近似道路弧度的弧线，于此线上再按株距要求定出各点。

6.3.2.3 挖种植穴

(1) 种植穴规格

种植穴的大小一定要依据苗木的规格决定，各种规格树木种植穴的大小根据中华人民共和国行业标准"城市绿化工程施工及验收规划 CJJ/T82—1999"的规定。常绿乔木类、落叶乔木类、花灌木类、竹类、绿篱等的种植穴规格分别见表6-4至表6-8。

表6-4 常绿乔木类种植穴规格　　cm

树高	土球直径	种植穴深度	种植穴直径
150 以下	40～50	50～60	80～90
150～250	70～80	80～90	100～110
250～400	80～100	90～110	120～130
400 以上	140 以上	120 以上	180 以上

表6-5 落叶乔木类种植穴规格　　cm

胸径	种植穴深度	种植穴直径	胸径	种植穴深度	种植穴直径
2～3	30～40	40～60	5～6	60～70	80～90
3～4	40～50	60～70	6～8	70～80	90～100
4～5	50～60	70～80	8～10	80～90	100～110

表6-6 花灌木类种植穴规格　　cm

冠径	种植穴深度	种植穴直径
200	70～90	90～110
100	60～70	70～90

表6-7 竹类种植穴规格　　cm

种植穴深度	种植穴直径
盘根或土球深	比盘根或土球大
20～40	40～60

表6-8 绿篱类种植槽规格　　cm

篱高	单行	双行
50～80	40×40	40×60
100～120	50×50	50×70
120～150	60×60	60×80

(2) 种植穴的要求

种植穴应有足够的大小，容纳树木的全部根系并舒展开，避免栽植过深与过浅，阻碍树木的生长。穴的直径与深度一般比根系的幅度与深度（或土球）大 20~30cm。在土壤贫瘠与坚实的地段，种植穴应该加大，有的甚至加大 1 倍。在带状栽植较密时，如绿篱、基础栽植等应挖种植槽。穴或槽应保证上下口径大小一致，不应成为"锅底形"或"锥形"。在挖穴和槽时，应将肥沃的表层土与贫瘠的底土分开放置，同时捡出有碍根系生长的土壤侵入体。

(3) 挖穴方法

首先以定植点为圆心，以穴的规格 1/2 为半径画圆，用白灰标记（通常用铁锹在地上顺手画圆）。然后沿圆的标记向外起挖，将圆的范围挖出后，再继续深挖；切忌一开始就把白灰点挖掉或将木桩扔掉，这样穴的中心位置会平移。如果是行列式栽植，最后种植穴很难达到横平竖直，影响栽植效果。在山坡上挖种植穴，深度以坡的下沿为准。在街道上栽植时最好随挖穴、随栽植，避免夜间行人发生危险。

施工人员在挖穴时，如果发现种植穴内土质不好有碍树木的生长，或发现电缆、管线、管道，要及时找设计人员与有关部门协商解决。能用的土，可过筛再适当填加好土以备待用；如果挖出的土壤不适合树木生长，要完全换土。穴挖好后，在其底部用松土堆约 10cm 的土堆，经监理或专门负责人员按规格标准核对验收，不合格的要返工。

6.3.2.4 种植

(1) 栽植要求

栽植时应按设计要求核对苗木种类、规格及种植点位置。规则式种植应保持对称平衡，行道树或行列式种植的树木应在一条线上。为了做到这一点，可每隔 10~20 株先栽一株作为对齐的"标杆树"；如树木主干上有弯度，应将其弯的方向与行向一致；左右对齐，相差不超过树干的 1/2。

(2) 栽植前的修剪

在栽植前，苗木必须经过修剪，其主要目的是为了减少水分的蒸发，保证树势平衡以保证树木成活。

修剪时其修剪量依不同树种要求而有所不同。一般对常绿针叶树及用于植篱的灌木不多剪，只剪去枯病枝、受伤枝即可。对于较大的落叶乔木，尤其是生长势较强，容易长出新枝的树木如杨、柳、槐等可进行强修剪，树冠可剪去 1/2 以上，这样可减轻根系负担，维持树木体内水分平衡，也使得树木栽后稳定，不致招风摇动。对于花灌木及生长较缓慢的树木可进行疏枝，短截去全部叶或部分叶，去除枯病枝、过密枝，对于过长的枝条可剪去 1/3~1/2。

修剪时要注意分枝点的高度。灌木的修剪要保持其自然树形，短截时应保持外低内高。

树木栽植之前，还应对根系进行适当修剪，主要是将断根、劈裂根、病虫根和过长的根剪去。修剪时剪口应平而光滑，并及时涂抹防腐剂以防过分蒸发、干旱、冻伤及病虫危害。

(3) 栽植方法

苗木修剪后即可栽植，栽植的位置应符合设计要求。

栽植裸根乔、灌木的方法是一人用手将树干扶直，放入坑中，另一人将坑边的好土填入。在泥土填入一半时，用手将苗木向上提起，使根颈交接处与地面相平，这样树根不易卷曲，然后将土踏实，继续填入好土，直到与地平或略高于地平为止，并随即将浇水的土堰做好。

栽植带土球树木时，应注意使坑深与土球高度相符，以免来回搬动土球。填土前要将包扎物去除，以利根系生长。填土时应充分压实，但不要损坏土球。

6.3.2.5 筑堰浇水

栽植后应在直径略大于种植穴的周围，筑高约 15cm 的灌水土堰，土堰应筑实，不得漏水。坡地可采用鱼鳞穴式种植。树木栽完后，24 h 内必须浇第一遍水，这遍水必须浇透，其作用是使根系与土壤密切接触，通称为"定根水"，俗称"救命水"；第一遍水后 3d 再灌第二遍水；第二遍水后 7~10d 浇第三遍水。在北方栽植树时这三遍水通常不能少。新植的树木在旱季还要浇水，一般连灌 3~5 年，待树木的根系扎深后才可停止。

树木栽植后，每株每次浇水量可参考表 6-9。

表 6-9　树木栽植后浇水量

乔木及常绿树胸径(cm)	灌木高度(m)	绿篱高度(m)	树堰直径(cm)	浇水量(kg)
	1.2~1.5	1~1.2	60	50
	1.5~1.8	1.2~1.5	70	75
3~5	1.8~2.0	1.5~2	80	100
5~7	2.0~2.5		90	200
7~10			110	250

栽植时浇水也要根据土壤的性质和树种适量进行，一般情况下砂土一次水量不可太大，可适当增加浇水次数；黏性土壤，应适量浇水。根系不发达的树种，浇水量宜多些；肉质根系树种，浇水量宜少。秋季栽植的树木，浇足水后可封穴越冬。

在干旱地区或遇干旱天气时，应增加浇水次数。在干热风季节，应对新发芽放叶的树冠喷水，喷水宜在10:00前和16:00后进行。

浇水时应防止因水流过急冲刷土壤，使根系裸露或冲毁土堰，造成跑漏水。浇水后出现土壤沉陷，致使树木倾斜时，应及时扶正、培土。待水渗下后，应及时用围堰土封树穴。再筑堰灌水时，绝不能损伤根系。

对人流集散较多的广场、人行道，树木栽植后，种植池应铺设透气护栅。

6.3.2.6　扶正、立支架

在浇完第一遍水后的次日，应检查树干四周泥土是否下沉或开裂，注意树苗是否歪斜。发生这种情况后应及时扶正，并用加土细沙将堰内缝隙填平踩实，再立支架将苗木固定好。

立支架是为了防止人为的伤害和被风吹倒，同时也有使树干保持直立的作用。凡是胸径在5cm以上的乔木，特别是裸根栽植的落叶乔木、枝叶繁茂而又不宜大量修剪的常绿乔木、有台风的地区或风口处种植的大苗(树)，均应考虑给予其支撑。支撑物应牢固，在迎当地主风方向的一面应立支柱，支撑时捆绑不要太紧，绑扎树木处应夹垫物，绑扎后的树干应保持直立。树木的支撑点应在防止树木倾斜和翻倒的前提下尽可能降低，带土球栽植的树木如果体量不过大也可以不进行支撑。

目前园林中应用的支架有桩杆式支架(图6-3，图6-4)和牵索式支架两种(图6-5)。

(1) 桩杆式支架

桩杆式支架的支点一般低于牵索式支架。通常分为直立式和斜撑式。

① 直立式　高达6m左右的树木，可将1根2.2~2.5m的桩材或支撑柱钉入离树干15~30cm的地方，深约60cm。然后用绑扎物将其与树干适当的位置采用"8"字形绑缚起来(图6-3)。

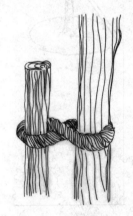

图 6-3　树干与立柱的"8"字形连接

直立支架又有单立式、双立式和多立式之分。若采用双立式或多立式，相对立柱可用横杆呈水平状紧靠树干连接起来。

② 斜撑式　用长度为1.5~2.0m的3根支杆，以树干基部为中心，由外向内斜撑于树干约1/3高的地方(应视树高低而定支撑点)，组成一个正三棱锥形的三脚架进行支撑。3根支柱的下端钉入土30~40cm，上面的交叉处同样用粗麻布、蒲包等将树干垫好后再捆绑起来(图6-4)。

(2) 牵索式支架

一般对于较大的树须用1~4根(一般为3根)金属丝或缆绳拉住加固。这些支撑线(索)从树干高度约1/2的地方拉向地面与地面约成45°夹角。线的上端用防护套或废胶皮管及其他软垫绕干一周。线的下端固定在铁(或木)桩上。角铁桩上端向外倾斜，槽面向外，周围相临桩之间的距离应相等(图6-5)。在大树上牵索，有时还要将金属线连在紧线器上。

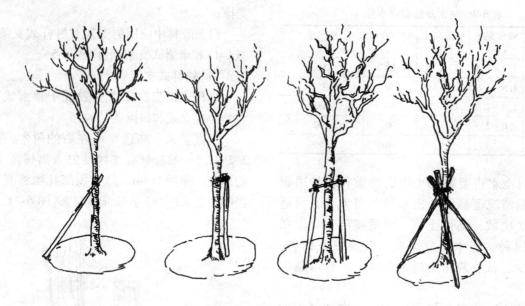

图6-4 桩杆式支架

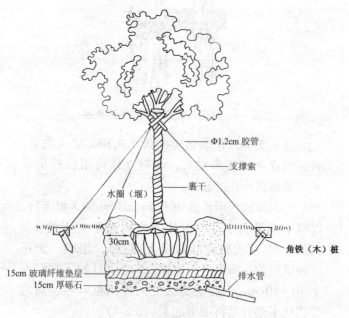

图6-5 树木栽植与植穴排水

牵索支架不要在街道上使用，在公园里应用也应加以防护或设立明显的标志，因为这些金属线索会给行人或游人带来潜在的危险，特别是在夜间容易绊伤行人。

在街道上、公园、风景区的重点地方，给新栽的树木立支架时，无论采用哪一种支架，都应注意支架的形式、材料、高度、颜色以及支撑的方式，与周围的环境应相互协调，不能随便设立，以免影响观赏效果。

6.3.3 栽后的养护管理与工程收尾准备

(1) 裹干

在南方新栽的树木，特别是树皮薄、嫩、光滑的幼树，应该用粗麻布、粗帆布、特制的皱纸（中间涂有沥青的双层皱纸）及其他材料（如草绳、草席等）包裹，以防树干发生日灼或干燥，并减少蛀虫侵染的机会，冬天还可防止动物啃食。从树林中移出的树木，因其树皮极易遭受日灼的危害，对树干进行保护性的包裹，效果十分明显。

包裹物用细绳牢固地捆在固定的位置上，或从地面开始，一圈一圈互相紧紧挨着向上缠至第一分枝处。包裹的材料应保留两年或令其自然脱落，或在影响观赏效果时取下。但应注意树干包裹也有不利的一面，即在多雨季节，由于树皮与包裹材料之间保持过湿状态，容易诱发真菌性溃疡病。因此，若能在包裹之前，于树干上涂抹某种杀菌剂，则有助于减少病菌的感染。

(2) 树盘覆盖

在秋季栽植的常绿树，用稻草、腐叶土或充分腐熟的肥料覆盖树盘；街道上的树池也可用碎木片、树皮、卵石或沙子等覆盖，可提高树木栽植的成活率。因为适当的覆盖可以减少地表蒸发，保持土壤湿润和防止土温变化过大。覆盖物要全部遮蔽覆盖区，使其见不到土壤。覆盖的有机物一般保留一冬，到春天撤除或埋入土中。有时也用地被植物覆盖树盘，但采用的植物材料要与树木生长矛盾不大。

此外，还应进行中耕，扶正歪斜树木，摘芽修枝，防治病虫害，适时灌溉并及时开堰封堰，封堰时要使泥土略高于地面，要注意防寒，其措施应按树木的耐寒性及当地气候而定。

6.3.4 大树移植

6.3.4.1 大树移植概述

随着社会经济的发展以及城市建设水平的不断提高，单纯地用小苗栽植来绿化城市的方法已不能满足目前城市建设的需要，特别是重点工程，往往需要在较短的时间内展现出其绿化美化的效果，因而需要移植相当数量的大树。新建的公园、小游园、饭店、宾馆以及一些重点大工厂等，无不考虑采用移植大树的方法，以尽快使绿化得以见效。

移植大树能充分地挖掘苗源，特别是利用郊区天然林的树木以及一些闲散地上的大树。此外，为保留建设用地范围内的树木也需要实施大树移植。

由此看来，大树移植又是城市绿化建设中行之有效的措施之一，随着机械化程度的提高，大树移植将能更好地发挥作用。

6.3.4.2 大树移植的时间

严格说来，如果掘起的大树带有较大的土块，在移植过程中严格执行操作规程，移植后又注意养护，那么，在任何时间都可以移植大树。但在实际中，最佳移植大树的时间是早春，因为这时树液开始流动，大树开始发芽、生长，挖掘时损伤的根系容易愈合和再生，移植后，经过从早春到晚秋的正常生长以后，树木移植时受伤的部分已愈合，给树木顺利越冬创造了有利条件。

在春季树木开始发芽而树叶还没有全部长成以前，树木的蒸腾还未达到最旺盛时期，这时候，进行带土球的移植，缩短土球暴露在空气的时间，栽植后进行精心的养护管理也能确保大树的存活。

盛夏季节，由于树木的蒸腾量大，此时移植对大树的成活不利，在必要时可加大土球，加强修剪、遮阴，尽量减少树木的蒸腾量，也可以成活。由于所需技术复杂，费用较高，故尽可能避免。但在北方的雨季和南方的梅雨期，由于空气中的湿度较大，因而有利于移植，可带土球移植一些针叶树种。

深秋及冬季，从树木开始落叶到气温不低于-15℃这段时间，也可移植大树。此期间，树木虽处于休眠状态，但是地下部分尚未完全停止活动，故移植时被切断的根系能在这段时间进行愈合，给翌年春季发芽生长创造良好的条件。但是在严寒的北方，必须对移植的树木进行土面保护，才能达到这一目的。

南方地区尤其在一些气温不太低、湿度较大的地区，一年四季均可移植，落叶树还可裸根移植。我国幅员辽阔，南北气候相差很大，具体的移植时间应视当地的气候条件以及需移植的树种不同而有所选择。

6.3.4.3 大树移植前的准备工作

(1) 大树预掘的方法

为了保证树木移植后能很好地成活，可在移植前采取一些措施，促进树木的须根生长，这样也可以为施工提供方便条件，常用方法如下。

①多次移植　此法适用于专门培养大树的苗圃中，速生树种的苗木可以在头几年每隔1~2年移植1次，待胸径达6cm以上时，可每隔3~4年再移植1次。而慢生树待其胸径达3cm以上时，每隔3~4年移植1次，长到6cm以上时，则隔5~8年移植1次，这样树苗经过多次移植，大部分的须根都聚生在一定的范围，因而再移植时可缩小土球的尺寸和减少对根部的损伤。

②预先断根法（回根法）　适用于一些野生大树或一些具有较高观赏价值的树木的移植，一般是在移植前1~3年的春季或秋季，以树干为中心，以2.5~3倍胸径为半径或以稍小于移植时土

球尺寸为半径，划一个圆或方形，再在相对的两面向外挖 30~40cm 宽的沟（其深度则视根系分布而定，一般为 50~80cm），对较粗的根应用锋利的锯或剪，齐平内壁切断，然后用沃土（最好是砂壤土或壤土）填平，分层踩实，定期浇水，这样便会在沟中长出许多须根。到翌年的春季或秋季再以同样的方法挖掘另外相对的两面。到第三年时，在四周沟中均长满了须根，这时便可移走（图6-6）。挖掘时应从沟的外缘开挖，断根的时间可按各地气候条件有所不同。

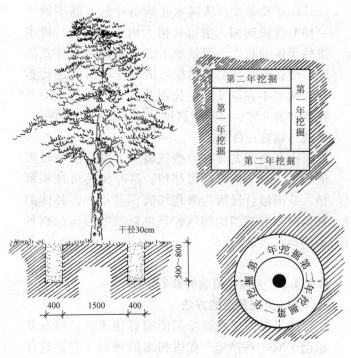

图 6-6 树木断根法

③根部环状剥皮法　同预先断根法挖沟，但不切断大根，而采取环状剥皮的方法，剥皮的宽度为 10~15cm，这样也能促进须根的生长，这种方法由于大根未断、树身稳固、可不加支撑的情况。

(2) 大树的修剪

修剪是大树移植过程中，对地上部分进行处理的主要措施，至于修剪的方法各地不一，大致有以下几种。

①修剪枝叶　这是修剪的主要方式，凡病枯枝、过密交叉枝、徒长枝、干扰枝均应剪去。此外，修剪也与移植季节、根系情况有关：当气温高、湿度低、带根系少时应重剪；而湿度大、根系也多时可适当轻剪。此外，还应考虑到功能要求，如果要求移植后马上起到绿化效果的应轻剪，而没有把握成活的则可重剪。在修剪时，还应考虑到树木的绿化效果。如毛白杨作行道树时，就不应砍去主干：失去中央主导干后成无主干多分枝的形态，改变了树木固有的形态，甚至影响其生长及原形态功能。

②摘叶　这是细致费工的工作，适用于少量名贵树种，移前为减少蒸腾可摘去部分树叶，移后即可再萌出新叶。

③摘心　此法是为了促进侧枝生长，一般顶芽生长的如杨、白蜡、银杏、柠檬桉等均可用此法以促进其侧枝生长，但是如木棉、针叶树种都不宜摘心处理，故应根据树木的生长习性和要求来决定。

④剥芽　此法是为抑制侧枝生长，促进主枝生长，控制树冠不致过大，以防风倒。

⑤摘花摘果　为减少养分的消耗，移植前后应适当地摘去一部分花、果。

⑥刻伤和环状剥皮　刻伤的伤口可以是纵向也可以是横向，环状剥皮是在芽下 2~3cm 处或在新梢基部剥去 1~2cm 宽的树皮到木质部。其目的在于控制水分、养分的上升，抑制部分枝条的生理活动。

(3) 编号定向

编号是当移栽成批的大树时，为使施工有计划地顺利进行，可把栽植坑及要移栽的大树均编上一一对应的号码，使其移植时可对号入座，以减少现场混乱及事故。

定向是在树干上标出南北方向，使其在移植时仍能保持它按原方位栽下，以满足它对庇荫及阳光的要求。

(4) 清理现场及安排运输路线

在起树前，应把树干周围 2~3m 以内的碎石、瓦砾堆、灌木丛及其他阻碍物清除干净，并将地面大致整平，为顺利移植大树创造条件。然后按树木移植的先后顺序，合理安排运输路线，以使每棵树都能顺利运出。

(5) 支柱、捆扎

为防止在挖掘时由于树身不稳、倒伏引起工伤事故及损坏树木，一般在挖掘前应对需移植的大树进行支柱，一般是用3根直径15cm以上的大戗木，分立在树冠分支点的下方，然后再用粗绳将3根戗木和树干一起捆紧，戗木底脚应牢固支持在地面，与地面成60°左右。支柱时应使3根戗木受力均匀，特别是避风向的一面。戗木的长度不定，底脚应立在挖掘范围以外，以免妨碍挖掘工作。

(6) 工具材料的准备

包装方法不同，所需材料也不同，表6-10、表6-11中列出木板方箱移植所需材料和工具，表6-12中列出草绳和蒲包混合包装所需材料表。

表6-10 木板方箱移植所需材料

材料		规格要求	用途
木板	大号	上板长2m，宽0.2m，厚0.03m 底板长1.75m，宽0.3m，厚0.05m 边板上缘长1.85m，下缘长1.75m，宽0.7m，厚0.05m	移植土球规格可视土球大小
	小号	上板长1.65m，宽0.3m，厚0.05m 底板长1.45m，宽0.3m，厚0.05m 边板上缘长1.5m，下缘长1.4m，宽0.65m，厚0.05m	
方木		10cm见方	支撑
木墩		直径0.2m，长0.25m，要求料直而坚硬	挖地时四角支柱上球
铁钉		长5cm左右，每棵树约400根	固定箱板
铁皮		厚0.1cm，宽3cm，长50～75cm，每距5cm打眼，每棵树需36～48条	连接物
蒲包			填补漏洞

表6-11 木板方箱移植所需工具

工具名称		规格要求	用途
铁锹		圆口锋利	开沟刨土
小平铲		短把、口宽、15cm左右	修土球掏底
平铲		平口锋利	修土球掏底
镐	大尖镐	一头尖、一头平	刨硬土
	小尖镐	一头尖、一头平	掏底
钢丝绳机		钢丝绳要有足够长度，2根	收紧箱板
紧线器			
铁棍		刚性要好	转动紧线器用
铁锤			钉铁皮
扳手			维修器械
小锄头		短把、锋利	掏底
手锯		大、小各1把	断根
修枝剪			剪根

表6-12 草绳和蒲包混合包装材料表

土球规格(cm)	蒲包	草绳	
(土球直径×土球高度)	(个)	直径(cm)	长(m)
200×150	13	2	1350
150×100	5.5	2	300
100×80	4	1.6	175
80×60	2	1.3	100

6.3.4.4 移植方法

当前常用的大树移植挖掘和包装方法主要有以下几种：

软材包装移植法 适用于挖掘圆形土球，树木胸径10～15cm或稍大一些的常绿乔木；

木箱包装移植法 适用于挖掘方形土台，树木胸径15～25cm的常绿乔木；

移树机移植法 在国内外已经生产出专门移植大树的移树机，适宜移植胸径25cm以下的乔木；

冻土移植法 在我国北方寒冷地区较多采用。

下面将软材包装、木箱包装移植法和移植机移植法作一简单介绍。

(1) 软材包装移植法

① 土球大小的确定 树木选好后,可根据树木胸径的大小来确定挖土球的直径和高度,可参考表6-13。一般来说,土球直径为树木胸径的7~10倍,土球过大,容易散球且会增加运输困难;土球过小,又会伤害过多的根系以影响成活。所以土球的大小还应考虑树种的不同以及当地的土壤条件,最好是在现场试挖一株,观察根系分布情况,再确定土球大小。

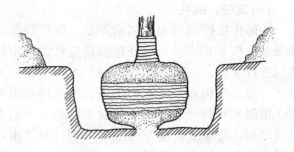

图6-7 打好腰箍的土球

表6-13 土球规格

树木胸径(cm)	土球规格		
	土球直径	土球高度(cm)	留底直径
10~12	胸径的8~10倍	60~70	土球直径的1/3
13~15	胸径的7~10倍	70~80	

② 土球的挖掘 挖掘前,先用草绳将树冠围拢,其松紧程度以不折断树枝又不影响操作为宜,然后铲除树干周围的浮土,以树干为中心,比规定的土球大3~5cm划一圆,并顺着此圆圈往外挖沟,沟宽60~80cm,深度以到土球所要求的高度为止。

③ 土球的修整 修整土球要用锋利的铁锹,遇到较粗的树根时,应用锯或剪将根切断,不要用铁锹硬扎,以防土球松散。当土球修整到1/2深度时,可逐步向里收底,直到缩小到土球直径的1/3为止。然后将土球表面修整平滑,下部修一小平底,土球即算挖好。

④ 土球的包装 土球修好后,应立即用草绳打上腰箍,腰箍的宽度一般为20cm左右(图6-7),然后用蒲包或蒲包片将土球包严,并用草绳将腰部捆好,以防蒲包脱落,然后即可打花箍:将双股草绳的一头拴在树干上,然后将草绳绕过土球底部,顺序拉紧捆牢(图6-8)。草绳的间隔为8~10cm,土质不好的,还可以密些。花箍打好后,在土球外面结成网状,最后再在土球的腰部密捆10道左右的草绳,并在腰箍上打花扣,以免草绳脱落。

土球打好后,将树推倒,用蒲包格底堵严,

图6-8 包装好的土球

用草绳捆好,土球的包装即完成。

在我国南方,一般土质较黏重,故在包装土球时,往往省去蒲包或蒲包片,而直接用草绳包装,常用的有橘子包(其包装方法大体如前)、井字包和五角包(图6-9)。

(2) 木箱包装移植法

树木胸径超过15cm,土球直径超过1.3m以上的大树,由于土球体积、质量较大,如用软材包装移植时,较难保证安全吊运,故宜采用木箱包装移植法。这种方法一般用来移植胸径达15~25cm的大树,少量用于胸径30cm以上的,其土台规格可达2.2m×2.2m×0.8m,土方量为3.2m³。在北京曾成功地移植过大圆柏,其土台规格达到3m×3m×1m,大树移植后,生长良好。

① 移植前的准备 首先要准备好包装用的板材:箱板、底板和上板。掘苗前应将树干四周地表的浮土铲除,然后根据树木的大小决定挖掘土台的规格,一般可按树木胸径的7~10倍作为土台的规格,具体可见表6-14。

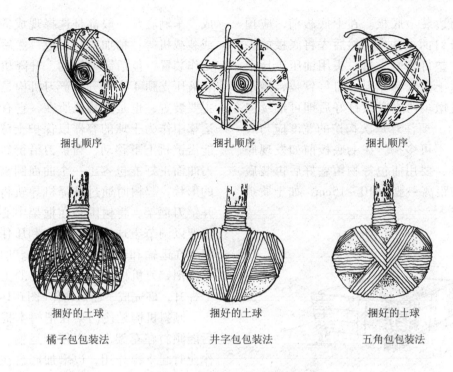

图 6-9　土球捆扎方法及顺序

表 6-14　土台规格

树木胸径(cm)	15~18	18~24	25~27	28~30
木箱规格(上边长×高)(m)	1.5×0.6	1.8×0.70	2.0×0.70	2.2×0.80

②包装　移植前，以树干为中心，以比规定的土台尺寸大10cm，划一正方形作土台的雏形，从土台往外开沟挖掘，沟宽60~80cm，以便于人下沟操作。挖到土台深度后，将四壁修理平整，使土台每边较箱板长5cm。修整时，注意使土台侧壁中间略突出，以使上完箱板后，箱板能紧贴土台。土台修好后，应立即安装箱板。

安装箱板时是先将箱板沿土台的四壁放好。使每块箱板中心对准树干，箱板上边略低于土台1~2cm作为吊运时的下沉系数。在安放箱板时，两块箱板的端部在土台的角上要相互错开，可露出土台一部分(图6-10)，再用蒲包片将土台包好，两头压在箱板下。然后在木箱的上下套好两记钢丝绳。每根钢丝绳的两头装好紧线器，两个紧线器要装在两个相反方向的箱板中央带上，以便收紧时受力均匀(图6-11)。

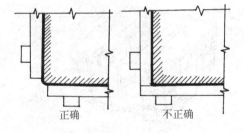

图 6-10　两块箱板的端部安放位置

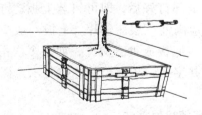

图 6-11　套好钢丝绳安好紧线器准备收紧

紧线器在收紧时，必须两边同时进行，箱板被收紧后即可在四角上钉铁皮8~10道，钉好铁皮后，用3根杉槁将树支稳后，即可进行掏底。掏底时，首先在沟内沿着箱板下挖30cm，将沟土清理干净，用特制的小板镐和小平铲在相对的两边同时掏挖土台的下部。当掏挖的宽度与底板的宽度相符时,在两边装上底板。在上底板前,应预先在底板两端各钉两条铁皮,然后先将底板的一头顶在箱板上,垫好木墩。另一头用油压千斤顶顶起,使底板与土台底部紧贴。钉好铁皮,撤下千斤顶,支好支墩。两边底板钉好后即可继续向内掏底(图6-12)。要注意每次掏挖的宽度应与底板的宽度一致,不可多掏。在上底板前如发现底土有脱落或松动,要用蒲包等物填塞好后再装底板,底板之间的距离一般为10~15cm,如土质疏松,可适当加密。

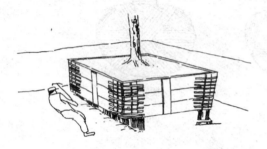

图6-12 从两边掏底

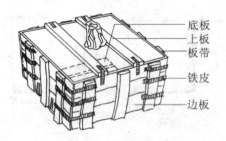

图6-13 木板箱整体包装示意

底板全部钉好后,即可钉装上板。钉装上板前,土台应满铺一层蒲包片。上板一般2~4块,某方向应与底板成垂直交叉,如需多次吊运,上板应钉成井字形,木板箱整体包装示意图如图6-13所示。

(3) 移植机移植法

近年来在国内正发展一种新型的植树机械,名为树木移植机(tree transplanter),又名树铲(tree spades),主要用来移植带土球的树木,可以连续完成挖栽植坑、起树、运输、栽植等全部移植作业。

树木移植机分自行式和牵引式两类,目前各国大量发展的都为自行式树木移植机(见第8.2节图8-25),它由车辆底盘和工作装置两大部分组成。车辆底盘一般都是选择现成的汽车、拖拉机或装载机等,稍加改装而成,然后再在上面安装工作装置:包括铲刀机构、升降机构、倾斜机构和液压支腿4个部分。铲刀机构是树木移植机的主要装置,也是其特征所在,它有切出土球和在运移中作为土球的容器以保护土球的作用。树铲能沿铲轨上下移动,当铲刀沿铲轨下到底时,铲刀曲面正好能包容出一个曲面圆锥体,也即土球的形状。起树时通过升降机导轨将铲刀放下,打开铲刀框架,将树围合在框架中心,锁紧和调整框架以调节土球直径的大小和压住土球,使土球不致在运输和栽植过程中松散。切土球动作完成后,把铲刀机构连同它所包容的土球和树一起往上提升,即完成了起树动作(图6-14)。

倾斜机构是使门架在把树木提升到一定高度后能倾斜在车架上,以便于运输。液压支腿则在作业时起支撑作用,以增加底盘在作业时的稳定性和防止后轮下陷。树木移植机的主要优点是:①生产率高,一般能比人工提高5~6倍以上,而成本可下降50%以上,树木径级越大效果越显著;②成活率高,几乎可达100%;③可适当延长移植的作业季节,不仅春季而且夏天雨季和秋季移植时成活率也很高,即使冬季在南方也能移植;④能适应城市的复杂土壤条件,在石块、瓦砾较多的地方也能作业;⑤减轻工人劳动强度,提高作业的安全性。

6.3.4.5 大树的吊运

(1) 起重机吊运法

目前我国常用的是汽车式吊车。其优点是机动灵活,行动方便,装车简捷。

木箱包装吊运时,用两根7.5~10mm的钢索将木箱两头围起,钢索放在距木板顶端20~30cm的地方(约为木板长度的1/5),把4个绳头结在一起,挂在起重机的吊钩上,并在吊钩和树干之间系一根绳索,使树木不致被拉倒,还要在树干上系1~2根绳索,以便在起运时用人力控制树木的位置(图6-15)不损伤树冠,有利于起重机工作。在树干上束绳索处,必须垫上柔软材料,以免损伤树皮。

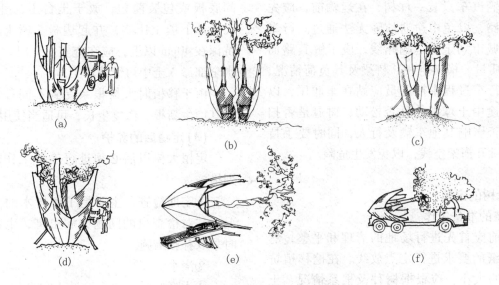

图 6-14　大树移植机的操作过程
(a)挖坑　(b)抱合　(c)起树　(d)提起　(e)放倒　(f)运输
注：此图要增加操作过程

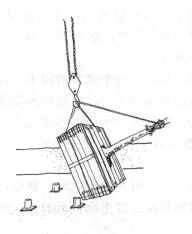

图 6-15　木箱的吊装

图 6-16　土球的吊装

吊运软材料包装的树木或带冻土球的树木时，为了防止钢索损坏包装的材料，最好用粗麻绳，因为钢丝绳容易勒坏土球。先将双股绳的一头留出 1m 多长结扣固定，再将双股绳分开。捆在土球由上向下 3/5 处绑紧，然后将大绳的两头扣在吊钩上，在绳与土球接触处用木块垫起，轻轻起吊后，再用脖绳套在树干下部，同时扣在吊钩上即可起吊（图 6-16）。这些工作做好后，再开动起重机即可将树木吊起装车。

(2) 滑车吊运法

在树旁用杉槁搭一木架（杉槁的粗细根据所起运树木的大小而定），把滑车挂在架顶，利用滑车将树木吊起后，立即在穴面铺上两条 50～60cm 宽的木板，其厚度根据汽车（或其他运输工具）和树木的质量及坑的大小决定（如果坑过大，可在木板中间底下立一支柱，以增加木板的耐压力），汽车或其他运输机械即可装运树木。

(3) 运输

树木装进汽车时，树冠应朝向汽车尾部，土块靠近司机室，树干包上柔软材料放在木架或竹架上，用软绳扎紧，土块下垫一块木衬垫，然后用木板将土球夹住或用绳子将土球缚紧于车厢两侧。

通常一辆汽车只装一株树，在运输前，应先调查行车道路，以免中途遇故障无法通过。行车路线一般是城市划定的运输路线，应了解其路面宽度、路面质量、横架空线、桥梁及其负荷情况、人流量等。行车过程中押运员应站在车厢尾，以便检查运输途中土球绑扎是否松动、树冠是否扫地、左右是否影响其他车辆及行人，同时要手持长杆，不时挑开横架空线，以免发生危险。

6.3.4.6 大树的定植

(1) 定植的准备工作

在定植前应首先进行场地的清理和平整，然后按设计图纸的要求进行定点放线。在挖移植坑时，注意坑的大小，应根据树种及根系情况、土质情况等而有所区别，一般应在四周加大 30~40cm，深度应比木箱加 20cm，土坑要求上下一致，坑壁直而光滑，坑底要平整，中间堆一 20cm 宽的土埂。由于城市广场及道路的土质一般均为建筑垃圾、砖瓦石砾，对树木的生长极为不利，因此必须进行换土和适当施肥，以保证大树的成活和有良好的生长条件。换土使用 1:1 的泥土和黄沙混合，均匀施入坑内。

用土量 =（树坑容积 − 土球体积）× 1.3

（多 30% 的土是备夯实土之需）

(2) 卸车

树木运到工地后要及时用起重机卸放，一般都卸放在定植坑旁，若暂时不能栽植，则应放置在不妨碍其他工作的地方。

卸车时用大钢丝绳从土球下两块垫木中间穿过，两边长度相等，将绳头挂于吊车钩上，为使树干保持平衡可在树干分枝点下方拴一大麻绳，拴绳处可衬垫草，以防擦伤。大麻绳另一端挂在吊车钩上，这样即可把树平衡吊起。土球离开车后，速将汽车开走，然后移动吊杆把土球降至事先选好的位置。需放在栽植坑时，应由人掌握好定植方向，考虑树姿和附近环境的配合，并尽量符合原来的朝向。当树木栽植方向确定后，立即在坑内垫一土台或土埂，若树干不与地面垂直，则可按要求把上台修成一定坡度，使栽后树干垂直于地面以下再吊大树。当落地前，迅速拆去中间底板或包装蒲包，放于土台上，并调整位置。在土球下填土压实，并起边板。填土压实时，如坑深在 40cm 以上，应在夯实 1/2 时，浇足水，等水全部渗入土中再继续填土。

由于移植时大树根系受到不同程度损伤，为促其增生新根，恢复生长，可适当使用生长素。

(3) 定植后的养护

定植大树以后必须进行养护工作，应采取下列措施：

① 定期检查，主要是了解树木的生长发育情况，并对检查出的问题如病虫害、生长不良等及时采取补救措施。

② 浇水。

③ 为降低树木的蒸发量，在夏季太热的时候，可在树冠周围搭荫棚或挂草帘。

④ 摘除花序。

⑤ 施肥。移植后的大树为防止早衰和枯黄，甚至遭受病虫害侵袭，需 2~3 年施肥 1 次，在秋季或春季进行。

⑥ 根系保护。对于北方的树木，特别是带冻土块移植的树木移植后，定植坑内要进行土面保温，即先在坑面铺 20cm 厚的泥炭土，再在上面铺 50cm 厚的雪或 15cm 的腐殖土或 20~25cm 厚的树叶。

早春，当土壤开始化冻时，必须把保温材料拨开，否则被掩盖的土层不易解冻，影响树木根系生长。

6.3.4.7 移植大树工作的组织管理

为了确保大树移植工作顺利进行，必须做好施工的组织管理。

(1) 制订施工作业计划

① 移开和栽植的大树的株数和地点，应在施工平面图上注出。

② 移植方法应根据移植季节、移植对象的生物学特性、生长情况、土壤性能、现场技术等条件确定。

③ 主要工序技术要求。

④ 需要人力、机械、器具的数量。

(2) 制订工程进度表

为使移植工作各个环节紧密配合，工程进展顺利，提高效率，应制订工程进度表。

(3) 进行施工组织设计

在进行施工组织设计时，应在施工平面图上注出，其中包括：

①暂存挖起大树的位置（以不妨碍施工，且距离施工地点近为原则）；
②运输路线；
③灌溉设备；
④施工工人生活等设施。

(4) 建立大树移植档案

移植大树时，对每一株大树要分别记载：大树挖掘地点、环境情况（包括地势、土壤等）、树高、胸径、树冠幅度、移植前发育情况、挖掘时间、天气状况、采用何种移植方法、根系情况、栽植地点及环境情况、栽植坑的大小、深度、换土、施肥情况、栽植后养护措施、发芽生长等各个阶段的发育情况，以建立大树移植档案，从而也可摸索和总结出一套科学的大树移植方法。

6.3.4.8 大树移植应注意的问题

大树移植应符合下列规定：

——移植时对树木应标明主要观赏面和树木阴阳面。

——一般地区大树移植时必须按树木胸径的6~8倍挖掘土球或方形土台装箱。

——高寒地区可挖掘冻土台移植。

——吊装和运输大树的机具必须具备承载能力，移植大树在装运过程中应将树冠捆拢，并应固定树干防止损伤树皮，不得损坏土球。土台操作中应注意安全。

——大树移植卸车时，应适当安排主要观赏面，土球或箱应直接吊放种植穴内，拆除包装，分层填土夯实。

——大树移植后必须设立支撑防止树身摇动。

——大树移植后两年内，应配备专职技术人员做好修剪、剥芽、喷雾、叶面施肥、浇水、排水、设置风障荫棚、包裹树干、防寒和病虫害防治等一系列养护管理工作，在确认大树成活后，方可进入正常养护管理。

——大树移植应建立技术档案，其内容应包括：实施方案、施工和竣工、记录图纸照片或录像资料、养护管理技术措施和验收资料等，记录表内容应符合表的规定。

6.3.4.9 反季全冠大树移植工程的措施

在城市园林绿化中，为了快速形成景观效果，往往需要移植一些大树。大树移植的适宜的季节是春季和秋季，但是，当前许多重要绿化工程，由于特殊时限的需要，要求在非正常季节施工，要进行大树反季节（非适宜季节）移植。更重要的是要保留大树原有的树形姿态，避免"砍头树"、"残废树"等来破坏城市绿化景观。因此，园林绿化工程建设者必须掌握大树反季节全冠移植技术（本小节简称"大树移植"），便于延长绿化施工期，加快城市园林绿化步伐。

(1) 影响反季全冠大树移植成活的原因

影响大树移植成活的原因有许多方面，但概括起来主要有下面3个方面的原因：

①破坏了树势平衡　大树移植过程中伤害了部分根系，打破了树势平衡，在某种程度上会降低成活率。要想提高大树移植成活率，就要根据根系分布的情况，对地上部分进行适当的修剪，使地上部分和地下部分的生长情况基本保持平衡。

②改变了树木的生长环境　树木的生长环境是一个由光、气、热、水等小气候环境和土壤条件组成的有机整体，大树移植改变了其生长环境，也会影响成活率。通常情况下，大树原植地和移植地的生长环境类似时移植成活率高，差异较大时移植成活率低。因此，在大树移植前对原植地和移植地的生长环境进行测定对比，在气候条件类似的情况下尽量改善土壤条件，提高移植成活率。

③季节对移植成活率的影响　在华北地区大部分城市，春季和秋季移植大树成活率较高，夏季移植成活率较低。大树反季节移植是一项万不得已的工作，要想提高移植成活率必须采取较为复杂的技术措施。

(2) 反季全冠大树移植技术措施

①树种选择　根据绿化景观效果的要求，在绿化工程设计时应选择最适宜的树种。因是生长季节移植，要尽量选择原植地和移植地的生长环境相类似，运输距离短的树种。另外，要考虑不同的树种移植的难易程度不同。一般来讲，落叶树比常绿树容易移植，阔叶树比针叶树容易移植。要选择树势健壮、树形好、无病虫害和机械损伤的树木。条件允许的情况下，可选择移植成活率高的容器苗、屯苗和移植过的大树。

②合理修剪　修剪是大树移植的重要一环，可以提高移植成功率。修剪需要遵循树势平衡原理，因为移植时总会造成根系伤害，所以就必须根据根系分布情况，对树冠进行修剪，使地上部分和地下部分的生长情况基本保持平衡。树冠的修剪要保留树的总体骨架，在确保成活的基础上尽量保持树形。修剪量要根据树种及其土球根系分布情况来控制。落叶树进行强修剪，剪除部分侧枝，保留的侧枝要短截，修剪量可达3/5～9/10。可摘叶的要摘去部分叶片，但不能伤害幼芽。

常绿阔叶树，采取收缩树冠的方法，截取外围的枝条，适当疏稀冠内部不必要的弱枝，多留强的萌生枝，修剪量可达1/3～1/5。针叶树以疏枝为主，修剪量可达1/5～2/5。修剪时剪口要平滑，截面尽量要小，剪口大于2cm时要涂抹保护剂。枝条短截时要留侧芽，剪口应距留芽位置1cm以上。

③挖掘　反季节移植的大树必须带土球，而且要比正常季节移植加大土球尺寸，一般要求土球规格是树木胸径的7～10倍，具体规格根据树种、胸径和土壤结构情况确定。起树的操作程序为：先去掉树干周围的表土，减少不必要的土方量。画土球边界线，在土球线外挖操作沟，向下挖掘，用利铲和手锯切断侧根，土球的形状应为上大下小，逐渐曲线收底，最后将主根锯断。进行修剪，使土球四周对称、均匀、球面密实、完整，劈裂的根要短截，要保持切口平滑。修整后的土球高度为土球直径的2/3左右。用草绳将土球打包，根据土壤的松散程度可采取井字包、五角包和橘子包等不同的打包方式。打包要密实、牢固，防止土球散裂。在土球打包前可喷施适量的500mg/L萘乙酸或ABT生根粉2号，以提高移植成活率。如果大树的胸径超过15～20cm，土球直径超过1.5～1.8m，难以保证包装和运输安全，采用木箱包装移植更为稳妥。木箱移植的技术要点是：树干必须居中直立，箱板与箱形土坨之间要严实，土台的形状与边板尺寸一致，呈上口稍宽大、下口稍窄小的倒梯形。

④运输　采用大型车辆运输，按车辆行驶的方向，按土球（木箱）向前、树体侧躺向后顺序码放整齐。在树体与车体接触部位用草帘垫护，土球（木箱）下部与车体接触部位用三角木垫垫紧，用麻绳将树干与车体绑牢，用细钢丝绳（不可用有弹性的绳）将土球（木箱）与车体固定，避免树体和土球（木箱）晃动，造成树体磨损和土球破裂。运输过程中要注意树体保湿，装车前用浸透水的草帘缠绕主要枝干，装车后对树体喷水，并加盖苫布挡风、遮阴，长距离运输途中还要经常对树体及时喷水。

⑤栽植　要提前挖好栽植穴，栽植穴的直径或边长应大于土球直径或木箱边长40～60cm，穴的深度要大于土球或木箱高度20cm，穴底要有10～20cm的回填土，如是含建筑垃圾较多的种植地还要加大栽植穴的规格。实践证明，栽植地的土壤保持良好的通气透水性，是防止大树移植后根系窒息腐烂、促进萌发新根进而成活的基本条件。因此，对土壤通气透水性要求较高的树种、珍贵树种和特大树，栽植时应在树根周围增设排气管及在回填土中掺入蛭石、珍珠岩等，以增强大树根部土壤的通气性。对排水不良的土壤，可在穴底铺10～15cm的砂砾，或增设排水沟、渗水管等，以利排水。栽植穴挖好后，施入适量的腐熟有机肥作为基肥。栽植时吊正树体，调整栽植深度，深浅以树木根、茎交接处（即根颈）与地面相平为宜，不要过深或过浅，喜光树种还应将树体阳面朝南，回填熟土，每填20cm用木夯或小石夯夯实，填满后在外围修一道树堰。

定植完毕后，要设立支架对树木进行支撑，以防止浇水或风吹造成树木歪斜、倾倒或晃动，影响成活。一般用3根粗棍搭成三角形支撑架，支架与树干交接处垫上隔垫,防止磨伤树皮。

⑥养护 移植后的第1年是养护管理的关键时期,要做好以下几项工作。

1)浇水与控水:栽植完成后立即浇第一遍水,以后每隔3~5d浇1遍,连浇7~10遍。每次浇透即可,不要过大,过大不利于根系生长,因为新植的大树根系受损伤,吸水能力减弱,对土壤水分的需要量较小,如浇水量过大,反而影响土壤的透气性,不利于根系呼吸,严重时还会发生沤根现象。因此,如果浇水过大或大雨造成土壤水分过多,应及时进行排水。

2)树体保湿:大树移植后根系吸收能力较弱,吸收的水分满足不了树体蒸腾和生长的需要,所以除地下灌水外,还要进行树体保湿。

3)遮阴:为减弱光照强度,降低树体蒸腾量,应搭建遮阴棚对新移植的大树进行遮阴。遮阴棚的上方和四周与树冠之间要保留50cm的空间,保证棚内空气流通,防止树冠日灼危害。搭阴棚可采用70%的遮阴网,既达到遮阴的效果,又不影响树木的光合作用。

4)树干缠绳:对整个树干用粗草绳环环相扣捆紧,并将草绳浇透水,保持树干的湿度,减少树皮的水分蒸发。

5)喷洒抑制蒸腾抑制剂:目前市场上有多个品牌的抑制蒸腾制剂。据报道,好的抑制蒸腾制剂,如北京市园林科研所和上海园林绿化建设有限公司生产的抑制蒸腾制剂,对移植后的大树进行适量喷洒,能够起到抑制树体蒸腾,达到树体保湿的作用(表6-15,表6-16)。

表6-15 部分树种的气孔长度和分布状况

树种	拉丁名	气孔长度(μm)	气孔密度(mm³)
银槭	Acer saccharinum	17.29±0.25	418.75±12.56
糖槭	Acer saccharum	19.28±0.50	463.39±18.94
黑桦	Betula nigra	39.36±0.60	281.25±11.38
纸皮桦	Betula papyrifera	33.22±0.56	172.32±10.49
美国白蜡	Fraxinux americana	24.84±0.25	257.14±14.59
洋白蜡	Fraxinux pennsylvanica	29.33±0.65	161.10±15.82
银杏	Ginkgo biloba	56.30±0.89	102.68±6.83
刺槐	Robinia pseudoacacia	17.63±0.32	282.14±11.36
红栎	Quercus rubra	26.71±0.61	532.14±11.14
大果栎	Quercus macrocarpa	23.99±0.29	575.86±14.58

表6-16 不同的蒸腾抑制剂对充分灌水的美国白蜡的气孔抗力的影响

蒸腾抑制剂	浓度(%)	气孔抗力(s/cm)	浓度(%)	气孔抗力(s/cm)	浓度(%)	气孔抗力(s/cm)	浓度(%)	气孔抗力(s/cm)
TAG	100	32.0	50	19.2	20	12.4	10	19.8
CS6432	10	15.0	5	16.3	2.5	8.5	1	5.6
Folicote	20	20.2	10	18.5	5	18.5	1	7.2
Wilt Pruf	50	6.2	33	10.4	20	10.4	10	—
Vapor Gard	10	16.6	10	12.7	5	12.4	1	4.6

6)土壤透气技术:反季全冠移植大树根系环境的透气状况对大树的成活和恢复生长是一个十分关键的因素。有必要采取专门的透气技术。

——透气袋用塑料纱网缝制而成,直径在12~15cm,长度在1m左右,袋子里充填珍珠岩,两头用绳子扎紧。土球放进树穴定位以后,回填之前,把透气袋垂直放在土球四周。一般每株大树视胸径的大小,沿土球的周边,均匀地放置3~4个透气袋。放的时候要特别注意,透气袋子一定要高出地面5cm,回填时不要把透气袋埋住。

——在大树移植的土球放进树穴以后,不回填土而回填沙子,在土球四周形成一个环状的透气带,使大树根系的透气状况得到极大的改善,可提高大树的移植成活率。

——塑料透气管,用直径10cm多孔塑料管外裹土工布作透气管,将管盘置、十字交叉置、四段垂直置于树穴内,再将树木土球放入穴内回填土,注意不要埋住管口或灌入泥土。可在透气管中安置灌溉系统,使之既可透气,也可通过灌溉系统从土球的四周进行灌水和施肥的操作。

7)防腐促根技术:主要是土球挖好以后,包装之前或之后,对切断的根系伤口施用杀菌防腐的药剂,以防止伤口感染腐烂。同时施用促进根系再生的促根激素,促进不定根的发生和生长,尽快使根系恢复正常的生理功能。

防腐主要防止真菌性病害对根系伤口的感染。防腐的药剂可用一些广谱性的杀菌剂,如多菌灵、百菌清、甲基托布津、根腐灵等按正常用量兑水对土球的外侧进行喷洒。超过2cm直径的根系切口,还应用伤口涂布剂对伤口进行涂抹和封闭。

除了对土球进行 1~2 次喷洒处理外，还应对回填在土球底部和四周的土壤进行预先的杀菌消毒，种好以后还可结合浇水用杀菌药剂进行灌根，保证杀菌的持续效果。

促根可用一些促进根系生长的植物激素，如用萘乙酸（NAA）50~100mg/L，吲哚丁酸（IBA）100~200mg/L 或 ABT 生根粉等促根的激素和药剂，对土球的外围和整个土球进行喷洒处理，以促进不定根的发生和生长，使根系能以较快的速度恢复吸收水分和养分的功能，从而使整株大树恢复生机。还有的应用德国技术生产的"活力素"100~120 倍液灌注根系，以促进根系的恢复和生长。

8）营养液滴注技术：是在大树移植初期，在树干的树皮上扎一小孔，用类似给人打吊针的方式向树干的韧皮部缓慢地滴注营养液。这种在大树根系没有恢复正常的功能的时候，利用非根系吸收的方式向大树补充一定的营养和刺激生长的其他物质，对大树的恢复和成活有一定的促进作用。上海、南京、成都等地都有公司专门生产这些滴注的设备和营养液。

9）防治病虫害：新移植的大树抵抗能力弱，又值夏季病虫害高发期，极易遭受病虫害侵袭，如不注意防范，会降低成活率。防治病虫害要做到以预防为主、防治结合，要针对不同的树种易感染病虫害的种类，对症下药，及早预防。如新移植的大圆柏要喷药预防双条天牛和柏肤小蠹侵害，新移植的大雪松可喷施杀菌剂预防溃疡病的发生。

10）防寒：当年新移植的大树，由于还没有完全恢复树势，抗寒抗冻能力降低。因此，在入冬前要采取防寒措施。

综上所述，目前大树反季节移植已成为城市绿化施工中普遍使用的方法，实践证明这项技术具有很强的实用性、可靠性和可操作性。但是大树反季节移植技术较为复杂，因此，要求在施工前对树种选择、移植方法、运输、栽植以及养护管理等各个环节要有系统计划，而且要做细、做好每一个环节的工作。如果在春季前能够落实移植计划，提倡采取"提前囤苗法"实施反季节移植。

另外，要注重新技术、新方法的应用，在实践中不断丰富和完善大树反季节移植的技术措施。

6.4 草坪工程

草坪是城市绿化的重要组成，草坪植物在绿化材料中占有独特的位置。在一些地块零星之处或有地下设施或土层薄而不能栽植树木的地方均能种植草坪。为了创造宜人的环境，给人们提供一个良好的户外活动场地以及一些特殊功能如飞机场、足球场、高尔夫球场、网球场等运动场地的需要，草坪得到越来越广泛的应用。

6.4.1 草坪的建植

草坪是指人工建造及人工养护管理起绿化、美化作用的草地。在园林绿地、庭园、运动场地多为人工建造的草坪。建造人工草坪首先必须选择合适的草种，其次是采用科学的栽植及管理方法。

6.4.1.1 草种选择

建造草坪时所选用的草种是草坪能否建成的基本条件。选择草种应考虑以下方面：

①适应当地的环境条件，尤其注意适应种植地段的小环境；

②使用场所不同，对草种的选择也应有所不同；

③根据养护管理条件选择草种，在有条件的地方可选用需精细管理的草种，而在环境条件较差的地区，则应选用抗性强的草种。

总之，选用草种应对使用环境、使用目的及草种本身有充分的了解，才能使草坪充分发挥其功能效益。

6.4.1.2 场地准备

铺设草坪和栽植其他植物不同，在建造完成以后，地形和土壤条件很难再行改变。要想得到高质量的草坪，应在铺设前对场地进行处理，主要应考虑地形处理、土壤改良及做好排灌系统。

(1) 土层的厚度

一般认为草坪植物是低矮的草本植物，没有粗大主根，与乔灌木相比，根系浅。因此，在土层厚度不足以种植乔灌木的地方仍能建造草坪。草坪植物的根系80%分布在40cm以上的土层中，而且50%以上是在地表以下20cm的范围内。虽然有些草坪植物能耐干旱、耐瘠薄，但种在15cm厚的土层上，会生长不良，应加强管理。为了使草坪保持优良的质量，减少管理费用，应尽可能使土层厚度达到40cm左右，最好不小于30cm。在小于30cm的地方应加厚土层。

(2) 土地的平整与耕翻

这一工序的目的是为草坪植物的根系生长创造条件。步骤是：

① 杂草与杂物的清除　清除目的是为了便于土地的耕翻与平整，但更主要的是为了消灭多年生杂草。为避免草坪建成后杂草与草坪草争水分、养料，在种草前应彻底将杂草加以消灭。可用"草甘膦"等灭生性的内吸传导型除草剂[0.2～0.4mL/m²(成分量)]，使用后2周可开始种草。此外还应把瓦块、石砾等杂物全部清出场地外。瓦砾等杂物多的土层应用10mm×10mm的网筛过一遍，以确保杂物除净。

② 初步平整、施基肥及耕翻　在清除了杂草、杂物的地面上应初步作一次起高填低的平整。平整后撒施基肥，然后普遍进行一次耕翻。土壤疏松、通气良好有利于草坪植物的根系发育，也便于播种或栽草。

③ 更换杂土与最后平整　在耕翻过程中，若发现局部地段土质欠佳或混杂的杂土过多，则应换土。虽然换土的工作量很大，但必要时须彻底进行，否则会造成草坪生长极不一致，影响草坪质量，为了确保新设草坪的平整，在换土或耕翻后应灌一次水或滚压两遍，使坚实度不同的地方能显出高低，以利最后平整时加以调整。

(3) 排水及灌溉系统

草坪与其他场地一样，需要考虑排除地面水，因此，最后平整地面时，要结合考虑地面排水问题，不能有低凹处，以避免积水。做成水平面也不利于排水，草坪多利用缓坡排水。在一定面积内修一条缓坡的沟道，其最低下的一端可设雨水口接纳排出的地面水，并经地下管道排走，或以沟直接与湖池相连。理想的平坦草坪的表面应是中部稍高，逐渐向四周或边缘倾斜。建筑物四周的草坪应比房基低5cm，然后向外倾斜。

地形过于平坦的草坪或地下水位过高、聚水过多的草坪、运动场的草坪等均应设置暗管或明陶排水，最完善的排水设施是用暗管组成一系统与自由水面或排水管网相连接。

草坪灌溉系统是建植草坪的重要项目。目前国内外草坪大多采用喷灌，为此，在场地最后整平前，应将喷灌管网埋设完毕。

6.4.1.3　种植方法

有了合适的草源和准备好的土地，即可种草。用播种、铺草块、栽草根或栽草蔓等方法均可。

(1) 播种法

播种法一般用于结籽量大而且种子容易采集的草种。如野牛草、羊茅、结缕草、苔草、剪股颖、早熟禾等都可用种子繁殖。要取得播种的成功，应注意以下几个问题：

① 种子的质量　质量指两方面，一是纯度，二是发芽率。一般要求纯度在90%以上，发芽率在50%以上。

② 种子的处理　有的种子发芽率不高并不是因为质量不好，而是因各种形态、生理原因所致。为了提高发芽率，达到苗全、苗壮的目的，在播种前可对种子加以处理。如细叶苔草的种子可用流水冲洗数十小时；结缕草种子用0.5%的NaOH浸泡48h，用清水冲洗后再播种；野牛草种子可用机械的方法搓掉硬壳等。

③ 播种量和播种时间　草坪种子播种量越大，见效越快，播后管理越省工。种子有单播和2～3种混播的。单播时，一般用量为10～20g/m²，应根据草种、种子发芽率等而定。混播则是在依据基本种子形成草坪以前的期间内，混种一些覆盖性快的其他种子。如早熟禾85%～90%与剪股颖10%～15%。

播种时间　暖季型草种为春播，可在春末夏初播种；冷季型草种为秋播，北方最适合的播种时间是 9 月上旬，详见表 6-17。

表 6-17　草坪的播种量和播种期

草种		播种量	播种期
狗牙根		10~15	春
羊茅		15~25	秋
翦股颖		5~10	秋
早熟禾		10~15	秋
黑麦草		20~30	春和秋
向阳地	野牛草 羊茅	10~20	秋
背阴地	野牛草 羊茅	10~20	秋

④播种方法　有条播及撒播。条播有利于播后管理，撒播可及早达到草坪均匀的目的。条播是在整好的场地上开沟，深 5~10cm，沟距 15cm，用等量的细土或砂与种子拌匀撒入沟内。不开沟为微播，播种人应做回纹式或纵横向后退撒播（图 6-17）。播种后轻轻耙土镇压使种子入土 0.2~1cm。播前灌水有利于种子的萌发。

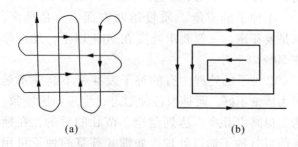

图 6-17　草坪播种顺序示意

⑤播后管理　充分保持土壤湿度是保证出苗的主要条件。播种后可根据天气情况每天或隔天喷水，幼苗长至 3~6cm 时可停止喷水，但要经常保持土壤湿润，并要及时清除杂草。

（2）栽植法

栽植法较播种法简单，能大量节省草源，一般 1m² 的草块可以栽成 5~10m² 或更多一些，已成为我国北方地区种植匍匐性强的草种的主要方法。

①种植时间　全年的生长季均可进行。但种植时间过晚，当年不能覆满地面。最佳的种植时间是生长季中期。

②种植方法　分条栽与穴栽。草源丰富时可以用条栽，在平整好的地面以 20~40cm 为行距，开 5cm 深的沟，把撕开的草块成排放入沟中，然后填土、踩实。同样，以 20~40cm 为株行距也是可以的。

③提高种植效果的措施　为了提高成活率，缩短缓苗期，移栽过程中要注意两点：一是栽植的草要带适量的护根土（心土）；二是尽可能缩短掘草到栽草的时间，最好是当天掘草当天栽。栽后要充分灌水，清除杂草。

（3）铺栽法

这种方法的主要优点是形成草坪快，可以在任何时候（北方封冻期除外）进行，且栽后管理容易。缺点是成本高，并要求有丰富的草源。

①选定草源　要求草生长势强、密度高，而且有足够大的面积的草源。

②铲草皮　先把草皮切成平行条状，然后按需要横切成块。草块大小根据运作是否方便而定，大致有以下几种：45cm×30cm，60cm×30cm，30cm×12cm 等。草块的厚度为 3~5cm，国外大面积铺栽草坪时，亦常采用卷毯式草皮。

③草皮的铺栽方法常见下列 3 种：

无缝铺栽　是不留间隔全部铺栽的方法。草皮紧连，不留缝隙，相互错缝。快速形成草坪时常使用这种方法。草皮的需要量和草坪面积相同（100%），如图 6-18（a）所示。

有缝铺栽　如图 6-18（b）所示。各块草皮相互间留有一定宽度的缝进行铺栽。缝的宽度为 4~6cm，当缝宽为 4cm 时，草皮必须占草坪总面积的 70%。

方格型花纹铺栽　如图 6-18（c）所示，这种方法虽然建成草坪较慢，但草皮的需用量只需占草坪面积的 50%。

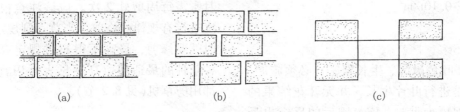

图 6-18 草皮的铺栽方法

(4) 草坪植生带铺栽的方法

草坪植生带是用再生棉经一系列工艺加工制成的有一定拉力、透水性良好、极薄的无纺布，选择适当的草种、肥料按一定的数量、比例通过机器撒在无纺布上，在上面再覆盖一层无纺布，经黏合滚压成卷制成。它可以在工厂中采用自动化的设备连续生产制造，成卷入库，每卷 50m 或 100m，幅度 1m 左右。在经过整理的地面上满铺草坪植生带，覆盖过 1cm 筛的生土或河沙，早晚各喷水 1 次，一般 10~15d（有的草种 3~5d）即可发芽，1~2 个月就可形成草坪，覆盖率 100%，成草迅速，无杂草。

(5) 喷播法

近年来国内外也有用喷播草籽的方法培育草坪，即用草坪草种子加上泥炭（或纸浆）、肥料、高分子化合物和水混合浆，贮存在容器中，借助机械力量喷到需育草的地面或斜坡上，经过精心养护育成草坪（详见 6.5 节）。

6.4.2 草坪的养护管理

草坪的养护管理工作主要包括灌水、施肥、修剪、除杂草等环节。

6.4.2.1 灌水

草坪植物的含水量占鲜重的 75%~85%，叶面的蒸腾作用要耗水，根系吸收营养物质必须有水作媒介，营养物质在植物体内的输导也离不开水，一旦缺水，草坪生长衰弱，覆盖度下降，甚至会叶枯黄而提前休眠。据调查，未加人工灌溉的野牛草草坪至 5 月末每平方米内仅有匍匐枝 40 条，而加以灌溉的草坪每平方米的匍匐枝则可达 240 条；前者的覆盖度是 70%，后者是 100%。因此建造草坪时必须考虑水源，草坪建成后必须合理灌溉。

(1) 水源与灌水方法

①水源 没有被污染的井水、河水、湖水、水库存水、自来水等均可作灌水水源。国内外目前试用城市"中水"作绿地灌溉用水。随着城市中绿地不断增加，用水量大幅度上升，给城市供水带来很大的压力。"中水"不失为一种可靠的水源。

②灌水方法 有地面漫灌、喷灌和地下灌洒等。

(2) 灌水时间

在生长季节，根据不同时期的降水量及不同的草种适时灌水是极为重要的。一般可分为 3 个时期：

①返青到雨季前 这一阶段气温高，蒸腾量大，需水量大，是一年中最关键的灌水时期。根据土壤保水性能的强弱及雨季来临的时期可灌水 2~4 次。

②雨季 基本停止灌水。这一时期空气湿度较大，草坪的蒸腾量下降，而土壤含水量已提高到足以满足草坪生长需要的水平。

③雨季后至枯黄前 这一时期降水量少，蒸发量较大，而草坪仍处于生命活动较旺盛阶段。与前两个时期相比，这一阶段草坪需水量显著提高，如不能及时灌水，不但影响草坪生长，还会引起提前枯黄进入休眠。在这一阶段，可根据情况灌水 4~5 次。此外，在返青时灌返青水，在北方封冻前灌封冻水也都是必要的。总之，草种不同，对水分的要求不同，不同地区的降水量也有差异。因而，必须根据气候条件与草坪植物的种类来确定灌水时期。

(3) 灌水量

每次灌水的水量应根据土质、生长期、草种等因素而确定。以湿透根系层、不发生地面径流为原则。如北京地区的野牛草草坪，每次浇水的用水量为 0.04～0.10t/m²。

6.4.2.2 施肥

为保持草坪叶色嫩绿、生长繁密，必须施肥。草坪植物主要是进行叶片生长，并无开花结果的要求，所以氮肥更为重要，施氮肥后的反应也最明显。

在建造草坪时应施基肥，草坪建成后在生长季需施追肥。冷季型草种的追肥时间最好在早春和秋季。第一次在返青后，可起促进生长的作用；第二次追肥在仲春。天气转热后，应停止追肥。秋季施肥可于 9～10 月进行。暖季型草种的施肥时间是在晚春，在生长季每月或两个月应追 1 次肥，这样可增加枝叶密度，提高耐践踏性。最后一次施肥北方地区不能晚于 8 月中旬，而南方地区不应晚于 9 月中旬。表 6-18 是国外草坪施肥量，可供参考。

表 6-18 不同草种的施肥量

喜肥程度	施肥量[g/(月·m²)]（按纯氮计）	草种
最低	0～2	野牛草
低	1～3	紫羊茅、加拿大早熟禾
中等	2～5	结缕草、黑麦草、普通早熟禾
高	3～8	草地早熟禾、翦股颖、狗牙根

6.4.2.3 修剪

修剪是草坪养护的重点，而且是费工最多的工作。修剪能控制草坪高度，促进分蘖，增加叶片密度，抑制杂草生长，使草坪平整美观。

一般的草坪一年最少修剪 4～5 次，国外高尔夫球场内精细管理的草坪一年中要经过上百次的修剪。修剪的次数与修剪的高度是两个相互关联的因素。修剪时的高度要求越低，修剪次数则越多。草的叶片密度与覆盖度也随修剪次数的增加而增加。北京地区的野牛草草坪每年修剪 3～5 次较为合适，而上海地区的结缕草草坪每年修剪 8～12 次较合适。据国外报道，多数栽培型草坪全年共需修剪 30～50 次，正常情况下每周 1 次，4～6 月常需每周剪轧 2 次。应该注意根据草的剪留高度进行有规律的修剪，当草达到规定高度的 1.5 倍时就要修剪，最高不得超过规定高度的 2 倍，各种草种的最适剪留高度见表 6-19。修剪草坪一般都用剪草机(见 8.2 节)。

表 6-19 几种草种最适剪留高度

相对修剪程度	剪留高度（cm）	草种
极低	0.5～1.3	匍匐翦股颖、绒毛翦股颖、天鹅绒芝草（细叶结缕草）
低	1.3～2.5	狗牙根、细叶结缕草、细叶翦股颖
中等	2.5～5.1	野牛草、紫羊茅、草地早熟禾、黑麦草、结缕草、假俭草
高	3.5～7.5	苇状羊茅、普通早熟禾
较高	7.5～10.2	加拿大早熟禾

6.4.2.4 除杂草

杂草的入侵会严重影响草坪的质量，使草坪失去均匀、整齐的外观，同时杂草与草坪草争水、争肥、争阳光，从而使草坪草的生长逐渐衰弱，因而除杂草是草坪养护管理中必不可少的环节。防、除杂草的最根本方法是合理的水肥管理，促进草坪草的生长势，增强与杂草的竞争能力，并通过多次修剪，抑制杂草的发生。一旦发生杂草侵害，除用人工"挑除"外，还可用化学除草剂，如用 2,4-D 类杀死双子叶杂草；用曲马津、扑草净、敌草隆等封闭土壤，抑制杂草的萌发或杀死刚萌发的杂草；用灭生性除草剂草甘膦、百草枯等在草坪建植前或草坪更新时防除杂草。除草剂的使用比较复杂，效果好坏随很多因素而变，使用不当会造成很大的损失，因此使用前应慎重做试验和准备，使用的浓度、工具应专人负责。

6.4.2.5 通气

通气即在草坪上扎孔打洞，目的是改善根系通气状况，调节土壤水分含量，有利于提高施肥效果。这项工作对提高草坪质量起到不可忽视的作用。一般要求 50 穴/m²，穴间距 15cm×5cm，穴径 1.5～3.5cm，穴深 8cm 左右，可用中空铁钎人工扎孔，亦可采用草坪打孔机(恢复根系通气性机)施行。

草坪承受过较大负荷或经常受负荷作用，土壤板结，可采用草坪垂直修剪机，用铣刀挖出宽1.5~2cm，间距为25cm，深约18cm的沟，在沟内填入多孔材料(如海绵土)，把挖出的泥土翻过来，并把剩余泥土运走，施用高效肥料，补播草籽，加强肥水管理，使草坪能很快生长复壮。草坪垂直修剪机亦称垂直方向切断机(Verticutiergerate)，它对草坪的复壮更新起很大的作用。

6.5 边坡植物绿化防护工程

6.5.1 边坡植物绿化防护措施体系

边坡植物绿化防护措施体系通常包括以下几个基本环节：①为植物生长发育创造环境条件的绿化基础工程；②引入植物的植被建植工程；③引导植被向目标群落演替所采用的植被管理工程。本节主要介绍如何结合边坡的立地条件选择适合的植物绿化防护施工工艺，以及边坡绿化防护施工工艺(即边坡绿化防护种植工程)的具体施工做法。

边坡植物绿化防护措施主要包括两个方面：①施工工艺；②施工材料，这里主要是指植物材料。施工工艺选择的主要决定因素是边坡条件，植物材料选择的主要决定因素是自然条件。施工工艺和植物材料的选择是相互影响的，需要综合考虑。

对边坡进行植物绿化防护，首先应根据边坡条件和表6-20选择施工工艺；结合自然条件，综合选定植物材料；最后对施工工艺和植物材料进行综合考虑，大致判断适合的边坡植物绿化防护技术。

表6-20 各施工工艺使用范围

施工工艺	适用范围
人工播种	撒播法适用于土质较软边坡以及坡度缓于1:1的边坡；穴播法和条播法适用于硬质土或花岗岩风化砂土挖方边坡

(续)

施工工艺	适用范围
铺草皮	适用于需要迅速得到防护或绿化的土质边坡，也用于极严重风化的岩石和严重风化的软质岩石边坡，特别是坡面冲刷比较严重、边坡较陡(可达60°)、坡面径流速度较大时
湿法喷播	适用于土质或土夹石质边坡，也可用于破碎的岩质边坡，对坡度没有严格要求，但植物生长一般宜在1:0.1以下
三维植被网植草	适用于土地贫瘠的挖方边坡和土石混填的填方边坡，坡度不应大于1:1
客土喷播	适用于土壤成分少、土壤硬度高或岩质、岩堆、花岗岩风化砂土、碎裂岩、散体岩、极酸性土岩等无土壤边坡，坡度不应大于1:0.3
植生带	适用于坡度较缓、土壤条件相对较好的土质路堤边坡，土石混合路堤边坡处理后可用，也可用于土质路堑边坡。常用坡比1:1.5~1:2.0，坡比超过1:1.25时应结合其他方法使用。坡高一般不超过10m
植生袋	适用于已做工程加固(如混凝土肋)的石质边坡以及较低缓的石质边坡
刚性骨架植草	适用于风化比较严重的岩质边坡和坡面稳定的较高土质边坡，每级坡高不超过10m
土工格室植草	适用于各种类型的泥岩、灰岩、沙岩等岩质边坡。土工格室对坡度与坡面平整度要求较为严格，坡度不应超过1:0.75，当坡度大于1:1时应谨慎使用
攀缘植物生态护坡	适用于挖方路段，稳定性好而未采取任何其他防护工程的微风化以上岩质边坡的绿化，边坡坡度最大可达到90°

6.5.2 边坡植物绿化防护施工工艺

6.5.2.1 人工播种

(1)工艺特点

人工播种包括撒播、穴播、条播3种方式。撒播法是将种子均匀撒在坡面上，然后用土覆盖。穴播法是在边坡上按照一定密度挖掘种植穴，将肥料、种子等放入，用土、沙等掩埋。条播法是在边坡按一定间隔水平挖沟，放入肥料后，撒播种子，覆土。

(2) 施工技术

人工播种绿化防护施工技术的流程为：坡面清理→预处理→播种→覆土→覆盖→养护管理。

①坡面准备　清理建筑垃圾等杂物，对土质较差的边坡进行垫土。按照播种方式对坡面进行整理、平整、开挖种植穴及沟槽。

②播种　将处理好的种子（或种子组合配方）人工播种到坡面上或沟槽中。

③覆土　覆土厚度应根据种子的大小确定。一般情况下，覆土厚度为极小粒种子 0.15～0.5cm，小粒种子 0.5～1.0cm，中粒种子为 1.0～3cm，大粒种子为 3～5cm。

④镇压　为了使土壤和种子紧密结合，使种子能充分利用毛细管水，覆土后要及时镇压。对于较黏的土壤则不宜镇压，以防止土壤板结，不利于幼苗出土；对于不黏而较湿的土壤，待其表土稍干时再进行镇压。

⑤覆盖　用无纺布或其他替代材料覆盖在坡面上，以保水透气，无纺布采用 U 形钉或竹扦固定，在苗木生长出来后，撤掉无纺布。

⑥养护　用高压喷雾器使水分成雾状均匀地湿润坡面，注意控制好喷头与坡面的距离和移动速度，避免出现水流冲击坡面形成径流；适时喷洒广谱药剂防治各种病虫害；对生长不良区域进行补播。

6.5.2.2 铺草皮

(1) 工艺特点

铺草皮是一种较为常用的植物绿化护坡技术。草皮的铺植方法主要有平铺、间铺、条铺 3 种。间铺法是指草皮铺装时按照一定的间距排列，空白处可撒草籽。按照草皮的形状和厚度，在计划铺草皮的地方挖去土壤，然后嵌入草皮，必须使草皮块铺下后与四周土壤齐平。条铺法是指将草皮切成 6～12cm 宽的长条，草皮上下平行铺装，间距 20～30cm。

(2) 施工技术

铺草皮绿化防护施工技术的流程为：坡面整理→覆种植土→草皮铺设→浇水压实→养护管理。

①坡面准备　将坡面修理平整，清除石块等杂物。将边坡表层挖松整平，洒水湿润，必要时还应加铺种植土。间铺和条铺时挖去计划铺植草皮地的土壤。

②草皮铺设　将草皮顺次铺在坡面上，坡度大于 1∶1.5 时利用竹（木）扦固定，两块草皮之间留出 5mm 的间隙，用土填充。

③浇水压实　草皮铺设完毕后马上浇水，并利用木锤等工具将草皮压实，与坡面密贴。

④养护　草皮从铺设到适应坡面环境健壮生长期间都需及时进行洒水，每天都需洒水，每次洒水量以保持土壤湿润为原则；当草苗发生病害时，应及时使用杀菌剂防治病害。常用的药剂有：代森锰锌、多菌灵、百菌清、福美霜等，需掌握适宜的喷洒浓度。

6.5.2.3 液压喷播

(1) 工艺特点

液压喷播是以水为载体的植被绿化建植技术，将配制好的种子、肥料、覆盖料、土壤稳定剂等与水充分混合后，用高压喷枪均匀地喷射到土壤表面。喷播后的混合物在土壤表面形成一层膜状结构，能有效防止种子被冲刷，并保证在较短时间内植物迅速覆盖地面。

(2) 施工技术（图 6-19，图 6-20）

液压喷播绿化防护施工技术的流程为：坡面清理→种子与辅料混合→喷播→覆盖→养护。

①坡面清理　清理坡面固体杂物、危石等，使坡面平整，同时做好坡面的排水。

②种子与辅料混合　将处理好的种子与保水剂、土壤稳定剂、木纤维（或纸浆）、肥料、水等充分混合，添加到喷播机械中。材料的添加顺序一般为：水、保水剂及黏结剂、纤维、肥料、种子、绿色颜料。

③喷播　将种子与辅料的混合物均匀地喷到坡面上，喷播时左右摆动喷枪，并防止喷播物产生地表径流。

④覆盖无纺布　无纺布强度应能够在预定时期内抵抗风力撕扯，两幅布之间应足够重叠，用 U 形铁钉或钢钉等牢固地固定在种植基础上。在大

(2) 施工技术

客土喷播绿化防护施工技术的流程为：清理坡面→挂铁丝网→风钻锚杆孔→灌浆固定锚杆→锚杆固网→有机基材混合高压喷土→混合料和种子混合→高压机械喷播→覆盖无纺布→喷灌透水→养护管理。

①清理坡面　施工前坡面的凹凸度平均为±10cm，最大不宜超过±30cm；光滑坡面则需要人工挖掘横沟或机械横向开沟槽等施工措施进行加糙过程处理。如遇竖向机械条沟，也应通过人工或机械把沟槽挖掘成横向，要以等高线为横沟基线位，以免客土下滑，保证和提高客土的稳固率。

②挂铁丝网　采用12#或14#镀锌铁丝制成的双扭挂网（市场有成品），网的规格为宽2m，长20m，网孔尺寸应选择≤5cm为宜，网与网之间采用平行的对接方式。

③风钻锚杆孔　灌浆固定锚杆孔洞深大于1.5m，直径为20mm，孔向应与坡面垂直。在网的左右边缘每隔2m打一孔穴。在网的上沿中间加一孔穴，以保证网的牢固度。锚杆长度应比孔洞深度长10~15cm，埋于孔洞内。以水泥砂浆筑穴孔，水泥砂浆的标号应不低于C15，以固定锚杆。

④锚杆固网　将网边缘网眼左右挂入锚杆，并用铁丝扎紧固定，两网之间的缝隙也要用铁丝连接扎牢。

⑤土料过筛　有机基质的土壤选好后，要进行筛选，筛网的孔径应以1~2cm为宜。过筛，把土壤中的杂物和石块筛去，避免阻塞机械设备，大土块可以打碎过筛。

⑥有机基质材料混合　可利用机械混拌均匀，有机基质材料可以用凝固胶结在铁丝网面，形成一层可供植物生长的基础。江西地区高速公路有机基质材料配比一般为每立方米喷播植生基质：轻质土0.7m³，泥炭土0.3m³，纤维10kg，肥效2年以上缓释复合肥3kg，土壤保水剂0.5kg，固土剂0.2kg，腐殖酸1kg，硅酸盐类强力接合剂40kg，pH6.5~7.5。

⑦高压机械喷土播种　通过喷射机把混合好

图6-19　液压喷播现场（1）

图6-20　液压喷播现场（2）

部分植物长出2~3片真叶时即可揭布，揭布前适当地进行一段时间的蹲苗。

⑤苗期养护　种子苗期水分管理尤为重要，浇水时应将水均匀喷撒开，防止对种植种子造成冲刷致使种子流失或分布不均。应避免在强烈的阳光下洒水养护。

6.5.2.4　客土喷播（图6-21至图6-23）

(1) 工艺特点

客土喷播是一种融合土壤学、植物学、生态学理论的生态防护技术。它将经处理加工的树皮、养生材料、植物种子与少量当地优质土混合，再添加营养剂，黏结剂和土壤稳定剂制成客土，借助喷播机用挂网喷射的方式均匀喷涂于坡面上，从而实现对岩石边坡的绿化防护。

右厚。第一次喷基质材料约为 8cm 厚,第二次喷草种约为 2cm 厚。为了提高种子的发芽率及喷播均匀,需将材料在喷播机内先搅拌至少 20min,混拌均匀后喷播。

⑧盖无纺布　覆盖无纺布时,应扎紧边口(用 U 型 φ6mm 钢钉),两头用土埋,无纺布布幅之间需重叠 10~15cm,注意不要露口,小心操作,保持布面完好。

⑨喷灌透水　当草苗长到 6~8cm 或 4~5 片真叶时,揭掉无纺布,揭之前应适当"炼苗",然后逐步揭布,注意不要在大晴天猛然揭布。

⑩后期养护　根据土壤肥力、湿度、天气情况酌情追施化肥和灌溉、防治病虫害、清除杂草,转入正常的管理阶段。

6.5.2.5　三维网植草

(1) 工艺特点

三维植被网植草(以下简称"三维网植草")是将带有突出网包的多层聚合物网(见图 6-24)固定在边坡上,在网包中敷土植草对边坡进行绿化的技术。根据抗拉能力和固土能力不同,网包可设计为 2~5 层,一般薄层应用于填方边坡,厚层应用于挖方边坡,可以起到固土防冲刷并且改善植草质量的良好效果。

(2) 施工技术

三维网植草绿化防护施工技术的流程为:平整坡面→铺设三维植被网垫→回填土→喷播草种→覆土→盖无纺布→养护管理。

①平整坡面　清除边坡上的杂草碎石等杂物,对边坡进行细平整。对于路堤填土土质条件差、不利于草种生长的坡面采用回填客土改良,并追施底肥,比例为氮肥:磷肥:钾肥 = 15:8:7。

②铺设三维植被网垫　在坡顶及坡脚开挖沟槽,挖一宽 30cm,深 20cm 的顶沟及底沟,铺设按照从坡顶至坡脚的顺序进行,应保持网垫端正且与坡面紧贴,不允许悬空、歪斜或有褶皱,上下沟槽内应使网垫有足够的反压量。相邻网垫之间要搭接,搭接宽度大于 5cm。当网垫需要上下连接时,应让坡上部分压住坡下部分 10cm 以上。网垫采用专用竹钉或 U 形钉呈

图 6-21　客土喷播现场(1)

图 6-22　客土喷播现场(2)

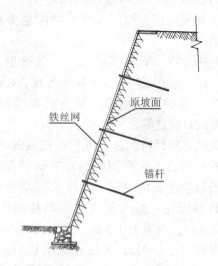

图 6-23　客土喷播断面

的基质材料,自上而下分 2 次喷至岩面共 10cm 左

图 6-24 三维网结构

梅花形固定,网垫左右搭接及上下连接处竹钉需加密,大约每平方米使用 6 根竹钉。对于坡顶及坡脚的固定,将网垫埋进,然后将上下沟槽回填土并夯实。

③回填土 坡面三维网垫回填土时应以细土回填,厚度以覆盖住网包为宜,一般 2~3cm,回填土时应从上至下依次回填。

④喷播草种 将草籽与肥料、保水剂、黏合剂、纤维等辅助材料均匀搅拌,利用专用液力喷播机进行喷播。喷播时应根据土壤结构,少量多次重复喷播,使草种均匀分布,避免顺坡面下流滑动。播撒应选在无风天气进行。

⑤覆土 喷播草种后应及时覆盖一层细土,并清除杂物和土块。覆土厚度不得超过 1cm,以覆盖住草种为宜。

⑥盖无纺布 为预防雨水对坡面及种子的冲刷,保水保温,利于草种的生长,应覆盖土工织物或草帘进行保湿。覆盖物应在草长出数厘米后除去。

⑦养护管理 施工完毕后,应做好浇水、施肥等养护工作。浇水时应呈雾状喷洒,时间选在早晨或傍晚进行,洒水应坚持少量多次,必须避开阳光强烈的时段。肥料应根据土质和草的生长期进行科学选择,施肥应适量、适时。进行病虫害检测,及时发现,及时防治。

6.5.2.6 植生带护坡

(1) 工艺特点

植生带是采用专用机械设备,依据特定的生产工艺,把草种、肥料、保水剂等按一定密度定植在可自然降解的无纺布或其他材料上,并经过机器的滚压和针刺复合定位工序,形成的具有一定规格的产品(图 6-25)。

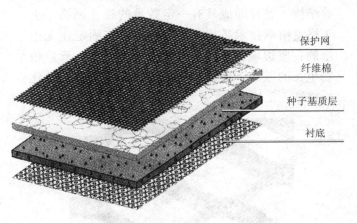

图 6-25 纤维棉网状植生带示意

(2) 施工技术

植生带绿化防护施工技术的流程为:平整坡面→开沟挖槽→铺设植生带→覆土、洒水→养护。

①坡面准备 清除坡面所有石块及其他一切杂物,松土并施有机肥,打碎土块,耧细耙平。对黏性较大的土壤,增施锯末、泥炭等改良其结构。

②开沟挖槽 在坡顶和坡脚处设置矩形沟槽,以固定植生带。

③铺设植生带 铺植生带前 1~2d,应灌足底水,以利于保墒。将植生带自然地平铺在坡面上,拉直放平,植生带接头处重叠 5~10cm,用竹钉或 U 形钉固定。植生带上下两端应置于矩形沟槽,并填土压实。

④覆土、洒水 以细粒土(最好为砂质壤土)覆盖植生带,覆盖厚度为 0.3~0.5cm,覆土完毕后及时洒水,须浇透,使植生带完全湿润,与坡面紧密结合。

⑤苗期养护 种子苗期水分管理尤为重要,浇水时应将水均匀喷撒开,每次浇水应使植生带完全湿润。

6.5.2.7 土工格室植草(图 6-26)

(1) 工艺特点

土工格室是以 HDPE 或 PP 材料为主要原料,

添加一定量的抗氧剂、防老剂等助剂，混合均匀后用单螺杆挤出机成型为宽1.2m，厚1~2mm的板材，然后用冲孔机对板材冲孔后分切成宽100~300mm的单片，再把单片经超声波焊接组合成重叠结构，展开即成具有一定数量的独立网格。土工格室植草技术是指将土工格室铺装固定在无土壤的石质边坡，通过向内填入种植土壤，营建植物生长的基础，再进行机械或人工播种，从而建立边坡人工植被。

图6-26 土工格室

(2) 施工技术

土工格室植草防护施工技术的流程为：平整坡面→排水设施施工→土工格室施工→回填客土→喷播施工→盖无纺布→前期养护。

①平整坡面 坡面平整关系到土工格室植草护坡工程的成败，坡面凹凸不平时铺设土工格室易产生应力集中使格室焊点开裂、造成格室垮塌；同时亦会造成局部格室与坡面之间空隙过大，给客土回填带来极大的难度。因此，边坡在施工时应严格控制平整顺直，特别是石质地段的爆破光面效果，同时进行人工修坡，清除坡面浮石、危石，直至符合设计要求。

②排水设施施工 边坡排水系统的设置是否合理和完善直接影响到坡面植被的生长环境，对于长大边坡，其坡顶、坡脚及平台均需设置排水沟，并根据坡面水流量的大小考虑是否设置坡面排水沟，一般坡面排水沟横向间距为40~50cm。

③土工格室施工 首先，在坡面上按设计的锚杆位置放样，采用钻杆进行钻孔，成孔后将按设计要求弯制好并防锈处理完毕的锚杆打入孔内。其次，锚杆设置完毕后，应马上开始悬挂土工格室。悬挂时应注意各单元间连接时应尽量对齐并钮紧连接螺栓，同时应使土工格室尽量张开贴紧坡面。最后，土工格室悬挂完毕后即可按要求设置混凝土锚锭块，施工时应保证锚锭块振捣密实。

土工格室固定好后即可向格室内填充客土。客土应尽量选择种植土，路基施工时清除的表土是理想的土源，严禁使用掺杂石块、沙砾的土源。充填前可适当湿润土体使之成团有利于施工。充填时可自下而上逐层进行，施工不便时可设置扶梯多人传递。充填时应使每个格室中的客土密实、饱满，并高出格室表面1~2cm。充填时应特别注意施工安全，攀爬作业必须使用安全绳。

④喷播施工 客土回填完毕后应抓紧进行喷播施工。按设计比例配合草种、木纤维、保水剂、黏合剂、肥料、染色剂及水的混合物料，并通过喷播机均匀喷射于坡面。

⑤盖无纺布 为使草种免受雨水冲刷，并实现保温保湿，应加盖无纺布，促进草种的发芽生长。无纺布覆盖时应按40cm×40cm的间距设置固定竹钉。因山区风大，应派人监控注意及时补钉竹钉，补盖无纺布。

⑥前期养护 首先，进行洒水养护。用高压喷雾器使养护水呈雾状均匀地湿润坡面，注意控制好喷头与坡面的距离和移动速度，保证无高压流水冲击坡面形成径流。养护期限视坡面植被生长状况而定。其次，追肥。应根据植物生长需要及时追肥。最后，及时补播。草种发芽后，应及时对稀疏无草区进行补播。

6.5.3 藤本植物护坡

藤本植物护坡(也称垂直绿化)，是指栽植攀缘性和垂吊性植物，以遮蔽硬质岩陡坡和挡土墙、锚定板墙等土工砌体，美化环境的生物绿化防护措施(图6-27)。

藤本植物护坡施工技术的工艺流程一般如下：开挖种植槽→栽植→设置攀爬媒介→养护。

①开挖种植槽 在石质边坡的二级及二级以上边坡的分级平台修建种植槽，底部设置排水孔。

②栽植 在种植槽内填土，厚度50cm左右。藤本植物栽植时根系宜距坡面15cm，株距以20~

图6-27 藤本植物护坡效果图

30cm为宜。

③设置攀爬媒介 在坡面设置铁丝网等，为藤本植物的攀爬提供支持。

④养护 藤本植物栽植后立即浇水，在栽植初期保持土壤湿润，直到苗木成活；使植物沿攀爬媒介不断伸长生长；种植槽内除草，减少其对藤本植物的养分争夺；适时喷洒广谱药剂防治各种病虫害。

6.5.4 边坡灌木化技术

研究表明，草本和乔木在边坡水土保持中均存在较大的局限性，而灌木以其发达的根系和较好的群落稳定性在水土保持的防护功能中占有一定的优势。

边坡灌木化是指在边坡上以灌木为主体、乔灌草相结合的复层绿化种植过程，是多样性丰富的复合群落建成的过程，而并非单一灌木群落。通过对边坡实施灌木化技术，可以建立乔灌草相结合的立体混交植被，有效降低土壤侵蚀，增强植物绿化的防护功能。

边坡灌木化技术包括植物选择、种子处理、播量控制、土壤基质配制以及肥料、施工、养护等环节，是一项系统的绿化种植工程。在灌木化实施的各种工艺措施中，宜加强各种措施的综合运用，包括液压喷播、客土喷播、栽植技术、人工播种等相结合以促进植被群落的建成。

6.6 屋顶绿化

屋顶绿化施工流程如图6-28所示。

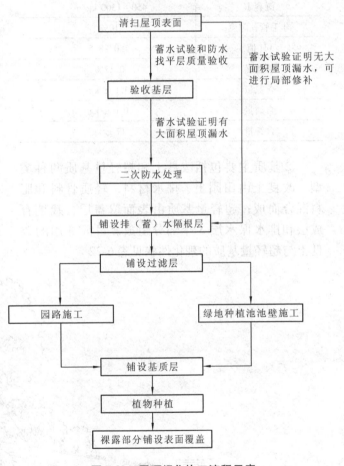

图6-28 屋顶绿化施工流程示意

6.6.1 屋顶绿化种植区构造层

种植区构造层由上至下分别由植被层、基质层、隔离过滤层、排（蓄）水层、隔根层、分离滑动层等构成（图6-29）。

(1) 植被层

通过移栽、铺设植生带和播种等形式种植的

各种植物,包括小型乔木、灌木、草坪、地被植物、攀缘植物等。

(2) 基质层

基质层是指满足植物生长条件,具有一定的渗透功能、蓄水能力和空间稳定性的轻质材料层。

①基质理化性状要求 基质理化性状要求见表6-21。

表6-21 基质理化性状要求

理化性状	要求
湿容重	450 ~ 1300 kg/m²
非毛管孔隙度	10%
pH 值	7.0 ~ 8.5
含盐量	0.12%
含氮量	1.0 g/kg
含磷量	0.6 g/kg
含钾量	17 g/kg

②基质主要包括改良土和超轻量基质两种类型 改良土由田园土、排水材料、轻质骨料和肥料混合而成;超轻量基质由表面覆盖层、栽植育成层和排水保水层3个部分组成。目前常用的改良土与超轻量基质的理化性状见表6-22。

表6-22 常用改良土与超轻量基质理论性状

理化指标		改良土	超轻量基质
容量 (kg/m²)	干容量	550 ~ 900	120 ~ 150
	湿容量	780 ~ 1300	450 ~ 650
导热系数		0.5	0.35
内部孔隙度(%)		5	20
总空隙度(%)		49	70
有效水分(%)		25	37
排水速率(mm/h)		42	58

③基质配制 屋顶绿化基质荷重应根据湿容重进行核算,不应超过 1300 kg/m²。常用的基质类型和配制比例参见表6-23,可在建筑荷载和基质荷重允许的范围内,根据实际酌情配比。

(3) 隔离过滤层

一般采用既能透水又能过滤的聚酯纤维无纺布等材料,用于阻止基质进入排水层。

①排(蓄)水层

②隔根层 一般有合金、橡胶、PE 和 HDPE 等材料类型,用于防止植物根系穿透防水层。

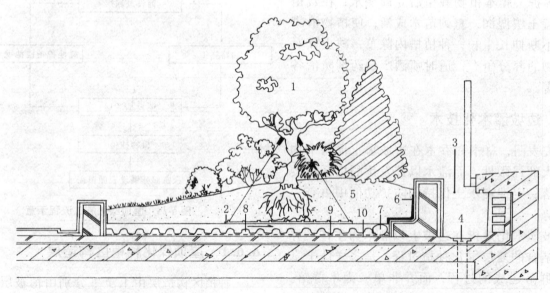

图6-29 屋顶绿化种植区构造层剖面示意

1. 乔木 2. 地下树木支架 3. 与围护墙之间留出适当间隔或维护墙防水层高度与基质上表面间距不小于15cm 4. 排水口 5. 基质层 6. 隔离过滤层 7. 渗水管 8. 排(蓄)水层 9. 隔根层 10. 分离滑动层

表6-23 常用基质类型和配比比例参考

基质类型	主要配比材料	配制比例	湿容重（kg/m²）
改良土	田园土，轻质骨料	1:1	1200
	腐叶土，蛭石，砂土	7:2:1	780~1000
	田园土，草灰（蛭石和肥）	4:3:1	1100~1300
	田园土，草灰，松针土，珍珠岩	1:1:1:1	780~1100
	田园土，草灰，松针土	3:4:3	780~950
	轻砂壤土，腐殖土，珍珠岩，蛭石	2.5:5:2:0.5	1100
	轻砂壤土，腐殖土，蛭石	5:3:2	1100~1300
超轻量基质	无机介质	—	450~650

注：基质湿容重一般为干容重的1.2~1.5倍。

（4）分离滑动层

一般采用玻纤布或无纺布等材料，用于防止隔根层与防水层材料之间产生黏连现象。

（5）屋面防水层

绿化施工前应进行防水检测并及时补漏，必要时做二次防水处理。

6.6.2 植物的防风技术

①种植高于2m的植物应采用防风固定技术。

②植物的防风固定方法主要包括地上支撑法（图6-30）和地下固定法（图6-31）。

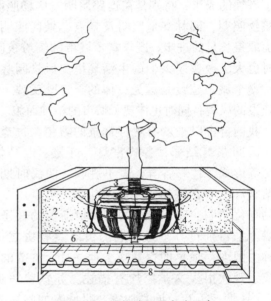

图6-31 植物地下固定法示意

1. 种植池 2. 基质层 3. 钢丝牵索，用螺栓拧紧固定 4. 弹性钢索 5. 螺栓与底层钢丝网固定 6. 隔离过滤层 7. 排（蓄）水层 8. 隔根层

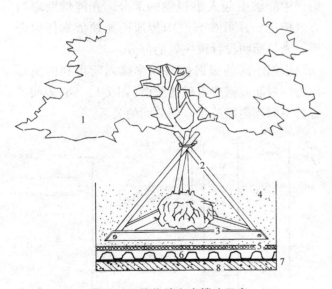

图6-30 植物地上支撑法示意

1. 带有土球的木本植物 2. 圆木直径60~80cm，呈三角形支撑架 3. 将圆木与三角形钢板（5mm×25mm×120mm），用螺丝拧紧固定 4. 基质层 5. 隔离过滤层 6. 排（蓄）水层 7. 隔根层 8. 屋面顶板

第7章 风景园林照明与供电工程

近年来，我国在城市现代化建设的进程中取得了辉煌的成果，特别是在道路照明、广场照明、建筑物照明、园林绿地照明及景点、景区照明等方面取得长足的进步，既丰富了城市的缤纷夜晚，同时也大大改善了人们的生活环境。风景园林照明和整个城市建设是融为一体的，它既反映了城市建设的风貌，同时也体现了城市的精神面貌。

我国自古以来就有观灯赏景的习俗，每逢佳节，民间张灯结彩，各式宫灯、灯笼、走马灯、挂灯等形式，色彩各异，美不胜收，西汉时期的长信宫灯已有良好的遮风避雨功能，可以用于室外的亮化照明。建于唐朝的广州伊斯兰的怀圣寺光塔，是目前世界上最古老的伊斯兰教塔之一，堪称中国现存最早的夜景观工程。对元宵节的城市夜景观，很多文学家均有描述。苏轼曾写道："灯光钱塘三五夜，明月如霜，照见人如画"，这里描写了用灯光装扮的城市轮廓；大型灯会更是显示劳动人民的智慧与美好生活的追求。因而自古以来就有风景园林景观照明之说。

风景园林照明涉及照明科学技术，如光源的选择、灯具的光学性能、供配电设备等；其次涉及照明艺术的范畴，如需考虑照明的艺术效果，灯具造型、光色与光线给人的心理感受及投光对象的形体塑造与表达等；最后还涉及风景园林照明一定要与其周围的景观协调，是为烘托风景园林景观之作，是"锦上添花"而不是破坏景观。现代高科技的计算机技术和声、光、电、机械、色彩融合，使风景园林景观出现了前所未有的新局面。发达的城市电力网使风景园林照明的实施得以实现，而节能减排则是风景园林照明所面临的新任务。

7.1 风景园林照明基本概念

7.1.1 照明技术的基本概念

(1) 光

光是能量的一种形态，其本质是电磁波，是整个电磁波谱中极小范围的一部分，也是电磁辐射谱中能够引起人眼视觉的部分。光能借助辐射方式传送，并可在真空中传递而无须依靠任何介质。光是照明设计最主要的部分。

根据不同的辐射能与频率排列所得到的图形称为辐射能波谱或电磁能波谱（图7-1），它表明了各种不同辐射能波长范围之间的关系。

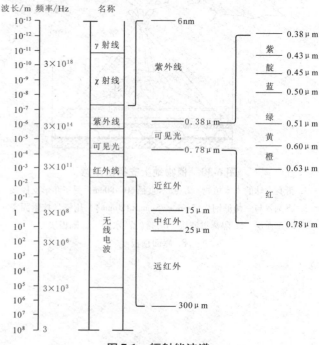

图7-1 辐射能波谱

从图 7-1 中可见，整个辐射能波谱包括有宇宙射线（波长最短，频率最高）、γ 射线、χ 射线、紫外线、可见光、红外线、无线电波、电力传送（波长最长，频率最低）等电磁波。

可见光部分波长为 380～780nm*，我们之所以能看见周围事物全借此部分对人眼产生的视觉作用。不同波长的可见光引起人眼不同的颜色感觉。早在 1666 年，牛顿使一束自然光通过棱镜，从而发现彩虹的全部颜色。可见光谱的颜色实际是连续光谱混合而成的，光的波长不同，其颜色也有不同，从 380 nm 向 780 nm 增加时，光的颜色也从紫色开始，按蓝、绿、黄、橙、红的顺序逐渐变化。

```
高 ←——— 频率 ——— 低
紫外线   可见光    红外线
短 ←——— 波长 ——— 长
     380 ～ 780nm
```

可见光的波长见表 7-1。

表 7-1　可见光波长　　　　　　　　nm*

颜色	波长	波长范围
红	700	640～780
橙	620	600～640
黄	580	550～600
绿	510	480～550
蓝	470	450～480
紫	420	380～450

各种颜色之间是连续变化的。发光物体的颜色由其所发光内所含的波长而定。单一波长的光表现同一种颜色，称为单色光；多种波长的光组合在一起，在人眼中引起色光复合而形成复色光的感觉；全部可见光混合在一起即成为日光。非发光物体的颜色主要取决于它对外来照射的吸收和反射情况，其颜色与照射光有关。通常所说的物体颜色是指它们在太阳光照射下所呈现的颜色。

（2）光通量

光通量是指单位时间内辐射能量的大小。它是根据人眼对光的感觉来评价的，人们称光源发

---
* 1nm = 10^{-9}m

出光的量为光通量（Φ），单位为流明 lm。光通量是光源的一个基本参数，是说明光源发光能力的基本量。通常在产品出厂时给出。

如 220V/40W 的白炽灯的光通量为 350 lm，而 220V/40W 冷白色荧光灯可产生 2000lm 的光通量。是白炽灯的几倍。一般而言，光源的光通量越大，人们对周围的感觉越亮。

（3）发光效率

发光效率又称光效，是指光源所发出的总光通量与灯所消耗的电功率之比，即单位功率的光通量，单位为 lm/W，如一般白炽灯的发光效率为 7.1～17 lm/W，荧光灯的发光效率为 25～67lm/W，荧光灯的发光效率远高于白炽灯。发光效率越高的光源，消耗的电能就越小，即为节能光源。

（4）照度

照度是指受照平面上接受光通量的密度，是用来表示被照面上光的强弱的物理量。

照度是工程上常见的物理量，说明了被照面或工作面被照射的程度，即单位面积光通量的大小。

$$照度 = 光通量 / 面积 \quad 即 \quad E = \Phi / A$$

式中　E——照度，lx；

　　　A——面积，m^2；

$$1 \text{ lx} = 1 \text{ lm} / m^2$$

在照明工程计算中，常常要根据技术参数中的光通量以及国家标准给定的各种场合下的照度标准进行灯具式样、位置、数量的选择。

（5）色温

人们用黑体加热到不同温度所发出的不同的光色来表达一个光源的颜色，称为光源的颜色温度，简称为色温、即某个光源所发射的光的色度与黑体在某一温度下所发出的光的色度完全相同时，黑体此时的温度就称为该光源的色温。符号为 T_C，单位为 K。表 7-2 示出了黑体温度与光色的关系。

表 7-2　黑体温度与光色

黑体温度（K）	发出光色	黑体温度（K）	发出光色
室温	黑	室温	黑
800	红	5000	冷白
3000	黄白	8000	蓝白
4000	白	60 000	深蓝

光色越偏蓝，色温越高；越偏红，则色温越低。一天中昼光的光色亦随时间的变化而变化：日出后40min，光色较黄，色温约3000K；正午阳光强烈，色温上升到4800~5800K；阴天正午时分则约6500K；日落前光色偏红，色温又降至2200K左右。光源色温不同，光色也不同，色温在3300K以下有稳重的气氛，温暖的感觉；色温在3000~5000K为中间色温，有爽快的感觉；色温在5000K以上有冷的感觉。

不同光源的不同光色组成为最佳环境，见表7-3。

表7-3 不同色温的气氛效果

色温（K）	光色	气氛效果
>5000	清凉	（带蓝的白色） 冷的气氛
3300~5000	中间	（白）爽快的气氛
<3300	温暖	（带红的白色）稳重的气氛

(6) 显色性

光源对物体的显色能力称为显色性，即为通过与同色温的参考或基准光源（白炽灯或日光）下物体外观颜色的比较。光所发射的光谱内容决定光源的光色，光谱组成较广的光源就有可能提供较佳的显色品质。人们会发现同一颜色的物品在不同的光源下可能会使人眼产生不同的色彩感觉。而在日光下物体所显现的色彩是最准确的，所以常以日光作为标准的参照光源。

目前，评价光源的显色性采用显色指数（或称颜色指数系数，Ra）表示。显色指数将昼光与白炽灯的显色指数定义为100，视为理想的标准光源。光源的显色指数越高，其显色性就越好。表7-4为显色指数与显色性评价。

(7) 平均寿命

平均寿命指一批灯泡至50%的数量损坏时的小时数，单位为小时（h）。

(8) 经济寿命

经济寿命指在同时考虑灯泡的损坏以及光束输出衰减的状况下，其综合光束输出减至一特定值的小时数。此比例用于室外的光源其衰减值为70%，用于室内的光源如日光灯则为80%，单位为小时（h）。

表7-4 显色指数与显色性评价

显色指数	等级	显色性评价	一般应用
90~100	1A	优良	需要色彩精确比对与检测的场合
80~89	1B	优良	需要色彩正确判断及表达的场合
60~79	2	普通	需要中等显色性的场合
40~59	3	普通	显色性要求较低，但色差不可过大的场合
20~39	4	较差	显色性不重要，明显色差也可接受的场合

(9) 绿色照明

通过科学的照明设计，采用效率高、寿命长、安全和性能稳定的照明器产品，最终达到高效、舒适、安全、经济、有益于环境和改善人们身心健康并体现现代化文明的照明系统。

7.1.2 照明电光源

7.1.2.1 概述

在照明工程中，使用各种各样的电光源，按其工作原理可以分为两大类：热辐射光源以及气体放电灯。

热辐射光源 指利用电能使物体加热到白炽程度而发光的光源称为热辐射光源，如白炽灯、卤钨灯等。

气体放电光源 利用气体或蒸汽放电原理而发光的光源，如荧光灯、荧光高压汞灯、高压钠灯以及金属卤化物灯等。

在过去的一百多年中，照明光源经历了3个重要发展阶段：第一代光源白炽灯，第二代光源荧光灯，第三代光源高强度气体放电灯（HID灯）。近年来，随着半导体器件的不断发展与完善，半导体光源以及其他新光源已充实到风景园林景观照明工程中，成为工程中不可忽视的新秀，如今LED被称为第四代光源，具有广阔的发展前景。

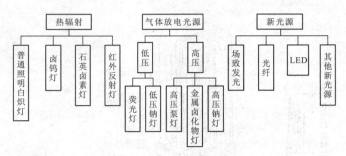

图 7-2　照明光源分类

7.1.2.2　风景园林景观中常用电光源

(1) 白炽灯

已有一百多年历史，白炽灯具有光源小、成本低、显色性好的优点，显色指数为 99～100，辐射光谱连续。适于开关频繁、使用安装方便及需要调光、无频闪的场合。

但白炽灯的色温在 2700～2900K 之间，色温偏低，因而光色与自然光相比较呈橘红色。发光效率低，一般为 9～16lm/W，耗电量大。钨丝灯泡寿命最短，一般为 750～1000h。由于存在上述缺点，白炽灯已逐渐被其他新光源特别是白光的 LED 代替，以适应环保节能的要求。

(2) 卤钨灯（图 7-3）

属于白炽灯范畴，不同的是在灯泡内部所充有的气体含有部分卤族元素。其基本原理是当灯丝加热到一定温度时，从灯丝蒸发出来的钨在玻壳内壁与卤族元素反应生成挥发性的卤钨化合物。当卤钨化合物扩散到高温的灯丝周围时，又分解成卤素与钨，释放出来的钨沉淀在灯丝表面，而卤素再扩散到温度较低的玻壁，并与钨化合。这样一个过程称为卤钨循环。

卤钨灯与白炽灯相比光效高、体积小、输出功率大、光通量稳定，便于光控制，色温较高，显色性好，所以它在各个照明领域中都有应用。其缺点是对电压波动比较敏感，耐振性较差。

目前，低压（12V）的卤素灯已成为园林中室外照明的主流灯具之一。使用时需注意：卤钨灯不适用于低温场合；其工作时会产生高达 600℃ 左右的高温，因此灯的附近不能存放易燃物质，同时灯的引线应使用耐高温导线；由于其灯丝细长，

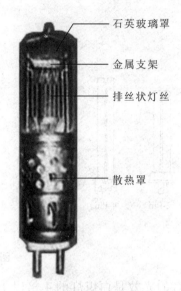

图 7-3　柱形卤钨灯

要避免震动与撞击，不宜作移动照明的灯具。

(3) 荧光灯

荧光灯是一种低压汞蒸气放电灯。灯管内充有低压惰性气体氩及少量水银，管内壁涂有荧光粉，两端装有钨丝电极。当电源接通后，电流通过启辉器将钨丝预热，使电极产生电子，同时两端电极之间产生高的电压脉冲，使电子发射出去，电子在管中撞击蒸汽中的汞原子，发出紫外线光，紫外线辐射到管壁上的荧光粉，则把这种辐射转变成可见光。

① 三基色荧光灯　发展于 20 世纪 80 年代初，以三原色稀土族荧光混合，使光谱能量分布主要在蓝（短波）、绿（中波）、红（长波）三区段，可大幅度改善荧光灯的显色性，显色指数（Ra）可至 80 以上，光效可达 92lm/W。而高频型荧光灯是指灯管使用高频电子镇流器，光效可达 104 lm/W。快速启动，无频闪现象。

② 紧凑型荧光灯　又称 PL 灯、节能灯。它将灯管与整流器等附件一体化，体积小。应用三波长荧光，显色性好，显色指数可达 80 以上，使被照物体更逼真，层次分明。其工作电压范围为 170～250V 的宽电压设计，使其更适应中国电网的实际情况。它比普通白炽灯节电 80%，寿命达 8000h，光衰慢、现被大量应用于家居照明、高级写字楼、商业照明等（图 7-4）。

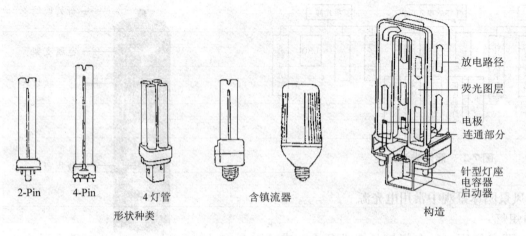

图7-4 紧凑型荧光灯形状及构造

荧光灯的光效是白炽灯的4倍以上,寿命最高可达10 000~20 000h。荧光灯的光色标示见表7-5。

表7-5 荧光灯光色标示

光色标示	色温(K)
暖白色 (RN)	< 3100
白 色 (RB)	3100~4000
冷白色 (RL)	4100~5000
日光色 (RR)	>5000

荧光灯使用中要注意防频闪现象,这是由于荧光灯工作在交流电源下,灯管两端不断地改变极性所致。采用电子镇流器的荧光灯工作在高频下,可明显消除频闪现象,而直流供电的荧光灯几乎完全没有频闪现象。

(4) 发光二极管(LED)

半导体照明问世尽管已有40多年,但长期以来,半导体发光二极管只能发出彩色光辉,虽然五色斑斓,却不能用于日常照明,只能在一些装饰性领域充当辅助光源的角色。直到20世纪90年代中期,第三代半导体材料氮化镓的突破,以及蓝、绿、白光发光二极管问世后,半导体照明才得以进入日常照明这一照明领域的主阵地。

LED是一种半导体光源,它是21世纪最引人注目的发光器件。属于全固体冷光源,主要由电极、P-N结芯片以及封装树脂组成(图7-5)。可以做成点、线、面等各种形式,其体积小,应用灵活,隐蔽性好,单色亮度高,环保效益更佳。由于光谱中没有紫外线、红外线,故既没有热量,也没有辐射,属于典型的绿色照明光源,环保、安全可靠。此外它还有一个最显著的特点就是其启动电压与其工作电压一致,所以不需镇流器,不仅减低了成本,同时也大大缩短了通断电的响应时间。

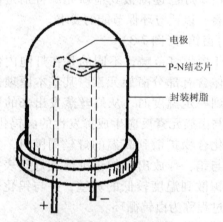

图7-5 发光二极管结构

虽然发光二极管已能发出红、黄、绿、橙、蓝等多种颜色,但却不能发出照明所需要的白光。根据人们对可见光的研究,在可见光谱中是没有白光的,因为白光不是单色光,而是由多种单色光合成的复合光。要使LED发出白光,它的光谱特性就应包括整个可见光的光谱。目前各国正在致力于将大功率的白光LED作为照明光源的研究。有机构预测,在不远的将来,LED的光效可达

150~200lm/W。

LED 常用产品有单个发光器、LED 组合模块、LED 灯具等。LED 控制极为方便，只要调整电流，就能随意调光，不同光色的组合变化多端，如用时序控制电路则更能达到丰富多彩的动态变化效果。

表 7-6 示出了 LED 和通常情况下常见光源的性能比较。

表 7-6 LED 与常见光源性能比较

名称	耗电量	工作电压(V)	协调控制	光效(lm/W)	发热量	可靠性	使用寿命(h)
金属卤素灯	100W	220	不易	50~120	极高	低	3000
霓虹灯	500W	较高	高		高	宜室内	3000
镁氖灯	16W/m	220	较好		较高	较好	6000
日光灯	4~100W	220	不易	50~120	较高	低	5000~8000
冷阴极	15W/m	需逆变	较好		较低	较好	10 000
钨丝灯	15~200W	220	不宜	12~24	高	低	2000
节能灯	3~150W	220	不宜调光		低	低	8000
LED 灯	极低	直流12~36（可用220）	多种形式	150~200	极低	极高	100 000

由于 LED 是冷光源，半导体照明不仅自身对环境没有任何污染，而且与传统的白炽灯、荧光灯相比，节电效率可以达到 90% 以上。若以我国每年用于照明的电力为 2500 亿度计算，其中若能有 1/3 采用半导体照明，每年就可节电 800 亿度左右，基本上相当于三峡电站的年发电量。

LED 目前主要是作景观照明，如北京市广外大街 3km 长的道路两侧，已使用了三、四百万只 LED 作为景观灯饰。上海东方明珠塔已采用了全新的 LED 灯光系统作为景观照明。在风景园林中的应用，除了可作为装饰照明外，主要是作为太阳能灯具的负载，用于园灯以及各式草坪灯的光源，以充分发挥其环保、节能的优点。

(5) 高强度气体放电灯（HID 灯）

高强度气体放电灯是指由气体、金属蒸气或几种气体与金属蒸气的混合放电而发光的灯。它由于管壁温度而建立发光电弧，其发光管表面负载超过 $3W/cm^2$ 的放电灯都称为高强度气体放电灯。如高压汞灯、高压钠灯、金属卤化物灯等。

①复金属灯　又称金属卤化物灯，构造及外观与水银灯相似，不同之处在于复金属灯弧光管内除了水银和氩外，另添加了不同的金属卤化物，其蒸发分解的金属部分可发出不同的光谱，使复金属的光效与显色性均优于水银灯。为达到蒸发金属卤化物所需要的温度，复金属灯的弧光管较水银灯短，同时借封入不同金属卤化物的组合，可产成不同光色与发光强度。

金卤灯从 20 世纪 60 年代推出以来，经过 30 年的努力，已进入一个成熟的阶段，光效可达 130 lm/W，显色指数 65~90 以上，色温可由低色温（3000K）到高色温（6000K），寿命可达 1 万~2 万 h，功率从几十瓦到几千瓦。金属卤化物灯由于尺寸小、功率大、光效高、光色好，所需启动电流小，抗电压波动稳定性较高，因而是一种较理想的光源，常用于室外的泛光照明，但此灯启动和再启动的时间较长。因而不宜用于动感照明。室外运动场、广场等需高杆照明以及要求照度高、显色性好的诸如展览馆、美术馆饭店等室内照明中也被广泛应用。目前已有几百个品种，如高显色性金卤灯、高光效金卤灯、单色性金卤灯等，其中单色性金卤灯常用于城市夜景照明。除此之外还有彩色金卤灯，如绿色、红色、蓝色、紫色等，一般作为装饰与点缀之用，不宜大面积使用。

②高压钠灯　自 1966 年由美国推出，发展飞速。其特点为高光效，达 150 lm/W，平均寿命可达 24 000h。

高压钠灯在工作时发出金白色光,具有发光效率高、寿命长、透雾性能好等优点,广泛用于道路、广场、体育场车站等场合,是一种理想的节能光源。

它有很多品种,适用于不同场合。常见的有普通型高压钠灯、舒适型高压钠灯、高光效型高压钠灯、高显色性高压钠灯等种类。特别是高显色性高压钠灯的显色指数达到80以上,具有色调暖白、显色性高的特点,对美化城市及环境有很大的作用。同时现也运用到商业照明中的一些高档物品如首饰、珠宝、皮草等物品的照明。

(6) 光纤灯

光纤灯又称为遥源照明,基本组成与原理如图7-6所示。

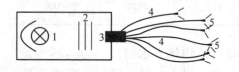

1. 光源及反射罩
2. 滤镜
3. 光输入端
4. 光缆
5. 光输出端

图 7-6 光纤灯的组成及工作原理

光纤灯由光源与光管组成。此类光源,其光源远离视线所在地,这样维修方便并远离光源,使灯具避免过热。其输出的光线不含紫外线或热辐射,特别适宜于对光害敏感之处。

光纤最早用于通信,由于其导光性好,近年来逐渐用于照明,成为绿色照明光源之一。

光纤通常由 100～100 000 根玻璃或亚克力纤维所组成,形成导光核心。一般纤维直径为 50～150μm。

光源使用体积小、亮度大的低压石英卤素灯泡或复金属灯泡,装在一个具有反射罩、透镜以及滤镜所组成的灯盒中,使光源发出的光线由输入端进入光纤进行传导。反射罩一般做成椭圆形或复合抛物状,尤以椭圆形状为佳。滤镜主要是去除光线中的紫外线或其他产生热辐射的光线,同样地,采用不同的滤镜即可获得不同色彩的光。

光纤灯具有以下特点:

① 光线柔性传播,能方便地改变其传播方向。

② 光与电分离,触摸安全,可用于露天与水池中,作为水中照明。亦可做成复杂形状,因而很适用于塑造风景园林景观。

③ 灯具小巧,光源易于维修,因而降低了维护费用。

④ 其不足之处是光输出较低、转弯半径受限以及初期投资费用较高等。

光纤灯以其发光类型分为两种:

① 端头发光 根据光纤材料内部的全反射原理,使发出的光沿着光纤而在远端部以小光束的形式发光。传输线一般长 3～5m。可用透镜来控制布光的角度。一般可用石英卤素灯作光源。

② 侧边发光 借由外部折射涂层使管壁透光,单一光纤灯盒的最大管长为 15m,连续光纤一般 5～20m,需加设一灯盒。

光纤灯已广泛地应用于广场地面装饰照明、水景照明、轮廓照明等。

(7) 霓虹灯

霓虹灯是一种冷阴极辉光发电灯,由电极、引入线以及灯管组成,其工作线路如图7-7。

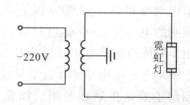

图 7-7 霓虹灯工作电路

霓虹灯工作在高电压、小电流状态,一般通过特殊设计的漏磁变压器给霓虹灯供电。接通电源后,变压器次级产生的高电压使灯管内气体电离,发出彩色的辉光。一般霓虹灯变压器次级电压为 15 000V,电流 24mA,它能点亮管径 φ12mm,展开长度为 12m 的灯管。霓虹灯的发光效率与管径有关,灯管直径小,发光效率高;反之则低。

霓虹灯之所以能发出各种鲜艳的色彩主要是由于灯管内抽成真空后充入了氖气和少量的氩、氦等惰性气体,加入少量的汞、铬等金属而产生的。

霓虹灯大量用于广告、风景园林景观的塑造等装饰中。使用中可加入程序控制器、电脑芯片等电子装置,将产生生动的动感效果,更加渲染气氛。

由于霓虹灯变压器次级电压高，故其二次回路与所有金属构架、建筑物等必须完全绝缘。

7.1.3 风景园林照明灯具

7.1.3.1 灯具的基本功能

灯具的基本功能为容纳与保护光源、连接电源以及分配光源。作为风景园林景观中的灯具，除了上述基本功能外，还有一个十分重要的特征，就是它的造景作用。即如何适应景观环境设计的需要，使其与周围环境相融合。白天，它是风景园林景观的一部分，装饰性很强，与周围的植物、建筑、园林小品共同构成园景；而在夜间，它不仅起着导向作用，照亮园路以及相关景色，同时还要根据设计师的设计要求，从光文化的高度，以人为本，把科学与艺术融为一体，人为地创造出绚丽多彩、动静结合等美不胜收的夜景，给人们提供一个和谐欢乐的照明环境。

7.1.3.2 灯具的基本概念

(1) 灯具效率

灯具效率是指在相同的使用条件下，灯具发出的总光通量与灯具内所有光源发出的总光通量之比，它是灯具的主要质量指标之一。

$$\eta = (\Phi_2 / \Phi_1) \times 100\%$$

式中 η——照明灯具的效率；

Φ_2——灯具发出的光通量，lm；

Φ_1——光源发出的光通量，lm。

(2) 眩光

在进行照明设计时，应考虑是否会造成眩光，这是有关照明品质的重要因数。所谓眩光是指由于视野中的亮度分布或亮度范围的不适宜，或存在极端对比，以至引起不舒适的感觉或降低观察细部、目标的能力的视觉现象。眩光影响视觉功效，并刺激眼睛造成不适。

根据引起的不舒适和可见度，眩光可分为：

不舒适眩光 产生不舒适感觉，但不一定降低视觉对象可见度。

失能眩光 降低视觉对象的可见度，但不一定产生不舒适感觉。

眩光对视力有很大危害，严重时可使人晕眩。长时间的轻微眩光也会使视力逐渐降低。当被视物体与背景亮度对比超过1:100时，就容易引起眩光。眩光可由高亮度的光源直接照射眼睛造成，或由镜面的强烈反射所造成。限制眩光的方法一般是使灯具具有一定的遮光角，又称保护角，也可通过改变灯具的安装位置和悬挂高度以及限制灯具的表面亮度等。常采用乳白灯泡、带有隔栅的灯具等都可减少眩光。

7.1.3.3 太阳能灯具

随着全世界节能与环保的要求日益高涨，太阳能作为一种无污染、取之不尽的绿色能源越来越受到人们的关注。在这种背景之下，风景园林中应用太阳能灯具已不再是点缀，各种庭院灯、草坪灯、装饰灯等的应用已逐渐成为主流并形成规模（图7-8）。太阳能灯具的组成如下：

(1) 太阳能电池板

它是将光能转换成电能的主体。目前普遍使用的有单晶硅太阳能电池、多晶硅太阳能电池以及非晶硅太阳能电池。其中，在我国东、西部地区，采用多晶硅太阳能电池为好，因其生产工艺相对简单，价格相对单晶硅太阳能电池较低。在阴雨天较多的南方地区则较多采用单晶硅太阳能电池，因其性能参数相对稳定。非晶硅太阳能电池对太阳光照条件较上两者都低，可用于太阳光较弱地区。

(2) 充放电控制器

选择良好的充放电控制器十分重要，它主要是为防止蓄电池过度充电及深度放电而用。

(3) 蓄电池

主要是把白天太阳能所转换的能量尽可能地存储下来，以满足阴天或雨天的需要，同时蓄电池应与太阳能电池以及负载相匹配。容量太大，会使蓄电池始终在欠负荷状态，使蓄电池寿命降低；容量太小，则不能满足夜间照明的亮度需要。

太阳能草坪灯　　　　太阳能景观灯

太阳能埋地灯

图 7-8　形式各异的太阳能园林灯具

(4) 负载

太阳能是以节能与环保为优势，因而其负载亦与其相称。目前太阳能灯具的负载大部分选用 LED、节能灯及低压钠灯等。

风景园林中应用的草坪灯均选用 LED 作为光源，而庭院灯则一般采用 LED 和直流节能灯。后者工作电源为直流，无需进行逆变、安全、可靠。

(5) 灯具外壳

虽然选择太阳能灯具主要是节能、环保，但在园林中应用时灯具外壳的造型、质地、色彩却是十分重要的，应和周围环境相得益彰。

7.1.3.4　泛光照明

(1) 概述

在国际照明词汇[由国际照明委员会(CIE 制订)]中给出的定义：泛光照明是某处场景或某个物体的照明，通常通过投光灯来实现，目的是大量增加其相对于周围环境的照度。

投光灯　它是利用反射或玻璃透镜把光线聚集到一个有限的立体角内，从而获得高光强照明的灯具。投光灯光色好，立体感强，所需照明器功率较小，可以节约电能消耗，从而在园林景观设计中得以广泛应用。

泛光灯　专为泛光照明而设计的投光灯，使用光束扩散角不小于 100°的广角投光照明器，从一个特定点向各个方向均匀地对场地或目标进行照射，使其亮度远高于周围环境。通常可指向任何方向。

在风景园林夜景照明设计中，景观亮度与环境亮度、景观距离等因素有关，但目前我国尚未有相应的标准，因而在实际工作中往往需要根据经验进行选择。

(2) 投(泛)光灯常用光源（表 7-7）

表 7-7　投(泛)光灯常用光源

序号	光源	再触发时间(s)	效率	显色性	寿命	价格
1	白炽灯	0	低	很好	中	很低
2	卤钨灯	0	适中	很好	中	低
3	荧光灯	0	高	良好	长	高
4	金卤灯	4～5	高	良好	长	很高
5	高压钠灯	9～12	良好	较差	长	高
6	节能灯	0～3	高	好	很长	适中
7	LED 灯	0	很高	好	极长	高

(3) 投(泛)光照明器光束角的确定

表 7-8 列出了投光照明器的开口角及使用场合。

表 7-8　投光照明器的开口角及使用场合

投光照明器	开口角(°)	使用场合
窄光束	≤19	用于投射距离远、面积小的场合
宽光束	≥36	用于投射距离近、面积大的场合
中光束	20～35	介于窄、宽光束之间

投(泛)光照明的主要优点是能够从周围环境

中分离出某个有品质的题材,而其周围环境只是一种陪衬。投(泛)光照明中要注意投射角的选定。一般来说,垂直被照面的照射方法不会产生阴影。而照明方向与观察方向之间的夹角至少为45°,应避免观察方向与照明方向相同或较小的夹角,这样能得到较好的观察效果。因而,投光灯的布置显得十分重要。除了要有很好的观察效果外,还要注意投光灯灯具的电源以及白天美观。

7.1.3.5 风景园林灯具外壳防护等级分类

由于风景园林景观照明多涉及室外,因而,它的防护就显得十分重要。选择适当的防护等级的灯具,将有效地保护游人的安全及灯具的合理使用。

IP防护等级系统是由国际电工委员会 International Electrotechnical,Commission,IEC)所起草。将灯具依其防尘防湿气之特性加以分级。这里所指的外物含工具、人的手指等均不可接触到灯具内之带电部分,以免触电。IP防护等级由两个数字所组成:

    IP   4   5

 特征字母 第1个数字 第2个数字

第1个数字表示灯具离尘、防止外物侵入的等级;第2个数字表示灯具防湿气、防水侵入的密闭程度。数字越大表示其防护等级越高,2个标示数字所表示的防护等级如表7-9所示。

表7-9 园林灯具外壳防护等级分类

第1个标示特性号码(数字)所指的防护程度

第一个标示数字	防护等级	定义
0	没有防护	对外界的人或物无特殊防护
1	防止大于50mm的固体物体侵入	防止人体(如手掌)因意外而接触到灯具内部的零件,防止较大尺寸(直径大于50mm)的外物侵入
2	防止大于12mm的固体物体侵入	防止人的手指接触到灯具内部的零件,防止中等尺寸(直径大于12mm)的外物侵入
3	防止大于2.5mm的固体物体侵入	防止直径或厚度大于2.5mm的工具、电线或类似的细小外物侵入而接触到灯具内部的零件
4	防止大于1.0mm的固体物体侵入	防止直径或厚度大于1.0mm的工具、电线或类似的细小外物侵入而接触到灯具内部的零件
5	防尘	完全防止外物侵入,虽不能完全防止灰尘进入,但侵入的灰尘量并不会影响灯具的正常工作
6	防尘	完全防止外物侵入,且可完全防止灰尘进入

第2个标示特性号码(数字)所指的防护程度

第二个标示数字	防护等级	定义
0	没有防护	没有防护
1	防止滴水侵入	垂直滴下的水滴(如凝结水)对灯具不会造成有害影响
2	倾斜15°时仍可防止滴水侵入	当灯具由垂直倾斜至15°时,滴水对灯具不会造成有害影响
3	防止喷洒的水侵入	防雨,或防止与垂直的夹角小于60°的方向所喷洒的水进入灯具造成损害
4	防止飞溅的水侵入	防止各方向飞溅而来的水进入灯具造成损害
5	防止喷射的水侵入	防止来自各方向由喷嘴射出的水进入灯具造成损害
6	防止大浪的侵入	装设于甲板上的灯具,防止因大浪的侵入造成损坏
7	防止浸水时水侵入	灯具浸在水中一定时间或水压在一定的标准以下能确保不因进水而造成损坏
8	防止沉没时水侵入	灯具无限期地沉没在指定水压的状况下,能确保不因进水而造成损坏

风景园林中的灯具选择与安装时,应根据安装的地点不同而严格执行上述标准。特别是水下照明、滨水照明以及潮湿多雨地区等。

7.1.3.6 风景园林中常用灯具形式

(1) 风景园林中常用的灯具形式

① 庭院灯 灯头或灯罩多数向上安装，灯管与灯架多数安装在庭院地坪上，特别适用于公园、街头绿地等，一般可作小径的路灯照明。

② 埋地灯 属于嵌入式灯具。可用于不需经常进行调整维修之处，通常可用来对成长的树木、台阶等处进行照明。

③ 草坪灯 常可用于广场、草坪、绿地等地，是风景园林中最常用的灯具之一。主要是创造夜间气氛，它不是用照度本身，而是由亮度对比表现光与周围环境的协调。灯具采用格栅等措施以避免眩光并产生良好的艺术效果。目前草坪灯的光源多采用LED，色彩有单色、双色、七彩颜色渐变、跳变等多种。选择时应注意其外观应符合周围环境景观设计的协调要求。

④ 装饰灯 目前用于户外作装饰照明的主要是能防水的点光源（氖泡、荧光管、白炽灯等光源，外加PC罩）及由点光源构成的线光源（美耐灯、LED等），此外还有霓虹灯、光纤灯等。这些光源色彩鲜艳，特别是在高科技发展的今天，计算机的应用使装饰照明为景观的塑造提供了变幻的舞台。

⑤ 水下灯 用于水景照明中。在水景照明中常见的光源最多的为白炽灯，主要是利用白炽灯的可调光特性以及可频繁地进行开关操作。但当喷水很高而且并不频繁使用开关时可用金属卤化物灯等。光纤灯则由于安全性能好、安装控制方便也是水下灯常用的光源。

水景照明灯具的选择与其放置条件有关，即与放于水中还是水上有关。同时还与水景的类型、环境有关。水下灯的色彩可以选择，不同的色彩表现及烘托不同的气氛。

从灯具的外观和构造来分，水下灯具可分为简易型灯具、密闭型灯具以及色彩照明灯具。所有的水下照明灯的保护等级（IP）不能低于68。其照明灯具应有可靠固定，以免受水力冲击而改变照射方向。

简易型灯具 灯的颈部电线接入部分为防水结构。使用的灯泡均为反射型灯泡，而且设置地点应是人们不能进入的场所。该种灯具体积小，安装容易。

密封型灯具 有多种光源，如反射型灯、金属卤化物灯、汞灯等。目前生产的密封型水下灯具的供电电压有220V及12V。12V适用于游泳池、涉水池等供人们亲水活动的场合。一般的喷水池则可用220V的供电电压灯具，但施工应严格按照相关水下灯的施工标准及要求。

色彩照明灯具 主要是为了表现水景的色彩，常用的方法是将滤色片装在前玻璃处。滤色片不同，照射出的灯光色彩也不同，这种方法称为固定式。另一种则为变换式，即变换式调光型照明器的滤色片可以旋转，使光色依次变化。目前在水景中，更多的是使用固定式的色彩照明灯具。我国目前生产的封闭式灯具用的是无色灯泡装入金属外壳，外罩则采用不同颜色的耐热玻璃，而耐热玻璃与灯具之间用密封橡胶圈密封。同时灯具内还可安装不同光束角的封闭式水下灯泡，可以得到不同光强、不同光束的照明效果。

(2) 风景园林灯具照明方式

① 上投照明 灯光从下往上照射，与白天日光照射的方向相反，容易吸引人的注意。上投照明的灯具应设在隐蔽处，以免影响观赏效果。园林中大量应用的埋地灯就常作此种照明。多强调乔木、雕像等，如需要强调树木的浓密树冠，则可在距离树木不远处安装上投式照明灯。可以用来表现树木的雕塑质感，有时也可用于突出某一段墙面或小品（图7-9）。

图7-9　上投照明

图 7-10 下投照明

② 下投照明 采用下射照明可突出被照物的某一特征。下投照明的灯泡功率低,为防止产生眩光,可采用带磨砂玻璃的灯泡(图7-10)。

③ 重点照明 是用定向灯光强调个别物体,如植物、花卉等,以及焦点景观或其他景观,使它们突出于周围环境。上投照明、下投照明等都可用于重点照明,即选用亮度相对较大的光源,使其光束集中照射到被照对象上,就可获得重点照明的效果。但应避免光源亮度过大而造成景物表面颜色淡化,或被照物体在其附近造成阴影。

(3) 风景园林光源与灯具的选择

① 光源的选择 目前在风景园林景观的园路照明中,主要运用太阳能灯具,而其光源如为小功率的灯具,则常采用 LED 等,但在主要园路两侧,则采用金属卤化物灯作为光源。这种光源显色性高、寿命长、灯效高,但往往其初期投资较高。

由于风景园林道路具有多种形式与要求,因而应针对不同的类型的园路有所选择。对于园区主干道应以有足够的亮度为主,同时应注意眩光。一般杆高 2.5~3m,灯具间隔 20m。游憩小路则应营造一种静谧的气氛。小路宽 <5m,灯具间隔一般在 15m 为宜。绿地内小径一般宽 2m 左右,建议可选 800mm 的草坪灯、埋地灯。光源宜选 LED 灯。

一般来说,草坪灯选择节能灯,而对于古树或一些造型别致或需要进行特殊照明的树木、灌木丛等可用投光灯或定点的泛光照明。

广场是风景园林景观中人流集中或疏散的地点。其照明要满足人们活动的需要,常在广场周围安装发光效率高的高杆直射光源。

风景园林中的建筑照明,目前常采用泛光照明以及运用光纤、光导管等形式。LED 是主要光源。轮廓照明则是主要照明形式。它们的电压低且光源的发热量小,使风景园林建筑不仅在夜幕下展现其迷人的景色,并使一些古老建筑得以保护。

对于植物包括树木、花卉以及草地、灌木等,如需真实地反映植物的本色,则应选用显色指数高的光源;如要对重点部分强调,则可用强光突出,而将其他部分略暗处理,但需注意与周围的景色相融合。采用遮光罩可以防止眩光。

② 灯具的选择 照明设计中很重要的一步是照明灯具的选择。对于园林景观而言,由于景观的多样性,因而:

——要求灯具的选择应符合其造景功能的需要,应与周围环境相和谐,应注意灯具的隐蔽,特别应注意灯具在白天的效果,即应避免对主体景物的干扰。

——在满足造景的前提下,应尽量选用节能灯具。选择新能源,如太阳能,LED,光纤等。小型灯具、嵌入式灯具将会在园林景观设计中大量应用。

——注意安全,选用低电压灯具,同时应根据不同的运用场合,选用相应 IP 等级的灯具。

7.1.4 风景园林景观装饰照明

风景园林景观中,由于其造园元素众多,如建筑、小品、植物、假山、水景等,因而形成了一些独特的装饰照明形式。它们的特点是将设计手法与灯具、光源巧妙地结合起来,同时灯具使用的安全性也是必须考虑的问题。现一般均采用低压供电电源。

(1) 轮廓照明

轮廓照明是广泛运用于风景园林景观照明设计中的照明方式之一,它采用线状光源或由点状光源所组成的线形来勾勒出各种风景园林构筑物的结构、装饰物的线条等。比较适用于较大型的风景园林构筑物,而不适用于照明小型纪念物、雕塑等。但如用于古典园林建筑、风景园林中的小桥等的照明中，却能收到极好的效果。此种照明方式的安装维护费用较大，同时由于沿园林构筑物的轮廓布置灯具，如处理不当，则会影响构筑物白天的景观。

常用光源有霓虹灯、美耐灯、发光二极管(LED)光带、场致发光(EL)光带、光纤照明系统等。

(2) 自发光照明

自发光照明指由能创造独立的发光效果的光源的光线所组成的照明方式。常见的自发光光源除了美耐灯、霓虹灯、LED、光纤等外，还有激光、全息图技术、探照灯等。它们共同的特点是可塑性强，可以组合成各种形体、文字、图形，可以通过编程和照明控制的手段达到动态照明的效果。

①激光　利用激光作为风景园林景观照明是近年来高科技运用的结果。激光的光束会聚性强，利用视觉的暂留，以足够快的速度移动激光束。在使用激光照明时，最重要的是使用的安全性。目前尚无有关公共场合使用激光设备安全性的国际标准，因而使用时应查询当地的有关规范。按照规范，建议激光设备至少放在距离地面2.6m以上的高度，避免射向观众而产生危险。

②全息图技术　于1962年出现，全息过程使一个对象非常好地再现一个轮廓鲜明的三维图像。但由于技术上的种种限制以及高昂的造价，因而尚不能广泛应用。

③探照灯　由于探照灯光束强、亮度高，在夜晚的可见性好，目前有人利用它的强光束在夜空中形成各种图案，极具动态变化，尤其可增加节日气氛，但应防止光污染。

(3) 月光照明

这室外空间照明中最自然的一种手法。常借助安装在树上合适位置的灯具，使其一部分灯具向上照射，将树叶照亮；一部分灯具向下照射，以产生斑驳的光影。两者共同形成好似月光照射树木一般的夜间景色。

月光照明可用于种植物的照明，以突出植物造型与色彩；休憩区能创造出浪漫的气氛；当照射到水体时，会使流水波光粼粼，水面似洒了银色的光辉等。如在休憩区运用月光照明，可在树凳、长椅等上形成斑驳树影，平添一番浪漫情趣。

(4) 水景照明

水景照明是风景园林景观独有的照明形式，无论是动态的或是静态的水景，都是风景园林师着力之处。作为水景照明，根据其灯具设置的位置可分为水上照明、水下照明及水面照明。

水上照明　是在水面附近的构筑物或植物上安装照明灯具，这种方式使水面有较均匀的照度分布。常用水上泛光灯安置在树丛或附近建筑物上。

水下照明　是指照明灯具安装在水面之下。这种方式对灯具的要求除了具有防水、安全的考虑之外，还需要防腐蚀以及抵抗波浪等外界机械冲击的措施。

水面照明　是指灯具与浮动水面上的物体的托浮作用，使灯具漂浮在水面上，从水面上向下照亮水中景物，灯具上方常带有遮光板，以防止眩光对人眼视觉的损害。对灯具的要求与水下照明相同。

不同的水景灯具安装的位置有所不同，如对于流水或落水，灯具应安装在水流下落处；对于落差比较小的跌水，每一阶梯底部必须装有照明，而线状光源如荧光灯、线状的卤素灯等最适用于此种场合；对于静水水面，如池塘、湖面等可以通过岸上的投光灯直接照射水面或装在水下的投光灯照射，都可得到理想的照明效果。

对于喷泉，其照明器的安装与喷泉的喷水形状有关(图7-11)。

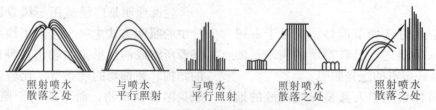

图7-11　喷泉的形状和灯具照射方向

喷泉照明的灯具应放在喷水嘴周围、喷水端部水花散落处，一般安装在水下 30～100mm 处为宜。在水面上设置灯具时必须选取既可观赏喷泉，又不会受到眩光影响的位置。

一般而言，当周围环境亮度较大时，喷水端部的照度为 100～200lx；而当周围环境较暗时，喷水端部的照度减少为 50～100lx。

光纤灯用于水景照明已有广泛应用，它较之水下灯有着不可替代的优点。据报道，在有的旱喷泉中，一个 150W 的光源发生器可带 7 个发光点，即可替代 7 个水下灯（水下灯具每套为 80W），每个发光点能随意变换 7 种颜色，这是一般水下灯难以做到的。所应用的光纤直径为 14mm，就其输出端直径也仅 30mm，减少了施工的难度。同时由于光纤在水下，而其光源不在水中，这样大大提高了使用的安全性。

水幕或瀑布照明灯具应安装在水流下落处的底部。静止的水面或流速缓慢的流水可采用窄束投光探照灯照明，以在灯光下呈现波光粼粼的景象。

7.2 风景园林照明电气设计

7.2.1 供电基本概念

7.2.1.1 电能的传输

工农业所需的电能通常都由发电厂供给，而大中型发电厂一般都建筑在蕴藏能源比较集中的地区，距离用电地区往往是几十千米、几百千米乃至 1000km 以上。

发电厂、电力网和用电设备组成的统一体称为电力系统。电力网是电力系统的一部分，它包括变电所、配电所以及各种电压等级的电力线路。其中变、配电所是为了实现电能的经济输送以及满足用电设备对供电质量的要求，以对发电机的端电压进行多次变换而进行电能接受、变换电压和分配电能的场所。根据任务不同，将低电压变为高电压称为升压变电所，它一般建在发电厂厂区内。而将高电压变换到合适的电压等级，则为降压变电所，它一般建在靠近电能用户的中心地点。

单纯用来接受和分配电能而不改变电压的场所称为配电所，可建于室内或室外。

从发电厂到用户的输配电过程如图 7-12 所示。

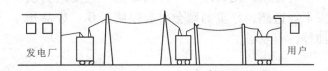
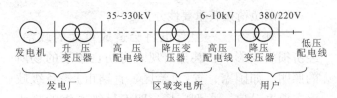

图 7-12　从发电厂到用户的输配电过程示意

7.2.1.2 照明线路供电电压

根据我国规定，交流电力网的额定电压等级有 220V，380V，3kV，6kV，10kV，35kV，110kV，220kV 等。

习惯上把 1kV 及以上的电压称为高压，1kV 以下的称为低压。但需特别提出的是所谓低压只是相对高压而言，决不说明它对人身没有危险。一般城镇工业与民用用电均由 380/220V 三相四线制供电。在低压范围的标准等级有 500V，380V，220V，127V，110V，36V，24V，12V 等。36V 以下为安全电压。

7.2.1.3 照明用电质量要求

照明对电压质量的要求主要是电压偏移和电压波动。

(1) 电压偏移

电压偏移是指系统在正常运行方式下，各点实际电压与标称电压的偏差，用百分数表示。有关设计规范规定，灯具的端电压其允许电压偏移值应不超过额定电压的 105%，也不低于额定电压的下列数值：①对视觉要求较高的室内照明为 97.5%；②一般工作场所的照明、室外工作场所照明为 95%，但距离变电所较远的工作场所可允许降低到 90%。

(2) 电压波动

电压波动是指电压的快速变化。冲击性负载的变化会引起电压波动。电压变化速度不低于0.2%/s称为电压波动。电压波动能引起电光源光通量的波动，使人眼有一种闪烁感。轻度的会引发不舒适感，严重的则会引起眼睛受伤、废品增加等，应限制。

7.2.1.4 照明负荷分级

照明负荷按其重要性分为三级：

一级负荷 一旦停电将会造成重大的政治、经济损失与影响，甚至出现人身伤亡事故的场所的照明。如国家、省（自治区、直辖市）等各级政府主要办公室、大型广场、四五星级宾馆的高级客房、医院的手术照明、大型室外游园活动等。一级负荷应有备用照明、安全照明以及疏散标志照明。为确保一级负荷，应有两个相互独立且确保不会同时停电的电源供电。

二级负荷 一旦停电将会造成一定的政治、经济损失与影响的公共场所的照明，如省（自治区、直辖市）图书馆的阅览室照明、高层住宅的电梯照明、娱乐场所等的照明。应做到尽量不中断供电或一旦中断供电后能迅速恢复电力供应。

三级负荷 除了一、二类以外的负荷，三级负荷由单电源供电即可。

7.2.2 供电方式选择

我国照明供电方式一般采用380/220V三相四线中性点直接接地的交流网络供电。一般照明与动力用电共用变压器，二次侧电压为380/220V作为正常照明的供电电压。

(1) 单变压器变电所供电

电源来自两个单变压器变电所，并且两个变压器电源是互相独立的高压电源。

(2) 双变压器变电供电

电源来自双变压器变电所，两台变压器的电源是独立的，设有联络开关。

(3) 特别重要负荷的供电方式

这种供电方式是由两个独立电源的变压器供电，低压母线设联络开关可自动投入，工作照明及应急照明分别接在不同的低压母线上，并设独立的第三电源。

7.2.3 照明配电系统

7.2.3.1 照明供电网络

照明供电网络主要是指照明电源从低压配电屏到用户配电箱之间的接线方式，主要由馈电线、干线、分支线及配电盘组成。汇集支线接入干线的配电装置称为配电箱，汇集干线接入总进户线的配电装置称为总配电箱。馈电线是将电能从变电所低压配电屏送到区域（或用户）总配电箱（柜）的线路；干线是将电能从总配电箱（柜）送到各分照明配电箱的线路；分支线是将电能从各分配电箱送至各用户配电箱的线路（图7-13）。

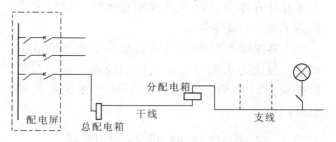

图7-13 照明供电网络的组成

7.2.3.2 常见配电方式

配电方式有多种，可根据实际情况进行选择，而基本的配电方式有放射式、树干式以及混合式（图7-14）。

放射式 采用导线较多，使有色金属消耗加大，投资大。但当供电线路发生故障时，影响停电的范围较小。

树干式 其主要优点是导线消耗量小。

混合式 是放射式与树干式混合使用的方式。这种供电方式可根据配电箱的位置、容量、线路走向进行综合考虑，故这种方式运用较多。在园林景观设计中应根据具体情况以及实际投资状况来选择。

灯具一般由照明配电箱以单相支线供电，但也可以二相或三相的分支线对许多灯供电（灯分别接于各相上），采用两相三线或三相四线供电能减

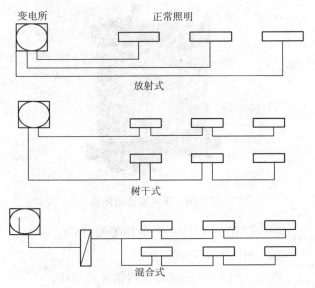

图 7-14 基本配电方式

少线路电压损耗,对气体放电灯能减少光通量的波动。

每个分配电箱和线路上各相负荷分配尽量平衡。室外灯具较多时,应采用三相供电,各个灯分别接到不同的相线上。

现一般民用建筑使用三相五线(图 7-15)。

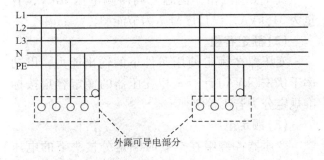

图 7-15 三相五线制供电系统

7.2.4 风景园林景观用电量的估算

风景园林景观用电量分为动力用电和照明用电,即

$$S_{总} = S_{动} + S_{照}$$

式中 $S_{总}$——风景园林景观用电计算总容量,kW;
$S_{动}$——动力设备所需总容量;
$S_{照}$——照明用电计算总容量。

(1) 动力用电估算

风景园林景观的动力用电具有较强的季节性和间歇性。因而在作动力用电估算时应考虑这些因素。其动力用电估算常可用下式进行计算:

$$S_{动} = K_c \frac{\sum P_{动}}{\eta \cos\varphi}$$

式中 $\sum P_{动}$——各动力设备铭牌上额定功率的总和,kW;
η——动力设备的平均效率,一般可取 0.86;
$\cos\varphi$——各类动力设备的功率因数,一般为 $0.6 \sim 0.95$,计算时可取 0.75;
K_c——各类动力设备的需要系数。由于各台设备不一定都同时满负荷运行,因此计算容量时需打一折扣,此系数大小具体可查有关设计手册,估算时可取 $K_c = 0.5 \sim 0.75$(一般可取 0.70)。

(2) 风景园林景观照明用电估算

照明设备的容量,在初步设计中可按不同性质建筑物的单位面积照明容量法(W/m^2)来估计:

$$P = S \times W/1000$$

式中 P——照明设备容量,kW;
S——建筑物平面面积,m^2;
W——单位容量,W/m^2。

表 7-10 列出了各种建筑的单位容量。

其估算方法为:依据工程设计的建筑物名称,查表 7-10(或有关手册),得单位建筑面积耗电量,将此值乘以该建筑物面积,其结果即为该建筑物照明供电估算负荷。

动力用电量和照明总用电量之和即为总用电量。

表 7-10 单位建筑面积照明容量 W/m^2

建筑名称	功率指标	建筑名称	功率指标
一般住宅	10~15	锅炉房	7~9
高级住宅	12~18	变配电所	8~12
办公室、会议室	10~15	水泵房、空压站房	6~9
设计室、打字室	12~18	材料库	4~7
商店	12~15	机修车间	7.5~9
餐厅、食堂	10~13	游泳池	50
图书馆、阅览室	8~15	警卫照明	3~4
俱乐部(不包括舞台灯光)	10~13	广场、车站	0.5~1
托儿所、幼儿园	9~12	公园路灯照明	3~4
厕所、浴室、更衣室	6~8	汽车道	4~5
汽车库	7~10	人行道	2~3

7.2.5 变压器选择

7.2.5.1 变压器的铭牌数据

变压器是把交流电压变高或变低的电气设备,其种类多、用途广泛,在此只介绍配电变压器。

我们选用一台变压器时,最主要的是注意它的电压以及容量等参数。变压器的外壳一般均附有铭牌,上面标有变压器在额定工作状态下的性能指标。在使用变压器时,必须遵照铭牌上的规定,表7-11为变压器实例。

图7-16 干式变压器外形

表7-11 电力变压器铭牌

分接位置	高压 V	高压 A	低压 V	低压 A	阻抗 %
1	10500				
2	10000		400		
3	9500				

标准代号	GB6451.1—86	产品代号	1GB.710.2226
产品型号		出厂序号	
额定容量		额定电压	10 000V±5%/400V
额定频率	50Hz	相 数	3相
短路阻抗		绝缘水平	LI 75 AC 35
联结绕组标号	Y,yn0	冷却方式	ONAN
使用条件	户外		
器身重量		油重	总重
中华人民共和国		制造	年 月

目前在风景园林工程的35kV的电力和配电系统中,常选用损耗低、安装简化、无污染、能阻燃防火并可直接安装在负荷中心的干式变压器。其外形见图7-16。

(1) 型号

其型号命名方法为:SC(B)□—□/□

其中:S——三相变压器;

C——树脂绝缘;

(B)——低压箔式绕组。

第一个□——设计序号,为性能水平代号;

第二个□——额定容量(kVA);

第三个□——电压等级(kV)。

如:SC(B)9—100/10

其中:SC——三相环氧树脂浇注绝缘;

9——性能水平代号;

100——容量为100kVA;

10——额定高压侧电压为10kV。

一般电力变压器型号表示方法为:

基本型号+设计序号—额定容量(kVA)、高压侧电压(kV)。

如:S7—315/10 变压器:

其中S——三相,铜芯 高压侧电压10kV,容量为315kVA,设计序号7为节能型。

(2) 额定容量

变压器在额定使用条件下的输出能力,以功率千伏安(kVA)计。三相变压器的额定容量按标准规定分为若干等级。

(3) 额定电压

变压器各绕组在空载时额定分接头下的电压值,以伏(V)或千伏(kV)表示。一般常用的变压器,其高压侧电压为6300V,10 000V等,而低压侧电压为230V,400V等。

(4) 额定电流

额定电流表示变压器各绕组在额定负载下的电流值,以安培(A)表示。在三相变压器中,一般指线电流。

7.2.5.2 风景园林景观照明供电系统中的变压器选择

在一般情况下,公园内照明供电和动力负荷

可共用同一台变压器供电。

选择变压器时,应根据公园、绿地的总用电量的估算值和当地高压供电的线电压值来进行变压器的容量选择及变压器高压侧的电压等级确定。

在确定变压器容量的台数时,要从供电的可靠性和技术经济上的合理性综合考虑,具体可根据以下原则:

①变压器的总容量必须大于或等于该变电所的用电设备总计算负荷,即

$$S_{额} \geq S_{选用}$$

式中 $S_{额}$——变压器额定容量;

$S_{选用}$——实际的估算选用容量,kVA。

②一般变电所只选用1~2台变压器,且其单台容量一般不应超过1000kVA,尽量以750kVA为宜。这样可使变压器接近负荷中心。

③当动力和照明共用一台变压器时,若动力严重影响照明质量时,可考虑单独设一照明变压器。

④在变压器型式方面,如供一般场合使用,可选用节能型铝芯变压器。

⑤在公园绿地考虑变压器的进出线时,为不破坏景观和游人安全,应选用电缆,以直埋地方式敷设。

7.2.6 照明线路计算

在选择导线截面及各种开关元件时,都是以照明设备的计算负荷为依据的。

$$P_C = K_N P_E$$

式中 P_C——计算负荷,W;

P_E——照明设备安装容量,W;

K_N——需要系数,表明各照明负荷同时点燃的情况,见表7-12。

表7-12 各建筑的需要系数

建筑名称	需要系数(K_N)	建筑名称	需要系数(K_N)
住宅区、住宅	0.6~0.8	科研楼、教学楼	0.8~0.9
医院	0.5~0.8	大型厂房	0.8~1.0
办公楼、实验室	0.7~0.9	应急照明	1.0
室外照明	1.0		

单相线路电流计算:

$$I_C = P_C / U_P \cos\varphi$$

式中 I_C——计算电流,A;

P_C——计算负荷,W;

U_P——相电压,V。

7.2.7 保护电器的选择

保护电器包括熔断器与自动空气断路器(常称空开)。在园林景观照明系统中主要采用的形式为断路器,主要是作短路保护、欠压保护等。其选择的一般原则如下:

①断路器的额定电压不应低于网络标称电压,额定频率应符合供电网络要求。

②电器的额定电流应大于该回路的计算电流,即

$$I_{额} \geq I_{计}$$

式中 $I_{额}$——电器的额定电流,A;

$I_{计}$——该回路计算电流,A。

断路器或熔断器是指安装于配电箱(屏)内,要求上一级自动开关脱扣器的额定电流一定要大于下一级的自动开关脱扣器的额定电流。配电箱(屏)应装设在操作维护方便、远离可燃物、干燥的环境。

园林景观照明系统中常用的自动空开(断路器)的型号、规格见表7-13。

表7-13 自动空气开关技术参数 DZ47(C45N)系列断路器主要技术参数

	额定电流	类型(极数)	电压(V)	分断能力(A)
DZ47(C45N-2) GB10963 IEC898	1、3、5、10、15、20、25、32、40	1P	240	6000
		2、3、4P	415	6000
	50、60	1P	240	4000
		2、3、4P	415	4000
DZ47(C45N-4) GB10963 IEC898	1、3、5、10、15、20、25、32、40	1P	240	4000
		2、3、4P	415	4000

注:适用于交流50Hz(或60Hz),额定工作电压为单相240V,三相240、415V及以下,额定电流60A的照明配电系统或电机配电系统的短路和过载保护。

NC100 系列断路器主要技术参数

	额定电流(A)	极数(P)	额定电压(V)	额定短路分断能力(A)(试验线路预期电流)
NC100 GB14048.2 IEC60947-2	50,63,80, 100,125	1	230/400	10000
		2,3,4	230/400	10000
		2,3,4	400	10000

NC100 系列具有短路保护、过载保护。NC100C/D 其中 C/D 为用途代号。C 为配电系统用,D 为电动机保护用。

7.2.8 配电导线选择

风景园林景观照明设计中,导线的选择主要是导线的型号选择、导线截面选择以及绝缘导线、电缆敷设。

(1)导线型号选择

按其电压分 有 1kV 以下交直流线路用的低压导线和 1kV 以上交直流线路用的高压导线。目前,对建筑物的配电一般均采用三相交流 380/220V,中性点接地的三相五线制配电系统,故线路导线应采用 500V 以下的低压绝缘线或电缆。

按材料分 有铝芯及铜芯两种。

按制造分 有单股及多股。

在设计中主要考虑环境条件、运行方法和经济、可靠性的要求。在园林景观照明设计中,从发展以及可靠性上,选用铜芯线。一些临时的设施可采用铝芯线。

常用的照明线路的电线型式有 橡皮绝缘铜芯(铝芯)导线;塑料绝缘铜芯(铝芯)导线 BV(BLV);橡皮绝缘、氯丁橡胶护套铜(铝)芯电线 BXF(BLXF);见表 7-16。

照明线路用电缆 聚氯乙烯绝缘、聚氯乙烯护套铜芯(铝芯)电力电缆 VV(VLV)。

电缆型号后面还有下标,表示其铠装层的情况。如园林景观照明系统中常用的电力电缆 VV_{22},表示聚氯乙烯绝缘、聚氯乙烯护套内钢带铠装铜芯电力电缆。当该电缆埋在地下时,能承受机械外力作用,但不能承受大的拉力。具体见表 7-14。

在电缆的选择上要注意电缆线芯标称截面规格,即电缆主芯线与中线线芯的配伍,具体见表 7-15。

表 7-14　1kV 聚氯乙烯绝缘无铠装电缆载流量(埋地敷设)
电缆型号 VV

导线截面 (mm²)	土壤热阻系数 $g=80℃·cm/W$	土壤热阻系数 $g=80℃·cm/W$	土壤热阻系数 $g=80℃·cm/W$	土壤热阻系数 $g=80℃·cm/W$
	单芯	二芯	三芯	四芯
2.5	45	35	30	
4	61	45	39	
6	77	57	49	48
10	103	76	66	65
16	138	101	86	65
25	183	131	115	111
35	221	156	141	139
50	272	192	171	170
70	333	235	210	208
95	392	280	219	208
120	451	320	283	249
150	516	365	326	285
185	572		421	

表 7-15　聚氯乙烯绝缘电力电缆线芯标称截面规格

电缆主线芯截 面(mm²)	2.5	4	6	10	16	25	35	50
中性线线芯截 面(mm²)	1.5	2.5	4	6	10	16	16	25
电缆主线芯截 面(mm²)	70	95	120	150	185			
中性线线芯截 面(mm²)	35	50	70	70	95			

(2)导线截面选择

①按安全载流量选择 即按导线允许温升选择,在最大允许连续负荷电流通过的情况下,导线发热不超过线芯所允许的温度。选用时导线的允许载流量必须大于或等于线路中的计算电流值。

②按机械强度选择 在正常工作状态下,导线应有足够的机械强度以防断线,保证安全可靠的电力供应。如室外铜芯线,在距离小于 6m 时,导线的最小允许截面为 2.5mm²;而当距离加大到 25m 时,则导线的最小允许截面为 6mm²。具体可查相关手册。

③按允许电压损失选择 导线上的电压损失应低于最大允许值,以保证供电质量。

表 7-16 500V 铜芯绝缘导线长期连续负荷允许载流量表
橡皮绝缘导线多根同穿在一根管内时允许负荷电流（A）

导线截面 (mm²)	线芯结构		成品外径 (mm)	25℃		导线明敷设 30℃	
	股数	单芯直径 (mm)		橡皮	塑料	橡皮	塑料
1.0	1	1.13	4.4	21	19	20	18
1.5	1	1.37	4.6	27	24	25	22
2.5	1	1.76	5.0	35	32	33	30
4.0	1	2.24	5.5	45	42	42	39
6.0	1	2.73	6.2	58	55	54	51
10	7	1.33	7.8	85	75	79	70
16	7	1.68	8.8	110	105	103	98
25	19	1.28	10.6	145	138	135	128
35	19	1.51	11.8	180	170	168	159
50	19	1.81	13.8	230	215	215	201
70	49	1.33	17.3	285	265	266	248
95	84	1.20	20.8	345	320	322	304
120	133	1.08	21.7	400	375	374	350
150	37	2.24	22.0	470	430	440	402
185				540	490	504	458

橡皮绝缘导线多根同穿在一根管内时允许负荷电流（A）（续）

25℃						30℃					
穿金属管			穿塑料管			穿金属管			穿塑料管		
2根	3根	4根	2根	3根	4根	2根	3根	4根	2根	3根	4根
15	14	12	13	12	11	14	13	11	12	11	10
20	18	17	17	16	14	19	17	16	16	15	13
28	25	23	25	22	20	26	23	22	23	21	19
37	33	31	33	30	26	35	31	28	31	28	24
49	43	39	43	38	34	46	40	36	40	36	32
68	60	53	59	52	46	64	56	50	55	49	43
86	77	69	76	68	60	80	72	65	71	64	56
113	100	90	100	90	80	106	94	84	94	84	75
140	122	110	125	110	98	131	114	103	117	103	92
175	154	137	160	140	123	163	144	128	150	131	115
215	193	173	195	175	155	201	180	162	182	163	145
260	235	210	240	215	195	241	220	197	224	201	182
300	270	245	278	250	227	280	252	229	260	234	212
340	310	280	320	290	265	318	290	262	299	271	248
385	355	320	360	330	300	359	331	299	336	308	280

塑料绝缘导线多根同穿一根管内时允许负荷电流（A）（续）

	25°C						30°C					
	穿金属管			穿塑料管			穿金属管			穿塑料管		
	2根	3根	4根	2根	3根	4根	2根	3根	4根	2根	3根	4根
14	13	11	12	11	10	13	12	10	11	10	9
19	17	16	16	15	13	18	16	15	15	14	12
26	24	22	24	21	19	24	22	21	22	20	18
35	31	28	31	28	25	33	29	26	29	26	23
47	41	37	41	36	32	44	38	35	38	34	30
65	57	50	56	49	44	61	53	47	52	46	41
82	73	65	72	65	57	77	68	61	67	61	53
107	95	85	95	85	75	100	89	80	89	80	70
133	115	105	120	105	93	124	107	98	112	98	87
165	146	130	150	132	117	154	136	121	140	123	109
205	183	165	185	167	148	192	171	154	173	156	138
250	225	200	230	205	185	234	210	200	215	192	173
285	266	230	265	240	215	266	248	215	248	224	201
320	295	270	305	280	250	299	276	252	285	262	234
380	340	300	355	375	280	355	317	280	331	289	261

(3) 绝缘导线、电缆的敷设

通常对导线型式和敷设方式一并考虑。导线敷设方式的选择主要是考虑安全、经济与美观。室内常见的有明敷、穿管和暗敷。最常用的是穿管。

在风景园林景观照明系统中常用的室外电缆敷设方式是直埋地敷设电缆，具体应由专业人员施工。

7.3 风景园林照明设计步骤与实例

7.3.1 风景园林照明设计步骤

7.3.1.1 步骤

(1) 收集资料

收集资料包括甲方对照明的要求、电源情况、供电能力、从何处引进、引进方式以及气象、是否是雷击区、土壤资料等，以确定电源供给点。

风景园林景观电力来源，常见的有以下几种：

①借用就近现有变压器，但必须注意该变压器的多余容量是否能满足新增园林绿地中备用电设施的需要，且变压器的安装地点与公园绿地用电中心之间的距离不宜太长。中小型公园绿地的电源供给常采用此法。

②利用附近的高压电力网，向供电局申请安装供电变压器，一般用电量较大（70~80kW以上）的公园绿地最好采用此种方式供电。

③如果公园绿地（特别是风景区）离现有电源太远或当地电源供电能力不足，可自行设立小发电站或发电机组以满足需要。

(2) 根据风景园林规划设计平面图估算照明用电量

如有动力设备，应将其估算进估算用电量，作为建设单位向供电部门申请的数据。一般情况下，当园林景观用地独立设置变压器时，需向供电局申请安装变压器。在选择地点时，应尽量靠近高压电源，以减少高压进线的长度。同时，应尽量设在负荷中心或发展负荷中心。

(3) 了解规划设计的方案与创意，确定表现方法如投光照明、轮廓照明、动感照明等

确定灯具类型、功率、数量和布置方式。如投光灯具的安装位置、园路照明灯具的选择等。还应考虑被照物的性质，确定光源的光色等。

(4) 尽量选择绿色照明

在考虑光源的选择时，首先应考虑在满足用电点的照度要求的条件下，尽量选用低能耗的绿色照明。

(5) 确定配电箱的数量及位置

对于一些大型公园、游乐场、风景区等其用电负荷大的场所，常需要独立设置变电所，其主结线可根据其变压器的容量进行选择，具体设计应由电力部门的专业电气人员设计。

(6) 确定负荷，选择导线和配电箱

(7) 选择变压器

(8) 绘制照明平面布置图

(9) 绘制电气系统图

(10) 编制说明书

7.3.1.2 配电线路的布置

风景园林绿地布置配电线路时，要全面统筹安排考虑，应遵循以下原则：经济合理、使用维修方便；不影响风景园林景观；从供电点到用电点，要尽量选取最短距离，以直线为好，并尽量敷设在道路一侧，但不要影响周围建筑及景色和交通；地势越平坦越好，要尽量避开积水和水淹地区，避开山洪或潮水起落地带。在各具体用电点，要考虑到将来发展的需要，留足接头和插口，尽量经过能开展活动的地段。因而，对于用电问题，应在风景园林绿地平面设计时作出全面安排。

线路敷设形式可分为两大类：架空线和地下电缆。架空线工程简单，投资费用少，易于检修。但影响景观，妨碍种植，安全性差；而地下电缆的优缺点正与架空线相反。目前在公园绿地中都尽量采用埋地电缆，尽管它一次性投资大些，但从长远的观点和发挥园林功能的角度出发，尚经济合理。架空线仅常用于电源进线侧或在绿地周边不影响风景园林景观处，而在绿地内部一般均采用地下电缆。当然，最终采用什么样的线路敷设形式，应根据具体条件，进行技术经济的评估之后确定。

7.3.1.3 绘制施工图

绘制施工图主要任务是具体选择各种电气设

备的外形和型号。设计人员在从事这项工作时应了解电气设备安装的位置及周边条件。风景园林的电气施工图一般包括：

(1) 平面图

①照明平面图

室内部分　应有土建的专业平面图以及建筑的平面轮廓。在平面图中应标注进户线位置、配电箱、灯具、插座等位置；线路的连接及走向。

室外部分　应有室外环境平面图，设计者应根据风景园林景观的要求，分别将灯的位置标注在图上。并有线路的连接及走向。

②电力平面图　主要是指大功率的动力设备以及电力供应的情况，在园林景观中一般应由专业电气人员进行设计。

(2) 系统图

在风景园林设计中，系统图主要包括照明系统图和电力系统图。

①照明系统图　又称为配电系统图，系统图中以虚线框成的范围为一个配电箱或配电盘，并进行编号。配电干线或支线应标明导线种类、根数、截面、穿管管材和管径，有的应标明敷设方法，还应标明线路的安装容量。

②电力系统图　其内容和深度同照明配电系统图，一般简单工程不出此图。在风景园林的照明设计中，一般也不出此图。

7.3.2　风景园林照明设计实例

（表7-17，图7-17，图7-18）

表7-17　材　料　表

图例	名称	防护等级	光源类型	光源功率(W)	数量(个)
□	庭园灯	IP65	节能灯	43	64(白光)
⬠	埋地射灯1——道路指引	IP67	节能灯	13	40(白光)，11(黄光)，
◆	埋地射灯2——投射物体	IP67	节能灯	27	139(白光)，35(黄光)，16(蓝光)
▣	泛光灯——照树池、树	IP65	金卤灯	75	18(黄光)，7(蓝光)
■	小射灯	IP65	金卤灯	75	11(黄光)
▥	节能灯管	IP54	节能灯	27	16(蓝光)，78(黄光)，38(白光) 7(绿光)，红光、紫光各1盏
▨	投光灯——照大树	IP65	金卤灯	125	2(黄光)，3(红光)，29(白光)
▩	投光灯——照大树(大功率)	IP65	金卤灯	175	4(黄光)，15(白光)
⊕	水底射灯	IP68	MR16型灯泡(蓝光，工作电压为24V，需连接室外变压器)	50	18(蓝光)，42(黄光)，7(白光)
⊢	日光灯管	IP54		45	40(白光)
⊙	草坪灯	IP65	节能灯	27	62(白光)
⬥	筒灯	IP65	节能灯	13	293(黄光)
⊠	吊灯1	IP65	节能灯	13	32(黄光)
●	吊灯2	IP65	节能灯	45	3(黄光)
✱	LED埋地灯	IP65		10	7(蓝光)
⊤	壁灯	IP65	节能灯	13	4(黄光)
○	LED球灯	IP65	节能灯	15	3(白光)
✲	蘑菇型草坪灯	IP65	节能灯	13	16(黄光)
▨	水下灯变压器(220V/24V 功率见系统)				6(套)

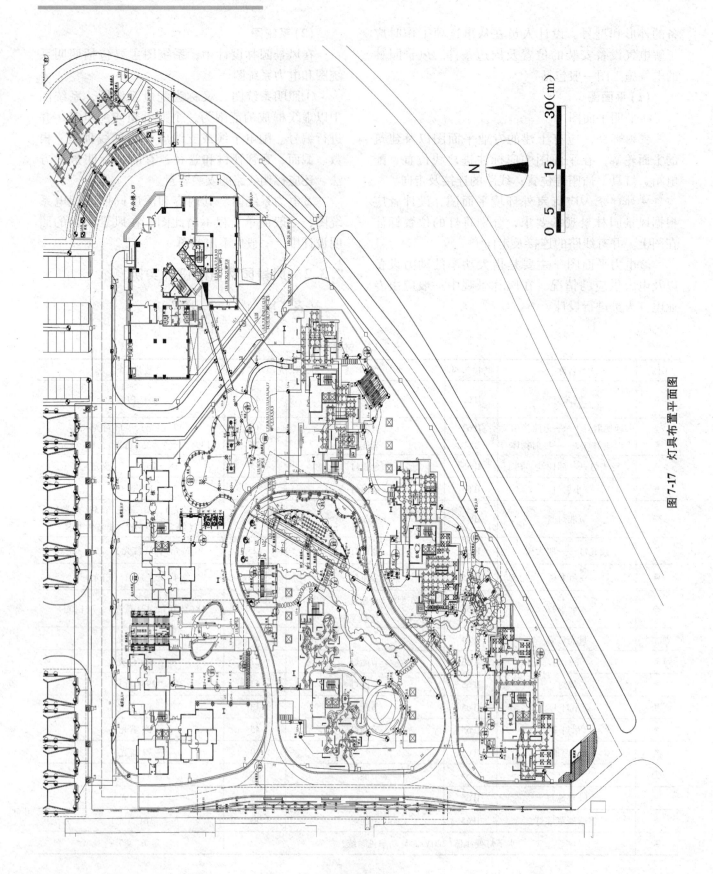

图 7-17 灯具布置平面图

7.3 风景园林照明设计步骤与实例

主开关	支路开关	回路	电缆	负载说明
	C45N-4/4P.10A	L1	VV₂₂-4*4	L1-a 投光灯(桥) 1.0kW / L1-b 白炽灯管 0.9kW
	C45N-4/4P.30A	L2	VV₂₂-5*4	投光灯(北入口) 10kW
	C45N-4/4P.36A	L3	VV₂₂-5*4	埋地射灯(北入口草坡) 18kW
	C45N-4/4P.10A	L4	VV₂₂-4*4	L4-a 庭院灯+埋地射灯1+草坪灯 0.9kW / L4-b 埋地射灯2+投光灯 0.9kW
	C45N-4/4P.10A	L5	VV₂₂-2*4+2*6	L5-a LED埋地灯+庭院灯+节能灯管 1.0kW / L5-b 泛光灯+LED球灯+吊灯2+节能灯管 1.0kW
	C45N-4/4P.16A	L6	BV-5*2.5	筒灯+吊灯(一、二、三号楼) 5.3kW
YJV5*10 SC50 FC	C45N-4/4P.10A	L7	VV₂₂-4*6	L7-a 小射灯+节能灯管 0.7kW / L7-b 埋地射灯2+草坪灯 0.7kW
电源暂定引自AP箱 NS100-50A/3P	C45N-4/4P.10A	L8	VV₂₂-4*6	L8-a 投光灯 0.8kW / L8-b 草坪灯+小射灯+埋地射灯1+节能灯管
	C45N-4/4P.30A	L9	VV₂₂-2*4+2*6	L9-a 蘑菇型草坪灯+埋地射灯1+节能灯管 / L9-b 埋地射灯2+节能灯管 0.9kW
	C45N-4/4P.10A	L10	VV₂₂-4*6	L10-a 日光灯管 0.4kW / L10-b 埋地射灯2+节能灯管 0.4kW
	C45N-4/4P.10A	L11	VV₂₂-3*4	水底灯 0.4kW
	C45N-4/4P.10A	L12	VV₂₂-3*4	水底灯(月池喷泉) 1.5kW
	C45N-4/4P.10A	L13	VV₂₂-3*4	水底灯(与波光喷泉配套) 预留0.8kW
	C45N-4/4P.10A	L14	VV₂₂-4*4	L14-a 四号楼筒灯+吊灯 0.9kW / L14-b 投光灯 0.9kW
	C45N-4/4P.10A	L15	VV₂₂-4*6	L15-a 投光灯+埋地射灯2+节能灯管 1.7kW / L15-b 草坪灯+埋地射灯1、2蘑菇型草坪灯
	C45N-4/4P.10A	L16	VV₂₂-3*4	庭院灯(内) 2.0kW
	C45N-4/4P.16A	L17	VV₂₂-5*2.5	泛光灯(挡土墙) 6.3kW
	C45N-4/4P.10A	L18	VV₂₂-3*4	庭院灯(外) 1.1kW
	C45N-4/4P.10A	L19	VV₂₂-4*4	埋地射灯2+泛光灯(综合楼前 水池) 1.5kW
	C45N-4/4P.10A	L20	VV₂₂-3*4	水底灯(综合楼前石块照明) 0.8kW
	C45N-4/4P.10A	L21	VV₂₂-3*4	水底灯(综合楼前喷泉照明) 0.4kW
	DPN+ViGi-16A 0.03A			备用

AL

AL电气系统图

说明：照明线路L1,4,5,7,8,9,10,1

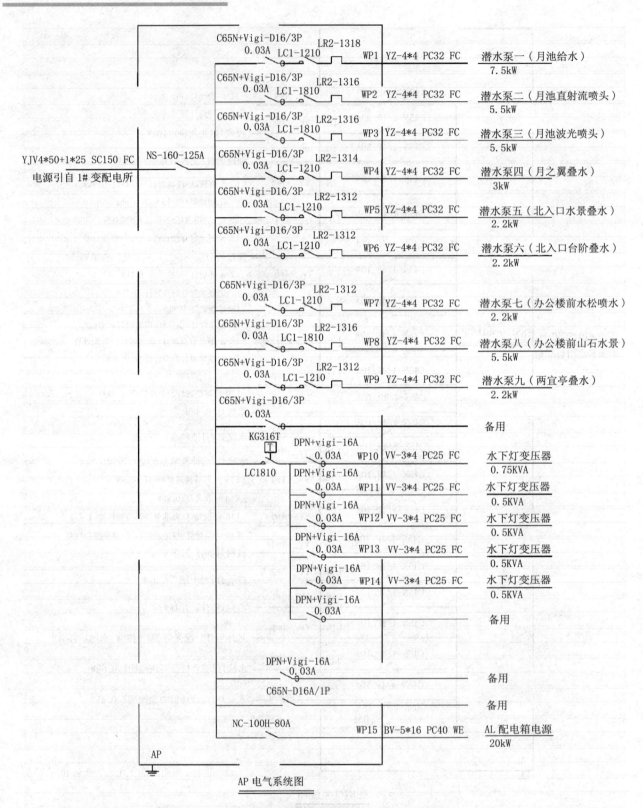

注：如水景泵功率变化 AP 电气系统图应作相应变动。

图 7-18　电气系统

第 8 章
风景园林机械

机械化生产是提高生产效率，加快工程建设进度的重要手段。机械化生产是我国风景园林事业中较为薄弱的一个方面。近年来各地园林工作者创造和引用了多种生产机械和工具，改变了风景园林建设的面貌。但由于风景园林事业的飞速发展，风景园林建设水平的不断提高，目前的机械化程度还不能完全适应风景园林建设的要求，还需要更多更好的机械，使风景园林建设从笨重的手工操作中逐步、彻底地解放出来，以适应城市风景园林建设事业的发展。

园林机械按其用途大致可分为四大类：园林工程机械、种植养护机械、场圃机械、保洁机械等。

(1) 园林工程机械

园林工程机械可分为土方机械、起重机械、混凝土和灰浆机械、提水机械等。

土方机械　包括铲运机、推土机、平地机、挖掘机(含挖掘装载机)、挖沟机、压实机(压路机、夯土机、羊脚碾等)等。

起重机械　包括汽车起重机、桅杆式起重机、卷扬机、少先起重机、手拉葫芦和电动葫芦等。

混凝土和灰浆机械　包括混凝土搅拌机、振动器、灰浆搅拌机、筛砂机等。

提水机械　主要指离心泵、深井泵、潜水泵、污水泵和泥浆泵等。

(2) 种植养护机械

种植养护机械可分为种植机械、整修机械、园林植物保护机械、浇灌机械等。

种植机械　包括挖坑机、开沟机、液压移植机、铺草坪机等。

整修机械　包括油锯、电锯、剪绿篱机、割草、割灌机、轧草坪机、高树修剪机、草坪打孔通气机、草坪修边机等。

植物保护机械　包括各类机动喷雾机、喷粉机、迷雾喷粉机、喷烟机和灯光诱杀虫装置等。

浇灌机械　包括喷灌机、滴灌装置、浇水车、施肥机等。

(3) 场圃机械

场圃机械可分整地机械、育苗机械、中耕抚育机械、出圃机械。

整地机械　包括各种犁和耙、旋耕机、镇压器、打垄机、筑床机等。

育苗机械　包括联合播种机、种子调制机、截条机、插条机、植苗机、容器制作机、苗木移植机等。

中耕抚育机械　包括中耕机、除草机、施肥机、切根机等。

出圃机械　包括各类苗木的起挖机、苗木分选捆包机、容器苗运输机等。

(4) 保洁机械

保洁机械包括清扫机、扫雪机、吸叶机、洒水车、吸粪车等。

本章介绍风景园林工程及种植养护机械中部分机械的用途、型号及主要技术性能，以便需要时选用。

8.1 风景园林工程机械

8.1.1 土方机械

在风景园林施工中，土方工程属工程量较大、劳动强度高的项目。采用各种型号的土方机械，并配合运输和装载机械施工，可进行土方的挖、运、填、夯、压实、平整等工作，不但可以节省大量劳动力、提高作业效率、缩短工期，而且可达到施工质量好、工程造价低的目的。土方机械的种类很多，常用的有挖掘机、推土机、铲运机、装载机、平地机等，这些机械各有一定的技术性能和合理的作业范围，土方机械的应用范围见表8-1。

表8-1 主要土方机械的应用范围表

机械名称		应用范围	最佳使用范围	优缺点
挖掘机	正铲	适用于开挖含水量不大于27%的Ⅰ～Ⅳ类土。工作面的高度一般不应小于1.5m，可以在地面或基槽底部开挖停车面以上的土。不宜在泥泞的坑洼地区工作。通常配备自卸汽车进行联合作业	①0.5m³挖掘机最佳挖掘高度为1.5～5m；②1m³挖掘机最佳挖掘高度为2～6m；③挖掘机配自卸汽车工作时，最适宜的运距为80～3000m	①装车轻便灵活，回转速度快，移位方便，工作效率高；②易于控制挖掘边坡及外形尺寸；③能挖掘较坚硬的土
	反铲	多用于地面以下的挖土作业，适用于Ⅰ～Ⅲ类的砂土或黏土，开挖深度不大的基坑(槽)、沟渠及含水量不大的泥泞土。通常配备推土机或自卸汽车进行联合作业	①最大挖掘深度4～6m；②最佳挖掘深度1.5～3m	①汽车和装土均在地面上操作，省去运输道；②工作效率比正铲低
	拉铲	用于地面以下的挖土作业。适用于Ⅰ～Ⅲ类的土，开挖较深的基坑(槽)、沟渠，挖取水中的泥土以及填筑路基、修筑堤坝等。通常配备推土机或自卸汽车进行联合作业		①挖掘半径比反铲大，但不及反铲灵活；②开挖较深基坑时，汽车可在坑上装土，省去运输道
	抓铲	用于挖掘窄而深的地槽、基坑和水下挖土，也能装卸砂、卵石等散状材料		
推土机		适用于：①切土深度不大的场地平整，铲除腐殖土并运到附近的卸土区；②开挖深度不大于1.5m以内的基坑；③回填基坑(槽)、管沟；④堆筑高度在1.5m以内的路基、堤坝；⑤平整其他机械卸置的土堆；⑥推送松散的硬土、岩石和冻土，以及配合铲运机助铲，配合挖掘机平整、清理场地，维修道路等工作。推土机可以推掘Ⅰ～Ⅳ类的土壤，为提高生产率，对于Ⅲ～Ⅳ类的土应事先予以翻拨	小型履带推土机一般为50m以内；中型履带推土机为50～100m，最远不宜超过120m；大型履带推土机为50～100m，最远不宜超过150m；轮胎式推土机为50～80m，最远不宜超过150m	①操作灵活运转方便，所需工作面积小；②行驶速度较快，可作短距离运送
铲运机	拖式铲运机	铲运机是平整场地中使用最广泛的一种土方机械，该机能独立工作。一台铲运机能完成铲土、运土、卸土、填筑、压实等多道工序。适用于大面积场地平整，开挖大型基坑(槽)、管沟，填筑堤坝、路基等挖运土方工程。该机能挖含水量不超过27%的Ⅳ类以下的土。当开挖Ⅲ～Ⅳ类较坚硬的土时，宜先用松土器配合或用推土机助铲	运距为70～500m	①行驶速度慢，不宜用于运距较大的工程施工中；②操纵简单灵活，不受地形限制，不需特设道路；③能独立工作，不需其他机械配合；④易于控制运行路线；⑤不适于在砾石层和冻土地带及沼泽地区使用
	自行式铲运机	与拖式铲运机相同	运距为200～2000m	运行速度快，用于运距较大的大型土方工程

(续)

机械名称	应用范围	最佳使用范围	优缺点
装载机	装载机多用于装载松散土和短距离运土,也可用作松软土的表层剥离、地面的平整和松散材料的收集清理等工作。一台装载机能完成装土、运土、卸土等工序,并能配合运输车辆作装土使用	装运作业时间不大于3min时	①轮胎式装载机行驶速度快,机动性能好,转移方便; ②能在远距离工作场地自铲自运; ③对松散土的装卸,工效高于挖掘机
平地机	平地机可以进行铲土、运土、修沟、刮边坡、拌和砂石、水泥材料等多种作业,并装有耙子,可用于疏松硬实土及清除石块。适用于修筑公路、平整道路、标定路面、修广场等工程中	较长的地段作业	对广场、道路等进行表面平整,质量好、效率高

8.1.1.1 挖掘机

(1) 挖掘机的分类与特点(表8-2,表8-3)

挖掘机是土方工程机械化施工的主要机械,由于它的挖土效率高、产量大,能在各种土壤(包括厚度400mm以内的冻土)和破碎后的岩石中进行挖掘作业,如开挖路堑、基坑、沟槽和取土等;还可更换各种工作装置,进行破碎、填沟、打桩、夯土、除根、起重等多种作业,在风景园林及建筑施工中得到广泛应用。

(2) 挖掘机的选择

挖掘机选择应根据以下几个方面考虑:

①按施工土方位置选择 当挖掘土方在机械停机面以上时,可选择正铲挖掘机;当挖掘土方在停机面以下时,一般选择反铲挖掘机。

②按土的性质选择 挖取水下或潮湿泥土时,应选用拉铲或反铲挖掘机;挖掘坚硬土或开挖冻土时,应选用重型挖掘机;装卸松散物料时,应采用抓斗挖掘机。

表8-2 挖掘机的分类及其主要特点

分类方法	基本类型	主要特点
按斗数目分	①单斗挖掘机 ②多斗挖掘机	①循环式工作、挖掘时间占15%~30%; ②连续式工作,对土壤和地形适应性较差,生产率最高
按构造特性分	①正铲挖掘机 ②反铲挖掘机 ③拉铲挖掘机 ④抓铲挖掘机 ⑤其他机型	①土斗安装在坚固的斗柄上,斗齿朝外,主要开挖停机面以上的土壤; ②土斗安装在坚固的斗柄上,斗齿朝内,主要开挖停机面以下的土壤; ③土斗用钢丝绳悬吊在臂杆上,主要用于挖泥砂; ④土斗具有活瓣,用钢丝绳悬挂在臂杆上,主要开挖水中土壤及装卸散粒材料; ⑤主要有刨土机、起重机、拔根机、打桩机、刷坡机等
按操纵动力分	①杠杆操纵 ②液压操纵 ③气动操纵	①操作紧张,生产率低; ②操作平稳,作业范围较广; ③操作灵敏,省力,主要用于制动装置
按行走装置分	①履带式 ②轮胎式 ③轨轮式 ④步行式	①大、中型挖掘机,行走方便,对土壤压力小; ②多为小型挖掘机,灵活机动,但越野性能较差; ③只行驶于轨道上; ④一般用于大型的索铲
按动力装置分	①柴油机 ②电动机(外供电,自供电)	①机动性能好; ②要有电源,作业范围小
按铲斗容量分	①大容量(≥3m³) ②中容量(0.5~1.0m³) ③小容量(<0.5m³)	①生产率高,用于大土方工程; ②介于大型和小型机械之间; ③灵活机动,工作面小,生产率低
按通用情况分	①万能式(有3种以上的换装设备) ②半通用式(有2~3种换装设备) ③专用式(只一种工作设备)	①应用范围广,主机使用率高; ②可用于正铲、反铲、起重等作业; ③专用作业的生产率较高

表 8-3 挖掘机型号分类及表示方法

组		型		特性	产品		主参数	
名称	代号	名称	代号	代号	名称	代号	名称	单位表示法
单斗挖掘机	W(挖)	履带式	—	— D(电) Y(液)	履带式机械挖掘机 履带式电动挖掘机 履带式液压挖掘机	W WD WY	整机质量 (标准斗容量)	t ($m^3 \times 100$)
		汽车式	Q(汽)	— Y(液)	汽车式机械挖掘机 汽车式液压挖掘机	WQ WQY		
		轮胎式	L(轮)	— D(电) Y(液)	轮胎式机械挖掘机 轮胎式电动挖掘机 轮胎式液压挖掘机	WL WLD WLY		
		步履式	B(步)	— Y(液)	步履式机械挖掘机 步履式液压挖掘机	WB WBY		
多斗挖掘机		斗轮式	U(轮)	— D(电) Y(液)	斗轮式机械挖掘机 斗轮式电动挖掘机 斗轮式液压挖掘机	WU WUD WUY	生产率	m^3/h
		链斗式	T(条)	— D(电) Y(液)	链斗式机械挖掘机 链斗式电动挖掘机 链斗式液压挖掘机	WT WTD WTY		
挖掘装载机	WZ(挖装)				挖掘装载机	WZ	标准斗容量－额定装载举升力	m^3-kN

③按土方运距选择 如挖掘不需将土外运的基础、沟槽等，可选用挖掘装载机；长距离管沟的挖掘，应选用多斗挖掘机；当运土距离较远时，应采用自卸汽车配合挖掘机运土，选择自卸汽车的容量与挖土斗容量能合理配合的机型。

④按土方量大小选择 当土方工程量不大而必须采用挖掘机施工时，可选用机动性能好的轮胎式挖掘机或装载机；而大型土方工程，则应选用大型、专用的挖掘机，并采用多种机械联合施工。

按照上述各因素选型时，还必须进行综合评价。挖掘机的容量应根据土方工程量、土层厚度和土的性质综合考虑。运输机械配合挖掘机运土时，为保证流水作业连续均衡，提高总的生产效率，如采用自卸汽车，汽车的车厢容量应是挖掘机斗容量的整倍数，一般选用 3 倍。

(3) 单斗挖掘机

早期的单斗挖掘机都采用机械传动，由于液压传动具有许多优点，目前已经取代了机械传动。单斗挖掘机按其行走装置的不同，可分为履带式和轮胎式。履带式因其有良好的通过性能，在土方工程中应用最广。轮胎式机动性能好，在中、小型挖掘机中发展较快。液压单斗挖掘机由工作装置、回转机构、动力装置、传动操纵机构、行走装置、辅助设备等组成（表 8-4）。其中动力装置、传动操纵机构的主要部分和回转机构等都装在可回转的平台上。通常把挖掘机概括为工作装置、上部平台和行走装置三大部分。液压单斗挖掘机的构造如图 8-1 所示。

(4) 液压挖掘装载机

挖掘装载机俗称"两头忙"。其前端是装载装置，后端为挖掘装置，最大特点是一机多用，提高机械的使用率（图 8-2）。挖掘装载机可配多种工作装置及辅具，机动灵活，操纵方便，各种工作装置易于更换。这种机械带有反铲、装载、起重、推土、松土等多种工作装置，用以完成中、小型土方开挖，散状材料的装卸、重物吊装、场地平整、小土方回填、松碎硬土、铺设管道等作业，尤其适应风景园林建设的特点。

液压挖掘装载机的主要技术规格见表 8-5。

表 8-4 部分国产液压单斗挖掘机主要技术性能参数

项目		机型											
		WY60A	WY100	WY100B	WY160	WY250	W1Y50	W1Y60	A922	R922	PC220	R3601C-3	R450LC-3
柴油机	型号	F6L912	6135k-6	6135K-16	F8L413F	12V135AG	R6100	4120F	D924T-E	D924T-E	SA6D102 E-1-A	LTAI0-C	M11-C
	功率(kW)	70	111	117	130	223	63	60	112	112	114	195	239
	转速(r/min)	2150	1800	1800	1800	1500	2000	1800	2000	2000	2100		
主要参数	正铲斗容量(m³)	0.6	1~1.2		1.5~2.5	2.5							
	反铲斗容量(m³)	0.6	0.4~1.2	1~1.2	0.8~2.5		0.5	0.6	0.3~1.4	0.3~2.0	1.0	1.62	2.09
	外形尺寸(长×宽×高)(m×m×m)	4.05×2.65×3.0(主机)	9.53×3.1×3.4	4.925×3.0×3.4(主机)	5.46×3.4×3.34(主机)	6×3.75×3.68	7.25×2.47×3.42	7.6×2.7×3.8	9.5×2.75×3.25	9.5×3.0×3.2	9.425×3.1×2.97	11.13×3.34×3.39	11.7×3.49×3.45
	整机质量(t)	17.6	25	29.4	38	55	11	13.6	19.8~22	24~25.5	23	36	44.1
	行走速度(km/h)	0~3.4	0~3.2	0~2.4	0~1.8	0~1.86	0~31	0~31.9	0~20	0~5.2	0~4	0~4.3	0~5.6
	回转速度(r/min)	8.46	7.88	6.7	7.6	5.8	8.9	6	8	8	12.4	8.6	9.3
	爬坡能力(°)	25	24	25	34		24	20			35	35	35
	接地比压(kPa)	28~45	52	60	67,76,89	101				50	44.9	50,56,64	52,57,75
	生产厂	合肥矿山机器厂	上海建筑机械厂	抚顺挖掘机厂	长江挖掘机厂	杭州重型机械厂	北京建筑机械厂	贵阳矿山机械厂	辽宁利勃海尔液压挖掘机有限公司	辽宁利勃海尔液压挖掘机有限公司	山东山推工程机械股份有限公司	常州现代工程机械有限公司	常州现代工程机械有限公司

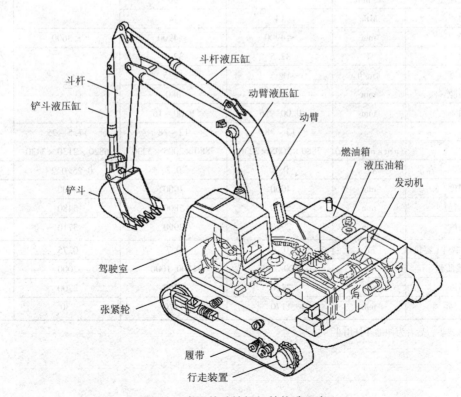

图 8-1 液压单斗挖掘机的构造示意

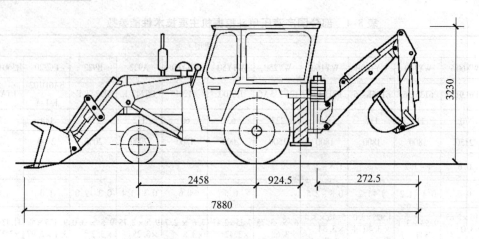

图 8-2 液压挖掘装载机的外形示意

表 8-5 液压挖掘装载机的主要技术规格

项目 企业名称	单位	技术性能			
		北京建筑机械厂		福建建筑机械厂	柳州凯斯柳工公司
整机技术参数：产品型号		WZ_2C-2	WZ_2E	WZ_25-20	580L
整机质量	t	6.4	6.4	6.58	
基础机械		铁牛-55CW 拖拉机	铁牛-55CW 拖拉机		
发动机型号		4115T	4105T5	X4105G4	Case4-390
额定功率/转速	kW/rpm	40.44/1500	45/2000	44.1/1500	55.92/2200
液压系统最大流量	L/min	90	90		
工作压力	MPa	14	14		
转弯半径	mm	≤4900	≤4900	≤3600	
爬坡能力	%	32.5	32.5		40.5
最高行驶速度	km/h	18.5	18.5	25	
最小离地间隙	mm	380	380		
轮胎-前	mm	9.00-16	9.00-16		
-后		12-38	12-38	17.5-25	
外形尺寸	(mm×mm×mm)	7880×2005×3230	7880×2005×3230	6820×2130×3430	
反铲作业参数：挖掘斗容量	m³	0.2	0.2	0.25/0.2*	0.13~0.31
最大挖掘深度	mm	4000	4000	4400	4360~5570
最大挖掘半径	mm	5800	5800	5480	5850~6970
最大卸料高度	mm	2990	2990	3710	3400~4040
装载作业参数：装载斗(容量)	m³	0.7	0.7	0.75	0.77
额定装载/叉载质量	kg	1500/1000	1500/1000	2000	2400
最大卸料高度	mm	2250	2250	2700	2630
最大卸料高度时距离	mm	1170	1170	730	657

注：*前者为标准斗，后者为伸缩斗杆用斗。

8.1.1.2 推土机

(1) 推土机的分类与性能(图 8-3, 表 8-6, 表 8-7)

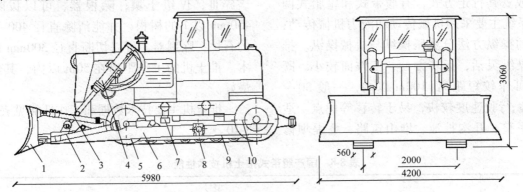

图 8-3　TY180 型推土机构造示意

1. 铲刀　2. 下撑臂　3. 上撑臂　4. 液压油缸　5. 引导轮
6. 铲刀架　7. 托带轮　8. 支重轮　9. 支重轮护板　10. 驱动轮

表 8-6　推土机的分类与特点

分类	型式	主要特点	应用范围
按行走装置	履带式	附着牵引力大,接地比压低,爬坡能力强;但行驶速度慢	适用于条件较差的地带作业
	轮胎式	行驶速度快,灵活性好;但牵引力小,通过性差	适用于经常变换工地和良好土壤作业
按传动方式	机械传动	结构简单,维修方便,但牵引力不能适应外阻力变化,操作较难,作业效率低	
	液力机械传动	车速和牵引力可随外阻力变化而自动变化,操纵便利,作业效率高;但制造成本高,维修较难	适用于推运密实、坚硬的土
	全液压传动	作业效率高,操纵灵活,机动性强;但制造成本高,工地维修困难	适用于大功率推土机对大型土方作业
按用途	通用型	按标准进行生产的机型	一般土方工程使用
	专用型	有采用三角形宽履带板的湿地推土机(比压为 0.02~0.04MPa)和沼泽地推土机(比压为 0.02MPa 以下),以及水陆两用推土机等	适用于湿地或沼泽地作业
按工作装置型式	直铲式	铲刀与底盘的纵向轴线构成直角,铲刀切削角可调	一般性推土作业
	角铲式	铲刀除能调节切削角度外,还可在水平方向上,回转一定角度(一般为 ±25°),可实现侧向卸土	适用于填筑半挖半填的傍山坡道作业
按功率等级	超轻型	功率 <30kW,生产率低	极小的作业场地
	轻型	功率在 30~75kW 之间	零星土方
	中型	功率在 75~225kW 之间	一般土方工程
	大型	功率在 225kW 以上,生产率高	坚硬土质或深度冻土的大型土方工程

表 8-7　推土机的型号分类及表示方法

组	型	特性	代号	代号含义	主参数	
					名称	单位表示法
推土机 T(推)	履带式	—	T	履带机械操纵式推土机	功率	kW
		Y(液)	TY	履带液压操纵式推土机		
		S(湿)	TS	履带湿地液压操纵式推土机		
	轮胎式 L(轮)	—	TL	轮胎液压操纵式推土机		

推土机是土石方工程施工中的主要机械之一，其结构是由发动机、传动系统、行走机构和工作装置等组成。其行走方式，有履带式和轮胎式两种，传动系统主要采用机械传动和液力机械传动；工作装置的操纵方法分液压操纵与机械操纵。推土机具有操纵灵活，运转方便，工作面较小，既可挖土又可作较短距离（100m以内，一般30～60m）运送，行驶速度较快，易于转移等优点。适用于场地平整、开沟挖池、堆山筑路、叠堤坝修梯台、回填管沟、推运碎石、破碎硬土及杂土等。根据需要也可配置多种作业装置，如松土器可以破碎Ⅲ，Ⅳ级土壤；除根器，可以拔除直径在450mm以下的树根，并能清除直径400～2500mm的石块；除荆器，可以切断直径300mm以下的树木。推土机的工作距离在50m以内，其经济效果最好。

推土机主要技术数据和工作性能见表8-8至表8-10。

表8-8 国产履带式推土机技术性能

项目		T₂-60（东方红-60）	移山-80	T₁-100	T₂-100	T₂-120A	上海-120	征山-160	黄河-180	T-180	征山-200	上海-320
额定牵引力(kN)		36	99	90	90	117.6	118		180	180	220	326
总质量(kg)		5900	14886	13430	16000	17425	16200	20000	20000	21000		38850
生产率(m³/h)			40~80	45	75~80	80						
接地比压(kPa)		46	63	50	68	63	65	68	60	71	70	95
爬坡能力(°)			30	30	30	30	30	30	30	30	30	30
外形尺寸	长(mm)	4214	5260	5000	6900（带松土器）	5515	5340	5980	5810	5980	5890	8560
	宽(mm)	2280	3100	3030	3810	3910	3760	3926	4050	4200	4155	4130
	高(mm)	2300	3050	2992	2992	2770	3100	2904	3138	3060	3144	3640
最小离地距离(mm)		260		386		319	300	400	466	400	410	500
发动机	型号	4125A	4146T	4146T	4146T	6135K-3	6135K-2	6135-B 6135Q-1	6135-B	8V-130	6135-AZK	卡斯明（美）
	功率(马力)*	60	90	90	90	140	1200	180 162	180	180	200	320
	转速(r/min)	1500	1050	1050	1050	1800	1500	1800	1800	1800	1800	2200
	最大扭矩(N·m)		750/800	750/800	750/800	640/1300~1400		865/1100 700/1200~1300	865/1100	850/1400	960/1350	1440~1400
推土装置	刀片宽(mm)	2280	3100	3030	3800	3910	3760	3900	4170	4200	4155	4130
	刀片高(mm)	788	1100	1100	860	1000	1000	1100	1100	1100	1100	1590
	最大提升量(mm)	625	850	900	800	940	1000	1240	1100	1260	1200	1560
	最大切入量(mm)	290		180	250	300	300	350	450	530	530	560
	刀刃角度	55°	54°,60°	55°,60°,65°	53°~62°	53°	48°~72°		55°	65°	65°	52°
	水平回转角		—	—	25°	25°	25°	25°	25°		25°	—
	垂直回转量(mm)		—	—	300	600	300	—	—	500		1000

* 1马力=746W

表 8-9　国外部分履带式推土机技术性能

项目		日本							美国				
		小松						日特金属工业		CAT			
		D80A-7	D80A-12	D80A-18	D85A-18	D150A	D155A-1A	NTK6	NTK4	D6D	D7G	D8L	D9L	D10
额定牵引力(kN)		152	196	209	211	345	326							
总质量(kg)		18 900	20 900	26 150	26 350	32 300	40 780	12 500	13 000	14 200	20 095	37 479	52 007	86 320
接地比压(kPa)		73	68	85	86	92	116			65	71	102	118	139
爬坡能力		30°	30°	30°	30°	30°	30"	30°	30°	45°	45°	45°	45°	45°
外形尺寸	长(mm)	5560	5890	6790	6790	6880	8560	5010	5060	4800	5280	6227	7080	7570
	宽(mm)	3910	4260	3725	3725	4130	4130	3710	3780	2360	2550	2759	3190	3610
	高(mm)	2780	3060	3575	3575	3490	3640	2700	2800	2870	3250	3874	4213	4520
最小离地距离(mm)		330	400	530	530	490	525		340	310	347	458	610	701
发动机型号		4D155-3	NH220-CI	卡明斯NT855C	卡明斯NT855C	S6D155-4	卡明斯NTA855C	依兹斯DH-100PE	依兹斯DH-100PG	CAT3306	CAT3306	CAT3308	CAT3412	CAT3418
额定功率(kW)		115.58	134.25	164	164	223.7	238.6	89.48	103.65	104	149	250	343	522
最大扭矩(N·m)				1050/1250	1050/1250		1440/1400				900			
推土板型式		回转式	回转式	直铲、角铲或斜铲	同左	回转式	直铲、斜铲			直铲角铲	直铲角铲	直铲角铲	直铲	直铲
刀片宽(mm)		3920	3620	4365（角铲）	4365（角铲）	4130	4130	3710	3780	3200（直铲）	3660（直铲）	4172（直铲）	4540（直铲）	5490（直铲）
刀片高(mm)		1064	1280	1055（角铲）	1055（角铲）	1560	1590	850	940		1270			
最大切入深度(mm)			530	535（角铲）	535（角铲）	605	560				450			
最大提升量(mm)		1000	1260	1290	1290	1690	1560				1170			
最大切削角(°)			52	55	55	52	52							
角度调整量(°)			25	25（角铲）	25（角铲）									
倾斜量(mm)			500	500（角铲）	500（角铲）		1000				720			

表 8-10　轮胎式推土机技术性能

项目	型号		项目		型号	
	TL-160	WD-140-4小松(日)			TL-160	WD-140-4小松(日)
总质量(kg)	12 800	18 000	推土装置	刀片宽(mm)	3190	3000
前桥承重(kg)	7160			刀片高(mm)	998	1150
后桥承重(kg)	5640			最大切入深度(mm)	400	450
最大牵引力(kN)	85			最大提升高度(mm)	800	1100
爬坡能力(°)	25	30		切削角(°)	52~59	
最小转弯半径(m)	9			回转角(°)	22	
制动距离(30km/h)(m)	16	6.85		倾斜量(mm)		400
生产率(m³/h)	60		最小离地距离(mm)		350	405
外形尺寸(长×宽×高)(mm×mm×mm)	6130×3190×2840	7410×2780×3420	发动机型号		6120Q	NH220-CI
			功率(kW)		119.31	134.23

（2）推土机的选择

推土机类型选择，主要从以下4个方面来考虑，选择技术性和经济性适合的机型。

①土方工程量　土方量大而且集中时，应选用大型推土机；土方量小而且分散时，应选用中、小型推土机；土质条件允许时，应选用轮胎式推土机。

②土的性质　一般推土机均适合Ⅰ，Ⅱ类土施工或Ⅲ，Ⅳ类土预松后施工。如土质比较密实、坚硬，或是冬季的冻土，应选用重型推土机或带松土器的推土机；如土质属潮湿软泥，最好选用宽履带的湿地推土机。

③施工条件　修筑半挖半填的傍山坡道，可选用角铲式推土机；在水下作业，可选用水下推土机；在市区施工，应选用低噪声推土机。

④作业条件　根据施工作业的多种要求，为减少投入机械台数和扩大机械作业范围，最好选用多功能推土机。

8.1.1.3　铲运机

铲运机是大面积填挖土方中循环作业的高效铲土运输机械。它能综合完成铲土、装土、运土、卸土4个工序，能控制填土铺撒厚度，并通过自身行驶对卸下的土壤起初步的压实作用。铲运机对运行的道路要求较低，适应性强，投入使用准备工作简单。具有操纵灵活、转移方便、运距远、行驶速度较快、生产率高等优点，因此适用范围较广，如筑路、挖湖、堆山、平整场地等均可使用。

（1）铲运机的分类与性能

铲运机按其行走方式分，有拖式铲运机、半拖式铲运机和自行式铲运机3种。按铲斗的操纵方式区分，有机械操纵（钢索滑轮操纵）和液压操纵两种。按铲斗容量分小容量（$3m^3$以下）、中等容量（$4 \sim 14m^3$）、大容量（$15 \sim 30m^3$）和特大容量（$30m^3$以上）4种。按卸土方法分强制式、半强制式和自由式3种。按铲运机装载方式分普通装载式和链板装载式两种。拖式铲运机由履带拖拉机牵引，并使用装在拖拉机上的动力绞盘或液压系统对铲运机进行操纵，它具有强制切土和机动灵活等特点。自行式铲运机由牵引车和铲运斗两部分组成。图8-4与图8-5为铲运机的结构示意。

我国定型生产的铲运机表示方法见表8-11。

各种铲运机的适用范围见表8-12。

国产拖式铲运机的主要技术性能见表8-13。

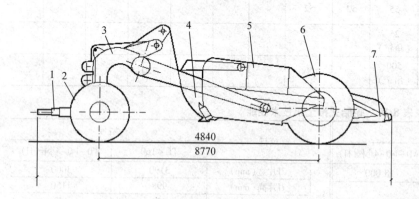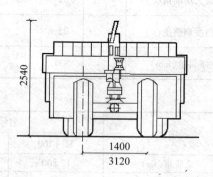

图8-4　拖式铲运机的结构示意
1. 拖杆　2. 前轮　3. 辕架　4. 斗门　5. 铲斗　6. 后轮　7. 尾架

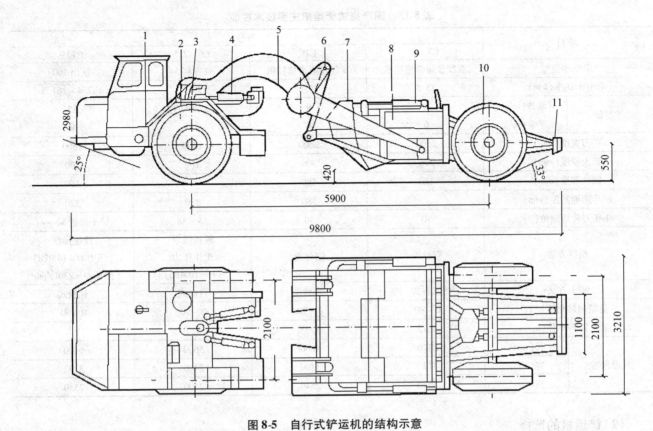

图 8-5 自行式铲运机的结构示意
1. 驾驶室 2. 前轮 3. 中央框架 4. 转向油缸 5. 辕架 6. 提斗油缸
7. 斗门 8. 铲斗 9. 斗门油缸 10. 后轮 11. 尾架

表 8-11 国产铲运机产品型号编制

类	组	型	代号	代号含义	主参数
铲土运输机械	铲运机 C（铲）	拖式	CT	机械拖式铲运机	铲斗几何容积（m³）
			CTY	液压拖式铲运机	铲斗几何容积（m³）
		自行式	CD	普通装斗式铲运机	铲斗几何容积（m³）

表 8-12 各种铲运机的适用范围

类别			推装斗容（m³）		适用运距（m）		道路坡度（%）
			一般	最大	一般	最佳	
拖式铲运机			2.5~18	24	100~1000	100~300	15~30
自行式铲运机	单发动机	普通装载式	10~30	50	200~2000	200~1500	5~8
		链板装载式	10~30	35	200~1000	200~600	5~8
	双发动机	普通装载式	10~30	50	200~2000	200~1500	10~15
		链板装载式	9.5~16	34	200~1000	200~600	10~15

表 8-13 国产拖式铲运机主要技术性能

项目		型号			
		C3-6	CT6	C6-2.5	CTY9
牵引车类型		双绞盘履带拖拉机	双绞盘履带拖拉机	东方红54	征山200
牵引车功率(kW)		73.5	73.5	39.7	132.4~161.8
斗容量	堆装(m^3)	8	8	2.75~3	12
	平装(m^3)	6	6	2.5	9
铲刀宽度(mm)		2600	2600	1900	2800
铲土深度(mm)		300	300	150	300
铺卸厚度(mm)		380	380		350
铲斗离地间隙(mm)		380	380	230	320
斗底刀片切削角(°)		30	30	35~38	铲土位置32~41
操纵方法		钢丝绳	钢丝绳	液压操纵 工作压力 ($P=10MPa$)	液压操纵 (压力$P=14MPa$) (流量$Q=230L/min$)
卸土方法		强制式	强制式	自由式	强制式
前轮回转角度(°)		0~90	0~90	0~90	0~90
最小回转半径(m)		3.75	3.75	2.7	
外形尺寸	长(mm)	8770	8800	5600	9120
	宽(mm)	3120	3100	2440	3232
	高(mm)	2540	2540	2400	2530

(2) 铲运机的选择

应根据挖运的土的性质、运距长短、土方量大小以及气候条件等因素,选择合适的铲运机机型。

① 按土的性质选择

——铲运Ⅰ、Ⅱ类土时,各型铲运机都适用;铲运Ⅲ类土时,应选择大功率的液压操纵式铲运机;铲运Ⅳ类土时,应预先进行翻松。如果采用助铲式预松土的施工方法,即使遇到Ⅲ、Ⅳ类土,一般铲运机也可以胜任。

——当土的含水量在25%以下时,最适宜用铲运机施工;如土的湿度较大或雨季施工,应选择强制式或半强制式卸土的铲运机;如施工地段为软泥或沙地,应选择履带式拖拉机牵引的铲运机。

② 按运距选择

——当运距小于70m时,使用铲运机不经济,应采用推土机施工;

——当运距在70~300m时,可选择小型(斗容量$4m^3$以下)拖式铲运机,其经济运距为100m左右;

——当运距在800m以内时,可选择中型(斗容量6~$9m^3$)拖式铲运机,其经济距离为200~350m;

——当运距超过800m时,可选择自行式铲运机,其经济运距为800~1500m,最大运距可达5000m;也可采用挖掘机配自卸汽车挖运;此时,应进行经济分析和比较,选择施工成本最低的方案。

③ 按土方数量选择 铲运机的斗容量越大,不仅施工速度快,经济效益也高。如斗容量$25m^3$自行式铲运机与斗容量8~$10m^3$拖式铲运机相比,使用前者成本可降低30%~50%,生产率提高2~3倍。因此,土方量较大的工程,应尽量选用大容量的自行式铲运机。对于零星土方,选用小容量铲运机较为合适。

8.1.1.4 平地机

在土方工程施工中,平地机主要用来平整路面和大型场地。还可以用来铲土、运土、挖沟渠、刮坡、拌和砂石、水泥材料等作业。若装有松土器可用于疏松硬实土壤及清除石块。也可加装推土装置，用以代替推土机的各种作业。

平地机有自行式和拖式之分。自行式平地机工作时依靠自身的动力设备，拖式平地机工作时要由履带式拖拉机牵引。平地机的型号分类及表示方法见表 8-14。

国产平地机主要为 PY160 型和 PY180 型液压平地机，其构造是由发动机、传动系统、液压系统、制动系统、行走转向系统、工作装置、驾驶室和机架等组成。图 8-6 是 PY–160A 型平地机的构造。该机具有牵引力大，通过性好，行驶速度高，操作灵活，动作可靠等特点。目前生产的主要平地机类型及其主要技术规格性能见表 8-15。

表 8-14 平地机的型号分类及表示方法

类	组	型	特性	代号	代号含义	主参数	
						名称	单位表示法
铲土运输机械	平地机 P（平）	自行式	—	P	机械式平地机	发动机功率	kW
			Y（液）	PY	液压式平地机		
		拖式 T（拖）	—	PT	拖式平地机		
			Y（液）	PTY	液压拖式平地机		

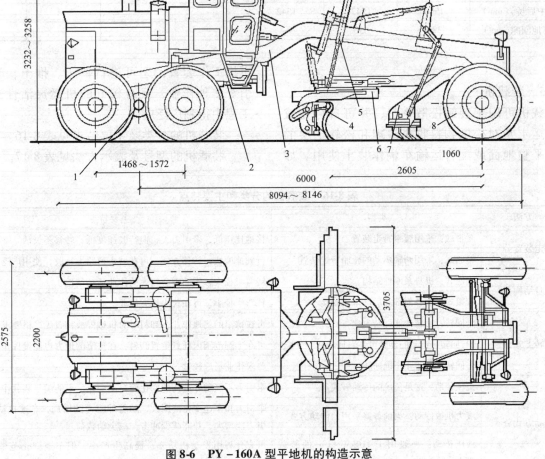

图 8-6 PY–160A 型平地机的构造示意
1. 平衡箱　2. 传动轴　3. 车架　4. 铲刀　5. 铲刀升降油缸
6. 铲刀回转盘　7. 松土器　8. 前轮

表 8-15 平地机主要技术规格

项目		中外建发展股份有限公司(原天津工程机械制造厂)			徐州筑路机械厂			
		PY160B	PY180	PY200	PY160	PY180	PY170G	PY200G
外形尺寸(长×宽×高)(mm×mm×mm)		8146×2575×3340	10280×3965×3305	8700×2595×3340	8140×2575×3340	8696×2601×3170	9093×2601×3280	9193×2601×3280
重量(带耙子)(kg)		14200	15400	15400	14200	13600	15400	17000
发动机	型号	6135K-10	6110Z-2J	D6114ZG17A	6135K-10a	D6114ZG31Aa	D6114ZG31Aa	D6114ZG31Aa
	功率(kW)	118	132	147	118	132	132	147
	转速(r/min)	2000	2600	2300	2000	2300	2300	2300
铲刀	铲刀尺寸(长×高)(mm×mm)	3660×610	3965×610	3965×610	3660×610	3965×610	3965×610	3965×610
	最大切土深度(mm)	490	500	500	—	—	500	500
	水平回转角(°)	360	360	360	360	360	360	360
	倾斜角(°)	90	90	90	90	90	90	90
最小转弯半径(mm)		8200	7800	7800	8200	7800	7800	7800
爬坡能力(°)		20	20	20	20	20	20	20
轮距(mm)		2200	2150	2150	—	—	—	—
轴距(前后桥)(mm)		6000	6216	6216	—	—	—	—
轴距(中后桥)(mm)		1520	1542	1542	—	—	—	—
最小离地间隙(mm)		380	630	—	—	—	—	—

8.1.1.5 装载机

装载机可用于装卸松散物料,并可自行完成短距离运土及对松散物料收集清理和松软土层的剥离、平整地面或配合运输车辆作装土使用。如更换工作装置,还可进行铲土、推土、起重和牵引等多种作业,且有较好的机运灵活性,在土方工程中得到广泛应用。

装载机的分类及主要特点见表 8-16。

装载机的型号及表示方法见表 8-17。

表 8-16 装载机的分类和主要特点

分类方法	类型	主要特点
按行走装置分	履带式:采用履带行走装置	接地比压低,牵引力大,但行驶速度低,转移不灵活
	轮胎式:采用两轴驱动的轮胎行走装置	行驶速度快,转移方便,可在城市道路上行驶,使用广泛
按机身结构分	刚性式:机身系刚性结构	转弯半径大,因而需要较大的作业活动场地
	铰接式:机身前部和后部采用铰接	转弯半径小,可在狭小地方作业
按回转方式分	全回转:回转台能回转360°	可在狭窄的场地作业,卸料时对机械停放位置无严格要求
	90°回转:铲斗的动臂可左右回转90°	可在半圆范围内任意位置卸料,在狭窄的地方也能发挥作用
	非回转式:铲斗不能回转	要求作业场地较宽
按传动方式分	机械传动:这是传统的传动方式	牵引力不能随外载荷的变化而自动变化,不能满足装载作业要求
	液力机械传动:当前普遍采用的传动方式	牵引力和车速变化范围大,随着外阻力的增加,车速自动下降而牵引力能增大,并能减少冲击,减少过载荷
	液压传动:一般用于110kW以下的装载机上	可充分利用发动机功率,提高生产率,但车速变化范围窄,车速偏低

表 8-17 装载机的型号及表示方法

组	型	特性	代号	代号含义	主参数	
					名称	单位表示法
装载机 Z(装)	履带式	—	Z	履带装载机	装载能力	t
	轮胎式 L(轮)	—	ZL	轮胎液压装载机		

由于轮胎式装载机适用面广，国产装载机绝大部分为轮胎式，并普遍采用液力机械传动，其构造主要由发动机、传动系统、行走装置、工作装置、操纵系统和车架等组成。在国外已有全部采用静液压传动系统的装载机，取消了中央机械传动机构，改用油泵直接驱动各部液压电动机，其结构紧凑、体积小而灵活，但造价高。其构造如图 8-7 所示。装载机技术性能见表 8-18，表 8-19。

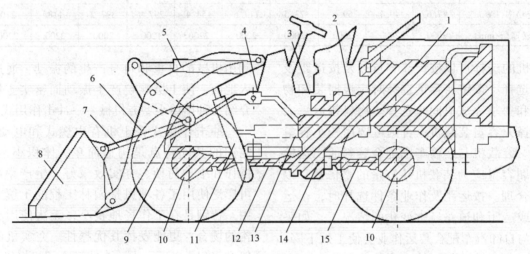

图 8-7 装载机构造示意

1. 发动机 2. 变速器 3. 液压缸 4. 前后车架铰接点 5. 转斗液压缸
6. 动臂 7. 拉杆 8. 铲斗 9. 车架 10. 驱动桥 11. 动臂液压缸
12. 前传动轴 13. 转向液压缸 14. 分动箱 15. 后传动轴

表 8-18 国产主要型号装载机技术性能

主要项目		ZL08	ZL10	ZL20	ZL30	ZL40	ZL50	ZL70	ZL90	ZL40B	Z130C	ZL100
铲斗容量(m³)		0.4	0.5	1.0	1.5	2.0	3.0	4.0	5.0	2.2	3.0	5.4
额定载荷(kN)		8.00	10.00	20.00	30.00	36.00	50.00	70.00	90.00	40.00	50.00	96.00
最大牵引力(kN)		14.00	35.00	64.00	75.00	106.00	150.00	245.00	285.00	106.00	150.00	
动臂提升时间(斗满载)(s)		6	5.5	5.5	6.0	6.5	8.0		9.5	6.5		
动臂下降时间(空载时)(s)			3.0	3.0	4.0							
铲斗前倾时间(空载时)(s)		3	1.5	1.3	2.0	3.0	3.0		3.0	2.5		
最大爬坡能力(°)		24	30	30	30	30	30	30	30	30	30	30
最小转弯半径(mm)		4000	4415	5026	4950	6200	6700	7515	8500	5450		
外形尺寸	全长(铲斗平放地面上)(mm)	4340	4400	5686	6000	6525	6760	8800	9160	7034	7619	10729
	宽(车体外侧)(mm)	1510	1800	2150	2350	2380	2850	3380	3450	2470	2992	3645
	高(驾驶室顶)(mm)	2230	2190	2851	2900	3160	3230	3800	3900	3337	3440	4140

（续）

主要项目		ZL08	ZL10	ZL20	ZL30	ZL40	ZL50	ZL70	ZL90	ZL40B	Z130C	ZL100
整机工作质量(kg)		2700	4200	7600	9500	12000	16800	27000	36000	15000	18500	41077
轴距(mm)		1800	2020	2400	2500	2660	2760		3800	2750		
轮距(前/后)(mm)		1320	1400	1700	1800	2060	2250		2680	1950		
最大卸载高度(倾卸角45°时)(mm)		2000	2250	2600	2750	2800	2850		1570	2800	2950	3184
最大卸载距离(最大卸载高度)(mm)		1100	800	950	850	1090	1600	400	527	1000	1050	2116
最小离地间隙(mm)		220	320	323	425	470	300			450	300	
发动机	型号	295K-1	495K	X6105G-1	4125ST5A	6135AK-2	6135AK-9	61502	12V135AZK	6135K-11a	6135K-9a	CAD3408
	额定功率(kW)	17.6	40.4	59.6	73.5	117.6	154.4	297.9	397.2	118	210	375
	额定转速(r/min)	2000	2400	2000	2000	2200	2200	1200	2000	2200	2200	2100

装载机的选择可以按铲斗容量以及按运距及作业条件选择。按铲斗容量选择时应根据装卸物料的数量和要求完成时间来选择。物料装运量大时，应选择大容量装载机；否则可选用较小容量的装载机。装载机与运输车辆配合装料时，运输车辆的车厢容量应为装载机斗容量的整倍数，以保证装运合理。按运距及作业条件选择时，在运距不大，或运距和道路经常变化的情况下，如采用装载机与自卸汽车配合装运作业会使工效下降、费用增高时，可单独使用轮胎式装载机作自铲自运使用。一般情况下，如果自装自运的作业循环时间少于3min，在经济上是可行的。自装自运时，选择铲斗容量大的效果更好。当然，还需要对以上两种装运方式通过经济分析来选择装载机自装自运时的合理运距。

8.1.2 压实机械

在风景园林工程中，为了使基础达到一定的强度，就须使用各种形式的压实机械把新筑的基础土方进行压实，以保证其稳定、提高基础和路面的强度、承载能力、稳定性、不渗透性、平整度等性能，是基础工程和道路工程中不可缺少的施工机械。压实机械包括压路机和夯实机，按其工作原理，可分为静作用碾压、振动碾压、夯实3类。夯实机械分冲击式和振动式两种，前一种是利用其工作装置（夯板或夯足）提升到一定高度，然后自由落下，产生冲击力夯实土壤；后一种是利用机械的自重和自身产生的振动，通过夯板传入地面，使土壤颗粒产生振动而密实土壤。现仅介绍几种简单小型夯机械——冲击作用式夯土机。

冲击作用式夯土机有内燃式和电动式两种。它们的共同特点是构造简单、体积小、质量轻、操作和维护简便、夯实效果好、生产率高，所以可广泛使用于各项风景园林工程的土壤夯实工作中。特别是在工作场地狭小，无法使用大中型机构的场合，更能发挥其优越性。夯实机的质量一般在200kg以下，由一个或两个司机操纵，适用于沟槽、基坑回填土的夯实，特别适用于墙角等狭窄地带及小面积的土方夯实作业。

8.1.2.1 内燃式夯土机

(1) 内燃式夯土机

内燃夯土机又叫爆炸夯，它利用可燃混合气在机体（气缸）内燃烧产生的压力，推动活塞作无行程限制的运行而使夯板产生冲击能量，夯实土壤。内燃式夯土机其单位时间夯击土壤的次数比蛙式夯少，但夯击能量大。内燃式夯土机对于夯实沟槽、穴坑、墙边、墙角等狭窄地段比较合适，尤其在电力供应困难的场所更显示其优越性。在经常需要短距离变更施工地点的工作场所，更能发挥其独特的优点。

内燃式夯土机由燃料供给系统、点火系统、配气系统、夯身、夯头和操纵机构等部分组成。图8-8所示为HB-120型内燃式夯土机。内燃式夯土机主要技术数据和工作性能，见表8-20。

表8-19 部分进口装载机技术性能

主要项目	美国卡特皮勒 920	930	950B	966D	980C	988B	992C	德国OGK L15	L20	L25	美国克拉克 175B	275B	475B	日本川崎重工 KLD80	KLD85Z	XLD100	日本东洋搬运 TCM75BW	TCM125ⅢN	TCM275BN	日本小松 W1T0	W120
铲斗容量(m³)	1.15~1.34	1.34~1.72	2.4~2.7	3.1~3.5	4.0~4.4	5.4~6.0	9.6	1.6	2.2	3	4.2	5.4	7.65	2.5	3.1	5.5	2.3	2.5	5.0	3.5	3.1
额定载荷(t)	2.08	2.78	4.29	5.55	7.14	9.8							46.00	53.00	162.00		39.00	46.00	82.00		
动臂提升时间(斗满载)(s)	6.0	6.4	6.6	6.3	7.3	8.8	12.0	5.4	7.0	6.5	7.5	9.0	12.8	6.8	6.3	8.8	7.2	7.5	8.2	6.8	6.3
动臂下降时间(空载)(s)	3.0	3.7	3.0	3.0	3.4	4.4	4.0	3.3	3.5	3.3	4.9	6.0	5.8	3.8	4.0	5.5	3.6	5.0	6.2	4.0	3.2
铲斗前倾时间(空载)(s)	1.2	1.8	2.2	2.0	2.0	2.7	2.5	1.3	2.5	1.2	1.8	2.4	3.7	2.0	1.4	3.5	1.4	2.0	2.1	2.4	2.6
最大爬坡能力(°)														25	25	25	30	30	30		
外形尺寸	最小转弯半径(mm)	5900	6270	7244	7814	8600	10700	12700	4670	5370	5925	7355	8300	10250	6600	6200	7200	6330	9200	8500	7100	6930
	全长(铲斗平放地面上)(mm)	2260	2390	2670	2865	3110	3550	4550	6050	6875	7485	8077	8865	11659	7460	7610	9180	7010	6740	9770	7600	7545
	宽(车体外侧)(mm)	3050	3140	3470	3560	3900	4130	5490	2500	2500	2835	2972	3543	5065	2950	2950	3650	2640	2690	3545	3100	2985
	高(驾驶室顶)(mm)								3110	3470	3210	8810	4013		3350	3400	4080	2940	4900	3485	3310	3450
整机工作质量(装通用斗时)(kg)	8440	9662	14700	19505	26310	40811	85679	8950	12800	18500	23591	35921	69555	16910	17750	36000	12300	14200	35700	19060	16330
最大卸载高度(倾卸角45°时)(mm)	2770	2840	2900	3018	3170	3460	4485	2810	2900	2970	2972	3188	4369	2970	2875	3250	2675	2650	3830	2950	2960
最大卸载距离(最大卸载高度)(mm)	740	810	1040	1090	1320	1950	2089	930	1030	1190	1346	1353	1600	880	1040	1400	960	1050	1620	1240	1100
最小离地间隙(mm)	335	338	427	451	417	474	544							390	445	495	365	480	570		
发动机	型号	CAT3304	CAT3304	CAT3304	CAT3306	CAT3406	CAT3408	CAT3412	道依茨FSL912	道依茨BR6L913	道依茨F8L413	卡明斯NT-855-C	卡明斯NTA855C	卡明斯VlA-1710-C700	五十铃E120	PD6T04	GM12V71N	PD604	PD6T04	RD10T04	五十铃8MAl	PD6T04
	额定功率(kW)	58.8	73.5	114	147	198.5	275.7	507.4	70.6	116.2	163.2	205	251.5	450	150.7	158.1	308.8	117.6	117.6	257.4	175.7	147.1
	额定转速(r/min)	2200	2200	2200	2200	2100	2200	2200	2400	2300	2400	2100	2300	2000	2200	2200	2100	2200	2200	2300	2500	2200

内燃式夯土机使用要点：

①当夯机需要更换工作场地时，可将保险手柄旋上，装上专用两轮运输车运送。

②夯机应按规定的汽油机燃油比例加油。加油后应擦净漏在机身上的燃油，以免碰到火种发生火灾。

③夯机启动时一定要使用启动手柄，不得使用代用品，以免损伤活塞。严禁一人启动另一人操作，以免动作不协调而发生事故。

④夯机在工作中需要移动时，只要将夯机往需要方向略为倾斜，夯机即可自行移动。切忌将头伸向夯机上部或将脚靠近夯机底部，以免碰伤头部或碰伤脚部。

⑤夯实时夯土层必须摊铺平整。忌打坚石、金属及硬的土层。

⑥在工作前及工作中要随时注意各连接螺丝有无松动现象，若发现松动应立即停机拧紧。应特别注意汽化器气门导杆上的开口锁是否松动，若已变形或松动应及时更新，否则在工作时锁片脱落会使气门导杆掉入气缸内造成重大事故。

⑦为避免发生偶然点火、夯机突然跳动造成事故，在夯机暂停工作时，必须旋上保险手柄。

⑧夯机在工作时，靠近1m范围之内不准站立非操作人员；在多台夯机并列工作时，其间距不得小于1m；在串连工作时，其间距不得小于3m。

⑨长期停放时夯机应将保险手柄旋上顶住操纵手柄，关闭油门，旋紧汽化器顶针，将夯机擦净，套上防雨套，装上专用两轮车推到存放处，并应在停放前对夯机进行全面保养。

（2）振动冲击夯

振动冲击夯由发动机、激振装置、工作机构和弹性元件等组成。发动机动力由离合器传给小齿轮带动大齿轮转动，使安装在大齿轮上的连杆带动活塞杆作上、下往复运动，由于弹簧对其能量的吸收和释放，致使夯板快速跳动，对铺层快速冲击的同时，还使铺层材料产生振动。由于机身与夯板倾斜了一个角度，所以夯机在冲击的同时会自动前进。它不仅可夯实黏性土，还可夯实散粒状土，故其适用范围较为广泛。图8-9，图8-10是振动冲击夯结构图，前者为内燃机驱动，后

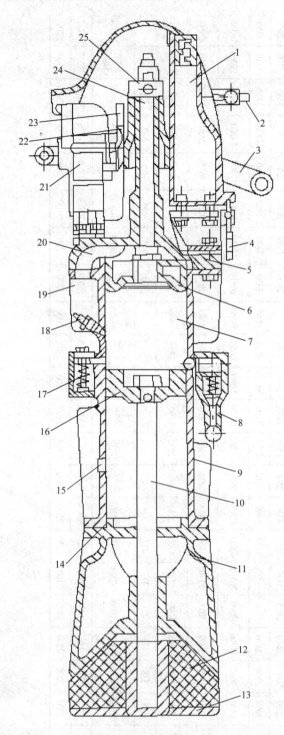

图 8-8　HB-120 型内燃式夯土机的基本结构
1. 油箱　2. 停火按钮　3. 操纵手柄　4. 油管　5. 气缸盖
6. 上活塞　7. 气缸　8. 进气阀　9. 气缸套　10. 下活塞杆
11. 夯锤　12. 胶垫　13. 夯板　14. 密封接盘　15. 排气孔
16. 下活塞　17. 排气阀　18. 火花塞　19. 散热片
20. 主排气道　21. 磁电机　22. 凸轮　23. 点火碰块
24. 主排气门杆　25. 弓形架

表 8-20　内燃夯土机主要技术数据和工作性能

型号 项目	HB-60	HB-80	HB-120
夯板面积（m²）	0.09	0.042	0.055
夯击次数（次/min）	60~70	60	60~70
跳起高度（mm）		300~500	300~500
燃料混合比例（机油：汽油）	1:20	1:16	1:16~1:20
润滑方式	机油混入燃油式	机油混入燃油式	机油混入燃油式
燃油消耗量（kg/h）		汽油 0.5 机油 0.031	
油箱容积（L）	2.6	1.7	2
生产率（m²/h）	64	55~83	
外形尺寸 L×W×H（mm×mm×mm）	632×315×1288	554×1230	410×1180
整机质量（kg）	60	85	120
生产厂家	晋城机械厂 渭滨机械厂	长治工程机械配件厂 晋城机械厂	浦沅工程机械厂 洞庭工程机械厂

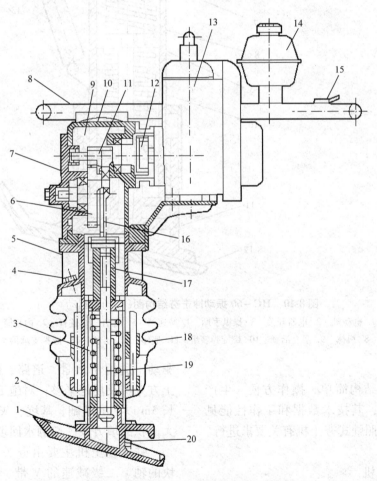

图 8-9　HC-70 振动冲击夯结构图（内燃机驱动）

1. 夯板　2. 内缸体　3. 工作弹簧　4. 加油塞　5. 外缸体　6. 大齿轮　7. 箱盖　8. 手把
9. 曲轴箱　10. 减振块　11. 小齿轮　12. 离合器　13. 发动机　14. 油箱　15. 油门控制器
16. 连杆　17. 活塞头　18. 防尘罩　19. 活塞杆　20. 放油塞

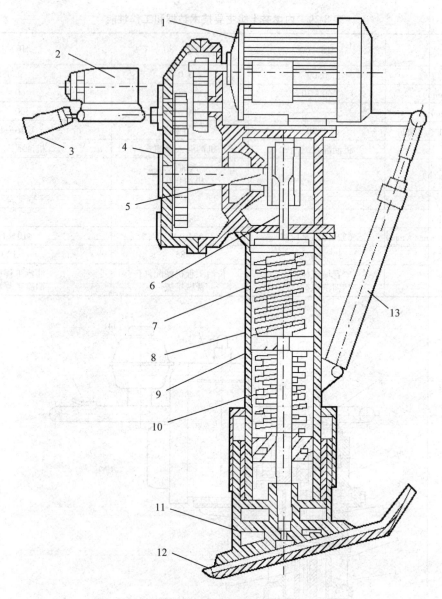

图 8-10　HC-60 振动冲击夯结构图（电动机驱动）
1. 电动机　2. 电器开关　3. 操纵手柄　4. 减速器　5. 曲柄　6. 连杆　7. 内套筒
8. 机体　9. 滑套活塞　10. 螺旋弹簧组　11. 底座　12. 夯板　13. 减振支承器

者为电动机驱动。

振动冲击夯具有结构简单、操作方便、生产率和密实度高等特点，其技术数据和工作性能见表 8-21。使用要点可参照蛙式夯土机有关要求进行。

8.1.2.2　电动式夯土机

(1) 蛙式夯土机

蛙式夯土机是我国在开展群众性的技术革命运动中创造的一种独特的夯实机械。它由电动机驱动，适用于水景、道路、假山、建筑等工程的土方夯实及场地平整；对施工中槽宽 500mm 以上，长 3m 以上的基础、基坑、灰土进行夯实，以及较大面积的填方及一般洒水回填土的夯实工作等。

蛙式夯土机主要由夯头、夯架、带两块偏心块的轴、二级减速的 V 带、传动轴、底盘、手把及电动机等部分组成（图 8-11）。电动机通过 V 带传动装置，驱动偏心轴旋转，二偏心块所产生的向上离心力，将夯架连同夯头以及整个底盘的下部向上抬起；当偏心块旋转到前方时，夯机向前跃进；当偏心块转到下方时，夯头向下冲击，对土进行一次夯实。

蛙式夯土机的主要技术数据和工作性能，见表8-22。

表8-21 振动冲击夯的型号规格和性能参数

项目	HC-70	HC-75	HC_D^R-75
整机质量(kg)	70	75	75
夯板尺寸(mm)	300×280	362×280	260×280
夯击次数(次/min)	420~670	600	600~680
冲击能量(J)	55	—	—
跳起高度(mm)	45~60	10~60	15~70
前进速度(m/min)	12	最大9	—
动力	1E50F 2.2kW 4000r/min	1E50F 2.2kW 4000r/min	1E50F 2.2kW 4000r/min
外型尺寸(长×宽×高)(mm×mm×mm)	690×430×900	690×430×890	720×430×1000

表8-22 蛙式夯土机的主要技术数据和工作性能

型号	HW20	HW60	HW140	H201-A	HW170	HW280
机重(kg)	151	250	130	125	170	280
夯板面积(m^2)	0.055	0.078	0.04	0.04	0.078	0.078
夯击能量(N·m)	200	620	200	220	320	620
夯击次数(min^{-1})	155~165	140~150	140~145	145	140~150	140~150
前进速度(m/min)	6~8	8~13	9	8	8~13	11.2
夯头跳高(mm)	100~170	200~260	100~170	130~140	140~150	200~260
电动机型号	J02-31-4	Y100L2-4	J02-32-4	J02-22-4	Y100J-6	J02-32-4
功率(kW)	2.2	3	1	1.5	1.5	3
转速(r/min)	1430	1420	1420	1410	960	1430
外形尺寸长(mm)	1560	1220	1080	1050	1220	1220
宽(mm)	520	650	500	500	650	650
高(mm)	590	750	850	980	750	750

蛙式夯土机的使用要点如下：

①安装后各传动部分应保持转动灵活、间隙适合，不宜过紧或过松。

②安装后各紧固螺栓和螺母要严格检查其紧固情况，保证牢固可靠。

③在安装电器的同时必须安置接地线。

④开关电门处管的内壁应填以绝缘物；在电动机的接线穿入手把的入口处，应套绝缘管，以防电线磨损漏电。

⑤操作前应检查电路是否合乎要求，地线是否接好；各部件是否正常，尤其要注意偏心块和皮带轮是否牢靠。然后进行试运转，待运转正常后才能开始作业。

⑥操作和传递导线人员都要戴绝缘手套和穿绝缘胶鞋以防触电。

⑦夯机在作业中需穿线时，应停机将电缆线移至夯机后面，禁止在夯机行驶的前方，隔机扔电线。电线不得扭结。

⑧夯机作业时夯土层必须摊铺平整，不得打冰土、坚石和混有砖石碎块的杂土以及一边硬的填土。同时应注意地下建筑物，以免触及夯板造成事故。在边坡作业时应注意坡度，防止翻倒。

⑨夯机前进方向和靠近1m范围内禁止站立非操作人员。多机作业时，其并列工作的间距不得

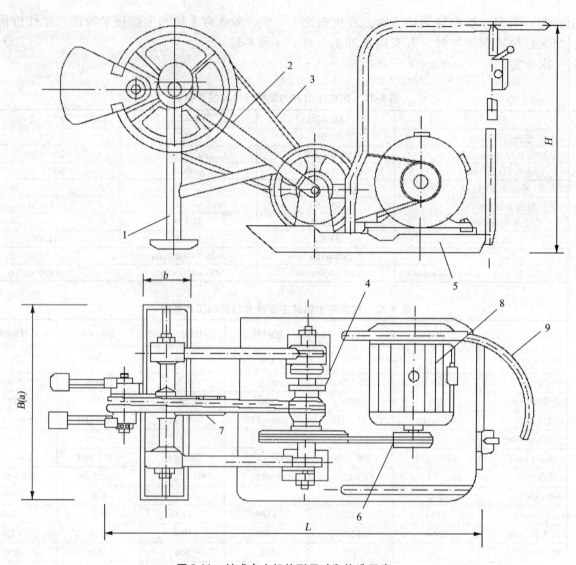

图 8-11 蛙式夯土机外形尺寸和构造示意
1. 夯头 2. 夯架 3、6. 三角胶带 4. 传动轴 5. 底盘 7. 三角胶带轮 8. 电动机 9. 手把

小于 5m，串联工作的间距不得小于 10m。

⑩作业时电缆线不得张拉过紧，应保证 3～4m 的松余量。递线人应依照夯实线路随时调整电缆线，以免发生缠绕与扯断。

⑪工作完毕之后，应切断电源，卷好电缆线，如有破损处应用胶布包好。

⑫长期不用时，应进行一次全面检修保养，并应存放于通风干燥的室内，机下应垫好垫木，以防机件和电器潮湿损坏。

（2）平板振动夯

平板振动夯是一种小型振动夯实设备，主要适用于夯实颗粒之间的黏结力及摩擦力较小的材料，如河砂、碎石及沥青混凝土、砖石路面、灰土基础的夯实作业，体积小，操作灵活方便，可自动行走，特别适用于边角地带和小面积修补，同时，还具有步道水泥砖铺砌振实功能。

平板振动夯由振动器、夯板、汽油机（或电动机）、离心式离合器、传动系统、减振胶块等组成。汽油机（或电动机）在一定转速下，接通离心式离合器后，通过传动系统带动振动器的偏心转子高速旋转产生振击力，进而带动夯板振动，用以夯实各种松散材料。底板和偏心器固定在一起，可以通过转动偏心块来改变振动的方向。通过这种途径可以实现向前振动、原地振动至后退振动之间无极调节。

平板振动夯的主要工作参数有工作平板底面面积、整机质量、激振力及激振频率。一般情况下，同一种规格的平板的底板面积都差不多，所以平板冲击夯的性能主要受整机质量、激振力及激振频率的影响。激振力主要是用来维持被夯实材料的受迫振动；而激振频率则影响夯实效率及夯实程度，即在同样的激振力作用下，激振频率越高，夯实效率及密实度越高。

8.1.3 混凝土机械

混凝土是由水泥、砂、石子和水按一定比例配合后，经过搅拌、输送、浇灌、成形和硬化而形成的。混凝土机械即为完成上述各个工艺过程的机械设备，分为搅拌机械、输送机械、浇灌机械、成型机械4类。这里仅介绍成型机械中的混凝土振动器。

混凝土振动器的种类繁多。按传递振动的方式可分为内部式(插入式)、外部式(附着式)、平台式等；按振源的振动子形式可分为行星式、偏心式、往复式等；按使用振源的动力可分为电动式、内燃式、风动式、液压式等；按振动频率可分为低频(2000～5000次/min)、中频(5000～8000次/min)、高频(8000～20 000次/min)等。

混凝土振动器的型号分类及表示方法见表8-23。

表8-23　混凝土振动器型号分类及表示方法

类	组	型	特性	代号	代号含义	主参数	
						名称	单位表示法
混凝土机械	混凝土振动器Z(振)	内部振动式N(内)	—	ZN	电动软轴行星插入式混凝土振动器	棒头直径	mm
			P(偏)	ZPN	电动软轴偏心插入式混凝土振动器		
			D(电)	ZDN	电机内装插入式混凝土振动器		
		外部振动式—(外)	B(平)	ZB	平板式混凝土振动器	功率	W – Hz
			F(附)	ZF	附着式混凝土振动器		
			D(单)	ZFD	单向振动附着式混凝土振动器		
			J(架)	ZJ	台架式混凝土振动器		
	混凝土振动台	—	—	ZT	混凝土振动台	载重量	t

8.1.3.1 外部振动器

外部振动器是在混凝土的外表面施加振动，而使混凝土得到捣实。它可以安装在模板上，作为附着式振动器；也可以安装在木质或铁质底板下，作为移动的"平板式"振动器，除可用于振捣混凝土外，还可夯实土壤。由于机器所产生的振动作用，使受振的面层密实，提高强度。对于混凝土基础面层和一般混凝土构件的表面振实工作均能适应，并可装于各种振动台和其他振动设备上，作为发生振动的机械。浇灌混凝土时应用它，能节约水泥10%～15%，并且提高劳动生产率，缩短混凝土浇灌工程的周期。

各种外部振动器的构造基本相同，所不同的是有些振动器为便于散热，机壳铸有环状或条状凸肋。为减轻轴承负荷，当振动力较大时，有的振动器在端盖上增加两个轴承。外部振动器结构如图8-12所示。它是特制铸铝外壳的三相二级工频电动机，在电动机转子轴的两个伸出端，各固定一个偏心轮，偏心部分用端盖封闭。端盖与轴承座、外壳用3只长螺栓紧固，以便于维修。外壳上有4个地脚螺栓孔，使用时用地脚螺栓将振动器固定到模板或平板上。

附着式外部振动器的技术数据见表8-24。

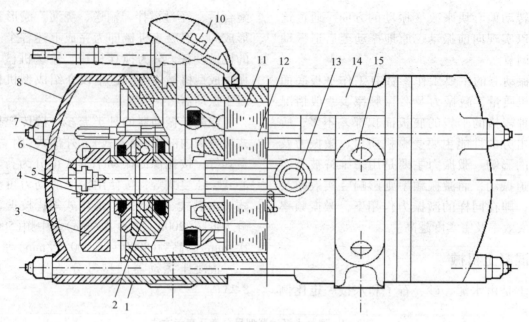

图 8-12 外部振动器结构示意
1. 轴承座 2. 轴承 3. 偏心轮 4. 键 5. 螺钉 6. 转子轴 7. 长螺栓 8. 端盖 9. 电源线
10. 接线盒 11. 定子 12. 转子 13. 定子紧固螺钉 14. 外壳 15. 地脚螺栓孔

表 8-24 附着式振动器技术数据

型号	ZF55-50	ZF80-50	ZF150-50	ZF220-50
振动频率(Hz)	50	50	50	50
激振力(N)	5000	6000	12000	16000
偏心动力矩(Nm)	0.5	0.7	1.2	1.6
空载振幅(nm)	2.5	2.4	2.8	2.8
额定功率/工作功率(kW)	0.55/0.7	0.8/1.1	1.5/2.0	2.2/2.5
额定电流/工作电流(A)	1.20/1.56	1.8/2.5	3.2/4.4	4.6/5
质量(kg)	17.8	27	37.2	56
外形尺寸(长×宽×高)(mm×mm×mm)	310×220×190	375×240×220	350×280×240	354×300×300
安装尺寸(A×B)(mm)	120×180	150×200	150×230	170×250

外部振动器使用时，应注意以下几点。

① 外部振动器因设计时不考虑轴承承受轴向力，故在使用时电动机轴应呈水平状态。

② 在一个模板上同时用多台附着式振动器时，各振动器的频率必须保持一致，相对面的振动器应错开安置。

③ 底板安装时，地脚螺栓应正确对位。

④ 经常保持外壳清洁，以利电动机散热。

⑤ 振动器不应在干硬的土地或其他硬物上运转，否则振动器将因振跳过甚而损坏。

⑥ 振动器每工作 300h 后，应拆开清洗轴承，更换润滑油；若轴承磨损过甚，将会使转子与定子摩擦，必须及时更换。

8.1.3.2 内部振动器

插入混凝土拌和料内部进行振动的振动设备

称为内部振动器,或称为插入式振动器。其工作部分是一个棒状空心圆柱体,内部安装偏心振子,在动力源驱动下,由于偏心振子的振动使整个棒体产生高频微幅的机械振动。工作时,将它插入混凝土中,通过棒体将振动能量直接传给周边混凝土,因此振动密实的效率高,一般只需 10～20s 的振动时间即可把棒体周围 10 倍于棒径范围内的混凝土密实。这种振动器适用于深度或厚度较大的混凝土构件或结构,如基础、柱、梁、墙等,对于钢筋分布情况复杂的混凝土结构使用这种振动器具有显著的密实效果。

内部振捣器主要由电动机、软轴组件、振动棒体 3 个部分组成。按振动棒激振原理的不同可分为偏心式和行星式两种。偏心式是利用振动棒中心安装的具有偏心质量的转轴,在作高速旋转时产生的离心力通过轴承传递给振动棒壳体,从而使振动棒产生圆振动[图 8-13(a)]。偏心式振动器振动棒的棒径一般都在 50mm 以下。行星式的激振原理是利用振动棒中一端空旋的转轴,在它旋转时,其空旋下垂端的圆锥部分沿棒壳内的圆锥面滚动,从而形成滚动体的行星运动以驱动棒体产生圆振动[图 8-13(b)]。行星式激振克服了偏心轴式的主要缺点,因而在电动软轴式振动器中得到最普遍的应用。

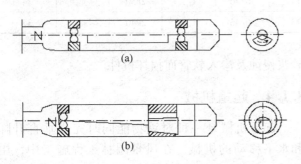

图 8-13 振动棒激振原理示意
(a)偏心式 (b)行星式

电动软轴行星插入式振动器由可更换的振动棒、软轴、防逆装置和电机等组成。其构造如图 8-14 所示。振动棒是振动器的工作部件,通过传动软轴连接到电动机上。传动软轴是一种在工作时允许有一定挠曲的传动轴。

电动软轴行星插入式振动器的棒径大多在 25～70mm 范围内。使用的振动频率也很宽,从 200～260Hz。这种振动器具有结构简单,传动效率较高,振动棒质量小,软轴使用寿命长等优点。因而在所有振动器中是应用量最大、使用最广的一种振动器。表 8-25 为 5 种国产 ZN 系列电动软轴行星插入式振动器的技术规格。其中 ZN25 型振动器主要适应于振实薄壁板墙,以及断面小和钢筋密的建筑施工场合;ZN35,N42,N50 型振动器广泛用于中、小型工程的施工;ZN70 型振动器主要用于中型基础工程和大、中型断面的柱、梁、桩的施工。

电动内部振动器的使用要点:

①插入式振动器在使用前应检查各部件是否完好,各连接处是否紧固,电动机绝缘是否良好,电源电压和频率是否符合铭牌规定,检查合格后,方可接通电源进行试运转。

②振动器的电动机旋转时,若软轴不转,振动棒不启振,系电动机旋转方向不对,可调换任意两相电源线即可;若软轴转动,振动棒不启振,可摇晃棒头或将棒头轻磕地面,即可启振。当试运转正常后,方可投入作业。

③振动器启振时,必须由操作人员掌握,不得将启振的振动棒平放在钢板或水泥板等坚硬物上,以免振坏。

④作业时,要使振动棒自然沉入混凝土,不可用力猛往下推。一般应垂直插入,并插到下层尚未初凝层中 50～100mm,以促使上下层相互结合。

⑤振捣时,要做到"快插慢拔"。快插是为了防止将表层混凝土先振实,与下层混凝土发生分层、离析现象。慢拔是为了使混凝土能来得及填满振动棒抽出时所形成的空间。

⑥振动棒各插点间距应均匀,一般间距不应超过振动棒有效作用半径的 1.5 倍。

⑦振动棒在混凝土内振密的时间,一般每插点振密 20～30s,见到混凝土不再显著下沉,不再出现气泡,表面泛出水泥浆和外观均匀为止。如振密时间过长,有效作用半径虽然能适当增加,但

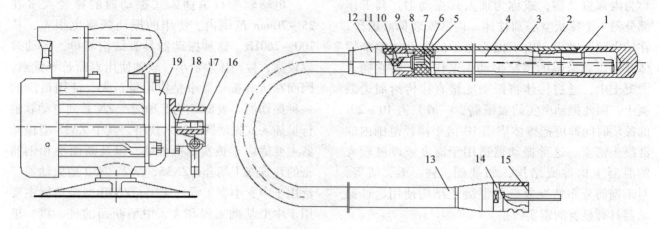

图 8-14 电动软轴行星插入式振动器构造
1. 棒头 2. 滚道 3. 振动棒壳体 4. 转轴 5. 油封 6. 油封座 7. 垫圈 8. 轴承 9. 软轴接头
10. 软轴 11. 软管接头 12. 锥套 13. 软管 14. 连接头 15. 圆形插头 16. 连接座
17. 防逆装置 18. 主轴 19. 电动机

表 8-25 电动软轴行星插入式振动器主要技术参数

型号	振动参数			振动棒直径(mm)	软轴软管直径(mm)		电动机		电源	总质量(kg)
	空载振动频率(Hz)	空载最大振幅(mm)	生产率(m³/h)		软轴	软管	功率(kW)	转速(rpm)		
ZN25	250	0.5	3	26	8	24	0.8	2850	3相 50Hz 380V	20
ZN35	225	0.8	7	36	10	30	0.8	2850		21
ZN42	210	1.08	7.5	44	10	30	1.1	2850		25
ZN50	200	1.15	13	51	13	36	1.1	2850		29
ZN50C	200	1.15	13	51	13	36/46	1.1	2850		34
ZN70	200	1.35	23	68	13	36/46	1.5	2840		37

总的生产率反而降低，而且还可能使振动棒附近混凝土产生离析。这对塑性混凝土更为重要。此外，振动棒下部振幅要比上部大，故在振密时，应将振动棒上下抽动 5~10cm，使混凝土振密均匀。

⑧作业中要避免将振动棒触及钢筋、芯管及预埋件等，更不得采取通过振动棒振动钢筋的方法来促使混凝土振密。否则就会因振动而使钢筋位置变动，还会降低钢筋与混凝土之间的黏结力，甚至会发生相互脱离，这对预应力钢筋影响更大。

⑨作业时，振动棒插入混凝土的深度不应超过棒长的 2/3~3/4。否则振动棒将不易拔出而导致软管损坏；更不得将软管插入混凝土中，以防砂浆侵蚀及渗入软管而损坏机件。

8.1.4 起重机械

起重机械是一种对重物能同时完成垂直升降和水平移动的机械，在风景园林工程施工中，用于装卸物料、移植大树、山石掇筑、拔除树根，带上附加设备还可以挖土、推土、打桩、打夯等。起重机械种类很多，在园林施工中常用汽车式起重机、少先式起重机、卷扬机、手葫芦和电动葫芦等。

起重机械的主要性能参数包括：起重量、工作幅度、起重力矩、起升高度以及工作速度等。

起重量 是起重机械能吊起重物的质量，它是衡量起重机工作能力的一个重要参数。通常称为额定起重量，用 Q 表示。额定起重量有最大起重量和最大幅度起重量之分，最大起重量是指基本臂处于最小幅度时所允许起吊的最大起重量；最大幅度起重量是指基本臂处于最大幅度时所允许起吊的最大起重量。一般起重机械的额定起重量是指最大起重量，即基本臂处于最小幅度时允许起吊的最大起重量。

工作幅度 是指额定起重量下起重机回转中心轴线到吊钩中心线的水平距离，通常用 R 表示，单位为 m。工作幅度表示起重机不移位时的工作范围，它包括最大幅度（R_{max}）和最小幅度（R_{min}）两个参数，最大幅度是指起重臂与水平线额定夹角最小时的幅度，最小幅度是指起重臂仰到额定最大夹角时的幅度。起重机的起重量，随幅度变化而变化，同一台起重机，幅度不同，其起重量不同。

起升高度 是指自地面到吊钩钩口中心的距离，用 H 表示，单位 m，它的参数标定值通常以额定起升高度表示。额定起升高度是指满载时吊钩上升到最高极限，自吊钩中心到地面的距离。当吊钩需要放到地面以下吊取重物时，则地面以下深度叫下放深度，总起升高度为起升高度和下放深度的和。对于动臂式起重机，当起重臂长度一定时，起升高度随着幅度的减少而增加，这一特性可以用起升高度曲线表示，它和起重特性曲线相对应。

8.1.4.1 汽车式起重机

汽车式起重机是一种自行式全回转，起重机构安装在通用或特制汽车底盘上的起重机。起重机构所用动力，一般由汽车发动机供给。汽车式起重机具有行驶速度高，机动性能好的特点，所以适用范围较广。

汽车式起重机主要由底盘、工作机构、液压系统等组成，如图 8-15 所示。

轻型汽车式起重机一般采用汽车底盘，如东风 EQ140 型、黄河 JN151 型等。大中型汽车起重机都采用专用底盘，其结构与汽车底盘相同。按其起重量大小，有多种驱动形式：起重量 12t 以下为二轴 4×2；起重量 16~25t 为三轴 6×4；起重量 40~75t 为四轴 8×4；起重量 80t 以上为 6 轴 6×12。

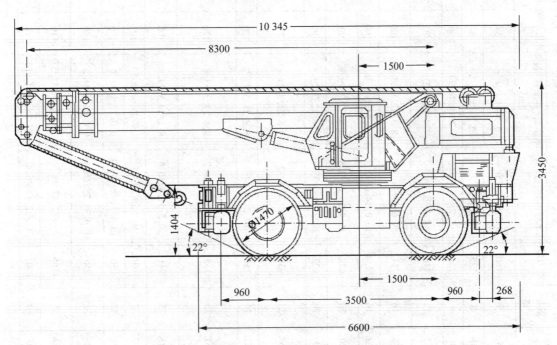

图 8-15　QY20 型汽车式起重机的外形构造示意

表 8-26 汽车起重机的主要技术数据和工作性能

生产企业	产品规格	最大起重量(t)	最大起重力矩(kN·m)	最大起重高度 基本臂/伸缩臂/副臂(m)	最大起重幅度 基本臂/伸缩臂/副臂(m)	最大起升速度单绳(m/min)	最大回转速度(r/min)	最大爬坡能力(%)	最小转弯半径(m)	最大行驶速度(km/h)	发动机 型号/功率(kW)	行驶状态外形尺寸 长×宽×高(mm×mm×mm)	自重(t)
徐州重型机械厂	QYJ5A	5	160	6.375/12.75/—	5.5/11.04/—	54	1.8	57	9	65	EQ6100-1/99	8000×2440×2500	10.275
	QY8B	8	235	7.3/17.87/—	6.3/15.41/—	84	2.4	28	8	75	康明斯 6BF5.9/118 EQ6100-1/99	9170×2400×3100	9.68
	QY8C	8	235	7.2/22.1/27	6.2/19.14/23.4	96	2.8	28	8	75	EQ6100-1/99	9080×2400×3100	9.7
	QY12	12	410	8.6/21/26.5	7.4/18.9/23.9	70	2.3	26	9	68	D6114ZG33A/152 杭发×6130/154	10200×2500×3200	16.2
	QY16	16	711	9.6/23/29.70	8.3/22.1/28.4	100	2.5	22	10	66~70	D6114ZG33A/152 杭发×6130/154	12090×2500×3480	24.3
	QY16K	16	711.48	10.0/24.4/32.3	8.9/21.3/28	100	2.1	32	10.5	69	上柴 D6114ZQ34A/152	11810×2500×3160	21.54
	QY20	20	622	10.2/26.2/33.8	8.8/22.7/29.8	90	3	25	10	62	D6114ZQ34A/152 6135Q-9)/162	12300×25003×480	25
	QY20A	20	622	10.2/26.2/33.8	8.8/22.7/29.3	90	3	25	10	63	6D22-1A/165	12300×2500×3480	23.8
	QY25A	25	932	10.2/24.6/32	8.8/21.3/27.7	72	3	24	10	72	D6114ZQ34A/152 杭发×6130)/154 上柴 6135Q-9)/162	12250×2500×3500	29.09
	QY25D	25	750	10.2/31.0/39.2	8.8/21.3/27.7	120	2.5	28	10.5	65	三菱 K203LAZ6/165	12250×2500×3500	24.67
	QY25E	25	735	10.2/24.6/33.8	8.8/27.3/33.8	120	3	23	10	62	D6114ZG33A/152 WD615.61/191 WD615.64/175 6135Q-9/162	12380×2500×3500	26.4
	QY25K	25	941	10.5/31.4/40.8	9.1/29.3/34.8	100	2.5	30/26	10.8	69~72	康明斯 M11-C250/182 D6114ZG34A/152	12210×2500×3260	25.7
	CXP1032	32	1036	9.5/29.52/45	8.9/25.6/38.53	107	2.2	40	12.75	69	斯太尔 WD615.61/191	11300×2660×3500	32
	QY32B	32	956	10.4/31.29/39.9	9.0/27.1/34.2	130	2.5	28	11	65	三菱 8DC9-2A/213	12750×2500×3530	31.47
	QY32C	32	956	10.4/31.29/40.85	9.0/27.1/34.2	140	2.5	29/25/29	12	63/68/75	WD615.61AM1-C290/ WD615.61/193/216/191	12750×2500×3530	33.5
	QY35K	35	1166	—/32.47/48.7	9.03/28.58/41.57	110	2	29~30	12	69~72	康明斯 M11-C290/斯太尔 WD615.67A/206	12460×2500×3280	32.65
	QY40	40	1401	11/32.47/46.8	9.53/28.58/41.57	118	2	37	12	68	斯太尔 WD615.61/191	13650×2750×3460	37.51

(续)

生产企业	产品规格	最大起重量 (t)	最大起重力矩 (kN·m)	最大起重高度 基本臂/伸缩臂/副臂 (m)	最大起重幅度 基本臂/伸缩臂/副臂 (m)	最大起升速度单绳 (m/min)	最大回转速度 (r/min)	最大爬坡能力 (%)	最小转弯半径 (m)	最大行驶速度 (km/h)	发动机 型号/功率(kW)	行驶状态外形尺寸 长×宽×高 (mm×mm×mm)	自重 (t)
徐州重型机械厂	QY50	50	1509	11/32.47/46.8	9.53/29.01/40.7	118	2	37	12	66~72	斯太尔 WD615.67/WD615.67/206	13650×2820×3470	38.73
	QY50A	50	1509	11/32.47/47	9.53/29.01/40.7	118	2	37	11.5	75	三菱 K6505SLZ/213	13650×2820×3470	37.13
	QY50B	50	1509	10.7/39.46/55.2	9.3/34.7/48.6	118	2	37	12	66~72	斯太尔 WD615.67A/WD65.67/206	13270×2750×3300	39.75
	QY50K	50	1739.5	10.46/39.46/53.8	9.3/34.73/47.7	110	2	27.28	12	63~66	WD615.67A/M11-C290)/206(216)	12950×2750×3550	38.5
	LTM1050	50	1882	10.03/37.39/53.14	8.8/32.9/46.76	120	2.2	50	2.38	75	奔驰 0M4222/43	11500×2700×3670	44
	QY80	80	2669	11.8/43.3/58.68	10.39/38.1/51.96	82	1.6	22	12	85	NTA855-C450/336	14400×2750×3640	60
	QAY160	160	5194	13.7/44.28/91.93	12.12/38.97/81.4	165	1.6	42	24.5	65	康明斯 KTA-19C/392	16900×3000×3900	72
浦沅工程机械总厂	QY8A	8	180	8.4/14.27/20	7.4/13.5/19.6	12	2.9	28		71	6135Q/118	9975×2490×3100	13.6
	QY8B	8	240	7.7/14/19.3	6.7/12.7/19	10	2.9	28		60	EQ6100-1/99	9540×2450×3100	9.26
	QY12	12	400	9.1/16.5/23	8/14/20	12.5	3.2	27		65	6135Q/118	11900×2500×3370	16.78
	QY16A	16	480	9.0/23.0/30.0	8.2/19.8/19.9	10	2.2	23		65	6135Q/118	11900×2500×3370	16.78
	QY516C	16	480	10/23.5/30.3	8/19.3/17.8	10.2	2.5	23		68	X6130QT5/154	11528×2500×3144	21.2
	QY20	20	600	9.8/24.4/32.48	8/24.0/18.1	8.67	2.4	25		65	X6130/154	12105×2486×3280	24.40
	QY25B	25	750	10/25.5/32.4	8/24.1/25	8.2	2.4	28		75	斯太尔 WD615.67/191.18	12723×2500×3300	27.30
	ITM1050	50	1500	10/39/55	7/34/40	10	2.2	50		75	奔驰 0M422A/243	12180×2700×3670	引进德国技术自行设计制造 44
	QY50	50.5	1500	10.5/33.2/46.0	9/27.4/31.5	6.7	2	27.5		78	三菱 8DCB-2A2/13	13190×2750×3760	三菱底盘 388
	QY50	50.5	1500	10.5/33.2/46.2	9/27.43/1.7	10	2	27		72	斯太尔 WD615.67/206	13300×2750×3800	自制底盘 386

(续)

生产企业	产品规格	最大起重量 (t)	最大起重力矩 (kN·m)	最大起重高度 基本臂/伸缩臂/副臂 (m)	最大起重幅度 基本臂/伸缩臂/副臂 (m)	最大起升速度单绳 (m/min)	最大回转速度 (r/min)	最大爬坡能力 (%)	最小转弯半径 (m)	最大行驶速度 (km/h)	发动机 型号/功率 (kW)	行驶状态外形尺寸 长×宽×高 (mm×mm×mm)	自重 (t)
长江起重机厂	QY5	5	155	7/11.18/—	5.5/9.5/—	10	3.4	28	8	40	EQ140/CA141/99.29	8740×2300×2950	8.3
	QY8	8	240	7.12/11.75/16.75	6.0/10.5/9.0	12	3	28	8	60	EQ140/CA141/100.71	8350×2400×2900	9.43
	QY12	12	384	9.11/17/23.04	7.0/14/20.5	12	2.4	28	8	80	EQ144J2/Q6100-1/100	10395×2470×3180	12.5
	QY16C	16	480	9.4/23/30.4	7.0/21/26	10.8	2	28	8	70	6135Q2/161	10690×2500×3300	21.68
	QY20A	20	600	10.1/24.8/32.8	8.0/21/26	10.8	2	28	8	64	6135Q-2/161	11370×2500×3415	23.91
	QY25	25	750	9.8/24.4/32.4	8/21/26	10.8	1.5			66	三菱 K354LK/216.3	11370×2500×3263	25.8
	QY40	40	1400	11.5/28.9/39.3	9/26/32	12.8	2.2			65	三菱 K503L/190.9	13785×2500×3340	40
	LT1040	40	1200	11.7/30.1/41.6	9/26/34	11.1	1.5			70	6150Z/259	12980×2500×3230	37.2
	QY75	75	2400	13.4/40.6/55.6	11/35/—	4	1.7			40	F10L413F/236.9	15800×3400×3980	70
	LT1080	80	2400	14/42/61.7	14/42/61.7	17	1.5			50	F10L413F238.7	15449×3200×4186	67.85
	QY125	125	3750	13.5/43.7/68.3	10/40/46.4	7.1					F12L413/284	17535×2990×3995	90.17
北京起重机厂	QY8B	8	256	7.6~40/13.5/—	6/12/—	8.3	2.8	27	8.25	74	6135Q/EQ140/118/85	8600×2450×3200	15.6
	QY8C	8	160	—50/13.5/—	6/12/—	8.3	2.7	28	8	90	EQ6100-1/100	7680×2415×3218	8.7
	QY8E	8	240	8.3~60/13.5/—	6/12/—	8.3	2.8	28	8	90	EQ6100-1/100	8754×2415×3050	9.05
	QY12T	12	384	9.11/17/23.04	7/14/20.5	12	2.4	20	9.2	75	X6130/EQ144J2/154.5/120.6	10778×2500×3290	15.2
	QY16B	16	480	10/23.8/—	6/18/—	7	3	20	9.2	70	D16/154.5	11250×2500×3200	17
	QY20B	20	600	9.6/23.3/30.8	8/22/27	10	2	28	9.5	65	6D22-1A/165	12350×2500×3405	24.29
	QY20H	20	600	9.6/23.3/30.8	8/22/27	10	2	28	10	60	F8L413F/174	12350×2500×3380	26.26
	QY20R	20	600	9.6/23.3/30.8	8/22/27	10	2	33	9.5	65	D2155MT6/188	12350×2500×3384	26.5
	QY25B	25	750	9.5/23.5/30.8	8/22/27	6.7	2	28	9.5	65	6D22-1A/165	12350×2500×3355	24.3
	TL-300E	30	900	10.2/31.1/39	8/30/34	11.7	3.1	33	9.5	65	三菱 K303LA/216.3	12630×2500×3500	29
	QY50A	50	1500	12.5/34/48	9/29/32.5	9.2	2.2	28	9.5	65	日产 KC54TXL/224	13260×2820×3700	38.5

工作机构包括起升机构、回转机构、起重臂伸缩机构、支腿机构等。起升机构由液压马达、减速器、离合器、制动器及主副卷筒等组成。回转机构由定量液压马达、减速器及回转滚动支承等组成。起重臂为箱形结构,一般小型为两节,中型为3~4节,大型为4~5节。底节为基本臂,底节以上各节为活动臂,每个活动臂都有一个单级双作用液压缸推动伸缩,由装在液压缸前端的顺序阀操纵其伸缩程序。副起重臂为桁架式,需要扩大起重机作业范围时装用。支腿一般采用"H"型,分前后两对共4条支腿,每条支腿又由水平支腿和垂直支腿组成。

液压系统由上、下车两部分组成,两部分之间通过中心回转接头连接。下车部分包括油箱、双联齿轮泵及支腿收放回路;上车部分包括回转、起重臂伸缩、变幅、起升及卷筒离合器、制动器操纵回路。

汽车起重机的主要技术数据和工作性能见表8-26。

汽车起重机使用要点包括:

①驾驶员必须执行规定的各项检查与保养后,方可启动发动机。发动后经检查,确认为正常后方可开始工作。

②开始工作前,应先试运转一次,检查各机构的工作是否正常,制动器是否灵敏可靠,必要时应加以调整或检修。

③起重机工作前应注意在起重臂的回转范围内有无障碍物。

④起重臂最大仰角不得超过原厂规定,无资料可查时,最大仰角不得超过78°。

⑤起重机吊起载荷重物时,应先吊起离地20~50cm,须检查起重机的稳定性、制动器的可靠性和绑扎的牢固性等,并确认可靠后,才能继续起吊。

⑥物体起吊时驾驶员的脚应放在制动器踏板上,并严密注意起吊重物的升降,并勿使起重吊钩到达顶点。

⑦起吊最大额定重物时,起重机必须置于坚硬而水平的地面上,如地面松软和不平时,应采取措施。起吊时的一切动作要以极缓慢的速度进行,并禁止同时进行两种动作。

⑧起重机不得在架空输电线路下工作。在通过架空输电线路时应将起重臂落下,以免碰撞电线。在高低压架空线路附近工作时,起重臂钢丝绳或重物等与高低压输线电路的垂直水平安全距离均应不小于表8-27的规定。

如因施工条件所限不能满足上述规定要求时,应与施工技术负责人员和有关部门共同研究,采取必要的安全措施后,方可施工。

⑨如遇重大物件必须使用两台起重机同时起吊时,重物的重量不得超过两台起重机所允许起重量总和的75%。绑扎时注意负荷的分配,每台起重机分担的负荷不得超过该机允许负荷的80%,以免任何一台过大而造成事故,在起吊时必须对两机进行统一指挥,使两者互相配合,动作协调,在整个吊装过程中,两台起重机的吊钩滑车组都应基本保持垂直状态。为保证安全施工,最好使两机同时起钩或落钩。

⑩禁止载荷行驶或不放下支腿就起重。伸出支腿时,应先伸后支腿;收回支腿时,应先回前支腿。在不平整场地工作时应先平整场地,以保证本身基本水平(一般不得超过3°)。支腿下面要垫木块。

⑪起重工作完毕后,在行驶之前,必须将稳定器松开,4个支腿返回原位。起重吊不得硬性靠在托架上,托架上需垫约50mm厚的橡胶块。吊钩挂在汽车前端保险杠上也不得过紧。

表8-27 起重机在输电线路下的安全距离

输电线路电压(kV)	垂直安全距离(m)	水平安全距离(m)
<1	1.5	1.5
1~20	1.5	2.0
35~110	2.5	4.0
154	2.5	5.0
220	2.5	6.0

8.1.4.2 卷扬机

卷扬机是起重机械中最基本的设备,具有结构简单、制造成本低、使用方便、对作业环境适应性强等特点,只要配合一些辅助设备,如井字架、龙门架、滑轮组等,就能进行提升物料、安装设备、拖曳重物、冷拉钢筋等作业，在园林工程施工中得到广泛应用。

卷扬机的规格、型号繁多，按速度可分为快速、慢速、多速等；按卷筒数量可分为单筒、双筒和多筒等；按传动方式可分为手动、电动、液压、气动以及其他动力形式；按机械传动型式又可分为直齿轮传动、斜齿轮传动、行星齿轮传动、球面蜗杆传动、蜗轮蜗杆传动等。在园林中常选用单筒慢速卷扬机作为小型起重设备使用。

JM 系列单筒慢速卷扬机的构造及外形尺寸，如图 8-16 所示。它是以电动机 1 为动力，通过联轴节 2 和蜗轮减速器 4，再经过一对开式齿轮 5，6 驱动卷筒 7 旋转。

常用卷扬机主要技术性能见表 8-28。

卷扬机使用要点：

①卷扬机安装前，要了解具体工作情况，确定卷扬机的安装位置，检查零部件是否灵敏可靠，根据卷扬机的牵引力和安装位置，埋设地锚。

②卷扬机临时安装，可利用机座上的预留孔或用钢丝绳盘绕机座固定在地锚上，在机架的后部应加放压铁，并应选择地势稍高、视野良好、地基坚实的地方；如永久性安装，则需以地脚螺栓紧固在混凝土基础上，以确保卷扬机在作业时不发生滑动、位移、倾覆等现象。临时安装的机座下面需垫上枕木。卷扬机要保持纵、横两个方向的水平，钢丝绳的牵引向要与卷筒的轴向成直角。

③电气设备要安装在卷扬机和操作人员附近，接地要良好，并不得借用避雷器上的地线作接地线；电气部分不得有漏电现象，必须装有接地和接零的保护装置，接地电阻不得大于10Ω，但在一个供电系统上，不得同时接地又接零。

④卷扬机运转前，应检查卷扬机与地面固定情况，检查安全装置、防护设施、电气线路、接地（接零）线、制动装置和钢丝绳等，全部合格后方可使用。要检查各部润滑情况，加足润滑剂。

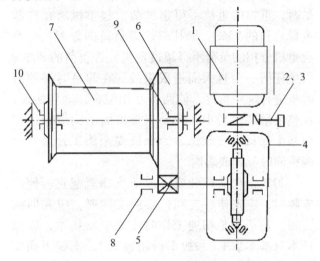

图 8-16 JM-3，5，8 型卷扬机传动示意
1. 机架 2. 电动机 3. 联轴器 4. 重锤电磁制动器
5. 蜗轮减速器 6. 开式传动齿轮组 7. 卷筒
8. 支架 9. 电气箱 10. 凸轮控制器

表 8-28　单筒慢速卷扬机主要技术性能

种类	型号	额定静拉力 (kN)	卷筒		钢丝绳		电动机			外形尺寸			整机自重
			直径 (mm)	长度 (mm)	容绳量 (m)	直径 (mm)	绳速 (m/mm)	型号	功率 (kW)	转速 (r/min)	长 (mm)	宽 (mm)	高 (mm)	(t)
单筒慢速卷扬机	JM0.5	5	236	417	150	9.3	15	Y100L2-4	3	1420	880	760	420	0.25
	JM1	10	260	485	250	11	22	Y132S-4	5.5	1440	1240	930	580	0.6
	JM1.5	15	260	440	190	12.5	22	Y132M-4	7.5	1440	1240	930	580	0.65
	JM2	20	320	710	230	14	22	YZR2-31-6	11	950	1450	1360	810	1.2
	JM3	30	320	710	150	17	20	JZR2-41-8	11	705	1450	1360	810	1.2
	JM5	50	320	800	250	23.5	18	JZR2-42-8	16	710	1670	1620	890	2
	JM8	80	550	800	450	28	10.5	YZR225M-8	21	750	2120	2146	1185	3.2
	JM10	100	750	1312	1000	31	6.5	JZR2-51-8	22	720	1602	1770	960	

⑤钢丝绳应与卷筒及吊笼连接牢固,不得与机架或地面摩擦,通过道路时,应设过路保护。卷扬机制动操作杆的行程范围内,不得有障碍物。卷筒上的钢丝绳应排列整齐,如发现重叠或斜绕时,应停机重新排列,严禁在转动中用手、脚去拉、踩钢丝绳。弹性联轴器不得松旷。

⑥作业中,任何人不得跨越正在作业的卷扬钢丝绳。物件提升后,操作人员不得离开卷扬机,物件或吊笼下面严禁人员停留或通过。休息时应将物件或吊笼降至地面。作业中如发现声响不正常、制动不灵、制动带或轴承等温度剧烈上升等异常情况时,必须停机检查,排除故障后方可使用。作业中如遇停电,应切断电源,将提升物件或吊笼降至地面。作业完毕,应将提升吊笼或物件降至地面,切断电源,锁好开关箱。

⑦卷扬机只限于水平方向牵引重物,如需要作垂直和其他方向起重时,可利用滑轮导向(不得用开口滑轮)。但要保持卷筒与第一道导向滑轮之间不小于12m。

8.1.4.3 环链手拉葫芦和电动葫芦

环链手拉葫芦又称差动滑车、倒链、车筒、葫芦等。它是一种使用简易、携带方便的人力起重机械。适用于起重次数较少,规模不大的安装机器、起吊和装卸等工程作业,尤其适用于流动性及无电源作业面积小的工程施工。可与各种手动单轨行车配套使用组成手动起重运输小车。HS系列手拉葫芦具有使用安全可靠,维护简单,机械效率高,收链拉力小,自重较轻,便于携带等

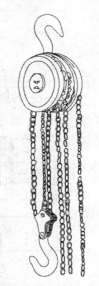

图 8-17 HS 型环链手拉葫芦

特点。

图 8-17 为 HS 型环链手拉葫芦,是我国生产时间较长的一种系列产品。其技术规格见表 8-29。

电动葫芦是一种简便的起重机械。由运行和起升两大部分组成,一般安装在直线或曲线工字梁的轨道上,用以起升和运输重物。

电动葫芦具有尺寸小、质量轻、结构紧凑、操作方便等特点,所以越来越广泛地代替手拉葫芦,用于园林施工的各个方面。

目前生产的电动葫芦型号很多。这里仅介绍 CD 型和 MD 型电动葫芦。

图 8-18 是 CD 型和 MD 型电动葫芦,具有制动可靠、质量轻、噪声小等优点。其主要技术数据,见表 8-30。

表 8-29 HS 型环链手拉葫芦技术规格

型号	SH1/2	SH1	SH2	SH3	SH5	SH10
起重量(t)	0.5	1	2	3	5	10
起升高度(m)	2.5	2.5	3	3	3	5
试验荷载(t)	0.625	1.25	2.5	3.75	3.75	12.5
两钩间最小距离(mm)	250	430	550	610	610	1000
满载时手链拉力(kg)	19.5~22	21	23.5~36	34.5~36	34.5~36	38.5
起重链(行数)	1	2	2	2	2	4
质量(kg)	11.5~16	16	31~32	45~46	73	170

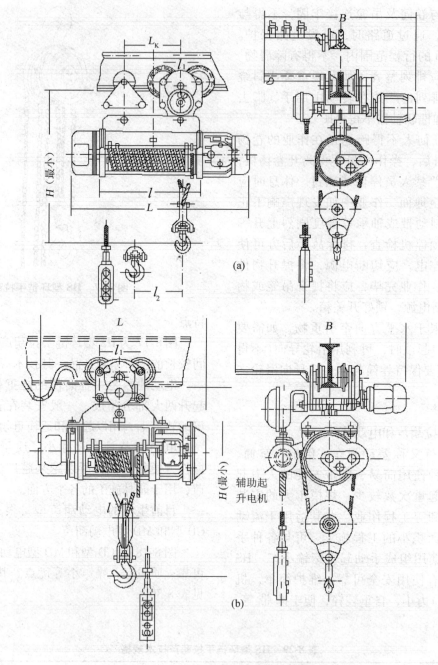

图 8-18　CD 型和 MD 型电动葫芦外形示意
(a) CD 型电动葫芦　(b) MD 型电动葫芦

8.1.5　提水机械

工农业生产中常用的提水机械是水泵,在风景园林工程中应用也很广泛,如用于土方施工、给水、排水、水景、喷泉等;在园林植物栽培中,如灌溉、排涝、施肥、防治病虫害等也有应用。泵的类型很多,按其工作原理可分为离心泵、轴流泵和混流泵三大类。

8.1.5.1　水泵结构和型号

离心泵是应用广泛的一种机械,图 8-19 为悬臂式离心泵结构,主要由泵体、泵盖、叶轮、泵

表 8-30　CD 型、MD 型电动葫芦主要技术数据

型号		起重量 (t)	起升高度 (m)	起升速度 (m/min)	运行速度 (m/min)	工作制度 (JC)	电动机 主起升 功率 (kW)	电动机 主起升 转速 (r/min)	电动机 辅起升 功率 (kW)	电动机 辅起升 转速 (r/min)	电动机 运行 功率 (kW)	电动机 运行 转速 (r/min)	钢丝绳 直径 (mm)	钢丝绳 结构	主要尺寸 (mm) L	L_k	t	t_1	t_2	B	$H_{最小}$	质量 (kg)	环行轨道最小半径 (m)	轨道型号
	0.5-6D	0.5	6	8	20	25%	0.8	1380			0.2	1380			616		274	185	72	866		120/138	1	16—82[b]
	0.5-9D	0.5	9	8	20	25%	0.8	1380			0.2	1380			688							125/143	1	
	0.5-12D	0.5	12	0.8	20	25%	0.8	1380			0.2	1380			760		418	185	144	866		145/163	1	
	1-6D	1	6	8	20	25%	1.5	1380			0.2	1380			758		345	185	98	884	685	147/165	1	
	1-9D	1	9	8	20	25%	1.5	1380			0.2	1380			856		443	185		884	685	158/176	1	
	1-12D	1	12	8	20	25%	1.5	1380			0.2	1380	7.6	6×37+1	954		541	185	196	884	780	180/198	1.2	16—30[c]
	1-18D	1	18	8	30	25%	1.5	1380			0.2	1380			1150	411	737	185	293	884	780	195	1.8	
MD	1-24D	1	24	8	30	25%	1.5	1380			0.2	1380			1346	607	933	185	390	884	780	208	2.5	
	1-30D	1	30	0.8	60	25%	1.5	1380			0.2	1380			1542	803	1129	185	488	884	780	222	3.2	
	2-6D	2	6	8	20	25%	3	1380			0.4	1380			818		352	205	100	930~994	860~960	235/265	1.2	20[a]~32[c]
	2-9D	2	9	8	30	25%	3	1380			0.4	1380			918		432	205	150	930~994	860~960	248/278	1.5	
	2-12D	2	12	8	30	25%	3	1380			0.4	1380	11	6×37+1	1018	290	552	205	200	930~994	860~960	296/326	2	
	2-18D	2	18	0.8	30	25%	3	1380			0.4	1380			1218	412	752	205	300	930~994	860~960	320/350	2	
	2-24D	2	24	0.8	30	25%	3	1380			0.4	1380			1418	612	952	205	400	930~994	860~960	340/370	2.5	
	2-30D	2	30	0.8	60	25%	3	1380			0.4	1380			1618	808	1152	205	500	930~994	860~960	360/395	3.5	

(续)

型号		起重量 (t)	起升高度 (m)	起升速度 (m/min)	运行速度 (m/min)	工作制度 (JC)	电动机 主起升 功率 (kW)	电动机 主起升 转速 (r/min)	电动机 辅起升 功率 (kW)	电动机 辅起升 转速 (r/min)	运行 功率 (kW)	运行 转速 (r/min)	钢丝绳 绳直径 (mm)	钢丝绳 结构	主要尺寸 L (mm)	主要尺寸 L_k	主要尺寸 t	主要尺寸 t_1	主要尺寸 t_2	主要尺寸 B	主要尺寸 $H_{最小}$	质量 (kg)	环行轨道最小半径 (m)	轨道型号
MD	3-6D	3	6	8	20	25%	4.5	1380	0.4	1380	0.4	1380	13	6×37+1	924		390	205			985	290 320	1.2	20[a]~32[c]
	3-9D		9	8	20										1027		493	205	103	930~994	985	310 340	1.2	
	3-12D		12	8	30										1130		596	205	206	930~994	1080	360 390	1.5	
	3-18D		18	8											1336	450	802	205	309	930~994	1080	360	2.5	
	3-24D		24	8	60										1542	656	1008	205	411	930~994	1080	415	3.0	
	3-30D		30	0.8											1748	862	1214	205	515	930~994	1080	440	4.0	
	5-6D	5	6	8	20	25%	7.5	1380	0.8	1380	0.8	1380	15.5	6×37+1	1047		415	205~228	105	1020~1084	1310	465 605	1.5	25[a]~63[c]
	5-9D		9	8											1168		536	205~228	158	1020~1084	1310	490 530	1.5	
	5-12D		12	8	30										1257	612	625	205~228	210	1020~1084	1310	570 610	1.5	
	5-18D		18	8											1467	822	835	205~228	315	1020~1084	1310	610	2.5	
	5-24D		24	8	60										1677	1032	1045	205~228	420	1020~1084	1310	650	3.0	
	5-30D		30	0.8											1887		1255	205~228	526	1020~1084	1310	690	4.0	
CD	10-9D	10	9												1595~1763	502~702	865	205~228			1350	1030	3.0	25[a]~63[c]
	10-12D		12												1786~1954	683~883	1056	205~228			1350	1085	3.5	
	10-18D		18												2148~2316	1045~1245	1418	205~228			1350	1180	4.5	
	10-24D		24												2510~2678	1447~1647	1780	205~228				1280	6.0	
	10-30D		30												2870~3040	1719~1919	2142	205~228			1350	1380	7.2	

轴和悬架等组成。泵进口在轴线上，吐出口与泵轴线成垂直方向，并可根据需要将泵体旋转90°，180°，270°角。泵由联轴器直接传动，或通过皮带装置进行传动。采用皮带传动时，托架靠皮带轮一侧安装两个单列向心球轴承。

潜水泵也一种用途非常广泛的提水机械，是将电动机和水泵组成一个整体，潜入井下水中，电能通过防水电缆输入电动机带动水泵运行。潜水泵结构紧凑，安装简单，移动方便，因此得到了迅速发展。图8-19为潜水泵的外形示意图。

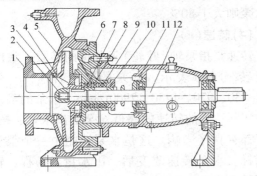

图8-19　离心泵结构示意

1. 泵体　2. 叶轮螺母　3. 制动垫圈　4. 密封环　5. 叶轮
6. 泵盖　7. 轴套　8. 填料环　9. 填料　10. 填料压盖
11. 悬架　12. 轴

水泵的种类很多，每一种又有很多品牌。为了订购、选用方便，有关部门对不同类型的水泵，根据其尺寸大小、扬程、流量、转速和结构等不同情况，分别编制了不同的水泵型号表。所以，若已知一台水泵的型号，就可以从泵类产品样本或使用说明书中查到该泵的规格。水泵的铭牌是水泵的简单说明书，从铭牌上可以了解水泵的性能和规格。图8-20是一个铭牌的例子。

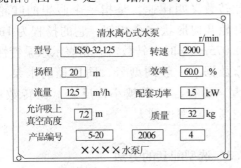

图8-20　水泵的铭牌

水泵的型号是由符号（汉语拼音）及其前后的一些数据组成的。符号表示泵的类型，数字则分别表示水泵进、出口直径或最小井管内径、比转数、扬程、流量、叶轮个数等。

离心泵型号编制　由4个部分组成。其组成方式为：Ⅰ Ⅱ Ⅲ Ⅳ。其中Ⅰ代表泵的吸入口直径，是用毫米（mm）为单位的阿拉伯数字表示，如80，100等。Ⅱ代表泵的基本结构、特征、用途及材料等，用汉语拼音字母的字首标注。如B表示单级单吸悬臂式泵；S表示单级双吸离心泵；D表示分段式多级离心泵；F表示耐腐蚀泵；Y表示单级离心式油泵；YS表示双吸式油泵，ISG，IRG系列管道离心泵，DL型立式多级泵，XBD系列消防泵等。Ⅲ代表泵的扬程及级数，是用以米水柱高度为单位的阿拉伯数字表示。Ⅳ代表泵的变型产品，用大写汉语拼音A，B，C表示。

例如：80D12×3，表示吸入口直径为80mm，单级扬程为12m，总扬程为12×3=36m的3级分段式多级离心泵。

IS型泵　为单级单吸悬臂式清水离心泵，是根据国际标准ISO2825所规定的性能和尺寸设计的，适用于输送清水或物理、化学性质类似于清水的其他液体。该类型离心泵结构简单、使用维护方便、应用很广。泵的性能参数见附录Ⅸ，此类泵的扬程为5～125m，流量6.3～400m³/h，口径3.75～20cm。型号由5个部分组成，组成方式为：Ⅰ Ⅱ-Ⅲ-Ⅳ Ⅴ。其中Ⅰ代表泵的名称，用符号"IS"表示；Ⅱ代表泵的吸入口直径，以毫米（mm）为单位，用阿拉伯数字表示；Ⅲ代表泵的排出口直径，以毫米（mm）为单位，用阿拉伯数字表示；Ⅳ代表泵的叶轮名义直径，以毫米（mm）为单位，用阿拉伯数字表示；Ⅴ代表泵的变型产品，用A，B，C 3个字母表示。

例如：IS125-100-200A为IS型单级单吸离心泵，吸入口直径125mm，排出口直径100mm，叶轮名义直径为200mm，叶轮经第一次切割。

潜水泵类型　其类型很多，如JQ型井用潜水泵、QY型潜水泵（充油式）、QD型单相潜水泵、QDX，WQDX型单相下吸潜水泵、QX下吸式工程潜水泵、QZ潜水轴流泵、WQ污水污物潜水泵、

Q型喷泉用潜水泵、QW潜污水泵、QS型潜水泵（充水式）、QX和DQX型潜水泵（干式）、JYWQ型自动搅匀排污泵、QXF，QYF系列全不锈钢潜水泵、AS系列潜污泵等。其型号编制由5部分组成，组成方式为：ⅠⅡ-Ⅲ-Ⅳ。其中Ⅰ代表泵的名称；Ⅱ代表泵的出流量，以m^3/h为单位，用阿拉伯数字表示；Ⅲ代表泵的扬程和级数，以米水柱（mH_2O）为单位，用阿拉伯数字表示；Ⅳ代表泵的配套电机功率，以千米（kW）为单位，用阿拉伯数字表示。其性能见附录X

例如：QY10-50/2-3表示该水泵为充油式潜水泵，出水口流量为$10m^3/h$，该泵为2级水泵，每级的扬程为$50mH_2O$柱，总扬程为$100mH_2O$柱。配套电机功率为3kW。

8.1.5.2 水泵的工作参数

(1) 流量（Q）

流量又称排量或扬水量，是泵在单位时间内的出水量，单位是m^3/h或L/s。水泵的流量大致决定于泵的口径。

(2) 扬程（H）

扬程是指水泵能够提升水的高度，单位是m。水泵性能表中所标示的扬程是指水泵的全扬程，即实际扬程和损失扬程之和。实际扬程是指进水面至出水面的垂直高度。损失扬程是指水在管道和水泵内因各种阻力而损失的扬水高度，在管道不长的情况下可按实际扬程的15%~30%估算。

(3) 功率（N）与效率（η）

功率 是指机械在单位时间（每秒）内做功的大小。单位用kW千瓦表示。在水泵铭牌或有关资料上，常见有"有效功率"、"轴功率"、"配套功率"。

有效功率 是指水流经过水泵时所获得的能量，即水泵传给水流的净功率。可由水泵出水量和扬程、水的容重等计算出来。

轴功率 是指水泵运转时，由动力机传递给水泵轴上的功率。有效功率与水泵效率η之比，即为水泵轴功率。

配套功率 是指带动水泵正常工作的动力机应具有的功率。配套功率与轴功率不同。因动力机经传动装置（皮带或联轴器等）传递给水泵轴要消耗一部分功。此外，为了使动力机不常处于满负荷状态下工作，配套机械的功率总要大于水泵轴功率，以保护动力机。所以，配套功率要比轴功率大一些。对电动机加在水泵轴上的动力叫做轴动力。

效率η 是表示水泵能量利用的指标。水泵在工作时，由于轴承填料和泵轴等机械运动的摩擦及水泵内的涡流现象，都要损失一部分能量。所以，动力机传给水泵轴的功率，不可能全部变成有效功率。有效功率和轴功率的比值就是水泵的效率。

一般离心泵的最高效率为60%~80%，大型的水泵则大于80%。

(4) 转速（n）

转速是指泵轴（叶轮）每分钟的转数，常用r/min（转/分钟）表示。水泵的额定转速，一般为485，730，970，1450，2900r/min。水泵的额定转速、实际达到的转速的高低对泵的出水量、扬程、功率都有直接影响。这是水泵性能中一个很重要的指标。水泵转速改变后，出水量、扬程、轴功率都随之改变。

(5) 允许吸上真空高度（H_s）

允许吸上真空高度是指水面到抽水泵体叶轮的最大高程差。表示水泵吸上扬程的最大值，单位为m。它表示水泵吸水能力的大小，是确定安装高度的依据。一般水泵的允许吸上真空高度在8m以内。如果泵轴中心距动水位的垂直高度加上吸水管路损失扬程小于水泵允许吸上真空值，可以保证水泵正常出水量；若超过水泵的允许吸上真空高度值，水泵出水量就会减少；超过越多，汽蚀现象越严重，水泵也就抽不上水来，甚至出现一定的损坏。

(6) 比转数（n_s）

比转数又叫比速，是指一个假想的叶轮与该泵的叶轮几何形状完全相似，它的扬程为1m，流量为$0.075m^3/s$时的转数。它是表示水泵特性的一个综合数据。一般同型号、同口径的水泵，比转数越大，扬程、功率越小；反之，比转数越小，扬程越高，功率也越大。

8.1.5.3 选型配套的方法

(1) 水泵的选型

选择水泵的主要依据是流量和扬程。选型的

步骤如下:

①确定给排水流量 根据给水工程、水景工程的要求和计算方法确定给水流量;根据排水量和排水限期来计算排水流量。

②确定扬程 水泵的扬程应大于系统正常工作所需的工作压力。该压力包括系统最不利点工作所需要的实际扬程和管道内的损失扬程。实际扬程应根据具体情况来计算。对于一般中小型给排水工程,损失扬程可以根据实际扬程粗略估计。

损失扬程(m) = 损失扬程系数 × 实际扬程(m)

表 8-31 给出了损失扬程系数。

表 8-31 损失扬程系数

损失扬程系数 实际扬程(m)	管路直径(mm) 200 以内	250～300	350 以上
10	0.3～0.5	0.2～0.4	0.1～0.25
10～30	0.2～0.4	0.15～0.3	0.05～0.15
>30	0.1～0.3	0.1～0.2	0.03～0.1

③选择水泵 首先应根据预定流量和具体情况确定水泵台数,最好选用相同型号的水泵,以便检修和配件。确定台数以后,便可以算出一台水泵的流量。

为了便于选用水泵,附录表Ⅸ、附录Ⅹ已经把各种离心泵和潜水泵中一些水泵的流量和扬程列出。选择水泵时可根据确定的扬程和流量直接查表,也可以查专用手册。

如果查得有两种型号的水泵均可适用,应选用效率高、价格便宜和配套功率小的水泵。

(2) 动力机械的选择

动力机械可选用电动机或柴油机,有电的地方应尽量选用电动机。

考虑到传动损失和扬程变化等因素,动力机械的功率应大于水泵的轴功率(一般大10%～20%)。

配套功率(kW) = (1.1～1.2) × 水泵的轴功率(kW)

(3) 传动装置的选择

大多数水泵的转速是按三相异步电动机的转速决定的。电动机的转速有 3000,1500,1000,750r/min 等若干级,水泵的转速也有这些级,但是比电动机的同步转速略小。所以电动水泵一般采用直接传动。

如果电动机和柴油机的转速和水泵的转速相差很大,就需要用平皮带或三角皮带传动。

(4) 管路和附件的选择

水在管路中流动时水压力是有损失的。当管路直径一定时,水的流量越大,流速也越大,损失扬程越大。这种损失扬程的大小与流量(或流速)的平方成正比。目前使用的水泵,进口流速 3～3.5m/s,出口流速在 4m/s 以上。如果进出水管和水泵口径一样粗,这样大的流速会在管路中产生很大的损失扬程,是不适当的。管路的直径一般比水泵的口径略大,借以降低水在管路中的流速,减少扬程损失。实践证明,水在进水管路中的流速不宜超过 2m/s,水在出水管路中的流速不宜超过 3m/s。

一般水泵直径在 100mm 以下时,管路直径基本同水泵直径;当水泵直径在 150mm 以上时,管路直径应大于水泵直径。

因为管路的直径比水泵口径大,所以在水泵出入口必须有渐变管。渐变管的长度应根据大头直径和小头直径的差来决定,一般是大小头直径差数的 7 倍。水泵出口处的渐扩管可以是同心式的。水泵入口处的渐细管应做成偏心式的,以便装上以后,上面保持水平。

选择管路时应尽量少用弯头,尽可能减少阀门,止逆阀和不采用底阀等。以减少水头损失。

8.2 种植养护机械

在绿化工程中,种植和养护是两个主要的工

作环节，耗费人力比较多、劳动强度比较大，因而也亟需机械化。

8.2.1 种植养护机械

8.2.1.1 挖坑机

挖坑机又叫穴状整地机，主要用于栽植乔灌木、大苗移植时整地挖穴，也可用于挖施肥坑、埋设电杆、设桩等作业。使用挖坑机每台班可挖 800~1200 个穴，而且挖坑整地的质量也较好。

挖坑机分便携式和自行式两种，便携式有手提式和背负—手提式，以手提式为主。自行式有拖拉机牵引式、拖拉机悬挂式和车载式，以拖拉机悬挂式为主。

（1）悬挂式挖坑机

图 8-21 所示，是悬挂在拖拉机上，由拖拉机的动力输出轴通过传动系统驱动钻头进行挖坑作业，包括机架、传动装置、减速箱和钻头等几个主要部分。

传动装置由万向节和安全离合器组成。当挖坑机工作时，钻头突然遇到障碍物，安全离合器自动切断动力，以保护机器不受损坏。

减速箱的任务是把发动机动力输出轴的转速进行减速并增加转矩，以满足挖坑机的挖坑技术要求。拖拉机动力挖坑机上通常采用圆锥齿轮减速器，直径为 200~1000mm 的螺旋钻头，通常可取转速 $n = 150~280 r/min$。

挖坑机的工作部件是钻头。用于挖坑的钻头，为螺旋型。工作时螺旋片将土壤排至坑外，堆在坑穴的四周。用于穴状整地的钻头为螺旋齿式，又称松土型钻头。工作时钻头破碎草皮，切断根系，排出石块，疏松土壤。被疏松的土壤不排出坑外面，而留在坑穴内。

悬挂式挖坑机主要技术参数，见表 8-32。

（2）手提式挖坑机

手提式挖坑机主要用于地形复杂的地区植树前的整地或挖坑。

手提式挖坑机如图 8-22，是以小型二冲程汽油发动机为动力，其特点是质量轻、马力大、结构紧凑、操作灵便、生产率高。手提式挖坑机通常由发动机、离合器、减速器、工作部件、操纵部分和油箱等组成。

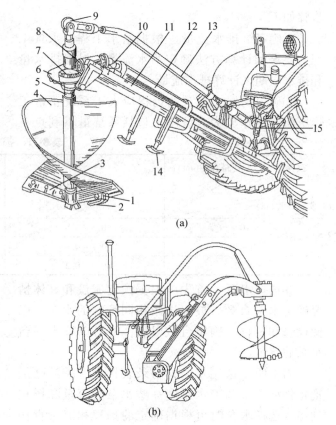

图 8-21 拖拉机悬挂式挖坑机
(a)正置式　(b)侧置式
1. 调节螺钉　2. 支撑端头　3. 切刀犁头　4. 旋转翼片　5. 竖轴
6. 减速箱体　7. 大锥齿轮　8. 小锥齿轮　9. 上铰链
10. 万向传动轴　11. 机架　12. 万向传动轴套
13. 上拉杆　14. 可伸支腿　15. 下铰链

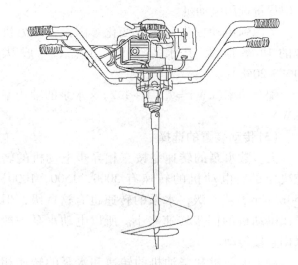

图 8-22 双人手提式挖坑机外形

手提式挖坑机主要技术参数，见表 8-33。

表 8-32　悬挂式挖坑机主要技术参数

主要指标		型号					
		WD80	W80C	WKX-80	W45D	WX-80(50)	ZWX-70
外形尺寸 (mm)	长(钻头至联结中心)	2120	2100	2530	1800	2270	1900
	宽	800	800	1280	600	800	460
	高(运输状态)	2440	2000	1380	1750	1700	1500
质量(kg)		298	293	300	310	270	200
钻头	直径(mm)	790	790	820	450	790、490	700
	长(mm)	1157	1090	770	700	1090	900
	螺旋头数	2	2	2	2	2	
	转速(r/min)	184	154	144	280	175、132	250
运输间隙(mm)		570	485	300	480	>300	>300
挖坑直径(mm)		800	800	830	450	800、500	700
挖坑深度(mm)		800	800	720	450	800	600
出土率(%)		>90	>90	>90	>90	>90	
生产率(坑/班)		900~1000	800~1000		1400~1600	500~700	100~120 坑/h

表 8-33　手提式挖坑机主要技术参数

项目	型号				
	W3	ZB5	ZB4	ZB3	ZW5
发动机型号	O51	1E52F	YJ4	O51	1E52F
最大功率[kW/(r·min)]	2.2/1500	3.7/6000	3/6000	2.2/5000	3.7/6000
汽油、机油混合比	15:1	15:1	20:1	15:1	15:1
起动方式	启动器	拉绳	拉绳	启动器	拉绳
离合器结合转速(r/min)	2000~2200	2800	2800	2800	2800
减速器型式	齿轮	摆线针齿	摆线针齿	摆线针齿	蜗杆蜗齿
减速比	21.96:1	26:1	26:1	26:1	26:1
钻头类型	挖坑型	挖坑型	挖坑型	整地型	整地型
挖坑直径(mm)	280~320	320	320	450	450
最大深度(mm)	450	450	450	400	400
钻头转速(r/min)	228	230	230	230	230
质量(kg)	20	13.5	13.5	14.5	14.1
操作人数	2	2	2	2	2
生产率(穴/h)	150~400			400~500	400~500

8.2.1.2 开沟机

开沟机除用于种植外,还用于开掘排水沟渠和灌溉沟渠。主要类型有铧式和旋式两种。

铧式开沟机由大中型拖拉机牵引,犁铧入土后,土垡经翻土板、两翼板推向两侧,侧压板将沟壁压紧即形成沟道。其结构简图如图 8-23 所示。

旋转圆盘开沟机是由拖拉机的动力输出轴驱动,圆盘旋转抛土开沟。其优点是牵引阻力小、沟形整齐、结构紧凑、效率高。圆盘开沟机有单圆盘式和双圆盘式两种。双圆盘开沟机组行走稳定,工作质量比单圆盘开沟机好,适于开大沟。旋转开沟机作业速度较慢(200~300m/h),需要在拖拉机上安装变速箱减速。图 8-24 系单圆盘旋转开沟机结构示意。

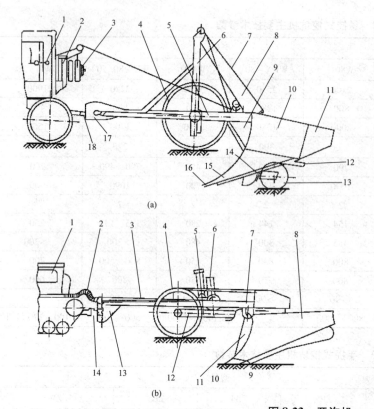

1. 操纵系统 2. 绞盘箱 3. 被动锥形轮 4. 行走轮 5、6. 机架 7. 钢索 8. 滑轮 9. 分土刀 10. 主翼板 11. 副翼板 12. 压道板 13. 尾轮 14. 侧压板 15. 翻土板 16. 犁尖 17. 拉板 18. 牵引钩

1. 拖拉机 2. 橡胶软管 3. 机架 4. 行走轮 5. 限深梁 6. 油缸 7. 连接板 8. 犁壁 9. 侧压板 10. 犁铧 11. 分土刀 12. 拐臂 13. 牵引拉板 14. 牵引环

图 8-23 开沟机
(a) K-90 开沟犁 (b) K-40 液压开沟犁

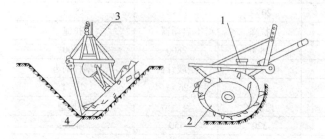

图 8-24 单圆盘旋转开沟机
1. 减速箱 2. 开沟圆盘 3. 悬挂机架 4. 切土刀

8.2.1.3 树木移植机

树木移植机是用于树木带土移植的机械。可以完成挖穴、起苗、运输、栽植、浇水等全部（或部分）作业。该机在大苗出圃及园林树木移植时使用，生产率高、作业成本相对较低，成活率高，适应性强，应用范围广泛，能减轻工人劳动强度，提高作业安全性。

树木移植机可分为自行式、牵引式和悬挂式3类。自行式一般以载重汽车为底盘，如图 8-25(a) 所示，一般为大型机，可挖土球直径达 160cm；牵引式和悬挂式可以选用前翻斗车、轮式拖拉机或自装式拖拉机为底盘，如图 8-25(b)~(d)，一般为中、小型机。中型机可挖土球直径为 100cm（树木径级为 10~12cm），小型机可挖土球直径 80cm（树木径级一般在 6cm 左右）。国内外有多种机型。

(1) 车载式树木移植机

美国的大约翰树木移植机和国产的 2ZS-150 型树木移植机都是车载式，它们在结构上基本相似。车载式树木移植机都为铲刀式，由汽车底盘、切土机构、升降机构、倾倒机构以及液压传动系统组成，具体结构见图 8-26。树木移植工作装置通过专门机架固定于汽车后部。运输时树木移植工作装置平放在汽车底板上，工作时直立于车尾部。该机可完成挖掘、起吊、搬运、栽种和浇灌等树木移植的多道工序作业，效率高、成活率高，特别适用于城市道路、住宅小区、庭院及绿地移植大中型树木，树根土球直径（上部）达 1300~1500mm，土球深度 1000~1050mm，可移植的树木径级达 18cm。

8.2 种植养护机械

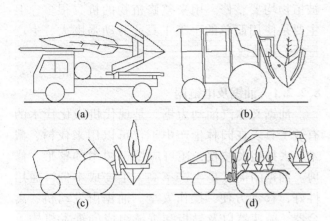

图 8-25 树木移植机
(a)以载重汽车为底盘的大型机　(b)以前翻斗车为底盘的中、小型机　(c)以拖拉机为底盘的中、小型机　(d)以自装式拖拉机为底盘的小型机

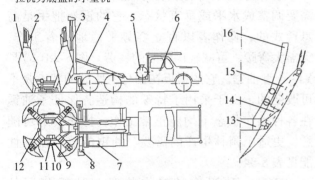

图 8-26　2ZS-150 型车载式树木移植机
1. 铲刀　2. 铲轨　3. 升降机构　4. 倾倒机构　5. 水箱
6. 汽车底盘　7. 操纵阀　8. 支腿　9. 框形底架
10. 开闭油缸　11. 调平垫　12. 锁紧装置　13. 底架
14. 切土液压缸　15. 树铲　16. 铲轨

在铲刀式树木移植机中，切土机构是树木移植机的主要工作装置，它起着切出土球和在运移中作为土球的容器而保护土球的作用。铲机构由铲刀、切土液压缸、铲轨以及框形底架和底架的开闭机构、锁紧机构、开闭液压缸等组成。该树木移植机树铲机构的底架是一个八角形框架，在底架上对称地直立4根铲轨，4把铲刀安置在各自的铲轨上。在切土液压缸的作用下，铲刀可沿铲轨上下移动。当铲刀分别向下移动到极限位置时，便组成中空的曲面圆锥体。

升降机构由门架、导轨和升降液压缸组成。其作用是使树铲机构整体能沿门架上的导轨升降，在起树前使树铲机构下降放在地面上，起苗后将

工作装置和苗木一起提升，完成起树作业。

倾倒机构主要由倾倒液压缸组成，其作用是使提升到一定高度的树铲机构连同树木倾倒一定角度，靠放在底盘车架上，以便运输。

此外，在车载式树木移植机上还有支腿机构和润水装置。支腿用于铲树和起树时增强整机的稳定性，由两条支腿和两个支腿液压缸组成。润水装置用于在下铲时用水润滑铲面，以使土壤松软，减少下铲阻力。

(2) 拖拉机悬挂式树木移植机

4YS-80 型树木移植机是我国于 20 世纪 80 年代中期研制的拖拉机悬挂式树木移植机，由悬挂架、底架、树铲机构、液压系统组成。可悬挂在 37~59kW 的通用农业拖拉机上，能挖掘的土球直径为 80~90cm，土球高度 60~70cm，在园林苗圃起带土球大苗，每小时能起 20~30 棵。主要适用于针叶树大苗带土球起苗和移植作业。该机结构新颖简单、造价低、拆装方便，能悬挂在几种通用拖拉机上，其动力由拖拉机供给，操作全部实现液压化。与手工作业相比，生产率高 6 倍以上，成本降低一半，移植的苗木成活率可达 100%。

树铲机构的底架是该机有特色的首创结构件。底架是八边形框架，但底架是固定开口的，省却了底架的开闭机构和锁紧装置，简化了树木移植机的操作程序。

树铲机构也是由底架、切土液压缸、铲刀和导轨组成。铲刀为直铲形，在液压缸作用下，铲刀通过滚轮可以沿导轨运动，以实现铲刀切土和提升。

树铲机构的升降，由拖拉机液压悬挂机构的升降来实现。液压系统的液压泵由拖拉机动力输出轴驱动。

(3) 单铲式树木移植机

单铲式树木移植机有 U 形铲刀式和弯铲式。

U 形铲刀式树木移植机挖掘机构设置在拖拉机前方，由液压马达通过减速装置带动 U 形刀转动，切入土壤完成树木挖掘工作(图 8-27)。该机型号是 YDM-50，功率为 6.34kW/2400r/min，挖掘土球直径 500mm。正常条件下挖掘 1 棵/min。该机外形尺寸小，结构紧凑，行动方便，适于在狭小场所和地域内行走，在树间穿行也很自如。

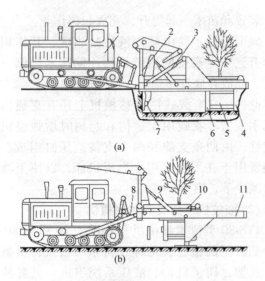

图 8-27 U 型铲刀式树木移植机
(a) 工作状态 (b) 运输状态
1. 拖拉机 2. 起重臂 3. 双臂杠杆 4. U 形铲刀
5. 承装箱 6. 限位板 7. 支撑板 8. 连接架
9. 支撑板液压缸 10. 纵向进给液压缸
11. 开口机架

弯铲式树木移植机安装在轮式拖拉机的前部，由横梁、动臂挖树弯铲和支臂组成，其结构类似前置式装载机，挖树弯铲代替了铲取物料的铲斗。

挖树弯铲由两个侧板和与地面成一定角度的底板构成，底板的前部镶有刀片。弯铲式树木移植机工作时，由动臂液压缸将动臂下降至一定高度，同时转铲液压缸活塞杆伸长使铲刀底部与地面成一定角度；这时拖拉机前进，利用拖拉机的拉力将铲刀切入树根底部，接着转铲油缸活塞杆收缩，铲刀绕支臂下端的支轴转动，松动或抬起土团，此时动臂也可配合动作，帮助挖掘。若在一侧不能将带根土团挖出，可在另一侧重复上述过程。该弯铲式树木移植机只适于土壤疏松而深厚处挖小树，并且需要起重设备及运输工具协助装运，对于树木的挖掘移植很不方便。

8.2.2 乔木灌木养护机械

整形修剪、松土透气及施肥灌水是植物养护中一项重要工作，它直接影响到植物的外观以及生长和寿命。不单乔木要整修，灌木、花卉及地被植物均要整修。用来整修植物的机具很多，但主要是使用简单的手工工具，劳动强度大、生产率低，亟待改进。

8.2.2.1 油锯及电链锯

油锯又称汽油动力锯。是现代机械化伐木的有效工具。在园林生产中不仅可以用来伐树、截木、去掉粗大枝杈，还可应用于树木的整形、修剪。油锯的优点是生产率高，生产成本低，通用性好，移动方便，操作安全。油锯由发动机、离合器、减速器以及导板和锯链组成的锯木机构等部分组成。

目前生产的油锯有两种类型。图 8-28(a) 是 O51 型油锯，又称高把油锯。它的锯板可根据作业需要调整成水平或垂直状态。它的锯架把手是高悬臂式的，操作者以直立姿势平稳地站着工作，无需大弯腰，可减轻操作时的疲劳。图 8-28(b) 是 YJ-4 型油锯。它的锯板在锯身上所处的状态是不可改变的，由于采用了特殊的构造，保证了油锯在各种操作状态下均能正常工作，操作姿势可随意，更适于园林生产的需要。油锯的技术规格性能见表 8-34。

还有一种用途与工作装置和油锯相同的锯——电链锯。其不同点是后者动力为电动机。电链锯具有质量轻、振动小、噪声弱等优点，是园林树木修剪较理想的机具，但需有电源或供电

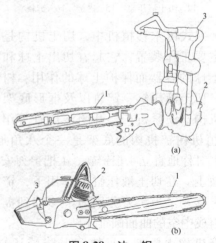

图 8-28 油 锯
(a) O15 型油锯 (b) YJ-4 型油锯
1. 锯木机构 2. 发动机 3. 把手

机组，一次投资成本高。

电链锯主要技术规格见表 8-35。

表 8-34 国产部分油锯主要技术参数表

项目		单位	O51 型	LJ-5 型	DJ-85	CY-5	YJ-4
锯身长度		mm	440			580	407
最大锯截树径		mm	880			1160	约 1000
伐木时离地最小高度		mm	50			5	
锯齿速度		m/s	4.5		10.5	11.5	
汽油机	型号		O51	LJ5	DJ-85	CY5	YJ4
	功率	kW	2.2	3.7	3.7	3.7	3
	转速	r/min	5000	7000	7000		6000
生产率			≥30cm/s(伐直径为 45cm 的云杉)			约 45s(松树直径为 60cm 时)	
外形尺寸		mm	830×430×330		860×452×466	837×246×320	860×295×320
油锯质量		kg	11.5	11.5	11.8	10.5	9.5

表 8-35 电链锯主要技术规格

项目		单位	M2L2-950	M3L2-950
锯链速度		m/s	5.5	4.2
导板最大工作长度		mm	475	475
锯木最大直径		mm	950	950
锯口宽		mm	7.2	7.2
电动机	功率	kW	1.5	1.0
	电压	V	220	380
	电流	A	7.5	2.53
	频率	Hz	200	50
	转速	r/min	3000	12000
外形尺寸	工作状态	mm×mm×mm	690×290×560	670×335×565
	折转状态		230×290×600	265×335×580
质量		kg	9.5	11

8.2.2.2 小型动力割灌机

割灌机是可置换多种切割件的便携式割草割灌机械，主要清除杂木、剪整草地、割竹、间伐、打权等。它具有质量轻、机动性能好、对地形适应性强等优点，尤适用于山地、坡地。

小型动力割灌机可分为手扶式和背负式两类，背负式又可分侧挂式和后背式两种。一般由发动机、传动系统、工作部分及操纵系统 4 个部分组成，手扶式割灌机还有行走系统。

目前，小型动力割灌机的发动机大多采用单缸二冲程风冷式汽油机，发动机功率在 0.735～2.2kW 范围内。传动系统包括离合器、中间传动轴、减速器等。中间传动轴有硬轴和软轴两种类型。侧挂式采用硬轴传动，后背式采用软轴传动。

图 8-29 是 DG-2 型割灌机，由发动机、传动系统、工作部分及操纵系统 4 部分组成。DG-2 型割灌机的工作部件有两套，一套是圆锯片，用

于切割直径 3～18cm 的灌木和立木；另一套是刀片。圆形刀盘上均匀安装着 3 把刀片，刀片的中间有长槽，可以调节刀片的伸长度。主要用于割切杂草、嫩枝条等。切割嫩枝条时可伸出长些，切割老或硬的枯枝时可伸出短些。但必须保证 3 片刀伸出长度相同。刀片只用于切割直径为 3cm 以下的杂草及小灌木。

割灌机技术规格见表 8-36。

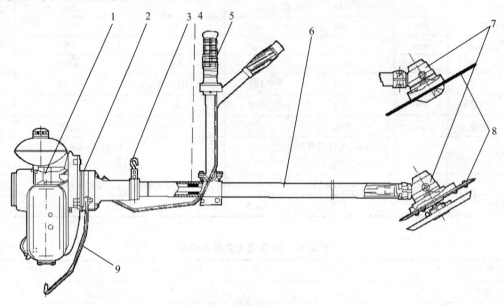

图 8-29 DG-2 型割灌机

1. 发动机 2. 离合器 3. 吊挂机构 4. 传动部分 5. 操纵手油门 6. 套管 7. 减速箱 8. 工作件 9. 支脚

表 8-36 小型割灌机技术规格

技术规格		单位	型号		
			ML-1 型	DG-2 型	DG-3 型
圆盘直径×厚度		mm	φ200×1.25 φ250×1.25	φ255×1.25	φ255×1.25×25 割草刀片、整体式（七齿）
锯片(刀片)旋转方向			顺时针	顺时针	顺时针
离合器啮合转速		r/min	3500	2800～3200	2800～3000
允许切割林木根径		mm	φ30～φ50	φ180	φ180
配用汽油机	型号		IE32F	IE40F	IE40FA
	功率	kW	0.6	1.2	1.9
	转速	r/min	6000	5000	7000
携带方式			侧挂式	侧挂式	侧挂式
操作人数		人	1	1	1
外形尺寸：长×宽×高		mm×mm×mm	1692×520×475	1600×540×600	1600×545×580
机床质量		kg	7.8	11	11

8.2.2.3 绿篱修剪机

绿篱修剪机按工作部件结构和工作原理不同，可以分为往复刀片式和回转刀片式绿篱修剪机；根据动力不同，分别有电动和汽油机绿篱修剪机。往复刀片式的切割刀片为往复直线运动，有单刀片和双刀片两种；回转刀片式的刀片是回转运动，多为一组刀片回转，另一组刀片固定。绿篱修剪机多为便携手持式，也有以液压马达作为动力的大型绿篱修剪机。

便携式绿篱修剪机以手持式为主。其切割装置主要是往复式和旋刀式两种；其动力有电动和小汽油机两种。减轻手持质量是手持式绿篱修剪机的发展方向，为减轻手持质量。除了发展电动绿篱修剪机外，有的采取把其主要质量如发动机部分背负在身上的措施，动力通过软轴传给切割装置，切割装置部分手持操作；有的采取把电源部分或电缆部分放在推行小车上，随操作人员移动的措施。往复式和旋刀式绿篱修剪机的结构见图8-30，图8-31。

在手持式绿篱修剪机中已很少采用旋刀式切割装置。往复式切割装置有单动刀和双动刀两种。往复式切割装置能修剪的灌木丛表面枝叶茎秆的直径一般为2~5mm，最大为10~12mm，割幅一般为0.3~0.8m，刀齿间距为32~34mm。对于单动刀的切割装置来说，刀齿间距即为刀齿运动的行程；对于双动刀切割装置来说，刀齿运动的行程是刀齿间距的一半，刀齿的切割速度为1.0~1.4m/s。有双面刀齿的绿篱修剪机在进行修剪时，特别是进行造型修剪时操作比较方便。

部分手持往复式绿篱修剪机的技术规格列于表8-37。

表8-37 部分手持往复式绿篱修剪机的技术规格

型号	LJ3	CHT2300B	STIHLHS80	600HEL	HT816r	HT818r	HT822r	HT12V	LJD
动力机	单缸风冷二行程汽油机			工频电流交流电动机				12V蓄电池直流电动机	工频电流交流电动机
功率(W)	1850		880	600	288	312	348		120
修剪幅宽(mm)	500	210	600	550	406	460	560	440	250
修剪枝条最大直径(mm)	15			14	9.5				6
质量(kg)	8	5.1	5.5	3.3	2.46	2.52	2.70		

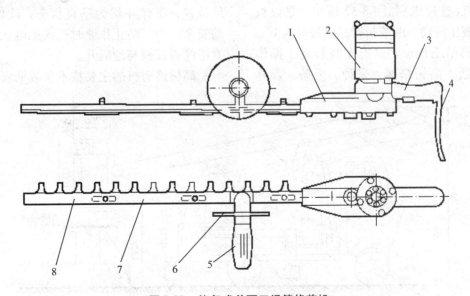

图8-30 往复式单面刀绿篱修剪机
1. 传动机构 2. 电动机(或汽油机) 3. 右把手 4. 电缆 5. 左把手
6. 护手板 7. 导向刀杆 8. 切割刀齿条

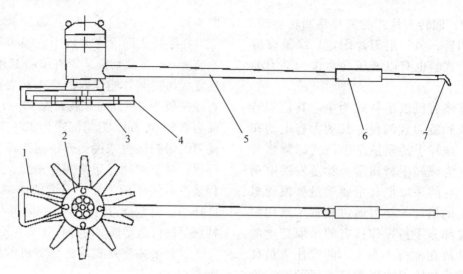

图 8-31 电动旋刀式绿篱修剪机
1. 定刀架 2. 电动机 3. 定刀片 4. 动刀片 5. 操纵杆 6. 把手 7. 电缆

8.2.2.4 高树修剪机

高树修枝是风景园林绿化工程中的一项经常性的工作，人工作业条件艰苦、费工时、劳动强度大，迫切需要采用机械作业。近年来，园林系统研制了各种修剪机，在不同程度上改善了工人的劳动条件。

高树修剪机(整枝机)如图 8-32 所示，是以汽车为底盘，全液压传动，两节折臂，除修剪逾 10m 高树外，还能起吊土树球。具有车身轻便、操作灵活等优点。适于高树修剪、采种、采条、森林瞭望等作业，亦可用于修房、电力、消防等部门所需的高空作业。

高树修剪机由大、小折臂，取力器，中心回转接头，转盘，减速机构，绞盘机，吊钩，支腿，液压系统等部分组成。大、小臂可在 360° 全空间内运动，其动作可以在工作斗和转台上分别操纵。工作斗采用平行四连杆机构，大、小臂伸起到任何位置，工作斗均为垂直状态，确保了斗内人员的安全。为了防止作业时工人触电，4 个支腿外设置绝缘橡胶板与地隔开。

高树修剪机的主要技术参数见表 8-38。

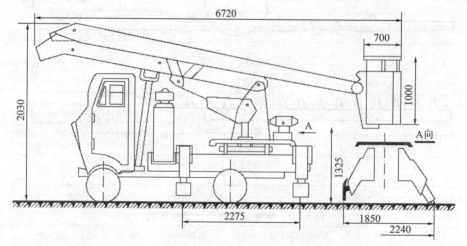

图 8-32 SJ-12 型高树修剪机外形

表 8-38 高树修剪机主要技术参数

型式		折臂	折臂	折臂
传动方式		全液压	全液压	全液压
底盘		CA-10B	CA-10B	BJ-130
最高升距(m)		16	12	12
型号		SJ-16	YZ-12	SJ-12
起重量	工作斗(h)	300	200	200
	吊钩(t)	2	2	4.3
主臂长度(m)		6.5	5	4.3
支腿数(个)		蛙式4	蛙式4	V式4
动力油泵类型		40柱塞泵	40柱塞泵	40柱塞泵
回转角度(°)		360	360	360
整机自重(t)		9.8	7.6	3.6

8.2.3 草坪养护管理机械

草坪的养护管理除日常喷灌、修剪外，还要根据草坪的生长状况进行各项养护作业，各种机械包括草坪修剪机械、施肥机、打药机、打孔通气机、梳草机、梳草切根机、切边机、滚压机、清洁机、覆沙机和复播机等。以下主要介绍常用的草坪修剪机械和打孔通气机。

8.2.3.1 草坪修剪机

草坪修剪机的类型很多。按作业方式分步行操纵式和乘坐操纵式。前者又有步行操纵推行式和步行操纵自行式，后者则有坐骑式、拖拉机挂结式等。按切割器型式分有旋刀式、滚刀式、往复割刀式、甩刀式和甩尼龙绳式等，其中以旋刀式和滚刀式使用最为普遍。

(1) 手推式剪草机

手推剪草机是一种手动工具，配备滚刀式切割器，由地轮、滚刀、定刀、手柄等组成（图8-33）。地轮转动，通过地轮内齿轮驱动与之啮合的小齿轮旋转，从而带动动刀轴转动。小齿轮和动刀轴之间设有单向离合器，只有在向前推行时剪草。手推式劳动强度大、工作效率低，仅适用于小面积草坪或家庭庭院剪草。

(2) 步行操纵推行式旋刀草坪修剪机

步行操纵推行式草坪修剪机手扶推行，行走轮无动力驱动。主要由发动机、切割装置、蜗壳、

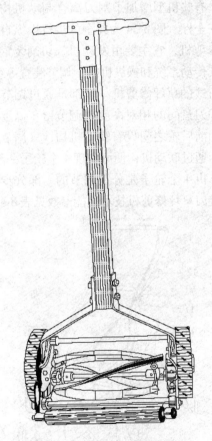

图8-33 手推剪草机的外形示意

行走轮、操纵机构及集草装置组成。发动机动力经离合器驱动刀片旋转，行走由操作者推行。扶手可以折叠，收藏运输占地很小，适用于小面积庭院草坪的修剪工作。部分步行操纵推行式草坪修剪机技术性能参数见表8-39。

表 8-39　部分步行操纵推行式旋刀草坪修剪机技术性能参数

型号	SHIBAURA R19-74	SOLO 582	SOLO 545	立特 JUS450	立特 JUS530A	ALPINA BL46LM	ALPINA PRO50AM	TORO 20713	JET 50R	Kr-1000	Kr-0.5
发动机功率(kW)	2.9	3.3	3.0			2.6	3.7	3.7	3.0	电动机	3.3
切割宽度(cm)	47.5	40	44	45	53	46	50	53	50	30	50
切割高度(cm)	1~4	3~7.5	2.5~7.5	2.5~9.5	1.9~8.1	3~7.5	3~8	2.5~8.9	3.5~7.5	3~8	3~8
质量(kg)	38	22.5	27			28	39	34		36	30

(3) 步行操纵自走式旋刀草坪修剪机

在步行推行基础上设置行走轮驱动机构便成为步行操纵自走式草坪修剪机。由于机器能够自动行进，操作者只需掌握行进方向随行，大大减轻劳动强度。有些机型增加了割刀离合制动机构，提高了作业安全性。图 8-34 为典型的步行操纵自走式旋刀草坪修剪机，它主要由发动机、切割装置、行走装置及其传动系统和操纵机构、调节装置等组成。

步行式的草坪修剪机一般都是通过调节行走轮对机架和刀盘间的相对高度来调节留草高度。有的剪草机的前后轮之间设有联动机构，只调节其中一个轮子，通过联动机构便可实现 4 个轮子一起调节。有的剪草机 4 个轮子是分别调节的。部分步行操纵自走式旋刀草坪修剪机技术性能参数见表 8-40。

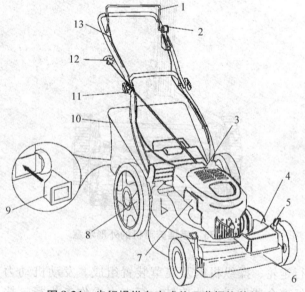

图 8-34　步行操纵自走式旋刀草坪修剪机
1. 操纵控制杆　2. 驱动控制手柄　3. 燃油箱　4. 传动系统护罩　5. 修剪高度调节手柄　6. 前护盖　7. 汽油机　8. 后行走轮　9. 后排草口盖　10. 集草袋　11. 把手调节旋钮　12. 启动索手柄　13. 油门控制索

(4) 步行操纵自走式滚刀草坪修剪机

步行操纵自走式滚刀草坪修剪机由发动机、传动系统、行走装置、滚刀切割装置和操纵机构等组成(图 8-35)。表 8-41 为部分步行操纵自走式滚刀草坪修剪机主要技术性能参数表。

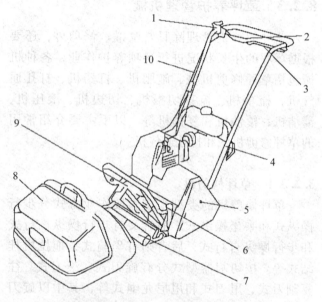

图 8-35　步行操纵自走式滚刀草坪修剪机
1. 油门操纵手柄　2. 切割装置离合器操纵手柄　3. 主离合器操纵把手　4. 操纵把手高度调节　5. 传动箱　6. 修剪高度调节螺栓　7. 前支承辊　8. 集草箱　9. 刀片间隙　10. 启动绳拉手

(5) 气垫式旋刀草坪修剪机

该机是一种不设置传统行走装置的步行操纵旋刀式草坪修剪机。它是靠安装在刀盘体蜗壳内的离心式风机和旋刀高速旋转形成的气流来托起整个机器进行修剪作业的。修剪高度根据托举高度而定，可通过调节气压进行修剪高度的调节。风机叶片和切割刀片均直接安装在发动机曲轴上，

表 8-40 部分步行操纵自走式旋刀草坪修剪机技术性能参数

型号	草地王		立特 JUZ-530	MTD 933R	ALPINA Pro55AS3	SOLO 546RS	SHIBAURA GC-53	ROVER H26	HUSQVARNA	CK-15
	XSZ-56A	SGA-33E								
发动机功率(kW)	4.8	7.8	6.7	4.4	3.3	4.0	7.8	3.7	3.3
前进速度(km/h)	3挡 2.8~4.8	3挡 3.8~7.2		4挡	3挡	1挡 5.5	1挡			3~4
切割宽度(cm)	56	84	53	84	53	46	53	66	55	50
切割高度(cm)	2.5~10.2	3.8~10.2	1.9~8.1	2.5~10	3~8	3~7.5	1.6~7.6	1~8.8	2.4~10	3~8
刀片数量	1	3	1	3					1	
质量(kg)	55	144		44	34	50				45

表 8-41 部分步行操纵自走式滚刀草坪修剪机技术性能参数

型号		KM-G1	GM220-A9	GM2608-AD11	A30-50	TS26A	TRU-CUT	
							P20S-5-7	C25-H-7
外形尺寸(长×宽×高)(mm×mm×mm)		1000×580×870	1280×870×880	1320×956×880	1510×940×940	830×1040×1130		
质量(kg)		53	92.5	109	153	96		
发动机*	型号	GX120	EH17-2B	EH17-2BS	EY28-B	EH17-2B	B&S	HONDA
	排量(cm³)	119	172	172	273	172		
	功率[kW/(r·min)]	2.9/2000	2.9/1800	2.9/1800	5.5/2000	2.9/1800	3.7	4
滚刀数		7	9	11	6	7	7	7
修剪幅宽(mm)		394	557	643	755	643	508	635
修剪高度(mm)		4~16	3~24	3~24	10~40	3~24		

注：*发动机都为单缸风冷四行程小汽油机。

图 8-36 为这种修剪机的结构和工作原理图。气垫式草坪修剪机适应在不平地面作业，也可胜任草坪边角以及交通不便的狭窄地带作业，在 30°坡地上，甚至 45°的斜坡上作业有其特殊的优越性。由于它无行走轮，修剪时不会损伤草坪，特别适合于修剪草根很弱的草坪，因此，气垫式草坪修剪机具有较好的发展前景。目前生产的机型有俄罗斯的 CK-20 型、瑞典的 HVT40 型等。前者切割宽度 50cm，功率 3.3kW，质量 17kg；后者切割宽度 40cm，功率 1kW，质量 10kg。

(6) 乘坐操纵旋刀式草坪修剪机

乘坐操纵旋刀式草坪修剪机有两种型式，一种为坐骑式，另一种为拖拉机挂结式。一般以园林拖拉机、专用的草坪车或草坪拖拉机为动力。以割草装置与拖拉机挂结方式分为前置式、后置式、轴间式及侧置式等。坐骑式一般用于较大草坪的修剪。生产率高、修剪质量好、劳动强度低、

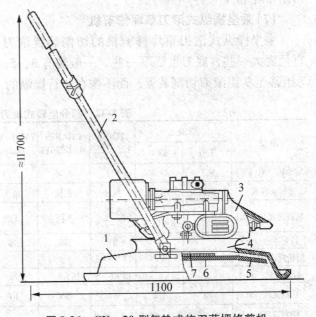

图 8-36 CK-20 型气垫式旋刀草坪修剪机
1. 机壳 2. 把手杆 3. 发动机 4. 集流管
5. 旋刀 6. 风机 7. 驱动轴

操作舒适。一般均配套有多种养护机具,牵引或悬挂使用,可完成系统全面的草坪养护作业。坐骑式草坪机的刀盘有单刀盘、双刀盘和三刀盘等形式。图8-37为美国生产的一种坐骑式旋刀草坪修剪机外形图。表8-42 所列为部分坐骑式旋刀草坪修剪机主要技术性能参数。

修剪机上一般只有一个滚刀切割装置组件。

乘坐操纵式滚刀式草坪修剪机也有坐骑式(图8-39)和拖拉机挂结式两大类。滚刀切割装置在它们中的安装和挂结方式往往都是复合式的,即前置式和轴间式复合,后置式与轴间式复合。

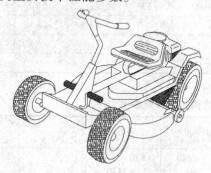

图8-37 坐骑式旋刀草坪修剪机外形

拖拉机挂结式旋刀草坪修剪机的切割装置直接安装或挂结在拖拉机上,并与拖拉机形成一个完整的机器,还可悬挂或牵引其他工作装置,进行其他作业。图8-38为一种拖拉机挂结式旋刀草坪修剪机的外形和它的切割装置传动示意。切割装置的动力来自拖拉机分动箱的动力输出轴,通过链传动、万向节传动轴和锥齿轮减速箱,然后再由带轮和V带传动到各旋刀。

(7)乘坐操纵式滚刀草坪修剪机

乘坐操纵式滚刀草坪修剪机的切割装置滚刀直径要大一些,底刀也要厚一些,一般装有3,5,7组甚至9组滚刀切割装置,而不像在步行操纵的

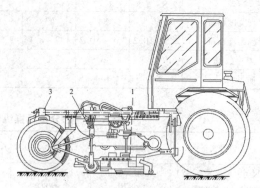

图8-38 拖拉机挂结式旋刀草坪修剪机
1.切割装置 2.缩放弓架 3.底盘

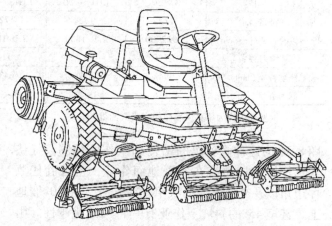

图8-39 坐骑式滚刀草坪修剪机外形

表8-42 部分坐骑式旋刀草坪修剪机主要技术性能参数

型号	草地王		TORO	CRAFTS	YARD-MAN	GRASS HOPPER	SOLO	HARRY	HUSQVARNA	cr	CrK-1
	T30	Z48	12-32E	MAN27011	D624G	928D2	558	E58	97-15H		
发动机功率(kW)	9.3	13.4	9.3	7.46	12.7	20.8	9.16	4.84	9.3	7.36	5.88
传动方式	机械	液压	机械	机械	液压	液压	液压	机械	液压	机械	机械
前进速度(km/h)	5挡	无级 0~13.3	5挡 2.3~7.9	5挡	无级	无级 0~15.3	无级 0~10	5挡	无级	3挡 2.22~5.36	无级 0~7.2
转弯半径(cm)		零	51	76	零	零	55			85	200
前轮规格(inch)*		10×4	11×4~5			21×10×10	16×7.5~8				
后轮规格(inch)		20×10~10	15×6~6	16×6.5		13×6.5×6	13×5.6		16×6.5~8		
切割宽度(cm)	76	122	81	76	107	183	102	57	97	100	85
切割高度(cm)	3.8~10.2	5.1~12.4	3.8~10.2			2.8~8	3~10	4~9		4~10	4~10
质量(kg)	190	400	201	114		485.4	203	130	240	350	280

* 1inch = 0.3048m

拖拉机牵引式滚刀草坪修剪机是把滚刀切割装置挂结在普通拖拉机(轮胎必须换上草坪用充气轮胎)上的一种形式,切割装置安置在拖拉机后部,由牵引架牵引。被牵引的各组切割装置的动力来源主要有:①由每一组切割装置两端的地轮驱动滚刀轴,地轮由拖拉机牵引而滚动,一般是充气的草坪轮胎;②由动力输出轴通过齿轮箱分别驱动;③由动力输出轴通过液压马达分别驱动。牵引式滚刀草坪修剪机一般牵引的切割装置组数比较多,生产率比较高,适用于大面积草坪的修剪作业。

拖拉机悬挂式滚刀草坪修剪机所悬挂的切割装置一般为5组或7组,每组由液压马达驱动。其动力来自拖拉机的动力输出轴驱动的液压泵。由于液压马达的转速可以调节,它与拖拉机行驶速度之间的匹配情况,要驾驶员根据草的具体情况和修剪质量进行掌握。

表8-43所列为部分坐骑式滚刀草坪修剪机主要技术性能参数。

表8-43　部分乘坐操纵滚刀式草坪修剪机技术性能参数

型号		MG60A	AM200	TM340D	TM747D	TM555D	SR50S
外形尺寸(长×宽×高)(mm×mm×mm)		2250×1830×1250	2279×1970×1100	3275×2525×1915	3330×4810×2225	3275×3900×1915	3780×3170×2010
质量(kg)		625	558	1180	1980	1452	2080
发动机	型号	GX620		V1350-B	N844L	V1505	N844L
	型式	风冷四行程汽油机	风冷四行程汽油机	水冷四行程柴油机	水冷4缸柴油机	水冷柴油机	水冷四缸柴油机
	排量(cm^3)	614	480	1335	2216	1498	2216
	功率[kW/(r·min)]	14.7/3600	11.8/3600	20.6/2800	37/2800	24.6/3000	37/2800
变速		液压无级	液压无级 0~12km/h	液压无级	液压无级 0~17km/h	液压无级	液压无级 0~24km/h
切割装置(mm*)		φ123×560 3组,每组9把刀	φ165×660 3组,每组4把刀	φ165×760 3组,每组6把刀	7组	φ165×760 5组,每组6把刀	5组
修剪幅度(mm)		1520	1800	2000	4500	3360	2820
修剪高度(mm)		4.5~22	10~55	10~70	10~70	10~70	10~70

注:*全部由液压马达单独驱动,可配集草箱,根据需要可配4~11不同数量的滚刀。

8.2.3.2　草坪打洞通气机

草坪打洞可使草根通气、渗水,能改善地表排水,促进草根对地表营养的吸收,切断根茎和匍匐茎刺激新的根、茎生长也是打洞的重要作用,另外还可在打洞后进行补种。对园林草坪、运动场、高尔夫球场都有必要按时进行打洞通气,高尔夫球场大概每7~14d要进行一次。

草坪机打洞通气是利用打孔刀具按一定的密度和深度对草坪进行打孔作业的专用机械,按机器的结构形式分有手扶自行式、自行式(或称坐骑式)和拖拉机悬挂牵引式;按打孔刀具的运动方式分有垂直打孔式和滚动打孔式。

草坪垂直打洞通气机的结构复杂,能耗大,造价也较高,主要用于质量要求高的绿地,如高尔夫球场球穴区草坪。草坪垂直打洞通气机的刀具作垂直往复运动,由发动机曲轴的旋转运动通过曲柄滑块机构或间隙机构来实现(图8-40)。乘坐操纵的草坪垂直打洞通气机以拖拉机悬挂式为多,打洞装置由动力输出轴驱动,挂接在拖拉机的液压悬挂机构上,其打洞装置的结构和工作原理与步行操纵机的相同。

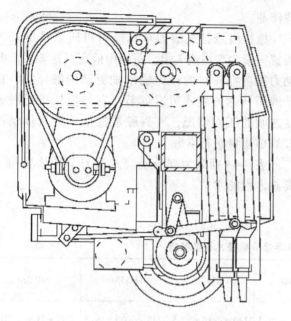

图 8-40 步行操纵草坪垂直打洞通气机

草坪滚动打洞通气机的工作装置由可以滚动的刀盘和轴组成。叉式空心管刀按要求均匀地固定在圆盘或一定形状的转盘上，装有管刀的刀盘等距离间隔，固定安装或活动安装在轴上。滚动打洞通气机有步行操纵和乘坐操纵两种。图 8-41 所示为一种步行操纵的滚动打洞通气机。

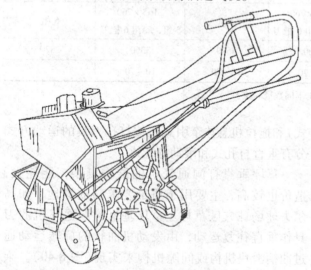

图 8-41 步行操纵自走式滚动打洞通气机外形

常用的打孔刀具有实心锥（锥棒式）式、空心锥管式、锥板式和注射式等。实心锥刀具仅用于土壤较疏松或土壤湿度较大的草坪，靠实心锥在草坪土壤上挤压出孔。空心锥管式打孔刀的锥管前端圆环开有刃口，以便于入土，锥管中部的侧面开有长形排土孔。打孔时锥管刺入土层，土塞进入锥管，当锥管再次刺入土层中，刚进入锥管的土塞便将前次的土塞从侧孔排出，散落在草坪表面，起自洁作用。许多打孔机上实心锥和空心锥是可以互换的，根据需要和土壤状况进行选用。锥板式可用来切断侧根。

8.2.4 灌溉机械

风景园林绿地的灌溉作业是一项很费劳动力的作业，在绿化养护和苗木、花卉生产中，几乎占全部作业量的 40%。由此可见浇灌作业机械化是十分重要的降低成本、提高生产率的措施。目前园林灌溉一般采用喷灌和微灌的方式。

喷灌和微灌都是利用一套专门设备把具有一定压力的水喷到空中或流到土壤中，对植物进行灌溉。适用于水源缺乏、土壤保水性差及不宜于地面灌溉的丘陵、山地等，几乎所有风景园林绿地及场圃均可应用。

喷灌系统一般由水源、抽水装置（包括水泵等）、动力机、主管道（包括各种附件）、竖管、喷头等部分组成。喷灌机械按其各组成部分的安装情况及可转动程度，可分为固定式、移动式和半固定式 3 种形式。

8.2.4.1 喷灌机

将除水源外的其他部件，如抽水装置、动力机及喷头组合在一起的喷灌设备称作喷灌机组。喷灌机属于机组式（或称移动式）喷洒系统。主要分两大类，即定喷式和行喷式。定喷式机组是喷灌机在某一固定位置进行喷洒，当达到灌水定额后再移至下一位置。行喷式机组是一边行走一边喷洒。定喷式机组有手提式、担架式、手推车式、拖拉机悬挂式、牵引式、管道滚移式等。行喷式机组有自行式、平移式、时针式（中心支轴式）、绞盘式等。园林绿地喷灌不宜选用时针式、平移式等特大型喷灌机。一般可选用手提、手推车、担架式、小型绞盘式和专用自行式喷洒车等。对于大型草圃、草坪草培育基地可选用平移式喷灌机。

(1) 手抬式和担架式喷灌机

手抬式和担架式喷灌机是一种比较轻便、灵活的便携式喷灌机，进行定点喷洒，人工手抬移动。使用时，可迅速接好管道和喷头，配置一个或几个喷头同时喷洒。动力可用电机、汽油机或柴油机。

(2) 手推车式喷灌机

手推车式喷灌机是指水泵、动力、喷洒部件装在手推车上的便携式喷灌机。动力可用汽油机或柴油机，适用于方便取用水源的地段。

(3) 绞盘式喷灌机

绞盘式喷灌机是一种行喷式喷灌机。采用软管输水，利用喷灌压力水为动力驱动绞盘转动。绞盘上缠绕软管或钢索，牵引一远射程旋转射流式喷头，边行走边喷洒。

绞盘式喷灌机有软管牵引式和钢索牵引式两种型式。绞盘式喷灌机结构简单、紧凑、整体性好、机动灵活；绞盘靠水力驱动，不需要设动力机；运行速度快、控制面积大，因此生产率高；喷洒质量好，均匀度高达85%以上；操纵简便，可实现自动化；便于维护、保管和收藏、不易丢失或被人为破坏；运行费用低、投资回收快。

(4) 平移式和时针式喷灌机

平移式和时针式（或称中心支轴式）喷灌机属于大型喷灌机，一般可控制面积达百公顷。平移式是在时针式基础上发展起来的。

时针式像一个巨大的时针，喷洒支管固定在若干个行走塔架上，并绕中心支轴旋转，喷洒呈圆形，故亦可称圆形喷灌机。中心支轴设在中心塔架上，是喷灌机的回转中心，是供水、动力电源、运行控制的枢纽。

平移式的行走塔架与中央塔架一起直线行驶，由中央塔架上的水泵直接从水渠取水，喷洒为一矩形，控制面积可随地块长度延伸，喷洒质量好，自动化程度高。但对地面坡度适应能力差，要求地面平坦，并需修渠供水。适用于大面积苗圃、草圃使用。

8.2.4.2 喷头

喷头（洒水器）是喷灌机与喷灌系统的主要组成部分，它的作用是把有压力的集中水流喷射到空中，散成细小的水滴并均匀地散布在它所控制的灌溉面积上，因此喷头的结构形式及其制造质量的好坏将直接影响喷灌的质量。喷头的性能常用工作压力、射程、喷水量3个指标来表示。

(1) 喷头的分类

①按工作压力分类　可分为微压、低压、中压、高压喷头。

微压喷头　压力为0.05~0.1MPa，射程1~2m。微压喷头的工作压力很低、雾化好，适用于微灌系统。

低压喷头（亦称近射程喷头）　压力为0.1~0.2MPa，射程2~15m。耗能少、水滴打击强度小。主要用于苗圃小苗区、温室、花卉等。

中压喷头（亦称中射程喷头）　压力为0.2~0.5MPa，射程15~42m。其特点是喷洒均匀性好，喷灌强度适中，水滴大小适中，适用范围广。草坪、苗圃地及各种类型土壤均有适宜的型号可供选择。

高压喷头（亦称远射程喷头）　压力大于0.5MPa，射程大于42m。其特点是喷洒范围大、效率高、耗能也高、水滴大。适用于喷洒质量要求不高的大田、牧草及林木等。

②按结构形式和喷洒特性分类　分为旋转式（或称射流式、旋转射流式）、固定式（或称散水式、固定散水式或漫射式）、喷洒孔管3种。

旋转式喷头指绕自身铅垂线旋转的喷头，水流呈集中射流状。其特点是边喷洒边旋转。这种喷头射程较远，流量范围大，喷灌强度低、均匀度高。旋转式喷头的结构形式很多，根据旋转驱动机构结构和原理的不同又有摇臂式、叶轮式、反作用式、水涡流驱动式、全射流式等。也可以根据是否装有扇形机构（亦即是否能作扇形喷灌）而分成全圆周转动的喷头和可以进行扇形喷灌的喷头两大类，供不同场合下选用。

③按喷头在地面的安装位置分类　分为地埋式和外露式两种。

地埋式喷头　是指喷头整体埋在地表面以下，工作时喷头可以在水压的作用下伸出地面，当水压消失时又缩回地面。地埋式喷头也有固定式和旋转式之分。地埋式喷头不影响园林景观的整体性，不妨碍人们在绿地上的活动和对绿地的养护管理。

外露式喷头 安装在地表面以上，便于移动和维修，使用方便。但是由于喷头整体暴露在地面上，不便于绿地的养护，这种喷头在体育运动草坪中的使用受到限制。

（2）射流式喷头

射流式喷头是目前用得最普遍的一种喷头形式。一般由喷嘴、喷管（体）、粉碎机构、转动机构、扇形机构、弯头、空心轴、套轴等部分组成。射流式喷头是使压力水流通过喷管及喷嘴形成一股集中的水舌射出，由于水舌内存在涡流又在空气阻力及粉碎机构的作用下水舌被粉碎成细小的水滴，并且转动机构使喷管和喷嘴围绕竖轴缓慢旋转，这样水滴就会均匀地喷洒在喷头的四周，形成一个半径等于喷头射程圆形或扇形的湿润面积。

① 摇臂式喷头 有水平摇臂式喷头和垂直摇臂式喷头，由水平或垂直摆动的摇臂作为驱动喷头旋转的动力。主要由流道、旋转驱动机构（摇臂机构）、旋转密封机构和换向机构等组成。国产定型的水平摇臂式喷头是 PY_1 系列喷头，其结构如图 8-42 所示。表 8-44 为 PY_1 系列喷头性能表。

喷头工作时，水射流通过偏流板冲向导水片，由于水射流的冲击力使摇臂转动，把摇臂弹簧扭紧。摇臂一摆开即脱离水流的冲击，然后又在弹簧扭力作用下摇臂回位，摇臂偏流板和导水片又切入水舌，在摇臂惯性力及水舌对偏流板的侧压力的作用下，摇臂撞击喷体上打击块，使喷管绕自身轴线转动一定角度。此时，水射流又通过偏流板冲向导水片，进入第二个循环，如此周而复始使喷头不断旋转。如果无换向机构参与，喷头将沿一个方向不断旋转下去进行全圆喷洒。对设有换向机构的喷头，可在调定的角度范围内进行扇形喷洒。

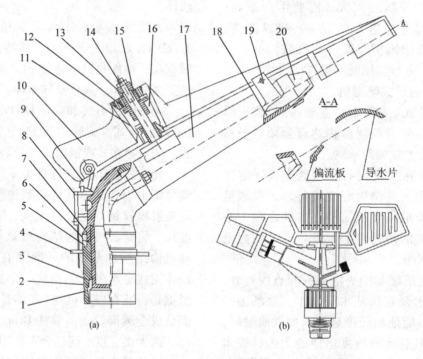

图 8-42 摇臂式喷头
(a) PY_1 系列摇臂式喷头　(b) 双摇臂式喷头

1. 空心轴套　2. 空心轴　3. 减磨密封圈　4. 限位环　5. 防砂弹簧　6. 弹簧罩　7. 喷体　8. 换向器
9. 反转钩　10. 摇臂　11. 摇臂轴下衬套　12. 弹簧座　13. 摇臂轴上衬套　14. 调节螺钉
15. 摇臂轴　16. 摇臂弹簧　17. 喷管　18. 稳流器　19. 打击块　20. 喷嘴

地埋摇臂式喷头是将摇臂式喷头装在壳体内，壳体装上顶盖，埋在地下。工作时，由水压力作用喷头升出地面；喷洒停止时，在自重作用下缩回地下。不工作时喷洒器的顶盖与地面平齐，可以踩踏(图8-43)。

②水涡轮、齿轮驱动旋转式喷头 喷头的旋转运动是由于水流压力驱动设在喷头体内的水涡轮旋转而产生的。草坪绿地常选用地埋水涡轮驱动的旋转式喷头。水涡轮的旋转转速通过齿轮减速装置减速后驱动喷头旋转。同时，喷洒水流压力将喷洒部分升起地面。用水润滑齿轮，几乎无噪声。顶盖为橡胶盖，将损坏降低到最小。

表8-45为雨鸟(RAIN BIRD)、亨特(Hunter)、雷鸥(LEGO)部分伸缩旋转式喷头参数。

③反作用旋转式喷头 指利用水射流的反作用力驱动喷头旋转的射流旋转式喷头。当水射流从喷嘴喷出时，与静止的空气撞击，空气对水流的反作用力(即阻力)形成对喷头轴线的旋转力矩，推动喷头旋转。

(3) 固定式喷头

固定式喷头指喷洒时，其零件无相对运动的喷头。其特点是结构简单、工作可靠、要求工作压力低(0.1~0.2MPa)。喷洒时，水流在全圆周或

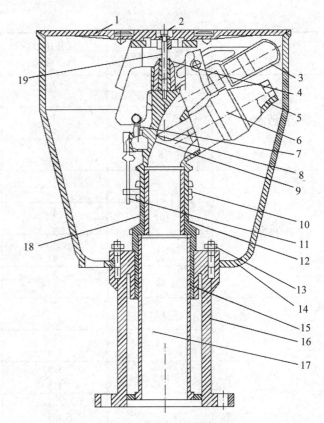

图8-43 地埋摇臂式喷头

1. 盖 2、13. 螺母 3. 摇臂 4. 扭转弹簧 5. 喷嘴 6. 上喷头体 7. 反转钩 8. 摆块 9. 扭簧 10. 挡环 11. 拨杆
12. 下喷体 14. 上壳体 15. 导向套 16. 下壳体
17. 升降套筒 18. 回转套筒 19. 顶杆轴

表8-44 PY_1系列喷头性能表

型号	喷嘴直径(mm)	工作压力(kg/cm^2)	喷水量(m^3/h)	射程(m)	喷灌强度(mm/h)
$PY_1 10$	3	1.0	0.31	10.0	1.00
		2.0	0.44	11.0	1.16
	4	1.0	0.56	11.0	1.47
		2.0	0.79	12.5	1.61
	5	1.0	0.87	12.5	1.77
		2.0	1.23	14.0	2.00
$PY_1 15$	4	2.0	0.79	13.5	1.38
		3.0	0.96	15.0	1.36
	5	2.0	1.23	15.0	1.75
		3.0	1.51	16.5	1.76
	6	2.0	1.77	15.5	2.35
		3.0	2.17	17.0	2.38
	7	2.0	2.41	16.5	2.82
		3.0	2.96	18.0	2.92

(续)

型号	喷嘴直径(mm)	工作压力(kg/cm²)	喷水量(m³/h)	射程(m)	喷灌强度(mm/h)
PY₁20	6	3	2.36	19.0	2.09
		4	2.75	21.6	1.88
	7*	3	3.05	20.8	2.24
		4	3.43	22.9	2.08
	8	3	4.01	22.4	2.54
		4	4.59	22.6	2.86
PY₁30	9	3	4.95	24.2	2.70
		4	5.65	24.6	2.98
	10*	3	6.01	25.6	2.94
		4	6.91	26.6	3.11
	11	3	7.32	27.6	3.06
		4	8.45	28.5	3.31
	12	3	8.46	27.2	3.65
		4	9.85	28.5	3.86
PY₁40	12	3	9.49	27.7	3.94
		4.5	11.4	31.7	3.64
	13	3	10.6	28.6	4.13
		4.5	13.5	30.8	4.52
	14*	3.5	12.9	31.9	4.03
		4.5	14.7	32.5	4.43
	15	3.5	15.7	34.0	4.34
		4.5	17.5	35.1	4.53
	16	3.5	17.4	34.9	4.55
		4.5	19.6	36.2	4.78
PY₁50	16	4	17.9	37.2	4.11
		5	20.1	38.7	4.26
	18*	4	22.6	38.9	4.75
		5	25.2	40.0	5.03
	20	4	27.2	41.1	5.10
		5	30.5	42.3	5.42
PY₁60	20	5	31.2	45.1	4.87
		6	33.6	47.7	4.72
	22*	5	37.5	45.9	5.70
		6	41.1	48.7	5.55
	24	5	44.5	48.1	5.95
		6	48.6	51.1	5.75
PY₁80	26	6	55.7	56.8	5.51
		7	60.6	57.1	5.86
	28	6	63.9	56.4	6.40
		7	69.4	57.5	6.70
	30*	7	79.6	64.4	6.13
		8	85.0	64.2	6.45
	32	7	90.6	63.8	7.10
		8	96.7	66.3	7.00
	34	7	101	68.2	6.91
		8	108	69.9	7.06

注：* 为标准喷嘴直径。

表 8-45　雨鸟、亨特、雷鸥伸缩旋转式喷头参数

系列		接口尺寸(cm)	工作压力(MPa)	射程(m)	流量(m³/h)	喷灌强度(mm/h)	喷头特性及适用范围
TALON		2.5	0.28~0.69	13.7~25	2.11~8.99		中远射程喷头,大面积草坪
T-BIRD		2.5	0.2~0.45	6.4~15.2	0.11~2.07	7~26	小型旋喷,中、小面积绿地
R-50		2.5	0.2~0.4	6.4~15.3	0.34~21.3	7~36	经济旋喷,中、小面积绿地
FALCON		3.33	0.2~0.6	11.7~20.2	0.63~4.87	7~26	中程旋喷,体育场草坪
EAGLE700		3.33	0.35~0.7	17.1~25	2.52~9.04		中远程旋喷,大面积草坪
EAGLE900		5	0.4~0.7	19.3~29	4.45~13.62		远程旋喷,大面积草坪
91D 伸缩摇臂式		螺纹连接	0.4~0.7	19.9~29.9	6.12~15.82		远程旋喷,大面积草坪
95D 伸缩摇臂式		螺纹连接	0.4~0.7	19.9~29.9	5.77~15.24		远程旋喷,大面积草坪
雷鸥	7600	2.0	0.2~0.415	10~12	0.275~1.26		中程旋喷,运动场小型旋喷
LEGO	600	1.5	0.14~0.35	8.8~9.7	0.26~0.43		中、小面积绿地
亨特	LT500		0.28~0.413	16.8~21	1.53~5		中程旋喷,运动场
	LT600		0.34~0.69	16.2~23.8	2.95~7.27		中程旋喷,运动场
亨特	I-20		0.21~0.48	9.1~15.5	0.2~1.86		小型旋喷,中、小面积绿地
	I-31		0.28~0.68	12.2~22.3	0.86~7.16		中程旋喷,运动场
	I-41		0.28~0.62	13.7~22.6	1.59~6.25		中程旋喷,运动场

部分圆周(扇形)同时向四周散开,故射程短(5~10m)。一般雾化较好,但多数喷头水量分布不均,近喷头处喷灌强度比平均喷灌强度大得多。

固定式喷头按工作原理分有折射式、缝隙式和离心式 3 类。

①折射式喷头　这种喷头一般由喷头、折射锥和支架组成,如图 8-44 所示。水流由喷嘴垂直喷出,遇到折射锥即被击散成薄水层沿四周射出,在空气阻力作用下形成细小水滴散落在四周地面上。喷嘴一般为直径 5~15mm 的圆孔,其直径的大小根据所要求的喷灌强度及水滴大小来选定。在射程相同的情况下,为获得较大的喷灌强度就要选用较大的喷嘴直径。在工作压力相同的情况下,为获得较小的水滴就要选用较小的喷嘴直径。喷嘴下部一般是车有螺纹的短管以便与压力水管相连接。折射锥是一个锥角为 120°,锥高 6~13mm 的圆锥体。折射锥由支架支承倒置于喷嘴正上方,要求折射锥轴线和喷嘴轴线尽量重合。通过螺杆可以上、下移动,以调节水量分布和散落距离。支架一般装在喷嘴外面,也可把支架装在喷管内。折射式喷头也可以做成扇形喷灌用,如图 8-44(c)。折射式喷头适于小块草坪、花园、灌木等的喷洒,也可以做成地埋式喷头,地埋伸缩折射式喷头性能参数见表 8-46。

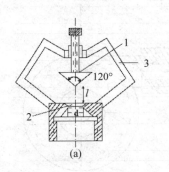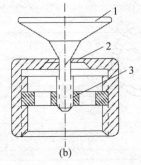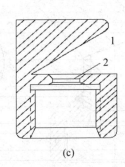

图 8-44　折射式喷头
(a)外支架的折射式喷头　(b)内支架的折射式喷头　(c)扇形喷灌的折射式喷头
1. 散水锥　2. 喷嘴　3. 支架

表 8-46 地埋伸缩折射式喷头性能参数

型号		工作压力(MPa)	射程(m)	流量(m³/h)	整体高度(mm)	弹出高度(mm)
雨鸟 1800 系列	1802	0.1~0.48	0.9~6.1		100	50
	1803				120	76
	1804				150	100
	1806				240	150
	1812				400	300
雨鸟 UNISPRAY 系列	US-200	0.1~0.48	2.4~4.6		90	51
	US-400				150	103
	US-600				210	150
TORO 570Z 系列	2P	0.14~0.35		0.2~17.3		50.8
	3P					76.2
	4P					101.5
	6P					152.4
	12P					304.8
雷鸥 ELGO AN 系列		0.1~0.35	4.5~5.5	1~17.2		50
						75
						100

②缝隙式喷头 图 8-45 所示的喷头是在管端开一定形状的缝隙,使水流能均匀地散成细小的水滴,缝隙与地面成 30°角使水舌喷得较远。其工作可靠性比折射式要差,因为其缝隙易被污物堵塞,所以对水质要求较高,水在进入喷头之前要进行认真的过滤。但是这种喷头结构简单,制作方便。一般应用于扇形喷灌。

③离心式喷头 图 8-46 所示的喷头是由喷管和带喷嘴的蜗形外壳构成。这种喷头称为离心式喷头。水流顺蜗壳内壁表面的切线方向进入蜗壳,使水流绕垂直轴旋转,这样经过喷嘴射出的水膜同时具有离心速度和圆周速度,在空气阻力作用下水膜被粉碎成水滴散在喷头的四周。这种喷头喷出的水滴细而均匀,适于播种及幼苗喷灌用。

8.2.4.3 微灌灌水器

微灌是利用低压管道系统将压力水输送分配到灌水区,通过灌水器以微小的流量湿润植物根部附近土壤的局部灌水技术。微灌所使用的灌水器按结构和出流形式的不同有滴头、滴灌带、微

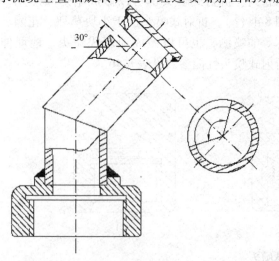

图 8-45 缝隙式喷头

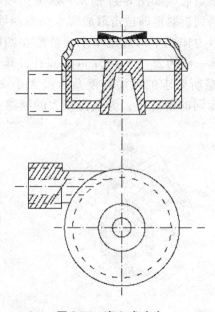

图 8-46 离心式喷头

喷头、渗灌管（带）、涌水器等。

(1) 滴头

滴头的作用是将毛管中的压力水消能后变成水滴进行灌水的执行部件。要求滴头的流量均匀且稳定，为了避免堵塞要有相对大的过水断面，并应具有减压和保压功能。

滴头的种类很多，根据不同的减压方式可分为长流道滴头、孔眼式滴头、涡流式滴头和压力补偿式滴头等。

长流道滴头　是靠水流在长的流道中流动时与管壁的摩擦阻力来消能减压的一种滴头（图8-47）。为了加强消能效果，可增加内壁的粗糙度，采用弯曲的长流道可使水流产生较大的紊流而消能。

孔眼式滴头　是靠水流从微小孔口流出造成的水头损失来消能的滴头。有时在出水口上接上一条细长管，作为一种附加减压方法。

涡流式滴头　水流沿切线方向流入涡流室，形成涡流来消能的滴头。由于涡流的离心力作用，使中心部位的压力减小来调节流量。

压力补偿式滴头　在园林绿地中有较好的适用性，它是利用水流压力对滴头内的弹性补偿片作用，使流道的形状改变或过水断面积变化。当压力变化时滴头也能保持稳定的出水量。其结构

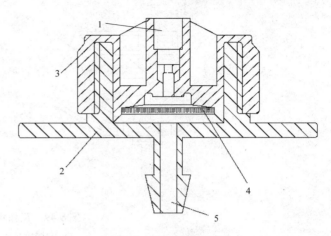

图 8-48　压力补偿式滴头
1. 滴头　2. 底座　3. 滴头盖
4. 弹性补偿片　5. 进水口

及外形如图 8-48 所示。当水压力持续减小时流道完全打开，沉积在滴头内的小颗粒杂质可以冲出滴头，增强了滴头的抗堵塞能力。

(2) 滴灌管（带）

将滴头和毛管制成一体，具有输配水和滴水功能的水管称滴灌管或称滴灌带。将预先制好的滴头镶在毛管的内壁上，称为内镶式滴灌带。内镶式又有内镶管式和内镶片式之分。另一种在薄壁管的一侧热合出各种形状的流道的滴灌带称为薄壁滴灌带。

(3) 微喷头

将压力水雾化成细小水滴喷洒在土壤表面的灌水器称微喷头。微喷头喷水量小、射程近。一般单个微喷头的喷水量不超过 250L/h，射程不大于 7m。体积小、雾化性能好。工作压力 50～300kPa。

微喷头按结构和水流性状主要分旋转射流式和固定散水式两类。

①旋转射流式微喷头　集中一股或多股旋转射流进行喷洒的微喷头。旋转的动力靠水射流的反作用力。图 8-49 是两种最常用的反作用式旋转微喷头。

②固定散水式微喷头　固定散水式微喷头喷洒过程中无运动部件，结构简单，工作可靠。

折射式微喷头　水流经折射锥折挡，裂散成

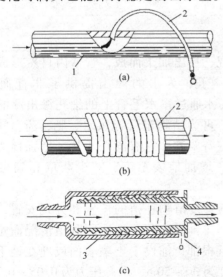

图 8-47　长流道滴头
(a) 微孔管滴头　(b) 螺旋管式微孔管滴头　(c) 内螺纹式长流道滴头　1. 毛管　2. 微孔管　3. 螺旋形水流通道　4. 出水口

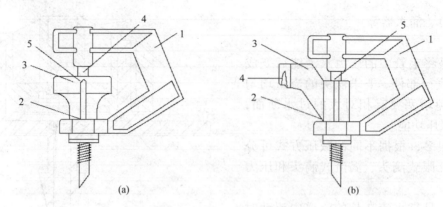

图 8-49 反作用式旋转微喷头
(a)双喷旋转式 (b)折射臂式
1. 支架 2. 喷嘴 3. 驱动器 4. 扭曲凹槽 5. 旋转支承

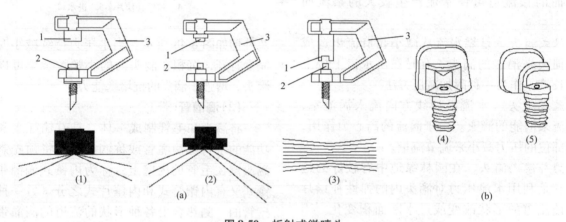

图 8-50 折射式微喷头
(a)折射式微喷头 (b)整体式微喷头
1. 折射锥 2. 喷嘴 3. 支架

水滴的固定式微喷头。折射式微喷头有整体式和组合式，整体式又分单向喷洒和双向喷洒两种。组合式由支架、折射锥、喷嘴等零件组合而成。折射锥形状不同可形成不同的花形(图 8-50)。

缝隙式微喷头 水流从喷头的缝隙中喷出，与空气撞击而裂散的微喷头。一般由盖帽和喷体两部分组成，盖帽上有缝隙式孔眼。缝隙式喷头的射流集中，射程比折射式略远，因而喷灌强度低，应用较广泛。缺点是缝隙处强度低、易损坏。不同形状的缝隙可喷洒出不同花形(图 8-51)。

此外，还有离心式微喷头、脉冲式微喷头等不同类型。

(4)渗灌管

渗灌管是以废旧高分子材料为主要原料，经橡塑共混、挤出加工而成，管壁内自然形成分布均匀的微孔，为水的渗出提供了非直通型孔道。低压水通过渗水毛管上的细孔渗出湿润周围的土壤，可为植物定量提供水、肥、药、气等生长所需必备要素。它有疏松土壤、增强地力、提高肥力、增加地表温度、减少杂草和病虫害的功效。

渗透管按植物种植的位置和方式安置，每排植物或两排铺设一根，按实际种植情况而定。渗透管靠近根部，铺设于土壤表面或埋在地下，渗透管长度为 30~50m，水源压力为 0.05~0.10Pa。根据植物的生长期和需水量要求，采用频繁灌溉、微量灌溉的方式供水，达到节水的目的。

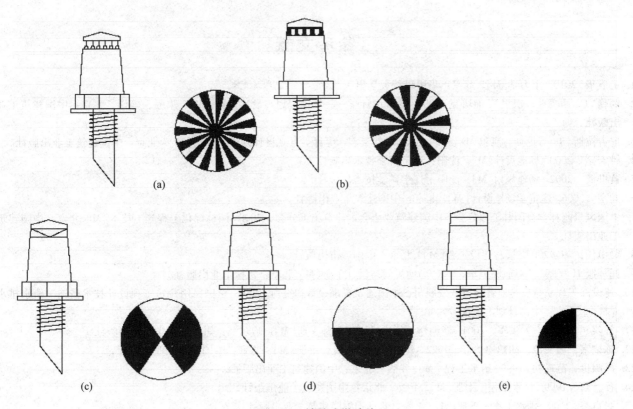

图 8-51 缝隙式微喷头

参考文献

1. 王成华.2010.土力学[M].武汉：华中科技大学出版社.
2. 约翰.O.西蒙兹,巴里 W 斯塔克.2009.景观设计学——场地规划与设计手册[M].朱强,等译.北京：中国建筑工业出版社.
3. 尼古拉斯.T.丹尼斯,凯尔.D.布朗.2002.刘玉杰,等译.景观设计师便携手册[M].北京：中国建筑工业出版社.
4. 姚宏韬.2000.场地设计[M].沈阳：辽宁科学技术出版社.
5. 黄世孟.2002.场地规划[M].沈阳：辽宁科学技术出版社.
6. 阎寒.2006.建筑学场地设计[M].北京：中国建筑工业出版社.
7. 中国风景园林学会园林工程分会,中国建筑业协会古建筑施工分会.2008.园林绿化工程施工技术[M]北京：中国建筑工业出版社.
8. 梁伊任,等.2003.园林建设工程[M].北京：中国城市出版社.
9. 托马撕 H 罗撕.2005.顾卫华,译.场地规划与设计手册[M]北京：机械工业出版社.
10. 建设部工程质量安全监督与行业发展司,中国建筑标准设计研究所.2003.全国民用建筑工程设计技术措施·给水排水[M].北京：中国计划出版社.
11. 谷陕,边喜龙,韩洪军.2001.新编建筑给水排水工程师手册[M].哈尔滨：黑龙江科学技术出版社.
12. 陈耀宗,姜文源,胡鹤钧,等.1992.建筑给水排水设计手册[M].北京：中国建筑工业出版社.
13. 严煦世,范瑾初.1999.给水工程[M].4版.北京：中国建筑工业出版社.
14. 孙慧修.1999.排水工程·上册[M].4版.北京：中国建筑工业出版社.
15. 张自杰.2000.排水工程·下册[M].4版.北京：中国建筑工业出版社.
16. 吴俊奇,付婉霞,曹秀芹.2004.给水排水工程[M].北京：中国水利水电出版社.
17. 郭守林.2004.人工草地灌溉与排水[M].北京：化学工业出版社.
18. 斯蒂芬 W 史密斯.2002.景观灌溉[M].仲伟秋,等译.大连：大连理工大学出版社.
19. 周世峰.2004.喷灌工程学[M].北京：北京工业大学出版社.
20. 李宗尧.2004.节水灌溉技术[M].北京：中国水利水电出版社.
21. 北京工业大学工业水务中心,中国标准出版社第二编辑室.2004.水务管理法规标准规范全书·生活饮用水、杂用水、污水和回用水卷[S].北京：中国标准出版社.
22. 陈祺.2008.山水景观工程图解与施工[M].北京：化学工业出版社.
23. 李保梁,祝丛文.2009.园林工程 CAD[M].北京：机械工业出版社.
24. 耿美云.2008.园林工程[M].北京：化学工业出版社.
25. 易军.2009.园林工程材料识别与应用[M].北京：机械工业出版社.
26. 金涛,杨永胜.2003.现代城市水景设计与营造[M].北京：中国城市出版社.
27. 中华人民共和国建设部.2005.喷泉喷头[S].北京：中国标准出版社.
28. 河川治理中心.2004.护岸设计[M].北京：中国建筑工业出版社.
29. 董哲仁.2007.生态水利工程原理与技术[M].北京：中国水利水电出版社.
30. 徐辉,潘福荣.2008.园林工程设计[M].北京：机械工业出版社.
31. 江玉林,张洪江.2008.公路水土保持[M].北京：科学出版社.
32. 刘祖文.2010.水景与水景工程[M].哈尔滨：哈尔滨工业大学出版社.
33. 金儒霖.2006.人造水景设计营造与观赏[M].北京：中国建筑工业出版社.
34. 阿伦·布兰克.2002.园林景观构造及细部设计[M].罗福午,黎钟,译.北京：中国建筑工业出版社.
35. 王钊.2005.土工合成材料[M].北京：机械工业出版社.
36. 薛殿基,冯仲林.2008.挡土墙设计使用手册[M].北京：中国建筑工业出版社.
37. 高速公路丛书编委会.2001.高速公路环境保护与绿化[M].西安：人民交通出版社.

38. 安保昭.1988.坡面绿化施工法[M].西安：人民交通出版社.
39. 万德臣.2005.路基路面工程[M].北京：高等教育出版社.
40. 尤晓瞳.2004.现代道路路基路面工程[M].北京：清华大学出版社，北京交通大学出版社.
41. 毛培琳.2003.园林铺地设计[M].北京：中国林业出版社.
42. 杨春风.2000.道路工程[M].北京：中国建材工业出版社.
43. 程家钰，程家驹.道路工程[M].上海：同济大学出版社，2004.
44. 邵忠.2002.江南园林假山[M].北京：中国林业出版社.
45. 毛培琳，朱志红.2004.中国园林假山[M].北京：中国建筑工业出版社.
46. 方惠.2005.叠石造山的理论与技法[M].北京：中国建筑工业出版社.
47. 韩良顺.2010.山石韩叠山技艺[M].北京：中国建筑工业出版社.
48. 骁毅文化组.2010.园林细部设计CAD精选图库（上册）[M].北京：建材工业出版社.
49. 程正渭，杜鹃，张群.2009.景观建设工程材料与施工[M].北京：化学工业出版社.
50. 杨至德.2009.园林工程[M].2版.武汉：华中科技大学出版社.
51. 黄支全，等.2009.大树移植降温增湿微喷灌技术实验研究[J]：中国农村水利水电，（3）.
52. 张乔松，等.2009.大树免修剪移植技术——一种颠覆传统的树木移植技术[J].中国园林，（3）.
53. 中国建筑防水材料工业协会.2005.中华人民共和国行业标准种植屋面工程技术规程[S]北京：中国建筑工业出版社.
54. 北京市园林科学研究所.2004.北京地方标准屋顶绿化规范[S].出版者：不详.
55. 新田伸三.1982.栽植的理论和技术[M].赵力正，译.北京：中国建筑工业出版社.
56. 朱克.1997.建筑电工[M].北京：中国建筑工业出版社.
57. 谢文乔，秦光培.1998.建筑电工技术[M].重庆：重庆大学出版社.
58. 李梅芳，李庆武，王宏玉.2010.建筑供电与照明工程[M].北京：电子工业出版社.
59. 张昕，徐华，詹庆旋.2006.景观照明工程[M].北京：中国建筑出版社.
60. 孔海燕，袁小环，译.园林灯光[M].北京：中国林业出版社.
61. 石晓蔚.1996.室内照明设计原理[M].台北：淑馨出版社.
62. 张金红，李广.2009.光环境设计[M].北京：北京理工大学出版社.
63. 李梅芳，李庆武，王宏玉.2010.建筑供电与照明工程[M].北京：电子工业出版社.
64. 徐兆峰.2009.工业与民用建筑电气设计典型实例[M].北京：中国电力出版社.
65. 北京照明学会照明设计专业委员会.2006.照明设计手册[M].2版.北京：中国电力出版社.
66. 戴瑜兴，黄铁兵，梁志超.2007.民用建筑电气设计手册[M].2版.北京：中国建筑工业出版社.
67. 兰德尔·怀特希德.2002.室外景观照明[M].王爱英，李伟，译.天津：天津大学出版社.
68. 中华人民共和国住房和城乡建设部.2009.中华人民共和国行业标准JGJ/T 119—2008.建筑照明术语标准[S].北京：中国建筑工业出版社.
69. 中华人民共和国住房和城乡建设部.2010.民用建筑太阳能光伏系统应用技术规范[S].北京：中国建筑工业出版社.
70. 中华人民共和国住房和城乡建设部.2008.城市夜景照明设计规范[S].北京：中国建筑工业出版社.
71. 中华人民共和国住房和城乡建设部.2006.城市道路照明设计标准[S].北京：中国建筑工业出版社.
72. 陈宜通.2002.混凝土机械[M].北京：中国建材工业出版社.
73. 朱齐平.2001.进口工程机械使用维修手册[M].沈阳：辽宁科学技术出版社.
74. 周春华，等.2003.土石方机械[M].北京：机械工业出版社.
75. 中国建筑业协会，建筑机械设备管理分会.2003.简明建筑施工机械实用手册[M].北京：中国建筑工业出版社.
76. 朱学敏.2003.起重机械[M].北京：机械工业出版社.
77. 俞国盛.1999.草坪机械[M].北京：中国林业出版社.

附录 I　计算机制作地形模型的方法

一、操作步骤

1. 地形等高线的绘制

将画好的设计地形草图以扫描或照相的形式的输入电脑，并存成"*.jpg"或"*.tif"等图像格式作为参照图片。打开 AutoCAD 软件，点击"插入"菜单下的"光栅图像"，在弹出的面板中将文件类型选为参照图片的格式（如"*.jpg"或"*.tif"），并打开参照图片，然后在 AutoCAD 的绘图区将参照图片调整到合适的大小，再运用多段线工具按照参照图片描出地形等高线，具体操作如下：点击工具菜单中的"✐"图标（PL）即可在 AutoCAD 的绘图区绘制多段线，同时还可根据命令栏中的提示选择所画多段线的属性。在描好等高线后，点击"工具"菜单下的"对象特征管理器(Ctrl+1)"，在弹出的面板中分别给每条等高线赋予相应的标高值。然后将绘制好的地形文件储存为"ACAD Files(*.dwg，*.dxf)"。

2. 地形模型的创建

（1）加载 Sandbox 工具

Sandbox 是 Sketch Up5.0 中用于制作地形模型的一个插件，其位置在安装目录/Sketch Up 5.0/Tools 文件夹内。安装成功以后的 Sketch Up5.0 默认设置并没有加载 Sandbox 工具，需要手动加载。加载的方法：打开 Sketch Up5.0，点击"Window"菜单下的"Preference"。在弹出的"System Preference"面板中选择"Extensions"，面板中将出现 Sandbox 选项，然后将其勾选再点击"OK"（附图 I-1）。如果没有出现 Sandbox 工具条，只要勾选 View/Toolbars/Sandbox 即可（附图 I-2）。

加载成功后的工具栏图标如附图 I-3 所示。

菜单栏图标如附图 I-4 所示。

（2）运用 Sandbox 工具创建地形模型

① 修改单位

Sketch Up5.0 软件默认的单位是英寸，在制作地形模型前一般将单位改成我国常用的"米"或"毫米"，具体修改方法：打开 Sketch Up5.0，点击"Window"菜单下的"Model Info"。在弹出的"Model Info"面板中选择"Units"，将单位改成"米"或"毫米"（附图 I-5）。

② 导入地形 CAD 文件

点击"File"菜单下的"Import"。在弹出的面板中将文件类型选择为"ACAD Files(*.dwg，*.dxf)"，然后打开需要制作地形的 CAD 文件。

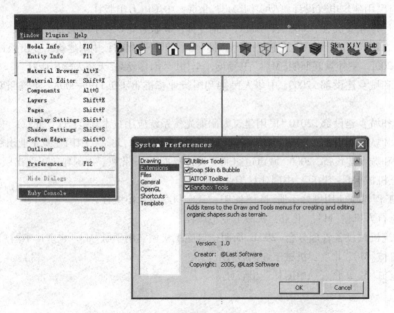

附图 I-1

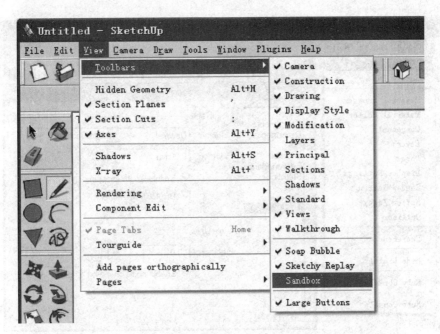

附图 I -2

附图 I -3

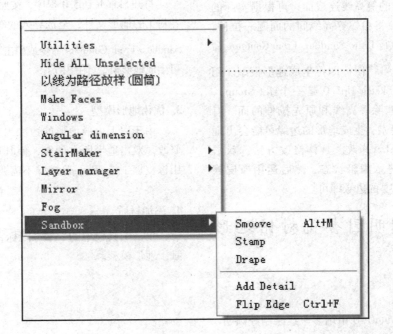

附图 I -4

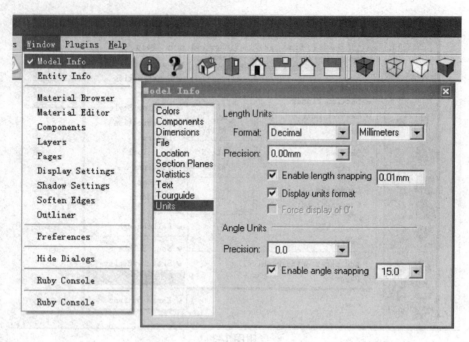

附图 I-5

③运用 Sandbox 工具生成地形模型

如果导入的是已经设好标高的地形文件,那么只要选择导入的等高线,然后执行 Draw/Sandbox/From Contours 命令或单击工具栏中的"▰"图标即可生成地形模型。如果导入的是未设好标高的地形文件,则需先在 Sketch Up5.0 里将导入的等高线连成面,再根据实际的高度用拉伸工具(Push)将相邻等高线间的面逐一拉伸,然后全选拉伸的面并执行 Draw/Sandbox/From Contours 命令或单击工具栏中的"▰"图标即可生成地形模型。用该方法生成的地形在 Sketch Up5.0 是一个组(Group),可以很方便地隐藏或删除等高线和原先拉伸的面。有时,如果等高线比较复杂,生成地形的边缘可能会出现一些错误,需要进行编辑修改。具体修改方法:双击地形所在的组,使其进入编辑状态,然后运用橡皮擦工具(Eraser)擦除不需要的边缘即可。

二、实例:圆明园杏花村馆地形模型的创建

1. 绘制地形等高线

按照以上方法在 AutoCAD 中用多段线绘制好圆明园杏花村馆的地形文件,分别给每条等高线赋予相应的标高值,然后储存为"圆明园杏花村馆地形.dwg"(附图 I-6)。

2. 生成地形模型

打开 Sketch Up5.0 程序,按照上述方法导入圆明园杏花村馆的地形文件,全选导入的等高线,然后执行 Draw/Sandbox/From Contours 命令或单击工具栏中的"▰"图标即可生成地形模型(附图I-7)。

3. 优化地形模型

由于以上生成地形的边缘出现错误,需要进行编辑修改。双击地形所在的组,使其进入编辑状态,然后运用橡皮擦工具(Eraser)擦除不需要的边缘(附图 I-8)。

4. 添加材质

单击工具栏中的"▰"图标,选择一种合适的材质赋予地形模型。

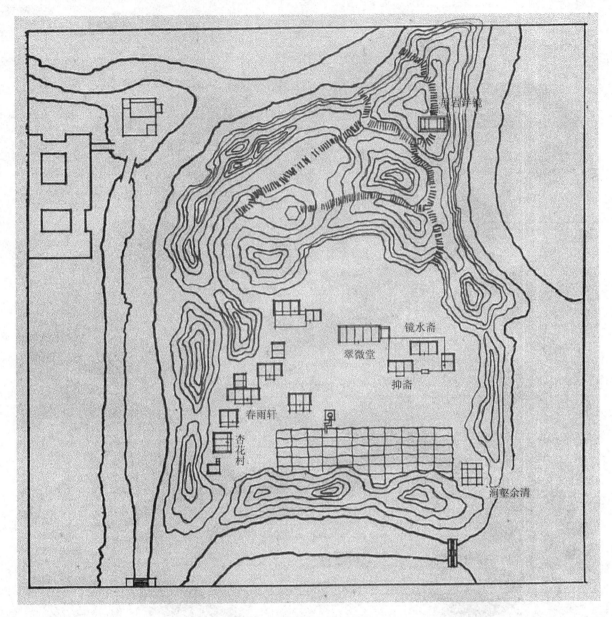

附图 I-6

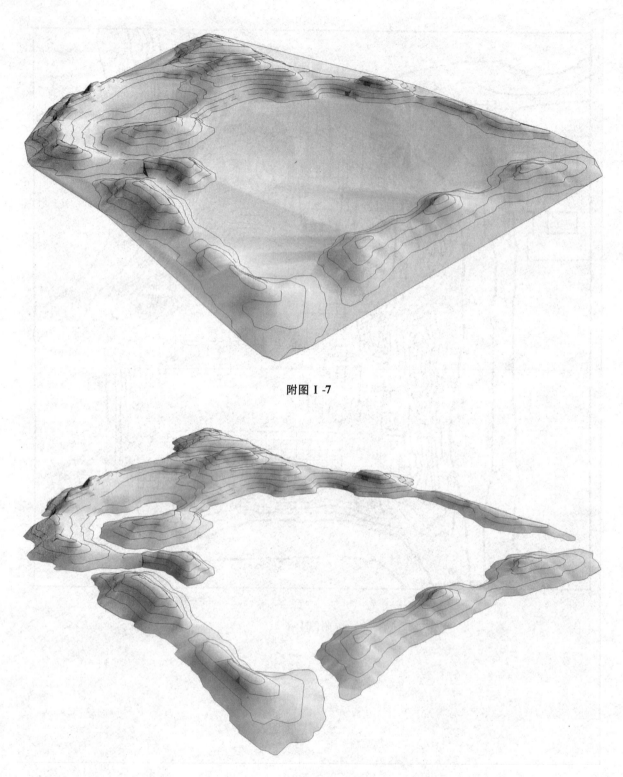

附图 I -7

附图 I -8

附录 Ⅱ 计算零点位置表

m

| $h_{小}$ | \multicolumn{11}{c|}{x} |
	10	9	8	7	6	5	4	3	2	1	0
	\multicolumn{11}{c	}{$h_{大}$}
0.01					0.02		0.03	0.04	0.05	0.08	0.13	0.40
0.02				0.03	0.04	0.05	0.06	0.07	0.10	0.15	0.25	0.79
0.03			0.04	0.05	0.06	0.07	0.08	0.11	0.15	0.22	0.38	
0.04			0.05	0.06	0.07	0.09	0.11	0.14	0.19	0.29	0.50	
0.05			0.06	0.07	0.09	0.11	0.14	0.18	0.24	0.36	0.62	
0.06			0.07	0.09	0.11	0.13	0.16	0.21	0.29	0.43	0.75	
0.07			0.08	0.10	0.12	0.15	0.19	0.25	0.34	0.50	0.87	
0.08			0.09	0.11	0.14	0.17	0.22	0.28	0.38	0.57	0.99	
0.09			0.10	0.13	0.16	0.19	0.24	0.32	0.43	0.64		
0.10		0.11	0.12	0.14	0.17	0.21	0.27	0.35	0.48	0.71		
0.11		0.12	0.13	0.15	0.19	0.23	0.30	0.38	0.52	0.78		
0.12		0.13	0.14	0.17	0.21	0.25	0.32	0.42	0.57	0.85		
0.13		0.14	0.15	0.18	0.22	0.28	0.35	0.45	0.62	0.92		
0.14		0.15	0.16	0.19	0.24	0.30	0.37	0.49	0.67	0.99		
0.15		0.16	0.17	0.21	0.26	0.32	0.40	0.52	0.71			
0.16		0.17	0.18	0.22	0.27	0.34	0.43	0.56	0.76			
0.17		0.18	0.19	0.24	0.29	0.36	0.45	0.59	0.81			
0.18		0.19	0.20	0.25	0.31	0.38	0.48	0.63	0.85			
0.19		0.20	0.22	0.26	0.32	0.40	0.51	0.66	0.90			
0.20		0.21	0.23	0.28	0.34	0.42	0.53	0.69	0.95			
0.21		0.22	0.24	0.29	0.36	0.44	0.56	0.73	1.00			
0.22		0.23	0.25	0.30	0.37	0.46	0.59	0.76				
0.23		0.24	0.26	0.32	0.39	0.48	0.62	0.80				
0.24		0.25	0.27	0.33	0.41	0.50	0.64	0.83				
0.25		0.26	0.28	0.34	0.42	0.52	0.66	0.87				
0.26		0.27	0.29	0.36	0.44	0.55	0.69	0.90				
0.27		0.28	0.30	0.37	0.46	0.57	0.72	0.94				
0.28		0.29	0.31	0.38	0.47	0.59	0.74	0.97				
0.29		0.30	0.33	0.40	0.49	0.61	0.77	1.00				
0.30		0.31	0.34	0.41	0.51	0.63	0.80					
0.31		0.32	0.35	0.42	0.52	0.65	0.82					
0.32		0.33	0.36	0.44	0.54	0.67	0.85					
0.33		0.34	0.37	0.45	0.56	0.69	0.85					
0.34		0.35	0.38	0.47	0.57	0.71	0.90					
0.35		0.36	0.39	0.48	0.59	0.73	0.93					
0.36		0.37	0.40	0.49	0.61	0.75	0.95					
0.37		0.38	0.41	0.51	0.62	0.77	0.98					
0.38		0.39	0.43	0.52	0.64	0.79						
0.39		0.40	0.44	0.53	0.66	0.82						
0.40		0.41	0.45	0.55	0.67	0.84						
0.41		0.42	0.46	0.56	0.69	0.86						
0.42		0.43	0.47	0.57	0.71	0.88						
0.43		0.44	0.48	0.59	0.72	0.90						

·400· 附　录

(续)

$h_小$	\multicolumn{11}{c	}{x}
	10	9	8	7	6	5	4	3	2	1	0
	\multicolumn{11}{c	}{$h_大$}
0.44	0.45	0.49	0.60	0.74	0.92						
0.45	0.46	0.50	0.61	0.76	0.94						
0.46	0.47	0.51	0.63	0.77	0.96						
0.47	0.48	0.52	0.64	0.79	0.98						
0.48	0.49	0.54	0.65	0.81	1.00						
0.49	0.50	0.55	0.67	0.82							
0.50	0.51	0.56	0.68	0.84							
0.51	0.52	0.57	0.70	0.86							
0.52	0.53	0.58	0.71	0.87							
0.53	0.54	0.59	0.72	0.89							
0.54	0.55	0.60	0.74	0.91							
0.55	0.56	0.61	0.75	0.92							
0.56	0.57	0.62	0.76	0.94							
0.57	0.58	0.64	0.78	0.96							
0.58	0.59	0.65	0.79	0.97							
0.59	0.60	0.66	0.80	0.99							
0.60	0.61	0.67	0.82								
0.61	0.63	0.68	0.83								
0.62	0.63	0.69	0.84								
0.63	0.64	0.70	0.86								
0.64	0.65	0.71	0.87								
0.65	0.66	0.72	0.88								
0.66	0.67	0.73	0.90								
0.67	0.68	0.75	0.91								
0.68	0.69	0.76	0.93								
0.69	0.70	0.77	0.94								
0.70	0.71	0.78	0.95								
0.71	0.72	0.79	0.97								
0.72	0.73	0.80	0.98								
0.73	0.74	0.81	0.99								
0.74	0.75	0.82									
0.75	0.76	0.83									
0.76	0.77	0.85									
0.77	0.78	0.86									
0.78	0.79	0.87									
0.79	0.80	0.88									
0.80	0.81	0.89									
0.81	0.82	0.90									
0.82	0.83	0.91									
0.83	0.84	0.92									
0.84	0.85	0.93									
0.85	0.86	0.94									
0.86	0.87	0.96									
0.87	0.88	0.97									
0.88	0.89	0.98									

(续)

$h_{小}$	\multicolumn{11}{c}{x}
	10	9	8	7	6	5	4	3	2	1	0
	\multicolumn{11}{c}{$h_{大}$}
0.89	0.90	0.99									
0.90	0.91	1.00									
0.91	0.92										
0.92	0.93										
0.93	0.94										
0.94	0.95										
0.95	0.96										
0.96	0.97										
0.97	0.98										
0.98	0.99										
0.99	1.00										
1.00	1.00										

附录Ⅲ 计算土方体积表

(1) 施工高度总和按0.1m时底面为梯形的截棱柱体积表

计算边长之和 $b+c$	高度总和 0.1m	计算边长之和 $b+c$	高度总和 0.1m	计算边长之和 $b+c$	高度总和 0.1m
2	0.500	15	0.500	28	7.000
3	0.750	16	0.750	29	7.250
4	1.000	17	1.000	30	7.500
5	1.250	18	1.250	31	7.750
6	1.500	19	1.500	32	8.00
7	1.750	20	1.750	33	8.250
8	2.000	21	2.000	34	8.500
9	2.250	22	2.250	35	8.750
10	2.500	23	2.500	36	9.000
11	2.750	24	2.750	37	9.250
12	3.000	25	3.000	38	9.500
13	3.250	26	3.250	39	9.750
14	3.500	27	3.500	40	10.000

(2) 施工高度总和 $\sum h$ 按0.1m时底面为三角形、五边形的体积表

$V(m^3)$ \ $c(m)$ $b(m)$	20	19	18	17	16	15	14	13	12	11	10	9	8	7	6	5	4	3	2	1	
1	0.333	0.317	0.300	0.283	0.267	0.250	0.233	0.217	0.200	0.183	0.167	0.150	0.133	0.117	0.100	0.083	0.067	0.050	0.033	0.017	20
2	0.667	0.633	0.600	0.567	0.533	0.500	0.467	0.433	0.400	0.367	0.333	0.300	0.267	0.233	0.200	0.167	0.133	0.100	0.067	7.990	19
3	1.000	0.950	0.900	0.850	0.800	0.750	0.700	0.650	0.600	0.550	0.500	0.450	0.400	0.350	0.300	0.250	0.200	0.150	7.960	7.980	18
4	1.333	1.267	1.200	1.133	1.067	1.000	0.933	0.867	0.800	0.733	0.667	0.600	0.533	0.467	0.400	0.333	0.267	7.910	7.940	7.970	17
5	1.667	1.583	1.500	1.417	1.333	1.250	1.167	1.083	1.000	0.917	0.833	0.750	0.667	0.583	0.500	0.417	7.840	7.880	7.920	7.960	16
6	2.000	1.900	1.800	1.700	1.600	1.500	1.400	1.300	1.200	1.100	1.000	0.900	0.800	0.700	0.600	7.750	7.800	7.850	7.900	7.950	15
7	2.333	2.217	2.100	1.983	1.867	1.750	1.633	1.517	1.400	1.283	1.167	1.050	0.933	0.817	7.640	7.700	7.760	7.820	7.880	7.940	14
8	2.667	2.533	2.400	2.267	2.133	2.000	1.867	1.733	1.600	1.467	1.333	1.200	1.067	7.510	7.580	7.650	7.720	7.790	7.860	7.930	13
9	3.000	2.850	2.700	2.550	2.400	2.250	2.100	1.950	1.800	1.650	1.500	1.350	7.360	7.440	7.520	7.600	7.680	7.760	7.840	7.920	12
10	3.333	3.167	3.000	2.833	2.667	2.500	2.333	2.167	2.000	1.833	1.667	7.190	7.280	7.370	7.460	7.550	7.640	7.730	7.820	7.910	11
11	3.667	3.483	3.300	3.117	2.933	2.750	2.567	2.383	2.220	2.017	7.000	7.100	7.200	7.300	7.400	7.500	7.600	7.700	7.800	7.900	10
12	4.000	3.800	3.600	3.400	3.200	3.000	2.800	2.600	2.400	6.790	6.900	7.010	7.120	7.230	7.340	7.450	7.560	7.670	7.780	7.890	9
13	4.333	4.117	3.900	3.683	3.467	3.250	3.033	2.817	6.560	6.680	6.800	6.920	7.040	7.160	7.280	7.400	7.520	7.640	7.760	7.880	8
14	4.667	4.433	4.200	3.967	3.733	3.500	3.267	6.310	6.440	6.570	6.700	6.830	6.960	7.090	7.220	7.350	7.480	7.610	7.740	7.870	7
15	5.000	4.750	4.500	4.250	4.000	3.750	6.040	6.180	6.320	6.460	6.600	6.740	6.880	7.020	7.160	7.300	7.440	7.580	7.720	7.860	6
16	5.333	5.067	4.800	4.533	4.267	5.750	5.900	6.050	6.200	6.350	6.500	6.650	6.800	6.950	7.100	7.250	7.400	7.550	7.700	7.850	5
17	5.667	5.383	5.100	4.817	5.440	5.600	5.760	5.920	6.080	6.240	6.400	6.560	6.720	6.880	7.040	7.200	7.360	7.520	7.680	7.840	4
18	6.000	5.700	5.400	5.110	5.280	5.450	5.620	5.790	5.960	6.130	6.300	6.470	6.640	6.810	6.980	7.150	7.320	7.490	7.660	7.830	3
19	6.333	6.017	4.760	4.940	5.120	5.300	5.480	5.660	5.840	6.020	6.200	6.380	6.560	6.740	6.920	7.100	7.280	7.460	7.640	7.820	2
20	6.667	4.390	4.580	4.770	4.960	5.150	5.340	5.530	5.720	5.910	6.100	6.290	6.480	6.670	6.860	7.050	7.240	7.430	7.620	7.810	1
	1	2	3	4	5	6	7	8	9	10	11	12	13	14	15	16	17	18	19	20	$b(m)$ \ $V(m^3)$ $c(m)$

附录Ⅳ 计算机辅助计算土方量的方法(方格网法)

1. 采集离散点标高

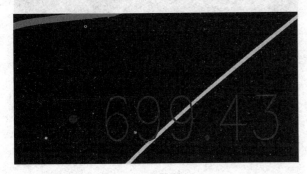

附图Ⅳ-1

运行 HTCAD 程序，导入地形图，然后执行"自然地形采集/采集离散点标高"命令，并在命令栏中执行以下操作：

选择数字文字[选某层<1>/框选<2>/当前图<3>/高级<4>]<1>：1

（因为本样图的标高文字放置在同一层上，我们选择<1>：选某层）

选择数字文字：

（只要选择一个标高文字，程序自动会提取所在层上所有文字）

选择对象：找到1个

（如附图Ⅳ-1所示，看文字旁边是不是有对应的标示点存在，程序会自动将提取到的高程值赋值到对应点位）

选择对象：

（回车）

数字文字是否存在标识点[Y/N]<Y>：y

[输入"y"确定存在标示点后回车，程序自动提取高程并如附图Ⅳ-2显示，在这个界面允许进行定位验证和对编号、图号等非高程信息进行移项处理，对数据的正确合理采集有很大的好处，点"确认"，程序自动将采集的高程输入 DTM 模型（数学模型，不可视！）]

2. 采集等高线标高

执行"自然地形采集/采集等高线标高"命令，并在命令栏中执行以下操作：

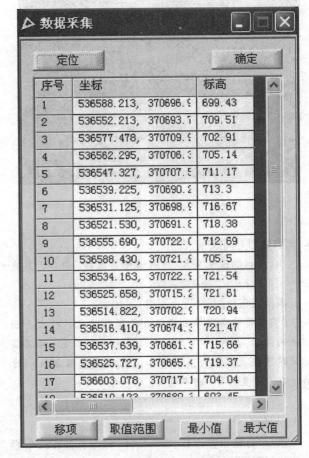

附图Ⅳ-2

选择[截取等高线<1>/逐条等高线<2>/采集计曲线<3>/转换等高线<4>/退出<0>]<1>：4

选择原始等高线[选某层<1>/框选<2>]：1

（因为本样图的等高线放置在同一层上，所以选择<1>：选某层）

选择对象：找到1个

（只需要选一条等高线，程序会根据相关特性搜索其他等高线）

选择对象：

（回车）

执行完以上操作后，采集的等高线将变成暗红色（附图Ⅳ-3）。

附图Ⅳ-3

3. 离散地形等高线

执行"自然地形采集/离散地形等高线"命令,并在命令栏中执行以下操作:

离散点布置间距(图面距离)<10>:2

(需要将等高线等由线组成的高程信息转换成由面组成的信息,DTM模型才可以正确采纳;布置间距其实就是精度设置,因为下面计算土方准备采用20m一方格,在此设置为2,回车确认)

4. 划分场区

执行"方格布置计算/划分场区"命令,并在命令栏中执行以下操作:

指定场区边界[绘制<1>/选择<2>/构造<3>]<1>:2

(因为样图已经设定范围线,选2即可)

选择一封闭多边形:

指定挖去区域[绘制<1>/选择<2>/构造<3>/无<4>/退出<0>]<4>:4

输入场区编号<1>:

(可以输入编号,回车确认即可)

执行完以上操作后,采集的场区边线将变成红色(附图Ⅳ-4)。

5. 布置方格网

执行"方格布置计算/布置方格网"命令,并在命令

附图Ⅳ-4

栏中执行以下操作:

选择场区:

(只需要在场区的范围内点击即可)

方格对准点:

指定方格间距<20>:20

执行完以上操作后,场区内将自动生成方格网(附图Ⅳ-5)。

附图Ⅳ-5

6. 计算自然标高

执行"方格布置计算/计算自然标高"命令,并在命

令栏中执行以下操作：

选择计算场区：

采集自然标高完成。

（因为前面已经采集了自然高程，这里只需要选择场区，程序就会自动计算方格点对应的自然高程；如附图Ⅳ-6所示）

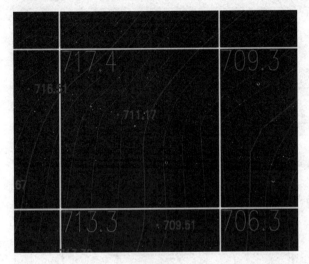

附图Ⅳ-6

7. 输入设计标高

执行"方格布置计算/输入设计标高"命令，并在命令栏中执行以下操作：

选择方格[框选<1>/场区<2>]<1>：2

选择计算场区：

指定设计标高[一点坡度面<1>/二点坡度面<2>/三点面<3>/等高面<4>/逐点输入<5>/范围采集<6>]<1>：1

（根据场地的排水方式选择合适的选项，本样本采用一点坡度面，如附图Ⅳ-7）

同时，如果要得到较为合理的设计标高，还可以运用软件的土方优化设计功能来计算出设计面的优化设计标高：

执行"方格布置计算/土方优化设计"命令并选择场区，选择场区后，程序弹出如附图Ⅳ-8对话框。

（首先，选择场区的某一点作为控制点，程序会自动提取该点的自然高程并显示，为了考虑场地的排水，输入一定的坡度，点击"计算"程序就自动得出一个优化设计高程；场区在保证一定排水坡度的情况下填挖土方量平衡，不用外运或购进多余或欠缺的土方；其次，也可以将A，B轴向坡度设成零、把优化设计面设定成一

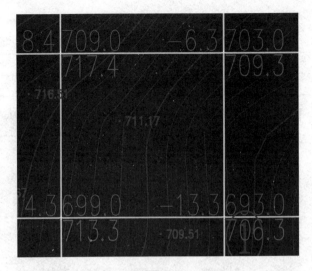

附图Ⅳ-7

个等高面，点击"计算"程序又会得到一个新的优化设计高程，点"确定"就把得到的设计值赋值到对应场区方格，通过"计算方格土方"和"汇总土方量"命令就能得出对应的土方量。）

8. 绘制土方零线

执行"土方计算输出/土方零线"命令，可以绘制出这个场区的土方零线（俗称"不填不挖线"，可以理解为填方和挖方分界线）。

9. 计算方格网土方量

执行"土方计算输出/计算方格网土方量"命令，并在命令栏中执行以下操作：

选择计算场区[指定计算公式（四方棱柱<F>）/三角棱柱<T>）]：

计算土方量完成。

（按照公式计算得每个方格的土方，见附图Ⅳ-9，附图Ⅳ-10）

10. 汇总土方量

执行"土方计算输出/汇总土方量"命令，并在命令栏中执行以下操作：

选择场区：

选择[土方列汇总<1>/土方行汇总<2>]<1>：

确认列距<10>：20 （即确认方格边长）

指定插入点：

（将场区内方格土方量汇总，并制表放置在指定位置，如附表Ⅳ-1所示。）

附表 Ⅳ-1　场区土方量汇总表

填方(+)	50.2	43.8	65.6	45.7	38.5				合计 1500
挖方(+)	29.3	60.7	88.2	0.0	0.0				合计 1300

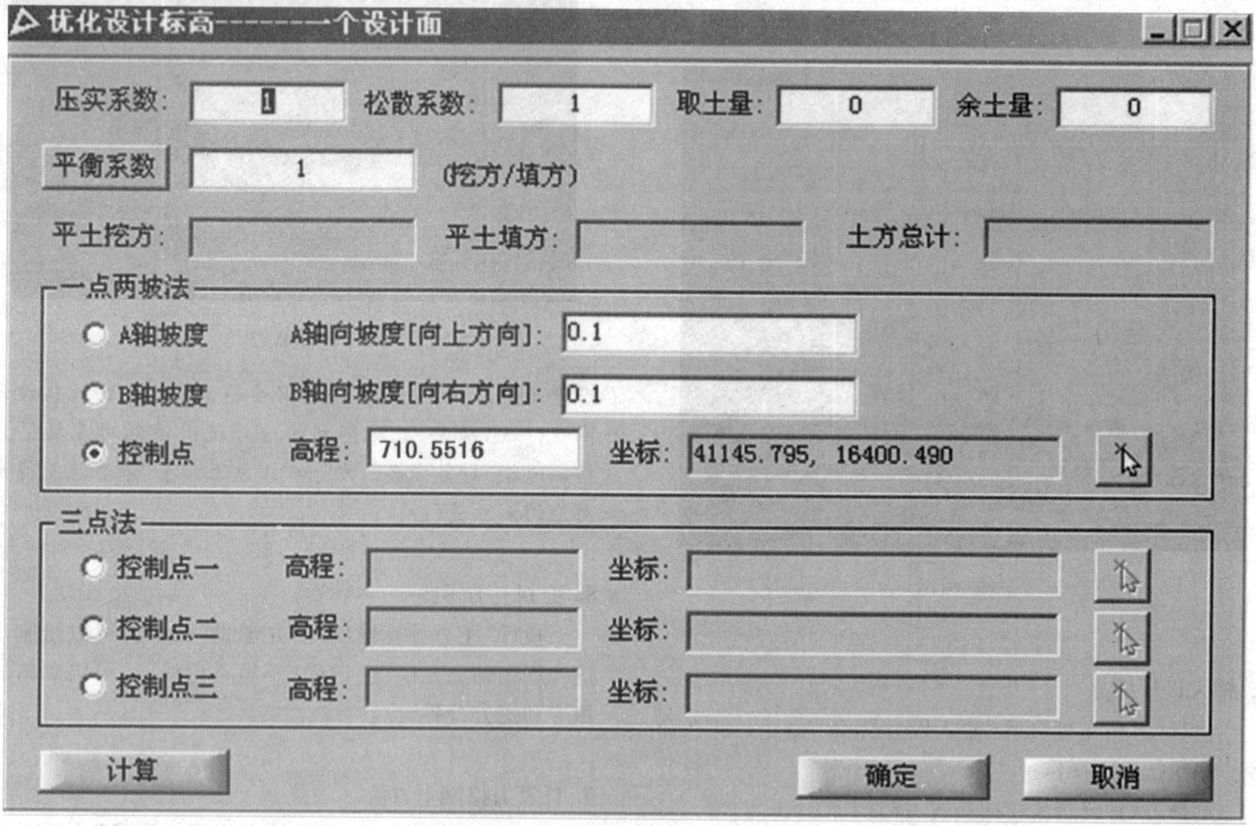

附图 Ⅳ-8

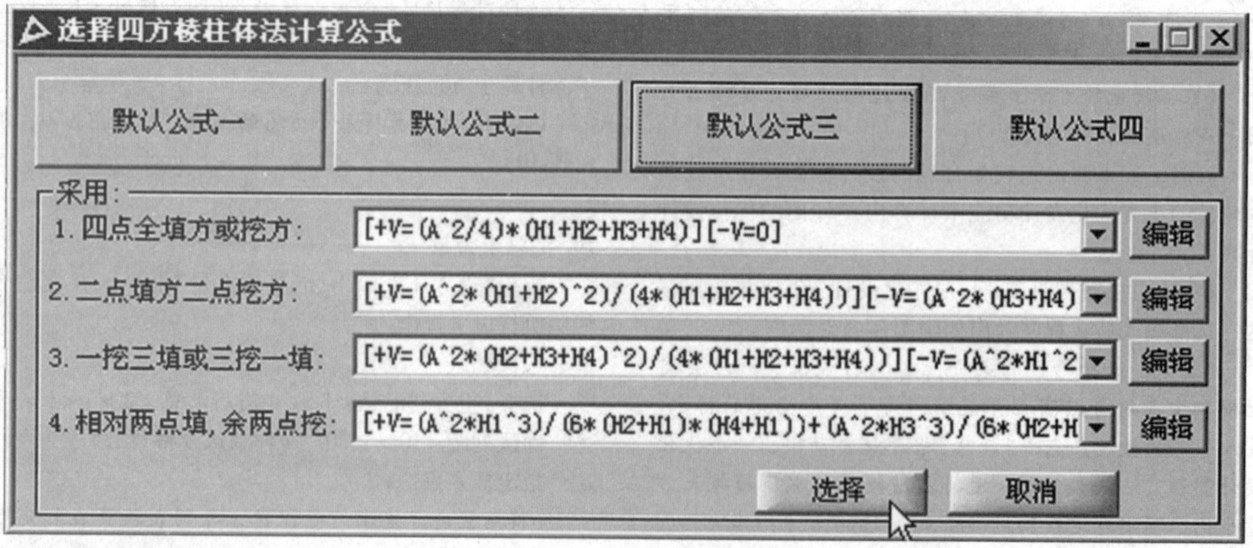

附图 Ⅳ-9

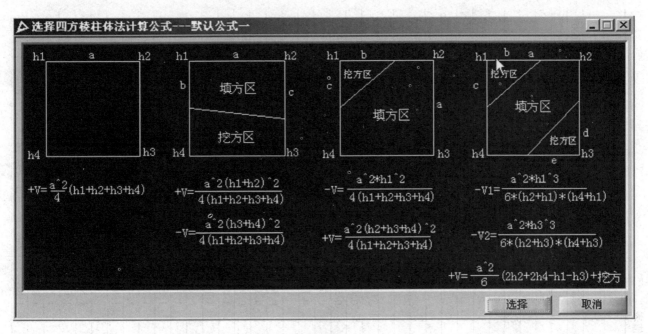

附图Ⅳ-10

附录V 钢管(水煤气管)的1000*i*和*v*值表

Q		DN(mm)													
		15		20		25		32		40		50		70	
(m^3/h)	(L/s)	v	1000i	v	1000i	v	1000i	v	1000i	v	1000i	v	1000i	v	1000i
0.288	0.080	0.47	65.7												
0.360	0.10	0.58	98.5												
0.432	0.12	0.70	137												
0.504	0.14	0.82	182												
0.576	0.16	0.94	234	0.50	48.5										
0.648	0.18	1.05	291	0.56	60.1										
0.72	0.20	1.17	354	0.62	72.7										
1.08	0.30	1.76	793	0.93	153	0.56	44.2								
1.44	0.40	2.34	1409	1.24	263	0.75	74.8								
1.80	0.50			1.55	411	0.94	113	0.53	26.7						
2.16	0.60			1.86	591	1.13	159	0.63	37.3	0.48	18.4				
2.52	0.70			2.17	805	1.32	214	0.74	49.5	0.56	24.6				
2.88	0.80			2.48	1051	1.51	279	0.84	63.2	0.64	31.4				
3.24	0.90					1.69	354	0.95	78.7	0.72	39.0				
3.60	1.0					1.88	437	1.05	95.7	0.80	47.3	0.47	12.9		
3.96	1.1					2.07	528	1.16	114	0.87	56.4	0.52	15.3		
4.32	1.2					2.26	629	1.27	135	0.95	66.3	0.56	18.0		
4.68	1.3					2.45	738	1.37	159	1.03	76.9	0.61	20.8		
5.04	1.4					2.64	856	1.48	184	1.11	88.4	0.66	23.7		
5.40	1.5							1.58	211	1.19	101	0.71	27.0		
5.76	1.6							1.69	240	1.27	114	0.75	30.4		
6.12	1.7							1.79	271	1.35	129	0.80	34.0	0.48	9.69
6.48	1.8							1.90	304	1.43	144	0.85	37.8	0.51	10.7
6.84	1.9							2.00	339	1.51	161	0.89	41.8	0.54	11.9
7.20	2.0							2.11	375	1.59	178	0.94	46.0	0.57	13.0
7.56	2.1							2.21	414	1.67	196	0.99	50.3	0.60	14.2
7.92	2.2							2.32	454	1.75	216	1.04	54.9	0.62	15.5
8.28	2.3							2.43	497	1.83	236	1.08	59.6	0.65	16.8
8.64	2.4							2.53	541	1.91	256	1.13	64.5	0.68	18.2

(续)

Q		DN(mm)									Q		DN(mm)							
		40		50		70		80		100			70		80		100		125	
(m³/h)	(L/s)	v	1000i	v	1000i	v	1000i	v	1000i	v	1000i	(m³/h)	(L/s)	v	1000i	v	1000i	v	1000i	v	1000i
9.00	2.5	1.99	278	1.18	69.6	0.71	19.6	0.50	8.41			19.80	5.5	1.56	87.5	1.11	35.8	0.63	8.92		
9.36	2.6	2.07	301	1.22	74.9	0.74	21.0	0.52	9.03			20.16	5.6	1.59	90.7	1.13	37.0	0.65	9.23		
9.72	2.7	2.15	325	1.27	80.8	0.77	22.6	0.54	9.66			20.52	5.7	1.62	94.0	1.15	38.3	0.66	9.52		
10.08	2.8	2.23	349	1.32	86.9	0.79	24.1	0.56	10.3			20.88	5.8	1.64	97.3	1.17	39.5	0.67	9.84		
10.44	2.9	2.31	374	1.37	93.2	0.82	25.7	0.58	11.0			21.24	5.9	1.67	101	1.19	40.8	0.68	10.1		
10.80	3.0	2.39	400	1.41	99.8	0.85	27.4	0.60	11.7			21.60	6.0	1.70	104	1.21	42.1	0.69	10.5		
11.16	3.1	2.47	428	1.46	107	0.88	29.1	0.62	12.4			21.96	6.1	1.73	108	1.23	43.5	0.70	10.8		
11.52	3.2	2.55	456	1.51	114	0.91	30.9	0.64	13.2			22.32	6.2	1.76	111	1.25	44.9	0.72	11.1		
11.88	3.3			1.55	121	0.94	32.7	0.66	13.9			22.68	6.3	1.79	115	1.27	46.4	0.73	11.4		
12.24	3.4			1.60	128	0.96	34.5	0.68	14.7			23.04	6.4	1.81	118	1.29	47.9	0.74	11.8		
12.60	3.5			1.65	136	0.99	36.5	0.70	15.5			23.40	6.5	1.84	122	1.31	49.4	0.75	12.1	0.50	4.33
12.96	3.6			1.69	144	1.02	38.4	0.72	16.3			23.76	6.6	1.87	126	1.33	50.9	0.76	12.4	0.505	4.45
13.32	3.7			1.74	152	1.05	40.4	0.74	17.2			24.12	6.7	1.90	130	1.35	52.4	0.77	12.8	0.51	4.57
13.68	3.8			1.79	160	1.08	42.5	0.76	18.0			24.48	6.8	1.93	134	1.37	54.0	0.78	13.2	0.52	4.70
14.04	3.9			1.84	169	1.11	44.6	0.79	18.9			24.84	6.9	1.96	138	1.39	55.6	0.80	13.5		
14.40	4.0			1.88	177	1.13	46.8	0.81	19.8			25.20	7.0	1.99	142	1.41	57.3	0.81	13.9	0.53	4.81
14.76	4.1			1.93	186	1.16	49.0	0.83	20.7			25.56	7.1	2.01	146	1.43	58.9	0.82	14.3	0.535	4.95
15.12	4.2			1.98	196	1.19	51.2	0.85	21.7			25.92	7.2	2.04	150	1.45	60.6	0.83	14.6	0.54	5.06
15.48	4.3			2.02	205	1.22	53.5	0.87	22.6	0.50	5.71	26.28	7.3	2.07	154	1.47	62.3	0.84	15.0	0.55	5.20
15.84	4.4			2.07	215	1.25	56.0	0.89	23.6	0.51	5.94	26.64	7.4	2.10	158	1.49	64.0	0.85	15.4	0.56	5.32
16.20	4.5			2.12	224	1.28	58.6	0.91	24.6	0.52	6.20	27.00	7.5	2.13	163	1.51	65.7	0.87	15.8	0.565	5.46
16.56	4.6			2.17	235	1.30	61.2	0.93	25.7	0.53	6.44	27.36	7.6	2.15	167	1.53	67.5	0.88	16.2	0.57	5.60
16.92	4.7			2.21	245	1.33	63.9	0.95	26.7	0.54	6.71	27.72	7.7	2.18	172	1.55	69.3	0.89	16.6	0.58	5.73
17.28	4.8			2.26	255	1.36	66.7	0.97	27.8	0.55	6.95	28.08	7.8	2.21	176	1.57	71.1	0.90	17.0	0.59	5.87
17.64	4.9			2.31	266	1.39	69.5	0.99	28.9	0.57	7.24	28.44	7.9	2.24	181	1.59	72.9	0.91	17.4	0.595	6.00
18.00	5.0			2.35	277	1.42	72.3	1.01	30.0	0.58	7.49	28.80	8.0	2.27	185	1.61	74.8	0.92	17.8	0.60	6.15
18.36	5.1			2.40	288	1.45	75.2	1.03	31.1	0.59	7.77	29.16	8.1	2.30	190	1.63	76.7	0.93	18.2	0.61	6.28
18.72	5.2			2.45	300	1.47	78.2	1.05	32.2	0.60	8.04	29.52	8.2	2.33	195	1.65	78.6	0.95	18.6	0.62	6.43
19.08	5.3			2.50	311	1.50	81.3	1.07	33.4	0.61	8.34	29.88	8.3	2.35	199	1.67	80.5	0.96	19.1	0.625	6.56
19.44	5.4					1.53	84.4	1.09	34.6	0.62	8.64	30.24	8.4	2.38	204	1.69	82.4	0.97	19.5	0.63	6.72

(续)

Q		DN(mm)								Q		DN(mm)					
		70		80		100		125		150				100		125		150	
(m³/h)	(L/s)	v	1000i	v	1000i	v	1000i	v	1000i	v	1000i	(m³/h)	(L/s)	v	1000i	v	1000i	v	1000i
30.60	8.5	2.41	209	1.71	84.4	0.98	19.9	0.64	6.85			63.0	17.5	2.02	81.9	1.32	26.4	0.93	10.8
30.96	8.6	2.44	214	1.73	86.4	0.99	20.3	0.65	7.01			64.8	18.0	2.08	86.6	1.36	27.9	0.95	11.4
31.32	8.7	2.47	219	1.75	88.4	1.01	20.8	0.655	7.15			66.6	18.5	2.14	91.5	1.39	29.5	0.98	11.9
31.68	8.8	2.50	224	1.77	90.5	1.02	21.2	0.66	7.31			68.4	19.0	2.19	96.5	1.43	31.1	1.01	12.6
32.04	8.9			1.79	92.6	1.03	21.7	0.67	7.45			70.2	19.5	2.25	102	1.47	32.8	1.03	13.2
32.40	9.0			1.81	94.6	1.04	22.1	0.68	7.62			72.0	20.0	2.31	107	1.51	34.5	1.06	13.8
32.76	9.1			1.83	96.8	1.05	22.6	0.69	7.78			75.6	21.0	2.42	118	1.58	38.0	1.11	15.2
33.12	9.2			1.85	98.9	1.06	23.0	0.695	7.93			79.2	22.0	2.54	129	1.66	41.7	1.17	16.5
33.48	9.3			1.87	101	1.07	23.5	0.70	8.10			82.8	23.0			1.73	45.6	1.22	18.0
33.84	9.4			1.89	103	1.09	24.0	0.71	8.25	0.50	3.45	86.4	24.0			1.81	49.7	1.27	19.5
34.20	9.5			1.91	105	1.10	24.5	0.72	8.42	0.503	3.52	90.0	25.0			1.88	53.9	1.32	21.2
34.56	9.6			1.93	108	1.11	25.0	0.723	8.57	0.51	3.59	99.0	27.5			2.07	65.2	1.46	25.7
34.92	9.7			1.95	110	1.12	25.4	0.73	8.74	0.514	3.66	108.0	30.0			2.26	77.6	1.59	30.5
35.28	9.8			1.97	112	1.13	26.0	0.74	8.90	0.52	3.72	117.0	32.5			2.45	91.1	1.72	35.9
35.64	9.9			1.99	115	1.14	26.4	0.75	9.08	0.525	3.80	126.0	35.0					1.85	41.6
36.00	10.0			2.01	117	1.15	26.9	0.753	9.23	0.53	3.87	135.0	37.5					1.99	47.7
37.80	10.5			2.11	129	1.21	29.5	0.79	10.1	0.56	4.22	144.0	40					2.12	54.3
39.6	11.0			2.21	141	1.27	32.4	0.83	11.0	0.58	4.60	162.0	45					2.38	68.7
41.4	11.5			2.32	155	1.33	35.4	0.87	11.9	0.61	4.98								
43.2	12.0			2.42	168	1.39	38.5	0.90	12.9	0.64	5.39								
45.0	12.5			2.52	183	1.44	41.8	0.94	14.0	0.66	5.80								
46.8	13.0					1.50	45.2	0.98	15.0	0.69	6.24								
48.6	13.5					1.56	48.7	1.02	16.1	0.71	6.68								
50.4	14.0					1.62	52.4	1.05	17.2	0.74	7.15								
52.2	14.5					1.67	56.2	1.09	18.4	0.77	7.61								
54.0	15.0					1.73	60.2	1.13	19.6	0.79	8.12								
55.8	15.5					1.78	64.2	1.17	20.8	0.82	8.62								
57.6	16.0					1.85	68.5	1.20	22.1	0.85	9.15								
59.4	16.5					1.90	72.8	1.24	23.5	0.87	9.67								
61.2	17.0					1.96	77.3	1.28	24.9	0.90	10.2								

附录Ⅵ 铸铁管 $DN=50\sim300\text{mm}$ 的 $1000i$ 和 v 值表

Q		\multicolumn{4}{c}{$DN(\text{mm})$}	Q		\multicolumn{6}{c}{$DN(\text{mm})$}
		50		75				50		75		100		125	
(m³/h)	(L/s)	v	$1000i$	v	$1000i$	(m³/h)	(L/s)	v	$1000i$	v	$1000i$	v	$1000i$	v	$1000i$
3.24	0.90	0.48	14.3			14.04	3.9	2.07	231	0.91	27.1	0.51	6.39		
3.60	1.0	0.53	17.3			14.40	4.0	2.12	243	0.93	28.4	0.52	6.69		
3.96	1.1	0.58	20.6			14.76	4.1	2.17	255	0.95	29.7	0.53	7.00		
4.32	1.2	0.64	24.1			15.12	4.2	2.23	268	0.98	31.1	0.55	7.31		
4.68	1.3	0.69	27.9			15.48	4.3	2.28	281	1.00	32.5	0.56	7.63		
5.04	1.4	0.74	32.0			15.84	4.4	2.33	294	1.02	33.9	0.57	7.96		
5.40	1.5	0.79	36.3			16.20	4.5	2.39	308	1.05	35.3	0.58	8.29		
5.76	1.6	0.85	40.9			16.56	4.6	2.44	321	1.07	36.8	0.60	8.63		
6.12	1.7	0.90	45.7			16.92	4.7	2.49	335	1.09	38.3	0.61	8.97		
6.48	1.8	0.95	50.8			17.28	4.8	2.55	350	1.12	39.8	0.62	9.33		
6.84	1.9	1.01	56.2			17.64	4.9			1.14	41.4	0.64	9.68		
7.20	2.0	1.06	61.9			18.00	5.0			1.16	43.0	0.65	10.0		
7.56	2.1	1.11	67.9	0.49	8.71	18.36	5.1			1.19	44.6	0.66	10.4		
7.92	2.2	1.17	74.0	0.51	9.47	18.72	5.2			1.21	46.2	0.68	10.8		
8.28	2.3	1.22	80.3	0.53	10.3	19.08	5.3			1.23	48.0	0.69	11.2		
8.64	2.4	1.27	87.5	0.56	11.1	19.44	5.4			1.26	49.8	0.70	11.6		
9.00	2.5	1.33	94.9	0.58	11.9	19.80	5.5			1.28	51.7	0.72	12.0		
9.36	2.6	1.38	103	0.60	12.8	20.16	5.6			1.30	53.6	0.73	12.3		
9.72	2.7	1.43	111	0.63	13.8	20.52	5.7			1.33	55.3	0.74	12.7		
10.08	2.8	1.48	119	0.65	14.7	20.88	5.8			1.35	57.3	0.75	13.2		
10.44	2.9	1.54	128	0.67	15.7	21.24	5.9			1.37	59.3	0.77	13.6	0.50	4.60
10.80	3.0	1.59	137	0.70	16.7	21.60	6.0			1.39	61.5	0.78	14.0	0.505	4.74
11.16	3.1	1.64	146	0.72	17.7	21.96	6.1			1.42	63.6	0.79	14.4	0.51	4.87
11.52	3.2	1.70	155	0.74	18.8	22.32	6.2			1.44	65.7	0.80	14.9	0.52	5.03
11.88	3.3	1.75	165	0.77	19.9	22.68	6.3			1.46	67.8	0.82	15.3		
12.24	3.4	1.80	176	0.79	21.0	23.04	6.4			1.49	70.0	0.83	15.8	0.53	5.17
12.60	3.5	1.86	186	0.81	22.2	23.40	6.5			1.51	72.2	0.84	16.2	0.54	5.31
12.96	3.6	1.91	197	0.84	23.2	23.76	6.6			1.53	74.4	0.86	16.7	0.55	5.46
13.32	3.7	1.96	208	0.86	24.5	24.12	6.7			1.56	76.7	0.87	17.2	0.555	5.62
13.68	3.8	2.02	219	0.88	25.8	24.48	6.8			1.58	79.0	0.88	17.7	0.56	5.77

(续)

Q		DN(mm)								Q		DN(mm)							
		75		100		125		150				100		125		150		200	
(m³/h)	(L/s)	v	1000i	v	1000i	v	1000i	v	1000i	(m³/h)	(L/s)	v	1000i	v	1000i	v	1000i	v	1000i
24.84	6.9	1.60	81.3	0.90	18.1	0.57	5.92			40.50	11.25	1.46	46.2	0.93	14.6	0.64	5.82		
25.20	7.0	1.63	83.7	0.91	18.6	0.58	6.09			41.40	11.5	1.49	48.3	0.95	15.1	0.66	6.07		
25.56	7.1	1.65	86.1	0.92	19.1	0.59	6.24			42.30	11.75	1.53	50.4	0.97	15.8	0.67	6.31		
25.92	7.2	1.67	88.6	0.93	19.6	0.60	6.40			43.20	12.0	1.56	52.6	0.99	16.4	0.69	6.55		
26.28	7.3	1.70	91.1	0.95	20.1	0.604	6.56			44.10	12.25	1.59	54.8	1.01	17.0	0.70	6.82		
26.64	7.4	1.72	93.6	0.96	20.7	0.61	6.74			45.00	12.5	1.62	57.1	1.03	17.7	0.72	7.07		
27.00	7.5	1.74	96.1	0.97	21.2	0.62	6.90			45.90	12.75	1.66	59.4	1.06	18.4	0.73	7.32		
27.36	7.6	1.77	98.7	0.99	21.7	0.63	7.06			46.80	13.0	1.69	61.7	1.08	19.0	0.75	7.60		
27.72	7.7	1.79	101	1.00	22.2	0.64	7.25			47.70	13.25	1.72	64.1	1.10	19.7	0.76	7.87		
28.08	7.8	1.81	104	1.01	22.8	0.65	7.41			48.60	13.5	1.75	66.6	1.12	20.4	0.77	8.14		
28.44	7.9	1.84	107	1.03	23.3	0.654	7.58			49.50	13.75	1.79	69.1	1.14	21.2	0.79	8.43		
28.80	8.0	1.86	109	1.04	23.9	0.66	7.75			50.40	14.0	1.82	71.6	1.16	21.9	0.80	8.71		
29.16	8.1	1.88	112	1.05	24.4	0.67	7.95			51.30	14.25	1.85	74.2	1.18	22.6	0.82	8.99		
29.52	8.2	1.91	115	1.06	25.0	0.68	8.12			52.20	14.5	1.88	76.8	1.20	23.3	0.83	9.30		
29.88	8.3	1.93	118	1.08	25.6	0.69	8.30			53.10	14.75	1.92	79.5	1.22	24.1	0.85	9.59		
30.24	8.4	1.95	121	1.09	26.2	0.70	8.50			54.00	15.0	1.95	82.2	1.24	24.9	0.86	9.88		
30.60	8.5	1.98	123	1.10	26.7	0.704	8.68			55.80	15.5	2.01	87.8	1.28	26.6	0.89	10.5	0.50	2.50
30.96	8.6	2.00	126	1.12	27.3	0.71	8.86			57.60	16.0	2.08	93.5	1.32	28.4	0.92	11.1	0.51	2.64
31.32	8.7	2.02	129	1.13	27.9	0.72	9.04	0.50	3.65	59.40	16.5	2.14	99.5	1.37	30.2	0.95	11.8	0.53	2.79
31.68	8.8	2.05	132	1.14	28.5	0.73	9.25	0.505	3.73	61.20	17.0	2.21	106	1.41	32.0	0.97	12.5	0.55	2.96
32.04	8.9	2.07	135	1.16	29.2	0.74	9.44	0.51	3.80	63.00	17.5	2.27	112	1.45	33.9	1.00	13.2	0.56	3.12
32.40	9.0	2.09	138	1.17	29.9	0.745	9.63	0.52	3.91	64.80	18.0	2.34	118	1.49	35.9	1.03	13.9	0.58	3.28
33.30	9.25	2.15	146	1.20	31.3	0.77	10.1	0.53	4.07	66.60	18.5	2.40	125	1.53	37.9	1.06	14.6	0.59	3.45
34.20	9.5	2.21	154	1.23	33.0	0.79	10.6	0.54	4.28	68.40	19.0	2.47	132	1.57	40.0	1.09	15.3	0.61	3.62
35.10	9.75	2.27	162	1.27	34.7	0.81	11.2	0.56	4.49	70.20	19.5	2.53	139	1.61	42.1	1.12	16.1	0.63	3.80
36.00	10.0	2.33	171	1.30	36.5	0.83	11.7	0.57	4.69	72.00	20.0			1.66	44.3	1.15	16.9	0.64	3.97
36.90	10.25	2.38	180	1.33	38.4	0.85	12.2	0.59	4.92	73.80	20.5			1.70	46.5	1.18	17.7	0.66	4.16
37.80	10.5	2.44	188	1.36	40.3	0.87	12.8	0.60	5.13	75.60	21.0			1.74	48.8	1.20	18.4	0.67	4.34
38.70	10.75	2.50	197	1.40	42.2	0.89	13.4	0.62	5.37	77.40	21.5			1.78	51.2	1.23	19.3	0.69	4.53
39.60	11.0			1.43	44.2	0.91	14.0	0.63	5.59	79.20	22.0			1.82	53.6	1.26	20.2	0.71	4.73

(续)

Q		DN(mm)									
		125		150		200		250		300	
(m³/h)	(L/s)	v	1000i	v	1000i	v	1000i	v	1000i	v	1000i
81.00	22.5	1.86	56.1	1.29	21.2	0.72	4.93				
82.80	23.0	1.90	58.6	1.32	22.1	0.74	5.13				
84.60	23.5	1.95	61.2	1.35	23.1	0.76	5.35				
86.40	24.0	1.99	63.8	1.38	24.1	0.77	5.56				
88.20	24.5	2.03	66.5	1.41	25.1	0.79	5.77	0.50	1.90		
90.00	25.0	2.07	69.2	1.43	26.1	0.80	5.98	0.51	1.97		
91.80	25.5	2.11	72.0	1.46	27.2	0.82	6.21	0.52	2.05		
93.60	26.0	2.15	74.9	1.49	28.3	0.84	6.44	0.53	2.12		
95.40	26.5	2.19	77.8	1.52	29.4	0.85	6.67	0.54	2.19		
97.20	27.0	2.24	80.7	1.55	30.5	0.87	6.90	0.55	2.26		
99.00	27.5	2.28	83.8	1.58	31.6	0.88	7.14	0.56	2.35		
100.8	28.0	2.32	86.8	1.61	32.8	0.90	7.38	0.57	2.42		
102.6	28.5	2.36	90.0	1.63	34.0	0.92	7.62	0.58	2.50		
104.4	29.0	2.40	93.2	1.66	35.2	0.93	7.87	0.59	2.58		
106.2	29.5	2.44	96.4	1.69	36.4	0.95	8.13	0.61	2.66		
108.0	30.0	2.48	99.6	1.72	37.7	0.96	8.40	0.62	2.75		
109.8	30.5	2.53	103	1.75	38.9	0.98	8.66	0.63	2.83		
111.6	31.0			1.78	40.2	1.00	8.92	0.64	2.92		
113.4	31.5			1.81	41.5	1.01	9.19	0.65	3.00		
115.2	32.0			1.84	42.8	1.03	9.46	0.66	3.09		
117.0	32.5			1.86	44.2	1.04	9.74	0.67	3.18		
118.8	33.0			1.89	45.6	1.06	10.0	0.68	3.27		
120.6	33.5			1.92	47.0	1.08	10.3	0.69	3.36		
122.4	34.0			1.95	48.4	1.09	10.6	0.70	3.45		
124.2	34.5			1.98	49.8	1.11	10.9	0.71	3.54		
126.0	35.0			2.01	51.3	1.12	11.2	0.72	3.64	0.50	1.49
127.8	35.5			2.04	52.7	1.14	11.5	0.73	3.74	0.51	1.52
129.6	36.0			2.06	54.2	1.16	11.8	0.74	3.83	0.52	1.56
131.4	36.5			2.09	55.7	1.17	12.1	0.75	3.93	0.523	1.60
133.2	37.0			2.12	57.3	1.19	12.4	0.76	4.03		

(续)

Q		\multicolumn{11}{c}{DN(mm)}										
		150		200		250		300		350	
(m³/h)	(L/s)	v	1000i	v	1000i	v	1000i	v	1000i	v	1000i
135.0	37.5	2.15	58.8	1.21	12.7	0.77	4.13	0.53	1.64		
136.8	38.0	2.18	60.4	1.22	13.0	0.78	4.23	0.54	1.68		
138.6	38.5	2.21	62.0	1.24	13.4	0.79	4.33	0.545	1.72		
140.4	39.0	2.24	63.6	1.25	13.7	0.80	4.44	0.55	1.76		
142.2	39.5	2.27	65.3	1.27	14.1	0.81	4.54	0.56	1.81		
144.0	40	2.29	66.9	1.29	14.4	0.82	4.63	0.57	1.85		
147.6	41	2.35	70.3	1.32	15.2	0.84	4.87	0.58	1.93		
151.2	42	2.41	73.8	1.35	15.9	0.86	5.09	0.59	2.02		
154.8	43	2.47	77.4	1.38	16.7	0.88	5.32	0.61	2.10		
158.4	44	2.52	81.0	1.41	17.5	0.90	5.56	0.62	2.19		
162.0	45			1.45	18.3	0.92	5.79	0.64	2.29		
165.6	46			1.48	19.1	0.94	6.04	0.65	2.38		
169.2	47			1.51	19.9	0.96	6.27	0.66	2.48		
172.8	48			1.54	20.8	0.99	6.53	0.68	2.57	0.50	1.20
176.4	49			1.58	21.7	1.01	6.78	0.69	2.67	0.51	1.25
180.0	50			1.61	22.6	1.03	7.05	0.71	2.77	0.52	1.30
183.6	51			1.64	23.5	1.05	7.30	0.72	2.87	0.53	1.34
187.2	52			1.67	24.4	1.07	7.58	0.74	2.99	0.54	1.39
190.8	53			1.70	25.4	1.09	7.85	0.75	3.09	0.55	1.44
194.4	54			1.74	26.3	1.11	8.13	0.76	3.20	0.56	1.49
198.0	55			1.77	27.3	1.13	8.41	0.78	3.31	0.57	1.54
201.6	56			1.80	28.3	1.15	8.70	0.79	3.42	0.58	1.59
205.2	57			1.83	29.3	1.17	8.99	0.81	3.53	0.59	1.64
208.8	58			1.86	30.4	1.19	9.29	0.82	3.64	0.60	1.70
212.4	59			1.90	31.4	1.21	9.58	0.83	3.77	0.61	1.75
216.0	60			1.93	32.5	1.23	9.91	0.85	3.88	0.62	1.81
219.6	61			1.96	33.6	1.25	10.2	0.86	4.00	0.63	1.86
223.2	62			1.99	34.7	1.27	10.6	0.88	4.12	0.64	1.91
226.8	63			2.03	35.8	1.29	10.9	0.89	4.25	0.65	1.97
230.4	64			2.06	37.0	1.31	11.3	0.91	4.37	0.67	2.03

(续)

Q		DN(mm)								Q		DN(mm)					
		200		250		300		350				250		300		350	
(m³/h)	(L/s)	v	1000i	v	1000i	v	1000i	v	1000i	(m³/h)	(L/s)	v	1000i	v	1000i	v	1000i
234.0	65	2.09	38.1	1.33	11.7	0.92	4.50	0.68	2.09	338.4	94	1.93	24.3	1.33	9.06	0.98	4.12
237.6	66	2.12	39.3	1.36	12.0	0.93	4.64	0.69	2.15	342.0	95	1.95	24.8	1.34	9.25	0.99	4.20
241.2	67	2.15	40.5	1.38	12.4	0.95	4.76	0.70	2.20	345.6	96	1.97	25.4	1.36	9.45	1.00	4.29
244.8	68	2.19	41.7	1.40	12.7	0.96	4.90	0.71	2.27	349.2	97	1.99	25.9	1.37	9.65	1.01	4.37
248.4	69	2.22	43.0	1.42	13.1	0.98	5.03	0.72	2.33	352.8	98	2.01	26.4	1.39	9.85	1.02	4.46
252.0	70	2.25	44.2	1.44	13.5	0.99	5.17	0.73	2.39	356.4	99	2.03	27.0	1.40	10.0	1.03	4.54
255.6	71	2.28	45.5	1.46	13.9	1.00	5.30	0.74	2.46	360.0	100	2.05	27.5	1.41	10.2	1.04	4.62
259.2	72	2.31	46.8	1.48	14.3	1.02	5.45	0.75	2.52	367.2	102	2.09	28.6	1.44	10.7	1.06	4.80
262.8	73	2.35	48.1	1.50	14.7	1.03	5.59	0.76	2.59	374.4	104	2.14	29.8	1.47	11.1	1.08	4.98
266.4	74	2.38	49.4	1.52	15.1	1.05	5.74	0.77	2.65	381.6	106	2.18	30.9	1.50	11.5	1.10	5.16
270.0	75	2.41	50.8	1.54	15.5	1.06	5.88	0.68	2.71	388.8	108	2.22	32.1	1.53	12.0	1.12	5.34
273.6	76	2.44	52.1	1.56	15.9	1.07	6.02	0.79	2.78	396.0	110	2.26	33.3	1.56	12.4	1.14	5.53
277.2	77	2.48	53.5	1.58	16.3	1.09	6.17	0.80	2.85	403.2	112	2.30	34.5	1.58	12.9	1.16	5.72
280.8	78	2.51	54.9	1.60	16.7	1.10	6.32	0.81	2.92	410.4	114	2.34	35.8	1.61	13.3	1.18	5.91
284.4	79			1.62	17.2	1.12	6.48	0.82	2.99	417.6	116	2.38	37.0	1.64	13.8	1.21	6.09
288.0	80			1.64	17.6	1.13	6.63	0.83	3.06	424.8	118	2.42	38.3	1.67	14.3	1.23	6.31
291.6	81			1.66	18.1	1.15	6.79	0.84	3.13	432.0	120	2.46	39.6	1.70	14.8	1.25	6.52
295.2	82			1.68	18.5	1.16	6.94	0.85	3.20	439.2	122	2.51	41.0	1.73	15.3	1.27	6.74
298.8	83			1.70	19.0	1.17	7.10	0.86	3.28	446.4	124			1.75	15.8	1.29	6.96
302.4	84			1.73	19.4	1.19	7.26	0.87	3.35	453.6	126			1.78	16.3	1.31	7.19
306.0	85			1.75	19.9	1.20	7.41	0.88	3.42	460.8	128			1.81	16.8	1.33	7.42
309.6	86			1.77	20.4	1.22	7.58	0.89	3.50	468.0	130			1.84	17.3	1.35	7.65
313.2	87			1.79	20.8	1.23	7.76	0.90	3.57	475.2	132			1.87	17.9	1.37	7.89
316.8	88			1.81	21.3	1.24	7.94	0.91	3.65	482.4	134			1.90	18.4	1.39	8.13
320.4	89			1.83	21.8	1.26	8.12	0.93	3.73	489.6	136			1.92	19.0	1.41	8.38
324.0	90			1.85	22.3	1.27	8.30	0.94	3.80	496.8	138			1.955	19.5	1.43	8.62
327.6	91			1.87	22.8	1.29	8.49	0.95	3.88	504.0	140			1.98	20.1	1.46	8.88
331.2	92			1.89	23.3	1.30	8.68	0.96	3.96	511.2	142			2.01	20.7	1.48	9.13
334.8	93			1.91	23.8	1.32	8.87	0.97	4.05	518.4	144			2.04	21.3	1.50	9.39
										525.6	146			2.07	21.8	1.52	9.65

附录Ⅶ 塑料给水管计算表

Q		DN(mm)												
		10		15		20		25		32		40		50		70	
(m³/h)	(L/s)	v	1000i	v	1000i	v	1000i	v	1000i	v	1000i	v	1000i	v	1000i	v	1000i
0.216	0.060	0.53	43.84														
0.252	0.070	0.62	57.63														
0.288	0.080	0.71	73.03														
0.324	0.090	0.80	90.00														
0.360	0.10	0.88	109	0.50	27.48												
0.432	0.12	1.06	150	0.60	37.97												
0.504	0.14	1.24	197	0.70	49.91												
0.576	0.16	1.41	250	0.80	63.25												
0.648	0.18	1.59	308	0.90	77.95												
0.720	0.20	1.77	371	0.99	93.97	0.53	20.55										
1.08	0.30	2.65	762	1.49	193	0.79	42.18	0.61	18.79								
1.44	0.40			1.99	321	1.05	70.27	0.76	27.92								
1.80	0.50			2.49	477	1.32	104	0.91	38.58	0.49	9.95						
2.16	0.60			2.98	660	1.58	144	1.06	50.72	0.59	13.74						
2.52	0.70					1.84	190			0.69	18.06						
2.88	0.80					2.10	240	1.21	64.27	0.79	22.89	0.48	7.10				
3.24	0.90					2.37	296	1.36	79.21	0.88	28.22	0.54	8.75				
3.60	1.00					2.63	379	1.51	95.48	0.98	34.01	0.60	10.55				
3.96	1.10							1.67	113	1.08	40.28	0.66	12.50				
4.32	1.20							1.82	132	1.18	47.00	0.72	14.58				
4.68	1.30							1.97	152	1.28	54.17	0.78	16.81	0.53	6.34		
5.04	1.40							2.12	173	1.38	61.78	0.84	19.17	0.57	7.16		
5.40	1.50							2.27	196	1.47	69.83	0.90	21.67	0.61	8.03		
5.76	1.60							2.42	220	1.57	78.30	0.96	24.30	0.64	8.95		
6.12	1.70							2.57	245	1.67	87.19	1.02	27.05				
6.48	1.80							2.73	271	1.77	96.49	1.08	29.94	0.68	9.90	0.49	4.44
6.84	1.90							2.88	298	1.87	106	1.14	32.96	0.72	10.90	0.52	4.85
7.20	2.00									1.96	116	1.20	36.09	0.76	11.94	0.55	5.30
7.86	2.10									2.06	127	1.26	39.36	0.80	13.01	0.57	5.76
7.92	2.20									2.16	138	1.32	42.74	0.83	14.13		

(续)

Q		DN(mm)										
		32		40		50		70		80		100
(m³/h)	(L/s)	v	1000i	v	1000i	v	1000i	v	1000i	v	1000i	v	1000i
8.28	2.30	2.26	149	1.38	46.25	0.87	15.29	0.60	6.23				
8.64	2.40	2.36	161	1.44	49.88	0.91	16.49	0.62	6.27				
9.00	2.50	2.46	173	1.50	53.62	0.95	17.73	0.65	7.23				
9.36	2.60	2.55	185	1.56	57.49	0.98	19.01	0.68	7.75				
9.72	2.70			1.62	61.47	1.02	20.33	0.70	8.28				
10.08	2.80			1.68	65.57	1.06	21.68	0.73	8.83	0.51	3.70		
10.44	2.90			1.74	69.77	1.10	23.07	0.75	9.40	0.52	3.94		
10.80	3.00			1.81	74.10	1.14	24.50	0.78	9.98	0.54	4.18		
11.16	3.10			1.87	78.54	1.17	25.97	0.81	10.58	0.56	4.43		
11.52	3.20			1.93	83.09	1.21	27.48	0.83	11.20	0.58	4.69		
11.88	3.30			1.99	87.75	1.25	29.02	0.86	11.82	0.60	4.95		
12.24	3.40			2.05	92.52	1.29	30.60	0.88	12.47	0.61	5.22		
12.60	3.50			2.11	97.41	1.33	32.21	0.91	13.13	0.63	5.50		
12.96	3.60			2.17	102	1.36	33.86	0.94	13.80	0.65	5.78		
13.32	3.70			2.23	108	1.40	35.55	0.96	14.48	0.67	6.07		
13.68	3.80			2.29	113	1.44	37.27	0.99	15.19	0.69	6.36		
14.01	3.90			2.35	118	1.48	39.03	1.01	15.90	0.70	6.66		
14.40	4.00			2.41	123	1.51	40.82	1.04	16.63	0.72	6.97		
14.76	4.10			2.47	129	1.55	42.65	1.07	17.38	0.74	7.28		
15.12	4.20			2.53	135	1.59	44.51	1.09	18.14	0.76	7.60	0.50	2.87
15.48	4.30					1.63	46.41	1.12	18.91	0.78	7.92	0.52	2.99
15.84	4.40					1.67	48.34	1.14	19.70	0.79	8.25	0.53	3.12
16.20	4.50					1.70	50.31	1.17	20.50	0.81	8.58	0.54	3.24
16.56	4.60					1.74	52.31	1.20	21.31	0.83	8.93	0.56	3.37
16.92	4.70					1.78	54.34	1.22	22.14	0.85	9.27	0.56	3.50
17.28	4.80					1.82	56.41	1.25	22.95	0.87	9.63	0.58	3.64
17.64	4.90					1.86	58.51	1.27	23.84	0.88	9.98	0.59	3.77
18.00	5.00					1.89	60.64	1.30	24.71	0.90	10.35	0.60	3.91
18.36	5.10					1.93	62.81	1.33	25.59	0.92	10.72	0.61	4.05
18.72	5.20					1.97	65.01	1.35	26.49	0.94	11.09	0.62	4.19

·418· 附 录

(续)

Q		DN(mm)								Q		DN(mm)							
		50		70		80		100				70		80		100			
(m³/h)	(L/s)	v	1000i	v	1000i	v	1000i	v	1000i	(m³/h)	(L/s)	v	1000i	v	1000i	v	1000i	v	1000i
19.08	5.30	2.01	67.25	1.38	27.40	0.96	11.47	0.64	4.34	29.88	8.30	2.16	60.73	1.50	25.43	1.00	9.60		
19.44	5.40	2.04	69.52	1.40	28.33	0.97	11.86	0.65	4.48	30.24	8.40	2.18	62.03	1.52	25.98	1.01	9.80		
19.80	5.50	2.08	71.82	1.43	29.26	0.99	12.26	0.66	4.63	30.60	8.50	2.21	63.22	1.53	26.53	1.02	10.02		
20.16	5.60	2.12	74.19	1.46	30.21	1.01	12.65	0.67	4.78	30.96	8.60	2.23	64.67	1.55	27.08	1.03	10.23		
20.52	5.70	2.16	76.51	1.48	31.18	1.03	13.06	0.68	4.93	31.32	8.70	2.26	66.01	1.57	27.65	1.04	10.44		
20.88	5.80	2.20	78.91	1.51	32.15	1.05	13.47	0.70	5.09	31.68	8.80	2.29	67.37	1.59	28.21	1.06	10.66		
21.24	5.90	2.23	81.34	1.53	33.14	1.06	13.88	0.71	5.24	32.04	8.90	2.31	68.73	1.61	28.78	1.07	10.87		
21.60	6.00	2.27	83.80	1.56	34.15	1.08	14.30	0.72	5.40	32.40	9.00	2.34	70.11	1.62	29.36	1.08	11.09		
21.96	6.10	2.31	86.30	1.59	35.16	1.10	14.73	0.73	5.56	32.76	9.10	2.36	71.49	1.64	29.94	1.09	11.31		
22.32	6.20	2.35	88.82	1.61	36.19	1.12	15.16	0.74	5.73	33.12	9.20	2.39	72.89	1.66	30.53	1.10	11.53		
22.68	6.30	2.38	91.38	1.64	37.24	1.14	15.59	0.76	5.89	33.48	9.30	2.42	74.30	1.68	31.12	1.12	11.76		
23.04	6.40	2.42	93.97	1.66	38.29	1.15	16.03	0.77	6.06	33.84	9.40	2.44	75.73	1.70	31.71	1.13	11.98		
23.40	6.50	2.46	96.59	1.69	39.36	1.17	16.48	0.78	6.23	34.20	9.50	2.47	77.16	1.71	32.31	1.14	12.21		
23.76	6.60	2.50	99.24	1.71	40.44	1.19	16.93	0.79	6.40	34.56	9.60	2.50	78.61	1.73	32.92	1.15	12.44		
24.12	6.70			1.74	41.53	1.21	17.39	0.80	6.57	34.92	9.70	2.52	80.07	1.75	33.53	1.16	12.67		
24.48	6.80			1.77	42.64	1.23	17.86	0.82	6.75	35.28	9.80			1.77	34.15	1.18	12.90		
24.84	6.90			1.79	43.76	1.25	18.32	0.83	6.92	35.64	9.90			1.79	34.77	1.19	13.13		
25.20	7.00			1.82	44.89	1.26	18.80	0.84	7.10	36.00	10.00			1.80	35.39	1.20	13.37		
25.56	7.10			1.84	46.03	1.28	19.28	0.85	7.28	36.90	10.25			1.85	36.98	1.23	13.97		
25.96	7.20			1.87	47.19	1.30	19.76	0.86	7.47	37.80	10.50			1.89	38.59	1.26	14.58		
26.28	7.30			1.90	48.36	1.32	20.25	0.88	7.65	38.70	10.75			1.94	40.24	1.29	15.28		
26.64	7.40			1.92	49.54	1.34	20.75	0.89	7.84	39.60	11.00			1.98	41.91	1.32	15.83		
27.00	7.50			1.95	50.73	1.35	21.25	0.90	8.03	40.50	11.25			2.03	43.62	1.35	16.48		
27.36	7.60			1.97	51.94	1.37	21.75	0.91	8.22	41.40	11.50			2.08	45.35	1.38	17.13		
27.72	7.70			2.00	53.16	1.39	22.26	0.92	8.41	42.30	11.75			2.12	47.11	1.41	17.80		
28.08	7.80			2.03	54.39	1.41	22.78	0.94	8.60	43.20	12.00			2.17	48.91	1.44	18.48		
28.44	7.90			2.05	55.63	1.43	23.30	0.95	8.80	44.10	12.25			2.21	50.73	1.47	19.16		
28.80	8.00			2.08	56.89	1.44	23.82	0.96	9.00	45.00	12.50			2.26	52.58	1.50	19.86		
29.14	8.10			2.10	58.15	1.46	24.35	0.97	9.20	45.90	12.75			2.30	54.46	1.53	20.57		
29.52	8.20			2.13	59.43	1.48	24.89	0.98	9.40	46.80	13.00			2.35	56.37	1.56	21.29		

(续)

Q (m³/h)	Q (L/s)	DN80 v	DN80 1000i	DN100 v	DN100 1000i
47.70	13.25	2.39	58.31	1.59	22.03
48.60	13.50	2.44	60.27	1.62	22.77
49.50	13.75	2.48	62.27	1.65	23.52
50.40	14.00	2.53	64.29	1.68	24.29
51.30	14.25			1.71	25.06
52.20	14.50			1.74	25.85
53.10	14.75			1.77	26.64
54.00	15.00			1.80	27.45
55.80	15.50			1.86	29.09
57.60	16.00			1.92	30.78
59.40	16.50			1.98	32.51
61.20	17.00			2.04	34.27
63.00	17.50			2.10	36.08
64.80	18.00			2.16	37.93
66.60	18.50			2.22	39.82
68.40	19.00			2.28	41.75
70.20	19.50			2.34	43.72
72.00	20.00			2.40	45.73
73.80	20.50			2.46	45.77
75.60	21.00			2.52	49.86

Q (m³/h)	Q (L/s)	DN110 v	DN110 1000i	DN125 v	DN125 1000i
19.44	5.40	0.50	2.44		
19.80	5.50	0.51	2.52		
20.16	5.60	0.52	2.60		
20.52	5.70	0.53	2.68		
20.88	5.80	0.54	2.77		
21.24	5.90	0.55	2.85		
21.60	6.00	0.56	2.94		
21.96	6.10	0.57	3.03		
22.32	6.20	0.58	3.12		
22.68	6.30	0.59	3.21		
23.04	6.40	0.60	3.30		
23.40	6.50	0.61	3.39		
23.76	6.60	0.61	3.48		
24.12	6.70	0.62	3.58	0.50	2.08
24.48	6.80	0.63	3.67	0.50	2.14
24.84	6.90	0.64	3.77	0.51	2.20
25.20	7.00	0.65	3.86	0.52	2.25
25.56	7.10	0.66	3.96	0.53	2.31
25.92	7.20	0.67	4.06	0.53	2.37
26.28	7.30	0.68	4.16	0.54	2.43
26.64	7.40	0.69	4.26	0.55	2.49
27.00	7.50	0.70	4.37	0.56	2.55
27.36	7.60	0.71	4.47	0.56	2.61
27.72	7.70	0.72	4.58	0.57	2.67
28.08	7.80	0.73	4.68	0.58	2.73
28.44	7.90	0.73	4.79	0.59	2.79

Q (m³/h)	Q (L/s)	DN110 v	DN110 1000i	DN125 v	DN125 1000i	DN150 v	DN150 1000i
28.80	8.00	0.74	4.90	0.59	2.86		
29.14	8.10	0.75	5.01	0.60	2.92		
29.52	8.20	0.76	5.12	0.61	2.98		
29.88	8.30	0.77	5.23	0.62	3.05		
30.24	8.40	0.78	5.34	0.62	3.11		
30.60	8.50	0.79	5.45	0.63	3.18		
30.96	8.60	0.80	5.57	0.64	3.25		
31.32	8.70	0.81	5.68	0.65	3.31		
31.68	8.80	0.82	5.80	0.65	3.38	0.50	1.77
32.04	8.90	0.83	5.92	0.66	3.45	0.50	1.81
32.40	9.00	0.84	6.04	0.67	3.52	0.51	1.84
32.76	9.10	0.85	6.16	0.68	3.59	0.51	1.88
33.12	9.20	0.86	6.28	0.68	3.66	0.52	1.92
33.48	9.30	0.87	6.40	0.69	3.73	0.53	1.96
33.84	9.40	0.87	6.52	0.70	3.80	0.53	1.99
34.20	9.50	0.88	6.64	0.70	3.87	0.54	2.03
34.56	9.60	0.89	6.77	0.71	3.95	0.54	2.07
34.92	9.70	0.90	6.89	0.72	4.02	0.55	2.11
35.28	9.80	0.91	7.02	0.73	4.02	0.55	2.14
35.64	9.90	0.92	7.15	0.73	4.17	0.56	2.18
36.00	10.00	0.93	7.28	0.74	4.24	0.57	2.22
36.90	10.25	0.95	7.60	0.76	4.43	0.58	2.32
37.80	10.50	0.98	7.93	0.78	4.63	0.59	2.42
38.70	10.75	1.00	8.27	0.80	4.82	0.61	2.53
39.60	11.00	1.02	8.62	0.82	5.02	0.62	2.63

(续)

Q		DN(mm)												
		110		125		150		175		200		225		250	
(m³/h)	(L/s)	v	1000i	v	1000i	v	1000i	v	1000i	v	1000i	v	1000i	v	1000i
40.50	11.25	1.05	8.97	0.83	5.23	0.64	2.74	0.50	1.55						
41.40	11.50	1.07	9.32	0.85	5.44	0.65	2.85	0.51	1.61						
42.30	11.75	1.09	9.69	0.87	5.65	0.66	2.96	0.52	1.67						
43.20	12.00	1.12	10.05	0.89	5.86	0.68	3.07	0.53	1.74						
44.10	12.25	1.14	10.43	0.91	6.08	0.69	3.19	0.55	1.80						
45.00	12.50	1.16	10.81	0.93	6.30	0.71	3.30	0.56	1.87						
45.90	12.75	1.19	11.20	0.95	6.53	0.72	3.42	0.57	1.93						
46.80	13.00	1.21	11.59	0.96	6.76	0.74	3.54	0.58	2.00						
47.70	13.25	1.23	11.99	0.98	6.99	0.75	3.66	0.59	2.07						
48.60	13.50	1.26	12.35	1.00	7.22	0.76	3.78	0.60	2.14						
49.50	13.75	1.28	12.80	1.02	7.46	0.78	3.91	0.61	2.21	0.50	1.30				
50.40	14.00	1.30	13.22	1.04	7.71	0.79	4.04	0.62	2.28	0.50	1.34				
51.30	14.25	1.33	13.64	1.06	7.95	0.81	4.17	0.64	2.36	0.51	1.38				
52.20	14.50	1.35	14.07	1.08	8.20	0.82	4.30	0.65	2.43	0.52	1.43				
53.10	14.7	1.37	14.50	1.09	8.45	0.83	4.43	0.66	2.51	0.53	1.47				
54.00	15.00	1.40	14.94	1.11	8.71	0.85	4.56	0.67	2.58	0.54	1.52				
55.80	15.50	1.44	15.83	1.15	9.23	0.88	4.84	0.69	2.74	0.56	1.61				
57.60	16.00	1.49	16.75	1.19	9.77	0.91	5.12	0.71	2.89	0.58	1.70				
59.40	16.50	1.53	17.69	1.22	10.31	0.93	5.40	0.74	3.06	0.59	1.80				
61.20	17.00	1.58	18.65	1.26	10.87	0.96	5.70	0.76	3.22	0.61	1.90				
63.00	17.50	1.62	19.64	1.30	11.45	0.99	6.00	0.78	3.39	0.63	2.00	0.50	1.18		
64.8	18.0	1.67	20.64	1.34	12.09	1.02	6.30	0.80	3.57	0.65	2.15	0.51	1.24		
66.6	18.5	1.72	21.67	1.37	12.63	1.05	6.62	0.82	3.75	0.67	2.25	0.53	1.30		
68.4	19.0	1.77	22.72	1.41	13.25	1.08	6.94	0.85	3.93	0.68	2.36	0.54	1.36		
70.2	19.5	1.81	23.79	1.45	13.87	1.10	7.27	0.87	4.11	0.70	2.47	0.56	1.43		
72.0	20.0	1.86	24.88	1.48	14.51	1.13	7.60	0.89	4.30	0.72	2.59	0.57	1.49		
73.8	20.5	1.91	26.00	1.52	15.16	1.16	7.94	0.91	4.49	0.74	2.70	0.59	1.56		
75.6	21.0	1.95	27.13	1.56	15.82	1.19	8.29	0.94	4.69	0.76	2.82	0.60	1.63		
77.4	21.5	2.00	28.29	1.60	16.49	1.22	8.64	0.96	4.89	0.78	2.94	0.61	1.69	0.50	1.01
79.2	22.0	2.05	29.47	1.63	17.18	1.24	9.06	0.98	5.09	0.79	3.06	0.63	1.77	0.51	1.06

(续)

Q		110		125		150		175		DN(mm) 200		225		250		275	
(m³/h)	(L/s)	v	1000i	v	1000i	v	1000i	v	1000i	v	1000i	v	1000i	v	1000i	v	1000i
81.0	22.5	2.09	30.67	1.67	17.88	1.27	9.37	1.00	5.30	0.81	3.19	0.64	1.84	0.52	1.10		
82.8	23.0	2.14	31.89	1.71	18.59	1.30	9.74	1.03	5.51	0.83	3.31	0.66	1.91	0.53	1.14		
84.6	23.5	2.19	33.13	1.74	19.31	1.33	10.12	1.05	5.72	0.85	3.44	0.67	1.98	0.54	1.19		
86.4	24.0	2.23	34.39	1.78	20.05	1.36	10.50	1.07	5.94	0.87	3.57	0.69	2.06	0.55	1.23		
88.2	24.5	2.28	35.67	1.82	20.79	1.39	10.89	1.09	6.16	0.88	3.71	0.70	2.14	0.56	1.28		
90.0	25.0	2.33	36.97	1.85	21.55	1.41	11.29	1.11	6.39	0.90	3.84	0.71	2.21	0.58	1.32		
91.8	25.5	2.37	38.29	1.89	22.3	1.44	11.69	1.14	6.62	0.92	3.98	0.73	2.29	0.59	1.37		
93.6	26.0	2.42	39.62	1.93	23.11	1.47	12.10	1.16	6.85	0.94	4.12	0.74	2.37	0.60	1.42		
95.4	26.5	2.46	41.00	1.97	23.90	1.50	12.52	1.18	7.08	0.95	4.26	0.76	2.46	0.61	1.47		
97.2	27.0	2.51	42.38	2.00	24.71	1.53	12.90	1.20	7.32	0.97	4.40	0.77	2.54	0.62	1.52	0.50	0.89
99.0	27.5			2.04	25.52	1.56	13.37	1.23	7.57	0.99	4.55	0.79	2.62	0.63	1.57	0.51	0.92
100.8	28.0			2.08	26.35	1.58	13.80	1.25	7.81	1.01	4.70	0.80	2.71	0.65	1.62	0.52	0.95
102.6	28.5			2.11	17.19	1.61	14.24	1.27	8.06	1.03	4.85	0.82	2.79	0.66	1.67	0.53	0.98
104.4	29.0			2.15	28.05	1.64	14.69	1.29	8.31	1.04	5.00	0.83	2.88	0.67	1.72	0.53	1.01
106.2	29.5			2.19	28.91	1.67	15.14	1.32	8.57	1.06	5.15	0.84	2.97	0.68	1.76	0.54	1.04
108.0	30.0			2.23	29.78	1.70	15.60	1.34	8.83	1.08	5.31	0.86	3.06	0.69	1.83	0.55	1.07
109.8	30.5			2.26	30.67	1.73	16.07	1.36	9.09	1.10	5.47	0.87	3.15	0.70	1.88	0.56	1.10
111.6	31.0			2.30	31.57	1.75	16.54	1.38	9.36	1.12	5.63	0.89	3.24	0.71	1.94	0.57	1.13
113.4	31.5			2.34	32.48	1.78	17.01	1.40	9.63	1.13	5.79	0.90	3.34	0.72	2.00	0.58	1.17
115.2	32.0			2.37	33.40	1.81	17.49	1.43	9.90	1.15	5.95	0.92	3.43	0.74	2.05	0.59	1.20
117.0	32.5			2.41	34.33	1.84	17.98	1.45	10.18	1.17	6.12	0.93	3.53	0.75	2.11	0.60	1.23
118.8	33.0			2.45	35.27	1.87	18.48	1.47	10.46	1.19	6.29	0.94	3.62	0.76	2.17	0.61	1.27
120.6	33.5			2.49	36.22	1.90	18.98	1.49	10.74	1.21	6.46	0.96	3.72	0.77	2.23	0.62	1.30
122.4	34.0			2.52	37.19	1.92	19.48	1.51	11.02	1.22	6.63	0.97	3.82	0.78	2.28	0.63	1.33
124.2	34.5					1.95	20.00	1.54	11.31	1.24	6.80	0.99	3.92	0.80	2.34	0.64	1.37
126.0	35.0					1.98	20.51	1.56	11.61	1.26	6.98	1.00	4.02	0.81	2.41	0.64	1.41
127.8	35.5					2.01	21.03	1.58	11.90	1.28	7.16	1.02	4.12	0.82	2.47	0.65	1.44
129.6	36.0					2.04	21.56	1.60	12.20	1.30	7.34	1.03	4.23	0.83	2.53	0.66	1.48
131.4	36.5					2.07	22.09	1.63	12.50	1.31	7.52	1.04	4.33	0.84	2.59	0.67	1.51
133.2	37.0					2.09	22.63	1.65	12.81	1.33	7.70	1.06	4.44	0.85	2.65	0.68	1.55

附录 钢筋混凝土圆管 $d=200\sim500$（满流，$n=0.013$）水力计算表

坡度 (‰)	流量与流速	管径 d(mm)						
		200	250	300	350	400	450	500
1.0	Q			30.61	46.08	65.85	90.18	119.38
	v			0.433	0.479	0.524	0.567	0.608
1.5	Q		23.02	37.47	52.48	80.67	110.37	146.28
	v		0.469	0.530	0.587	0.642	0.694	0.745
2.0	Q	14.67	20.61	43.26	65.23	93.11	127.55	168.86
	v	0.467	0.542	0.612	0.678	0.741	0.802	0.860
2.5	Q	16.40	29.75	48.35	72.97	104.17	142.50	188.89
	v	0.522	0.606	0.684	0.758	0.829	0.896	0.962
3.0	Q	17.97	32.60	52.95	79.85	114.10	156.18	206.76
	v	0.572	0.664	0.749	0.830	0.908	0.982	1.053
3.5	Q	19.42	35.20	57.19	86.30	123.15	168.74	223.45
	v	0.618	0.717	0.809	0.897	0.980	1.061	1.138
4.0	Q	20.74	37.60	61.15	92.27	131.69	180.35	238.76
	v	0.660	0.766	0.865	0.959	1.048	1.134	1.216
4.5	Q	21.99	39.91	64.89	97.85	139.73	191.33	253.29
	v	0.700	0.813	0.918	1.017	1.112	1.203	1.290
5.0	Q	23.19	42.07	68.36	103.14	147.27	201.66	267.04
	v	0.738	0.857	0.967	1.172	1.268	1.360	1.072
5.5	Q	24.32	44.05	71.75	108.14	154.44	211.36	280.00
	v	0.774	0.898	1.015	1.124	1.229	1.329	1.426
6.0	Q	25.42	46.05	74.93	112.95	161.35	220.91	292.56
	v	0.809	0.938	1.060	1.174	1.284	1.389	1.490
7.0	Q	27.43	49.78	80.94	121.99	174.29	238.56	315.93
	v	0.873	1.014	1.145	1.268	1.387	1.500	1.609
8.0	Q	29.35	53.21	86.52	130.46	186.23	254.94	337.72
	v	0.934	1.084	1.224	1.356	1.482	1.603	1.720
9.0	Q	31.11	56.40	91.76	138.35	197.54	270.37	358.14
	v	0.990	1.149	1.298	1.438	1.572	1.700	1.824
10.0	Q	32.80	59.45	96.70	145.85	208.22	285.16	377.58
	v	1.044	1.211	1.368	1.516	1.657	1.793	1.923
11.0	Q	34.40	62.39	101.44	152.97	218.40	299.00	396.04
	v	1.095	1.271	1.435	1.590	1.738	1.880	2.017
12.0	Q	35.94	65.14	105.96	159.80	228.07	312.35	413.71
	v	1.144	1.327	1.499	1.661	1.815	1.964	2.107
13.0	Q	37.39	67.79	110.28	166.35	237.50	325.08	430.60
	v	1.190	1.381	1.560	1.729	1.890	2.04	2.193
14.0	Q	38.80	70.35	114.45	172.60	246.42	337.32	446.70
	v	1.234	1.433	1.619	1.794	1.961	2.121	2.275
15.0	Q	40.19	72.85	118.41	178.66	255.09	349.25	462.40
	v	1.279	1.484	1.675	1.857	2.030	2.196	2.355

（续）

坡度 (‰)	流量与 流速	管径 d(mm)						
		200	250	300	350	400	450	500
16.0	Q	41.51	75.21	122.27	184.53	263.38	360.70	477.72
	v	1.321	1.532	1.730	1.918	2.096	2.268	2.433
17.0	Q	42.76	77.56	126.11	190.21	271.55	371.68	492.25
	v	1.361	1.580	1.784	1.977	2.161	2.337	2.507
18.0	Q	44.02	79.79	129.92	195.69	279.34	382.49	506.58
	v	1.401	1.625	1.835	2.034	2.223	2.405	2.580
19.0	Q	45.21	81.98	133.32	201.08	287.01	392.99	520.52
	v	1.439	1.670	1.886	2.090	2.284	2.471	2.651
20.0	Q	46.38	84.09	136.79	206.27	294.55	403.17	534.07
	v	1.476	1.713	1.535	2.144	2.344	2.535	2.720
21.0	Q	47.54	86.20	140.11	211.37	301.84	413.19	547.23
	v	1.513	1.756	1.982	2.197	2.598	2.787	2.402
22.0	Q	48.67	88.21	143.43	216.38	308.87	422.89	599.99
	v	1.549	1.797	2.029	2.249	2.458	2.659	2.852
23.0	Q	49.74	90.18	146.68	221.19	315.78	432.43	572.75
	v	1.583	1.837	2.075	2.299	2.513	2.719	2.917
24.0	Q	50.81	92.14	149.79	226.00	322.57	441.65	584.93
	v	1.617	1.877	2.119	2.349	2.567	2.777	2.979
25.0	Q	51.87	94.01	152.90	230.62	329.23	450.72	597.10
	v	1.651	1.915	2.163	2.397	2.620	2.834	3.041
26.0	Q	52.88	95.87	155.94	335.76	459.78	608.88	235.23
	v	1.683	1.953	2.206	2.445	2.672	2.891	3.101
27.0	Q	53.89	97.74	158.91	239.66	342.17	468.53	620.47
	v	1.715	1.991	2.248	2.491	2.723	2.946	3.160
28.0	Q	54.89	99.51	161.81	244.08	348.46	477.12	631.85
	v	1.747	2.027	2.289	2.537	2.773	3.000	3.218
29.0	Q	55.86	101.27	164.71	248.41	354.61	485.55	643.05
	v	1.778	2.063	2.330	2.582	2.822	3.053	3.275

附录Ⅸ　IS型单级吸悬臂式离心泵性能

型号	流量 Q (m³/h)	流量 Q (l/s)	扬程 H (m)	转速 n (r/min)	配电动机 功率 (kW)	配电动机 型号	效率 η (%)	吸程 H (m)	叶轮直径 (mm)	质量 (kg)
IS50-32-125	8	2.2	22		1.5	Y90S-2	60		125	32
	12.5	3.47	20							
	16	4.4	18							
IS50-32-125A	7	1.94	17		1.1	Y802-2	58			32
	11	3.06	15							
	14	3.9	13							
IS50-32-160	8	2.2	35		3	Y100L-2	55		160	37
	12.5	3.47	32							
	16	4.4	28							
IS50-32-160A	7	1.94	27		2.2	Y90L-2	53			37
	11	3.06	24					7.2		
	14	3.89	22							
IS50-32-200	8	2.2	55		5.5	Y132S₁-2	44		200	
	12.5	3.47	50							
	16	4.4	45							41
IS50-32-200A	7	1.9	42		4	Y112M-2	42			
	11	3.06	38							
	14	3.9	35							
IS50-32-250	8	2.2	86	2900	11	Y160M₁-2	35		250	
	12.5	3.47	80							
	16	4.4	72							72
IS50-32-250A	7	1.9	66		7.5	Y132S₂-2	34			
	11	3.06	61							
	14	3.9	56							
IS65-50-125	17	4.72	22		3	Y100L-2	69		125	
	25	6.94	20							
	32	8.9	18							34
IS65-50-125A	15	4.17	17		2.2	Y90L-2	67			
	22	6.1	15							
	28	7.78	13							
IS65-50-160	17	4.72	35		4	Y112M-2	66	7	160	
	25	6.94	32							
	32	8.9	28							40
IS65-50-160A	15	4.17	27		3	Y100L-2	64			
	22	6.1	24							
	28	7.78	22							
IS65-40-200	17	4.72	55		7.5	Y132S₂-2	58		200	43
	25	6.94	50							
	32	8.9	45							

(续)

型号	流量 Q (m³/h)	(l/s)	扬程 H (m)	转速 n (r/min)	配电动机 功率 (kW)	型号	效率 η (%)	吸程 H (m)	叶轮直径 (mm)	质量 (kg)
IS65-40-200A	15	4.17	42		5.5	Y132S$_1$-2	56			43
	22	6.1	38							
	28	7.78	35							
IS65-40-250	17	4.72	86		15	Y160M$_2$-2	48		250	
	25	6.94	80							
	32	8.9	72							74
IS65-40-250A	15	4.17	66		11	Y160M$_1$-2	46	7		
	22	6.1	61							
	28	7.78	56							
IS65-40-315	17	4.72	140		30	Y200L$_1$-2	39		315	
	25	6.94	125							
	32	8.9	115							
IS65-40-315A	16	4.44	125		22	Y180M-2	38			82
	23.5	6.53	111							
	30	8.33	102							
IS65-40-315B	15	4.17	110		18.5	Y160L-2	37			
	22	6.1	97							
	28	7.78	90							
IS80-65-125	31	8.61	22	2900	5.5	Y132S$_1$-2	76		125	
	50	13.9	20							
	64	17.8	18							36
IS80-65-125A	28	7.78	17		4	Y112M-2	75			
	45	12.5	15							
	58	16.11	13							
IS80-65-160	31	8.61	35		7.5	Y132S$_2$-2	73		160	
	50	13.9	32							
	64	17.8	28					6.6		42
IS80-65-160A	28	7.78	27		5.5	Y132S$_1$-2	72			
	45	12.5	24							
	58	16.11	22							
IS80-50-200	31	8.61	55		15	Y160M$_2$-2	69		200	
	50	13.9	50							
	64	17.8	45							45
IS80-50-200A	28	7.78	42		11	Y160M$_1$-2	67			
	45	12.5	38							
	58	16.1	35							
IS80-50-250	31	8.61	86		22	Y180M-2	62		250	78
	50	13.9	80							
	64	17.8	72							

(续)

型号	流量 Q		扬程 H (m)	转速 n (r/min)	配电动机		效率 η (%)	吸程 H (m)	叶轮直径 (mm)	质量 (kg)
	(m³/h)	(l/s)			功率 (kW)	型号				
IS80-50-250A	28	7.78	66		18.5	Y160L-2	60			78
	45	12.5	61							
	58	16.1	56							
IS80-50-315	31	8.6	140		45	Y225M-2	52		315	87
	50	13.9	125							
	64	17.8	115					6.6		
IS80-50-315A	29.5	8.2	125		37	Y200L$_2$-2	51			87
	47.5	13.2	111							
	61	16.9	102							
IS80-50-315B	28	7.78	110		30	Y200L$_1$-2	50			87
	45	12.5	97							
	58	16.1	90							
IS100-80-106	65	18.1	14		5.5	Y312S$_1$-2	78		106	
	100	27.8	12.5							
	125	34.7	11							38
IS100-80-106A	58	16.1	10.5		4	Y112M-2	76			
	90	25	9.5							
	112	31.1	8.7							
IS100-80-125	65	18.1	22	2900	11	Y160M$_1$-2	81		125	
	100	27.8	20							
	125	34.7	18							42
IS100-80-125A	58	16.1	17		7.5	Y132S$_2$-2	79			
	90	25	15							
	112	31.1	13							
IS100-80-160	65	18.1	35		15	Y160M$_2$-2	79	5.8	160	
	100	27.8	32							
	125	34.7	28							60
IS100-80-160A	58	16.1	27		11	Y160M$_1$-2	77			
	90	25	24							
	112	31.1	22							
IS100-65-200	65	18.1	55		22	Y180M-2	76		200	
	100	27.8	50							
	125	34.7	45							71
IS100-65-200A	58	16.1	42		18.5	Y160L-2	74			
	90	25	38							
	112	31.1	35							
IS100-65-250	65	18.1	86		37	Y200L$_2$-2	72		250	84
	100	27.8	80							
	125	34.7	72							

(续)

型 号	流量 Q (m³/h)	(l/s)	扬程 H (m)	转速 n (r/min)	配电动机 功率 (kW)	型号	效率 η (%)	吸程 H (m)	叶轮直径 (mm)	质量 (kg)
IS100-65-250A	58	16.1	66		30	Y200L₁-2	71			84
	90	25	61							
	112	31.1	56							
IS100-65-315	65	18.1	140		75		65		315	
	100	27.8	125							
	125	34.7	115					5.8		
IS100-65-315A	61	16.9	125		55		64			100
	95	26.4	111							
	118	32.8	102							
IS100-65-315B	58	16.1	110		45		63			
	90	25	97							
	112	31.1	90							
IS150-100-250	130	36.1	86	2900	75		78		250	
	200	55.6	80							
	250	69.4	72							95
IS150-100-250A	115	31.9	66		55		76			
	176	48.9	61							
	220	61.1	56							
IS150-100-315	130	36.1	140		110		74	4.5	315	
	200	55.6	125							
	250	69.4	115							
IS150-100-315A	122	33.9	125		90		73			115
	188	52.2	111							
	235	65.3	102							
IS150-100-315B	115	31.9	110		75		72			
	176	48.9	97							
	220	61.1	90							
IS50-32-125	4	1.11	5.5		0.25		55		125	
	6.25	1.74	5							
	8	2.22	4.5							32
IS50-32-125A	3.5	0.97	4.2		0.25		53			
	5.5	1.53	3.7							
	7	1.94	3.3	1460				8		
IS50-32-160	4	1.11	8.7		0.37		48		160	
	6.25	1.74	8							
	8	2.22	7.2							37
IS50-32-160A	3.5	0.97	6.7		0.25		47			
	5.5	1.53	6							
	7	1.94	5.5							

（续）

型 号	流量 Q (m³/h)	(l/s)	扬程 H (m)	转速 n (r/min)	配电动机 功率 (kW)	型号	效率 η (%)	吸程 H (m)	叶轮直径 (mm)	质量 (kg)
IS50-32-200	4	1.11	14		0.75		39		200	
	6.25	1.74	12.5							
	8	2.22	11							41
IS50-32-200A	3.5	0.97	10.5		0.55		37			
	5.5	1.53	9.5							
	7	1.94	8.7					8		
IS50-32-250	4	1.11	22		1.5		31		250	
	6.25	1.74	20							
	8	2.22	18							72
IS50-32-250A	3.5	0.97	17		1.1		30			
	5.5	1.53	15							
	7	1.94	13							
IS65-50-125	8	2.22	5.5		0.37		64		125	
	12.5	3.47	5							
	16	4.44	4.5							34
IS65-50-125A	7	1.94	4.2				62			
	11	3.06	3.7							
	14	3.89	3.3							
IS65-50-160	8	2.22	8.7	1460	0.55		60		160	
	12.5	3.47	8							
	16	4.44	7.2					7.8		40
IS65-50-160A	7	1.94	6.2		0.37		58			
	11	3.06	6							
	14	3.89	5.5							
IS65-40-200	8	2.22	14		1.1		53		200	
	12.5	3.47	12.5							
	16	4.44	11							43
IS65-40-200A	7	1.94	10.5		0.75		51			
	11	3.06	9.5							
	14	3.89	8.7							
IS80-65-125	17	4.72	5.5		0.55		72		125	
	25	6.94	5							
	32	8.89	4.5							36
IS80-65-125A	15	4.17	4.2				70	7.6		
	22	6.11	3.7							
	28	7.78	3.3							
IS80-65-160	17	4.72	8.7		1.1		69		160	42
	25	6.94	8							
	32	8.89	7.2							

(续)

型 号	流量Q (m³/h)	(l/s)	扬程 H (m)	转速 n (r/min)	配电动机 功率 (kW)	配电动机 型号	效率 η (%)	吸程 H (m)	叶轮 直径 (mm)	质量 (kg)
IS80-65-160A	15	4.17	6.7		0.75		67			42
	22	6.11	6							
	28	7.78	5.5							
IS80-50-200	17	4.72	14		1.5		65	7.6	200	
	25	6.94	12.5							
	32	8.89	11							45
IS80-50-200A	15	4.17	10.5				63			
	22	6.11	9.5							
	28	7.78	8.7		1.1					
IS100-80-125	31	8.61	5.5				78		125	
	50	13.9	5							
	64	17.8	4.5							42
IS100-80-125A	28	7.78	4.2		0.75		76			
	45	12.5	3.7							
	58	16.1	3.3							
IS100-80-160T	31	8.61	8.7		2.2		76			
	50	13.9	8							
	64	17.8	7.2					7.3		42
IS100-80-160TA	28	7.78	6.7	1460	1.5		74			
	45	12.5	6							
	58	16.1	5.5							
IS100-65-200T	31	8.61	14		3		73			
	50	13.9	12.5							
	64	17.8	11							46
IS100-65-200TA	28	7.78	10.5		2.2		72			
	45	12.5	9.5							
	58	16.1	8.7							
IS100-100-125	65	18.1	5.5		2.2		82		125	
	100	27.8	5							
	125	34.7	4.5							43
IS100-100-125A	58	16.1	4.2		1.5		80			
	90	25	3.7							
	112	31.1	3.3					6.8		
IS100-100-160	65	18.1	8.7		4		80		160	
	100	27.8	8							
	125	34.7	7.2							47
IS100-100-160A	58	16.1	6.7		3		78			
	90	25	6							
	112	31.1	5.5							

(续)

型号	流量 Q		扬程 H (m)	转速 n (r/min)	配电动机		效率 η (%)	吸程 H (m)	叶轮直径 (mm)	质量 (kg)
	(m³/h)	(l/s)			功率 (kW)	型号				
IS150-125-160	130	36.1	8.7		7.5	Y132S$_2$-2	84		160	76
	200	55.6	8							
	250	69.4	7.2							
IS150-125-160A	115	31.9	6.7		5.5	Y132S$_1$-2	82			
	176	48.9	6							
	220	61.1	5.5							
IS150-125-200	130	36.1	14		11	Y160M-4	82		200	85
	200	55.6	12.5							
	250	69.4	11							
IS150-125-200A	115	31.9	10.5		7.5	Y132M-4	80			
	176	48.9	9.5							
	220	61.1	8.7							
IS150-125-250	130	36.1	22		18.5	Y180M-4	81		250	120
	200	55.6	20							
	250	69.4	18					5.8		
IS150-125-250A	115	31.9	17		15	Y160L-4	79			
	176	48.9	15							
	220	61.1	13							
IS150-125-315	130	36.1	35	1460	30	Y200L-4	78		315	140
	200	55.6	32							
	250	69.4	28							
IS150-125-315A	115	31.9	55		22	Y180L-4	76			
	176	48.9	24							
	220	61.1	22							
IS150-125-400	130	36.1	55		45		74		400	160
	200	55.6	50							
	250	69.4	45							
IS150-125-400A	115	31.9	42		37		72			
	176	48.9	38							
	220	61.1	35							
IS200-150-200	230	63.9	14		18.5	Y180M-4	85		200	135
	315	87.5	12.5							
	380	105.6	11							
IS200-150-200A	210	58.3	10.5		15	Y160L-4	82	4.5		
	280	77.8	9.5							
	340	94.4	8.7							
IS200-150-250	230	63.9	22		30	Y200L-4	85		250	160
	315	87.5	20							
	380	105.6	18							

(续)

型　号	流量 Q		扬程 H (m)	转速 n (r/min)	配电动机		效率 η (%)	吸程 H (m)	叶轮直径 (mm)	质量 (kg)
	(m³/h)	(l/s)			功率 (kW)	型号				
IS200-150-250A	210	58.3	17	1460	18.5	Y180M-4	83	4.5	160	190
	280	77.8	15							
	340	94.4	13							
IS200-150-315	230	63.9	35		45		83		315	
	315	87.5	32							
	380	105.6	28							
IS200-150-315A	210	58.3	27		37		81			
	280	77.8	24							
	340	94.4	22							
IS200-150-400	230	63.9	55		75		80		400	215
	315	87.5	50							
	380	105.6	45							
IS200-150-400A	210	58.3	42		55		78			
	280	77.8	38							
	340	94.4	35							

附录 X 潜水泵的性能

型号	流量 (m³/h)	扬程 (m)	配套功率 (kW)	额定电压 (v)	转速 (r/min)	效率 (%)	出水口管径 (mm)	备注
QS15-26-2.2	15	26	2.2	380	2860	58.5	50	
QS25-25-3	25	25	3	380	2860	66	63	
QS40-16-3	40	16	3	380	2860	71	75	
QS40-18-3	40	18	3	380	2860	70.5	75	
QS40-21-4	40	21	4	380	2860	70.5	75	
QS45-18-4	45	18	4	380	2860	70.5	75	
QS32-13-2.2	32	13	2.2	380	2860	70	75	
QS40-13-2.2	40	13	2.2	380	2860	72	75	
QS50-13-3	50	13	3	380	2860	72	75	
QS65-10-3	65	10	3	380	2860	71.5	100	
QS80-11-4	80	11	4	380	2860	75	100	
QS160-5.5-4	160	5.5	4	380	2860	70.5	125	
QS40-25-5.5	40	25	5.5	380	2860	69	125	
QS50-20-5.5	50	20	5.5	380	2860	73	75	
QS63-20-5.5	63	20	5.5	380	2860	74	100	
QS80-20-7.5	80	20	7.5	380	2860	75	100	
QS100-18-7.5	100	18	7.5	380	2860	75	100	
WQD6-12-0.55	6	12	0.55	220	2820		50	
WQD6-16-0.75	6	16	0.75	220	2820		40	
WQD7-10-0.75	7	10	0.75	220	2820		50	
WQ15-7-0.75	15	7	0.75	380	2830	42.7	37	
WQ8-12-0.75	8	12	0.75	380	2830	41.2	37	
WQ10-18-1.5	10	18	1.5	380	2840	42.2	50	
WQ20-10-1.5	20	10	1.5	380	2840	43.8	50	
WQ28-7-1.5	28	7	1.5	380	2840	48.1	50	
WQ10-22-2.2	10	22	2.2	380	2840	43.8	50	
WQ15-17-2.2	15	17	2.2	380	2840	42.7	50	
WQ24-12-2.2	24	12	2.2	380	2840	43.9	65	
WQ25-25-5.5	25	25	5.5	380	1440	51.2	50	
WQ30-10-2.2	30	10	2.2	380	2840	44.7	65	
WQ40-7-2.2	40	7	2.2	380	2840	45.0	80	
WQ10-30-3	10	30	3	380	2870	43.3	50	
WQ40-13-3	40	13	3	380	2870	52.9	65	
WQ50-10-3	50	10	3	380	2870	53.1	80	
WQ65-7-3	65	7	3	380	2870	51.1	80	
WQ40-15-4	40	15	4	380	1440	54.6	50	
WQ55-11-4	55	11	4	380	1440	56.0	80	

(续)

型　号	流量 (m³/h)	扬程 (m)	配套功率 (kW)	额定电压 (v)	转速 (r/min)	效率 (%)	出水口管径 (mm)	备注
WQ80-9-4	80	9	4	380	1440	60.0	100	
WQ30-22-5.5	30	22	5.5	380	1440	52.8	80	
WQ70-16-5.5	70	16	5.5	380	1440	57.2	100	
WQ100-10-5.5	100	10	5.5	380	1440	58.3	100	
WQ130-7-5.5	130	7	5.5	380	1440	59.5	150	
WQ30-35-7.5	30	35	7.5	380	2880	49.8	65	
WQ60-20-7.5	60	20	7.5	380	1440	51.7	80	
WQ80-15-7.5	80	15	7.5	380	1440	57.9	100	
WQ145-9-7.5	145	9	7.5	380	1440	58.6	150	
QY100-3-1.5	100	3	1.5	380	2860		153	
QY65-5-1.5	65	5	1.5	380	2860		102	
QY40-8-1.5	40	8	1.5	380	2860		76	
QY25-12-1.5	25	12	1.5	380	2860		64	
QY15-18-1.5	15	18	1.5	380	2860		51	
QY10-25-1.5	10	25	1.5	380	2860		51	
QY6-40/2-1.5	6	40	1.5	380	2860		38	
QY3-60/3-1.5	3	60	1.5	380	2860		25	
QY100-3.5-2.2	100	3.5	2.2	380	2860		102/153	
QY65-7-2-2	65	7	2.2	380	2860		102	
QY40-11-2.2	40	11	2.2	380	2860		76	
QY25-17-2.2	25	17	2.2	380	2860		64	
QY15-26-2.2	15	26	2.2	380	2860		51	
QY10-35-2.2	10	35	2.2	380	2860		51	
QY6-50/2-2.2	6	50	2.2	380	2860		38	
QY3-80/4-2.2	3	80	2.2	380	2860		25	
QY160-3.8-3	160	3.8	3	380	2860		153	
QY100-6-3	100	6	3	380	2860		102/153	
QY65-10-3	65	10	3	380	2860		102	
QY40-16-3	40	16	3	380	2860		76	
QY25-26-3	25	26	3	380	2860		64	
QY20-30-3	20	30	3	380	2860		64	
QY15-36-3	15	36	3	380	2860		51	
QY10-50/2-3	10	50	3	380	2860		38	
QY8-60/2-3	8	60	3	380	2860		38	
QY6-70/3-3	6	70	3	380	2860		38	
QY250-3.5-4	250	3.5	4	380	2860		153/204	

(续)

型 号	流量 (m³/h)	扬程 (m)	配套功率 (kW)	额定电压 (v)	转速 (r/min)	效率 (%)	出水口管径 (mm)	备注
QY160-6-4	160	6	4	380	2860		153	
QY100-9-4	100	9	4	380	2860		102/153	
QY65-15-4	65	15	4	380	2860		102	
QY40-21-4	40	21	4	380	2860		76	
QY25-32-4	25	32	4	380	2860		64	
QY20-40/2-4	20	40	4	380	2860		64	
QY15-46/2-4	15	46	4	380	2860		51	
QY10-60/2-4	10	60	4	380	2860		51	
QY10-72/4-4	10	72	4	380	2860		51	
QY6-90/4-4	6	90	4	380	2860		38	
QY250-5-5.5	250	5	5.5	380	2860		153/204	
QY160-8-5.5	160	8	5.5	380	2860		153	
QY100-12-5.5	100	12	5.5	380	2860		102	
QY65-20-5.5	65	20	5.5	380	2860		102	
QY40-28-5.5	40	28	5.5	380	2860		76	
QY25-40-5.5	25	40	5.5	380	2860		64	
QY18-63/3-5.5	18	63	5.5	380	2860		64	
QY10-83/3-5.5	10	83	5.5	380	2860		51	
QY250-6-6.5	250	6	6.5	380	2860		153/204	
QY160-10-6.5	160	10	6.5	380	2860		153	
QY100-15-6.5	100	15	6.5	380	2860		102	
QY65-23-6.5	65	23	6.5	380	2860		102	
QY40-33-6.5	40	33	6.5	380	2860		76	
QY25-50/2-6.5	25	50	6.5	380	2860		64	
QY18-73/4-6.5	18	73	6.5	380	2860		64	
QY10-96/4-6.5	10	96	6.5	380	2860		51	
QY250-7-7.5	250	7	7.5	380	2860		153/204	
QY200-9.5-7.5	200	9.5	7.5	380	2860		153	
QY160-12-7.5	160	12	7.5	380	2860		153	
QY100-17-7.5	100	17	7.5	380	2860		102	
QY65-25-7.5	65	27	7.5	380	2860		102	
QY40-38-7.5	40	38	7.5	380	2860		76	
QY25-60/2-7.5	25	60	7.5	380	2860		64	
QY18-83/4-7.5	18	83	7.5	380	2860		64	
QY10-110/4-7.5	10	110	7.5	380	2860		51	